中芬合著：造纸及其装备科学技术丛书(中文版)第二十一卷

"十三五"国家重点出版物出版规划项目

回收纤维与脱墨

Recycled Fibre and Deinking

[芬兰] **Ulrich Höke**　**Samuel Schabel**　著

[中国] 付时雨　余霁川　著

付时雨　张春辉　张文晖　译

中国轻工业出版社

图书在版编目(CIP)数据

回收纤维与脱墨/(芬)郝优瑞,沙飒慕(Ulrich Höke,Samuel Schabel)等著;付时雨,张春辉,张文晖译.—北京:中国轻工业出版社,2018.2

(中芬合著:造纸及其装备科学技术丛书:中文版;21)

"十三五"国家重点出版物出版规划项目

ISBN 978-7-5184-1656-1

Ⅰ.①回… Ⅱ.①郝… ②沙… ③付… ④张… ⑤张… Ⅲ.①废纸处理②废纸脱墨 Ⅳ.①X793②TS74

中国版本图书馆 CIP 数据核字(2017)第 252837 号

责任编辑:林 媛

策划编辑:林 媛　责任终审:滕炎福　封面设计:锋尚设计
版式设计:锋尚设计　责任校对:晋 洁　责任监印:张 可

出版发行:中国轻工业出版社(北京东长安街6号,邮编:100740)

印　　刷:三河市万龙印装有限公司

经　　销:各地新华书店

版　　次:2018年2月第1版第1次印刷

开　　本:787×1092　1/16　印张:32.5

字　　数:811千字

书　　号:ISBN 978-7-5184-1656-1　定价:200.00元

邮购电话:010-65241695

发行电话:010-85119835　传真:85113293

网　　址:http://www.chlip.com.cn

Email:club@ chlip.com.cn

如发现图书残缺请与我社邮购联系调换

141224K4X101ZBW

中芬合著:造纸及其装备科学技术丛书(中文版)编辑委员会

序

芬兰造纸科学技术水平处于世界前列,近期修订出版了《造纸科学技术丛书》。该丛书共20卷,涵盖了产业经济、造纸资源、制浆造纸工艺、环境控制、生物质精炼等科学技术领域,引起了我们业内学者、企业家和科技工作者的关注。

姜丰伟、曹振雷、胡楠三人与芬兰学者马格努斯·丹森合著的该丛书第一卷"制浆造纸经济学"中文版将于2012年出版。该书在翻译原著的基础上加入中方的研究内容:遵循产学研相结合的原则,结合国情从造纸行业的实际问题出发,通过调查研究,以战略眼光去寻求解决问题的路径。

这种合著方式的实践使参与者和知情者得到启示,产生了把这一工作扩展到整个丛书的想法,并得到了造纸协会和学会的支持,也得到了芬兰造纸工程师协会的响应。经研究决定,从芬方购买丛书余下十九卷的版权,全部译成中文,并加入中方撰写的书稿,既可以按第一卷"同一本书"的合著方式出版,也可以部分卷书为芬方原著的翻译版,当然更可以中方独立撰写若干卷书,但从总体上来说,中文版的丛书是中芬合著。

该丛书为"中芬合著:造纸及其装备科学技术丛书(中文版)",增加"及其装备"四字是因为芬方原著仅从制浆造纸工艺技术角度介绍了一些装备,而对装备的研究开发、制造和使用的系统理论、结构和方法等方面则写得很少,想借此机会"检阅"我们造纸及其装备行业的学习、消化吸收和自主创新能力,同时体现对国家"十二五"高端装备制造业这一战略性新兴产业的重视。因此,上述独立撰写的若干卷书主要是装备。初步估计,该"丛书"约30卷,随着合著工作的进展可能稍许调整和完善。

中芬合著"丛书"中文版的工作量大,也有较大的难度,但对造纸及其装备行业的意义是显而易见的:首先,能为业内众多企业家、科技工作者、教师和学生提供学习和借鉴的平台,体现知识对行业可持续发展的贡献;其次,对我们业内学者的学术成果是一次展示和评价,在学习国外先进科学技术的基础上,不断提升自主创新能力,推动行业的科技进步;第三,对我国造纸及其装备行业教科书的更新也有一定的促进作用。

显然,组织实施这一"丛书"的撰写、编辑和出版工作,是一个较大的系统工程,将在该产业的发展史上留下浓重的一笔,对轻工其他行业也有一定的借鉴作用。希望造纸及其装备行业的企业家和科技工作者积极参与，以严谨的学风精心组织、翻译、撰写和编辑，以我们的艰辛努力服务于行业的可持续发展，做出应有的贡献。

中国轻工业联合会会长 步正发

2011 年 12 月

中芬合著:造纸及其装备科学技术丛书(中文版)的出版
得到了下列公司的支持,特在此一并表示感谢!

UPM

芬欧汇川集团

维美德集团

JH 江河纸业
Jianghe Paper

河南江河纸业有限责任公司

大指装备
DAZHI PAPER MACHINERY

河南大指造纸装备集成工程有限公司

前　　言

接到《中芬合著:造纸及其装备科学技术丛书(中文版)》编辑委员会的邀请,主持翻译由芬兰造纸工程师协会等出版的《造纸科学技术丛书》《回收纤维与脱墨》时,感觉压力很大。该书的翻译比想象中要难很多,这不仅是因为书的内容多,而且是有些术语也生疏。幸好有业界朋友无私相助,当遇到相关问题时,作者能够请教生产一线的技术人员,致使本书翻译和编写尽可能准确。希望此书的出版能够为造纸界的同行提供有用的知识,并有所帮助。

大家知道,回收纸是当前全球生产纸和纸板最重要的原料。回收纸的收集来自家庭、办公室,以及制品的包装、印刷、分发、购物中心。本书涉及回收纸的统计、法规和回收利用技术。回收纸的利用需要不同工程专业、不同学科领域以及立法等多方合作。所涉及的不同工程专业包括机械、化学、生物和电子,不同学科包括化学和物理。原书邀请了不同的专家撰写,知识内容较新并且专业性强,主要介绍如下:

第1章定义废纸回收的主要术语,概述废纸收集与利用,描述全球或者地区的供需平衡,并讨论一定量原生纤维的生产是满足全球造纸纤维平衡。Ilpo Ervasti 著。

第2章介绍在欧洲造纸生产链有关立法和自愿协议。在造纸生产链,志愿协会的承诺可以减少违法事件,废纸回收的欧盟宣言就是最有力的例证。欧盟废弃物管理条例和废纸回收的其他法令的影响也需要审查。Jori Ringman 著。

第3章主要是关于收集系统和分选技术。为了达到高的回收率,重要的是尽可能收集市场使用的纸和纸板,满足重新造纸的质量要求。收集系统具有复杂多样性,并且都需要除去杂质。分选方法日益自动化,但是在一些特殊情况仍需要人工分选。Hans – Joachim Putz 著。

第4章是关于纸和纸板的可回用性。从回收技术来定义纸产品的工艺设计标准。可脱墨性是重要的参数指标,这与印刷用油墨、印刷技术和纸的质量有关。胶黏物可除去性是另一重要参数,这与造纸时使用的胶有关,还与胶的应用技术,以及纸和纸板表面性能有关。Hans – Joachim Putz 和 Katharina Renner 原著 Andreas Faul 修订。

第5章介绍废纸制浆的主要单元操作。这些单元操作保证二次纤维质量并除去杂质。介绍了纤维悬浮液的流变性,单元操作的技术基础,以及物理原理。Herbert Holik 著,Samuel Schaber 修改完善。

1

第6章介绍单元操作组合。单元操作进行优化组合,可提高废纸制浆系统效率。本章介绍的软件工具用于建模,并进行系统模拟和优化。Michael Schwarz 和 Johannes Kapper 著。

第7章介绍化学助剂用于废纸回收系统,特别是生产白纸或者白色挂面纸的脱墨系统。使用脱墨化学品就是使油墨从纤维上脱落并除去。脱墨效率用油墨的去除或者纸上墨点来描述,这些与油墨种类和印刷方式有关,还与纸张表面情况、脱墨过程物理/化学参数有关。为了增进脱墨浆的光学性能,脱墨以后还需要漂白。由于漂白费用较高,漂白的废纸浆只用于生产高档印刷纸,例如:超级压光纸,低定量压光纸,办公用纸。通常,漂白采用两段漂白工艺,主要采用全无氯漂白方式。回用纸制浆系统用水循环,逐步达到全封闭。因此,循环水处理时,除去有害物质、微生物十分重要。

胶黏物的无害化处理是废纸制浆的重要工艺技术。造纸厂将胶黏物定义为在纤维悬浮液中或者生产过程水系统中的带有黏性的物质。这些物质可能在后续加工中沉积于纸机网布、烘缸和辊子上。而机械方法不能除去这些黏性杂质,也称大胶黏物。使用化学助剂可以降低这些大胶黏物的黏性,然而,废纸造纸中水溶性的微细胶黏物的研究尚需努力。Katharina Renner 和 Christiane Ackermann 著;由 Bruno Carre,Graziano Elegir,Lutz Hamann,Bernhard Nellessen 和 Esa Vilen 补充。

第8章介绍造纸过程或者多次循环后原生纤维的变化。为了证明植物纤维可以多次回用,研究了纤维回用后的化学与物理性质。与多次使用后纤维的变性相比较,印刷和包装工程引入的杂质,以及纤维碎片是废纸造纸存在的主要问题。Christiane Ackermann,Lothar Gottsching 和 Heikki Pakarinen 著;Samuel Schabel 修订。

第9章讨论了测定悬浮液物理性质的特殊需求和技术。这种技术就是在线测量技术,能够应用于在线测量,过程控制和反馈。Hans – Joachim Putz 和 Katharina Renner 著;Kalus Villforth,Georg Hirsch,Hans – Joachim Putz,Dennis Voβ,Sabine Weinert 校正。

第10章讨论废纸回用过程的环境问题,包括废液、固废和残余物。还讨论了生态效应及碳足迹,包括典型造纸厂的特征环境数据。Udo Hamm 著。

第11章的关于胶黏物快速测定模型建立和胶黏物去除的实践介绍。胶黏物快速测定对于生产厂家来说有着极其重要的意义。近红外光谱技术为这种测定提供可能,但是这种技术需要建立测定模型,这些模型的化学数据也来自胶黏物含量的化学值测定。本章介绍了采用高效液相色谱方法定量测定有害胶黏物的方法,或者纸浆中胶黏物含量的化学值,结合近红外光谱技术,建立数学模型,就可以对纸浆中的胶黏物含量进行定量预测。付时雨,余霁川著。

本书的译者包括天津科技大学张文晖博士(第6章和第9章),华南理工大学张春辉博士(第7章、第8章和第10章)及华南理工大学付时雨教授(第1章至第5章),第11章由付时雨和余霁川著。特别要感谢天津科技大学的刘秋娟教授对于本工作的关心和支持,感谢詹怀宇教授的支持,感谢林媛女士的支持和理解,感谢曹振雷博士的信任和支持,感谢本组学生对于文字的校正和图片的处理。

　　最后,我谈一下我的一点感受,这是我真正意义接手处理的一本书,她就像我的第一个孩子,虽然不怎么完美,但是我爱她,在此,我希望把我的心意传递给读者们。

付时雨

2017 年 4 月于华南理工大学

目 录
—— CONTENTS ——

第 ① 章　回收纸的统计和定义

1.1　概论

　　回收纸(Recovered paper,RP)是全球纸和纸板制造工业最主要的原料。2008 年回收纸的量达到 2.09 亿 t,回用率达到 53%。回收纸是价格合理的良好原材料,其占造纸原料的份额还在增长。北美、欧洲和日本是主要的 RP 来源地区,这些地区的回收纸出口到其他地区,主要是亚洲,特别是中国。

　　虽然回收纸的利用和收集比例在增加,但是原生纤维对于保持造纸工业的运行仍然十分必要。不同等级的回收纸质量和用途与原来纸的等级和来源有关。在一个地区进行回收纸的收集与其纸和纸板的消费有关。然而,收集系统不好,好等级的回收纸也会在收集链里被污染而变成废物。加强收集管理,使不同等级的回收纸分开,并提高分选系统和利用技术,回收纸才能得到最好利用。2008 年,国际上纸和纸板的产量有 3.9 亿 t[1],其中包装纸(主要是箱板纸和纸盒纸)占 1.71 亿 t,约为 44%。然而,回收的箱板纸和纸盒纸占回收纸的 65%。

　　单根纤维在树木中具有生命意义,但是当它被做成包装和纸的产品后,经过回用,又赋予了它新的生命。纤维利用的方法一直在变化。例如:在包装纸产品中,这些产品从打包到销售,直至包装产品的终端使用,然后回收和处理,时间很短。在这种生产环节中,纸中的单根纤维有多种可能的变化。在这些环节的每一段,有主要的生产流程,也有次要的途径。

　　原则上,单根纤维可以收集和利用多次。然而,也存在纤维性能损失问题,不可循环。其原因有很多,包括污染,收集不到,分拣不力,以及过程损失等;有相当一部分纤维在循环中连续使用。

　　按照地域来说,一种功能化的原料供应系统需要有回收纤维和原生纤维。用水轮(waterwheel)比喻可以理解欧洲的纤维流向。没有在系统中加入原生纤维,轮子就不转。图 1-1 描述了 2007 年欧洲的纤维流向的状况[2]。

　　实际上,没有加入原生浆,造纸

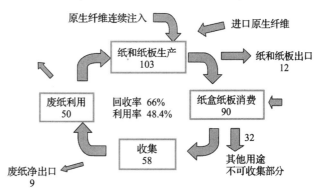

图 1-1　2007 年欧洲的纸和纸板纤维浆线(CEPI)[2]
注:图中数字单位:Mt。

厂仅靠回用纤维,不到两个月,纤维就不够用。总体来说,尽可能使用回收纸是十分必要的,但同时也需要确保有原生浆。从经济上来说,这个任务也不容易,因为原生浆和回用浆的价格差别很大。在北欧,一棵树需要数年或者数十年长成,而回用纤维的时间只需几周或者几个月。

回收纸的收集和利用必须全球平衡。哪里使用,就在哪里收集。近些年,北美(美国)、欧洲和日本为废纸缺乏地区提供回收纸,如向中国和印度供应回收纸。然而,在出口地区,废纸收集水平高于全球平均水平。对于废纸缺乏的地区,保持纤维原料是一个挑战,因为这些国家和地区的造纸工业依赖进口原材料。因此纤维缺乏地区必须发展纤维回收系统,以收集民用废纸。

目前,有几个不同地区的回收纸分类系统。同时,每个地区有关回收纸的分类定义也不同。

1.2 等级分类和定义

1.2.1 欧洲回收纸分类

回收纸(recovered paper)定义为收集到的使用过的纸和纸板,并按照欧洲标准(回收纸和纸板 EN643[3])进行收集。欧洲回收纸和纸板标准将回收纸和纸板分为 57 个等级,并对每个等级进行一般性描述。这个标准清楚地表述了收集的废纸必须与垃圾站不可以回用的废纸隔离开。

然而,为了统计和商业使用,回收纸分为四个主要等级[4]。

混合级:包括不同类型的回收纸。例如:混合纸和纸板(EN643 级别有 1.01,1.02,1.03,5.01,5.02,5.03,5.05)。

OCC:旧瓦楞纸箱;牛皮纸袋和包裹纸(包括新、旧纸),也就是含未漂白硫酸盐浆。CEPI 分类:生产瓦楞纸的等级(EN643 级别有 1.04,1.05,4.01,4.02,4.03,4.04,4.05,4.06,4.07,4.08,5.04)。

ONP 和 OMP:旧新闻纸和杂志纸;旧的或过期的报纸、刊物、电话本、说明书等(EN643 级别有 1.06,1.07,1.08,1.09,1.10,1.11,2.01,2.02)。

HG 和 PS:优等回收纸脱墨和纸浆替代品;全漂印刷和书写纸,漂白浆纸板切边,其他印刷厂、包装厂和办公室用的优等纸品(EN643 级别有 2.03,2.04,2.05,2.06,2.07,2.08,2.09,2.10,2.11,2.12,3.01,3.02,3.03,3.04,3.05,3.06,3.07,3.08,3.09,3.10,3.11,3.12,3.13,3.14,3.15,3.16,3.17,3.18,3.19,5.06,5.07)。

EN643 级别的描述简洁,在买卖双方之间是必要的。关于回收纸等级的定义,不同因素的计算,在不同国家变化较大。这就是不同国家和地区间,回收纸的等级和价格变数较大的原因。

1.2.2 美国回收纸分类

在美国,回收纸的分类系统遵照"Guidelines for Paper Stock(纸品交易指南):PS2008"给出明确的定义,并详细遵守下列事项:

① 购买协议;
② 卖方填表;
③ 买方填表;

④ 其他惯例；

⑤ 仲裁；

⑥ 等级定义。

美国回收纸的定义将回收纸分为 51 个主要纸种等级和 35 个特种纸等级[5-6]。该体系还定义禁止物品的允许量，及家庭回收纸的总量。美国回收纸的分类系统广泛用于出口贸易中，特别是亚洲。

1.2.3　其他地区回收纸分类

许多国家拥有自己的回收纸分类系统。例如：日本回收纸分类有 29 个等级，俄罗斯有 21 个等级。然而这些分类系统主要用于国内交易。国际交易中，例如从美国到亚洲，美国的纸品交易指南 PS2008 成为重要的分类系统。欧洲的回收纸分类系统 EN643 在欧洲居于重要的地位。

1.2.4　欧洲回收纸的术语和定义

回收纸贸易是全球性的，与回收纸相关的定义、术语和回收纸的统计必须全球一致。例如，北美广泛用的"Recovery（回收）"在欧洲用"Collection（收集）"。在欧洲 Recovery 则具有其他含义。在欧洲，与回收纸最重要的相关定义如下[4,7]：

纸和纸板的收集：从工业、商业批发店、家庭和办公室收集的纸和纸板分类，并回收（recovery），即收集、运输、分拣以及纸厂回用。

通常，回收纸的统计收集数据是表面收集数据（即使用的回收纸量，加上出口的回收纸量，减去进口的回收纸量）。很难从回收纸收集者那里获得准确的可收集的收集数据，因为每个环节分散无序，参与收集的人群也很庞大。因此，许多国家回收纸的收集数据是根据使用的回收纸量和回收纸的进出口贸易量计算出来的。

收集率（Collection rate）：某确定地区纸和纸板的收集与消费的比例。

目前，收集率是指收集的纸和纸板总量。然而，全球纸和纸板生产厂家一半的纤维来自于回收纸。因此，规定回收纸收集率的每个等级的计算方法是非常重要的。这就意味着每种回收纸（ONP，OMP，OCC，HG，PS，以及混合纸）的收集量务必与相应的纸和纸板消费量比较。

水分：回收纸的水分含量不可超过纸中自然存在水分含量。水含量不可超过 10%（占风干纸），超过 10% 的水分必须扣除。

纸的消费量：纸的消费量是计算回收纸收集率的一个变量，一般表明国家的纸和纸板收集情况。在欧洲纸业联合会（CEPI）纸和纸板的消费量是通过国内的生产量和进口量来计算。其他地区，纸的表观消费量（生产量和净交易量）作为最常用的纸消费量。然而，纸消费量的数据没有包括包装货物的贸易包装纸量，因此不能给出收集纸的准确数据。

回收纸量：收集到使用过的纸和纸板，并按照 EN643 处理的纸量。

回收纸的使用量：使用回收纸的纸厂使用的回收纸的量。

回收量：废物处置政策的原则包括再使用，材料循环，做堆肥，能源回收，以及类似出口的目的。

循环（Recycling）：回收纸再加工成新的纸和纸板。

回用率（Recycling Rate）：回收纸与纸及纸板产量的比例。

不可用材料：在纸和纸板的生产中不可用材料包括废纸成分和对纸与纸板生产有害的物质。回收的纸和纸板原则上不含不可用材料，但是对于特定等级的纸买卖双方认可存在一定比例的不可用材料。不可用材料对纸和纸板的生产有害。

废物:被丢弃或者计划丢弃的物品。纸和纸板被收集后回用,就再次成为原料,不再认为是废物。

1.3 纸和纸板的循环链

回收纸收集存在很多问题,因为有许多不同等级的纸收集后混合到一起。有几种来源的纸需要不同的处理。良好的收集系统能够把不同等级的纸进行分离,保证高质量的原料送达终端使用。图1-2描述了一般纸和纸板的循环链[4]。分为循环链的中介,用途和终端产品。

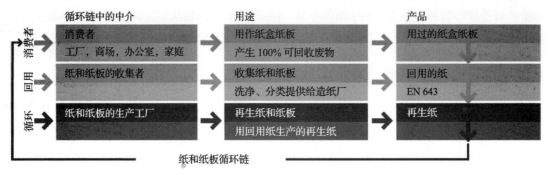

图1-2 纸和纸板的循环链[4]

最好的回收纸来源是印刷厂、包装厂、过刊,因为他们能够很好地分开收集。也可以从家庭收集,但是现在大量的废纸被污染,并且没有分类。从家庭收集废纸非常困难,这不是个技术问题,而是与人的意识有关[4,8]。

1.4 统计

1.4.1 总则

近几十年来,回收纸作为造纸原料的比重急剧增加。1995年,回收纸占造纸原料的41%,而到2007年,已经达到52%(见图1-3)[1]。

全球纸和纸板的生产和消费基本平衡。同时,回收纸的使用和收集也均等。这就意味着

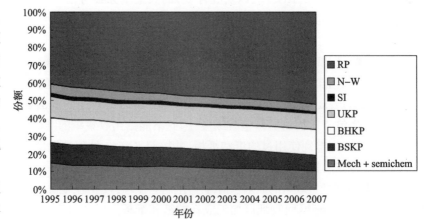

图1-3 回收纸纤维与其他造纸纤维比较

RP—回收纸　N-W—非木浆　SI—未漂白和漂白的亚硫酸盐浆　UKP—未漂白硫酸盐浆

BHKP—漂白阔叶木硫酸盐浆　BSKP—漂白针叶木硫酸盐浆　Mech+semichem—机械浆+半化学浆

全球回收纸收集率达到 52%。然而收集和使用回收纸的地区性差别仍然很大。回收纸的使用和收集不能够反映纸和纸板循环的真实情况。因为进入碎纸的回收纸不仅含有纤维,还含有其他物质,如矿物质、淀粉、油墨、助剂,涂料等其他非纸质成分。回收纸在加工过程中的损失量也不相同。如包装纸损失量为 5% ~12%,印刷纸为 15% ~20%。卫生纸为 35% ~40%。损失量与纸的等级和质量有关。因此官方纸和纸板的使用和收集的数据不能够反映纸和纸板循环的真实情况。

1.4.2　回收纸收集

由于有很多机构参与废纸的收集,而只有几个国家可以获得可靠的数据。为此,收集量的计算通常是通过回收纸消费量和进出口贸易量来估算[4,8]。不同国家回收纸的收集量和收集率差别很大。全球的回收纸几乎被少数几个国家所收集。2007 年,13 个主要国家收集了 1.53 亿 t 回收纸,占全球回收纸总量的 3/4。这些国家包括美国、日本、中国、德国,这 4 个国家收集回收纸 1.09 亿 t,占全球回收纸总量的 53%。图 1 - 4 显示了主要国家的回收纸收集量和收集率情况[1]。

某些回收纸收集能力高的国家,其人均消费纸和纸板的量大,国民的环境意识高;这些国家的回收纸收集率就高,并且高于全球平均水平。这些国家包括工业化的国家,如韩国,日本,发达的亚洲国家和大多数欧洲国家。美国回收纸的收集率略高于全球平均值,中国和发展中国家的人均纸和纸板消费量小,国民环境意识不强,回收纸的收集率也低于全球平均值。以前,回收纸的收集率只计算了回收纸。这样,收集率较低是可以理解的,同时没有回收纸,就没有收集率数据。

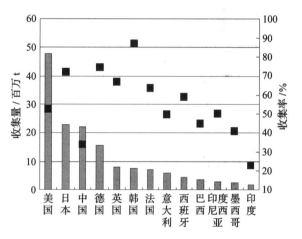

图 1 - 4　回收纸的收集量和收集率
■ RP 收集量　　收集率%

随着人们的循环意识日益增强,在人口密集地区,贸易、转运和工业首先纳入循环系统;有效收集系统也要将普及到家庭和办公场所[8]。然而,很多投资利用回收纸生产相关产品的公司对回收纸量不感兴趣,而对回收纸的等级比较关心,例如白纸边,OCC,旧报纸或者杂志纸。因此,分 4 个等级来计算回收纸的量和回用率。人们能够利用这些信息来分析和比较不同国家或地区的废纸收集情况,以及回收纸的等级。这点非常重要,因为在国际市场内,高品质的回收纸长期供应不足。

回收纸的收集率与纸和纸板的收集量和消费量有关。当计算某等级的回收纸时,要用到纸和纸板的收集量和消费量。

1.4.3　回收纸利用

回收纸的使用量和使用率在不同的国家变化较大。2007 年 13 个重要国家(见图 1 - 5)[1]消费 1.55 亿吨回收纸,占全球回收纸消费量的 3/4。中国、美国、日本和德国四个主要国家,消费了 1.08 亿 t 回收纸,超过总回收纸量的一半。

以前,森林资源丰富的国家及地区生产原生浆。这些国家及地区的回收纸使用量少,低于国际平均水平。这些国家及地区包括美国、加拿大、北欧、俄罗斯和巴西。一个国家的回收纸使用率低并不能说明其纸及纸板的循环利用不好,而是回收纸生产量大于消费量。例如北欧国家 2007 年生产纸及纸板 2820 万 t,同期纸及纸板的消费量只有 440 万 t,尽管他们的循环率高(回收纸量 300 万 t,收集率达到 70%),使用率却只有

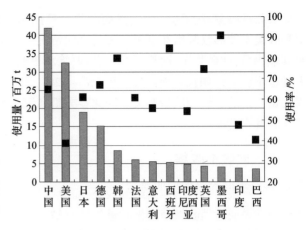

图 1-5 2007 年一些国家 RP 使用量和使用率

■ RP 使用量　■ 使用率

11%。大多数的纸和纸板(2300 万 t,占总生产量的 82%)出口到其他国家,在其他国家消费和循环。因为这些结构性差别,使用率不是反映循环的有效因子。事实上,由于国际贸易存在,收集率比使用率更能反映一个国家或地区的资源循环状况[8]。

一些国家,纸和纸板的产量很高,但是森林资源和产浆能力有限,工业能够有效利用废纸。这些国家有日本、德国、英国、西班牙、中国、韩国和墨西哥。通常,收集率为一些国家和地区提供了最好的资源循环标准。

1.4.4　欧洲回收纸和其他纤维

回收纸的主要特征在于由于循环利用,相同的纤维被统计多次。纤维始于森林,然后制成浆,再造成纸。纤维可能被收集循环,也可能被遗弃。欧洲是纸和纸板纯出口地区,有些纤维是以纸及纸板形式出口。另一方面,欧洲进口许多工业品,原材料和食材。因此,欧洲又成了纸和纸板包装材料的进口地区,因为他们同进口货物一起进口,主要是从亚洲,特别是中国进口。2008 年欧洲回收纸的收集率超过 66%[4]。这意味着 6000 万 t 纸和纸板被收集循环利用。欧洲从其他地区进口 1000 万 t 纸和纸板,主要是亚洲[9]。最后,5000 万 t 用于欧洲生产纸,由于造纸过程损失,以及相关因素,85% ~ 90%(约 4400 万 t)回收纸进入终端产品。因此,为了保证造纸厂原料供应,使用部分原生浆也是必要的。有些纸和纸板可以用 100% 回收纸生产,而有些纸及纸板不能以回收纸作为唯一的原料生产。2007 年一些国家 RP 使用量和使用率情况见图 1-5。

1.4.5　欧洲不同等级回收纸的回收利用

在理想状况下,回收纸可以用来生产同等的纸,例如新闻纸、本色包装纸,等等。然而,由于回收纸系统和收集系统不同,不能完全对回收纸进行分类。因此在收集过程回收纸会发生一定程度的混合。在利用回收纸时常常要下调回收纸的等级,也就是说,高等级的回收纸用于生产低等级的纸产品。另一方面,很难用低等级的回收纸生产高等级的纸产品。例如混合回收纸不能用来生产书写纸。然而,洗净和分类好的回收纸是一种很好的造纸厂的纤维原料。采用适合的回收纸的收集和处理技术,回收纸可以生产任何级别的纸品,见表 1-1。

图 1-6 是不同等级回收纸在欧洲用于生产纸品的情况[4]。回收纸生产新闻纸变化较大,从原来少量添加回收纸,到 100% 采用回收纸。2009 年全欧洲新闻纸生产中回收纸利用率达到 48%。对于新闻纸产品,回收纸的使用率达到 90%,回收纸在书写纸中的使用率只有 10%。

不同的纸品,回收纸的利用率变化很大,这与技术有关,也与回收纸的质量和等级有关。在收集过程中,混合不同等级的回收纸很难提升回收纸的等级,但是降级则较容易。在未来,包装纸是回收纸最大的使用出处。

表 1-1　2008 年欧盟不同等级回收纸收集情况

回收纸纸种	回收量/万 t	份额/%
混合纸	960	19.4
OCC	2000	41.1
旧报纸杂志纸	1400	28.7
高等级纸	520	10.8
总计	4860	100

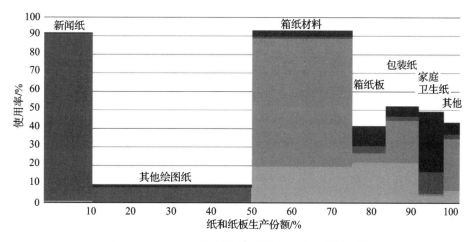

图 1-6　2009 年欧盟使用不同等级回收纸的情况[4]

■ 高级纸　■ 报纸和杂志纸　■ 瓦楞原纸和牛皮纸　■ 混合等级纸
注:箱纸材料占 26%,使用率 93%,工厂使用了 47% 的回用纸。

由于不同等级的回收纸混合趋势日益上升,总收集率越大,回收纸产品的质量就越差。纸产品能利用大量低等级的纤维,回收纸的用量就会增大。例如,旧报纸回收纸可以用来生产灰底纸板、瓦楞原纸,和其他用于包装的纸板,因此旧报纸的使用量增加。

1.4.6　全球回收纸贸易

2007 年全球回收纸贸易量为 4800 万 t,相当于全球回收纸总收集量的 1/4。这些回收纸不是在收集的国家使用而是出口到其他国家使用。图 1-7 显示了全球主要的回收纸贸易流向[1]。

最大的回收纸贸易是从美国到亚洲和欧洲国家,以及欧洲到亚洲。从日本到其他亚洲国家,从美国到加拿大和其他拉美国家,亚洲国家与大洋洲之间的贸易量也很大。中国是目前回收纸最大的进口国。由于大量购买废纸,中国推动了废纸价格的上升。

在全球回收纸贸易中跟踪贸易流向是极其重要的。在欧洲使用回收纸认证系统中,买方能够知道供方的回收纸等级和供应链。因此必须有一个通用的回收纸认证系统,以便在全球回收纸贸易中使用。

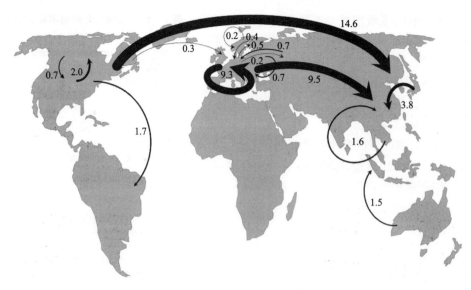

图1-7 2007年回收纸的主要贸易流向

注:2007年回收纸总贸易量为48Mt;图上数字单位 Mt。

图1-8显示了全球回收纸地区贸易的不平衡情况。一个地区的收集的回收纸量比使用的回收纸量多就成为纯回收纸出口国。考虑到亚洲,特别是中国的原生浆资源有限,而经济又快速增长,在未来较长的一段时间内,美国、欧洲和日本的回收纸还要流向中国,因此传统的回收纸资源国还会增加回收纸的收集量和出口量。

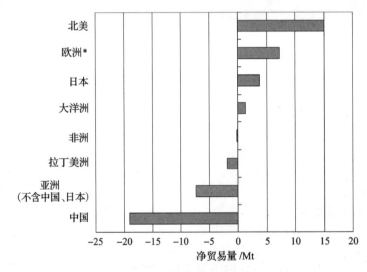

图1-8 2007年全球回收纸地区贸易的不平衡情况[1]

注:*欧盟数据不包括俄罗斯和 CIS 国家。

参考文献

[1]Pöyry Forest Industry Consulting:Data banks and statistics(www. Recovered – paper. net).

[2]Pöyry Forest Industry Consulting/Ilpo Ervasti presentation at COST E48.

［3］B. I. R. , ERPA, CEPI：EN643 – European List of Standard Grades of Recovered Paper and Board.

［4］CEPI：Statistics and definitions annual statistics（www. cepi. org）.

［5］SCRAP Specifications Circular 2008 – Guidelines for Paper Stock PS – 2008.

［6］American Forest & Paper Association – AF & PA：（www. afandpa. org）.

［7］European Recovered Paper Council：European Declaration on Paper Recycling – Monitoring Report 2007.

［8］COST Action E48：Working documents and statistics（www. cost – e48. net）.

第 ② 章 立 法

2.1 欧盟废弃物新条例——废纸回收的重要工具

欧盟已经正式通过了一项关于废弃物的新条例,这项条例替代了30多年前的旧条例,同时废除了关于废弃物的其他条例。在这30年里,我们对废弃物的看法发生了根本性的改变,废弃物从一个亟待处理的问题转变成一种可回收和二次利用的非常有价值的原料。

这项新条例(2008⁹⁸EC)[1]针对废弃物的回收和二次利用建立了一套通用的环保标准,并对2020年特殊材料的回收制订了目标,更新和明确了许多回收和处置废弃物的相关定义。其中明确定义了副产品不可作为废弃物进行处理,同时还引进了一项终止废弃物被浪费的机制。

这项条例将废弃物分为五个等级。一般来说,这种划分整体上在废弃物法规和政策的层面上为最有利于环境的选择制定了一个优先次序。然而从这种等级的划分出发,当考虑一些合乎情理的因素时,尤其是在技术的可行性、经济的可行性和环境保护方面来说,也许对特殊废弃物进行分类是很有必要的。

2.2 欧盟成员国的任务

该项条例于2008年12月12日生效,并且规定各个欧盟成员国在2010年12月12日前将其纳入本国法律中。其后将每隔3年报告一次该项条例的实施进展情况。截止到本章写作的时间,几乎还没有成员国实施此项条例。

欧盟的27个成员国必须于2013年之前准备一套预防废弃物浪费的计划,并于2015年之前制定一套废纸、金属、塑料和玻璃的分类收集计划。该计划必须提高这些废弃物的回收质量,争取到2015年每个住户的废纸、金属、塑料和玻璃的回收利用率至少达到50%。

只要与来自家庭的废弃类别物相似的其他来源的废弃物也可作为实现以上目标的一种途径。那么这是否意味着该项条例对其他废弃物(即来自家庭的绿色废弃物和食物残渣,或者是其他废弃物的来源,比如说来自办公室和微型工厂类似于家庭收集的废纸、金属、塑料、玻璃等)保持开放的状态。

该项条例对于建筑和拆迁的废弃物制定了更高的回收目标——回收率为70%。同时也定义了生物废弃物,并要求欧盟委员会在必要时提交一份关于生物废弃物管理的建议书。

该项条例还规定了污染者的环境补偿费用原则,以及生产者的责任延伸。前者对于废弃物的制造者或者是以前废弃物的持有者来说,意味着他们将具有承担废弃物管理费用的义务,然而后者则适用于任何在欧洲范围内专门开发、制造、加工、研究、销售和进口废弃物的人。同时这种原则也适用于处理包装、废旧电子产品、废弃车辆和废弃电池行业。

生产者责任的推出是为了支持商品,以促进整个生命周期中有效地利用资源的设计和生产。

对于欧盟各个成员国进一步规范的目的是确保欧盟能够自给自足于废旧物品的回收和处置,减少对其他国家在这种业务方面的依赖。

2.3　造纸工业的重点

欧洲造纸工业是废弃物条例修订的积极提倡者。在欧洲每年有超过 6000 万 t 的废纸被回收(2008 年),并成为造纸工业纤维原料的最主要来源,关于废弃物的法律条令,已经成为行业行为的基本框架。

在该项法令修订之前,造纸工业并不在有关法令的监管之下。因为那时回收的废纸仅仅作为废弃物处理,并不是有价值的原材料。随着废纸回收量的增加,同时夹杂着大量低质量的废纸,造纸质量监管显得尤为重要,但是由于没有相关的法令来支持造纸工业对质量监管做出的努力。特别是混杂废纸回收的增长趋势已经蔓延到越来越多的国家,使得造纸工业对原料的有效利用存在非常严重的问题。最终,由于废弃物没有清晰的分类规范,人们将回收的废纸作为一种可再生的能源原料并给予了越来越多的关注。

然而,条例修订的结果还是很乐观的。此外法令的大众化、现代化,规定回收废纸作为可以二次利用的原材料,尤其是回收的废纸在后来的欧盟委员会的具体评估过程中被优先明确标定为禁止浪费的废弃物。

欧盟的各个成员国也应当采取措施提高废纸的回收质量,并且将与之相关的条例落到实处。同时也应建立一套分离废纸、金属、塑料和玻璃的回收站体系,并且集技术、环保、经济可行性和适应性于一体来满足相关的回收部门所要求的质量标准。

分类收集是以实用性为前提的,这就意味着,比如卫生纸就不需要进行分类收集。但同时分类收集又似乎同时具有技术性、环保性及经济的可行性。分类收集已经在人口或多或少、人口密度或高或低的大部分成员国中实施了好几十年。分类收集使原材料更有效地得以利用,并且避免了无用原料的不必要运输。尤其是来自英国的几项研究表明这是废弃物处理最为经济的解决方法。

该项条例优先考虑的是废纸回收而不是能量回收,并且制定了一个目标:到 2020 年使其同类废弃物的回收率达到 50% 。这个目标意味着生活废弃物回收率几乎是当前(+/-30% ,2007 年)的 2 倍,并要求废纸的回收率至少和目前保持一致。

该项条例的第二十九项提出了对于提高废纸回收率的要求,以成员国需要做出的改进:"为了构建循环社会的目标,在废弃物划分范围内,各个成员国需要支持可循环材料的使用,例如废纸,无论什么时候也不应当支持可回收废弃物的填埋和焚烧。"

最后,新的废弃物条例明确规定,副产品也不可以浪费。这一规定使造纸厂对提高副产品的生产和回收操作中剩余物的管理效率提供了新的可能,同时也可利用副产品创造新的附加值。

造纸工业在废纸的回收方面正在翻开崭新的一页,多年的技术和产品的开发,设备的投资和产量的增加得到了欧洲最新的法令体系的支持。对于废弃物法令的转换和实施的具体细节指导已经由欧洲纸业联合会(CEPI)在2009年3月20日发给了欧盟的各个成员国。

2.4 行业的互补行动和自愿承诺

到目前为止,这种不健全的法律规范一直表现在对于高质量的回收体系缺乏规范,如果继续实施这种法律程序,那么整个回收链的权利和义务将变得混淆、模糊、呆滞。简而言之,这意味着,人们对将废弃物作为工业生产中另一个循环起点认识的缺乏。因而造纸行业第一步应该做的就是使投资者能更好地意识到这一点,其中包括对纸中回收的欧洲标准(EN643)在行业内的发展,并在工业范围内约定用"可回收用纸"代替了"废纸"这一词条,以上两种措施都可追溯到20世纪90年代。

许多其他的措施,从研究到技术的发展一直致力于克服已经确立的适当立法的不足这一障碍。特别是产业发展的自愿性措施,填补了立法空白。由CEPI负责废纸的采购和质量管理的指导方针,或者说CEPI主动邀请整个造纸价值链加入到欧洲造纸回收宣言,这些都是造纸工业的自我创新,虽然缺乏立法方面的支持,但也证明这些措施对于回收废纸的增长非常重要。与食品相关的纸和纸板的行业指导方针的发布也希望能取得相似的积极影响。正如他们阐明的一样,在缺乏相应法律措施的情况下,使纸和纸板遵从与食品相关原料的监管框架。

因为立法不可能足够详细地满足一个独立行业的技术规格和特殊需求,这些自发的措施在未来仍然起着非常重要的作用。

2.4.1 欧洲废纸回收宣言

欧洲废纸回收宣言(2000—2005,2006—2010)[6]以在伊斯普拉的欧洲大学研究成功达成的自治协议的评估而著称。"远大目标和有组织工作"是对造纸行业自治策略的积极响应,并没有把它推向非政府组织或是受到了非议,相反使得欧洲造纸回收宣言在欧洲的大学研究所的评估中赢得了好名声。宣言中制定的工作目标(定性和定量)的一个重要的部分就是发展一种针对提升纸制品回收率的环保设计。

其中一个特别成功的例子就是生产出了作为黏合剂而引起人们对食品安全忧虑的邻苯二甲酸二异丁酯的替代品。在这场自愿行动中,各个相关的价值链部门支持并设法找到安全和具有成本效益的替代品。

宣言制定目标的另一个领域就是先前提到的针对提高脱墨能力的生态设计。在2008年欧洲造纸回收会议上,主管宣言的主体罗列出了造纸价值链中的14个部门,并通过了一项新的评估方案即脱墨率积分卡。这个方案的设计是为了使印刷者、出版商和其他造纸价值链中的成员辨别回收哪种类型的印刷纸产品具最好脱墨效率。其中纸的亮度、颜色、清洁度(两类粒径)、油墨脱除和渗透6个参考量被广泛收入国际油墨行业协会法11项标准测量范围内。记分卡使用了在德国AGRAPA-协议发展来的可回用率这一定向价值。

该积分卡是伴随着MS Excel计算器和一张给印刷商和出版商的脱墨能力的数据表得出的。此外,对于印刷图文用纸的最优循环利用指导方针的修订案起先由当前ERPC的六个成员在2002年发行的,最终的定稿和相关文件被ERPC接收的时间是在9月份。这4份文件提供了以科学为依据的相关知识,也对问题的重要性提供了一个简单的理解。

2.4.2 对负责废纸采购和质量控制的指导方针

为了成功地对废纸进行循环利用,必须保证具有大量高质量的废纸。然而随着回收量的增加,特别是来自个体家庭的回收废纸(66.7%,2008年)直接导致了废纸中杂质含量增加,而这些杂质损害了回收废纸质量。为了保证回收废纸的质量,在废纸这条价值链的所有参与者必须承认,他们正在处理的是一个宝贵的二次原料,其中涉及责任和一定水平的专业性,见图2-1。

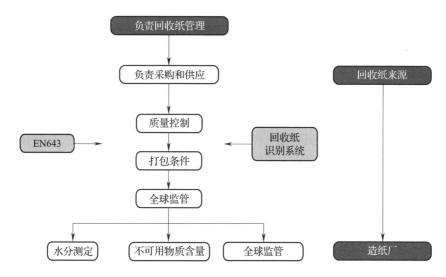

图2-1 从回收纸采购到工厂回用(参考:CEPI2006),根据回用纸和纸板标准级别的
欧洲目录(EN643)进行质量管理和采购指导,并补充该目录

就负责废纸采购和质量监控而言,CEPI的目的就是为作为原料的回收废纸提供一个合适并且负责任的管理指导方针。该方针以文件的形式出版,内容会定期地进行更新,新的指导方针将会被补充进去,现存的条例也会进行修正,以便不断地反映纸循环和其遵循的操作规范的发展。

读者应当记住一些文件是回收废纸的买方和供应商之间协议的结果。其中的一些指导方针只针对某一类型的参与者,因此这些指导方针只被这一类型的人所接纳。在每一个条例中,对于各个行业被认可的特殊的指导方针都在文件中进行了清晰的说明。

对于该指导方针最近的补充是关于回收废纸的认定系统,该补充发表于2008年的11月份,补充允许回收废纸的供给商注册一个唯一的标识码,而这个标识码将会被加到所有回收废纸的大数据中。这将促进废纸供应商对产生的疑问和问题进行鉴定,这个已经达成共识的保持回收废纸量记录的系统将一步一步融入到整个生产中,这就使得在不违背相关安全机密的条件下使得回收废纸在整个供给链中有迹可循。

2.5 REACH 和废纸回收

在写这一章的时候,根据欧洲法令,回收废纸仍被视为废弃物,这也就意味回收废纸的相关政策并不能在适用于废弃物的关于登记、评估、授权和化学品限制的法规下得到落实,因为废弃物"根据法规第三章的解释它不是资源,是可备用物或者是物品"(REACH,2.2 条)。然而,依据作为非废弃物(二次原料)的分类回收资源机制的应用,在 2010 年欧洲委员会对材料进行评估和做出的一系列决定后,回收废纸将停止被浪费。所以,一旦回收废纸不再被视为是废弃物后,它将在 REACH 法规下运行。

2.5.1　REACH 法规

REACH 法规是关于化学品及其安全使用的欧盟法规,这条法律在 2007 年 6 月 1 日开始生效。

REACH 的目的是通过更好和更早地辨别化学物质的特性来提高对人类健康和环境的保护。REACH 法规要求行业具有更大的责任管理那些有危害的化学品并提供物质的安全性信息。

REACH 条款将会在 11 年里分阶段实施。公司可以在指导方针文件中找到关于 REACH 的解释,也可以联系服务台;CEPI 已经发行了定期更新的纸质版的造纸行业细则。

依据 REACH 的第 2(2)条,废弃物,包括回收过程中不被认为是资源,是混合物或物品。所以 REACH 的目的是回收的资源(本身就是资源,与其他混合的物质或者是以物品的形式)都应当被看作是资源,依据废弃物条例的标准定义,在被当作是废弃物的一部分之后,这种回收的资源应当停止被浪费。

相反,回收的废纸也可以继续被循环利用在 REACH 的实施条件下。这可能需要在特殊情况下,例如在某些回收废纸物中的非废纸质类物质太复杂,依据现有的信息还不能遵循 RECAH 的规范,或者是当回收废纸还不能够确认是否能以废弃物的标准来定义它。

2.5.2　回收资源与 REACH

欧盟委员会在 2008 年 10 月发行的一份名为"废弃物和回收资源"的文件,其中阐明了 REACH 对废弃物和回收资源的一般原则,对主要回用物质包括纸在内进行了有用的说明,首先,文件承认了回收资源具有多项性这一自然属性:

"回收的物质可能含有杂质,这些杂质与非回收过程的相关原料不同。在特殊情况下,当回收的物质里包含有我们不想要的成分时,而这些成分并不具备作为回收原料的功能,且它们之所以出现在回收物质中,是因为它们就是在回收过程中混入的废弃物。这种不想要物质的含量和性质随着批次不同而变化(例如,时间和地点)。对于每一种情况下都需要进行大量的分析工作来确定其准确成分。然而,有些成分一开始便是有意地作为一种物质去混合而加入到里面的,它们在回收物质中的存在也许是没用的(取决于这种物质是否具有特殊的功能),因此它们可以被看作杂质,这不需要分开记录。"

第二,为了 RECAH 的目的,文件确立了回收废纸是一种物质(或者在某种情况先是两种或者更多种物质的混合体,见下文)。回收废纸主要是由纤维素浆组成。EINECS 定义纤维素浆如下:

"从木质纤维素物质(木材或是农业纤维资源)与制浆的一种或多种水溶液和/或是漂白剂的处理得到的纤维状物质。由纤维素、半纤维素、木素和其他微量组分组成。这些组分的相对量取决于制浆和漂白工序的程度。"

纤维素浆被列在 REACH 附件 IV 中,因此可以排除再注册、下游使用者和评估的义务之外。回收废纸也可能含有其他的成分,例如颜料、油墨、胶、填料等。根据回收和循环利用过程,这些组分在原料(纤维素浆)中没有特殊的作用,所以被认为是杂质。

基于以上因素,包含杂质的纤维素浆的回收废纸将被免除注册、下游使用者和评估的义务。

如果回收废纸的等级含有非纤维素浆的量超出20%(质量分数),那么这部分将会被认为是添加物质,这种等级的废纸将会被视为纤维素浆和物质的混合体。这需要回收废纸的特征来找到回收废纸等级的典型组成;这些特征在2008年的11月第一次被CEPI收录,并且会被定期重复,并不需要一批一批地进行检测。

纤维素浆被从REACH的主要内容中剔除,而被列在附录Ⅳ中。回收废纸中的其他物质可能也被剔除,而被收录在REACH的附录Ⅳ或Ⅴ中,或者是根据REACH法规的第2.16节排除该物质。在任何情况下,物质必须进行鉴别,以防止其已在2(7)条中注册过。

最后,根据文件中给的指导方针确定是否物质和已经注册过的物质是同一种物质。

在评估是否回收的物质和已经注册过的物质相同或者两者是否有什么不同时,回收装置需要遵循对物质鉴别和数据共享的一些指导规则。特别是,应当注明这是一个回收装置需要自己做的一个评估。欧洲化学品管理局并没有对"同一性"给予确认。

然而"对于已经被定义好的物质的组成(单组分和多组分物质)在原则上名称完全相同的物质足够可以分享数据,即使某些杂质可能会导致不同的分类/危险的概述。当所有的数据都清晰地显示不适用于其他物质,只有在以下情况下,这些物质才可以看作是不同的(例如,在物理性质非常不同的情况下,并且这种物理性质对它的危险的性能具有非常重要的影响,像水的溶解性)"。

同一实体或者是相同的回收供应链不需要进行重复注册,这是没有意义的。这是非常常见的,某人已经更早地注册了这种物质。

2.5.3 信息:REACH 的要求及可能性

第2(7)条规定"根据标题Ⅱ与已经注册过的物质相关的第31条或第32条的信息可以用于回收建设。"

条款中没有进一步说明信息是如何获得。一些信息只应用于物质方面。杂质是物质的一部分,信息不是,因此杂质只适用于杂质本身。

欧盟委员会已经邀请了相关行业的协会包括CEPI制定一个安全资料表(SDS)的文件,或者,不需要SDS的地方,会对回收材料的安全使用提供其他方面的信息。一个称为废弃物回收行业链(WRIC)的特殊组织草拟了一份文件,这份文件将会在2009年3月26日呈现给相关的委员会。委员会很喜欢这个文件,并将其转换成ECHA指导方针文件。

CEPI也加入了WRIC的工作,这项工作主要是根据已经认可的指导方针草拟和发表通用安全信息表,作为WRIC指导文件的附录,就像其他废弃物具体的附录比如金属碎片。CEPI已经出版了回收废纸的通用安全信息表并且也会在CFPI网站上不断进行更新。

按照第32条和第34条规定,整个供应链的任何参与者都有责任对其上游和下游供应链进行信息交流;同时根据REACH法令的第36条,各个参与者要保证信息得到应用。

CEPI起初是想请欧洲协会油墨和黏合剂供应商发布有关安全信息表的信息。然而REACH法令的精神是:当有新的相关物质进行鉴定或是得出新的信息时,每一个参与者都有责任通知供应链,并在供应链中进行信息交流。同时为了使安全信息相继更新,CEPI也应该得到通知。

特别是这些获得的信息可以用于监控转换成印刷产品并进口到欧洲的化学安全性。

2.6 废纸循环利用的残渣、填埋法令和预防

废弃物法令在很多方面影响循环利用,不只是在收集和回收废纸质量方面。它也可以通过对副产品、残渣和废纸回收工厂垃圾的管理进行调节。

然而在欧洲许多国家,填埋已经变成了一种非商业化的选择,一些被认可的权威机构并没有对从循环利用过程中产生的残渣的管理给出其他的处置方式的选择,这限制了造纸的循环利用。更重要的是,这似乎不可能在工业生态学得到实践。

表 2-1　造纸工业废弃物填埋量　单位:kg/t 产品

1990 年	2002 年	2006 年
76.70	27.80	19.17

注:来源:CEPI[16]。

新的废弃物法令也许会提供非常清晰的阐述,至少在废弃物操作过程中产生的副产品方面定义它为非废弃物,但是它们还是不得不遵循严格的 REACH 中的欧洲化学品规范。

另一方面,填埋法令可以有助于造纸工业从清理和回收过程中转移更多的废纸(表 2-1)。这个法令于 1999 年 7 月 16 日生效,目标是到 2016 年实现逐步转变。然而当地的权威部门通常在决定废弃物原料的处置选择上具有垄断性,造纸行业提倡回收作为更好的选择,并且提倡将所有的纸进行分类收集;因此填埋法令是一个潜在的非常有利的工具。

填埋法令的目标是使可生物降解的废弃物填埋率从 2006 年 6 月 16 日的 75% 降到 2009 年 6 月 16 日的 50%,降到 2016 年 6 月 16 日的 35%(表 2-2)。欧盟成员国宣布严重依赖填埋的成员国其每个阶段的目标日期可延长 4 年时间。

在 2007 年,欧洲从垃圾填埋场转移的回收纸潜力仍高达 20 万 t。相较于总耗纸量(100 万 t),似乎已达到并超过目标 35% 填埋,但进一步的转移对于提高废纸的可用性和实现指令的

表 2-2　欧盟减少可降解城市废弃物填埋的目标

2006 年 6 月 16 日	2009 年 6 月 16 日	2016 年 6 月 16 日
75%	50%	35%

注:来源:直接填埋。

总体目标有所帮助,因为其他废物流可能在涉及实现分离时更加困难。在一些国家,为了响应法令,一些进行无害废物和惰性垃圾填埋的大型垃圾填埋场于 2009 年不得不重新装备或关闭。

指令不会涉及填埋中对污泥土壤的传播,惰性废弃物的重新开发和重新储藏,也不会涉及工业废弃物。

废纸回收利用的可持续增长需要对生态设计的重视和对废弃物的预防,在造纸链中是非常困难的部分,而且必须保证得到欧盟废纸回收宣言的支持(见第 2 章的 4.1 节)。通过加入宣言,整个废纸回收链的参与者必须承诺自己采取有效的行动,特别是纸产品的生态设计,从而提高 2010 年的废纸回收率。

废纸预防不仅会减少初生代废纸量,而且会减少废弃物中危险物质的存在,并且由于专注于回收产品的技术,在每天的应用实践中似乎造纸工业已经实施了很多预防措施。如果不正确地理解废弃物的预防,它将变成该行业的一个限制因素。

新的废弃物法令在 3.12 条对废弃物预防做了如下定义:

预防意味着在资源、原料或是产品废弃之前采取措施,这可以减少:

a)废弃物的数量,包括对产品的二次利用或者延长产品的使用周期;

b)产生的废弃物对环境和人类健康的危害;

c)在原料和产品中有害物质的含量。

例如轻型纸和图书用纸就符合条目 a)的要求;循环利用(与填埋对比)高质量的回收规划支持资源的高效利用符合条目 b)的要求;生态设计贯穿整个造纸价值链,除去了应用于造纸工业中的辅助材料的有害物质符合条目 c)的需求。根据需要可以很容易地从讨论内容部分找到更多的例子。

2.7　包装和包装废弃物条例

包装和包装废弃物条例(PPWD)是唯一一部对纸和纸板设定回收和再利用目标的欧洲法规。在许多国家由于需要设置回收计划,该条例可应用于回收过程中。

在这些目标中,这些年以纸为基质的产品一直做得很突出,到 2008 年 12 月 31 日达到回收率 60% 的目标,在 1997 年就已经实现了,并且在 2007 年估计回收率已经达到了 80%(见图 2-2)。这些目标随着包装原料的不同而不同,例如,对于塑料来说回收率目标仅为 22.5% 。这种相互竞争的包装材料之间目标的不平等有时会引起争论,关于法令引起的原料之间的市场偏向的讨论。这与法令本身有一些自相矛盾,因为它设立的初衷是为了阻止和减少包装和包装废弃物对环境的影响而确保循环再利用在内部市场的作用。

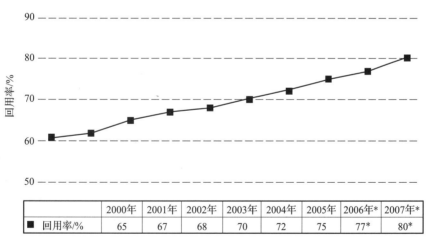

	2000年	2001年	2002年	2003年	2004年	2005年	2006年*	2007年*
■ 回用率/%	65	67	68	70	72	75	77*	80*

图 2-2　根据 EU27 包装纸的回用率。欧盟出版的数据滞后 2 年。

CEPI 对于最新 2 年是估计数据,CEPI[19]

注:*估计。

条例也变得非常重要,在定义包装生产、设计和 CEN 包装标准包括包装循环利用的"本质要求"。

条例似乎在经济增长过程中解除了对环境的影响方面取得了成功:欧盟提供广泛的数据反驳了对包装废弃物问题原有的看法。虽然 GDP 从 1998 年到 2006 年 9 年之内增长了 40% ,而在欧盟市场包装量仅增长了 11% ,然而包装的填埋量实际上却减少了 33% 。

除了极少数的特殊情况,欧盟的 27 个成员国已经取得了令人瞩目的成果,大幅度地减少了废弃物的填埋量。虽然达到包装用纸回收率60%（包括回收利用和其他形式的回收）有不同的时间表，欧盟27个成员国的平均回收率已经达到了69%，其中15个注册成员国显示平均回收率达到了具有标志意义的72%，超过了预期目标。取得的成功可以归功于纸质产品的成功回收利用。

根据欧盟委员会的数据显示，包装用纸的平均利用率已经达到预期目标的55%以上，虽然达到目标的截止日期范围是从2008年到2015年。此外，填埋废弃物的处置方法的使用频率已经有了显著的下降，正如上面提到的，在包装废弃物处置方面，仅希腊和葡萄牙有微小的上升。

2.8 废弃物的运输规则

用过的包装就像其他产品结束了其生命周期，之后对于循环利用来说是一个非常有用的材料。在全球市场上回收废纸已经变成了一种商品并在全球经济中起着关键的作用。全球运输废纸和纸板产品一直遵循着2007年7月12日颁布的废弃物运输法规。回收废纸在附录V中的第一部分列表B中，通常简称（理解）为绿色列表。回收废纸不包括那些违禁出口产品［见Basel会议第1（1）（a）条］。那些绿色列表中废弃物的出口在OECD国家或者是和EU达成协议的其他国家不必履行通知和批准程序的义务，可以在正常的商品业务下完成。然而，为了提高跨国运输的追踪能力和预防废弃物运输的非法行为，附录Ⅶ表的制作还是有必要的。这在一定程度上提高了回收废纸贸易的管理费用，但是会像造纸行业倡导的那样提高运输的透明度。

一旦回收废纸被归类到二次利用原料（非废弃物），它就不会在废弃物运输规则下执行，并且附录Ⅵ也会被正在使用的回收废纸鉴定系统所取代。

2.9 回收再利用与食品相关的法规

与食品相关的原料就要遵循相关的食品规范和药品生产质量管理规范，它们中没有关于纸盒纸板的详细条款。

原料（直接或是间接）和食品相关的一般要求是："必须不能将自身的成分转移到食品中从而危害人类的健康或是改变食品的成分或是感官特征"。应用于纸质产品，但是欧洲标准并没有详细的措施指导纸和纸板如何遵守这些要求。

相反，正在使用的是一些国家（例如，德国提议BfR XXXVI）或者是地区（北欧或欧洲委员会）标准，有的是不必要的约束，有的是简单的禁止回收废纸。为了填补欧洲标准这个空白并且以最新的科学知识来更新现有的标准，纸包装链已经在2010年出版了行业指导方针。准备设定单独的与食品相关的欧洲纸和纸板行业标准，并且这个标准被消费者和政策制订者所接受。

这个行业标准为管理与食品相关的纸和纸板的循环利用制订了详细的准则。无意微量添加物（NIASs）将会出现在所有的包装材料中，并且完全鉴定它们和全部消除它们也是不可能的。造纸行业将会通过筛选原材料以确保产品中NIASs的含量最低。

这个行业规范需要操作员做一项生产风险分析来鉴定所有的与食品相关的最终产品的潜在影响。举个例子，这种风险分析可能会将不适合的原料或回收废纸排除在外。将风险控制在可接受的水平需要一个质量监管系统,遵循的法规,同时满足客户的要求。

2008 年 8 月实施的 GMP 法规定义了整个包装行业有关避免食品安全的所有有效的生产实践方法,例如 2006 年在 ITX 上所描述的。食品专家认为纸和纸板包装已经遵循了相关法规。然而,为了保证 EU 法规的连续性,旧版的造纸行业 GMP 在被重新编写后于 2010 年出版。

为了保证与食品相关的回收操作的安全性,巩固 EU 立法规范,行业的自愿措施主要基于以下几个关键点:

① 对于回收废纸质量进行合适的选择。

② 价值链间的相互合作以确保设计出造纸产品中的辅助材料的再循环利用能力,如油墨,黏合剂等。

③ 适宜工艺流程的选择。

④ 药品生产质量管理规范操作,包括关于回收废纸来源指导方针的实施。

⑤ 成品测试以确保大量已知的潜在污染物不在回收的纸和纸板中。

Pira Peer 评审报告(2009 年 3 月)对这份行业规范做出了总结"这是非常明显的,比起现存的国家法规来说,这份行业法规有效地规范了安全循环利用纤维的准则"并且它与欧洲条例的要求保持一致。"对比国家法规,该项行业法规为回收利用纤维包括纤维来源、洗涤过程和检测规格提供了更加严格的规范,比起欧洲理事制定的规范,其优势是减少了一些复杂的规范。"

参考文献

[1] Directive 2008 [98] EC on waste, Official Journal of the European Union, 22. 11. 2008, L312/3.

[2] WRAP. Kerbside Recycling: Indicative Cost and Performance (online) 16 July 2008. [Referred 31. 8. 2009]. Available at: http://www. wrap. org. uk/downloads/kerbside_collection_report_160608. bc7a04d1. 5504. pdf.

[3] CEPI Guidelines for Transposition and Implementation of the Waste Directive 2008 [98] EC (Online) March 2009. [Referred 31. 8. 2009]. Available at www. cepi. org.

[4] EN 643. 2002. European List of Standard Grades of Recovered Paper and Board (Online). Brussels: CEN. [Referred 31. 8. 2009]. Available at www. cepi. org.

[5] Regulation 1935/2004 of 27 October 2004 on materials and articles intended to come into contact with food, Official Journal of the European Union, 13. 11. 2004, L 338/4.

[6] ERPC. European Declaration on Paper Recycling 2006 – 2010 (Online) September 2006. [Referred 31. 8. 2009]. Available at: paperrecovery. eu.

[7] ERPC. Deinkability scorecard; Deinkability calculator; Issue sheet on deinkability; Optimum recyclability of Printed Graphic Paper (Online) March 2009. [Referred 31. 8. 2009]. Available at: paperrecovery. eu.

[8] CEPI. Guidelines on responsible sourcing and quality control (several documents, updated constantly) (Online). [Referred 31. 8. 2009]. Available at: www. cepi. org.

[9] CEPI. Website for recovered paper identification system (Online). November 2008. [Referred

31. 8. 2009]. Available at www. Recovered paper – id. eu.

[10] Regulation (EC) No 1907/2006 concerning the Registration, Evaluation, Authorization and restriction of Chemicals(REACH),Official Journal of the European Union,29. 5. 52007,L 136/3.

[11] CEPI. CEPI guidance documents for implementing REACH in pulp and paper industry(ENV [079] 08)(Online)2008. [Referred 31. 8. 2009]. Available at www. cepi. org.

[12] European Commission. Waste and Recovered Substances(CA [24] 2008 rev. 2), October 2008. Brussels:European Commission.

[13] EINECS number 265 – 995 – 8. European INventory of Existing Commercial chemical Substances(EINECS). Available at:http://ecb. jrc. ec. europa. eu/esis. index. php? PGM = ein.

[14] European Chemicals Agency. Guidance on registration (Online), May 2008. [Referred 31. 8. 2009]. Available at http://guidance. echa. europa. eu/docs/guidance_document/registration_en. pdf? vers = 26_11_08.

[15] CEPI. Generic Safety Information Sheet – Recovered Paper and REACH. (Online). April 2009. [Referred 31. 8. 2009]. Available at www. cepi. org.

[16] CEPI. Sustainability Report 2007. Brussels,November 2007:Confederation of European Paper Industries.

[17] Directive 1999[31] EC of 26 April 1999 on the landfill of waste,Official Journal of the European Union,16. 7. 199,OJL 182.

[18] Directive 94[62] EC on packaging and packaging waste,Official Journal of the European Union, 31. 12. 1994,OJL 365/10.

[19] CEPI. Packaging newsletter 2008 (Online), June 2008. [Referred 31. 8. 2009]. Available at www. cepi. org.

[20] European Commission. Packaging data(online), June 2008. [Referred 31. 8. 2009]. Available at http://ec. europa. eu/environment/waste/packaging/data. htm.

[21] EN 13430:2000 Requirements for packaging recoverable by material recycling. Brussels:CEN.

[22] EUROPEN (the European Organization for Packaging and the Environment), Press release March 2009. Brussels:EUROPEN.

[23] Regulation 1013/2006 of 14 June 2006 on shipments of waste,Official Journal of the European Union,12. 7. 2006,L 190/1.

[24] Regulation 1935/2004 of 27 October 2004 on materials and articles intended to come into contact with food,Official Journal of the European Union,13. 11. 2004,L 338/4.

[25] Regulation 2023/2006 of 22 December 2006 on good manufacturing practice for materials and articles intended to come into contact with food, Official Journal of the European Union, 29. 12. 2006,L 384/75.

[26] INGEDE – Method 11:Assessment of print product recyclability. Available at www. ingede. de.

第 ③ 章　废纸的收集、来源、分选、质量以及储存

3.1　前言

通常而言,废纸是通过家庭和工业/商业途径回收。

工业和商业途径收集的废纸来源种类多,包括:商场、公司办公室、政府和公共机构办公室、纸类加工厂(如印刷厂和瓦楞纸板厂)。

工厂和商业废纸来源的收集相对容易,在造纸厂需要废纸作为原材料的国家,首先考虑的就是这种来源的废纸收集。废纸收集率低的国家倾向于工业来源的废纸。另外,工业来源的废纸干净、均匀,收集费用低。特别是印刷厂和包装纸厂切边整理的废纸[例如:白色浅印多层纸板(3.12),白色书面纸切边(3.18),瓦楞纸板切边(4.01)]的二次原材料。不幸的是这种来源的废纸不足,并且依赖于纸品总消费量。

为了满足废纸的增长需求,已经挖掘出其他废纸来源,包括:家庭收集的废纸和小型公司的废纸。这种来源的废纸的收集比较难,并且需要建立专门的收集体系,包括回收站和街边收集箱。从收集箱中获得的废纸需要经过严格的分类才能提供符合工业需要的废纸。一般来说,这种废纸混杂,并且含有的杂质比工业废纸多。家庭把使用过的废纸和纸板免费给市政回收公司,或者给政府允许的个体废物管理公司。与从工厂收集的废纸级别不同,从家庭收集的废纸,如混合的纸和纸板(1.02)或者图文纸用于脱墨(1.11),需要更多的资金投入运输、分类和交易。在废纸回收率高的国家,已经建立了多种体系收集家庭废纸。建立这些体系,为了保证公众主动参与使用过的纸回收,必须向他们强调纸回用对于环境保护的重要意义。

根据收集到的回收纸的来源,必须明确未消费和后消费回收纸的概念。美国环境保护总署将回收废纸分为两类:

后消费废纸有纸、纸板,来自零售点、办公室、家庭的纤维材料。这种纸产品经消费者终端消费,并且与城市固废分开放置。未消费废纸是指纸和纸板材料来自生产、包装和陈旧存货纸产品。

家庭通常将他们的废旧纸张和纸板免费提供给市政回收公司或者是市政管理者所有的私人废弃资源管理公司。和从工业中回收的废纸相比,家庭回收的废纸的分类,比如混合了纸和纸板或者筛选要脱墨的绘图纸,需要在运输、分选和市场上投入更多。在再生纸回收率很高的国家,回收家庭废纸有专门设立的一系列回收系统。在建立这样的回收系统中,重视再生纸回

收对环境的重要性是非常关键的,再生纸回收是为了引起公众的热情,并参与到提高废纸的回收中来。

根据再生纸回收的来源,在消费前和消费后再生纸之间有一个明显的区分。英国环境保护机构是如下定义这两种再生纸的:

消费后的再生纸包括纸张、纸板和从零售店、办公室和家庭中回收来的纤维材料,这些材料已经提供了他们作为消费产品的最后用途,和从城市生活垃圾中分拣出来的纸张。

消费前的再生纸即纸张,从制造业和包装业的纸板材料以及毁坏的旧存货纸张。

在回收系统和设备之间根据他们的操作模式也可以做一个区分。在回收系统中,废纸的生产者是终端用户,他们将废纸带到了集中收集点。在回收系统中,废纸是在每个独立的一般回收点回收,比如一个家庭或者一个办公室。

如上所述,这两个系统运行的不同之处在于涉及的是消费前收集还是消费后收集。

如图3-1所示,根据废纸来源大致概括了废纸回收的基本方法、回收系统和设备,在下面的章节将进一步详细介绍。在回收率很高的工业化国家,家庭回收、工业回收和商业回收在整个回收中占有基本相同的比重。

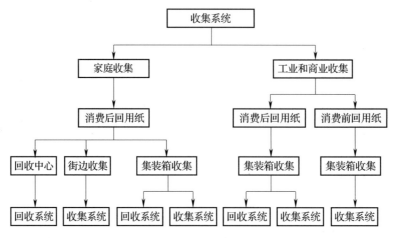

图3-1 基本废纸回收系统

3.2 回收系统和设备

3.2.1 消费前再生纸

消费前再生纸中过度消耗和残留物转化(比如纸屑和纸边)形式的废纸是通过挑拣系统回收的,挑拣系统通常由再生纸回收零售商运作。挑拣系统通常从工业和商业公司中回收废纸。集装箱会定期更换或清空,使用或者不使用压实设备。垃圾压缩的回收车很少用来压缩废纸。

传统再生纸零售商正面临着来自垃圾管理公司日益加剧的竞争,这些垃圾管理公司的业务不仅仅是废纸,还有其他材料,比如玻璃、塑料和木材,并且他们还可以提供更大的方便和灵活。

大部分消费前废纸是通过挑拣系统回收的。

3.2.2 消费后再生纸

来自货物解包的再生纸被归到了消费后再生纸,比如超市里的包装纸。消费后再生纸回收系统和消费后再生纸回收系统的挑拣系统是一样的。

相反,家庭废纸的回收就有诸多不一样的回收系统。这些系统是根据人口结构(人口密度和郊区或者是城市区域)、房屋结构(市中心,高层建筑,独栋房屋)和使用再生纸的习惯来选择的。这是挑拣系统和回收系统的一个区别,两个系统都已经应用多年了,比如在德国。

3.2.2.1 挑拣系统

(1)集装箱收集

在家庭废纸回收的挑拣系统中最开始使用的是容积 120L 或 240L 的集装箱,比如单箱和多格的集装箱。之后准许分开回收不同的二次材料,比如纸张,金属和玻璃。特殊的交通工具多层集装箱是必需的,以确保不同的材料是分开的。只用于再生纸的 $1.1m^3$ 大单格集装箱经常用来回收大公寓楼里的再生纸。

用单格集装箱收集来自家庭的废纸时,这也是最常用的回收方式,印刷图纸就会和纸张及包装材料纸板混合在一起。这个困扰可以通过使用两个废纸回收箱或者使用一个多层的回收箱来分开处理和回收印刷图表纸废纸和包装材料。这些回收纸可以再利用到不同的领域,不需要通过高强度的人工分类整理,这对从混合的废纸回收系统中分离出印刷图表纸是很必要的。

(2)街边收集

街边收集通常通过慈善组织和个人组织来安排。他们通常收集到成捆的印刷图表纸废纸。当地的人们在特定的时间会将成捆的新闻纸和(或者)杂志纸送到街边回收站。回收组织将这些废纸挑拣出来送到附近的工厂,工厂会付给他们酬劳。

遗憾的是,回收废纸价格的剧烈波动基本上已经使德国的街边回收完全失去了信心。在瑞士,街边回收废纸一直在造纸行业占有重要的地位。可能是因为瑞士的造纸行业一直都在支持并在财政上帮助街边回收,即使直接从回收废纸零售商那里买废纸更省钱。

3.2.2.2 回收系统

(1)回收集装箱

在回收系统中经常使用容积大于 $5m^3$ 的集装箱。这些集装箱安放在中心且容易到达的位置,并且定期清空。他们可以是单箱的集装箱,只用来收集纸张,或者是多层的集装箱,用来收集不同的材料,比如纸张、玻璃和金属。是使用单箱的集装箱还是使用多层的集装箱取决于当地适用的交通工具和回收的材料。

集装箱可以就用一个单箱的集装箱清空到垃圾回收车上,也可以换一个空的。当使用多层集装箱时,垃圾回收车必须适合多层集装箱系统,避免将材料混合。在多层集装箱中,整个集装箱必须更换或者清空,即使一些隔层不是很满。这就意味着回收频率必须做相应的调整。

避免集装箱或者隔间溢出是很重要的。否则,人们会把材料丢到为其他材料准备的空集装箱或者隔间,这样回收站就会变成垃圾堆。单箱集装箱的主要优势,即回收间隔可以根据材料的可利用性来调整。集装箱越快填满,就比越慢填满的集装箱的清空频率越大,或者就可以使用更大的集装箱。使用过的印刷图表纸和包装纸可以用两种不同的集装箱来分开回收或者采用多层集装箱。

（2）回收中心

在德国的一些地区,材料在一个称作回收循环中心的地方回收,在那儿市政府雇员处理各种各样的材料。这个系统的缺点是只能在特定的时间处理回收物。处理不同材料的可能性弥补了系统的处理时间不灵活这一不足,比如涂料、油漆、废旧电池及机油。

3.2.3　不同回收系统的效率

人均废纸的回收量在不同的系统中取决于多种因素,比如回收频率、人口密度以及集装箱的大小。1994 年德国不同城市、社区和地区的一项分析显示,人均年废纸回收量为 32 ~ 53kg,具体取决于使用的回收系统。2005 年 6 月在德国社区的一项调查结果显示,不论使用何种回收系统,人均年废纸回收量上升到了 70 ~ 80kg。现在回收废纸的成功主要依赖于垃圾管理经济学。

在人口密集的地区挑拣回收系统仍然是首选,虽然受到需要一个额外废纸集装箱空间的限制。在人口稀少的地区回收集装箱系统更实用。给集装箱找到最合适的位置(干净且有吸引力,交通方便,离家很近)对确定回收能力和满足目前对回收废纸纯度的要求很重要。如果,不能设置足够数量的集装箱,在人口密集的地区设置集装箱回收废纸总是一个可行的选择。

在德国的一些地区与英国、法国一样,从家庭回收废纸是一个称为多材料集装箱回收系统材料循环系统的一个组成部分。在这个系统中,家庭有一个回收几种材料的单独的集装箱,比如涂料产品和包装材料,包括液体包装、塑料包装、金属包装和织物包装。玻璃通常是分开回收的,为了不在纸和纸板中掺杂玻璃碎片。

尽管这种多层集装箱系统也可以回收再生纸,但是他需要许多昂贵的设备和人工挑选。再生纸也可能被包装材料、金属箔材料和塑料瓶泄露出来的液体污染。因此造纸行业对于这种回收系统在再生纸回收中的使用持保留意见。根据欧洲标准 EN643(See Annex:欧洲回收纸和纸板标准等级列表),多层集装箱回收系统回收的再生纸必须做特殊标记。不做标记就将这些再生纸与其他纸和纸板混在一起是不允许的。根据第 2 章的叙述,2015 年以后,欧洲国家将不再允许进行混合回收。

多层集装箱回收系统回收的再生纸禁止使用在一些材料和必须符合国际或者国内关于食物接触的卫生制度要求的纸和纸板生产中,这些纸和纸板禁止将来自多层集装箱系统的再生纸和其他没有特殊标记的再生纸混在一起。

通常,从垃圾挑拣站回收来的纸和纸板在造纸行业使用是不合适的。

3.3　再生纸的来源

关于再生纸回收系统没有相关的国际数据。德国的数据显示,从 1998 年以后,从家庭中回收的再生纸量已经从 50% 降到了 40% ,工业和商业回收却上升了。这是因为在 1998 年从家庭中回收的废纸量已经很大且很完善了,约 6Mt。到 2007 年有少量提高,提高了 30 万 t(表 3 - 1)。另外一个原因就是越来越多的消费者将包装材料直接留在了超市里。以家庭回收为 100% 计,回收集装箱的收集量在 1998 年到 2007 年间从 47% 下降到了 21% ,同时挑拣集装箱的回收量在此期间却从 39% 上升到了 60% 。在同一时期街边回收保持相对稳定,回收量为 5%，其他回收系统的回收量从 8% 提高到了 15%。同一时期工业和商业的再生纸回收量上升了大概 50%，从 620 万 t 上升到了 960 万 t。

表 3-1　　　　　　　　1998—2007 年德国的不同废纸回收系统回收量[6]　　　　　　单位:%

德国废纸收集	1998 年	2000 年	2002 年	2004 年	2006 年	2007 年
工业和商业回收	50.4	54.1	55.7	57.8	59.9	60.3
家庭回收	49.6	45.9	44.3	42.2	40.1	39.7
其中						
集装箱回收系统	47	41	38	24	21	21
分拣集装箱回收系统	39	47	51	67	57	60
街边垃圾回收系统	6	5	4	4	9	4
其他系统	8	7	7	5	13	15

在像德国这样的国家，消费后再生纸的回收还不是很完善，可能还有很大的再生纸利用空间。

3.3.1　西欧的纤维流向

图 3-2 所示为欧洲纸业联合会(CEPI)国家 2008 年纸张回收概况,涉及生产和消费各个阶段的纸张量。具体包括以下四类产品:

① 包装纸和纸板;

② 图表纸;

③ 卫生纸;

④ 特种纸。

CEPI 国家在 2008 年生产了 990 万 t 纸和纸板。在原料总量中,近 490 万 t(用量的 49%)为废纸和 650 万 t 为原生浆。欧洲市场纸和纸板产品消费量 8740 万 t,纸和纸板出口量 1160 万 t。

包括包装和印刷废纸,比如切边纸以及算上过刊,在 CEPI 国家总共使用 7840 万 t 再生纸和纸板。除去一次性纸、不回收的纸和纸板产品以及不可回收的纸量,理论上来自终端消费的潜在回收纸量是 7220 万 t。这个数字加上 900 万 t 的过度消耗和包装切边纸就是纸产品的最大吨数,这些纸产品可以从工厂、商业场所和终端消费,包括家庭回收。

除去 70 万 t 用于其他用途的再生纸,约有 5000 万 t 回收纸用于造纸工业,回收途径包括家庭、办公室以及商业和工业。在 CEPI 国家家庭废纸回收率达到了 45% 的平均水平(商业和工业为 43%,办公场所为 12%)如果考虑来自包装、印刷和过度消耗的纸张纤维,在西欧回收了 5970 万 t 废纸。除去出口的净重 1040 万 t 和用于纸产品之外的 70 万 t,在欧洲仍然有 4860 万 t 回收纸用于造纸行业。

总共有 2150 万 t 纸未能从终端用户回收(不包括 620 万 t 不可回收的纸),用于其他用途,比如焚烧(590 万 t)、堆肥(40 万 t)及其他(20 万 t)、填埋 1500 万 t。

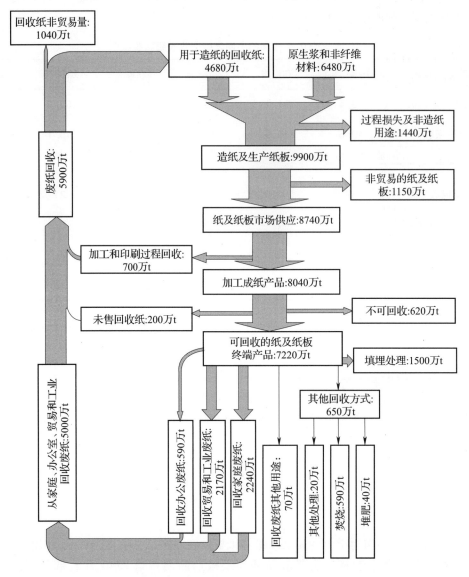

图 3-2 2008 年 CEPI 国家的纸、纸产品和废纸回收情况[7]

3.3.2 再生纸的潜能

　　一个国家或地区再生纸的潜能可以用下面的公式简单的推算：以纸的消费量为基准，约多出 3% 是有必要的，用来生产纸产品。这些纸产品被消费者使用。从不同的再生纸来源估算有 18% 的不可回收的纸产品，这个数据反映了大部分特殊用途的纸，比如卫生纸和其他用途的纸，比如点燃壁炉的新闻纸，在生物垃圾集装箱中处理用来包装有机食品的新闻纸，或者用来堆肥的纸。这些剩余的纸产品代表了再生纸的理论回收潜能。减去净出口的再生纸量就是潜在的可利用的再生纸量。了解再生纸的消费，残留的再生纸量就是那些没有回收而是填埋或者燃烧的再生纸。在德国 2008 年剩余的废纸量仅有 130 万 t，即 8% 的潜在理论回收量。如图 3-3 所示。

图 3－4 为从 1980 年起世界、CEPI 国家和德国剩余的和未被利用的再生纸潜能的发展。从图 3－4 可知，未利用到循环系统的废纸量从 1980 年的约 60% 下降到了 2008 年的 8% 。在 CEPI 国家同一时期的下降量要少一些，从 1980 年的 62% 下降到 2008 年的 21% 。根据同一的全准则进行全球概算，并假设全球回收纸净贸易为零，结果趋势相同，但幅度要减少。从 1980 年的 64% 下降到 2007 年的 37% 。全球 12300 万 t 的再生纸回收潜能原则上是可以在未来回收的。

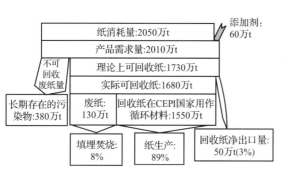

图 3－3　2008 年德国废纸回收潜能

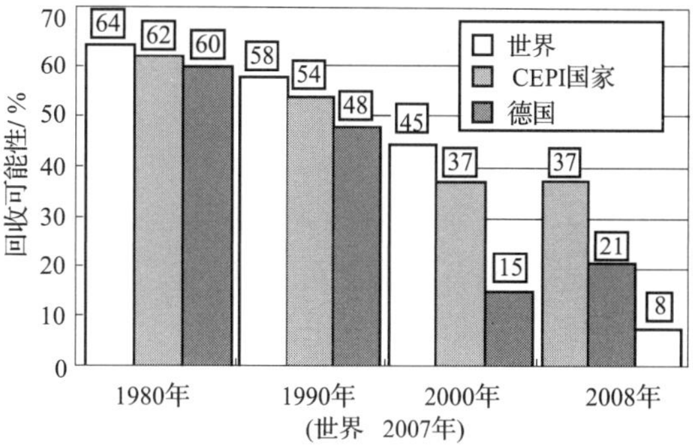

图 3－4　从 1980 年起世界、CEPI 国家和德国废纸回收潜能中理论上浪费纸的比例

假设其他欧洲国家的回收量和德国的一样（在 2008 年为纸消费量的 78% ），欧洲的废纸回收率应该上升 16% 或者说约 1000 万 t 。以 2007 年世界总的纸消费量 39200 万 t 为基础，可以回收 30900 万 t 废纸，这比现在的数据要多 9700 万 t ，或者高 47% 。增加的废纸回收量主要来自中国（30% ）、美国（21% ）、欧洲（17% ）。这些理论上的考虑明确显示仍然有很大的潜力在全球回收更多的废纸。

3.4　再生纸的分选

再生纸贸易除了需脱墨的图表纸外也包括未分选的混合废纸，其与市场上的混合纸和纸板一样。分选过程是否有利可图的决定性因素是分选等级（超市的瓦楞纸和纸板）和混合等级间的收益差异。因为行情会影响再生纸分选效率的，再生纸贸易中的废纸等级和数量也应随行情合理波动。为了确保在稳定质量等级下进行纸张产品的充足供应，纸张生产需要充足的高质量且质量稳定的再生纸的稳定供给。这一要求导致了投诉激剧增加，对再生纸质量控制的要求也引起了同样的反应。

再生纸分选一直主要依靠人力，是一项劳动密集的工作。在最近几十年里，自动分选再生纸已经发生了很大的进步，在欧洲已有好几家再生纸自动分选厂在运行了。一般说来，随着再生纸回收量的增加，回收的纤维材料越来越多样而且容易被非纸张材料污染。如果再生纸作为组分之一通过多种材料多组分系统回收，分选就会很麻烦并且需要一些设备，比如网格鼓来分离细小组分，磁选器来分离金属，鼓风机来分离质量轻的组分。不考虑自动分选的程度，回收纸部分通常需要最终的人工分选。

3.4.1　人工分选

用作造纸行业原材料的回收纸通常是与其他材料分开回收的，因此必须进行人工分选。

倾斜运输机和不同速度的分拣皮带通常设置以很高的速度运行,其他辅助设备也是必需的。在分选皮带旁有几个人在工作,除去那些不适宜的材料,包括非纸张组分,比如木材、金属、玻璃和塑料,以及一些对生产不利的纸和纸板,比如液体包装。

通常,以下参数决定人工分选过程分选的再生纸的质量等级:

① 喂料的质量;

② 传输机中物料的展开;

③ 每人单位时间的分选量;

④ 人工分选时工人的经验和热情。

人工分选所涉及的一系列工作主要决定于最初的回收纸。消费前回收纸,如封面切边纸,只需要低层次的分选,在一个点检查后就可以进入再生纸工序。相反,消费后再生纸,如来自家庭的回收纸,通常需要根据不同的回收纸等级的特定质量分选进行等级分类。这对于回收需要脱墨的图表纸就特别适用。

积极分选和消极分选的区别:

在积极分选中,回收材料从入口流中分选出去。这种分选方法分选出相对干净的原料。其缺点之一就是每人单位时间的特定分选量很低。

因为分开回收的纸产品组成主要是纸和纸板,含有的无用材料的量相对很少,消极的分选方法大多没有考虑达到一个好的回收量。只有无用的材料从入口流出分选除去。分选的回收纸可以根据成分来标记,比如混合回收纸,或者根据回收的源头来标记,比如从商业部门回收的纸。

消极回收通常导致质量等级很低,因为无用材料可能被忽视,残留在分选产品中。太高的分选皮带速度或者人员不足分选皮带可能导致大比例的无用材料进入分选回收纸中。

脱墨回收纸需求的增长已经造成了这样的一种状态。消费后回收的再生纸,这类回收纸主要是大比例的图表纸以及一小部分的包装材料,进入了改进的消极分选状态。无用的材料和包装材料分散到各个集装箱,允许其余回收纸张送入脱墨。分选除去的包装纸和纸板就根据他们的成分作为混合废纸或者商业部门回收的废纸卖掉。以这种方式分选小组分包装材料或者撕裂的材料,比如瓦楞纸板集装箱,就不能有理想的除去效果。结果就是一定量的包装材料保留在了送去脱墨的废纸中。

一般来说,纸厂的脱墨车间要求将图表纸和消费前回收的棕色包装纸分开回收。这样确保从一开始使回收图表纸中的包装纸比例相当小。这样就提高了脱墨分选的再生纸质量。

分选的产量很大程度上取决于回收系统:

① 分选集装箱中的混合废纸和纸板,产量约是每人每小时 0.7~1.2t;

② 从混合回收废纸中分选脱墨废纸的产量下降到每人每小时 0.7~1.0t;

③ 分选成捆回收图表纸的产量是每人每小时 1.0~1.5t;

④ 如果回收纸是多组分回收系统的一个组分,产量将随分选系统附属机械而降到每人每小时 0.4~0.7t。

如果回收纸在分选之前被压缩了,产量也会剧减。比如挤压式压实机、垃圾车为了提高装载量。这样处理的回收纸通常只能按混合回收纸出售。

3.4.2 自动分选

迈出回收纸自动分选的第一步大约是在 1987 年。从那以后,机器分选技术就用来取代人工分选。在这些机械程序中,不可脱墨的组分可以被分离,比如纸板。大约从 2002 年开始,光传感器和摄像技术已经在废纸分选过程中有应用。图 3 - 5 展示了德国采用的从人工分选开始的自动分选的步骤。

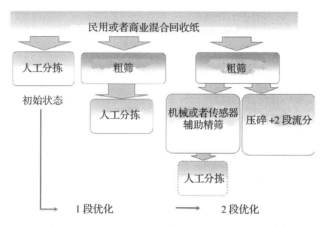

图 3 -5　自动化设备更有效地分选废纸混合物[9]

尽管在实际应用中有大量的不同的分离设备,分离原理还是依据纸料的性能和物理作用,具体如表 3 - 2 所示。

表 3 -2　　　　　　　　用于分离混合回收纸的工艺及分离原理

	筛分	间隙技术	纸钉	空气分离	颜色传感器	CMYK	NIR	气流分选机
尺寸大小	×	×		×				×
刚度	×		×					
颜色					×	×		
组分		×					×	
质量				×				×

3.4.2.1　初步粗分选

消费后再生纸的自动分选一般是从供给传输皮带喂料开始,传输和分散回收纸。筛选等级专门用在分离浆料流中积聚和耗尽某种浆料组分。图 3 - 6 展示了这一经常应用在回收纸分选中的工艺。

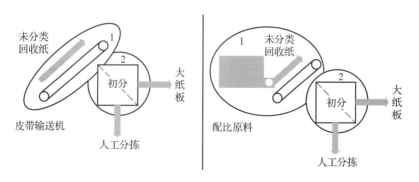

图 3 -6　废纸自动化粗分选

筛选效率取决于最初的回收纸质量。如果原料没有充分分离开，很多碎片就不能通过筛子，即使筛子的直径是允许其通过的。原因可能是，比如，一个大的纸板卡在一大堆回收纸的底部。如图3-6所示，原料通过倾斜的传输装置来分离，或者通过一个传输装置混合。

图3-6所示的初筛选将废纸流的各成分分离开来，他们的尺寸是如此的大且板滞以至于不能通过筛孔。通过初步分离出来的溢流成分通常包括大于300mm的碎片。下面这些筛选设备通常用来分离大的纸板产品。

① 冲击式分离筛　是支持材料运输的筛子，筛选效果是通过旋转效果体现出来的。这种旋转效果很明显，比如，通过偏心机轴来带动。图3-7所示即这样一种冲击式分离机。如图3-7(a)所示，筛的循环是通过偏心机轴带动的。

图3-7　冲击式分离器[11]

(a)偏心机轴带动的筛循环　(b)冲击式分离器

② 圆筛　包括一些纵向排列的驱动轴而且在圆盘上按一定距离安装。根据分离任务的不同圆盘尺寸各异，因此轴间距离也不一样。如图3-8所示，废纸流的传输由适配圆盘的轴的旋转来带动。

星形筛比圆筛理论上更理想，但是在这种筛子中不是圆的而是星形的"筛选元素"排列在旋转轴周围。

鼓筛是圆周上开有筛孔的圆柱体。根据他们欲达到的目的，筛孔的尺寸和几何图形不同。图3-9展示了鼓筛的内部结构。物料的传输是由鼓筛角度和转动动力共同控制的。

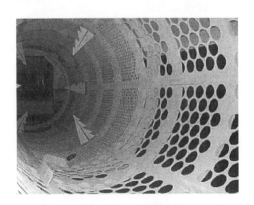

图3-8　圆筛[12]　　　　　**图3-9　滚筒筛[13]**

鼓筛内的配件可以让物料以希望的方式混合或者降低生产量。如图片所示，筛孔的几何形状和尺寸可以沿着鼓长方向变化。鼓筛通常是驱动物料穿过圆周的筛孔。

传统意义上开孔技术并不能完全代表一个筛子，尽管分离效果可以通过分选达到。图 3－10 展示了纸料是怎样通过传送带间可调间隙分离的。这种传输带的速度和间隙可以调节。间隙可以在横向、纵向上调节，已达到不同效果。

上述技术在分离大尺寸纸板产品时具有以下优点和不足。

① 优点：a.经实践证明的可靠的技术；b.停机维护时间短；c.安装通常没有重大重组；d.对非纸成分不敏感。

② 缺点：压溃的或者叠合的纸板产品不能排掉。

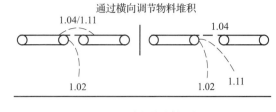

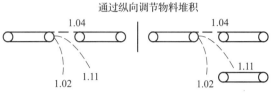

图 3－10　间隙调节技术以及对废纸分离的影响[14]

3.4.2.2　深入自动精选

下述工序展示了深入自动精选作为再生纸自动分选附加方式的效果。

① 通过纸针或者脱墨筛精选；

② 通过辅助传感器系统机械分离纸板产品和非纸成分；

③ 通过气流形式的后续分离来特定破碎纸料流。

这里必须注意的是要确保在这三步之前经过初筛选。

（1）纸针和脱墨筛

初筛选之后设置有一个精筛分离小的纸张碎片或者纸料流中其他通过筛孔的成分。精选中的分离尺寸通常在 100mm 左右。这对后续的纸料流分离非常有帮助，尤其是劳动力高度密集的细小组分的分离。图 3－11 所示为一般的粗分离和精分离的布置。原则上，精分离和粗分离使用的设备是一样的，不同的是筛的孔径大小和几何形状。

如图 3－11 所示，在再生纸料流通过纸针或脱墨筛之前应该经过粗分离和精分离的预处理。无论是尺寸大的或者尺寸小的组分都应该预先彻底的除去。图 3－12 展示了 Grumbach 现在改进的由 Bollegraf 制造的纸针的操作。在纸针中再生纸混合物通过一个底部有一排平行的 V 形皮带的传输装置带动的筛子，这些 V 形皮带装配有突出的钉子或者"长钉"。带钉皮带和传输带间的空间可以调节。挺硬的材料，比如纸板和纸盒，通过排列在 V 形皮带上的纸针挑拣。相反，柔软些的材料在纸针的压力下会弯曲就不会被钉住。通过这个间隙后，没有被纸针钉住的再生纸直接掉到除去皮带上。被纸针挑拣出来的挺硬的纸板和纸盒直接送往装置的末端，在末端通过反向转动轴和独立喷出从纸针上除去。

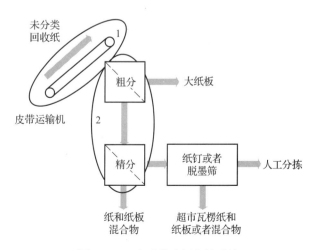

图 3－11　自动化废纸分拣系统

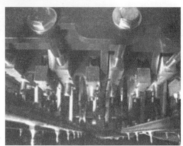

图 3-12　BHS 纸针用于废纸中硬纸板的自动分离[15]

　　图 3-13 所示为 BHS 制造的脱墨筛。它结合了磁力筛选技术和真空系统的优点。在真空作用下,脱墨筛的带孔转轴吸住全部的再生纸成分,使柔韧的成分从纸板材料中分离除去。

　　(2)纸盒或者有害物质的传感辅助分离

　　光学感知单元分选已经成功应用多年,比如塑料和玻璃。这一技术已经逐渐应用到再生纸筛选。图 3-14 展示了这一系统的一种典型设计。1 和 2 区实现上述功能。3 区所示为 3 种不同的光感知系统。他们可以感知棕色、印刷纸盒和非纸成分。根据标定,感知成分设定为分选脱墨图表纸或者外排的主产物流。然后主产物流送去后

图 3-13　脱墨筛选用于废纸中纸盒和脱墨材料的自动分离[16]

序的人工分选。在这个过程中,排出的组分不属于筛选的脱墨图表纸,但是仍然通过自动分级和筛选。

　　对通过感知单元的理想的筛选至关重要的是再生纸料流在喂料传输中良好分散。分散从倾斜螺旋或者分配仓开始。对于尺寸大的纸盒的粗筛选有助于生成大致均衡的物料层。自动除杂系统的气压推动强度不足以除去尺寸大的纸盒成分。所以这些纸盒必须提前筛选出去。除去细小再生纸组分的精细筛选也很重要,因为它简化了认知单元的任务。不仅减少了要感知的小碎片的数目,而且限制了他们的尺寸范围。最后但同样重要的是,为了进一步提高分离效果,通过感知来辨识材料的传输带被设计成加速传输带。

辅助以筛选技术，可以在感知系统前安置一个空气分离器。在空气分离器中，材料可以通过分离空间的变速传输带直接根据原始尺寸分离。可以调节强度和方向的空气流在传输带后以下落抛物线流过。那些尺寸大的、质量轻的粒子就送至筛选空间的后面，在那儿通过轻质材料传输带从分离空间运输除去。重的粒子

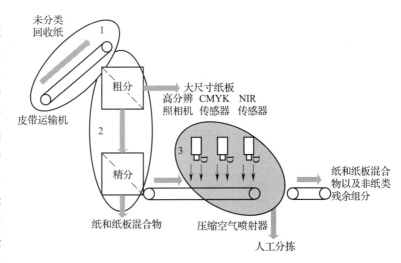

图 3-14　废纸自动粗分选和精分选以及带有压缩喷气的自动识别系统

就掉落到重质传输带上，重质传输带位于筛选空间的前端。

　　从混合等级中分选出脱墨图表纸的光感系统包括以下组分：

　　① 高分辨率彩色相机；

　　② CMYK 传感器；

　　③ NIR 传感器。

　　通过高分辨率记录下来的图像可以评估图像的处理和感知模式。最重要的性能就是被检测物的颜色和形状。辅以彩色照相机，就可以像识别染色纸那样识别棕色和灰色纸盒纸。根据制造来区分灰色新闻纸和灰色纸盒纸是一个难题。根据颜色来区分同样会出现错误。比如，杂志中的一个灰色区域可能错误的被鉴定为棕色纸盒纸。从彩色杂志纸中鉴别出印刷纸盒纸并将其放心地除去是不可能的。

　　CMYK 传感器可以识别物体是否印刷有 3 种或者 4 种颜色。识别蓝绿、洋红、黄色、黑色的 CMYK 传感器在彩色印刷中广泛应用。所谓的三色印刷没有掌控黑色。根据实际的纸盒纸印刷来看，通常不要求相当高质量的印刷图像。这也通常应用在三色印刷过程中。鉴于高分辨率彩色相机也可能将棕色纸盒纸错认为棕色印刷杂志纸，通过 CMYK 传感器的安全侦查更可能被考虑，正如棕色纸板很少通过粗糙的四色工艺来印刷。同样，用 CMYK 来识别彩色纸也是最佳选择，因为他们不会采用四色印刷工艺印刷，而杂志纸中的可识别颜色是采用四色印刷工艺印刷的。CMYK 传感器和高分辨率相机结合可以达到一个更高程度的安全感知。这两个系统均可以感知颜色且相得益彰。因此，这些传感器的结合可以对染色纸和纸盒纸进行相对安全的识别。它同样允许排出某种印刷纸板。

　　NIR 传感器在红外线波长范围内检测吸收作用。他们可以识别材料的整个波长区，类似于从多层集装箱收集中分选出有价值的材料。尤其是塑料和饮料盒，包括一些透明的涂层也可以识别，比如广泛应用在冰冻食物包装中的彩色包装。这使得这些传感器相应地得到校准。因此，NIR 传感器可以用来分选回收纸，来识别"外来"材料和其中的纸盒纸成分。

　　以下是光感知系统应用于回收纸分选上的优点和不足之处。

　　① 优点：a. 脱墨部分的高纯度；b. 纸和非纸成分无接触感知；c. 高层次的技术利用率；d. 感知作用的稳定长远发展的可开发性；e. 可以一定程度上通过互联网保持制造者对设备的

系统维护、系统监控和系统服务;f. 其他的分离标准也可以应用(灰分含量、黏性有害物质的感知,等等)。

②缺点:a. 相对 1.11 材料损失较大;b. 技术性复杂,因此只能进行有限的内部维修;c. 输入的材料必须先通过粗分选和精分选分离;d. 不同材料的铺开是必需的(单层覆盖);e. 只有一面可以感知。比如单面印刷的白色包装纸有 50% 的可能被错误分类;f. 资金消费相对较高;g. 能源和操作费用高(主要是动力和气压);h. 传输带的速度限制在 2.8m/s,这是某种纸成分在更高速的传输带上开始"飞起来"的速度。

(3)撕裂和气流筛选

气流分选工艺在分选混合纸料中已经应用几十年了。与感光模式的使用一样,气流分选工艺应用在回收纸分选上只是在几年前才开始的。实际上,全世界采用气流分选回收纸混合物的工厂就只有一家。如图 3-15 所示,真正的气流分选主要有四个不同的工艺步骤。

区域 1 和区域 2 执行前面所述的功能。区域 3 展示了有害物质的分离,这些有害物质从碎纸机中逆流排出。这一安排主要是分离有害物质,这些有害物质会损坏碎纸机,可以通过人工或者传感器辅助或者两者结合的解决方法分离。区域 4 中的碎纸机压碎纸

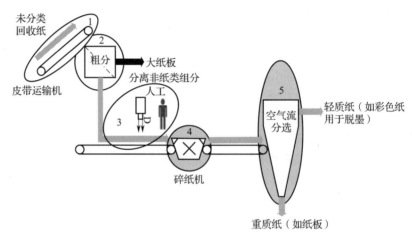

图 3-15 带有碎纸机和气流分拣的废纸自动粗分选系统

流,纸流被区域 5 中的圆锥形分离器分离为轻质的分选图表纸送去脱墨和重质部分混合纸成分。在这个过程中,纸盒纸仍然保留在回收纸流中。混合纸部分可以粉碎后在经过锥形除渣器,为了提高得率。

对于气流分选很重要的是碎纸机将回收纸组分的粒径降低到一个尽可能统一的范围,因为经过锥形除渣器分选后仍然有一定的宽度差。否则,比如一个很大的纸盒纸由于纸流的惯性可能进入到轻质脱墨部分。

气流分选处理回收纸混合物的优缺点如下。

①优点:a. 脱墨部分的纯度很高;b. 相对低的脱墨损失;c. 分离仅仅依靠物理作用,没有统计状况;d. 同样存在影响回收纸屑重量的其他参数(灰分、胶黏物含量等)可以作为分离标准。

②缺点:a. 碎纸和气流筛选的能量消耗大;b. 染色纸和轻质塑料不能分选出来。

(4)回收纸筛选自动化的考虑

筛选技术已经应用很长一段时间了,其他纯化机械工艺也逐渐应用于回收纸混合物分选。同样,传感辅助分离工艺在回收纸分选中应用的也越来越广泛。通过结合不同的技术,在达到完全自动化之前自动化的可能水平将得到提升。大部分分选工艺的目标都是尽

可能多地分选出图表纸到脱墨。(1.11)这里的副产品只是一小部分,根据 EN643 列出来的等级标准这一小部分可以在超级市场里作为瓦楞纸和纸板或者混合纸和纸板(经分选的)出售。(1.02)

但是自动分选也会不依据 EN643 所列的等级生成等级。依靠筛选和感知系统联合而成的精选生产出来的"轻质混合废纸"和"劣等脱墨图表纸"就是一个例子,他们都没有经过人工后期分选。气流分选和联合感知模式的应用使得执行新的分离标准成为可能。在气流分选中即使没有目的的控制,在分选的脱墨图表纸中灰分和胶黏物含量很高的组分也会降低。(1.11)在系统中有目的的控制这一效果将会进一步显著,虽然这将必然会降低分选脱墨图表纸的得率。(1.11)

光学系统,尤其是在 NIR 技术中,在高精度感知大量不同的纸成分上已经能够达到实验室规模。尽管在这种方式下纸的强度性能将受到不利影响。但是,应用这类系统来分选回收纸流还涉及大量的问题,还没有满意的解决。

在分选过程中的自动化将降低劳动密度大的人工分选的花费。实际上,分选脱墨图表纸(1.11)的质量可以通过结合不同的自动化工序而得到提高。随着非纸类成分比例的加大混合纸和纸板(1.01;1.02)的质量将会下降。原则上回收纸分选工艺的自动化不一定得到更好更稳定的分选图表脱墨纸质量。这在很大程度是取决于回收纸分选系统是怎样工作的。如果一个回收纸分选工厂,在混合纸和纸板及分选脱墨图表纸价格差异很大的一个时期,以分选脱墨图表纸质量为代价来提高产量,对于分选脱墨图表纸的质量要求没有什么实质性的改变。在这样一种情况下,回收纸分选会遭到纸厂的投诉只会有些上升。因此,最终决定质量的是用户。

自动化的程度将决定于生产条件,尤其是对于资金密集型技术方案,比如光学系统和气流分选,自动化程度必定会变得越来越大。

就如高价对于未分选材料一样,缩短收集和分选回收纸关联期使得分选技术中的高层次的投资有了风险,人们会谨慎讨论。但是如果回收纸工艺行业可以适当地回报给投资者更稳定更好的质量,那么做出相应自动分选技术投资的决定就会更轻松些。

(5)对回收纸质量的影响

表 3 - 3 所示回收纸分选的不同自动化工序的性能数据来源于制造商和操作者所提供的信息。所有的数据都取决于所提供材料的成分和分选前材料的分散效果。如果纸料流没有完全分散开来,在极端的情况下,那么所列出来的这些设备的效果将趋向于零。尤其是光学感知系统中的设备。

表 3 - 3　　　　　　　单个或者多个自动化回收纸分类工序数据[18]

	手工	粗分选	精分选[I]	精分选间隙调节技术[I]	脱墨筛[II]	纸钉[II]	碎纸和气流分拣[I]
回收纸等级[IV]	1.11	1.04	1.02/	—	1.04	1.04	1.11
	1.04		1.02 +			(1.02)	1.02
	1.02						
效率/%[III]	—	90 ~ 95	90 ~ 95	—	n/a	n/a	85 ~ 90

续表

	手工	粗分选	精分选 ^I	精分选间隙调节技术 ^I	脱墨筛 ^{II}	纸钉 ^{II}	碎纸和气流分拣 ^I
分类中 1.11 所占比例/%	—	5 ~ 15	50 ~ 80	—	2 ~ 5	>10	25 ~ 30
产量/(t/d)	0.5	6 ~ 30	6 ~ 30	—	<15	7 ~ 11	12
随后人工产量/[t/(人·h)]	—	1.2	>1.2	—	1.5	3 ~ 8	—

注：I—只适用于前期粗分选；II—只适用于前期粗分选和精分选；III—指要除去的部分；IV—根据从用于脱墨的彩色纸中分离部分。

① 效率　这儿的效率即满足分选标准且被分选的成分所占的百分比。在粗分选的情况下,效率是90% ~95% 的回收纸成分,比如尺寸大于300mm 的被分选。

② 在被分选部分中 1.11 的成分　这一数据是一个近似指导值,根据所提供材料的成分而异。不要和关于脱墨的常相关数据混淆。

③ 产量　纯人工分选系统的产量大概是 0.5t/(p*h)。在实际生产中,在0.5 ~1t/(p*h) 不等。造成这样波动的原因有两方面。一方面毫无疑问所提供的材料不同相应的分选要求程度也不同。另一方面,这些数据差异也是因为回收纸市场所提供的分选图表脱墨纸的质量各异。

必须还要意识到的是这仅仅只将分选人员算了进来。实际上,在任何一个分选厂都还有负责其他任务的人员。然而,在一定规模的工厂,除了著名的分选技术,运行一个工厂的投资程度都是相近的。

因为包装纸的成分高,从粗筛选中分离出来的筛分大部分直接被划为超市瓦楞纸和纸板。为了提高整个脱墨的得率,这一部分可以后分选。因为这一部分中小部分的分选脱墨图表纸只有正面筛选才能符合 1.11 中相应的等级。

精筛下面的筛分可以直接划分为混合回收纸。根据操作者,这部分的分选图表脱墨纸的比例通过很高,以致作为"轻质混合废纸"可以买到很大的利润,正如 1.02 表 3 – 3 所示。但是"轻质混合废纸"不是根据 EN643 所列的等级标准所制定的标准。之所以精筛对下游人工分选系统产量没有重大影响,是因为精筛的成分通常很少以致他们完全不会到达人工筛选工艺。根本无法验证这一损失。另一方面,精筛执行了后续设备的工作,同时他筛选出许多杂质,比如软木、啤酒塞、药品包装等,这些东西正好处于分离粒径尺寸范围中。

因为非纸成分的减少,1.11 的质量等级提高了,然而混合回收纸的质量随着自动化程度在回收纸分选中的提高而下降。然而在本文中,影响混合纸价格等级的因素是白度或者等级1.11 的含量,而不是非纸成分的含量。

通过纸钉分选的部分通常在超市里直接被划分为瓦楞纸和纸板,因为他们中包装纸的含量很高。如果在纸钉喂料之前没有保证成分的分散开来,设备会逐渐的不能挑拣出纸盒纸成分,留下或是处理纸盒纸成分。这个分选作用可以应用到混合纸和纸板。因为包装纸盒纸,即使是被图表脱墨纸覆盖着仍然可以从纸流中被挑拣出来。传输带上的单层纸料是使用纸针对分选图表脱墨纸的质量不会有大的影响,就如使用光感知系统一样。感知系统不能排出隐蔽的纸盒包装纸。同样,对于纸针有效的分离布料和大块的塑料,尤其是尺寸大的、硬的非纸成分的确是高操作技巧,低操作费用。纸针包括许多环绕在对应的材料周围的移动部件,会卷绕而产生一些问题。如果一个足够大而硬的非纸成分进入到机器,他将会不可避免地导致一个或者多个纸针的破坏,甚至是破坏 V 形皮带。这就意味着机器将要停工更换主要部件。

表 3-4 所示为回收纸分选系统不同感知模式的服务数据。这儿,原料有效的原始分离同样是最重要的。

实际上,粗筛和精筛,包括后续部分的分离,都总是设置在光感知系统之前的。非图表纸成分通过压力气流排出然后直接被分类为混合纸和纸板(1.02)。在精分选中,非纸成分也计算在这一部分中。上面这些成分中,除去的硬纸板和纸盒纸中图表纸的含量取决于设备的校准。感知系统的高效性是因为他们以无接触模式工作这一因素。

如上所述,设计采用空气分离器模式的空气分离可以应用在感知系统之前。如果分离材料含有大量的彩色印刷新闻纸,这些成分可以通过空气分离排出,然后回到感知过后的脱墨部分。没有空气分离,这些新闻纸可能被感知为染色纸而喷出,因为被归类到混合部分。如果有空气分离,使用鼓

表 3-4	回收纸分类不同识别系统数据(所有数据只适用于初期的粗分和精分)[19]	
	通过高分辨彩色照相机识别[I]	通过彩色照相机/CMYK/NIR分辨[I]
回收纸等级[III]	1.02	1.02
分离棕色/灰色纸或纸板/%	70~80	70~80
分离被染色纸比例/%	60~70	60~70
分离彩色/打印纸或纸板/%	否	40~50
分类中 1.11 所占比例/%	30~40	30~40
分离非图纸比例/%	否	70~80
产量/(t/h)[II]	4.0~6.5	4.0~6.5
随后人工分拣产量/(t/人·h)	1.5~2.0	3.0~3.5

注:I—所有数据依据参考混合物:约 80% 的脱墨纸(旧报纸、杂志纸),约 15% 的棕色和灰色纸或纸板,包括包装纸和染色纸,4%~5% 的彩色打印纸、纸板或者包装纸,约 0.5% 的不利物质(如塑料)。

II—识别的产量。

III—根据从用于脱墨的彩色纸中分离主要部分。

筛可以很好地提前分离大的和小的组分。鼓筛尝试将新闻纸打开和分页。尽管实际生产中这一效果并不理想,但在使用空气分离的情况下有助于新闻纸的排出。在分选图表脱墨纸中新闻纸的含量很高意味着很高的得率。前面的 1.11 等级中的原始材料中不太可能看到染色纸,但是少量颜色成分很低的新闻纸还是可以接受的。

生产等级 1.11 产品的真实产量决定于传输带的宽度和速度。传输带的宽度是感知模式设计好的。传输带的速度在分选回收纸时限定为 2.8m/s。如果不考虑这些,那么感知系统的表现就会是限制因素。在传输带宽度为 2m、速度为 2.8m/s 时传输带加工量为 5.6m²/s。单层材料和 100% 的可用空间覆盖,这在实际生产中是不可能实现的,进一步限制了产量。

表 3-5 所示为同人工分选相比使用各种自动工序,普通等级回收废纸(一般包括回收的家庭废纸)的产量和质量的提高。

表 3-5　　　　使用与人工分选相关各种自动工序来提高普通等级回收废纸产量和质量

		纸钉[I]	识别系统[II]	气流分选[III]
质量	1.11	+	+ + +	+ +
	1.04	0	0	0
	1.02	+ +/-	+/-	+/-
质量均一性		+	+ +	+ +
产量	1.11	-	-	-
	1.04	+	-	-
	1.02	+	+	+

注：I—只适用于设备的适当操作模式；II—所有评估只适用于前期的粗分选和精分选组合以后面的人工分拣；III—所有评估只适用于前期的粗分选。

　　主要的是分选图表脱墨纸的质量在提高。部分归功于精筛选有效地分离了小尺寸的非图表纸成分。使用了纸针的情况下，非纸成分，尤其是塑料并没有在精筛中分离，应该在后续的人工分选中除去。纸针本身通常并不会将非纸成分从回收纸流中分离。光学系统理论上可以排除一切有害物质。因为它包括人工后期分选，这样分离非纸成分的可能性就要比纸针大很多。

　　气流分选高效分离所有相对较重的非纸成分。相比感知系统所达到的程度，气流分选的质量损失是因为轻质的塑料碎片也纳入了脱墨成分中。超市中瓦楞纸和纸板(1.04)的质量对此几乎没有影响，但是混合纸和纸板(1.01；1.02)有双重影响。原因是在混合纸和纸板中可以很大比例地分选图表脱墨纸(1.11)和非纸成分。

　　使用感知系统或者气流分选得到的质量比使用纸针的稳定是因为两者操作的方式不同。使用纸针时，非纸成分含量的波动只能通过后续分选来缓和。因为一个分选操作并不能实际决定提供材料的成分和相应的设置传输带的速度。这些峰值几乎不可能缓和，将反映到分选图表纸(1.11)质量。光学和气流分选系统的分选效果在一定限度内可以调节这些峰值。

　　分选图表纸(1.11)得率因采用自动分选技术而降低，因为粗分选或者粗分选和精分选中分选图表脱墨纸(1.11)的损失。因为分选出非纸成分，光感知系统和气流分选有额外的损失。同样，除了纸针，采用气流分选技术后超市瓦楞纸和纸板(1.04)的产量降低。

　　在光学系统和气流分选中，唯一将超市瓦楞纸和纸板(1.04)纳入的就是粗分选。这种情况中，所有尺寸小于300 mm的包装纸成分均被排出，归为混合纸和纸板部分(1.01；1.02)。只有纸针以理性的方式除去纸盒纸，生产超市瓦楞纸和纸板部分(1.04)，虽然这部分被粗分选分离。混合纸和纸板(1.01；1.02)的得率在以损失其他成分的代价下得到提高。

　　随着自动化程度的提高分选图表脱墨纸(1.11)的质量并未提高。产品质量很大程度上取决于工厂是怎样操作的。比如，如分选图表脱墨纸(1.11)的图文比例低，那么就越值得严格筛选不需要成分。在分离混合纸和纸板(1.01；1.02)后，分选的脱墨图表纸量的份额就高。分选的图表废纸(1.11)的量虽然减少，但更单一，因此可以减少费用很高的人工后分选。如果分选图表脱墨纸(1.11)的图文比例高，分选的选择性可以降低。1.11部分的损失最小化，产量就会最大化。图文比例高，调整费用高的人工后期筛选。根据操作者不同，后期人工分选可能因为行情而完全被淘汰。这样将导致回收纸流中产品的质量不会因非脱墨纸和纸板的体积而不同。然而，这样可以作为劣等分选图表脱墨纸从回收纸行列中显著分离出来。

3.5 回收纸处理

分选回收纸所需要的附加处理取决于回收纸操作的运输条件,分选工厂和纸厂的储存条件和其他二次纤维经销人和纸厂之间达成一致条件,比如可能包括粉碎。

3.5.1 散包回收纸

最简单的途径就是用大卡车来装载松散的回收纸材料,直接运输到纸厂。因为要求很大的空间,导致这种纸的配置率很低。在纸厂大量储存这种纤维材料就需要非散包设备和存储仓,都是要根据安全规定来配置的。这些存储设备通常是需要有屋顶的。

销售和供给的散包回收纸几乎包括所有排出的脱墨回收纸。它的稳定表面密度接近$330kg/m^3$。在德国大约 3/4 这种等级的回收纸是以散包的形式供给的。其他等级的回收纸主要是成捆运输的。

3.5.2 回收纸打包

为了打包回收纸,回收纸从一个漏斗喂料,漏斗处有水压为 8MPa 的打包压力。这些紧凑打包的产品有特定的尺寸 1.2m×1.0m×0.8m,重 500~600kg。然后用金属线在打包压力下捆紧这些纸捆。打包的压力机越大,打包的压力越高就可以生产尺寸更大、更重的纸捆。实际实验用的是可以作为打包分选回收纸金属丝的 PET 细丝为打捆材料的。

独立捆运输简单并且可以用配置有打捆夹的叉车堆叠。根据回收纸的等级打捆密度从$300kg/m^3$到$900kg/m^3$不等。即使更长的距离,纸捆也几乎可以以任何一种方式运输,包括卡车、火车和船。因为这个原因,打捆回收纸的销售、运输和存储是一个全球化的商业。

3.5.3 文化纸粉碎

回收纸零售商通常会粉碎机密材料,比如办公用纸。在分选后打包前,回收纸通过切割机、撕裂机、粉碎器、冲压机或者其他合适的机器粉碎成细小组分。不管应用什么型号的机器,这个预处理都称为粉碎。表 3-6 所示为根据产生的粒子尺寸制定的 5 种不同的粉碎回收纸的保证等级,依据是德国的 DIN 3257-1 标准。

表 3-6　　　　　　　　碎纸不同安全标准等级时颗粒尺寸极限值

标准	信息再现	适用于	尺寸大小(极限值)		
			面积/mm²	宽度/mm	长度/mm
S1	不需要特殊辅助	一般难以辨认的材料	≤2000(φ50mm)	≤12	—
S2	需要辅助和时间	内部难以辨认的材料	≤800(φ32mm)	≤6	—
S3	需要较大工作	机密材料	≤594(φ28mm)	≤2	≤80
			≤320(φ20mm)	≤4	
S4	需要特殊设备	机密材料	≤30(φ6mm)	≤2	≤15
S5	现在不可行	高度机密材料	≤10(φ3.6mm)	≤0.8	≤13

在选择保证等级时要考虑回收纸通过机器粉碎到保证等级 S4 到 S5 只适合应用有限程度的纤维循环。为了满足纤维循环的要求,应该选择可能最低的保证等级。如果可以满足混合回收纸的数据保护的要求,压缩数据,或者两者都要,或许根本不需要粉碎,这将增加额外的花费。

3.5.4　可用资源指南

造纸行业和回收纸体系已经证实纸张成功回收取决于充分回收的高质量回收纸的体积。回收量的提高,尤其是个体家庭,显著导致了杂质化的提高,这将降低质量。为了确保回收纸的质量等级,纸张生产链中的任何一员都必须意识到他们是在处理二次材料而不是在处理垃圾,这包含着一种责任感。因此,CEPI 和 ERPA 制定了一个文件,或者说是 CEPI 自己,题目为"回收纸的管理责任:可以资源指导和质量控制",包括:

① 回收纸质量控制指南(CEPI & ERPA);

② 最好的实践:回收纸打包情况(CEPI & ERPA);

③ 可靠的回收纸供给和运输指南(CEPI);

④ 给回收纸综合检测的最好的实践推荐(CEPI)。

另外,CEPI、ERPA 和 FEAD 设立了欧洲回收纸鉴定系统,来提高提供回收纸的纸厂的可追溯性和提高纸张生产工艺和产品的安全放心性。这个系统是自愿参与的。

3.6　回收纸的品质特征

3.6.1　质量控制的前提

因为回收纸运输的多样性组合,不论是打包供给还是散包供给,回收纸的质量控制通常不能完全地记录运输质量,决定水分含量和概括视觉检测。实际上,只能覆盖散包纸运输的表面和打包纸的外面。一直以来,回收纸是被接受、被排斥还是被抱怨都是由质量控制决定的。

采用工艺的详细信息和回收纸质量控制和运输的可用设备见第 9 章。下面给出的结论都是根据 PMV 和前者 IFP 进行的相应调查。这些年的结论都依照同样的原则。对于所有回收纸打包等级采用 IFP 的核心训练系统,对于未打包纸的运输采用 INGEDE 方式 7。调查取样预处理的原则,视觉检测和实验室测试方法从 1984 年后都保持不变。然而,不是所有的回收纸等级都每年测试。一些参数,比如微胶黏物,在最初的评估中是不检测的。等级 1.11 的检测不是从 1984 年开始的而是 10 年以后,因为回收纸等级在 1984 年还未划分。在 1984 年、1994 年、1999 年和 2009 年都做了调查。所有情况中,检测都不仅仅与只与数据中涉及的这一年相关,而且与这一年的 ±1 年相关。最终,因为国际信息出版的出现,所有数据都与德国回收纸相联系。调查包括回收纸等级 1.02、1.04、1.11 和 4.03。这些等级占据了德国所用回收纸体积的 75%。回收纸等级 1.02、1.04 和 4.03 的调查到 2009 年 10 月还没有终结。因此 2009 年的结论只能视为在等待最终的数据的时候的第一个迹象。

3.6.2　水分含量

对于纸厂回收纸的水分含量对其经济性尤其重要,因为水分可能是一个主要的开支因素。

潮湿的纸包或者散包纸中的潮湿区域也可能因为有机材料的生物降解而造成腐烂。因为部分回收和储存是在户外进行的,所以不能期待二次材料与原来纸产品具有相同的水分。相反,水分含量决定于不同回收纸等级的一些因素:

　　① 材料组成,比如提供的纤维类型、回收纤维的含量和灰分含量;

　　② 在回收纸回收、运输、打包和储存期间的气候条件;

　　③ 回收纸的储存期间的条件(户外,有覆盖或者密封设施)。

　　不过回收纸是打包的或者散包的,在决定代表性回收纸样品在干燥前后的质量时关于水分含量的精确的定量分析是必要的。根据测定纸和纸板水分的方法(ISO 2B7—1985,或者TAPPI 550 om/03),干燥时循环气体干燥箱的温度为105℃。干燥过程必须使其最后达到质量恒定,要求干燥几个小时。在欧洲通常回收纸水分的含量在6%～13%。

　　准确测定纸张水分含量的关键在于得到一个具有代表性的回收纸样品。对于散包回收纸,包括一些印刷纸品,比如新闻纸和杂志纸,通常是随机取样的。样品的质量必须非常具有代表性,而且不要大到超过干燥设备的能力。

　　打包回收纸不能打开去检测其成分或者取样来检测水分含量。因为不再可能堆叠出这些纸捆。因为这个原因,打包纸通常只能从外部取样,除非有中心钻孔系统取样。因为回收纸经常储存在户外,在人工取样中不能从纸包外部取样。因此,表面样品的水分含量与内部的有差异。

　　正如所显示的那样,当使用间接测量系统(见第九章)就会使检测的水分偏高。为重力核实纸捆应该打开从内部取样。然而,回收纸水费间接测量是获得精确评估的一种有用方法,这种评估确定那一个回收纸捆要更细致分析来确定水分含量。

　　如图3-16所显示的,水分控制也有经济利益。根据EN643,回收纸交货应该保证水分含量不超过10%。明确表明交货的额外重量(水分)超过10%可能退货。如图3-16所示,根据上年的回收纸可接受交货水分的重力分析,至少混合回收纸等级1.02(分选混合纸和纸板)的水分总是在10%以上,回收纸等级1.04"代表性地"水分在10%以上。相反,回收纸等级1.11和4.03(分选图表脱墨纸和使用过的牛皮瓦楞纸Ⅱ)通常水分含量在10%以下。1999年最后两个回收纸等级显示出更高的水分含量是因为取样期间的天气异样。考虑高度标准偏差,许多的回收纸交货水分超过水分含量限制但是很多时候没有顾客抱怨。

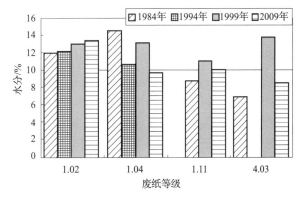

图3-16　1984年到2009年德国不同等级
废纸中的水分含量

3.6.3　灰分含量和肖伯氏打浆度

　　当检测同一等级纸灰分含量时差别趋于明显(见图3-17)。从1982年对3个回收纸等级(1.02;1.04;4.03)的研究开始,灰分含量平均上升了6个百分点。回收纸等级1.11上升了7个百分点,但是只是从1994年后。回收纸等级1.02、1.04和4.03,灰分含量的测定温度为575℃。每年上升约0.25%，或者每10年上升约2.5%。脱墨回收纸每10年增加4.6%，甚至更高。这种增加是因为调查期间对涂布纸的不成比例的需求和进一步循环的终止。这一增长也是有经济因素驱动的，因为矿物质比纤维便宜。

过去10年灰分含量的增加也导致回收纸成浆滤水性的变化；如图3-18所示肖伯值打浆度最小提高四个单位。

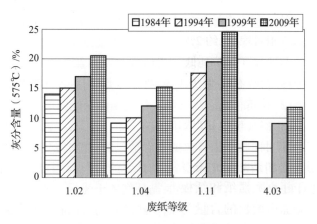

图3-17　1984年到2009年德国不同等级废纸的灰分含量

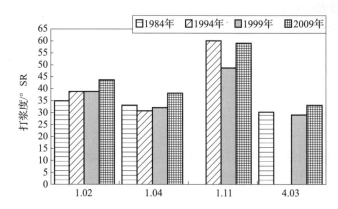

图3-18　1984年到2009年德国不同等级废纸的打浆度

3.6.4　组成和其他性能

除了水分含量，在纸厂回收纸交货中几乎没有其他的质量性能是定量记录的。如果考虑其他的参数，他们会与上面提到的关于回收纸中无用材料组成的评估。没有定量记录其他质量性能的其中的一个原因是定量分析的劳动密度高，涉及大多数回收纸等级的价格相对低。因为回收纸的价格服从于主要的波动，当回收纸价格高时精确监控上面反映的回收纸性能可能就有价值。然而，价格高的时期又伴随着回收纸量的不足，因为纸厂对质量的抱怨可能会危及原料供给。

3.6.4.1　褐色等级

处理前面的指标，购买回收纸还要经常进行上面反映的定量控制。对回收纸等级中的无用材料含量尤其关注。其中包含非纸成分，不仅提高整体价格而且在生产中要除去花费较高。

（1）非纸成分

在等级1.02（混合分选纸和纸板），从1984年到2009年非纸成分的比例提高了，从平均1.6%到5.6%。（见图3-19）。可能因为以下3个原因：

① 加强了来自个人家庭的已用纸产品的回收；

② 提高了转变纸产品的比例，非纸成分含量因而提高；

③ 没有根据原料不纯性的提高相应的成分调节回收纸分选工艺。

图 3-19 也可以看出等级 1.04(超市瓦楞纸和纸板),非纸成分的含量在 1984 年和 2009 年保持相对稳定,约 2%。这种回收纸等级的起源是很知名的,资源方面的人员都相当有动力去将不纯程度保持到低。回收纸等级 4.03,在 1999 年检测到的非纸成分的含量非常低,但是一个约 1.5%的值似乎更可靠。

(2)组成

在混合(棕色)回收纸等级除了无用材料的成分,提供材料的组成也很重要。根据等级定义,分选混合纸和纸板(1.02)允许的旧新闻纸和杂志纸的最大含量为 40%。对于超市瓦楞纸和纸板(1.04)规定的最小瓦楞纸板的含量为 70%。余下的应该包括固体纸板和包装纸。因此,等级 1.04 是不能有图表纸的。

根据测试,EN643 定义的比例比实际大很多,如图 3-20 所示。等级 1.02 中新闻纸和杂志纸的比例在 1994 年为 69%,2009 年为 58%,已经明显超过了平均指导值。这两年,测定的最小值都低于 40%的限定值,但是最大值相应的是 92%和 68%。超市瓦楞纸和纸板中的包装材料的含量要高得多,在 1994 年和 2009 年的平均比例为 68%和 89%。然而回收纸等级 1.04,今天仍然保持 19%的图表纸。最近,一般 EN643 列出的欧洲回收纸等级 1.02 和 1.04 都不符合规格。

这两种混合回收纸等级的循环(强韧纸板层,瓦楞层和纸板的生产者)必须默认灰分的增加,同时抱怨机械性能的降低,比如 CMT(平压媒介检测),RCT(环压测试)或者抗弯刚度。积极的一个方面是这两张回收纸等级的组分都在朝一个好的方向发展,图表纸的比例在下降,这可能是对图表纸脱墨需求的增加的结果。

(3)手抄纸性能

尽管在过去几十年中德国主要的纸产品部分对回收纸的利用明显增加,但是对回收纸等级 1.02、1.04 和 4.03 纸捆的分析没有数据表明纤维质量有任何重要的改变,这一变化表现为即将要坍塌的循环。图 3-21 例证

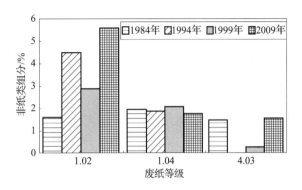

图 3-19　1984 年到 2009 年德国
不同等级废纸中非纸成分含量

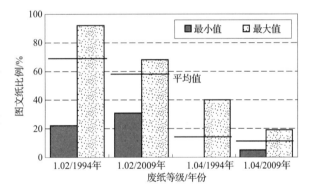

图 3-20　1984 年到 2009 年德国不同等级
废纸中图文纸含量

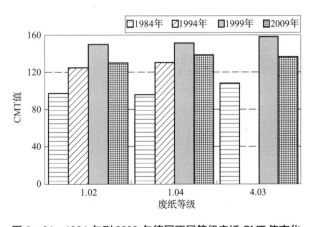

图 3-21　1984 年到 2009 年德国不同等级废纸 CMT 值变化

所有检测的棕色纸等级的 CMT(平压媒介检测)在 1984 年和 1999 年间已经上升。相对于 1999 年值得一提的是 2009 年有些微下降。这对其他强度性能也有效,比如抗张强度或者撕裂长度,在过去 10 年似乎都是稳定的。可能这是为什么检测回收纸等级的大部分机械性能在 1984 年到 1999 年间有提高,尽管循环明显加强,如下所示:

① 造纸产业回收纸工艺技术提高;

② 德国造纸行业纯机械浆相对于纯化学浆消费量的下降。

本文中已指出灰分含量的增加已超过了工艺技术和回收纸纤维组成的变化。期待未来 10 年内灰分含量继续增加回收纸质量的变化将是一件有趣的事情。

3.6.4.2 白色等级

与回收纸白色等级质量性能相关的经验都与含木材的脱墨回收纸(1.11)相关。

(1)非脱墨纸和纸板成分

各种等级回收纸脱墨中应该特别注意分选材料中的无用包装材料成分和非脱墨纸成分。在 1995 年对回收纸捆的分析显示了脱墨回收纸(1.11)的质量,质量取决于回收系统。根据这些分析结论,分选的质量决定于回收系统的类型,回收纸零售商所执行的分选、取样的年数;随着发布新一季度报表的显示,脱墨回收纸在脱墨材料中的含量显著增加,与回收系统无关。

因为分析所采用的回收系统不同,脱墨不可用的纸和纸板的量明显不同。从图 3-22 可以看出,无用纸和纸板的最低含量为 2.6% ,这是打捆回收纸的数据。回收集装箱和单线挑选的比例要高 2~3 倍。尽管数据来自 1995 年,但是这一差异一直很稳定。在所有的回收系统中无用纸和纸板主要都是包装纸和纸板。单箱分选脱墨材料中检测到的褐色纸的含量最高为 6% 。劣质

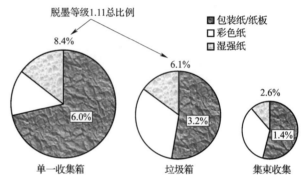

图 3-22　1995 年德国脱墨废纸中不能脱墨成分占比

的混合回收纸分选,不能有效的清除尺寸小的包装材料。在清除之前对包装材料的撕裂可能是造成单箱挑选系统回收图表纸中包装材料含量高的原因。

打捆回收的回收纸不但不可用的纸和纸板的成分低,而且非纸成分的含量最低,为 0.5% 。集装箱回收和单箱挑选的分选回收纸的非纸成分比例最高,分别为 1.1% 和 0.7% 。

(2)组成和老化

如图 3-23 所示,在德国回收纸等级 1.11 中不需要材料的比例一直太高而且 1995 年以来一直没有真正的下降。不能脱墨成分的总含量一直保持稳定在 6% ,一直是不能接受的高比例,约占总量的 80% 的包装材料是不能脱墨成分的最大组成。根据 EN643 目标值为 1.5% ,包括非纸成分。在 1995 年和 2009 年非纸成分低到 1% 。1995 年在脱墨材料中新闻纸和杂志纸的含量约为 40% 。在 2009 年发生转变,杂志纸占 49% 。新闻纸的占比降到平均值 33% 。其他漂白浆纸的比例也从 1995 年的 9% 降到了 2009 年的 6% 。而其他的白纸(主要是回收图表纸)保持稳定在 4% ~5% 。

在 1995 年进行的研究中,也检测了混合回收纸 1.11 的老化分布。在个人家庭消费后的废纸回收中,这是当时主要的回收形式,超过 3/4 的旧报纸的老化仅仅只有一个月(见图 3-24)。

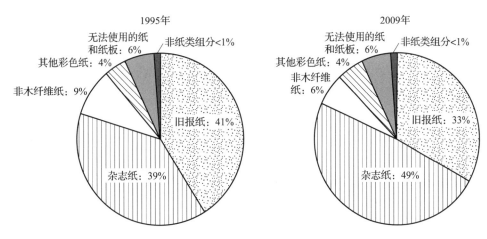

图 3-23　1995 年和 2009 年德国家庭回收用于脱墨废纸(1.11)中分组分平均比例

纸厂超过 90% 的旧报纸是印刷后 3 个月的。送到生产的日杂志纸通常更老化些。大约 2/3 的杂志纸最多老化 3 个月。这些结论显示一种相当新鲜的材料脱墨可以保证好的脱墨性能。在 2009 年进行的研究中,没有检测回收纸的老化,但如今所提供原料的组成更多地取决于实际要求而不是回收系统。

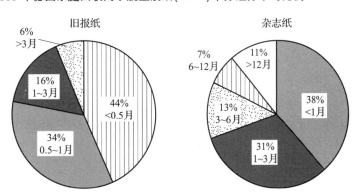

图 3-24　1995 年德国家庭回收用于脱墨废纸
(1.11)中旧报纸和杂志纸存放时间分布

(3)光学性能

无用纸和纸板会导致质量损失,尤其是光学性能。在 5 种业内探索中,生产混合回收纸等级的传统的回收纸系统已经改良了,改良后的系统用来分离回收的图表脱墨纸和包装纸。在业内探索中,一年内分析了回收纸样品的质量性能。根据业内探索,包装材料的增加降低了浮选后的白度,如图 3-25 所示。试验工厂的尝试表明回收脱墨纸中约 1% 包装材料就会导致浮选后的白度下降 0.5%。

混合回收纸等级 1.11 中一定含量的包装材料决定所能达到的质量等级还需要额外的工艺程序。不含包装材料的混合回

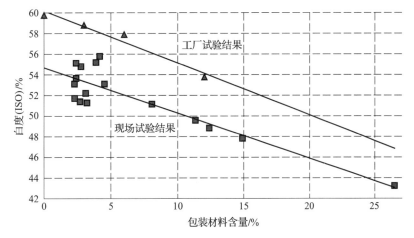

图 3-25　包装材料含量对图文纸浮选后白度的影响

收图表纸使用单级浮选可以达到60%的白度。试验工厂的尝试表明,含有5%包装材料的回收纸,只有在工艺中包括后期浮选才能达到60%的白度。以表3-7所示的价格为计算模板,如果在脱墨工艺增加后期浮选,每吨脱墨浆的费用要增加31欧元的额外费用。为了达到65%的白度等级,即使不含包装材料的混合回收纸,也需要两级浮选,以及两段浮选间的热分散机中进行过氧化氢漂白。包装材料含量为4%,达到65%的白度的分散漂白需要的过氧化氢用量为2.5%而不是1.0%。延展漂白工艺导致每吨脱墨浆费用增加约21欧元。表3-8中给出了关于增加的费用的成分的详细信息。明显混合回收纸中大量的包装材料时生产费用增长显著。另外,在用混合脱墨回收纸制造的纸张中,大量的彩色纤维也已经被接受了。

表3-7　　　　计算模型所用的价格

项目	单位	价格
化学品		
双氧水	欧元/kg	0.56
NaOH	欧元/kg	0.26
硅酸钠	欧元/kg	0.26
Sefax	欧元/kg	0.64
回收纸		
脱墨材料(1.11)	欧元/kg	102.26
1.11~1.02平均价格	欧元/kg	40.9
能耗	欧元/kW·h	0.05
清理	欧元/t渣 (50%干度)	40.9
脱墨工厂成本		
产能	t/d	500
投资	万欧元	1020
有效期	年	10

表3-8　　　　获得白度60%和65%
需要增加的成本

项目	单位	白度 →60%	→65%
回收纸	欧元/t 脱墨浆	9.08	3.25
化学品	欧元/t 脱墨浆	3.90	15.80
能耗	欧元/t 脱墨浆	4.44	—
清理	欧元/t 脱墨浆	6.87	2.21
总计	欧元/t 脱墨浆	24.30	21.26
设备费	欧元/t 脱墨浆	6.82	—
总成本	欧元/t 脱墨浆	31.12	21.26
有色纤维	—	干扰	干扰严重

(4)手抄纸性能

脱墨工艺回收纸(1.11)在强度性能上显示了和棕色及混合回收纸等级相同的趋势。尽管在过去的15年灰分剧增,增加了7个百分点。如图3-26所示,裂断长和撕裂度都未受到很大影响。研究期间,平均长度性能保持基本稳定。

(5)欧洲对比

在2009年调查进行期间,欧洲不同国家来自个人家庭回收的回收纸等级1.11的组成进行了第一次检测。如图3-27所示,这个等级的回收纸的组分存在很大的差异。北欧国家交货的等级1.11比西欧和南欧干净很多。瑞典和瑞士的新闻纸含量尤其高(约

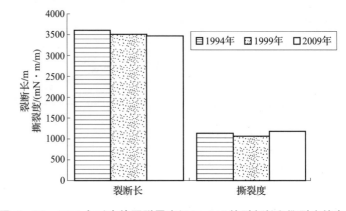

图3-26　1994年以来德国脱墨废纸(1.11)的裂断长和撕裂度的变化

45%），法国的特别低（低于 25%）。相反，法国的杂志纸比例最高，接近 70%。主要是因为不同国家的典型阅读习惯不一样。

尽管欧洲各国的回收纸等级 1.11 成分上存在差异，但是浮选脱墨后的白度非常接近。如图 3-28 所示，在不同的国家浮选脱墨后白度上的平均差异仅为 3 个白度单位（61~64）。而未脱墨浆的白度差异有 6 个白度单位，要大些（49~55）。白度上更大的差异是因为回收纸中新闻纸比例的不同，但是这几乎完全被脱墨工艺排除掉了。

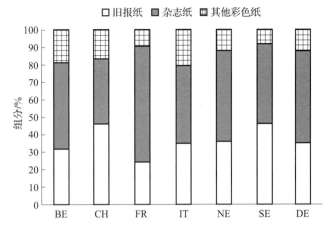

图 3-27 2009 年欧洲国家家庭回收脱墨废纸（1.11）的组成

BE—比利时 CH—瑞士 FR—法国 IT—意大利
NE—荷兰 SE—瑞典 DE—德国

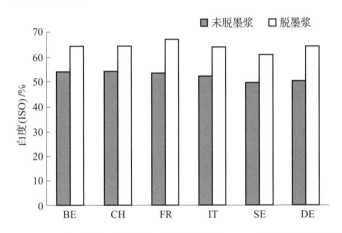

图 3-28 2009 年欧洲国家家庭回收脱墨废纸（1.11）浮选脱墨前后的白度
注：BE 等欧洲国家简写同图 3-27 注释。

3.7 回收纸的存储

回收纸商和纸厂偏向于打包储存回收纸。松散的回收纸偏向于存储在坑体里或者是屋顶密封的设施里。纸包都存储在屋顶下或者空气流通的地方。交易价格低的混合回收纸通常存储在室外。室内存储较常见用于高质量而更贵等级回收纸。

回收纸中决定储存期的物理性质改变的程度的信息是很有用的。一项研究每间隔 2 个月检测一次包含不同回收纸等级的单个纸捆。这些纸捆已经在封闭区域和户外存储了 20 个月。下面的数据列举了从户外存储纸捆取样的样品的一些性能。图 3-29 所示为长纤维含量。长纤维比例对一些强度性能非常重要，通常随着存储时间而降低。纸包存储在屋顶下时长纤维比例稳定在原始程度。存储在户外的纸捆强度性能下降是因为水分上升和微生物降解。长纤维比例的下降反映为裂断长和耐折度的下降，如图 3-30 所示。因为长期的户外存储，耐折度下降明显。

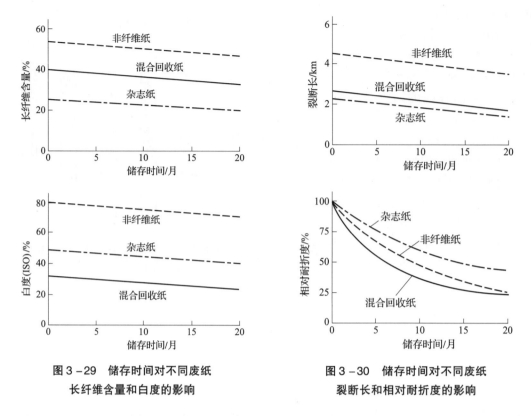

图3-29　储存时间对不同废纸
长纤维含量和白度的影响

图3-30　储存时间对不同废纸
裂断长和相对耐折度的影响

如图3-30所示,随着户外存储时间的增加白度呈直线下降。覆盖储存时白度无变化。其他的光学性能和强度性能也出现了同样的变化趋势。这项研究没有检测回收图表纸等级的脱墨能力。随着老化的严重,透印印刷的新闻纸和杂志纸变得越来越难以脱墨。因为劣质的油墨分散剂导致了胶黏剂系统的氧化。因为这个原因回收图表脱墨纸等级的存储期应该尽可能短。

如果回收纸在商人和纸厂的平均存储时间没有超过3个月,因为户外存储而造成的性能损失就不那么严重。如果延长存储期存储区域最好干燥有屋顶。回收纸打包也要保证干燥的空气条件。如果回收湿纸存储时间过长,就会腐烂。这将加速纸捆内部的微生物降解,甚至是散包的纸片的降解。

参考文献

[1]Mulligan,D. B.,Sourcing and grading of secondary paper. Chapter 8 in Secondary Fiber Recycling(R. J. Spangenberg,Ed),TAPPI PRESS,Atlanta,1993,p. 75.

[2]Stawicki,B.,Read,B.(Editor):The future of Paper Recycling in Europe:Opportunities and Limitations. Final Report of the COST action E48 "The limits of Paper Recycling",PITA,Bury,2010,p. 202.

[3]Bilitewski,B.,Härdtle,G.,Marek,K.,et al.,"Waste Management",Springer - Verlag,Berlin,194,p. 699.

[4] Bilitewski,B. ,Heilmann,A. ,Apitz,B. ,et al. ," Wissenschaftliche Untersuchung und Beglei-tung von Modellversuchen zur getrennten Erfassung graphischer papiere. Phase I:Erfassung und Bewertung vorhandener Sammelsysteme",INTECUS,Dresden,Germany,1994,p 47.

[5] Bilitewski,B. ,Personal communication,2009.

[6] VDP Leistungsberichte 2000,2002,2004,2006,2008,Bonn.

[7] CEPI Annual Statistics – European Pulp and Paper Industry,2008,Brussels.

[8] Dommermuth,C. ,Erfahrungen mit automatischer PPK – Stortiertechnik zur Produktion von Deinkingware. PTS – Vertietungskurs Altpapier und Altpapierstott – Aufbereitungstechnik,Hei-denau,2004.

[9] Nisters,T. ,Altpapiersortiertechniken:Vollautomatisierung versus Handarbeit. 7. Internationaler Altpapiertag des bvse,Stuttgart,2004.

[10] Schabel,S. ,Wagner,J. ,Automatic sorting of recovered paper – technical solutions and their limitations. EUCEPA – Symposium,Bratislava,2006.

[11] CSG Gröger GmbH,www. csg – groeger. de.

[12] BRT Recycling Technologie GmbH:www. brt. info.

[13] Sutco Recyclingtechnik:www. sutco. de.

[14] Exner – Werth Recycling GmbH:www. exner – recycling. de.

[15] Bollegraaf Recycling Machinery,www. bollegraaf. com.

[16] BHS,http://www. bhs – sonthofen. de.

[17] Franke,T. ,Automatische Sortieranlagen für Altpapier in Deutschland – Technologie,Wirtsch – aftlichkeit,Qualität. Diploma Thesis,Paper Technology and Mechanical Process Engineering (PMV),TU Darmstadt,2005.

[18] Wagner,J. ,Franke,T. ,Schabel,S. ,Automatic sorting of recovered paper – technical solutions and their limitations. Progress in Paper Recycling,16(1):13(2006).

[19] Wagner,J. ,Schabel,S. ,Einflüsse der automatisierten Sortierung auf die Qualität des Altpa-piers. RECYCLING magazine,61(6):18(2006).

[20] Van Kessel,L. P. M. ,Stawicka,A. K. ,PET wires as the alternative and sustainable solution for recovered paper baling. European Paper Recycling Conference,Brussels,2009.

[21] Miller,B. ,in Secondary Fiber Recycling(R. J. Spangenberg,Ed.),TAPPI PRESS,Atlanta,1993,p. 87.

[22] Büro und Datentechnik:Vernichten von Datenträgern. Teil 1:Anforderungen und Prüfungen an Maschinen und Einrichtungen. DIN 32757 – 1,Beuth – Verlag,Januar 1995.

[23] Recovered paper quality control – Guidelines. CEPI & ERPA,Brussels,2004.

[24] Best practices:Recovered paper baling conditions. CEPI & ERPA,Brussels,2004.

[25] Guidelines for responsible sourcing and supply of recovered paper. CEPI,Brussels. 2006.

[26] Responsible management of recovered paper. CEPI,Brussels,2006.

[27] Best Practice for the global inspection of recovered paper. CEPI,Brussels,2006.

[28] Guidelines for paper mills for the control of the content of unusable materials in recovered paper. CEPI,Brussels. 2008.

[29] Recovered paper quality control – Guidelines. CEPI,Brussels,2004.

[30] European recovered paper identification system. CEPI, Brussels, 2008.

[31] Phan Tri, D. , Göttsching, L. , Waste paper core driller. Paper(3) :200(1984).

[32] Entry inspection of sorted graphic paper for deinking 1. 11 (formerly D39) , unbaled delivery. INGEDE Method 7, Munich, 12/1999.

[33] Phan Tri, D. , Göttsching, L. , Eingangskontrolle von Altpapier. Teil1 : Probenahme aus Altpapierballen mit dem IfP – Kernbohrer. Wochenbl. Papierfabr. 112(6) :167(1984).

[34] Phan Tri, D. , Göttsching, L. , Wochenbl. Papierfabr. 113(10) :343(1985).

[35] Putz, H. – J. , Eingangskontrolle von Altpapier. Teil 2 : Stoffliche Zusammensetzung. Wochenbl. Papierfabr. 124(3) :74(1996).

[36] Schabel, S. , Putz, H. – J. , Development of recovered paper quality in the last two decades. 1st CTP/PTS Training Course on Paper & Board Recycling Technology, Grenoble, 2003.

[37] Renner, K. , Puts, H. – J. , Göttsching, L. , Zusammensetzung und Qualität Holzhaltiger und holzfreier Deinkingware. Wochenbl. Papierfabr. 124(14/15) :662(1996).

[38] Neukum, P. , Renner, K. , Putz, H. – J. , Effect of paper collection on recovered paper characteristics and DIP quality. 5th CTP/PTS Advanced Training Course on Deinking, Grenoble, 2001.

[39] Putz, H. – J. , Weinert, S. , Composition and quality of the recovered paper grade 1. 11 in Europe. 9th Advanced Training Course on Deinking, Grenoble, 2009.

[40] Göttsching, L. , Altpapier – sorten und – Eigenschaften. Das Papier 38(10A) : V95(1984).

第 ④ 章　纸和纸板产品的可回用性

4.1　可回用性的总体状况

在纸和纸板的生产中,回收纸是最重要的原材料。工业原料的供应中,原生纤维与回收纤维之间配比的平衡依赖于当前政治、经济、环境需求。足够的可回用性是实现这些需要的前提。

一般来说,纸和纸板较易回用,正如每天在造纸厂所见,回用最后工段破损的和不合格纸品干燥纤维。而例外的有湿强纸,不会被回用。此外,各种纸加工过程使用的涂布色料、油墨、绝缘树脂、热塑胶、黏合剂和其他物质也是不可循环使用的。包装纸在使用过程就可能与上述物质接触。一旦纸和纸板用于回用,在回用和收集过程中会与非纸成分进行进一步的接触结合。实际上,特殊的性质、表面处理,以及与非纸成分的接触可能会影响纸和纸板的可回用性。

相关术语:回用和可回用性。基本而言,回用意味着材料的回用再生产出一种类似的材料。例如,回用:生产过程中回收纸再生产成新的纸和纸板。这里,焦点在于物质是否利用而不在质量[1]。术语回用划分为:下降性回用、回用、升级利用,明确强调回用的质量水平区分的重要性。

许多情况下,纸和纸板工业实现的是下降性回用,因为纸和纸板的实际回用性通常是不足的,或者是在现有特种纸厂不允许真正的回用。另一原因是,纤维经过一次次的回用质量逐渐变差[2]。这种效果对包装纸和纸板非常重要,对包装纸和纸板,强度性质是最重要的质量特性。然而,对于纸和纸板回用的可持续性来讲,尽可能实现真正的回用甚至升级回用是非常重要的。

在新闻纸的生产中,纸板和包装纸用作回用纸的比例很高而且也不可能增加很多。然而,对一种重要的纸类,“其他绘图纸”(见第 1 章图 1 – 6),仍然有巨大的回用空间。再次利用这些打印纸和书写纸时,回收纤维浆脱墨是回用的前提,如新闻纸生产。

欧洲再生纸声明这样定义可回用性:以某种方式设计、生产、加工纸制品,能够在制造过程中实现纤维和其他材料的高质量回收利用,与再生纸委员会的标准一致[1]。高质量回收利用意味着回收利用应该尽可能在相同的质量水平上。该声明没有给出具体细节,但是有一些包含技术细节和规格的派生文件,像是纲领或者记分卡。

4.2　可回用技术

纸和纸板产品,如印刷材料、可折叠纸盒、聚乙烯涂覆的液体纸容器或者是具压敏胶黏剂的信封和透明窗户纸的回用性对增加回收纸的利用具有决定性的作用。这种情况下,好的回用性指的是回收纸容易加工成新产品。加入纸中的材料如印刷油墨、胶黏剂,在回收纸的加工利用过程中应该是良性的,不影响水循环、纸的生产或纸的加工。含有许多非纤维组分的加工残留物(废渣和沉淀物)应对环境无害,应在其他工业生产加工中有适当利用的可能,进行能量回收或者最终填埋处理。

4.2.1　回收纸中的非纸张组分

用于回收纸交易和质量控制中的术语"非纸张组分"是指随着许多回收纸运送过来但是没有附加在纸上。因此,"非纸张组分"的含量主要取决于收集和处理。一般地,"非纤纸张组分"不影响纸张的回用性能,即使这些物质属于"违禁物质"。这种分类讨论了 EN643[3] 的未来版本,包含任何一种对健康、安全和环境有害的物质,如医疗废弃物、受污染的个人卫生产品、危险废弃物、有机废物(包括食物)、沥青、有毒粉末,等等。在纸和纸板回收的纸中,也含有一些其他的非纤维、不想要的物质,如,金属箔封面、杂志或办公用纸中的订书钉、化妆品小样或杂志中其他类似的物质、塑料捆绑的印刷品等。回收纸处理车间的目的是处理一定量的不想要的组分。如果它们在原材料中的比例太高,处理过程将会遭受经济损失,因为低得率导致原材料的需求较高,处理费用也随之较高。另外,设备的磨损与损坏也会增加。处理过程也会因高渣得率和能量消耗变得不那么生态环保。

合适的供应系统是限制非纸成分含量的第一步,此系统将纸和纸板与其他可回收物分开来回收。在进入处理工序前,对收集起来的纸进行有效的分类至关重要。

严格来讲,油墨和胶黏剂也是非纸组分,必须要在回收过程中除去。然而,它们被工业、贸易、消费者们认作是纸和纸板的一个组成部分。此外,处理过程目的是有效除去油墨和胶黏剂。即使是纸张本身也可能含有回收过程中不需要的一些物质,如涂布连接料或高含量填料。

4.2.2　二次成浆性能

在所有纸回收利用过程中,回收纸能够二次制浆是至关重要的。除非特殊处理,纸是不防水的。除湿强纸之外,回收纸在水溶液状态下是相对容易再次成浆的。湿强是必不可少的,在某些包装纸、一些特种纸如标签纸,和一些生活用纸如厨房用纸中。为此,纸生产商或者中间商加入湿强剂或者涂一层保护层在纸和纸板上。湿强纸的回收制浆时需要更多的能量,专用的化学环境或者特殊的处理过程。EN643 和此版本的蓝本包含几个在标准状态下认为是不可再次成浆的回收纸的等级,因此,这些等级被列入"特殊等级"。

4.2.3　不需要材料的去除

4.2.3.1　油墨和调色剂

对日益增长的回收浆来说,光学性能是一项重要的质量要求。白纸和未打印的纸来自于纸转换工艺而且数量有限。因此,生产白色清洁制浆的大部分回收工艺必须要去除油墨和调色剂。脱墨工艺已变成许多回收纸处理厂最重要的技术之一。打印纸产品的脱墨、脱墨评估和影响因子将在 4.3 节讨论。

4.2.3.2　胶黏剂应用

对于生产来说,回收产品得到成功加工和应用,必须在除去应用的胶黏剂方面没有问题。基于此,胶黏剂在回收工艺中应该被尽可能完全地从浆中除去。因此,筛选效率是决定含胶黏剂的纸和纸板的可回用性的主要指标。详情见第 5 章。

4.2.4　与食物接触纸的使用性

　　用来接触食物的纸和纸板不能对消费者的健康存在任何风险。为此,有一些相应的规则。用回收的纸制成接触食物的纸和纸板意味着,回收的纸必须具有可控的和清洁的来源。一些等级的回收纸不被允许生产接触食物的纸和纸板。另外,规则也明确了此种用途的纸和纸板中允许的添加剂。详情见第 2 章。

4.3　脱墨

　　脱墨是从回收纤维除去打印油墨以提高回用打印材料制成的纸浆和纸的光学特性的工艺过程。脱墨分为两个阶段,从纤维上分离油墨和从浆悬浮液中脱除油墨。第一个阶段发生在再次制浆过程中,与打印产品相关,即纸的等级、印刷技术、完成处理、纸的年龄、化学品和机械条件等。分离的油墨粒子通过浮选或洗涤除去(见第 5 章)。

　　脱墨是回收纸用于生产脱墨浆时最重要的工艺环节,脱墨浆用于生产绘图纸、卫生纸、包装纸和纸板的上层白卡纸。

　　术语脱墨性,指的是印刷品脱除油墨的能力,定义为:通过脱墨工艺尽可能高程度地除去印刷产品的油墨和增色剂。此种做法是为了尽可能地保存未打印产品的光学性能。

　　浮选脱墨是一个应用广泛的重要技术,用于欧洲、亚洲和南美。洗涤脱墨将仅仅用于几种产品如卫生纸的生产。在这两种工艺中,油墨从纤维表面脱除是良好脱墨效果的前提。交联油墨和植物油基油墨比油性油墨、溶剂型油墨和水溶性油墨更难分离。为使浮选更具效率,打印油墨必须具有某些特殊的性质。为了便于浮选,它们必须是疏水性的,需要在一个特定的粒子尺寸范围内(见图 4 - 1 和图 4 - 2)。经验来说,合适的粒子尺寸范围约为 $10 \sim 100 \mu m$[4]。实际上,尺寸范围应大一些,$4 \sim 180 \mu m$[5]。一些出版物甚至建议更高的粒子尺寸范围,但是没有给出相应的证据[6]。确切的界限取决于油墨粒子的疏水性、刚度和几何形态。高效率浮选脱墨的进一步

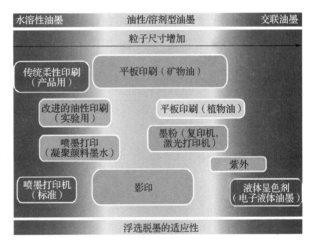

图 4 - 1　不同的印刷技术碱性浮选脱墨的兼容性
(中心区域 = 好的脱墨性;边缘区域 = 不适合脱墨)

图 4 - 2　脱墨浆手抄纸

注:左:水基柔版印刷报纸;中:矿物油基油墨胶印报纸;
右上:植物油基油墨胶印报纸;右下:基于双胶纸
的 UV 固化数字印刷报纸。

必备前提是合适的疏水动力学条件[7]。浮选设备的建造和操作参数必须经过必要调整满足这些要求。

洗涤法脱墨对油墨的物理化学性质并不敏感。油墨粒子需要从纤维表面脱除但是不能需要任何特定的表面化学特性。洗涤法脱墨的一个重要特点是该工艺除去所有尺寸在 $40\mu m$ 以下的粒子[8]，包括细小纤维和填料。生产高质量卫生纸和浆替代品的纸厂需要低填料含量的脱墨浆。这些纸厂使用洗涤段，大部分增加浮选段。大部分脱墨设备用来高程度地保留细小纤维和填料。因此，可行性操作的低得率得以避免。

油墨颜料的粒子尺寸较低，小于 $1\mu m$。然而，再次成浆后油墨薄膜碎片适用于浮选脱墨。传统的印刷工艺——凸版印刷、胶版印刷、凹版印刷，油墨粒子的尺寸范围为 $2\sim300\mu m$，大部分的在 $5\sim50\mu m$[9]。

再次成浆后油墨薄膜碎片的尺寸大小和粒子的疏水性强烈取决于油墨的组成性质、固化机理，一定程度上取决于油墨与基质间的相互作用。应用于凸版印刷、柔性印刷和凹版印刷的油墨粒子的基本组成是油墨介质、着色剂(油墨颜料和染料)，添加剂如干燥剂和其他组分。油墨介质用作载体(如溶剂)和连接料(如树脂)。印刷工艺和打印机的要求决定了这些组分的选择和比例。表4-1显示了有关脱墨的传统印刷油墨的组成。

传统的印刷工艺由于技术原因使用不同的油墨组分。根据印刷工艺，油墨的浓度在低浓、高浓、弹性、黏滞之间变化。炭黑也用于不同种类的黑色油墨中。特别地，根据油墨介质和添加剂量和种类的不同，配方不同。油墨生产商可根据技术条件和打印介质在这些配方中做适当的调整以满足特定的需要。

印刷油墨中的连接料是形成油墨薄膜的部分原因。它们包住色素，携带色素穿过油墨和打印单元，在固化工艺使色素与打印基质紧密结合。

打印油墨中载体溶解固体连接料，在压缩流动相保持油墨。载体中溶解的固体连接料是一层涂膜或媒介，控制了油墨的浓度。油墨涂上基质后，载体需要尽可能多地蒸发，不留残留，或者需要渗透到基质中，使连接料形成薄膜。一些连接料基于可再生资源，其他一些是合成的。

载体和连接料物理和化学性质有很大差别，根据涂覆油墨所采用的印刷工艺和目标特性。表4-2显示不同印刷工艺的连接料和载体[11]。连接料和载体显示了油墨的多样性。不同的油墨有不同的脱墨特点。

天然油墨连接料之中重要基材料是树脂、芳香烃溶剂和沥青。干性油是植物原油(亚麻籽油和大豆油)。这些油是从植物种子经精炼纯化得到的。醇酸树脂和脂肪酸醇酸酯是改性的干性油。另外一个油墨连

表4-1　　　油墨组成[10]

油墨组成	比例/%
连接剂	
载体(如溶剂)	$10\sim70$
黏接剂(如松香胶)	$10\sim70$
染色剂(染料或颜料)	$5\sim30$
添加剂	$0\sim10$
填料	$0\sim10$

表4-2　　不同印刷工艺的连接料和载体

印刷过程	胶黏剂	载体
平版印刷(冷固)	烃类树脂	矿物油
	沥青(黑色油墨用)	
平版印刷(热固、胶印)	干性油墨	矿物油
	聚酯树脂	
	苯酚改性松香树脂	
	烃类树脂	
轮转凹版印刷	树脂衍生物	甲苯
	烃类树脂	
水性柔板印刷	丙烯酸树脂	水(乙醇)
	马来树脂	

接料的天然基材料是纤维素。

大多数合成连接料是聚合物,重要的合成连接料是聚氯乙烯、聚乙烯丙烯酰胺共聚物、丙烯酸树脂和烃类树脂。对日益重要的水溶性油墨体系,使用丙烯酸类分散体或皂化的丙烯酸或马来树脂。

在墨水中的最重要的载体是醇类(异丙醇和乙醇)、酯(乙酸乙酯)、乙二醇和乙二醇衍生物(甲氧基丙醇)、酮(丙酮)、烃(矿物油,甲苯)和水。

表 4-3 显示了油墨组成对脱墨性能的基本影响[12]。

油墨的干燥过程是对选择连接料和载体、油墨组合组分和印刷产品的脱墨性能起决定性作用。不同的干燥过程有:

(1)油墨的物理干燥

① 吸收油墨进入吸收剂印刷基板;

② 溶剂蒸发。

(2)油墨的化学干燥

① 氧化干燥;

② 高能辐射干燥(紫外光固化和电子束固化)。

吸收和蒸发属于物理干燥范畴,是因为除了印刷基板吸收载体,或者溶剂蒸发到空气中,没有物质变化发生。氧化和高能辐射属于化学干燥范畴。这里连接料分子通过耗氧或者聚合变大。胶版印刷结合使用表 4-4 显示的干燥方法。油墨膜与印刷基质的接触根据干燥工艺有所不同。

表 4-3 油墨组成对脱墨性能的影响

油墨组成	易于脱墨	不易于脱墨
颜料		
亲水		×
疏水	×	
耐碱	×	
不耐碱		×
胶黏剂		
极性		×
非极性	×	
交联性好		×
交联性差	×	
碱溶		×
碱不溶	×	
颜料湿润性差		×
颜料湿润性好	×	
粒子尺寸		
大	×	
小		×

表 4-4 油墨干燥工艺[13-14]

介体和反应	干燥过程	印刷过程	基底
干性油墨,醇酸树脂 + 氧气	化学: 氧化 聚合	单张纸胶印	纸,纸板
矿物油渗透基质	物理: 吸收	平版印刷	新闻纸 未涂布纸,涂布纸
矿物油在特殊干燥器中蒸发	物理: 蒸发或者部分吸收	卷筒胶印 热定型	涂布纸,未涂布纸
树脂经辐射硬化	物理/化学: 氧化与吸收(IR 干燥) 聚合(紫外干燥)	单张纸胶印 卷筒胶印	纸,纸板
加热或风干溶剂或水分	物理: 蒸发	基于甲苯的轮转凹版印刷 基于水和溶剂的轮转凹版印刷和柔版印刷	纸,纸板

用于脱墨的原材料由多种回收的绘图纸和纸产品组成,从重度印刷消费后的纸到记者室轻度印刷的剪报纸。目前,最重要的来源是收集的家庭废纸,主要是报纸和杂志纸,它们在回收纸中的比重取决于特定地区的阅读习惯。比如,在德国住户中收集的家庭废纸,报纸和杂志纸差不多一样多,而在法国杂志纸居多,在英国报纸居多。这两种纸约占脱墨材料的80%。剩下的20%主要由木浆纸、非木浆纸,以及一定比例的不想要的棕色包装材料和染色纸,它们破坏脱墨浆的清洁度和白度。在一些脱墨工艺中,这些原材料与其他回收纸类如办公用纸混合,而一些工艺中只用质量较好的回收纸类。

因此,大部分的脱墨工艺需要与多种印刷工艺、基质和添加剂相适应。最广泛应用的印刷工艺是胶版印刷和凹版印刷。凸版印刷是一种经典的印刷方式,在欧洲已不存在。新闻纸的柔性印刷在意大利、美国、欧洲国家有一定的市场,在南美也偶尔使用。

数码无冲击印刷正在兴起。它曾经只用于办公打印,但它现在也用于直邮、个性化甚至用于打印报纸。数码打印分为两种:墨粉打印和墨水喷射打印。打印产品在脱墨过程中与其他产品相比完全不同。

报纸和杂志印刷是在机械浆和回收纸再生纸上完成的。对这些纸产品最有效的脱墨工艺是在碱性条件下操作。因此,脱墨性是在假定碱性脱墨条件下评定的。

4.3.1 不同印刷产品的脱墨性

传统印刷产品的脱墨性很大程度上取决于印刷技术和涂覆在纸基质上的油墨种类,但有时也取决于纸本身(涂布或未涂布),脱墨时打印产品的使用年限。

脱墨效果评估系统定义了不同脱墨效果目标值的印刷产品的种类(见第9章)。

研究机构做了300多组测试,代表INGDE[15-16]。呈现这些结果的一种方式是根据产品种类,如图4-3中每个柱状图代表了一种产品的平均成绩。柱状图又被细分成不同评价参数的单个效果。柱状图上的数字表示每种测试结果的数目和阳性结果所占的比例。背景的阴影代

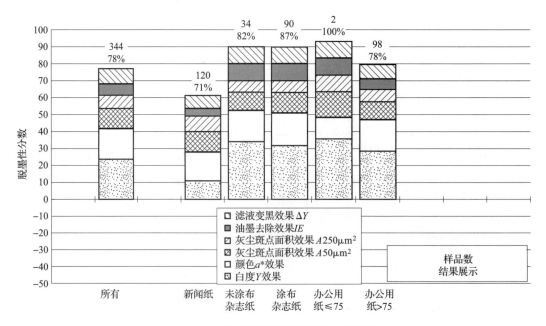

图4-3 基准类别的脱墨效果测试结果

表脱墨评价的不同水平。从顶部到底部,好、中、差和"不适合脱墨",如果一部分值表现出负值则表示不适合脱墨。

所测的所有印刷产品的平均脱墨度较好,即分数高于70。对于大部分单个产品也是这样。

另外是报纸类,平均具有中等脱墨度,即分数在 50 ~ 70 之间。报纸类主要包含胶版印刷产品,也包含印在新闻纸和电话簿的传单。此类中一些产品采用的是水溶性柔性印刷。也有一些出版用于展览和贸易会上的油墨喷射印刷新闻纸。所测样品的 71% 有好的脱墨效果。

"杂志"也包括印刷在 SC 和 LWC 纸上的传单,包含胶版印刷和凹版印刷产品。发行量超过 200000 份的杂志通常采用凹版印刷,其他一些采用胶版印刷。这类中,也有一些紫外固化打印产品,也有一些杂志是紫外固化打印和光泽漆封面。

"办公类"包含多种印刷产品,通常含有的油墨少于报纸和杂志,即交易凭条、书籍、手册、表单、发票、计算机打印输出等。白度为 75 或具有更低白度的纸制品类只包含几个样品,因为大多数的印刷品白度高,印在不含磨木浆的或几乎不含磨木浆的纸张上。在这些类别中,数码印刷产品居多。

4.3.2 通过印刷技术脱墨

影响脱墨因素的科学评价要考虑印刷技术和印刷条件。图 4 - 4 脱墨效果调查仅仅给出了一般概述。因为对许多测试结果来说,没有印刷工艺的技术细节。

绘图纸产品中,胶版印刷时主要的印刷工艺在德国,长期市场占有率接近 70%。凹版印刷在大约 2000 年时达到顶峰,稍微高于 20%,从此一直下降到 2008 年时的约 16%。这种趋势的原因是,越来越多的专业杂志发行量小,使用凹版印刷不经济。其他的印刷技术,现在主要是数字印刷,占有 13% 的比例[17]。欧洲数据是相似的,在发行量小的国家,凹版印刷更少。

图 4 - 4 中每条显示了印刷技术分组的每组脱墨度。平均而言,4 种印刷技术——胶版印刷、凹版印刷、干碳粉印刷及固体墨轮印刷显示了好的脱墨效果。另外两种技术,柔版印刷和液体墨粉印刷通常是"不适合脱墨",至少有一个评价参数是负值。油墨喷射印刷结果有好有坏。

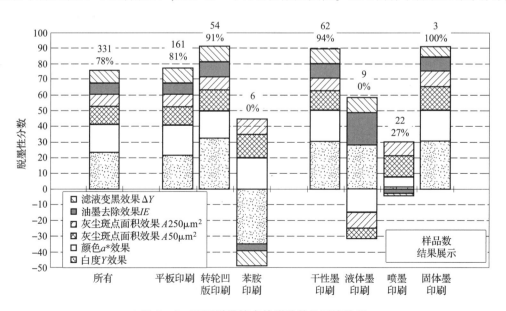

图 4 - 4　不同脱墨技术的脱墨效果测试结果

4.3.2.1 胶版印刷

胶版印刷是目前为止调查中最大的一个组,主要包括报纸和杂志。报纸一般对应于冷固型印刷,通常发生吸收干燥。印在新闻纸型报纸以及杂志和印在 SC 和 LWC 纸上的传单使用热固型印刷系统,因为印刷量将近 50000 份。小的印刷量通常使用单张纸胶版印刷,氧化干燥机理[10]。不同胶版印刷产品的脱墨见图 4 - 5。

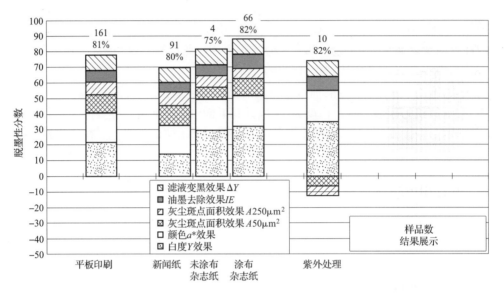

图 4 - 5　不同胶版印刷产品的脱墨结果

检测的所有报纸是冷固型卷筒纸胶版印刷的。胶版印刷的杂志,主要的印刷工艺是热固型卷筒纸胶版印刷,大部分紫外处理的印刷产品来自纸张胶版印刷。

胶版印刷的报纸表现出良好的脱墨性,84% 。如果报纸脱墨失败,这是白度或污垢斑点的问题。图 4 - 6 表现了不用报纸的脱墨性。引起产品脱墨失败的参数的柱状图在负轴上。

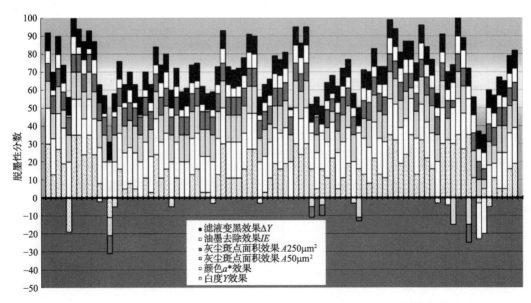

图 4 - 6　胶版印刷报纸的脱墨效果

对所有产品种类,脱墨浆白度的界限值是 47%(见图 4-7)。如果胶版印刷的报纸不能达到这个值,大部分情况也只是稍稍低于这个值。这些产品通常是小报刊,低定量高油墨。人们发现无水胶印不是很麻烦[18]。

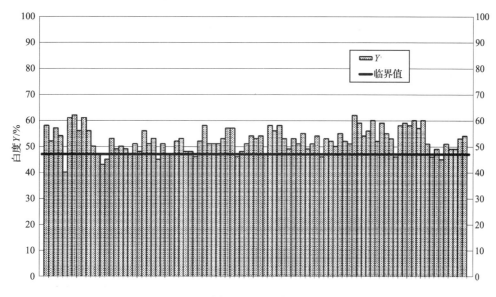

图 4-7　胶版印刷报纸的脱墨浆白度

污垢斑点的绝对值变化范围宽,从低于 $100mm^2/m^2$ 到超过 $3500mm^2/m^2$(见图 4-8)。油墨的氧化干燥机理或印刷品如电话簿高的使用年限是高度污垢斑点的原因。

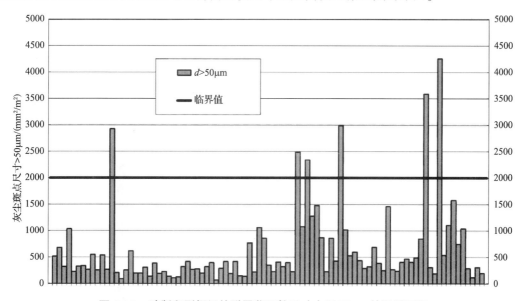

图 4-8　胶版印刷报纸的脱墨浆颗粒尺寸大于 50μm 的污垢面积

图 4-9 显示了分为 3 组的胶版印刷杂志(印刷在涂布纸上的杂志、印刷在紫外处理的涂布纸杂志、印刷在未涂布纸上的杂志)的脱墨结果。许多情况下,这些产品得到完全脱墨,脱墨效果 100%。如果涂布杂志不能获得优良的脱墨效果,一般是因为污垢斑点面积高。5/9 的涂布杂志不能良好脱墨,这其中,有 2/5 的涂布杂志是因为污垢斑点面积高,3/5

是由于白度低或者红色阴影。红色阴影绝大部分出现在传单上，传单使用高密度的红色印刷，因此在脱墨浆中产生红色阴影。

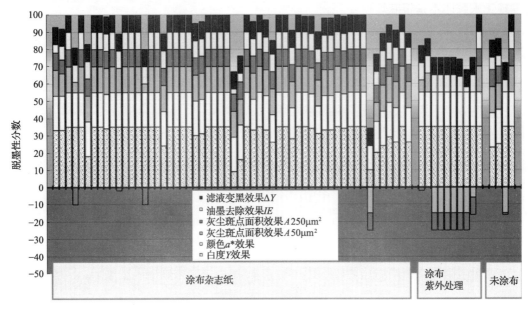

图4-9　胶版印刷杂志的脱墨效果

　　图4-10和图4-11显示出完整的粒径（大于50μm和大于250μm的大颗粒）的相对污垢斑点面积。在这方面，由于墨水膜的聚合，大部分的紫外处理存在麻烦。其他涂布杂志的污垢斑点面积也高或者至少封面采用紫外处理，这是不可能的。

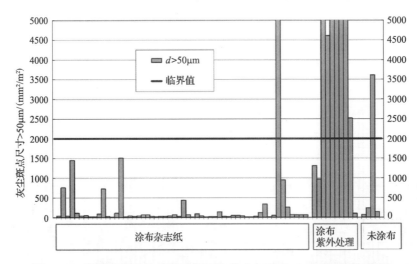

图4-10　胶版印刷杂志的脱墨浆颗粒尺寸大于50μm的相对污垢面积

　　历来，紫外固化油墨和光泽漆应用在高质量的包装。它们在绘图纸中的应用仅限于，比标准胶版印刷要求高的机械强度或者光泽效果的印刷产品。最近兴起一种新的应用，利用新闻纸印刷机在白天印刷机通常闲置的时候印刷说明书。为此，使油墨变干是主要的挑战。由于冷固型工艺没有干燥装置，加热干燥机的安装也是不可行的，紫外是解决此问题的一种方式。

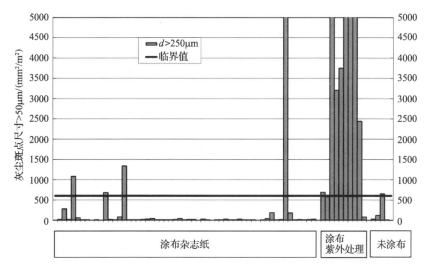

图 4 -11 胶版印刷杂志的脱墨浆颗粒尺寸大于 250μm 的相对污垢面积

胶版印刷产品的脱墨总结

81% 的胶版印刷产品有优良的脱墨效果。如若未能取得优良的脱墨效果,通常是由于白度或者污垢粒子。污垢粒子通常出现在紫外固化的产品中。白度缺陷发现是由于低纸张定量的纸上印高油墨量,如小报、电话簿和宣传传单。非涂布纸脱墨的差异更加明显。

4.3.2.2 凹版印刷

凹版印刷产品一般容易脱墨(见图 4 - 12)。测试中几个未能较好脱墨的是非涂布杂志,因为污垢粒子未能良好脱墨。在某些情况下可见红色褪色,但只是在临界值内,因此,并不会导致负面评价(见图 4 - 13)。相比以前的结果这是一个进步。

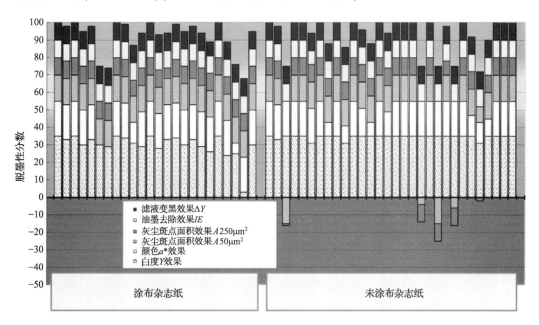

图 4 - 12 凹版印刷产品的脱墨性

4.3.2.3 水基柔性印刷报纸

柔性印刷的主要用途是用于包装产品。油墨是溶剂型油墨或者水溶性油墨。在绘图产品

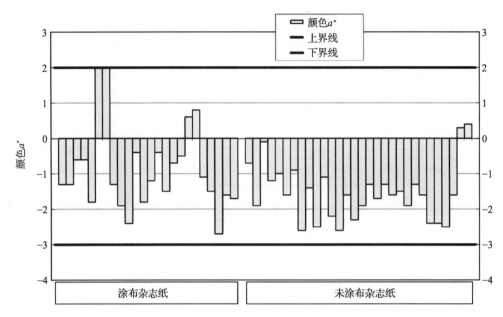

图 4 – 13　凹版印刷杂志脱墨浆的颜色

中,意大利和美国的一些报纸使用水基柔性印刷。由于油墨粒子的亲水性和尺寸(总的范围是 0.01 ~ 5μm,主要尺寸在 0.05 ~ 1μm 范围),所有测试的报纸不能获得好的白度、油墨脱除,并且滤液变黑[9]。

　　图 4 – 14(左)显示所调查的柔版印刷报纸的脱墨详细结果,并没有很大差异[15]。图 4 – 14(右)的两个柱状图表示目前提高柔版印刷报纸脱墨性能研究取得的一些成果。新研发的墨水表现更好[19]。使用这些类型的油墨将是柔版印刷产品脱墨的一个很大的改进,但它们都没有在商业使用。

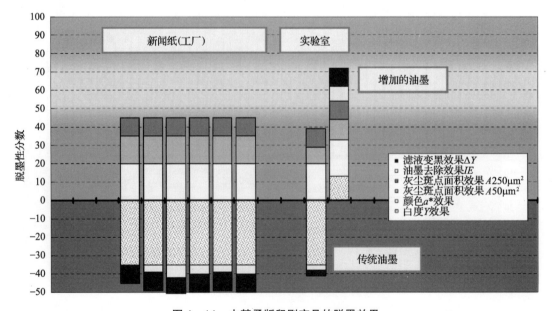

图 4 – 14　水基柔版印刷产品的脱墨效果

脱墨浆和得到的滤液的光学性能有可见的缺陷,如果柔版印刷报纸的含量超过2%。在少数情况下脱墨过程能够被调整以更好地处理柔版印刷回收纸,但通常以与回收纸共混的其他类型的油墨脱除率较低的效率为代价[20]。此前提是双回路脱墨工艺的运行。第一段回路中 pH 低,因为在碱性条件下柔版印刷绘图油墨碎片过多。第一段回路对柔版印刷油墨的去除有微高的效率。用于除去标准胶版印刷和凹版印刷油墨的碱性化学品随后在工艺中添加。分散和第二脱墨环路接管第一脱墨环路的某些任务,从而限制了工厂产生标准脱墨纸浆等级的能力。此外,它只是稍微增加了系统对柔版印刷产品的容纳量。因此,好的易脱墨油墨的引入至关重要。

对应胶版印刷报纸,改进油墨印刷产品的脱墨浆的白度仍然在较低的范围内(见图4-15与图4-7比较),但是相比传统水基柔版印刷油墨结果有一个重要的改进。图4-16和图4-17显示了柔版印刷产品脱墨的其他重要参数和新型油墨取得的进步(右侧的柱状图)。

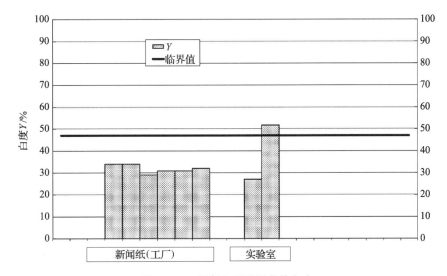

图 4 - 15　柔版印刷脱墨浆的白度

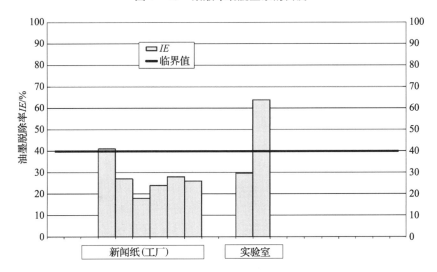

图 4 - 16　柔版印刷的油墨脱除率

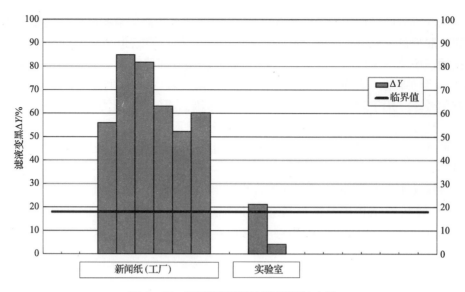

图4-17 柔版印刷脱墨过程的滤液变黑

4.3.2.4 碳粉打印

干碳粉打印工艺广泛用于激光打印和复印。有几种不同的制造潜在的图像但对脱墨没有显著影响的印刷方法[21]。这些静电印刷技术通常使用5μm到10μm的碳粉粒子[22]。大部分碳粉所含组分列于表4-5[23]。

表4-5　　　　　　　　　　　碳粉组分

组成物料		功能
染料	颜料或染料	染色
基层黏合树脂	单体混合物:苯乙烯丙酸酯,聚酯,环氧型树脂	熔融的调色剂颗粒
改性树脂	天然材料:松香酸,树脂,蜡	增强调色剂和纸张结合强度
电荷控制剂	季铵盐,磺酸盐,锌络合物	为调色剂颗粒提供显影所需的电荷

打印后,碳粉固化和再次成浆的干碳粉粒子的尺寸在25μm到250μm之间[24]。如图4-18的中间部分所示,大部分干碳粉打印纸的脱墨性能良好。一组碳粉与基质特殊组合的打印方式例外。

高质量、高分辨率印刷通常采用液态静电印刷工艺。此工艺的一个技术优势是油墨粒子只有1μm大小[21]。印刷后,油墨膜凝聚在一起,比较灵活,在成浆过程中不能被有效分裂。这种粒子的显著特点是尺寸大于500μm。因此,由于脱墨浆的高尘埃度,静电复印油墨液的样品不能达到好的脱墨效果。脱墨浆中碳粉粒子太多以至于油墨的脱除产生负面效果。

图4-18左边的柱状图显示了固体油墨印刷的脱墨评价结果(见3.2.6)。

脱墨分数中,负分值的绝对值限制在与正得分值是一样。因此,干碳粉与液体碳粉打印的污垢斑点面积的差异没有像原材料中的那么明显。图4-19显示了碳粉打印材料所制的脱墨浆中,250μm以上油墨粒子,大的可见的污垢斑点。一般的干碳粉打印的污垢斑点面积从接近0到600mm²/m²。相比而言,液体碳粉打印材料纸的脱墨浆的污垢斑点面积在3000～37000mm²/m²之间。

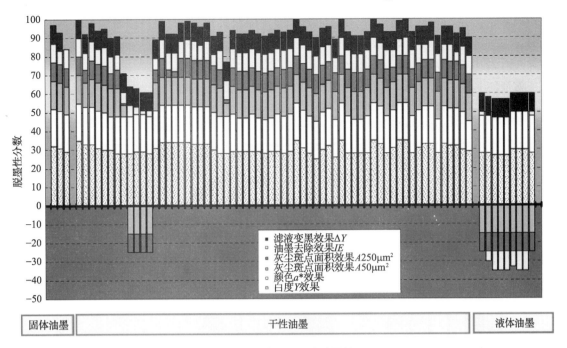

图 4-18　碳粉打印的脱墨效果

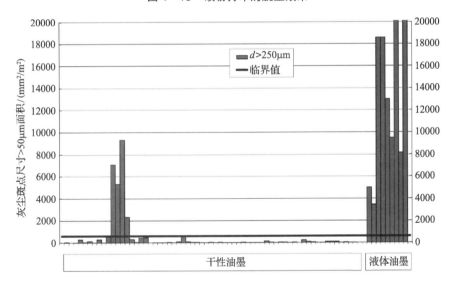

图 4-19　碳粉打印的脱墨浆颗粒尺寸大于 250μm 的相对污垢面积

4.3.2.5　喷墨印刷

　　喷墨印刷通过电子控制将细小油墨滴喷在纸上形成微小粒子。喷射油墨必须具有低黏度和高比例的球状粒子,通常 60%～90%。对于在纸上印刷,通常使用水性油墨[21]。有不同的在纸上制造图像的方法:热喷墨,压电喷墨,连续喷墨。脱墨不取决于使用的成像技术,而是取决于油墨膜的特性,反过来,油墨膜的特性是由油墨的组成和干燥过程所决定的。基质的性质对脱墨具有积极影响,其积极影响多于其他打印工艺。

　　喷墨印刷既是染料基的又是颜料基的。染料基喷墨只包含液体组分。颜料基粒子的尺寸小于 $0.15\mu m$[25]。这可被认为是经干燥和二次成浆后的粒子大小,除非基质表面发生任何结块现象。

通常经吸附干燥,未涂布纸的喷射油墨打印干燥快,但是由于低打印密度,图片质量低。这引发了纸表面准备过程的发展,这些准备过程在使油墨保留在纸上的同时,提供了足够长的干燥时间,利用结块或沉淀。另外一种方法是使用紫外光固化。

通常标准纸上的喷射油墨打印不能获得正得分(见图4-20)。

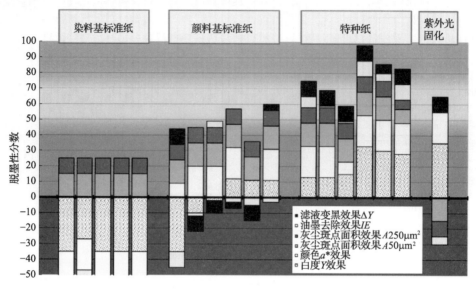

图4-20　油墨喷射打印的脱墨效果

根据脱墨分数评估体系,大部分早期研究的样品是喷墨印刷,喷墨印刷现在用于小发行量的报纸和偏远地区,如国际机场的国外报纸。类似柔性印刷,这些喷墨印刷品不能获得正的脱墨分数,由于白度问题(见图4-21)、油墨脱除(见图4-23)、滤液颜色变深(见图4-24)。此外,经干基油墨喷射印刷品制得的脱墨浆呈现了一片显著的绿色阴影(见图4-22)。

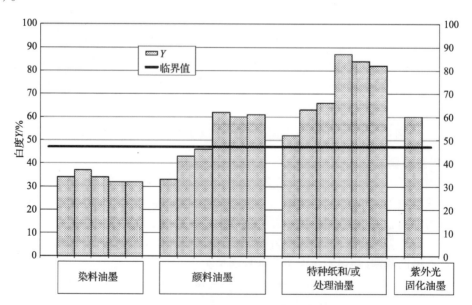

图4-21　油墨喷射打印脱墨浆的白度

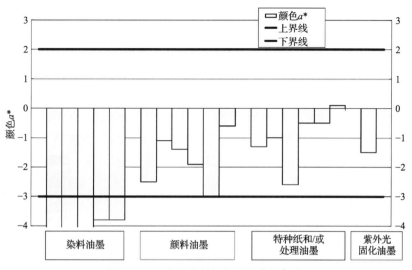

图 4 – 22　油墨喷射打印脱墨浆的颜色

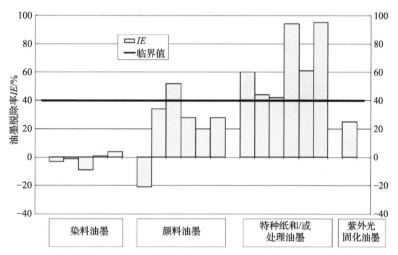

图 4 – 23　油墨喷射打印脱墨浆的油墨脱除率

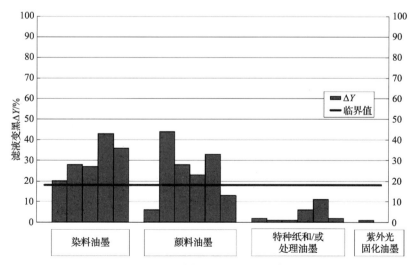

图 4 – 24　油墨喷射打印脱墨浆的滤液变黑

干基油墨包含发色基团,在某些情况下,还原性漂白剂作用后颜色变浅(见第7章)[26]。然而,漂白并不是脱墨过程的重要部分。通常,造纸厂生产标准新闻纸不使用漂白阶段。

标准纸颜料基油墨与染料基油墨的脱墨性没有多大差别,除了它们不显示明显的变色的这一事实(见图4-23)。此外,评价是"不适合脱墨"。这可以通过采取额外措施来改变。一种可能性是使用一种特殊喷墨纸。这些纸具有表面处理以便在纸张表面附聚油墨,从而避免墨水高度渗透进入片材结构。同样的效果可以通过喷雾一种化学品来实现,该化学品被喷射到纸张表面作为底漆,也使油墨在表面结块。究其原因,开发这些方法是为了提高打印质量;更好的脱墨性仅仅是一个意外的收获效果。图4-20的第三列组表示这些样本。

紫外线固化的印刷样品的脱墨性试验也没有实现正得分,但是由于一个完全不同的原因:污垢斑面积过大,具有约45000mm²/m²的斑点都大于50μm,近38000mm²/m²的斑点大小超过250μm。因此其结果与紫外光固化胶印印刷进行的测试一致。

显然,提高喷墨打印的脱墨性的最有希望的方式是颜料基油墨在纸张表面上的附聚或沉淀。

4.3.2.6 固体油墨印刷

固体墨轮印字,也称为热熔油墨印刷,是一种图像由喷墨打印生成的混合过程。然而,油墨的干燥机理和油墨层的厚度更类似于干调色剂的过程。因为后者是影响脱墨性的关键因素,检查的结果与调色剂打印一致。到目前为止,根据脱墨性成绩评估,只有3个脱墨性测试推出。该试验的结果意味着,热熔技术将不能对脱墨厂造成威胁,尽管可能在一些情况下看到滤液变暗接近阈值(见图4-18)。

4.4 胶黏剂的剥离

另一个产品相关的质量方面是胶黏剂的去除。回收纸中含有多种类型的胶黏剂。包装档次中,这些胶黏剂是包装组装盒最常用的胶带和胶水。在图形文件中,最明显的成分是书籍、目录和杂志的黏合线,杂志的黏嵌件,各类标签和信封的密封。胶黏剂的应用形成了纸回收工艺过程的黏性颗粒。根据它们的来源,这些"胶黏物"分为主要胶黏和次级胶黏[27]。主要胶黏经回收的纸被引入。二次胶黏物产生于回收纸加工过程中的物理化学作用。根据他们的大小,胶黏物分为宏观胶黏物,微胶黏物和disco-(溶解和胶体)胶黏物。基于实验室规模的机械筛选过程,宏观和微细胶黏区分有明确的定义。disco-(溶解和胶体)胶黏物的定义不清晰和没有被公认。

研究工作已经证明,机械筛选是工业过程中分离胶黏剂的最有效的工具。另一方面,众所周知,有大量低于宏观胶黏剂检测极限的粒度的胶黏物[28]。即使这些小胶黏并不过分扰乱,它们具有造纸过程中制造问题的巨大的潜力。如果它们不被筛分(筛分是困难的,甚至是不可能的,由于它们的尺寸太小)除去或妥善固定,它们往往聚集,并形成大的二次胶黏,这经常会导致造纸机的运行性能问题和纸与纸板的质量缺陷。

从可回收的角度,因此胶黏物必须尽可能地大,以使它们能够进行筛选。高胶黏物的去除效率对所有纸张回收过程都重要,对包装用纸和纸板以及对图形纸和卫生纸。评估胶黏物的去除能力,工业回收废纸处理工艺的关键条件需要适当考虑。包装用纸和纸板的再生纸浆通常由低浓制浆制备。只有一些新的工厂运行高浓制浆设备。另一个重要的事实是,过程在中性pH运行,没有任何处理的化学物质。今天的脱墨过程几乎总是使用高浓制浆设备,生产机械浆产品时使用脱墨化学品。由于这些不同的进程,找到一个合适的评估方案的办法必须是不同的。

对脱墨档次评估方案的发展比包装档次评估方案的发展更先进。用 INGEDE 方法 4 来确定[29],宏观的胶黏物粒径大于 2000μm 等效圆直径,有利于在最先进的回收过程保证胶黏物的彻底清除。这个临界尺寸 $\lim x_{min}$(见图 4 - 25)在中试规模确定,并且它的有效性经几个脱墨厂的胶黏物测量验证。尺寸低于 2000μm 时圆当量直径的粒径去除颗粒的效率随它们的尺寸减小下降。图 4 - 26 至图 4 - 29 红色虚线显示了临界大小的极限[30]。

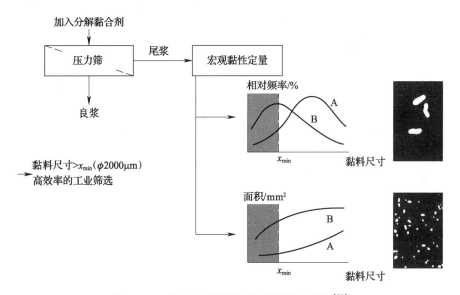

图 4 - 25　图形纸中胶黏剂的胶黏潜力评估[30]

实验室条件下进行评估的方法,不仅是筛选而且在制浆过程必须被限定,因为它对形成胶黏物碎片必不可少的。这就是为什么开发了 INGEDE 方法 12。在该方法中,黏合剂与脱墨化学品和不含磨木浆的无胶黏剂复印纸一起制浆(见第 9 章)。

在开发 INGEDE 方法 12 的过程中,研究所 PMV 创建含胶黏剂应用的纸制品的可回收性测试结果的数据库,其用作德国讨论评估体系的基础[31 - 32]。类似脱墨分数,欧洲考核方案目前正在开发中。对于这一点,INGEDE 连同纸价值链中的部分合作伙伴在 2009 年推出了一个新的研究和测试程序[33]。此项目的目的是评估分析方法或至少计算小胶黏剂,并扩大现有的数据库。除了 INGEDE 方法 12,所选样本的分析包括 ΔTOC,间距计数和 INGEDE 方法 13。审查结果后,项目组和指导小组决定继续用 INGEDE 方法 12。

到目前为止测试的产品包括书籍、杂志和目录的黏合线和一些嵌件,以及 PSA 标签。正常情况下,胶订黏合线将书本的第一页和最后一页黏在一起,覆盖平行于书脊的小条纹的"侧面胶合"。

INGEDE 方法 12 的两个主要是结果的总面积,低于 2000μm 圆当量直径的粒径宏观黏合物的份额。这个份额是依赖于黏合剂的化学性质和它的应用,而总面积是相对纸产品质量的黏合剂质量的函数。该项目采用真正的产品进行书脊、侧面和黏合嵌件回用测试,因为评估只在实际应用时进行。脊柱上胶,颗粒小于 2000μm 的总面积约 2000mm²/kg 产品,侧面上胶,约 1000mm²/kg,插入胶约 50mm²/kg。PSA 标签(PSA = 压敏胶)作为产品进行了测试,但他们在真正的纸产品中的含量可以显著不同。压敏黏合剂非常高的含量是可以预料的,例如杂志封面含装饰贴纸或信封的标签。考虑到这些类型的产品,PSA 标签的微黏合剂的总面积约 150000mm²/kg。

脊柱和侧面胶合以及嵌入胶合、PSA 纸标签之间,粒度分布的平均值存在显著差异(见图 4 – 26)。该图显示每种类型黏合剂的宏观黏合剂的平均粒度分布。参考图 4 – 25,在 PSA 标签表示的不利曲线 B,而其他 3 个曲线更接近曲线 A。该项目结果的进一步讨论,使用相对累积粒度分布(见图 4 – 27)。

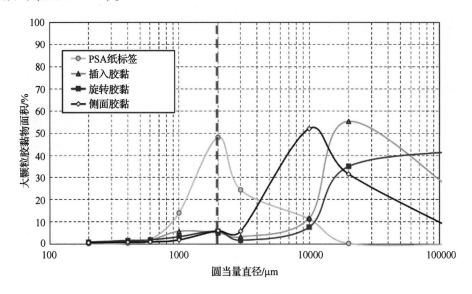

图 4 – 26　不同的黏合剂微观黏合的相对大小分布

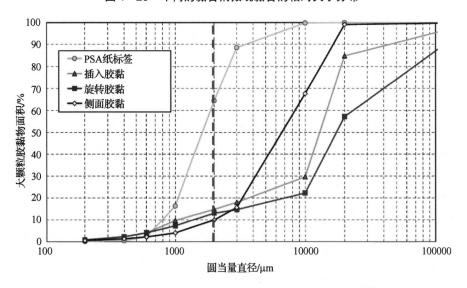

图 4 – 27　不同的黏合剂微观黏合的相对累积大小的分布

PSA 纸标签具有较高的宏观黏合剂面积占有率——约 65%,小于临界尺寸 2000μm。其他 3 种类型的黏合剂,在该颗粒尺寸范围只显示 10% ~ 15%。

书脊胶合中,聚醋酸乙烯酯(PVAc = 聚乙酸乙烯酯)分散胶水,确认旧的检测结果,也就是说,它们在所述临界粒度范围形成非常小的胶黏尺寸(见图 4 – 28)。根据这些结果,EVA 热熔胶粘剂(EVA = 乙烯醋酸乙烯酯),代表了约一半的测试样品,表现最佳。PUR 热熔胶(PUR = 聚氨基甲酸乙酯)略差但具有显著较低的总面积。因此,这表明,PUR 热熔胶的总量和膜厚较小。这同样基本上适用 PO 热熔胶(PO = 聚烯烃)。

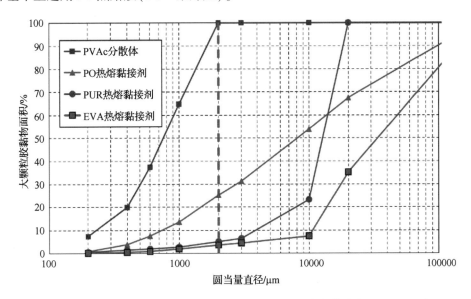

图 4 – 28 脊柱胶合黏合剂的相对累积大小的分布

侧胶合由相同类型的热熔胶制成,显示出非常相似的结果。

该粒度分布与 PSA 标签纸的粒度分布显著不同(见图 4 – 29)。微黏合剂的份额随胶水的化学性质而变化,从约 45% 至近 90% 。非预定型胶黏剂的性能比其相应的增黏的产品更好。显然使用的树脂增强黏合膜的碎片形成。将近 2/3 的样品是分散性丙烯酸酯,其中 2/3 是增黏的。

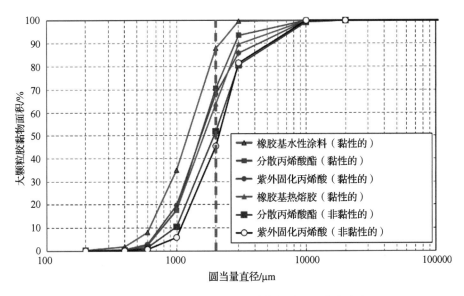

图 4 – 29 PSA 标签纸的微观黏合相对累积大小分布

下一步是开发类似脱墨成绩的评估方案,用于评估图形产品。

对纸板和包装过程进一步的研究项目已经启动,采用合适的相应的评估体系[34]。

参考文献

[1] N. N. , European Recovered Paper Council, European Declaration on Paper Recycling, Sept. 2006, http://www. paperrecovery. org/files/ EuroDec_06_10_2Web – 115335A. pdf.

[2] Hunold, M. , Göttsching, L. , Wie, „alt"ist Altpapier heute und morgen? Das Papier, 1993, 10A, pages V 172 to V 185.

[3] N. N. , EN 643—European List of Standard Grades of Recovered Paper and Board, June 2002 (Download from www. CEPI. org).

[4] McCool, M. A, LeBlanc, P. E Deinking and separation technology, New develop – ments in waste-paper procressing and use, 19 February 1988.

[5] Brütsch, D. , Entfernen von kleinen Druckfarbenteilchen aus Altpapier – Stoffsuspension durch Flotationsdeinking, diploma thesis at Fachhochschule Karlsruhe, Germany, December 1989.

[6] Moss, Charles S. , Theory and reality for contaminant removal curves, Tappi Journal, 1997, Vol. 80: No. 4, pages 69 to 74.

[7] Schulze, H. J. , Zur Hydrodynamik der Flotations – Elementarvorgange, Wocheblatt für Papierfabrikation, 1994, 5, pages 160 to 168.

[8] Holik, H Unit operations and equipment in recycled fiber processing, chapter 5 of: Göttsching, L. and Pakarinen, H. (editors), Recycled Fiber and Deinking, Fapet Oy 2000, ISBN 952 – 5216 – 07 – 1.

[9] Hornfeck, K. , Liphard, M. , Schreck, B. , Grenzflachenuntersuchungen und anwen – dungstechnische Prüfungen zur Druckfarben – und Füllstoff – Flotation, Wochenblatt für Papierfabrikation, 1990, 21, pages 935 to 941.

[10] Hakola, E. , Principles of conventional printing, chapter 2 of: Oittinen, P. , Saarelma H. (editors), Print Media—Principles, Processes and Quality, Paperi ja Puu Oy 2009, ISBN 978 – 952 – 5216 – 33 – 2.

[11] N. N. , "Ink – Fteport", Gebr. Schmidt Druckfarben, Frankfurt a. M Germany, 1995, 59 pp.

[12] Schroeter, K. – D. , Deinken—Gegenwärtige Tendenzen bei der Druckfarbenentwicklung unter besonderer Berücksichtigung wasserbasierender Farben, Wochenbl. Papierfabr. 119 (1): 8(1991).

[13] Cosma, R, Verpackungs – Rundschau 36(2):99(1985).

[14] Kubler, R. , Allg. Papierrundschau 33(14):383(1984).

[15] Faul, A. , Putz, H. J. , European deinkability survey of printed products, Wochenblatt für Papierfabrikation 2008, 11 – 12, pages 595 to 607, also in: Professional paper – making, 2008, 2, pages 44 to 49.

[16] INGEDE database, Bietigheim – Bissingen, Germany, 2009 (individual results not public).

[17] Information from Fogra and bvdm (2009).

[18] Faul, A. , Putz, H. – J. , Scoring Deinkability, Progress in Paper Recycling, Vol. 18, No. 2, First Quarter 2009, pages 17 to 23.

[19] Fabry, B. , Task Force for the Development of a Solution to the Deinking of Waterbased Ink Printed Papers, Project FR 0513 (INGEDE Project 114 06), July 2007.

[20] Fabry, B Task Force for the Development of a Solution to the Deinking of Waterbased Ink Prin-

ted Papers, Project FR 0513 (INGEDE Project 114 06) , December 2006.

[21] Hakola, E. , Oittinen, P. , Principles of digital printing, chapter 4 of: Oittinen, P. , Saarelma H. (editors) , Print Media—Principles, Processes and Quality, Paperi ja Puu 0y2009, ISBN 978 – 952 – 5216 – 33 – 2.

[22] Ahuja, S. , Paper: Flow of particulates, toners and carriers in a housing cavity, NIP23 and Digital Fabrication 2007, Final Program and Proceedings, page 53.

[23] Olson, C. R. , Hall, J. D. , and Philippe, I. J. , Progress in Paper Recycling 2(2):24(1993).

[24] Matzke, W. , Selder, H. , Verschiedene Problemstoffe im Büroaltpapier und deren Behandlung, PTS Deinking Symposium, April 1990.

[25] House G. L. , Universal Black Inks Based on New Polymeric Carbon Black Dispersions, NIP23 and Digital Fabrication 2007, Final Program and Proceedings, page 100.

[26] Carré B Magnin, L. , Digital prints: A survey of the various deinkability behaviours, INGEDE Project 83 02, September 2004.

[27] N. N. , Terminology of Stickies, ZELLCHEMING Technical Leaflet RECO 1, 1/2006, August 2006.

[28] Hamann, L. , Latest results of systematic process analysis to reduce stickies in deinking lines, PTS Deinking Symposium, April 2010.

[29] Brun, J. , Delagoutte, Th. , Hamann, L. , Putz, H. – J. , Task Force "Adhesives Eco – Design" (INGEDE Project 93 03) , November 2004.

[30] Putz, H. – J. , Recyclability of Paper and Board Products, ipw 4/2007, pages 37 to 43.

[31] Putz, H. – J. , Schabel, S. , Recyclability 2003 (INGEDE Project 94 03) , May 2004.

[32] N. N. (Technical Committee Deinking) , Orientation Values for the Assessment of the Recyclability of Printed Paper Products, November 2006(available on request from office@ ingede. org).

[33] Voβ, D Hirsch, G. , Putz, H. – J. , Schabel, S. , Preparation of an Adhesive Application Data Base and Development of a Recyclability Scoring System, INGEDE Project 129 09(co – funded by bvdm, FEICA and FI NAT; in progress).

[34] Putz, H. – J. , Strauβ, J Voβ, D Erarbeitung von Rezyklierbarkeitsanforderungen für Verpackungen, INFOR – Projekt 128(in progress).

第⑤章 纤维回用过程的单元操作与设备

5.1 概述

目前,回收的废纸是由不同等级的纸品构成的混合废纸,每种纸含有不同的纤维,还可能含有填料、颜料、交联剂或者其他添加物。有的废纸可能被涂布、印刷或者后加工;有的废纸含有非纸的成分。因此,混合废纸需经过各种方法处理,使之满足各种纸品的质量标准。对于从木材制备的原生浆,可以直接制成纤维悬浮液;对于废纸浆,需要除去不适合造纸的成分,有时候还需做纤维修复和改进。废纸纤维加工比原生浆纤维复杂,因为废纸浆含有不同浆种,以及对造纸不利的有害物质。

5.2 纸浆悬浮液的流体力学

大规模制备回用纤维浆料有几个分离过程。大多数过程,处理的物料是纤维悬浮液形态。因此,纤维悬浮液的流体力学知识对于理解浆料制备的单元操作的物理原理非常重要。液体流体力学的基本特性与作用于流体的力(例如压力梯度的形成)和剪切力或者流体中剪切力应变有关联。在一个简单的管道中的流体,如图 5−1 所示,流体的驱动力是压力梯度 Δp,结果流体中的力用局部速度梯度 $u(y)$ 来表示。管壁的剪切应力 τ_w 可能用压力梯度和管道的几何数据来表示,如式(5−1)的形式。

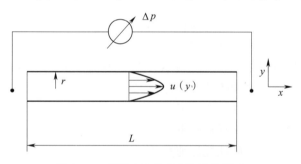

图 5−1 管道中流体的剪切力和速度

$$\tau_w = \Delta p \cdot \frac{r}{2} \cdot L = \eta \cdot \frac{\partial u}{\partial y} \tag{5−1}$$

在方程中,管壁的剪切应力与速度梯度的关联因子就是黏度 η。如果黏度与速度无关,流体就是牛顿流体(Newtown)。大家熟知,水就是牛顿流体。纤维悬浮液则是非牛顿流体,具有非常复杂的非线性黏度。另外,在许多纤维悬浮液中,纤维与管壁之间的管壁效应不能忽略。因此,纤维悬浮液性质非常独特,在转换从牛顿流体(水)到纤维悬浮液的实验和知识时必须特别注意。图 5−2 比较了水与纤维悬浮液在形成剪切应力与速度梯度的流体力学指纹谱图[1]。

压力下降与平均流速的关系有更多实用的图，它们都有相同的形状。

纤维悬浮液的基本效应解释如下：

（1）流动限制（Flow limit）

纸浆悬浮液的行为类似于番茄酱：如果非常低速抽动，或者打开瓶盖倾倒瓶子，就没有这种效应。当纤维形成网络黏附于器壁就产生这种效应。浓度越低，纤维越短，这种效应就越弱。浓度低至 1% ~ 2%，流动限制效应就不起重要作用。

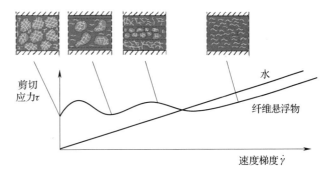

图 5 - 2　水和纤维悬浮液流变图谱的对比

（τ 剪切应力，$\dot{\gamma}$ 速度梯度）

（2）缺乏层流（Absence of laminar flow）

在纤维悬浮液中，层流不可能形成。当浓度非常低时例外，层流的流体动力学不适应于纤维悬浮液。在输入低能耗，或者低剪切力情况下，纤维形成网络或者形成活塞流，悬浮液流体称为活塞流体。

（3）无纤维管壁流层（Fibre - free wall layer）

当纤维悬浮液开始流动，靠近管壁的纤维转动，并且形成取向，通常是主体流体方向。这就导致一个无纤维的管壁流层，其厚度几乎等于纤维平均长度的一半。在管壁的这个水层形成一个润滑膜，它能减少抽浆的能耗。悬浮液连续流动形成活塞流体。

（4）抗絮凝作用（Deflocculation）

通过增加压力梯度来增加悬浮液的剪切力可以抵抗纸浆絮凝。这种效应从具有管壁效应的管壁开始，首先打破纤维形成的网状称为小的絮团，之后小的絮团又变成单根纤维。

（5）流态化悬浮液和湍流（Fluidised suspension and turbulent flow）

由于增加压力梯度，抗絮凝效应一直持续直到纤维分散，且趋向于主体流体方向。在此点，纤维悬浮液的曲线与水的曲线相交。此点相应的剪切应力就是临界剪切应力 τ_c。临界剪切应力是纸浆去絮凝最小的剪切应力。这是一个重要的信息，因为在浮选或者筛浆过程中，为了分离纤维和碎片，纸浆必须去絮凝。有趣的是在湍流中，抽取流态化的纸浆悬浮液比抽水的能耗低。在这效应在工业中可以见到。例如，压力筛启动时先只用水，然后灌入纤维悬浮液。马达的功力消耗显著下降。解释这种现象的原因是悬浮液中的纤维抑制湍流，在湍流纤维悬浮液流体中的能耗比纯水流体更低。

在悬浮液中的颗粒必须分散，使纤维和其他有用的颗粒物在分离过程中可以回收。因此，剪切应力 τ_c 是非常重要的参数，利用此参数可以计算出悬浮液达到流态化以及颗粒物分离的最小能耗。τ_c 是关于浆浓 c_s 指数方的函数。

$$\tau_c = k_1 \cdot c_s^{k_2} \qquad (5-2)$$

式（5 - 2）中的常数 k_1 和 k_2 的典型数据列于表 5 - 1。必须强调，式（5 - 2）计算的绝对数值决定于测定设备，用这些设备进行测定。然而，对于不同浆种的相对比较，这个方法是很有用的。

表 5 - 1　在浓度为 c_s（%）时计算出流态化剪切力 τ_c 的常数

纸浆种类	k_1	k_2
针叶木漂白硫酸盐浆	3.12	2.79
磨石磨木浆	1.08	3.36
TMP	2.03	3.56

临界剪切应力受 pH 和填料浓度的影响。碱性 pH 引起纤维溶胀,使纤维润滑。就会导致 τ_c 的数值较低。填料颗粒物会降低纤维的取向性,形成团聚,因此可能降低 τ_c。图 5-3 是剪切应力与浓度的关系图。这种指数变化曲线可以做两条渐近线。

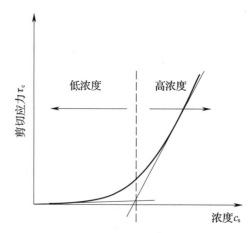

图 5-3 纸浆悬浮液流态化的
剪切应力与浓度的关系

转折点就是两条直线的交叉点,我们定义使用的浓度低于临界浓度(Edge consistency)的过程为低浓过程(Low consistency,LC),而高于临界浓度的过程定义为高浓过程(High consistency,HC)。在 LC 过程纸浆的流态化随着浆浓的增加,需要增加的能耗不显著。在 HC 过程,纸浆流态化时,浆浓增加会急剧增加能量。从这一点看,分离过程的最佳操作点在 LC 范围,靠近临界点,此后曲线呈指数增长。综合考虑纸浆的最小稀释度和流态化最小能需,此点是最好的点。

在日常的工业实践中,从能量消耗角度来看,操作过程常常在左边远离最优点。理由之一是避免进入高浓区;在高浓区,原料成分因加工条件变化很大。在这种情况下,分离过程(如净化、浮选、筛浆等)的效率急剧下降。测定悬浮液流体力学性能的传感器能够帮助控制过程接近最优浓度,通过使用较少的水节省能耗。然而,这种传感器目前还没有。

5.3 流变效应介绍和纤维悬浮液处理

在处理和操作回用纤维(Recycled-fibre,RCF)悬浮液时,人们必须考虑悬浮液除了含有水和纤维以外,还有许多碎片,例如塑料、砂子、玻璃、金属、导线、黏胶粒子等。在处理这些流体时,有两个重要方面要考虑,即如何取样和如何传送。

(1)RCF 悬浮液取样

取样方法的准确性对于最终测定结果产生很大影响。大多数情况下,样品的不确定,再好的仪器也是无能为力的。通常,所取的样品对整体必须具有代表性。这就意味着设计的取样方法必须抵挡物理或化学作用,即在取样过程的参数不发生变化。[3] 例如,在横管顶部的取样阀测定低速流动管道里的砂子浓度,是不可能获得准确结果的,因为砂粒沉在管道的底部。这种效果如图 5-4 所示。

这里一个好的解决方案就是将取样管安装在管道的垂直部分,此处悬浮液获得适当混合,并使用特色的取

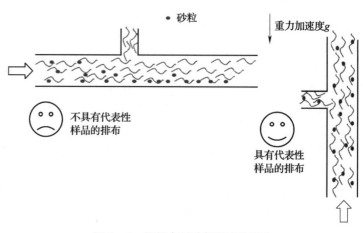

图 5-4 取样点对砂粒浓度的影响

样阀门从主流方向分出样品流,此时取样点样品流的速度与主流的速度相同。这种设置就消除了惯性的影响,因为惯性会阻止大砂粒,大砂粒不会从主流拐弯进入取样阀,因为取样阀与主流成直角。

(2)回用纤维悬浮液的输送

回用纤维操作的目的常常是将悬浮液的组分从甲处传送到乙处。对于简单的流体,这个过程没有什么不同,即通过泵提供压力差。流速越大,输送越快。但是,悬浮液由纤维、塑料盒碎片组成,可能产生许多有害的效果。例如:增加管道内的流速,导致频繁堵塞,而低速时则没有这个问题。这种效应(牛顿流体不会发生的)的原因可能是高流速引起纤维结成网络,纤维絮凝会打破;导致更加流态化的悬浮液流变,允许重质粒子下沉,累积,并且在弯管或者有障碍处产生堵塞。对于回用纤维悬浮液,特别是具有高浓度碎片的悬浮液,在塞流区域操作是有利的;在塞流区域,碎片粒子包含在纤维网络中,停止搅拌是不可能的。当分离为目标时,粗浆悬浮液必须流态化。如上述所讨论,有两种方式实现流态化,一种是以剪切或者湍流形式引入能量,另一种是降低悬浮液的浓度。

此处必须注意,具有高浓碎片的回用纤维悬浮液的流变性与纯纤维的悬浮液的流变性具有很大的不同。在分离过程(筛浆和浮选)终段排渣口,碎片颗粒是主要组分。这些渣悬浮液的流体动力学非常依赖于他们的组分。这种悬浮液的范围很宽,从粗筛筛渣(主要为塑料)到脱墨污泥(主要是细小的油墨粒子、填料、颜料和细小纤维)。

5.4　分离过程的评价和模型

浆料(Stock)制备过程及其单元操作的主要目的就是把纤维中的杂质和杂物除去。评价这些单元操作的基本定义和方法将在此处讨论。

评价单元操作的基础就是过程的质量平衡。因此,在典型的浆料生产的单元操作中,有3个组分必须考虑,即:

- 水
- 浆料
- 杂物或者杂质

每种组分的质量平衡必须能够计算,且他们的平衡必须明确清晰。因此下文介绍他们的定义。

$\dot{q}_{mf}^{W}$:在过程操作进料时水的质量流。在该定义中上标指的是组分部分。

W:水部分(Water fraction)

P:浆部分(Pulp fraction)

D:杂物部分(Debris fraction)

下标是过程的输入或者输出。

f:进料(Feed)

a:良浆(Accept)

r:过程尾浆(Reject of the process)

图 5-5 表示分离过程的桑基(Sankey)图。

图中黑色盒子"Black Box"表示分离过程和此种情况的质量平衡,可以写成下式:

$$\dot{q}_{mf}^{W} = \dot{q}_{ma}^{W} + \dot{q}_{mr}^{W} \tag{5-3}$$

当测定分离效率时,水可以忽略,只考虑固形物。当然在设计设备、泵、管道和操作过程的时候水的质量流和体积流是重要的。但是对于研究纤维与杂质分离,仅考虑固形物以及每个组分的平衡是合理的。因为典型的浆浓是 3% ~ 5%,水占了 95% ~ 97%,这样处理具有更好的使用价值。图 5 - 6 是固形物浆和杂质的桑基图。

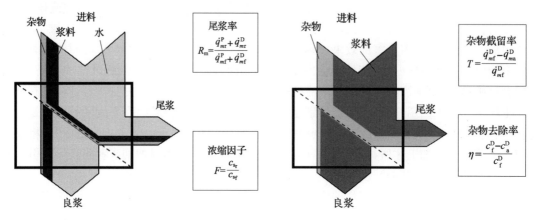

图 5 -5　分离过程桑基示意图　　　　图 5 -6　固体组分分离的桑基图

为了全面描述每一个组分的分离过程,至少需要两个质量流。因为出渣口的测定没有入浆口和良浆出口处准确(此两处的杂物浓度高,且混合均匀),通常在此处测定后,计算排渣口所需要物质的量。另外,必须考虑的是,没有传感器直接测定浆料制备系统的质量流。所以测定各种组分的质量流必须测定体积流和浓度。例如,测定进浆口碎片的质量流就要测定其体积流 V_f^D,总浓度 c_S 和碎片浓度 c_f^D。因此通常做了一个简化处理,将总体积粗略地等于水的体积,特别是低浓情况更合适。

分离有两个目标:一是高得率,二是良浆质量好。不幸的是,这两个目标互相矛盾。高得率导致低的分离效率,高质量通常会降低得率。因此,至少用两个指标来表征分离过程。

除渣率 R_m 表示总质量中渣的份额,可用下式计算:

$$R_m = \frac{\dot{q}_{mr}^P + \dot{q}_{mr}^D}{\dot{q}_{mf}^P + \dot{q}_{mf}^D} \tag{5-4}$$

对于低碎片浓度,在计算中碎片的质量流可以忽略。

浓缩因子 F(Thickening factor)

$$F = \frac{\dot{q}_{mr}^P + \dot{q}_{mr}^D}{\dot{q}_{mr}^W} + \frac{\dot{q}_{mf}^W}{\dot{q}_{mf}^P + \dot{q}_{mf}^D} = \frac{c_{sr}}{c_{sf}} \tag{5-5}$$

在此详细说明,提升渣和进浆的浓度称为浓缩(Thickening)。这个数值很重要,可以用于控制浓度,或者调节稀释比。

分离比或者碎片除去效率 T 表示碎片质量流在进浆和良浆中的变化[4]:

$$T = \frac{\dot{q}_{mf}^D + \dot{q}_{ma}^D}{\dot{q}_{mf}^D} \tag{5-6}$$

杂物浓度(Debris concentration)c^D 是杂物质量流与总固形物质量流之比。

$$c^D = \frac{\dot{q}_m^D}{\dot{q}_m^D - \dot{q}_m^P} \tag{5-7}$$

碎片富集因子(Debris enrichment factor)c_e 表示杂物在尾浆和进浆的浓度之比,计算

如下:

$$c_e = \frac{c_r^D}{c_f^D} \tag{5-8}$$

杂物除去效率(Debris removal efficiency),定义为净化效率 η,是在进浆和良浆杂物浓度之差与进浆中杂物浓度之比。

$$\eta = \frac{c_f^D - c_a^D}{c_f^D} \tag{5-9}$$

表示过程分离特征的是分离图解图,其中分离比 T 对尾浆率 R_m 作图,图5-7 就是分离图解图的一个例子。

在图中,分离过程很容易与两条极端的曲线比较:T 形片(只有渣排出,没有分离效果)和理想分离线。T 形片的效果在图中的对角线上以虚线表示。沿此线,分离比 T 等于尾浆率 R_m,没有任何分离效果。

理想分离就是图中的虚线;准确地说就是尾浆比例等于进浆中杂物的浓度 c_f^D,曲线从分离比为 0 跳到分离比为 1。这就意味着只有尾浆流中有杂物,而良浆中没有。这种情况在实际工业生产中是达不到的。实际分离的曲线是图中的粗实线。典型的筛浆和浮选就是如此。通常实际分离曲线符合指数规律。对于这些过程,分离图解图很清楚解释了为什么这些分离过程的尾浆率处于5% 和30% 之间。尾浆率至少要高于进浆中杂物的浓度。在分离曲线的起始阶段,尾浆率降低,增加尾浆率会显著增加分离比。也就是说增加尾浆率就会增加分离效率,因此浆的质量高于平均质量。相反,在分离曲线的右手边,曲线变平缓,增加尾浆率,分离比变化很小。在这个阶段,得率下降与质量提升的关系很差。如果分离曲线在梯度变化大的范围内不能达到所需的浆质量或者分离比,在梯度变化大的曲线范围内显著提高尾浆率比在曲线处于平缓范围提高尾浆率的效果更好。

在分离图中可以看到两个更好的关联:即过程的净化效率(cleanliness efficiency)和分离效果(fractionation effect)。净化效率 η 可以表示为有效分离 x 的比例,因此有式(5-10):

$$x = T_x - R_x \tag{5-10}$$

理论上,最大的分离可能性表示如下:

$$y = 1 - R_x \tag{5-11}$$

这种关联关系取决于质量平衡。根据在相交定理,x/y 比值投射到分离图的纵坐标上,如图5-8 所示。

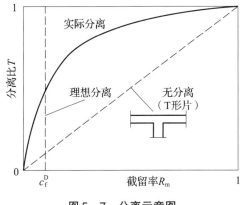

图5-7　分离示意图

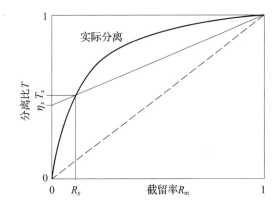

图5-8　分离比与净化效率的关系

在给定 T_s 的条件下,通过经过 $(1,1)$ 和 (R_x,T_x) 的直线与纵坐标的焦点就可以发现 η_s 值。

分离图也可以用于不同纤维的分离,称为纤维分级。分级就是不同种类纤维(长纤维和短纤维)的分离。长纤维的上标用 LF,短纤维的上标用 SF,长纤维分级的分离比计算如下[由式(5-6)变化而来]:

$$T = \frac{\dot{q}_{mf}^{LF} - \dot{q}_{ma}^{LF}}{\dot{q}_{mf}^{LF}} \qquad (5-12)$$

分级的分离图表示如图 5-9 所示。图 5-9 中表示长纤维和短纤维的曲线。在典型的分级过程,例如分级筛,长纤维在尾浆流中富集,短纤维在良浆流中富集。结果,短纤维曲线处于平均分配曲线之下。在分级过程,高分离比并不是主要的目的,但是长纤维的分离比与平均分配或者短纤维的分离比有较大的差别。在分离图中,这种差别越宽,分级效果越好。这种相互关系就解释了为什么分级过程的操作在尾浆比约为 0.5 时,分级效果达到最佳。

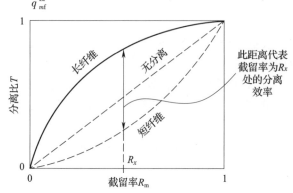

图5-9　纤维不同组分分离过程示意图

当纤维的级分不均匀,而是由不同长度、柔软度、宽度的纤维构成的混合纤维;同时杂物颗粒也是由不同特征和性质的混合物构成。由于组成的不均匀性,计算分离过程的总效率也许过于简单而导致结果不可用。为了解决这个问题,不同的人提出几个定义[5-6]。例如,3 种长度的纤维(长、中、短),及 3 种粒度的胶黏物(大、中、小)。需要这些因子定义上述过程,例如,分离比或者效率不是简单的数值,而是矢量(在此例中就是三维)。所有的平衡必须用矢量来计算。用这个方法,整个浆料的分离系统就可以构模,进行衡算。因此 3 种大小的粒子(纤维和胶黏物)就可以计算出来。

5.5　单元操作介绍

与原生纤维一样,循环回用纤维浆料必须满足确定装备所规定的质量标准。从这个意义上说,质量就是指的纤维特征,如细小纤维的类型和条件,纤维对于添加剂和杂质的影响。回用纤维加工系统比原生浆纤维复杂得多。其原因有两个,其一回收纸的各种纤维和各种纸品的混合物;其二是含有杂质和碎片,这点更为重要。这些杂质根据来源可以分成如下几种:

(1)造纸过程的添加物,例如填料、染料、涂料组分,以及功能化学品。

(2)根据纸张的用途加入的化学物质,如印刷油墨、涂料、铝箔和胶黏剂。

(3)在使用和后续收集过程混入的物质,包括铁丝、尼龙、砂子、石子、订书钉和文件夹。

在全球不同地区,回用纤维部分,或者大部分,或者全部替代原生纤维造纸和纸板,并且造出各种等级的纸和纸板。回用纤维又称城市纸浆,其应用对于可再生生产具有重要意义。纤维的质量和清洁度可以满足需求。例如,纤维的质量决定纸的力学性能和印刷适性。洁净度包括光学、化学的性质,或者胶体、微生物以及过程加工物(如砂子和胶黏物)存在。

筛选和检测回用纤维的设备在高效回用纤维中和保持贮存纸浆的质量方面起重要作用。回用纤维生产的第一个任务就是除去杂质及其影响;尽量满足质量要求。图 5-10 显示在回用纤维过程中遇到的物质,其尺寸大小也标出来了。杂质除去程度依赖于造纸产品的质量要求。

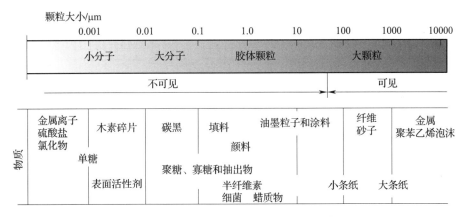

图 5 – 10　回用纤维处理过程中的物质

分离过程根据需要除去的杂质的类型和含量变化而变化。分离的标准还包括与纤维特性明显不同的物质的某些特征。这些特征是影响浮选和沉积的粒子大小、形状、可变形性、密度以及表面性质。表 5 – 2 总结了某些杂质的粒径和密度的特性。

表 5 –2　　　　　　　　　　回用纤维加工过程的粒子大小和密度

杂质类型	密度/ (g/cm³)	粒子大小/μm				
		<1	<10	<100	<1000	>1000
金属	2.7 ~9.0					▓
砂子	1.8 ~2.2		▓	▓		
纤维/涂料粒子	1.8 ~2.6	▓	▓	▓		
油墨粒子	1.2 ~1.6	▓	▓	▓		
胶黏物	0.9 ~1.1	▓	▓	▓		
蜡	0.9 ~1.0	▓	▓	▓		
聚苯乙烯泡沫	0.3 ~0.5				▓	▓
塑料	0.9 ~1.1				▓	

浆料制备本质上分 3 个层次的加工过程,如图 5 – 11 所示。第一层次是生产层次。直接将回用纤维浆转到终端回用纤维贮存浆的成浆池。这个转化具有如下作用:

①纤维打散(重新碎浆和疏解),并呈悬浮状态;

②纤维与杂质分离(包括碎浆、筛浆、浮选、洗涤和离心);

③纤维脱水和除渣;

④纤维处理(打浆和分散);

⑤残余杂质处理(分散)。

第二层次是从生产层次产生的渣中回收纤维、固形物和水。分离过程有需要对纤维和杂质分类,除去水中的固形物。第三层次渣子、污泥的排放,处理过程水。这个过程需要将固形物与水分离。

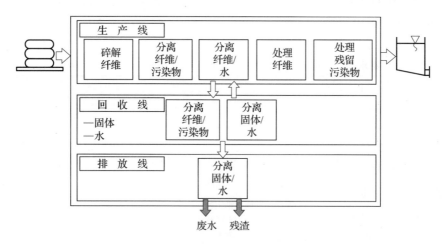

图 5 - 11　回收纤维的三级处理过程

浆料的处理过程根据原理和粒子特性分类,见表 5 - 3。

表 5 - 3　　　　　　　　　　　　分离过程的分类

处理过程	原理	用于分离的粒子特性
筛分	穿过孔(典型的小缝或者孔),将通过和未通过的分离	粒径、形式和形状、变形性
离心净化	在离心区域加速,将轻质和重质物分离	密度、粒径、形状
浮选	疏水粒子附着在气泡上,以泡沫形式分离	表面性质和粒径
洗涤	稀释到很低浓度,细小粒子穿过小孔(典型的金属网眼)	粒径
分级	与筛分相同	粒径、几何形状(长度)、柔软度

分离过程与分离效率、纤维悬浮液的浓度和碎片的含量有关。在纸浆生产线中,相同的生产操作过程可能重复几次才能获得更好的效果,并提高操作装备的可靠性,这与杂质的种类和含量有关(见第 6 章)。

图 5 - 12 所示是不同分离操作的效率及污染物粒子的大小分布图。如果大粒径物质密度与水或者润湿的纤维有明显不同,那么净化器的分离效果就非常好。否则分离效果下降,直至 0。

大的立体粒子在筛选时非常容易分离,而小的,平的,或者易变形的粒子在这些操作过程就很难分离。浮选只能除去疏水性的粒子,但是效率高,粒子的粒径分布范围宽。洗涤除去小

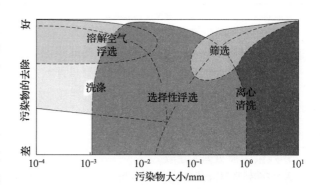

图 5 - 12　回收纤维处理过程污染物去除
单元操作的有效范围

粒子。分离效率依赖于所用水的量。溶解的气体浮选(Dissolved air flotation, DAF),或者微浮选分离小的粒子直至10mm的粒子,非常有效[8]。

除了分离以外,下述操作对于回收纤维生产也起重要作用。根据贮存浆浓度及其杂质含量多少对于设备的要求是不同的。主要单元操作及其作用如下:

① 碎浆和疏解:首先将回收纸打散达到能够泵输送的条件以保证可以进行初筛,通常在这一步进行初筛,然后有必要的话进行疏解。

② 分级:根据纤维长度和柔软性所规定的标准将纤维分级。

③ 分散与搓揉:使残留的污点和胶黏物变小,并可以浮选,使黏附在纤维上的油墨脱附,将这些胶黏物或油墨混入漂白剂中,从工艺上调理纤维。

④ 磨浆:改变纤维的表面形态和特性,保证纤维的结合力和纸张质量。

⑤ 脱水(浓缩和压榨):从纸浆悬浮液中除去水,可以使纤维分散更好,使漂白或者贮存更加有效(排水系统也将有阴离子垃圾的循环水分开,并且控制系统的温度)。

⑥ 漂白:使黄色或者有颜色的纤维提升到所需要的白度,有时使用氧化漂白剂,有时使用还原漂白剂。

⑦ 贮存与混合:保持纸浆悬浮液处于混合状态,并且混合在一起。

评价每段效率和效益的重要标准就是比能耗和贮存浆浓度。表5-4表示这些标准。这是由于有不同的工艺,其差别较大。其原因首先是能耗决定于在前一段疏解和除渣时耗了多少功,以及浆料传到下一段需要的能。这些数据不包括从一段到另一段传输泵的耗能。

表5-4　　　　　　　　　　　比能耗以及单元操作的浓度

单元操作	比能耗/(kW·h/t)	浆浓/%	单元操作	比能耗/(kW·h/t)	浆浓/%
水力碎浆	10~40	3~18	浓缩	1~10	0.5→5(10)
转鼓碎浆(带筛)	15~20/40	3.5~20/(3.5~6)	脱水,螺旋挤压	10~15	4~10→25~40
疏解	20~60	3~6	脱水,双网压榨	2~4	3~10→25~50
筛浆	5~20	0.5~4	分散	30~150	22~32
尾筛	20~40	1~4	低浓磨浆(每SR单位)	3~25	3~5.5
洗涤	1.5~20	0.7~1.5→5~12	高浓磨浆(每SR单位)	10~60	~30
气浮	10~20	<0.3→0.01	贮存	0.02~0.1	3.0~5.5(12)
浮选	20~50	1~1.3	混合	0.2~0.5	3.5~4.5
离心净化	4~8	<0.5~4.5(<6)			

关于浆料浓度,在工业生产中,低浓、中低浓、中浓和高浓没有明显的区别。实际的浆浓范围在每个操作工段不同,见表5-5。

箱板废纸浆料制备系统各单元操作的比能耗如图5-13所示。

表5-5　浓度范围和它们在不同工段的定义

操作单元 / 定义	碎浆	筛浆	离心净化	漂白	磨浆
低浓（LC）	<0.6%	<1.5%	<1.5%	—	3%~6%
中低浓（IC）	—	1.5%~2.5%	1.5%~3%	—	—
中浓（MC）	<12%	2.5%~6%	—	10%~13%	10%~13%
高浓（HC）	<19%	—	3%~6%	25%~35%	28%~35%

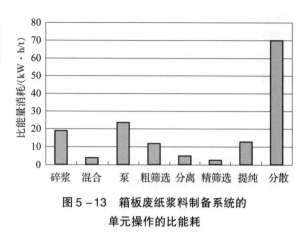

图5-13　箱板废纸浆料制备系统的单元操作的比能耗

5.6　碎解和制浆

5.6.1　基本原理

碎解制浆是生产废纸浆的第一单元操作过程。此过程的第一步就是将输送来的干的原料转化为可以泵抽动的悬浮液。废纸碎解过程主要作用包括：

① 润湿回用纸降低其结合力；

② 将纸分散成单根纤维或者碎片；

③ 脱除纤维上的油墨粒子；

④ 分离出粗渣；

⑤ 添加助剂（根据需要）；

⑥ 使纸浆均匀。

制浆阶段达到的主要目标：

① 将可用的纤维分成单根纤维；

② 脱除印刷油墨粒子,并且不再回吸；

③ 杂质不再破碎,避免筛选和净化困难；

④ 优化碎浆时间、能耗和助剂。

碎解制浆段通常是间歇式的,但是出来的是纸浆悬浮液,为后续分离提供恒定的流量和浓度。碎浆过程利用了机械、温度和化学品共同作用。碎浆主要是通过润湿废纸,大大降低纸张的强度；也就是将水混入纸中,并机械搅动、加热、以及加入化学药品使纸张分散成纤维或者碎片。纸张润湿后,纤维间的氢键消失,纸张的强度降低。表5-6比较了干手抄片纸以及润湿15s后的撕裂强度数据。

图5-14显示不同的回收纸润湿后抗张强度变化[9]。非湿强纸抗张强度降低86%~96%,湿强纸降低60%~80%。图5-15显示润湿时强度降低非常快(低定量的纸1min

表5-6　云杉纸浆手抄片撕裂强度

	撕裂强度/(N/m)
干手抄片	1380
手抄片在水中润湿15s后	19

内降低 95%)。回用纸的快速并且完全润湿是对于有效碎浆非常重要。

对于难碎解成浆的纸,需要加热至 75℃ 以上。如果必要,还需要加入化学药品。用酸性或者碱性化学药品依赖于所造纸时使用的湿强剂。用不同方法产生的碎解力必须大于原料的结合力,以及杂质对纤维的黏附力。碎解力不宜过大,否则杂质也被分散,不利于分离净化。采用不同的碎解机理可以达到不同的碎解目标,当然其制浆过程需要

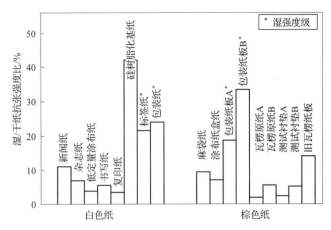

图 5-14　各种回收纸润湿后抗张强度变化

优化。润湿保留时间长有利于纤维润湿,可以降低机械力和能耗。升高温度,或者加入化学药品,例如烧碱,达到碱性引起纤维润胀,能够降低机械能耗。另一个途径就是将碎浆分为粗碎浆和重渣分离,然后再疏解机或者圆盘筛中精疏解,偶尔也在其中添加滞留箱以利于纤维更好润湿和润胀。

至今,制浆机理仍然不是很清楚。可能的假设就是由转子加速、物料黏稠和黏附产生的机械疏解力进行疏解制浆[10]。突然加速,或者运动惯性作用到碎片。应用剪切力,纸浆悬浮液就处于不同梯度的剪切力场中。由于纤维之间的摩擦,碎片就分解成纤维。在碎浆机中,慢速转动的纸浆界面之间存在高剪切力,浆中的浆渣会沿射线方向从转子射向边沿。碎浆片缠绕在转子上,筛板的孔上或者缝筛的筛条上产生附着力。为了获得纤维碎解效果,这些作用力是成对的,并且作用方向相反。

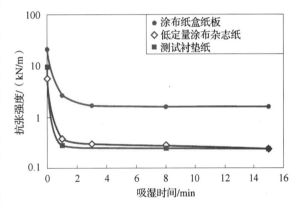

图 5-15　3 种回用纸润湿后的抗张强度变化

静电复印纸的回用纸制浆,油墨粒子的脱附非常重要,因为只有油墨粒子从纤维上释放了才能在后续浮选后的洗涤过程中分离除去。根据文献[12],油墨粒子的脱附是一级反应,与转子的形状和工艺条件有关。油墨粒子有可能再吸附到纤维上。为了减少油墨粒子的再吸附,需要加入化学药品控制。

图 5-16 是两种回用纤维混合物中碎片含量减少与油墨粒子脱除与再吸附的关系。曲线表示,所有纸浆碎片在 2min 内全部疏解成纤维,油墨粒子脱除用有效残余油墨浓度(Effective Residual Ink Concentration,ERIC)表示。在此时间内,ERIC 值达到最小。在实验室实验表明,延长制浆时间,油墨粒子会再吸附到纤维上,ERIC 值增大。

高浓碎浆机(HC pulper)碎解浆浓为 19% ;中浓碎浆机(MC pulper)碎解浆浓为 12% ,低浓碎浆机(LC pulper)碎解浆浓为 6% ,实际应用中与使用的原料有关。高浓碎浆和中浓碎浆一般是间歇式,低浓碎浆通常是连续的。碎浆将依照碎浆浓度不同而变化。

不同回用纸的碎浆曲线用来确定碎浆条件。对于间歇碎浆,曲线就能看出碎片与碎浆时间(或者能耗)的关系。碎片就是没有碎解成单根纤维的小碎片。图 5-17 是用旧杂志纸为

原料,采用不同的碎浆器和碎浆浓度的碎浆曲线。很明显,高浓碎浆机中碎片含量降低最陡,这种疏解曲线是典型的一级动力学曲线。碎片的含量 F,见式(5-13)

$$\frac{\mathrm{d}F}{\mathrm{d}t} = k \cdot F \qquad (5-13)$$

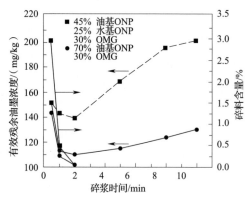

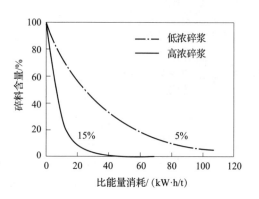

图5-16 两种回用纤维混合物中碎片含量减少
与油墨粒子脱除与再吸附

注:ONP:旧新闻纸,OMG:旧杂志纸。

图5-17 不同碎浆浓度碎料含量与
比能耗的关系

式(5-13)可以表示碎解动力学,其中 k 为特性常数。

含有不同等级的湿强剂的回用纸原料间歇碎浆,含较高湿强剂的回用纸产生的碎片比低湿强剂纸产生的碎片少,因为难碎解的原料需要更长的碎浆时间。

图5-18所示为3种纸(A,B和C),以及它们1:1:1的混合纸的碎浆特征。碎浆时间不同,残余碎片量不同,碎浆时间可以正比于比能耗。在稳定状态连续碎浆过程中,放入不同的原料纸,碎解后的成分也不同。

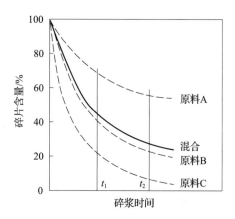

图5-18 3种废纸及其混合纸的
碎浆特征[10]

5.6.2 设备

表5-7给出了碎浆机和转鼓碎浆机工艺条件和使用参数。碎浆机喂料系统视原料的状况而不同,例如是否打包或者松散状态。

表5-7　　　　　　　　　碎浆机和转鼓碎浆机的设计条件和工艺参数

碎浆机类型	喂料		工艺条件						设备特征			
	装备	状态	浓度/%	设计能力		碎浆时间/min	操作类型	轴向	有效构件	线速度/(m/s)	分离筛	碎浆机直径/mm
				最小/(t/d)	最大/(t/d)							
高浓	报纸杂志	松散去金属丝的纸包	<19	30	400	15~25	间歇	立式	垂直转子	12~16	不用(用)	<7100

续表

碎浆机类型	喂料		工艺条件						设备特征			
	装备	状态	浓度/%	设计能力		碎浆时间/min	操作类型	轴向	有效构件	线速度/(m/s)	分离筛	碎浆机直径/mm
				最小/(t/d)	最大/(t/d)							
中浓	报纸杂志	松散去金属丝的纸包	<12	140	500	20~30	间歇	立式或卧式	带叶片平转子	13~17	不用（用）	<6000
低浓	瓦楞纸湿强纸	松散开包	<6	200	1600	5~40	连续带铰链，垃圾分离器	立式卧式倾斜	带叶片平转子	15~20	用	<8000
转鼓	报纸杂志瓦楞原纸	松散	<20（<5）	100	1600	20~40	连续	卧式	鼓式	1.5~2	用（鼓式）	<4250

通常,碎浆机由圆柱形不锈钢槽体和同心(有时是偏心)螺旋桨构成。螺旋桨上有刮刀,刮刀刮去筛板上的浆料,防止浆料在筛板上沉积而堵塞。因为螺旋桨片易发生磨损,因此磨损部件必须可以替换或者修复。为了碎浆机槽体内流体向中心流动,碎浆机槽体壁上有垂直构件,导向构建,或者两者都安装。有时,在螺旋桨外围附近安装致密的筛条,以增加制浆的能量转换。因为加速力对制浆产生很大的影响,处理原料的湿裂断长是碎浆的重要参数。湿裂断长的定义与干裂断长相同,唯一不同是用抗张强度和定量计算润湿条件下湿裂断长。图 5-19 是干/湿裂断长之比,与图 5-14 相同。由于不同的原料在相同定量情况下,吸水的能力不同,干/湿裂断长的比值与抗张强度不成比例,见图 5-19。很明显,打湿后原料的裂断长下降比抗张强度下降更多。对于未加湿强剂的纸张,打湿后裂断长下降 90% ~98% 。

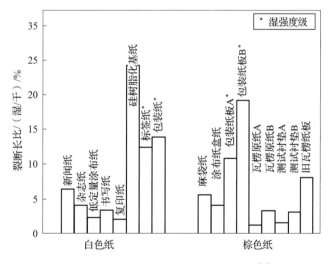

图 5-19　不同纸种打湿后裂断长下降[9]

5.6.2.1　高浓(HC)碎浆机和中浓(MC)碎浆机

高浓碎浆机和中浓碎浆机是间歇式运行模式,包括加水、喂废纸料、碎浆、稀释、出料,有时还要冲洗残渣。操作时间内,试剂用于制浆的时间约 2/3。为了缩短总体操作时间,出料和进料装置的直径足够大。过大的直径,费用高,对于高浓制浆不利;而有利方面是能耗方面比较好。如图 5 - 17 所示。轻微碎浆,杂质破坏较少[13]。

为了避免过度打散杂质,碎浆力必须保证适中,可分散纤维,而尽量少打散杂质。图 5 - 20 所示为各种回收纸的典型的湿裂断长。这些物质的强度数据变化很大,黏合剂(胶黏物)的湿裂断长与纤维的最接近。添加化学品或者升高温度可明显降低胶黏物的强度。

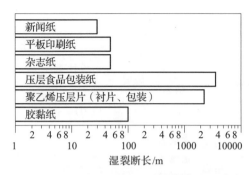

图 5 - 20 回用纸与聚乙烯膜的湿裂断长[16]

图 5 - 21 是锡箔复合膜食品包装材料的制浆测试结果[13]。很明显,所使用的碎浆力足够大可以使纸板各组分分开,并且制浆。但是碎浆力也不能太大,以免塑料层打碎,增加碎浆力,能耗也增加,如图 5 - 21 所示。

图 5 - 22 是典型的高浓碎浆机,带有螺旋转子。这个转子除了能制浆以外,某些部位还有传送功能。上部具有将浆料向下传送作用,底部主要具有循环功能。图 5 - 23 所示的两种螺旋转子,一个用于高浓碎浆,一个用于中浓碎浆。

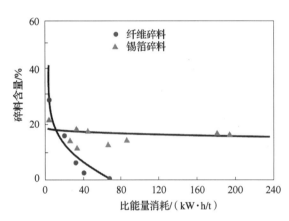

图 5 - 21 锡箔复合膜食品包装材料
在碎浆过程中碎料减少量[13]

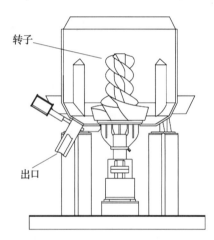

图 5 - 22 高浓碎浆机示意图[151]

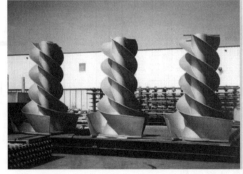

图 5 - 23 高浓(左)和中浓(右)碎浆机的螺旋转子[151]

高浓和中浓碎浆机能够使原料和废纸包松开。废纸包经手动或者自动剪除金属丝。剪开金属丝的废纸包在碎浆机中就容易润湿,可以缩短碎浆时间。尽管具有湿强剂的原料在加化学品、提升温度到70℃以上时也可能碎浆,但是用于这种碎浆机的典型原料是脱墨原料,包括旧报纸和杂志纸,或者涂布纸。

在间歇碎浆机中,驱动扭力会随着碎浆时间而变化,最大力可以达到碎浆机启动力的200%。当废纸碎浆到适当的残余碎片时,加入稀释水,把浆料抽出。由于系统不同,抽浆可能通过一个筛板保留粗渣在碎浆机中,在排渣段除去。

通常,在一个操作单元后,完全排空碎浆机。这样,粗渣就与下游浆线的机器分开了。图5-24就是这种制浆高浓系统,连接下游盘筛筛去粗渣,进一步疏解。从这个设备出来的良浆贮存在卸料池,渣经过缓冲槽泵入滚筒筛。从滚筒筛出来的浆渣经过脱水后排出,从滚筒筛出来的良浆通过回路进入上游的盘筛。

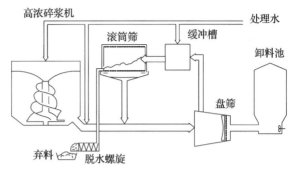

图5-24　回收纸的高浓碎浆辅助系统:
碎浆机、泵输送和稀释水进料系统[151]

5.6.2.2　低浓(LC)碎浆机

低浓碎浆机加工过程处理松散的回收纸或者废纸包。该废纸包需要松开,但是也不必去除金属丝。低浓碎浆机最常用于废纸加工生产包装纸和纸板。图5-25是低浓碎浆机的基本轮廓,制得的浆浓达到6%。这种类型的碎浆机最大达到160m³。碎浆力是由螺旋桨产生,其旋转的线速度达到12~20m/s。

图5-26是低浓碎浆机的转子和筛板的照片。

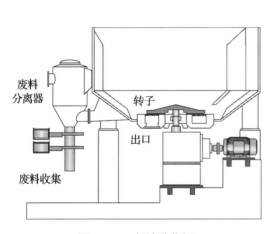

图5-25　低浓碎浆机

图5-26　低浓碎浆机的转子和筛板[142]

转子的轴可以是垂直的、水平的或者倾斜的。大多数情况下,低浓碎浆机是连续运转,不断通过筛板排除全部淤积物。提取过滤板的孔径可能变化范围6~20mm,根据不同的系统和不同的回用纸等级而不同。孔径小导致良浆中的碎片小,但是耗时长。孔径大,则碎浆时间短,良浆中碎片就大,量也多。孔的直径通过考虑下游的筛浆系统而优化,即此筛浆系统不能过载大直径的碎片。容易的可成浆的碎浆池中碎片的含量应降至15%~20%。而难碎浆的碎浆池中碎片达到20%~40%。

为了阻止连续运转碎浆机的杂质垃圾浓度过高,必须有连续除去垃圾的系统。图5-27是典型的具有排渣系统的低浓碎浆机。悬浮液从碎浆机通过泵提取出来经过垃圾分选机到达圆筛,此筛起到去碎片作用。良浆进入下游,同时浆渣进入鼓筛。鼓筛出来的良浆回流至碎浆机,同时浆渣排去。

打包的金属丝、弹簧、塑料片、铝箔、织物通常通过铰链设备除去,铰链设备组成有绞盘,并且后面有一个切绳刀,如图5-28所示。这个装置的工作原理就是在运行条件下,垃圾物会捻成绳。

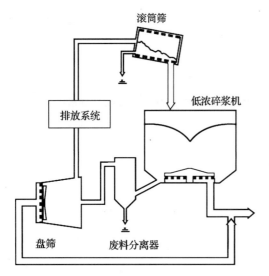

图5-27 具有排渣系统的低浓碎浆机

图5-28 铰链机[151]

启动铰链,一根长长的带刺的金属丝伸入容器中。由于在螺旋桨周围的液体剧烈流动,旋转的物体缠在一起。毛状的物质积累在一起形成一条链,越来越长,这条链从碎浆池中通过铰链盘以一定速度拉出来。拉出来的速度不能超过链形成的速度。如果拉得太快,形成链变得太细,可能发生断裂。如果拉出来的速度太慢,形成链太大,螺旋桨可能会破坏它。如果形成链断裂,散开的部分将在碎浆机中连续旋转,可能下沉到底部。这就会导致拖住转子运动,甚至使其停止。因此链条拉出来的速度可以变化,其速度从0至100m/h。有效拉出链条的条件包括碎浆池中流体以适当的速度旋转,物料的浓度3.5% ~5.5%,合适的碎浆池直径,铰链安装在浆池进料的合适位置。

低浓碎浆机特别适用于湿强纸的间歇碎浆。对于碎浆池底部更强烈碎解,在转子周围安装固定的棒。回用纸可能要通过加热到75℃以上来进一步处理,并加入化学药品。但是这个处理用高浓碎浆机处理更加有效。

在评估对于整齐和化学品需要,以及操作费用较高时,湿裂断长可能用来作为评价指标。根据长期来的实验研究,裂断长约600m(碎浆比能耗约为25kW·h/t)似乎是无须加热和添加化学品而能有效碎浆的极限。对于湿强高于该值的废纸原料,就必须加热和添加化学药品处理。

5.6.2.3 转鼓碎浆机

相比HC、MC和LC,转鼓碎浆机是最柔和的碎浆方式。更改设备适合碎浆,而不破坏杂质,这些杂质在后续操作中是必须除去的。转鼓碎浆机的基本布局见图5-29。

最常见的就是应用于报纸和杂志纸的碎浆。由于在转鼓碎浆机中相当柔和的力,因此特别适应于低湿强纸。转鼓碎浆机的优点在于他们连续操作,并且稳健地除去杂质。

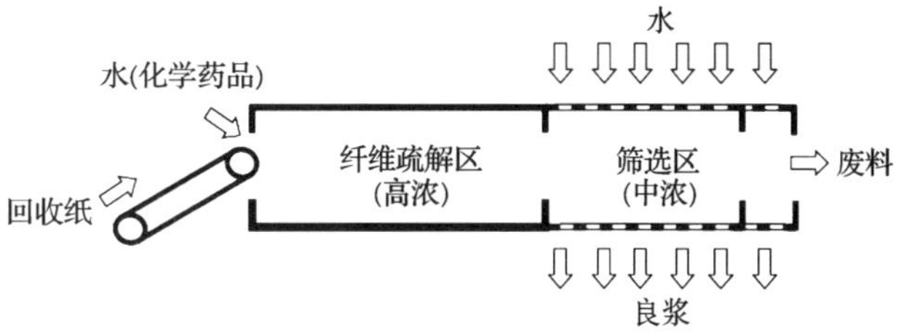

图 5 - 29 转鼓碎浆机基本布局示意图

转鼓碎浆机的转动速度为 100 ~ 120m/min,直径是 2.5 ~ 4m,长度 30m。设备需要占用较大空间,见图 5 - 30。转鼓的驱动是通过车胎摩擦,或者齿轮圈和小齿轮变速箱带动转鼓的外周而进行。整体设备向末端排渣口倾斜。

转鼓分两个区域,一个是碎浆,一个是筛浆。两者都形成一个刚性单元,彼此分离,且旋转方向相反。碎浆区占转鼓的 2/3,筛浆占 1/3。松散的废纸或者剪开金属丝的废纸包进入碎浆区,同时注入水和脱墨需要的化学药品。在碎浆区内部是荷载隔板可以容载物料。转鼓运行时,碎浆区的浓度是 14% ~ 20%。

当转鼓转动时,物料向上提起,如图 5 - 31 所示。依据注料水平,物料在鼓内发生流动和旋转儿施加剪切力而碎浆。物料从转鼓的顶部自由落下产生最大的剪切力形成有效碎浆。通常,这种力比碎浆机产生的力小,因此杂质的大小保留而不碎小,以利于筛浆。回用纸混入的湿强纸不能被碎解,将在排渣口排出[17]。

图 5 - 30 转鼓碎浆机[141]

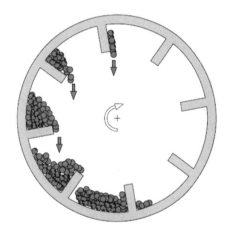

图 5 - 31 转鼓碎浆机中原料的运动

在转鼓的筛浆区,注入水后浆浓被稀释,进入良浆的浓度是 3% ~ 5%。筛孔的直径为 6 ~ 9mm。粗渣和含有湿强物质的碎片从鼓尾排渣口排出,其中的纤维含量低。良浆被疏解,并进行了粗渣过筛处理。

图 5 - 32 是转鼓碎浆机两个分离的鼓和两个不同的区域用于碎浆和筛浆。该设计的优点在于操作参数,例如圆周线速度、保留时间等在每个区域可以独立调整。

利用转鼓碎浆机的这些优点碎解有高湿强的废纸,可以在转鼓内安装一个置换核心。在转鼓中设计一个 D - 形单元(置换器)使转鼓与置换器之间形成窄通道,目的是增加窄通道中纤维的摩擦和剪切力。这种设计,下坠浆料的冲击力就增加,如图 5 - 33 所描述,浆料通过窄通道后下落的距离增加。增加下坠的作用力就增加了纤维的分散。

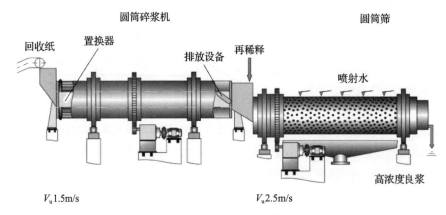

图 5 – 32　转鼓碎浆机[151]

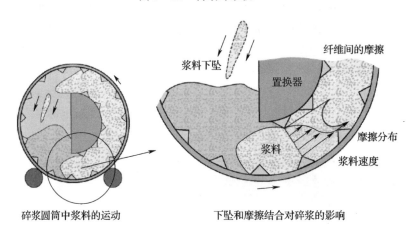

图 5 – 33　鼓式碎浆中产生高剪切力的置换核心

5.6.3　疏解

5.6.3.1　目标和系统集成

　　疏解是将碎纸片分离成单根纤维。在废纸的回收过程中,纸片的形成与废纸中存在施胶、涂布和湿强度等级的纸有关。湿强纸的损纸处理也需进行疏解。不仅疏解机能用于纤维的分离,而且圆盘筛也有小的疏解作用。疏解机和圆盘筛可以处理浆浓为 3% ~6% 的纸浆。

　　对于非常难分离的回收纸,在碎片含量较高的情况下,采用间歇碎浆,然后用疏解机疏解,更加符合成本效益。图 5 – 34 中的平滑曲线清晰地显示了这种情况的原因。随着碎片含量的减少,在碎浆池内进一步疏解纤维,能耗会迅速增大,图中的曲线趋于平缓。通过在合适的点中断碎浆,改用疏解,就可以达到显著节能。这种处理顺序是合乎情理的,即在碎浆机中粗疏解,接着在疏解机中精疏解。

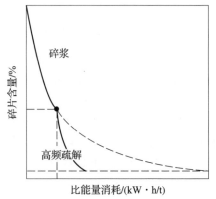

图 5 – 34　碎浆与疏解过程纸浆碎片含量与比能耗的关系

另一种节约能量的方法是先筛选出干净悬浮液,然后将大片状浆渣连续喂料到疏解机疏解。极难碎解的浆料通常用化学品及升温处理以减少纤维间的结合,从而促进高频疏解的疏解效果。分散机也常用于有效地降低片状浆料。

高频疏解机的效率严重依赖于再生纤维纸浆含杂质的程度。疏解机的精细齿是为了增强纤维碎片的分解,但是通常极易容易被大的杂质堵塞。为了保护这些齿牙,需要在上游对浆进行洗涤和筛选。为了节省费用,通常用圆盘筛替代。

5.6.3.2　物理原理

类似于碎浆机碎解浆,高频疏解机的分解碎片主要通过诱导缠绕、黏糊、加速力,或这些力的组合力实现的。这些力在疏解机中比在碎浆机中高得多。这些碎片强制通过在疏解机齿牙的剪切和工作区,就更容易被打散。然而,高频疏解力是有限的。对于高湿强度等级的碎片来说,需要更高的分散力。通过高温处理和化学品处理减少碎片强度往往更具成本效益。如图 5－35 所示,这种处理过程促进了纸碎片在碎浆机和高频疏解机中的疏解。用于这种处理过程的化学品是碱性或酸性的,这取决于湿强剂的类型。

圆盘筛不仅在几何构造方面类似于碎浆机,而且在流动特性方面也很相似。由于圆盘筛具有微细孔和一个比较高的能量密度,因此高频疏解比碎浆机是更加有效和节能。圆盘筛并不和高频疏解机一样高效,主要是因为不是所有的碎片可以经受高的疏解力。

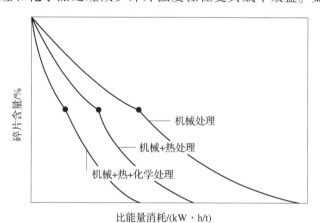

图 5－35　3 种处理方法湿强纸碎解后碎片含量

应用于疏解的圆盘筛或者筛板系统和筛板与疏解机的组合系统,都必须按照两个标准进行评估:碎片的实际分散量和通过碎片筛板或筛筐的残留量。两种都影响子系统中良浆碎片含量的降低。图 5－36 便很好地诠释了二者对碎片含量的影响。

图 5－36 中,两个轴线的坐标系统表明了筛选和分散的影响。图 5－36 可以用于比较不同系统或是评估疏解过程。

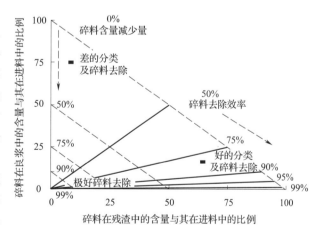

图 5－36　碎片去除效率评价

5.6.3.3　机械设备

(1)高频疏解机

图 5－37 示出图 5－38 中的高频疏解机的截面示意图。每个单元包括两个定盘和一个转盘,同时 3 个开槽啮合环以 25～40m/s 的圆周速度运转。含有碎片的悬浮液必须沿径向穿过转子和定子槽。加速和剪切力减少了边缘对于碎片的卷曲的影响,从而有助于它们的分散。

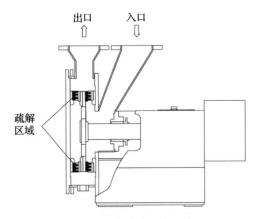

图 5-37　疏解机的截面示意图

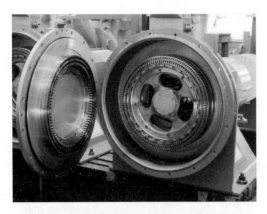

图 5-38　带有装卸盖疏解机的最终组装图

疏解机喂料的粗细不同根据浆中碎片尺寸、碎片含量和杂质含量的不同而变化。理想情况下,高频疏解后纸浆的打散度至少为95%,也就是说,残留薄片含量在5%以下。其他类型的高频疏解机可能包括锥形工作元件与容器以迫使悬浮液多次通过交叉的高剪切工作区域。这种类型的高频疏解机还可使污染物粗糙分离。

对于低疏解阻力的纸浆,通常高频疏解在单次疏解的情况下,比能耗为 20~60kW·h/t。对于较难疏解的纸浆,两次或多次穿过高频疏解机是必要的。对于给定疏解能量多次通过比单次通过疏解机更具有成本效应。这意味着串联而非并联疏解机为最佳连接方式。这确保每台机器浆料的高通过量。疏解机系统的设计必须考虑到,压力的增加或释放,取决于填料类型、通过量和浆料的均匀性。

其他类型的高频疏解机介于孔型喂料和盘型喂料之间,这使纸浆必须在径向方向流动。在从内到外的转变过程中,碎纸片被打散。

(2)圆盘筛的疏解作用

筛板,尤其是圆盘筛,有一定的疏解作用。圆盘叶片端附近附有冲击杆的筛板具有最大的高频疏解效果。图 5-39 示出带有拆卸盖的圆盘筛板,包括转子、筛盘和冲击杆。

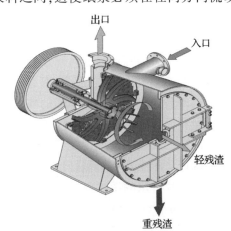

图 5-39　带有拆卸盖的特殊盘筛

圆盘筛主要用于具有高碎片和碎屑含量悬浮液的粗筛选。该疏解机的优势在于其对碎屑敏感并将其分离。其缺点是高频疏解的效果有限性,当然对于处理混合的回收废纸制成的包装纸和纸板已经足够了。它们降低了第二阶段粗筛选的废品率。下文将更加详细地介绍圆盘筛。

5.7　筛选

5.7.1　目标和集成系统

筛选的目的是除去回收纤维纸浆中的轻杂质和重杂质,并根据杂质的大小、形状和杂质的变形能力选择合适的筛板配置。有时也需要根据纤维本身的特性(例如其长度或柔韧性)进行分离。这种分离被称为分级分离。纸浆强迫通过孔或开槽,这些孔和槽比大部分的杂质颗粒小但是比纤维素大,以达到杂质颗粒与纤维的分离。筛板开孔对于厘米级的纤维测量是非常粗糙的,然而对于与筛孔同样尺寸的纤维例如 150μm 的纤维的测量,筛板的开孔在技术上要求则要严苛的多。它们也对表面的涂料也更加敏感,因为它们在尺寸上的微小变化对于处理结果具有很大的影响。

筛板开孔也要比大部分的轻杂质颗粒大,这些轻杂质颗粒在后续处理过程中进行分离,见下文所述。通过清洗装置将残留的颗粒传输至排渣口以防止筛板堵塞。

筛选是废纸回收过程中的重要处理单元,因为其高杂质含量决定了其对筛选处理过程的特殊需求。假设在一个筛选处理步骤中就除去大部分杂质颗粒,将会导致关键机器部件的快速磨损,包括筛板和转子。此外,干扰筛选过程的扁平颗粒如塑料箔或纸件(碎片)需要除去。特别是对变形颗粒的筛选尤为必要,尤其是在高负荷下只是部分分解或是变形的胶黏物来说。

再生纤维纸浆单级完全筛选通常是不可能的。这取决于纸浆的组成,需要具有不同类型的转子、筛板和开孔大小的不同种类的机器。其主要原则是尽可能地清除杂质颗粒,同时对于精筛来说要防止它们分解太多。适当的筛选还增加了在随后处理阶段的效率。在调浆阶段除去粗重粒子、塑料薄片和绳索等,以分离杂质。在筛选的第一步通常降低杂质含量,以在下一阶段进行精细筛选。所得产物可以进一步进行疏解,之后进行更加精细和有效的筛选。

筛选过程中避免纤维的损失是不可能的。第一级筛选阶段的残渣在第二级、第三级或甚至第四级复筛过程中可以显著减少这种损失。最后阶段(尾筛)决定筛选系统纤维的损失量。

筛选系统的筛选清洁效率随着浆质量的提高而增加。清洁效率取决于除去悬浮液中杂质颗粒的筛板或筛选系统。浆流量越高纤维损失越大。由于清洁效率和纤维损失量同时决定着筛选的级数,所以总是选择最大清洁效率筛板和操作系统,和最小的纤维损失和投资成本之间平衡。

第 6 章中的图 6-1 至图 6-2,图 6-10 和图 6-12 至图 6-14 说明了对于不同纸种类型典型筛选过程布局的系统集成。如何通过供浆的连续性和给定筛板的槽尺寸变化操作筛选过程的方式取决于系统中筛板的位置。

5.7.2　物理原理

阻挡筛选和概率筛选

如果要分离的颗粒比筛孔的所有 3 个维度都大,该过程称为阻挡筛选。当使用有孔的筛板并且当杂质非常大或是相对为球形或立方体时,阻挡筛选通常用于粗筛。阻挡筛选有一个明确的大小尺寸限制和每一块碎片要么通过筛孔、要么保留在筛筐或筛板内被丢弃。阻挡筛选的定义仅适用于非变形颗粒。

较小颗粒的精筛情况比较复杂。在精筛过程中,如果粒子比筛孔中所有尺寸大也可能会出现阻挡筛选。这种颗粒将 100% 被分离。但精筛过程中概率筛选起着重要的作用。当杂质颗粒可以通过筛孔,而在其他情况下,杂质颗粒也将会保留在筛孔内该过程被称为概率筛选。杂质在一个或者两个维度上小于筛孔时才会发生(如果杂质颗粒在三个维度上都比筛孔小,当然一有机会杂质颗粒便会通过筛孔)。例如,片状形颗粒至少在一个位置可以通过筛板,针形颗粒可以在两个位置通过在筛板。

如图 5 - 40 所示,具有一个、两个或所有三个维度都比筛孔小的颗粒排出的概率比筛板和颗粒表面可接触的最少数目的排出颗粒要大。为了防止与筛板接触的颗粒再次存留在筛板内,它必须尽可能快地从机器中排出(最小存留时间)。这通常意味着高流动排渣量。还必须避免在碎片粒子的浓度接近筛板密度,这需要在筛板入口侧浆料的良好混合。由于这种混合,随着浆渣被排出的纤维量也将增加。

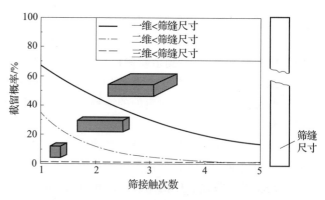

图 5 - 40   一维、二维、三维尺寸比筛缝小的颗粒截留概率与筛接触频率的关系

5.7.3 基本筛选和机器设计

目前为止已经发展起来并评估了大量不同类型的筛选机器设计。筛选的一种分类方式是按照所用筛板的几何形状进行分类的。分为圆盘筛和柱形筛(表 5 - 8)。只有非常少的筛选机器的类型不适合这种简单的分类方式。

对于精筛来说柱形筛是最常见的筛选类型。除了最后一阶段的尾筛,所有的柱形筛都在压力下操作。因为这个原因,它们也被称为压力筛。在这样的筛选方式下一般保持其压力级数在 0.1 ~ 0.25MPa 之间。更高的压力可能存在于流送系统中,在这里较高的压力是必需的,以加速浆料到造纸机器生产线的速度。增加压力的优势在于使得浆料中空气含量减少,以实现更高的吞吐量或机器的生产和操作的流畅性。

表 5 - 8   圆盘筛和柱形筛比较

圆盘筛	柱形筛
非常粗	单位面积筛浆能力高
能处理高能杂质,包括粗渣	最高的分离效率
有良好疏解效果	低比能耗,过程柔和(杂质不易碎)
小颗粒分离效率有限	对于大的摩擦性颗粒敏感,这些物质会破坏筛筐

如果机器的容量中空气占大部分,那么它可能会导致筛板的失衡。

在所有压力筛中典型的组件是一个圆筒筛筐,并且需要定期清理筛板表面以防止其堵塞。压力筛可以根据浆料通过筛框的流动方向和清理元件的布置进行分类。清理元件可以在筛框的内部或外侧,并且通过筛篮的流动方向可以向内或向外。清洁元件和筛框之间的相对速度差是必需的。这可以通过旋转清扫元件或通过旋转筛框来实现。几乎所有的安置和流动方式的组合都曾出现在筛选历史中。其中某些变化如图 5 - 41 所示。

目前,最常见的设计是指浆料向外流动和在筛框里的旋转清洁元件(转子箔)。这种离心式设计,可实现最高的分离效率和每平方米筛板面积高生产量。内流对抗的离心设计也可以使用。在此设计中,离心力输送重杂质远离筛板表面,从而使磨损显著降低。然而,具有内流式的筛板生产量通常小于外流式筛板生产量的一半。内流筛板的具体功耗一般也较高。

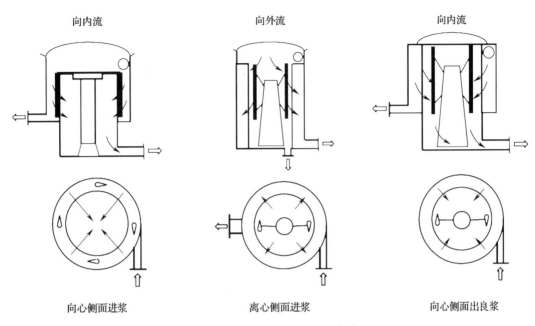

向内流　　　　　　　向外流　　　　　　　向内流

向心侧面进浆　　　　　离心侧面进浆　　　　　向心侧面出良浆

图 5 - 41　各种压力筛的设计[23]

5.7.4　压力筛的基本物理机理

压力筛内几个并行发生的子过程：

① 分散颗粒纸浆的抗絮聚；

② 纤维通过筛孔流动；

③ 通过转子抽吸脉冲定期清洁筛板；

④ 杂质和空气的聚集和排出。

图 5 - 42 显示了压力筛的基本组件，上文列出的几个子过程将在下文进行更加详细的描述。

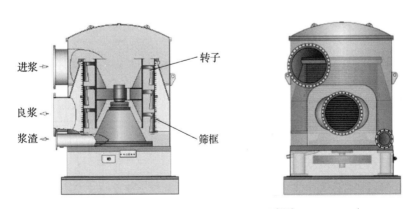

进浆　　　　　　　转子

良浆

浆渣　　　　　　　筛框

图 5 - 42　压力筛的基本构成[151]

5.7.4.1　纤维通过筛孔流通

压力筛的主要目的是从杂质颗粒中分离纤维。这是通过可以让纤维通过而杂质保留的带有孔的筛板达到的。早期筛选机的筛板是具有钻孔和可见缝的平板筛（见本书第 5 章"压力筛的发展"及"机械制浆"部分）。今天精筛的筛框已经根据其应用发展成宽度为 $80 \sim 250 \mu m$ 甚至更小的缝筛。孔和筛缝给纤维提供了一个更大的开放区域，从而有助于纤维找到自己的方式通过该开口。由于纤维直径在 $10 \sim 50 \mu m$，纤维长度在 $0.8 \sim 2mm$，这有利于纤维在纵向上通过筛孔。使得较小开口的筛板比那些适于纤维长度的筛孔筛板保留了更小的杂质颗粒。然而，对于这些具有较小的开口的筛板，纤维必须被定向在筛板和给定某一转弯处滑入开口。这种对纤维的引导是通过筛板形状引起的小涡流造成的。

根据图 5-43 所示，筛板的外形在筛板正常运作中是非常重要的。即使外形相当小的变化，例如由磨损或制造过程中引起的变化，可以显著影响筛板的生产率（通常磨损使它变小和纸浆增加而使其增厚）。通过对许多不同的几何形状的槽型进行研究。通常，它们的特征在于缝宽，两个缝和波纹倾角或相应波纹高度之间的距离，如图 5-44 所示。

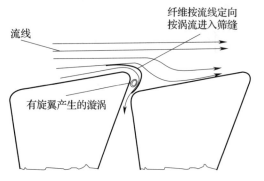

图 5-43　由流线定向和旋翼产生的涡流引导纤维通过缝隙

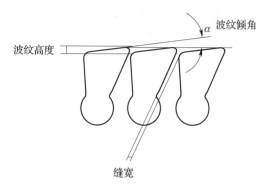

图 5-44　波纹筛的特征

筛筐对于缝宽变化非常敏感。$10 \mu m$ 的变化对于宽度为 $100 \mu m$ 的缝来说相当于 10% 的变化。

这种精密的几何形状槽不能使用加热的方法如焊接或铅焊来实现。这就是为什么夹紧是连接波形棒和支撑箍的主要途径，如图 5-45 所示。

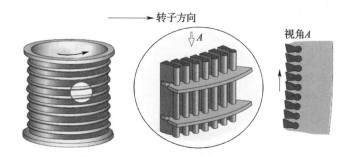

图 5-45　筛鼓的波形棒由支撑箍固定[151]

波纹角对波纹高度的影响如图 5-46 所示。

图 5-46 示出具有不同波纹角 α_1、α_2 的缝型圆柱筛板的净化效率。这表明了常见的事实，对于同一个轮廓角 α_1 来说，具有 $0.1mm$ 缝宽的筛板其清洁效率大于 $0.15mm$ 缝宽筛板清洁效率。

$0.15mm$ 缝宽，波纹角为 α_2 的筛板比和缝宽 $0.1mm$ 波纹角较大的 α_1（$\alpha_1 > \alpha_2$）的筛板的清洁效率更好。这是由于在筛鼓入口处

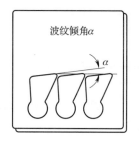
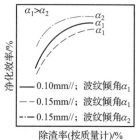

图 5-46　波纹倾角与缝宽对净化效率的影响[22]

形成的不同的流动模式和漩涡,如图 5 – 47 所示。浆料的不同的杂质和不同的筛选操作条件可导致稍微不同的结果。

悬浮液的流送方式与筛板的开口形状非常相似并且强烈依赖其表面的平整度。在波形筛鼓,例如相对平行波形角流动的条件的影响。图 5 – 47 显示了具有大波形角筛鼓的流动条件。可以清晰地看到大的涡流和棒尖下游的流动分离点。

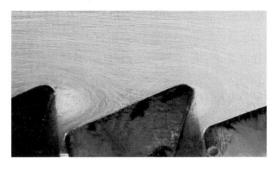

图 5 – 47　在波纹棒型筛鼓入口的流动模式[151]

从图 5 – 47 得出的另一种设计准则为:两个缝之间的最小距离取决于被处理纤维的长度。如果纤维相比于缝的距离太长,一条纤维的一端在一条缝的一端,而另一端在相邻缝隙的另一端。从而导致纤维被卡住,因为滞流点的流动力将其固定到所述波形棒的顶部。避免这种情况的一个经验法则是,不超过 5% 的纤维应该比缝之间的距离长。如果满足这个要求,转子的清洗可以有效防止纤维被卡住。在纸产品中由于短纤维浆使用的增加如桉木浆,纤维的平均长度变小,所以有潜力应用具有更小缝间距筛鼓。对于相同尺寸的筛鼓这提供了一个更大的开放的空间,所以会有更高的生产能力。

上文所述的筛鼓不能连续进行操作,除非开口处进行定期清理。因为纤维在很短的时间内倾向形成絮状的网络结构,纤维间的相互作用会阻塞筛孔。

5.7.4.2　通过回流和剪切力清洗筛板

为了使颗粒分离,浆料在达到筛板之前纤维絮聚物必须分解成单根纤维。否则,包含杂质的絮聚物将会通过筛孔或者纤维絮聚物被排出。此外,纤维趋向于阻塞的开口,所以开口处必须定期除去。这两个目标可以通过以下两种方式来实现:

① 转子在悬浮液中产生一个梯形的剪切力来阻止纤维絮聚,并且转子上的叶轮元件可以引起周期性的吸气脉冲清洗筛板。

② 带有鼓气型元件覆盖在圆柱形转子上加速了缝隙间浆料的流速。在转子和筛框之间引起的剪切力阻止了浆料絮聚并且可连续清洗筛鼓的表面。这两种配置都可以应用在工业生产中,尤其是第一个更为常见。图 5 – 48 显示了两者的机理。

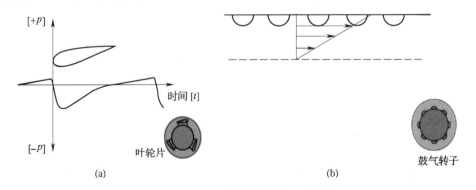

(a)　　　　　　　　　　　　　　(b)

图 5 – 48　压力筛的净化机理[151]

(a)由叶轮转子产生的负压(吸气)脉冲图　(b)转子高速旋转产生剪切力图

(1)叶轮转子

对于叶轮转子来说,转子和悬浮体之间的切向速度差是很重要的,这是因为抽吸脉冲的高度是其速度差的平方函数。随着排渣率的降低,悬浮液的加速,速度差也在筛鼓排渣口末端降低。筛选的最后一步操作只有百分之几非常低的排渣率也是一个问题。在这样的筛选下,筛鼓内含浆渣一侧清洗不够有效,并易堵塞。接着,在机器的控制下,整个生产的浆料在筛鼓中较小的空间通过,这就导致较高的缝间剪切力和筛框间更高的压力差。较高的缝间剪切力将会降低筛选效率,并且导致整个筛鼓的堵塞,图5-49提供了解决这个问题的两个途径。

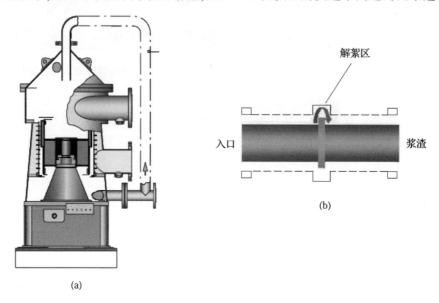

图5-49 避免由转子引起浆过度加速的两个方案[149]

(a)加回流管 (b)加解絮区

一种解决方案是从浆渣出口处到进料处或顶部安装一个回流管。该回流管能够使悬浮液在机器中短暂停留而得到高的内部循环,这样在切线方向上达到较低的加速度。保持了悬浮液和转子间的速度差,因此使清洗更加有效,总体排渣率也未增加。

另一解决方法是通过一种内部刀片形成解絮区,同时保持转子和悬浮液之间的速度差。

叶轮转子可设计成从顶部至底部头接头的方式或使用较小的叶轮交错安装。交错安装的优点在于它可以使筛框进料侧的浆料悬浮液充分混合,这使得杂质更加均匀分布。具有头头相对安装方式的叶轮,其悬浮液中的杂质从进料处到排渣口则更加集中。

(2)鼓气转子

所谓的鼓气转子就是不引起吸气脉冲。因为它的高旋转速度,一般大于30m/s,鼓气转子引起的剪切力防止纤维聚集成网状结构并可清洗筛板表面。鼓气转子可实现清洗的高清洁率。然而,由于筛板的功耗是转速的函数,所以鼓气转子比叶轮转子消耗更多的能量。

(3)叶轮转子使浆流通过筛孔

一些研究人员一直对通过筛孔的浆流进行研究,或者通过数据测量或通过数值模拟。这些研究对于影响筛选的因素给予了有价值的见解。然而,由于实验只使用水高度稀释的悬浮液或流体动力学模拟或在水中的单根纤维,实验并不能完全代表压力筛的真实情况,所以实验结论必须非常谨慎的解释和应用于实践。

图5-50和图5-51示出在单一旋转条件下两种不同类型的转子的压力筛在转子转到筛的开口处流过筛的速度图。这些测量是通过使用超声多普勒风速和风力测速法利用工业尺寸的筛板和逼真的纤维悬浮液得到的。这些图代表了当地筛孔流入到良浆区的速度。叶轮转

子,在生产阶段(正流量)流量是相对均匀的,如图 5 - 50 所示,也可以看出有 3 个短的冲洗阶段(负流量)。

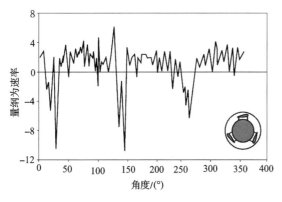

图 5 - 50　转子转到筛的开口处流过筛的速度[22]

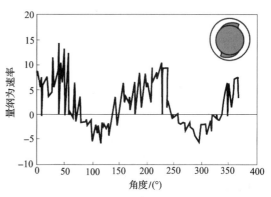

图 5 - 51　步进转子每转动一圈到开口的通过速率[22]

分段转子,生产和冲洗阶段大致相等。因此,对于相同的流通量,在生产阶段的有效速度更高,其压力差也更高。

不仅在流动特点方面进行对比非常重要,而且在时间和速度波动方面的对比也很重要。叶轮转子的转动速度最大约为平均速度的 5 ~ 10 倍。对于交错转子,它可以高达 20 倍。筛板的平均流量是从整个筛板开口区分离的浆流体积计算出的理论值。如上所述,较高的有效流通速度,即较高的压力差,意味着更多的可变形颗粒,如胶黏物,可以被迫通过筛孔。因此不同筛选机器的平均流通速度对于实际的流通条件来说不是一个可靠的指标。

(4)通过圆柱形筛的均匀流

均匀流通过柱形筛网的整个多孔区域,其优点是可带来最高可能流通量,同时还避免筛孔的堵塞。这对于特定的流通量提供了最佳的筛选方式。大多数类型的圆柱形筛板的流量有着相当大的差异。其主要原因在下文中进行说明。

假定输入压力与筛鼓所有点的压力相同,良浆的流速将会沿着筛鼓出口的方向增加。这是因为流速和悬浮速度都在良浆区域恒定的横截面处增加。由伯努利能量定理可知,这将导致良浆出口处的静压降低。因此,这就是筛框最大压力差点和最大流通量点的由来,如图 5 - 52 所示。对于具有大良浆腔室的筛选机,这种影响是较小的。因此在锥形壳体内筛鼓的均匀流表现更好些,如图 5 - 53 所示。转子的设计也可以提高通过筛鼓浆流的均匀性,如右侧图 5 - 53 所示。

5.7.4.3　排出杂质浆渣

对于低杂质浓度的浆料筛选,像原生纤维的筛选,排出杂质的需求不是很特殊。在实际生产中,即使杂质周期性喷射也是可能的。在筛选回收纤维纸浆过程中需要考虑多个方面。包括:

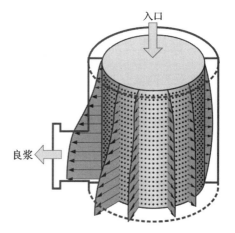

图 5 - 52　计算同心筛筐以及外部良浆池的局部流量[24]

注:由于流过筛出口流速增加,根据穿过筛筐的压力差计算筛筒外流量。

(a)　　　　　　　　　　　　(b)

图 5 - 53　同心腔和同心转子压力筛使整个筛筐等速穿过[142]
(a)同心筛腔　(b)同心筛体

① 杂质含量；

② 机器出口处或是阀门的截面；

③ 纸浆悬浮液中杂质的特殊流变。

在回收纤维纸浆的筛选过程中杂质在通过排渣管离开筛选机之前进行集中，并且含有杂质的腔室容量必须足够大以在无堵塞的情况下封闭杂质。这尤其适用于筛选机的粗筛。入口、出口、机器部分和阀门的横截面必须足够大，以便最大的杂质通过。这意味着，排渣阀不能任意封闭。纸浆悬浮液的流变学特性也必须加以考虑。通过维持管内浆流的稳定，浆渣在管内的分层和沉降是可以避免的。这里纸浆悬浮液的絮凝是有利的，因为它有助于杂质在排渣管中的输送。

最后，压力筛应充分脱气。纸浆中总会引入一些空气和在由该转子产生的离心场总是带入一些空气，并使其集中靠近旋转轴线。如果空气不从机器中除去，空气填充的体积将随着时间的推移而增加，从而可能导致密封损坏和轴承转子发生不平衡和振动。

5.7.5　模拟压力筛和筛选系统

模型分为两部分：物理模拟单个筛的模型和多个筛安装模型系统以优化筛选的整体质量和产量。

5.7.5.1　单压力筛的模拟

根据 Steenberg 的基础研究工作及 Gooding 和 Kerekes 对其研究的延伸，在两个边界情况下可以建立一个用于分离的单个压力筛：

① 在活塞式流动的情况下，没有轴向混合的环形筛选区；

② 理想的混合情况，垂直于筛板的完美径向混合。

（1）筛选中的塞流模型

塞流模型假定在筛板进料侧垂直于筛板具有均匀的粒子浓度的浆流如塞子一样流动。如图 5 - 54 所示，随着塞流沿 z 方向向下移动，单位体积内颗粒浓度发生变化。

根据物质平衡，计算通过率比：

$$P_x = \frac{c_{S,x}}{c_{U,x}} \qquad (5-14)$$

一般用颗粒 x 通过狭缝的浓度为 $c_{S,x}$ 与筛孔上游颗粒 x 的浓度 $c_{U,x}$ 比值定义的。对于筛选原理的物质平衡为

$$\dot{V}_z \cdot c_{z,F} = (\dot{V}_z - \mathrm{d}\dot{V}_z) \cdot (c_{z,F} - \mathrm{d}c_{z,F}) + P_F c_{z,F} \cdot \mathrm{d}\dot{V}_z \qquad (5-15)$$

其中 $\dot{V}_z$ 为 z 方向的轴向流速,$c_{z,F}$ 是指从筛选区域到距离 z 的浆料(纤维)的平均浓度(F 为纤维的缩写)。这个等式可以简化为:

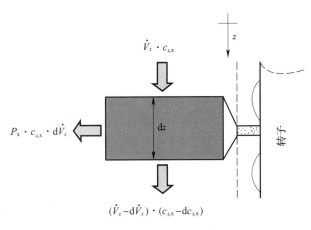

图 5－54 唤醒构件横截面的物料平衡[21]

$$\frac{\mathrm{d}c_{z,F}}{c_{z,F}} = (P_F - 1) \cdot \frac{\mathrm{d}\dot{V}_z}{\dot{V}_z} \qquad (5-16)$$

它是用于协调解决筛选问题的一个综合指标。P_F 为纤维或绝干纤维质量的通过率。所需积分的假设是:

① P_F 不依赖于 $\dot{V}_z$,即纸浆的通过比率不依赖于通过的水或体积量;

② P_F 不依赖于 $c_{z,F}$,即纸浆的通过比率不依赖于纸浆或纤维的浓度即纤维被假定为独立地发挥作用,即使当浓度增加;

③ 对于 z=0 的纸浆浓度和体积流量等于流入和;

④ 用于 z=h(筛选筐高度)的浓度和体积流量值对应于排出值。

因此,对于纸浆来说即浆渣厚度因素 RTF 是:

$$RTF = \frac{c_{R,F}}{c_{F,F}} = \left(\frac{\dot{V}_R}{\dot{V}_F} \right)^{(P_F-1)} \qquad (5-17)$$

$c_{R,F}$ 指排出浆渣流的纤维浓度;$c_{F,F}$ 指进浆流的纤维浓度;V_R 指浆渣流体积;V_F 指进料流体积。

同样对于杂质(用符号 C 表示)可以得出类似的杂质通过率 P_C 的等式:

$$\frac{c_{R,C}}{c_{F,C}} = \left(\frac{V_R}{V_F} \right)^{(P_C-1)} \qquad (5-18)$$

由两个等式可以计算出浆渣损失 R_l 和分离效率 E_R 的公式:

$$R_l = \left(\frac{\dot{V}_R}{\dot{V}_F} \right)^{P_P} \qquad (5-19)$$

和

$$E_R = \left(\frac{\dot{V}_R}{\dot{V}_F} \right)^{P_C} \qquad (5-20)$$

(2)筛选混合流模型

由 Nelson 提出的第二模型,通常称为混合流模型。在这个模型中,筛选机内浆流达到了水平和径向的完美混合,即假设粒子浓度在浆料进料侧处处相等。混合流的原理如图 5－55 所示。

假设完全混合,筛框进料侧粒子浓度处处相等。可导出

$$c_{U,x} = c_{R,x} \qquad (5-21)$$

这意味着在浆渣(用 R 表示)中颗粒的浓度与筛框上游(用 U 表示)的颗粒浓度和通过筛孔(用 S 表示)的浆流颗粒浓度相等。

$$c_{S,x} = c_{A,x} \qquad (5-22)$$

从此得出通过率为

$$P_x = \frac{c_{A,x}}{c_{R,x}} \qquad (5-23)$$

指良浆(用 A 表示)的颗粒浓度与浆渣流的颗粒浓度之比。

在塞流模型中利用以上定义的通过率公式和杂质分离率($x = c$)及纤维分离率($x = f$),筛选的分离效率 E_R 可以计算并进一步简化为以下公式:

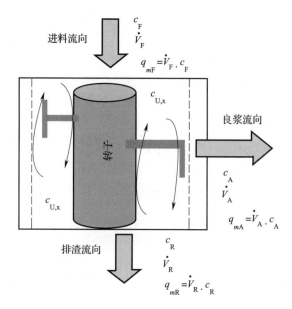

图 5-55　混合流体模型示意图

$$\frac{\dot{V}_A \cdot c_{A,C}}{\dot{V}_A \cdot c_{A,F}} = \frac{\dot{V}_F \cdot c_{F,C} - \dot{V}_R \cdot c_{R,C}}{\dot{V}_F \cdot c_{F,F} - \dot{V}_R \cdot c_{R,F}} \Leftrightarrow \frac{P_C \cdot c_{R,C}}{P_F \cdot c_{R,F}} = \frac{\dot{V}_F \cdot c_{F,C} - \dot{V}_R c_{R,C}}{\dot{V}_F \cdot c_{F,F} - \dot{V}_R c_{R,F}} \qquad (5-24)$$

通过率之间的比率可以通过替代表示成关于分离效率和浆渣损失 R_1 的函数:

$$\frac{P_C}{P_F} = \frac{\dfrac{1}{E_R} - 1}{\dfrac{1}{E_1} - 1} \qquad (5-25)$$

通过变形可得

$$E_R = \frac{1}{R_1 + \dfrac{P_C}{P_F} - \dfrac{P_C}{P_F} \cdot R_1} \qquad (5-26)$$

由于在活塞流动模型中颗粒的分离和浆渣率可以用这个因数表示其相互之间的关系:

$$Q = 1 - \frac{P_C}{P_F} \qquad (5-27)$$

其中 Q 被命名为 Nelson 系数。最后混合流模型的等式可以表示为

$$E_R = \frac{R_1}{1 - Q + Q \cdot R_1} \qquad (5-28)$$

然而,如果 R_1 一直处于连续变化的状态,Nelaon 系数便是一个非常有意义的筛选参数。对于工业筛选中常见的 R_1 变化范围,系数 Q 显示出不依赖 R_1 的特性。

5.7.5.2　筛选系统模型

利用来自上文并在本章解释的关于"评估和分离过程的建模"性能方程的特性进行建模。筛选系统可以基于单个筛选特征使用建模。表现这种模拟的一种有效的方式是模拟颗粒(纤维和杂质),仅忽略水,并利用矢量方程,而不是一维线性方程。在这里,张量符号为特征向量这种形式。

$$\begin{bmatrix} a_1 \\ a_3 \\ a_3 \end{bmatrix} = a_i, i = 1, 2, 3$$

上述开发模型可以用于模拟筛选系统。如果被视为均匀馏分的固体成分不够好,可以将它分为不同的尺寸和颗粒类型。根据模型用于这种筛选得到的碎片浆渣率 T 可以表示成式(5-29)

$$T_i = R_m^{a_j} \tag{5-29}$$

例如,如果使用 3 类级别的纤维(长,中,短)和 3 类胶黏颗粒(大,中,小)。式(5-30)中的 T_i 和 a_j 为矢量。

$$T_i = \begin{bmatrix} T_1 \\ T_2 \\ T_3 \\ T_4 \\ T_5 \\ T_6 \end{bmatrix} = \begin{bmatrix} 浆渣 & 效率 & 长纤维 \\ 浆渣 & 效率 & 中长纤维 \\ 浆渣 & 效率 & 短纤维 \\ 浆渣 & 效率 & 大纤维 \\ 浆渣 & 效率 & 中粗纤维 \\ 浆渣 & 效率 & 小纤维 \end{bmatrix}, \quad a_j = \begin{bmatrix} a_1 & 长纤维 \\ a_2 & 中长纤维 \\ a_3 & 短纤维 \\ a_4 & 大纤维 \\ a_5 & 中粗纤维 \\ a_6 & 小纤维 \end{bmatrix} \tag{5-30}$$

这种描述的优势在处理过程中可以控制颗粒尺寸的位移。在对于一个三阶段的筛选系统中,例如,如果每一个阶段使用相同机器和筛框类型,对于不同颗粒级别 a_6 值是机器的恒定参数。该过程唯一的变量是浆渣质量除去率 R_m。然后设置 6 种颗粒级别的线性等式系统,每一个类别都充分利用质量平衡原理。然后设置为线性方程组的 6 粒类与平衡,以满足每类系统。即使颗粒分解也可以通过引进沉降源进行仿照,模拟质量转变,从尺寸较大的级别分解成尺寸较小的级别。

式(5-30)的定义为单级筛选的质量平衡,F_{li} 表示进料质量流,A_{1j} 表示良浆质量流,R_{1k} 表示浆渣质量流,公式变形为

$$A_{1i} = (1 - T_{1j}) \cdot F_{1k}$$
$$R_{1i} = T_{1j} F_{1k} \tag{5-31}$$

考虑到 6 种组分的变量 $i, j, k = 1, 2, 3, \dots 6$。前馈系统中的第 2 阶段筛选的进料量将等于第 1 阶段的排渣量。如果筛选以这种方式组合在一起,必须考虑到排渣的质量 R_m 是未知的,这是因为这个值取决于纤维的性能或纤维的厚度。并通过纤维碎片 α - 值描述这种影响,例如这里说到的 $\alpha_1 \cdots \alpha_3$。所以浆渣质量排出率 R_{1m} 是在相应阶段的浆渣流的分止支计算而得,对于第一阶段筛选的浆渣质量排出率 R_{1m} 计算见式(5-32)。

$$R_{1m} = \frac{R_{11} + R_{12} + R_{13}}{F_{11} + F_{12} + F_{13}} \tag{5-32}$$

可以通过迭代法对式(5-31)和式(5-32)进行循环引用。像微软这样的 EXCEL 电子表格模拟计算机代码,使用集成求解迭代问题。其中引用的一个方法可以做这些模拟动态并且对常见的 α - 值给出例子。

对于前馈系统或者串联系统给出第三阶段总的碎片浆渣率 T_T 如图 5-56 所示,前馈系统参考式(5-33)。

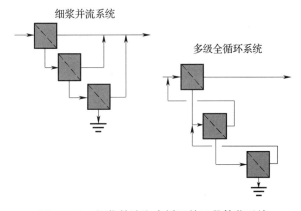

图 5-56　细浆并流和全循环的三段筛浆系统

$$T_{\mathrm{T}} = \frac{T_1 \cdot T_2 \cdot T_3}{10000} \times 100\% \qquad (5-33)$$

总的串联系统参考式(5-34)。

$$T_{\mathrm{T}} = \frac{T_1 \cdot T_2 \cdot T_3}{(10000 - 100 \cdot T_2) + (T_2 \cdot T_3 - 100 T_1) + T_1 \cdot T_2} \times 100\% \qquad (5-34)$$

对于单级阶段给出的所有 T_1、T_2 和 T_3 碎片的排渣率。

5.7.6 机械和设计参数

根据原材料、碎石粒子、轻质薄片和碎浆浓度,在筛浆系统不同的点采用不同类型的筛。这些决定是使用粗筛还是细筛,以及每段筛的机型[24,38]。

所有的筛机都有一个筛腔(通常是焊接的)连接进浆口、出浆口、排渣口,有的轻质排渣口还有一个马达连接一个清理装置和筛。筛腔有时有压力,有时无压力;筛轴有立式和卧式。筛面是平的叫平筛(盘筛);圆筒型的筛叫筒筛。孔式筒筛上孔的直径为 0.8~1.5mm,孔式平筛的孔位 2.0~3.0mm。缝筛一般是筒筛,缝的宽度从 0.08~0.4mm。孔式和缝式筒筛的进浆口都是从侧面进入。

圆筛是内侧光滑,由圆棒构成,常用于除去残余小碎片。主要操作条件见表5-9。

表5-9　　　　　　　　　　　　　筛的机型及其主要操作条件

操作参数　　　　　筛型	筛孔径/mm	转子线速度/(m/s)	浓度范围/%			
			MC	MC	IC	LC
			<6	<4.5	1.5~2.5	<1.5
平筛	2.0~3.0(孔)	20~30	●			
圆柱形	2.0~3.0(孔)	10~30		●		
	0.08~0.35(缝)	8~30		●	●	●

5.7.6.1 粗筛

圆筛和筒筛都可以用于粗筛浆。两种筛均需要压力。圆筛最初是用来筛选含有较高废料和碎片浆料,因为圆筛对于阻碍筛浆过程的物质含量高不敏感,并且有疏解碎片效果。相对较干净的浆料悬浮液,良浆较多的净化,常用筒筛。

(1)圆筛

回收纸,如储存废纸或者混合回收纸可能含有难于碎解的成分。碎浆后,这种成分的碎片含量高,粗筛使用高疏解能力的圆筛。这样可以减少纤维的损失,保证下游筛浆段操作稳定。

图5-57是圆筛,其盖已打开。转子的线速度约为 20~30m/s,有几个转子上的叶片维持筛板在抽吸时不被堵塞,并且将废料和碎片沿径向甩向外围。转子和筛板之间的空隙为 2~4mm。其疏解效果主要是由于靠近转子外周有挡板条棒。圆筛有时也用于第二段筛,筒筛作为其第一段筛。其目的是减少纤维损失,因为圆筛有较高的疏解能力,保证第二段、第三段或者此两段可靠操作。

(2)筒筛

A. 筛的设计

对于含碎片低于5%的浆料,用筒筛进行粗筛。筒筛也有一定的疏解效果,但不及圆筛。

筒筛是在压力下操作,浆浓约为 4.5% 。作为粗筛设备,筒筛有一个筛筐,其上有孔和缝,缝比通常的缝更宽一些。

筛筐上的孔通过铣削和钻孔加工。缝筛筐通过铣削和锯割加工。现在,大多数筛筐是通过筛条组装而成(筛条型筛筐)。这种筛的粗筛和精筛设备相似。不同的是筛筐转动,而脉动叶片固定,如图 5-58 所示。这种设备用于粗筛,粗糙的粒子由于筛筐旋转产生的离心力被分离。这种筛能够替代传统的高密度净化器和粗筛。

图 5-57　圆筛(开盖):带叶片转子、
筛板、挡棒、同心腔[151]

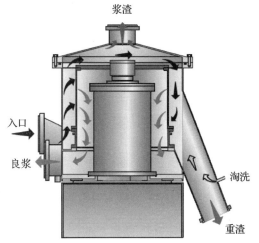

图 5-58　筛筒旋转的粗筛[141]

有许多配有筛筐的不同筛。转子安装在筛筐的入口处,或者良浆一侧。溢出筛筐可能因离心力产生,或者因向心力产生。最常见的安装是转子安装在入口侧,浆料离心离开筛筐。转子和筛筐的空隙是 2~20mm。

B. 转子

粗筛和精筛的主要不同是转子的设计不同。转子必须维持筛板没有碎片,同时使悬浮液流态化,使纤维和杂物流动起来。转子设计必须保证高碎片含量的浆料进行可靠筛分。阻止转子及筛板间旋转成分和物料产生阻塞。转子还可以有效疏解浆料,保证下游筛选段可靠运行。这需要额外的能耗。

转子根据不同应用而做成不同形状。转子也有叶片浸在悬浮液中,设计成有整体轮廓线的封闭的转子。

图 5-59 是两个中浓粗筛的典型转子。

C. 磨损

因为浆料中杂质含量高,粗筛比精筛更容易磨损。因此所有的组件必须采用特别设计,例如抗磨表面。因此,这种筛非常精密的筛条的使用极其严格。另外,在粗筛之前的粗浆制备设备必须保证尽可能除去研磨性物质[39-40]。

图 5-59　粗筛典型转子(左见文献[142],
右见文献[151])

（3）粗筛系统的终段

粗筛系统的终段必须除去所有前面富集的碎片颗粒。只有在此段筛选系统是开式允许排出碎片。在此没有除去的杂质转到产品中，其方式或者是直接（顺流）到产品中，或者经过循环一次或者多次（逆流）到产品中[41]。

终段的粗筛设备必须能够处理高含量的废物，而少损失纤维，具有最高的净化效率。当此段达到最优效率，这些要求又相互矛盾。对于具体情况，需要具体优化[42]。

图 5-60 是上部为常压，下部为正压的终段压力筛的示意图。在下部，用平板圆筛进行预筛。它的筛渣经水稀释，进入上部的筛子。在无压筛筐的筛选区，大部分纤维排出筛筐。最后的筛渣水分含量低。图 5-61 是这种设备的照片。

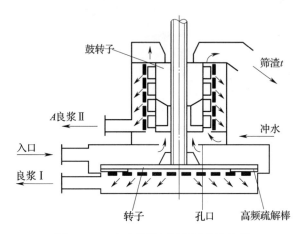

图 5-60 出口为常压的平板筛和筒筛
组成的终段筛示意图[151]

图 5-61 终段筛[151]

该设备具有高的疏解能力，可以帮助减少纤维损失。筛渣的浓度高也有利于清理。并且这种守备队净化效率高，足以通过顺流获得良浆。这就可以缓解粗筛系统的负荷。

此处讨论没有考虑典型的振动筛，振动筛也是常压操作。因为对于高产能的废纸回收的终段筛，需要较大的筛板面积来处理高浓度的杂质，振动筛效率不够。这些筛选适用于分离粗杂质。

压力筛也常用于终段筛，既可以是连续生产也可以是间歇生产，系统有的有洗涤循环，有的没有。这种筛的筛孔直径与前面所用筛的一样。其不足之处是疏解能力差，对于浆料的碎片含量有限制。

5.7.6.2 精筛

（1）设备

精筛用在粗筛后，适用范围是低浓（LC）或等浓（IC）浆料，有时适用于中浓（MC）。打印纸或书写纸回收纤维纸浆含有较高比例的短纤维，使用 0.1mm 或者稍大的缝筛。对于深色浆料，欧洲中心地区收集的旧瓦楞箱纸板的纸浆选缝宽 0.15mm 以上的缝筛，美国收集的旧瓦楞原纸的纸浆选缝宽 0.25mm 以上的缝筛，具体情况视纤维种类和长度而定。筛筐的缝宽或者齿形角必须准确确定。操作的结果严格依赖筛的几何形状。大的磨损颗粒在精筛前必须从浆料悬浮液中尽可能除去。这些用低浓或等浓（IC）水力旋风分离操作可以达到。

除了这些主动措施以外，防止磨损的被动保护也是可能的。筛筐表面处理可以大大减少磨损，延长筛的使用寿命。因此，在筛有效使用时间内，操作特性的变化应在可允许范围。例如,摩擦引起齿形角的变化,从图 5-62 可以看出。虽然较小的齿形角增强净化效率,但是单位产量明显降低,这样会导致更好分级,并有浓缩效果。

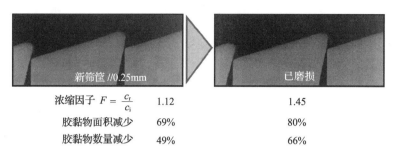

	新筛筐 //0.25mm	已磨损
浓缩因子 $F = \dfrac{c_r}{c_i}$	1.12	1.45
胶黏物面积减少	69%	80%
胶黏物数量减少	49%	66%

图 5-62　条形筛筐的表面形状(新筛和磨损环境用了较长时间的筛)[24]

注:c 为浓度,r 为排渣,i 为入口。

在图 5-62 中描述的磨损效应通过检查浓缩因子来控制筛筐的磨损程度。如果筛筐表面进行了磨损防护,如镀铬处理,磨损效应就很重要。筛筐必须进行电化学去铬处理,在磨损完全除去镀铬表面,并损坏筛筐基材前进行磨损保护更新。

只要筛筐的基材没有坏,通过镀铬可以多次防护磨损,这样就延长了筛筐的使用寿命。实际上筛筐的磨损程度可以通过测定增厚因子来监测,所以筛筐在磨损早期送去磨损保护更新。

条形筛筐的制造需经过焊接、铜焊、激光焊、锁夹或者他们组合操作来固定单根筛条,每根筛条均安装在合适位置,如图 5-63 所示。筛条的空隙对应缝筛的缝隙,这个在整个筛面必须绝对精确。经有效制造程序,误差范围允许 0.01mm。

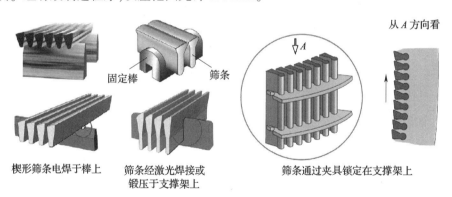

楔形筛条电焊于棒上　　筛条经激光焊接或锻压于支撑架上　　筛条通过夹具锁定在支撑架上

图 5-63　采用不同制造技术的筛筐 (左见文献[43-44],右见文献[151])

条形筛筐的制造方法可以较容易在入口的一侧制造复杂的形状。这就保证具有高的液压进出纸浆的有效筛选。条形筛筐的开口面积比机械切割筛筐的面积大,有利于增加筛的最大进出量。对于 IC 和 LC 范围的精筛,所用的转子如图 5-64 所示。

(2)精筛系统的终段筛

为了质量,只有缝筛用在精筛的终段。这是由于终段需要筛选效率高。在考虑成本-有效筛选质量,以及有效纤维的回收后,也有折中的方案。

图 5-65 是一种形式的尾筛。它连续操作,可提供高净化效果。它与普通的筛一样,但是转子不同,采用了专门的设计。由于有良好的内部同轴混合,以及循环管路,它操作可靠,但除渣量少。

图 5 -64　精筛的叶形转子（左见文献[151]，右见文献[142]）

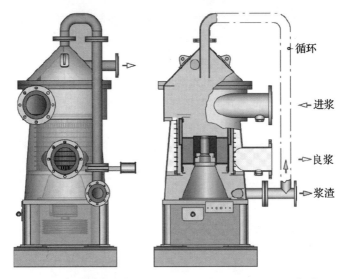

图 5 -65　用于低浓的间歇和连续缝筛用于终段精筛[151]

另一种终段精筛是间歇式的，有洗涤功能。在每个循环的末端，万一悬浮液出现高浓碎片可以用新鲜水稀释。当碎片被筛除后，筛选就结束了。当然，在洗涤循环除去残渣时，要减少纤维损失，筛选效率会降低。图 5 -66 表明带有水洗间歇精筛的工作原理。

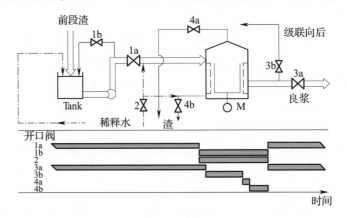

图 5 -66　间歇操作终段筛的对照和操作示意图[151]

5.7.7　筛浆结果

筛选通常需考虑设备成本、净化效率、纤维损失、能耗和操作可靠性。它要平衡质量需求和费用效益。首先考虑单个筛,然后考虑整个筛选系统。主要集中在胶黏物的分离,因为胶黏物是筛选面临的最大挑战。解决这个问题涉及很多因素。对胶黏物的研究为筛选提供了好的总体概述。

5.7.7.1　单筛

筛选效果依赖于设备参数和系统工艺条件。效果可通过净化效率、残渣浓缩和分级定义,这些从他们的游离度改善反映出来。最重要的设备参数:

① 转子真空和压力脉冲特性:高或低;

② 转子的线速度:如果其他因素相同,转子线速度高会增加真空和压力脉冲;

③ 筛筐上孔的直径或者缝宽和表面形状;

④ 筛腔的几何形状,它会影响流过筛筐的流体的均匀性。

以下因素对于筛选结果也很关键

① 浆料特性:浓度和纤维类型;

② 碎片含量;

③ 碎屑含量和类型;

④ 设计流量,它决定流体的速度;

⑤ 除渣率。

图 5 - 67 所示为精筛最重要参数的比较。

图 5 - 67 可以解释如下:如果将筛所有的参数调节到平均值,将其结果作为参考(见图中直线)。现在,将每一个参数从最小变化到技术上最大值,而其他参数保持在平均值。相对应的条形表示这个参数变化是相对应的变化范围。合并参数的变化效果不能在图中显示出来。

图 5 - 68 比较了具有相同缝宽的中浓和低浓筛浆时浆料浓度对于胶黏物分离的影响效果。这里胶黏物的浓度和后面的数据均是按照 TAPPI277 方法测定的。

很明显,敏感的胶黏物更难去除,由于中浓筛浆时具有更大的剪切力,胶黏物粒子从筛的空隙挤出。考虑到胶黏物按照 TAPPI277 测定的准确性,以及在进料、良浆和尾浆中的胶

黏物物料平衡,胶黏物分散的可能性可以计算出来,如参考文献[36]所描述不同胶黏物粒径情况。用这种方法,图 5 - 69 比较了不同浓度下筛浆时分散的可能性。

图 5 - 69 显示,低浓筛浆只有大于 6mm 的胶黏物分散超过 10%。中浓筛浆所有大小的胶黏物分散超过 10%。当然,这种结果对

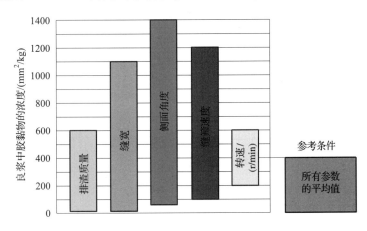

图 5 - 67　精筛中最重要参数的比较[5]

所有浆不具有普遍性。然而，低强粒子分散的可能性在中浓时分散可能性更大。因为在高浓时，为了使纸浆流态化需要更高的能量。

图5-70表示条形筛的缝宽对于胶黏物去除的影响。齿形角不变，缝宽具有更加重要性，因为缝宽本身不是唯一的影响，前面也已经注意到。

图5-71表示穿过筛的平均速度对于胶黏物除去的影响。在一个宽的速度范围，净化效率仍然很高。这就意味着，该筛在宽速度范围内具有良好的效果。[45]

下面两幅图表示筛浆条件，如缝宽、穿过筛的平均速度等，如何影响尾浆的浓缩因子。图5-72所示为某种筛的浓缩因子与缝宽的关系。二者间的非线性显著变化主要原因是缝宽为0.1mm，与纤维宽度（0.02～0.05mm）处于同一个级别。

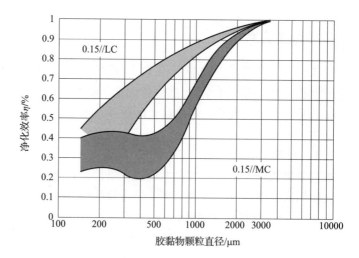

图5-68　分离胶黏物时浓度对于净化效率的影响[151]

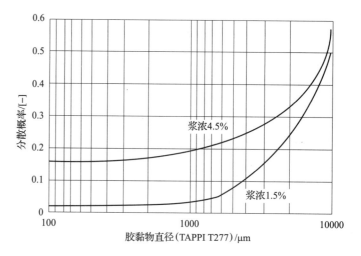

图5-69　在MC或者LC筛浆时胶黏物的分散[151]

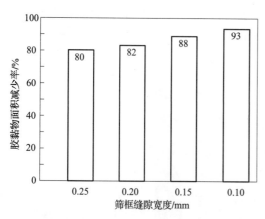

图5-70　条形筛的缝隙宽度对于除去
胶黏物的净化效率影响

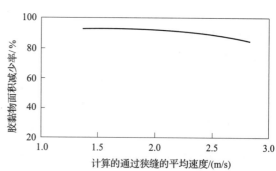

图5-71　穿过筛的平均速度对于
胶黏物除去的影响

图 5 - 73 是通过条形筛的平均速度对于尾浆浓缩因子的影响。良浆的 CSF(加拿大游离度)随着浓缩因子增加而增加。净化因子和浓缩因子是两个密切相关的因数。图 5 - 74 是筛筐的筛缝处于 0.09 ~ 0.15mm 的筛。在其他条件相同的情况下,例如比产量,那么净化效率随着浓缩而提高;尽管降低缝宽能提高穿过筛筐的速度。

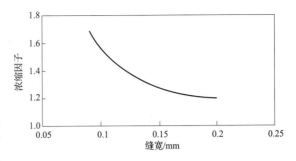

图 5 - 72 缝宽对于尾浆浓缩因子的影响效果[24]

设备的效果与操作参数对于筛浆结果的影响在第 5 册机械制浆的筛浆中也有描述。

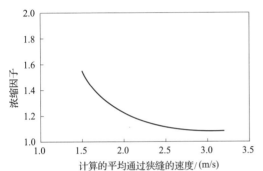

图 5 - 73 穿过筛的平均速度对尾浆浓缩因子影响效果

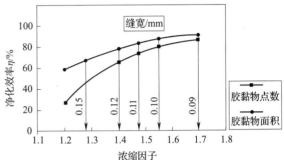

图 5 - 74 净化效率与浓缩因子的关系(具有不同缝宽的同种筛)[24]

5.7.7.2 筛浆系统

在每个筛的入口处浆料中杂物的浓度和需要纸浆的质量适应范围变化很大。因此,筛设计和操作模式也变化较大,因此做成集成筛浆系统[38]。

每个筛浆系统的子系统由几段组成,末端是筛。同样,在各段中单段筛的良浆和尾浆根据需要互相连接起来,或者顺流到下一段,或者全部/部分进入下一串联筛,如图 5 - 75 所示。如果设备以相同的参数运行(包括单位时间的加料量、浆浓和尾浆流量),串联系统的净化效率理论上高于顺流。根据进浆口的颗粒尺寸分布而不同。可分离的杂物颗粒比例高,使用串联多段系统有利[31 - 32,33,47]。

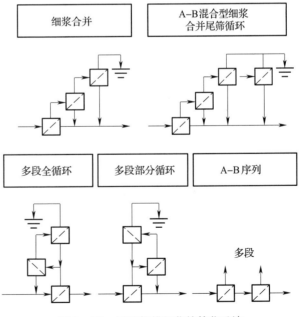

图 5 - 75 回用纤维纸浆的筛浆系统

在实际生产中，筛和泵交替作用使杂质颗粒打碎的比例足够高，会对生产不利。另外，选定设备的情况下，选定工艺参数需要折中。这样就会曲解二级、三级或者多级筛浆时的顺流和逆流的优点和不利。MC、IC、LC 不同组合的结果分析见图 5 – 76。

图 5 – 76 表明，不同筛浆系统的组合可能产生显著差别，为了达到生产目的，有利的工艺布局很重要。经验法则是，筛的比表面积越大，总体效果越好。然而这个法则也不是总有效。由于从一段到下一段，杂质浓度提升，因此胶黏物粒子通过筛的可能性增大。对于 A – B 筛组，B 筛接同段 A 筛的良浆，这样筛浆效果就好。图 5 – 77 是 Sankey 图，胶黏物流在第三段最大，此段的设备最小。

在筛浆系统中第三段增加一个筛对于提高整个系统除渣效率非常有用，远高于在第一段增加一个筛的除渣效率。在这个案例中，第三段增加筛，筛面积也小，除渣效果比在第一段增加筛的效果好。所以，为了优化净化效果，而不损失纤维，筛组应该按照 A – B 组合布置。

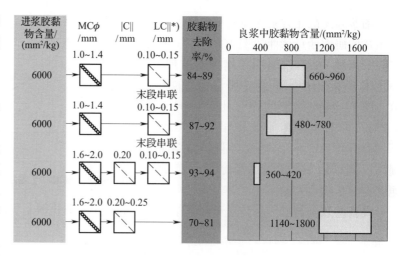

图 5 – 76　不同筛浆系统的组合[151]

注：* 依赖于装备。

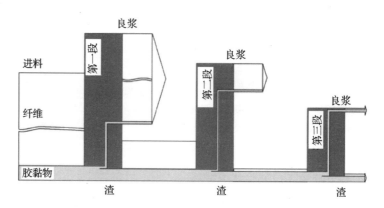

图 5 – 77　在三段筛浆系统中纤维和胶黏物流分布图[151]

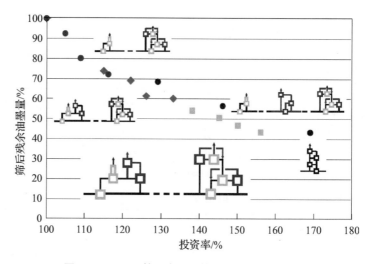

图 5 – 78　不同筛系布局中筛浆效率与投资关系图

筛浆系统的布置对相应投资的比较见图5-78。

这些研究的总体曲线表明,进行合适的系统设计,终段浆净化后的杂质比简单系统的一半还少。当然,该系统的投资是简单系统的170%。进一步的优势:

① 结合低浓缝筛,胶黏物的除去效率更高。

② 低浓缝筛按照2AB或者3AB组合,进行孔筛和缝筛组合,胶黏物去除达到最佳。

5.7.7.3　筛浆缺陷

在有良浆从最后筛浆段到前面筛浆段反流的系统可能存在筛浆缺陷。如图5-79所示,最后一段筛出浆的质量没有前一段的好。曲线上一段 m_i 表示具有 A、B 筛组的某个系统进浆口浆流的杂质颗粒尺寸分布。对于 A 段筛中不同粒径的杂质而言,理想的筛分情况是,所有的小颗粒粒径($d_p < d_{p,A}$)同良浆(曲线中 $m_{a,A}$)一起穿过。所有大粒径颗粒($d_p > d_{p,A}$)被分离。他们同浆渣(尾浆)一起进入 B 段筛。

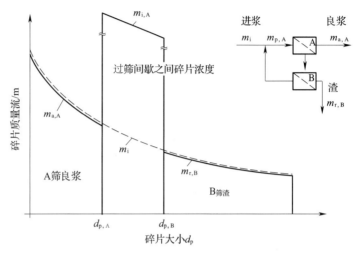

图5-79　筛浆缺陷说明

如果 B 筛是 A 筛($d_{p,B} > d_{p,A}$)的下一段筛,更大的杂质颗粒($d_p > d_{p,B}$)作为浆渣筛出(曲线中 $m_{r,B}$)。所有较小的杂质颗粒($d_p < d_{p,B}$)同良浆一起穿过,然后回到 A 段筛。这个筛除去所有 $d_p > d_{p,A}$ 的杂质颗粒,然后进入 B 段筛。所有粒径在 $d_{p,A} < d_p < d_{p,B}$ 范围内的颗粒就陷在循环内,理论上会富集到无穷大(曲线段 $m_{a,A}$)。

在实际生产中,这就会导致系统崩溃。筛组也有一定的捣碎效果,所以陷在循环内的颗粒在循环时也会减小,其颗粒达到 $d_p < d_{p,A}$,然后随 A 段筛良浆流出。这就意味着:

① 杂质含量在内循环中增加有赖于捣碎过程的效果;

② 良浆中杂质含量的增加;

③ 在良浆中杂质颗粒粒径决定于精筛 A 的特征。

5.7.7.4　筛浆效果

图5-80 总结了具有不同筛浆良浆的多种筛的测试结果。图中,使用更多的设备或者更大的设备,增加有效筛面积就增加净化效率。对于中浓和低浓筛,这些测试结果处于一个连续带。

平滑的曲线表示,只有在不计成本提高筛浆面积的情况下才能连续提升净化效率。另外,优化效

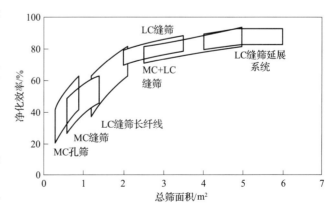

图5-80　不同系统总筛浆面积与净化效果[24]

注:总筛面积是基于产能100t/d 的生产线。

率只有低浓筛浆才有可能。因此筛浆系统在这个带的上限操作。那么,工程挑战就是超过这个上限。

5.7.7.5 浆料浓缩(Thickening)

图 5-81 显示在筛浆系统的每段缝宽对浆料浓缩的影响。第二段缝宽从 0.15mm 缩小至

0.1mm,浓缩因子增加,达到第三段缝宽为 0.15mm 时的浓缩因子。如果将第三段的缝宽调至 0.1mm,则浓缩效果达到使浆浓增至第一段的 3 倍。

当筛选浆料含有高比例僵硬和粗厚的纤维混合物时,必须考虑临界浓缩或者分级效果。增加浓缩通常伴有更好的分级,但是对下一段产生不利。因此筛和筛组的设计必须避免过度浓缩。

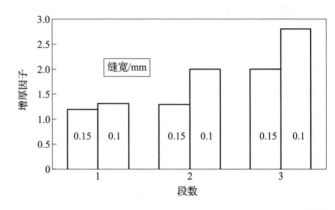

图 5-81 条形筛筐的缝宽对不同段残渣浓缩因子的影响[24,38]

5.7.7.6 去薄片(Deflaking)

由于含有很高含量的薄片,第一段使用一个粗孔筛,然后在第二段再接一个孔筛,然后接尾筛。这样就保证合适地除去薄片,将薄片打散成单根纤维。对于中等含量的薄片,常在第一段使用筒筛。因为这些筛去薄片效果低,第二段通常使用孔筛,该筛的薄片去除能力大,可以使薄片打散。因为来自第一段的浆渣含量高,因此这段的孔径必须大些。

图 5-82 所示为去薄片对减少纤维损失、第二/三段筛浆可靠性的重要性影响。这些发现是根据各种系统不同段的薄片含量理论计算的结果。假设第一段进浆口的薄片浓度是 5%,总质量流的尾浆和良浆的比例是 0.3/0.7,各段去薄片的净化效率均为 80%。在第一段和第三段的去薄片效果,也就是薄片分散,为 0。

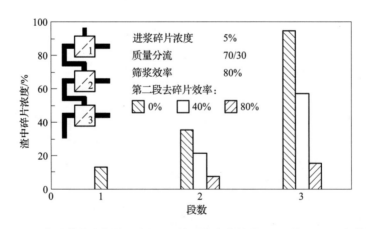

图 5-82 浆渣薄片含量的理论例子(第二段去薄片的作用,第一/三无去薄片)

如果第二段也没有去薄片效果,薄片就全部到达第三段。这就意味着设备完全被薄片塞满,不能进一步进行筛浆。纤维的损失率达到最大。因此,薄片必须尽可能分散。第二段去薄片率达到 40%,降低第三段薄片含量,使其低于 60%。去薄片效果达到 80%,第三段的薄片含量就低于 20%。这就意味着在第一段进浆口如果薄片含量高,在系统后续段没有适当地除

去薄片,就会使系统崩溃。

尽管去薄片不完全,可使用能够同时筛除薄片的盘筛。如果纸浆悬浮液有很高的杂质含量,使用纤维疏解机而不是使用盘筛,这样薄片变小,但是并不能去除杂质。杂质颗粒就会被打碎。在后续工段中杂质含量就会比较高。

对于低杂质含量的浆,使用疏解机更好,因为其疏解效果好,纤维损失更少。系统确定依赖于筛浆的具体情况,有时薄片含量极低,粗筛只需进行温和处理;有时薄片含量高,必须采用剧烈的筛机去薄片。

5.8　离心场分离

颗粒的密度与纸浆纤维的差别很大,因此可以通过离心场来分离。在回用纤维的水力旋风分离过程,"除渣器"是最常用产生离心场的装置。一些特殊的应用也采用离心设备。因为回用纤维的生产过程主要采用水力旋风分离器或者除渣器,因此下文将就这一类设备进行集中讨论。

5.8.1　目标和整套系统

采用离心力场,或者离心除渣器将纸浆悬浮液中的颗粒分离出去,因为它们影响纸张质量或者引起后续设备过度磨损。分离出的杂质包括重质(HW)颗粒,例如:砂子、金属片和刀片,轻质(LW)颗粒,例如塑料泡沫和其他塑料物质。为了有效去除这些颗粒,它们的密度必须与水不同,尺寸和形状也与悬浮液中的其他组分不同。

使用水力旋风器分离重质颗粒,如图 5 – 83 所示。在这个设备内产生的离心力场使重质颗粒甩至最外层,而轻质颗粒处于中心。含有重质和轻质的流体就与主浆流发生分离。

下文将介绍对用于回用纤维纸浆生产的水力旋风器的总体需求和特殊要求。与原生浆生产相比,通常分离的杂质量更大。杂质的种类和成分也有很大差别。

离心分离能够除去不同性质的颗粒,只要他们的差别足够满足分离的条件。对于回用纤维的生产,这些性质包括:

① 密度或者相对密度:比水大(金属、玻璃碴、砂子)或者比水小(塑料泡沫)的颗粒可以离心分离(有些颗粒如:胶黏物,其密度与水相同或者接近)。

② 尺寸:其大小范围从碎浆筛孔直径 8 ~ 20mm 到 5mm,或者更小(如填料),离心分离可以除去更小的颗粒,直径甚至为 10μm。

③ 变形性:例如胶黏物。他们能够穿过筛孔(水力旋流器能够除去这些颗粒,只要其密度与水不同、粒径足够大)。

离心净化是重要的分离过程,可以弥补其他方法的不足,例如筛浆。水力旋流器可以用于不同浓度的浆料。杂质和薄片或者其他难分离杂质的含量在一个宽泛的范围内时可以使用该设备。例如,订书钉可能扭在一起在水力旋流器中的旋转流体中形成长条。

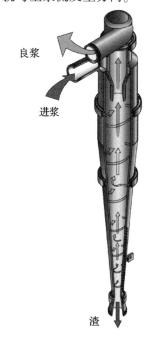

良浆

进浆

渣

图 5 – 83　低浓浆料重质
颗粒除渣器[151]

在浆料制备系统中,水力旋流器在几个位置可以使用。通常造纸厂第一个使用该设备的位置是碎浆后。此处为高浓或者中浓除渣器,分离大颗粒重质杂质,如:石头、玻璃或者金属,并且起到保护下游生产过程的作用。水力旋流器必须制造得结实、耐磨,并且磨损件容易更换。在低浓情况下使用小直径的设备,这样产生更大的离心力,能够分离更细的砂子、金属或者填料(10mm),这样处理后的浆料进入筛浆部分,也就是水力旋流器起到保护筛筐被磨损。除渣器能够用于分离塑料或者泡沫等轻质杂质。在上浆系统,除渣器用于分离气体(脱气)和重质颗粒,起到保护造纸机的作用。

水力旋流器只能根据设计或者特殊需要来使用。这就是为什么在回用纤维生产过程中有各种各样的设备。由于浆料悬浮液高速流过水力旋流器内壁润湿面容易形成高磨损率,这是由于浆料中有产生摩擦的成分。合适的使用寿命仍然是必需的。了解生产过程中的磨损程度是有益的。

5.8.2 基本物理原理

尽管水力旋流器的基本设计简单,但是在设备中的流体还是相当复杂。图5-84表示这种设备的基本参数。

流体从入口泵入,由于重力作用在除渣器内形成旋转流。在平衡条件下,这股流体是涡流和汇流的合流,称为兰金涡流(Rankine vortex),见图5-85。

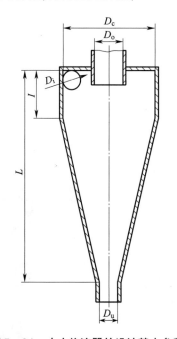

图5-84 水力旋流器的设计基本参数

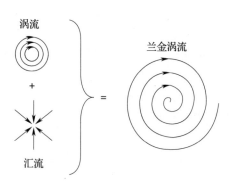

图5-85 水力旋流器中流体

流体速度可以分解为3个部分:

——切线速度 v_t

——径向速度 v_r

——轴向速度 v_a

理想水力旋流器这3个组分显示如图5-86所示。

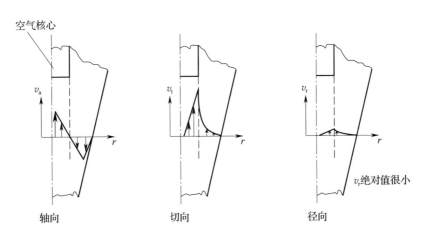

图 5-86　理想水力旋流器的流体特征(v=速度,r=半径)

设计优化的水力旋流器以便在设备中等压线在同心圆环上。这可以通过确定圆锥部分的角度来达到,因此沿着除渣器的轴向下方向,由于体积减少流体加速就弥补了器壁摩擦引起的减速。

除渣器中的离心力场是由切向速度产生。这是主速度组分,比径向和轴向的速度大 1 至 2 个数量级。忽略摩擦的损失以及轴向和径向速度,最大的切向速度 $v_{t,m}$ 可以通过能量(提供给除渣器的能量)转换计算出来,这个转换用 Bernoulli 方程表示。这里的能量就是水力旋流器里的压力差 Δp,由泵提供;ρ 是流体密度;式(5-35)如下:

$$v_{t,m} = \sqrt{2 \cdot \frac{\Delta p}{\rho}} \tag{5-35}$$

在涡流直径 d_o 时,切向速度最大。根据这些信息和式(5-35)可以计算出最大离心加速度 a_c。

$$a_c = \frac{v_{t,m}^2}{d_o} = \frac{2 \cdot \Delta p}{d_o \cdot \rho} \tag{5-36}$$

实际的离心加速度可能比理论的值小很多。这可能是由于管壁摩擦,内部流体摩擦和不利的流体条件(例如过载)所引起。正如前面所提到,几乎所有的引入水力旋流器的能量度转换成流体和颗粒的离心加速度。对于除渣器,典型的压力差是 0.15MPa。已知浆浓为 1.5%,就可以很快计算出所需要的能量。不幸的是,如何获得这些能量的方案至今不常有。通常,旋转流体的能量发生消散。根据文献[49],气体旋风器,重新获得动力学能量的方案是在涡流测定仪中使用扩散器,叶排或者切向安装良浆管道。

式(5-35)中的切向速度计算是除渣器的本征切向速度。如果设计入口的几何形状,可能要避免顶部阐释湍流,入口处的切向速度接近最大速度 $v_{t,m}$。

对于其他直径而不是涡流测定仪测定直径的位置,根据涡流测定仪的切向速度 $v_{t,m}$,如果没有涡流和摩擦,其他位置的切向速度可以根据脉冲转换计算出来:

$$v_t \cdot r = 常数 \tag{5-37}$$

实际流体中有摩擦,式(5-37)就演变成下式:

$$v_t \cdot r^m = 常数 \tag{5-38}$$

式(5-38)中对于纯水,指数 $m \approx 0.7$,对于纸浆悬浮液 $m \approx 0.5$。自由涡流或者有势涡流依附于中心核心涡流,这个中心核心涡流处于旋风仪的内部,即从中心到涡流的外部。在此部分,切向速度用固体以恒定角旋转速度 ω 旋转来确定,见下式:

$$v_t = \omega \cdot r \qquad (5-39)$$

在浆料悬浮液中,核心气流的中心通常含有空气。图 5-87 表示典型的在一定直径涡流的外环上的切向速度分布。

为了计算分离效果,设置了除渣器内流体中粒子的力平衡。其简化图如图 5-88 所示。

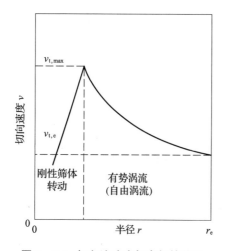

图 5-87　切向流速度与直径的关系

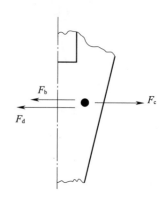

图 5-88　除渣器中单颗粒的力平衡

此处考虑的主要力包括:a. 离心力 F_c;b. 浮力 F_b;c. 阻力或者流体阻力 F_d。

这些力可以用下式计算:

$$F_c = \frac{V_p \cdot \rho_p \cdot v_t^2}{r} \qquad (5-40)$$

$$F_b = \frac{V_p \cdot \rho_f \cdot v_t^2}{r} \qquad (5-41)$$

$$F_d = c_w \cdot A_p \cdot \eta_s \cdot v_{p,r} \qquad (5-42)$$

式中　V_p——颗粒体积

　　　ρ_p——颗粒密度

　　　ρ_f——流体密度

　　　c_w——流体阻力因子

　　　A_p——颗粒投射面积

　　　η_s——悬浮液黏度

　　　$v_{p,r}$——径向颗粒速度

在 Stokee 流态中,稳定流层:

$$c_w = \frac{24}{R_e} \qquad (5-43)$$

对于球型粒子,力平衡导致直径为 d_p 的粒子产生下沉速度:

$$v_{p,r} = \frac{(\rho_p - \rho_f) \cdot d_p^2 \cdot v_t^2}{18 \cdot \eta_s \cdot r} \qquad (5-44)$$

如果流体径向向内的速度小于颗粒下沉速度 $v_{p,t}$,颗粒就被分离。根据参考文献[50],流体的径向速度除以总体积流 $\dot{V}$ 就得到所谓的净化面积,这个面积就是圆柱的面积,圆柱的直径为涡流测定仪测定的直径 D_o,高度为内部体积 L 的高度。球形颗粒切开的直径 d_{50} 可以用式(5-45)计算:

$$d_{50} = \sqrt{\frac{18 \cdot \eta_s \cdot r \cdot V}{(\rho_p - \rho_f) \cdot v_t^2 \cdot \pi \cdot L}} \qquad (5-45)$$

如果式(5-35)中最后切向速度以使用的压力差代替,最大切向速度的半径用涡流测定仪 D_o 的直径代替,结果切面直径、流体体积和水力旋流器的形状的关系表示如下:

$$d_{50} = \sqrt{\frac{9}{\pi} \cdot \frac{\rho_f}{(\rho_p - \rho_f)} \cdot \frac{D_o}{L} \cdot \frac{V}{\Delta p}} \qquad (5-46)$$

水力旋流器的分离能力可以用式(5-47)表达

$$\dot{V} = \chi \cdot D_i \cdot D_o \cdot \sqrt{\frac{\Delta p}{\rho_f}} \qquad (5-47)$$

实际应用中,常数 χ 就是除渣器的特征[51]。

5.8.2.1　设计参数的影响

研究了基本设计参数,并且存在不同的设计。常见的参数如下[52]:

① 建议,也是不容忽视的推荐,就是进口和出口足够大,以便杂质可以通过而不是在设备中形成塞流。

② 为了避免在除渣器上部产生湍流,必须控制入口的大小,使入口的流速与切向速度 v_r 相当。

③ 除渣器体长越长,产能越大,浆料有更长的逗留时间。以分离为目的,推荐:$\frac{L}{D_e}$ 约为 5 以分级为目的,推荐:$\frac{L}{D_e}$ 约为 2.5。

④ 增加溢流管的长度,会增强除去粗渣的效率,但是降低了除去细渣的效率,可以预期最大的分类在下面的范围内:

$$0.33 \times D_e \leqslant 1 \leqslant 0.4 \times D_e$$

大家通常用净化指数 I[53] 的方法比较不同尺寸的除渣器。净化指数可以通过除渣器的保留时间 $\tau(s)$ 和离心加速度 $\xi(g)$ 来计算。

$$I = \xi \cdot \frac{\tau}{D_e} \qquad (5-48)$$

必须注意 I 不是量纲为 1 的数。但是如图 5-89 所示,用这个方法可以比较不同的除渣器,因为除去效率与净化指数在一条特征曲线上。

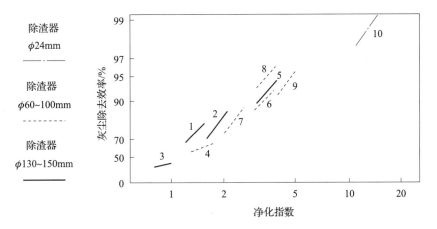

图 5-89　不同除渣器的净化指数[53]

如上述方程所给出的,用不同的方法可以达到高净化效率:

① 进浆与良浆的压力差大:这样就会导致切向速度大,离心力就大。因为压力损失直接影响旋风器动能消耗,为了减少费用,压力损失需要限制。在一个确定的旋风器中,随着输出增加压力损失上升;保留时间越短,湍流就越大。因此,只有在一定量的输出,才存在最大的净化效率。

② 小旋风器直径:这个实际上是有限的。例如:进口和出口的管子用合适的尺寸大小可以阻止塞流。最小的旋风器的直径依赖于颗粒的最大直径或者垃圾的长度,例如:每个加工过程的金属丝。另外,小旋风器的产能低,因此需要许多平行的除渣器。对于最小的旋风器,这样设置就降低了费用。

③ 低浆料浓度:这样对于颗粒的限制就最小。浆浓高,纤维网络变稠,限制颗粒运动。因此纤维的含量很重要,因为灰分的含量对于颗粒的运动没有影响。

④ 薄片含量低:同样高浆浓情况下,薄片限制颗粒运动。因为从重质除渣器中除去薄片多,纤维的损失就大。

⑤ 悬浮液温度高:会降低水的黏度,因此可以降低流体阻碍颗粒的运动。

⑥ 水力旋流器合适的进料以及合适的良浆和尾浆(渣)的比例:旋流器在液压设计范围内使用,限制了产量和尾浆流。高尾浆流提高分离效果,但是纤维损失增大。

⑦ 合适除渣量:保证连续生产的可能。对于间歇操作,冲洗的水流必须足够小不要让其冲回已经分离的重质粒子,否则损失更多的纤维。

下面是应用于颗粒性质的一些建议:

① 与水密度差较大的颗粒分离更加有效,无论是重质或者轻质除渣器。

② 密度接近 $1g/cm^3$ 的颗粒是作为重质粒子还是轻质粒子分离取决于悬浮液的温度,或者根本不能分离。例如:当水温度从 30℃ 升高到 80℃ 时,水的密度下降到 $0.995 \sim 0.971 g/cm^3$,而热熔胶黏物的密度为($0.95 \sim 1.05 g/cm^3$)。

③ 在合适的密度时,更大的颗粒使离心力和浮力产生更大的差别。(对于轻质颗粒是向心作用,对于重质颗粒是离心作用)。例如:重质除渣器不可能分离直径为 $3\mu m$ 的填料;但是可以分离直径为 $3\mu m$ 的涂料粒子。

④ 比较密度接近的颗粒,具有有利的水力动力学形状($c_w \cdot A_p$)的颗粒分离效率更好,例如:球形颗粒比扁平颗粒容易分离。

表 5 - 10 是定性描述增强净化效率的方法。

用计算流体动力学和现代测定技术(激光 - Doppler - 测速法)检测水力旋流器,但是这些方法不能处理浓度高于 1% 的浆料。这种测试结果应用到浆料制备的经济性是可疑的,因此仍需深入讨论。这就是为什么没有将这一结果在此写出来的原因。文献对于利用超声 - Doppler - 测定法测定浆料以及水力旋流器中速度曲线进行了评述和讨论。

5.8.2.2 操作模式

根据尾浆和良浆与进浆的方向设计水力旋

表 5 - 10　水力旋流器分离效率的参数

增加下列因素引起的结果	净化效率	影响程度
压力差	↓ ↑	●
流出体积	↓ ↑	◎
旋风器直径	↓	●
浓度	↓	●
薄片含量	↓	◎
悬浮液温度	↑	○
除渣率	↑	◎
冲水流量	↓	◎

注:↑增加;↓减少;● 高;◎ 中;○ 低

流器用于逆流或者顺流流体。在逆流旋流器中,进料和良浆处于同一边,而尾浆处于相反的一边;在顺流旋流器中,良浆与尾浆处于同边,而与进料口相反。

图5-90是重质和轻质除渣器的逆流和顺流的设计图。逆流重质除渣器的良浆在锥形的上端,而渣浆在锥形的底部。逆流的轻质除渣器的情况相反。

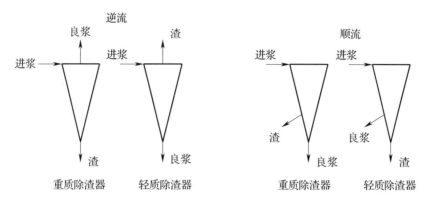

图5-90 重质和轻质除渣的逆流与顺流原理

顺流重质和轻质除渣器有两个出口在锥形的底部。这些设备的主要唯一区别就是重质除渣器的渣靠近管壁除去,而轻质除渣器的良浆靠近管壁流出。这就是利用离心力的原理,重质渣在外部,而轻质渣在内部。

重质颗粒靠近管壁沿螺旋路径到锥形底部通过出渣口除去,这时有一小部分的悬浮液一起出来(占总体积的3% ~15%,或者占总质量的3% ~30%)。在逆流重质除渣器中,良浆是主流,从除渣器锥形的顶部出来。

轻质颗粒倾向于迁移至除渣器的中心。在逆流轻质除渣器中,轻质的碎片同一小部分浆料(占总体积的3% ~15%,或者总质量的1% ~15%)从除渣器锥形顶部流出。大部分的浆料通过锥形末端的良浆出口离开。浆渣以连续式或者间歇式在常压(仅连续式)或者压力情况下(两种情况均合适)排出。连续除渣时,可能发生纤维反冲。

因为设备中离心力远大于重力,因此除渣器可以安装在任何位置。因此,他们可以安装成垂直或者水平形式,也可以安装成其他形式。

5.8.3 机械设备和操作

根据使用浆料的浓度,除渣器可以分成高浓(HC,或者高密度 High - Density,HD),中浓(MC),低浓(LC)除渣器[65]。表5-11列出了不同除渣器及其特征。

表5-11 不同除渣器的特征

除渣器类型		HC		MC	LC	
特征	单位	有转子	无转子		HW	LW
优选流体	—	逆流	逆流	逆流	逆流	顺流
浆浓	%	2 ~4.5(6)	(1 ~5) 2 ~6	1 ~2	0.5 ~1.5	0.5 ~1.5

续表

除渣器类型		HC		MC	LC	
特征	单位	有转子	无转子		HW	LW
生产能力	L/min	100~10000	80~10000 (20000)	600~3000 (10000)	100~1000 (2000)	100~500 (5000)
每段比能耗	kW·h/t	0.5~3	0.5~3	1~4	2~10	2~50
进口到良浆的压力差	MPa	0.01~0.1	0.04~0.2 (0.3)	0.1~0.2	0.07~0.2 (0.4)	0.08~0.2
近似 g-因子	—	<60	<60	<100	<1000	<1000
长度	mm	3000	2000~5000	3000~5000		
最大直径	mm	300~700	100~500	100~700	75~300	110~450
除渣口大小	mm	80~120		40~80	10~40	40~60
除渣率 按照质量/段	%	0.1~1.0	0.1~1.0	0.1~1.0	5~30	3~20 (0.2)
渣排放(非终段)	—	间歇/连续	间歇/连续	连续/间歇	连续	连续
渣浓缩(非终段)	—	—	—	—	1.5~7	0.2~1.0
终段渣排放	—	间歇	间歇	间歇	连续/间歇	连续

因为 3 种浆浓范围有不同的分离效果,图 5-91 显示典型的砂粒范围。

关于同时使用粗筛和除渣器的组合在此不讨论。

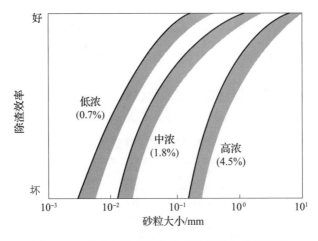

图 5-91　除渣器实用于各种浆浓的砂粒分离效率

5.8.4　HC 除渣器

高浓除渣器如图 5-92 所示,其能从浆料中除去粗粒重质颗粒,防止下游设备,如磨浆机、筛、泵的过度磨损或者损坏。在预筛位置安装高浓除渣器具有高度的可靠性。因为除去的杂质具有性质和大小可变,小的除渣开口除渣腔易于堵塞。

在回收纤维生产线,高浓除渣器用在制浆和粗筛之间。分离的颗粒必须大于 1mm,并且密度大于 $1g/cm^3$,包括订书钉、别针、金属丝和粗玻璃、石头。就颗粒大小而言,所有流体穿过高浓除渣器变窄处的颗粒直径必须合适,否则形成阻塞,特别是通过除渣器出口时。

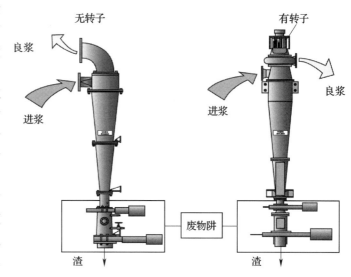

高浓除渣器的操作浓度通常是 2% ~5% ,有时达到 6% 。随着悬浮液表观黏度的提升,净化效率下降;表观黏度与浆浓和浆种有关。高浓除渣器的离心力加速度在 40g,后者更高。有时,在除渣器的入口端加一个转子,主要是使悬浮液加速。转子以合适的速度旋转,保证在低产能或者高浆浓时能够很好分离。

图 5-92　有转子和无转子的高浓除渣器的间歇操作[151]

现代高浓除渣器采用逆流工作,并且有 3 个主要的连接:入口、良江口和排渣口。入口和良浆口的压力差,对于有转子的除渣器为 0.01 ~0.12MPa;对于无转子的设备为 0.04 ~0.2MPa,有时达到 0.3MPa。

重质颗粒通常通过重质闸口定期排出。该处废物阱(Junk Trap),由上部和下部滑阀构成一个过渡闸口腔。为了使浆渣中的纤维损失最小,高浓除渣器通过底部锥形口或者重质颗粒闸口(这是一个带阀门的除渣腔)进行反冲。

高浓净化(除渣)系统,如图 5-93 所示,从第一段(通常由一个或者多个平行的高浓除渣器组成)出来的浆渣连续除渣。这个明显提高第一段的效率[60]。浆渣被稀释到浆浓约 1.5% ,甚至更低。然后进到沉淀箱中,从沉淀箱中,更大的渣颗粒通过重质颗粒闸口除去。因此,下一段除渣器和随后的动力泵就不会产生塞流和摩擦。

第二段用于处理来自第一段的浆渣,也是由一个或者几个平行的旋流管,可以有效除去小

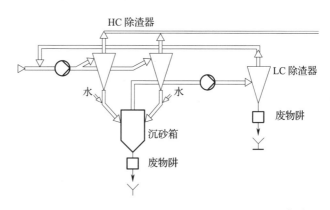

图 5-93　第一段高浓除渣器和第二段低浓除渣器[151]

颗粒的重质颗粒。这段也使用重质颗粒闸口,并且定期反冲出渣口。整个高浓除渣系统的浆渣约是进浆流的0.1% ~1% ,主要依赖于杂质含量。图5-94比较了单段高浓除渣器的净化效率和两段系统的效率,与在第一段安装的高浓除渣器相同。在HC除渣系统,回用纤维浆料中碎片的浓度低,可以省去废物阱。

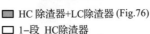

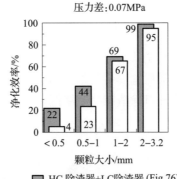
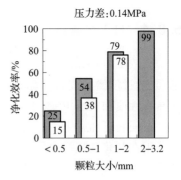

■ HC 除渣器+LC除渣器 (Fig.76)
□ 1-段 HC除渣器

图5-94　单段高浓除渣器与图5-93所示除渣系统的净化效率比较

5.8.5　MC 除渣器

离心除渣器处理浆浓为2% 时称为中浓除渣器,见图5-95。它是有中等尺寸的锥形构成,没有转子,通常是单段操作,并带有废物阱。这种类型的除渣器能够保护下游的设备不受磨损,并且有效除去砂子、玻璃、订书钉。渣浆流为0.1% ~1% ,根据回收纤维纸浆的杂质含量进行调节。

5.8.6　LC 除渣器

低浓除渣器用于除去重质或者轻质颗粒。通常浆浓在0.5% ~1.5% 。他们

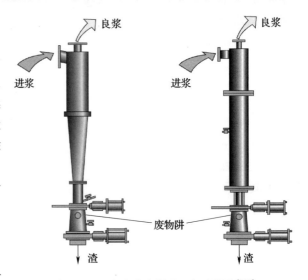

图5-95　中浓除渣器用于间歇操作[151]

比上面所描述的水力旋流器小,操作加速度达到1000g。因此分离效率非常高。根据除去的颗粒大小,可以用于分离非常小的重质颗粒或者小的轻质颗粒。其吨浆比能耗高,因为处理浓度低。这些能量主要用于泵抽取浆料,以及产生离心力。

这种除渣器的湿面通常平滑,但是有时也有螺旋设计,在出口端也有内置肋形条。除渣器的主体是塑料、钢或者陶瓷制成。

(1)接口数量

与其他水力旋流器类似,LC 除渣器通常有3 个接口,也就是如图5-96 所示的三通道除渣器。同时除去重质、轻质和气体的组合除渣器会多一个或者两个出口。4 个,特别是5 个出口的除渣器非常复杂,操作难度大。通常效率和稳定性不及三通道除渣器。图5-97 是四通道组合除渣器。

(2)重质除渣器

重质除渣器变得越来越重要,这样使筛筐的缝隙下降到0. 08 ~0. 15mm 才有可能。这些筛积累很多砂子(颗粒直径大于缝宽),并且对于摩擦更加敏感,因此上游要采取措施保护这些设备。重质除渣器就能有效保护这些设备,比 HC 和 MC 除渣器能除去更多小颗粒。

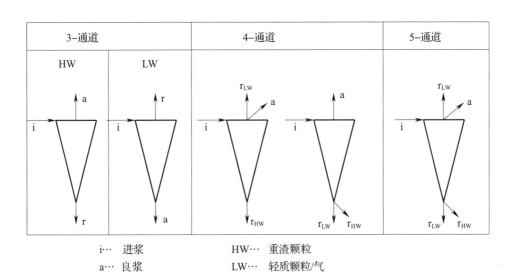

3-通道		4-通道		5-通道
HW	LW			

i··· 进浆   HW··· 重渣颗粒
a··· 良浆   LW··· 轻质颗粒/气
r··· 渣

图 5 –96　低浓除渣器的出口数量和布置

大多数的重质除渣器按照逆流原理操作。图 5 –99 表明终段净化的重质除渣器,在压力下连续从出渣口排出或者间歇排出。在浆料悬浮液含有高含量的重质颗粒,连续操作的除渣器(见图 5 –98)用于中间段,可以减少纤维损失。图 5 –99 给出低浓重质颗粒在不同浓度和不同压力差情况下的净化效率。

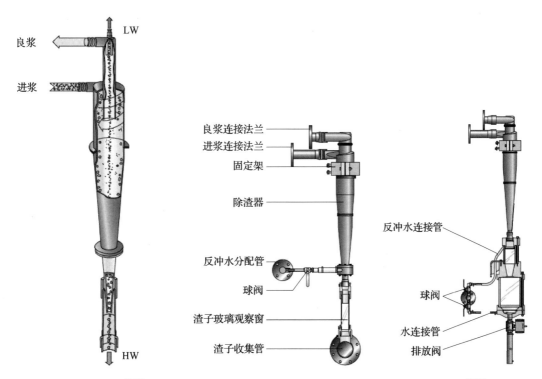

图 5 –97　组合除渣器[151]

图 5 –98　重质除渣器用于连续或者间歇除渣[151]

（3）轻质除渣器

在引入用窄筛缝的压力筛改进的筛浆技术后,轻质除渣器在回用纤维制浆过程中所发挥的作用就没有那么重要了。旋转它们主要用于含有高蜡质含量的浆料,以及除去塑料泡沫。轻质除渣器通常采用单向流原理。图5－100为轻质除渣器剖面图。

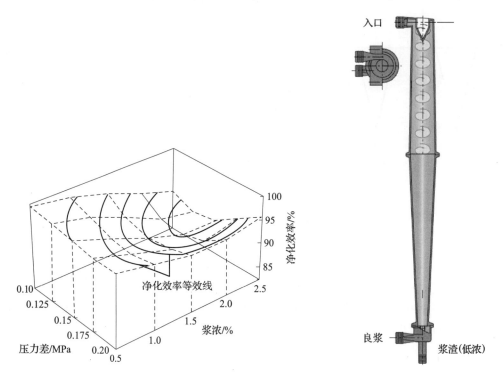

图5－99　重质除渣器的效率与浓度和压力差的关系　　图5－100　单向轻质除渣器剖面图[151]

（4）除渣器架台（Cleaner batteries）

从上述的基本解释发现,水力旋流器不能放大或者缩小。它们的几何尺寸由所需要的分离效率和其他指标来决定。LC除渣器的产能通常是每分钟处理几百升。对于工厂规模的生产,根据产能则需要很多除渣器。总之,除渣器安装在除渣器架台上,它使除渣器按照紧凑和经济方式连接。图5－101表明有3种不同的基本排列的除渣器架台。在大多数情况下,每个除渣器连接到共同的进浆、良浆和浆渣管(后者腔)。

过去,除渣器安装时渣浆收集后通过公用槽排出。现在,渣浆收集在封闭带有压力的管道中,并有大的调节阀门,这个阀门可以控制单段除渣器的总渣浆流量。这就允许除渣器使用大的渣浆出口,以减少堵塞,与开放无压力的系统比较,这种出口更好。因为开放无压力的出口必须小,就会减少渣浆的流量。

5.8.6.1　除渣器系统（Cleaner system）

从第一段LC除渣器的渣浆进入系统后可以分成4段,这要看系统的大小和进浆的碎片含量。常用的排列是串联式,如图5－102所示。生产浆料进入第一段除渣器,渣浆流入第二段除渣器。其良浆又返回到第一段除渣器的进口。第二段的浆渣进入第三段,其良浆返回至第二段入口,其浆渣进入下一段,直至终段。典型的进浆浓度为0.5%～1.3%。

直至颗粒除渣器的渣浆浓度比进口的高;对于连续操作的浓缩因子决定于渣浆比例、浆料种类和除渣器类型。较高的分离效率通常有较高的浓缩因子。具有低体积除渣率的除渣器,

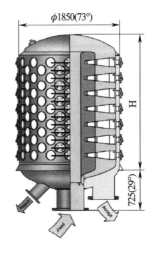
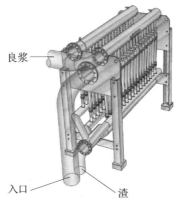

图 5 –101 不同除渣器的组合架台(左上[142] ,右上[152] ,底部[151])

例如开口无压排渣口的除渣器,浓缩因子范围
为 3 ~7。对于具有压力的除渣器,其体积除渣
率较高,浓缩因子范围为 1. 5 ~3 。这也不是完
全由于增加纤维浓度引起的,因为高的浓缩因
子也可以是由于增加填料和出渣口重质颗粒引
起的。

　　为了使下段除渣器有效处理,浆渣需要稀
释处理。为了降低流量比和除渣器尺寸,稀释
水的浓度应尽可能低。因为后续工段的流量降
低,每段除渣器的产能减少。例如,在重质颗粒
除渣器中,每一段的产能约为上一段产能的
25% ~45% 。除渣器的数量也依赖于浓缩因
子、渣浆(尾浆) 比例和稀释水浓度。

　　除渣器的净化效率很大程度取决于产能。

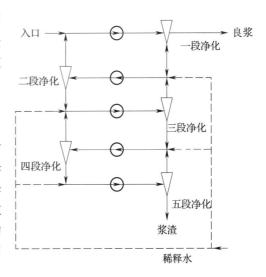

图 5 –102 除渣器级联系统

在出口变化大的情况下,一些处在第一段的除渣器必须关闭,或者视情况关闭。工作的除渣器
就在优化范围内运行。

5.8.6.2 终段除渣器(Final stage cleaner)

终段除渣器必须除去尾浆中的杂质,且尽可能减少纤维损失,系统中的碎片尽可能最高。因此,开发出几种特殊的除渣器。一种方案就是使用防摩擦的陶瓷材料避免摩擦,或者在锥形部分进行智能设计。在锥形部分设计螺旋沟,如图5－103所示,能够使碎片更快输送到下一段,这样可以减少摩擦颗粒的逗留时间,磨损更小[67]。

引入冲水是另外一种方法。从不同的方向冲水进除渣器的锥形部分可以解决不同的问题[68-69]。这样操作的目的就是把纤维冲进旋流器内,减少纤维损失。图5－104所示为3种冲水系统,即切向、径向和轴向。因为纤维损失小和分离效率高是一对矛盾,因此每一种设计需要进行优化。

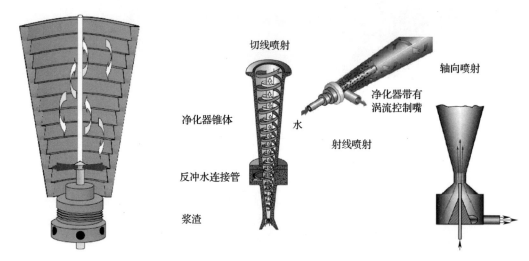

图5－103 终段除渣器的
锥形内有螺旋沟

图5－104 除渣器内喷水(左[151],中[142],右[151])

图5－105比较了不同冲水方式[68]。出渣口的渣浓度高时采用轴向冲水,纤维损失就较低。

5.8.6.3 旋转空腔的离心除渣器

离心除渣器进行特殊的设计(见图5－106),除渣器带有旋转室[59,64]。这种设备比水力旋流器具有更大的离心力。由于旋转室快速旋转,就可能获得更大的加速度。在流动情况下,使用更大的加速度,轻质颗粒,如胶黏物(密度几乎与水相同),可能得到分离,如图5－107所示。

5.8.6.4 磨耗

水力旋流器的腔对于摩擦性重质颗粒(金属,砂子、填料和颜料)十分敏感。由于这些颗粒作为杂质存在于浆料中,并且在旋流器中的速度很高。这些颗粒以高动能冲击内壁,或者高速划过内壁,或者两者兼有。通常,颗粒在旋

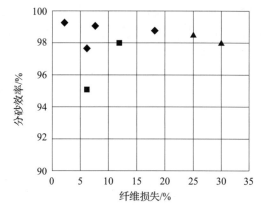

图5－105 带喷射水除渣器和传统
不带喷水除渣器的比较

◆轴向喷射净化器 ■常规净化器带有切线稀释水
▲常规净化器

流器的一定高度保留稳定的轨迹。入口和水力旋流器的锥形部分承受摩擦的危险高。

　　针对这些摩擦有两种不同的处理方式,第一种是表面保护,即在表面镀一层陶瓷层,或者整个用陶瓷制作,其他部分涂层材料是橡胶或者镀铬。另一种是采用水力槽沟使颗粒以优化路径流出。

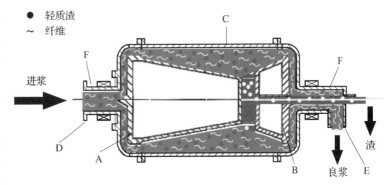

● 轻质渣
~ 纤维

进浆

良浆　渣

图5－106　带旋转室的离心除渣器布置图[149]
A—入口　B—出口　C—机体　D—稳浆入口法兰
E—稳浆出口法兰　F—机械密封

　　为了避免停产,有时安装一种磨损指示器,以便可以在正常停机的时候更换。图5－108是一种简单的磨损指示器,是锥形部分的一个沟槽,设计一个溃点。在这个沟槽产生轻微的泄露就提供了对过度磨损的预警。在这个磨损件替换前,先用一个彩色的塞子堵住。

图5－107　在下部带有旋转的离心除渣器[149]

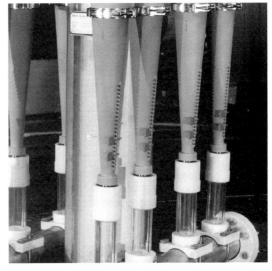

图5－108　除渣器磨损指示器[151]

5.9　纤维分级(Fibre fractionation)

　　分级包括颗粒分离,颗粒根据其特征(尺寸和密度)进行分类。与分级相对应的是筛分(Sorting)。筛分定义为根据颗粒特性将颗粒从颗粒混合物中分离出来。依据这个定义,将油墨粒子从浆料中分离就是筛分,而短纤维与长纤维的分离则是分级。

5.9.1　纤维分级的原因和目标

　　纸浆纤维是天然产物,有很多种类,其特征也不同,例如纤维长度、细胞壁厚度等的不同。

在原生纤维加工过程,纤维变成具有不同性质纤维种类的机会增加,因为如漂白和磨浆处理都是概率过程,即每根纤维被作用的强度和时间会不同。在回收纤维加工过程,粒子特性的分布甚至更宽,因为不同来源的纤维具有不同的终端用途和不同的生命周期。

为了优化纸产品,理想的情况就是采用专门的技术提取纤维。因为纸浆纤维具有天然可变性,对于原生浆加工是不可能的,对于回收纤维加工更加不可能。因此,根据纤维适应造纸的特性进行分级是一种直接的方法。问题是在工业上应用这种想法的时候没有分离或者分级技术,也没有对应造纸特征的纤维分级单元操作和设备。

与造纸对应的纤维特征主要是机械和光学性能,归纳如下:

① 纤维长度;

② 纤维壁厚或者横截面积;

③ 纤维强度;

④ 纸浆种类和木素含量;

⑤ 纤维的光学性质(光谱吸收和散射特征)。

根据上述特征,进行分级加工是非常有益的,就是根据纤维特征进行分离。不幸的是,至今工业上没有使用这种分级处理。然而,分级是一个值得研究的方向,在未来会变得越来越重要,因为增加生物质的竞争,造纸纤维有必要优化(见第 8 章,造纸)。

5.9.2 纤维分级的设备和过程

综上所述,如果能够根据造纸需要的特征对纤维分级,那是非常理想的。目前工业和中试存在的单元操作和加工过程能够分离纤维,见表 5 - 12。

表 5 - 12　　　　　　　　　纤维特征及分级

纤维特征	可以实现的分级过程
纤维长度	通过孔筛或缝筛分级
纤维的比重	在沉积箱和旋流器中沉积
纤维的浮力平衡及纤维流动阻力	水力旋流器或者离心分离器
纤维柔软性	根据纤维特性采用不同的水力环境,如用特殊形状的筛,或者特殊的旋流器

5.9.2.1　工业规模分级设备

根据纤维长度分级已经用于包装纸级别的浆料生产系统(见第 6 章图 6 - 55)。在此系统,分级效果通过筛浆后提高,此筛的筛孔孔径 1 ~ 2mm,且筛面光滑;或者是缝筛,缝隙为 150 ~ 200μm。如图 5 - 9 描述,这种分级筛的尾浆达到 50%,达到最大分级效果。根据纤维长度,R14 级分的浆浓为进口浆浓的 140% ~ 150%,主要为长纤维级分。

专门设计的水力旋流器也可以用于工业上纤维分级。水力旋流器用于生产原生浆和回用浆的多层纸板。细胞壁薄易于塌陷的纤维用于外层,而厚细胞壁纤维用于芯层。这样就提高了纸板的弯曲挺度和表面平滑。图 5 - 109 描述了 TMP 纸浆厂如何分级纤维。

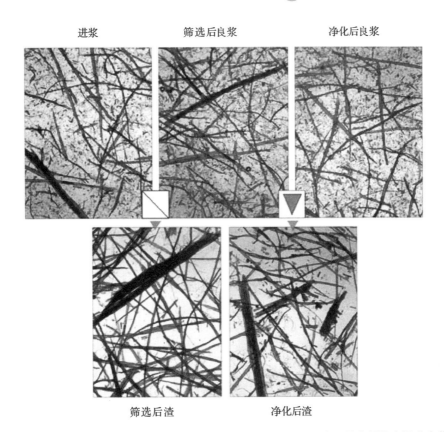

进浆　　　　　　筛选后良浆　　　　　净化后良浆

筛选后渣　　　　　　　净化后渣

图 5 - 109　描述分级旋流器通过分离纤维束、粗纤维、未纤维化的纤维及其木射线来提升良浆[152]

5.9.2.2　中试规模的分级设备

开发分级技术的研究是根据纤维的柔软度进行分级。其原因是柔软的纤维可以生产平滑的、印刷性能好的书写纸。因为生产具有空隙多、体积大的纸应用具有更大挺度的纤维会更好。生产图纸时使用回用纤维的比例低,新闻纸除外(见第 8 章图 8 - 1),因为回收纤维中过硬、过大的纤维浓度太高。合适的分级技术可以分离出过硬的纤维,改善这种状况。

近年来,有 3 种方法用于纤维分级,具体主要依据纤维的柔软性:

① 特殊设计的水力旋流器,切向注入稀释水,优化流体工艺;

② 特殊设计的筛板,纤维沿着双弯道流动,柔软纤维比挺硬纤维更适合采用这种处理方式;

③ 专门设计一种旋转带有注水的除渣器,能够提高纤维分级效果。

图 5 - 110 显示了这 3 种设计。

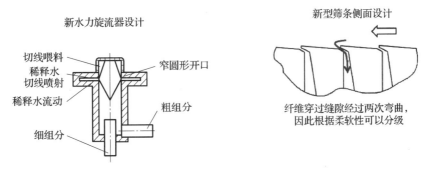

新水力旋流器设计　　　　　　　　　　　　新型筛条侧面设计

切线喂料　　　　　　窄圆形开口
稀释水
切线喷射
稀释水流动
　　　　　　　　粗组分

细组分

纤维穿过缝隙经过两次弯曲,
因此根据柔软性可以分级

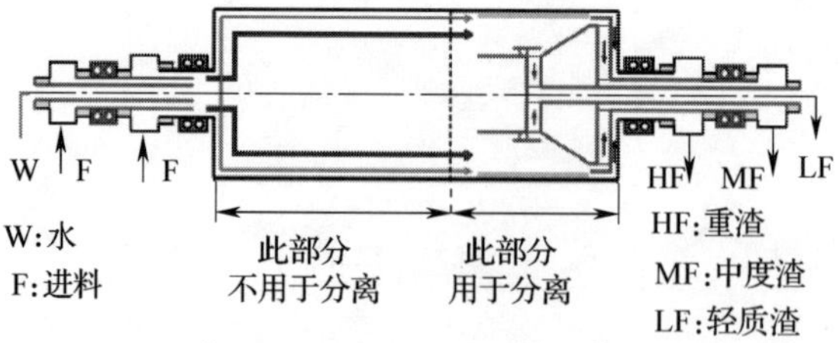

旋转净化器新设计

W：水
F：进料

此部分
不用于分离

此部分
用于分离

HF：重渣
MF：中度渣
LF：轻质渣

图 5-110　基于纤维柔软性的新纤维分级方法[70]

5.10　浮选

5.10.1　目标和整套系统

在浮选分离过程,气体注入浆料中形成气泡,这些气泡与要除去的颗粒碰撞,使颗粒黏附在气泡上。这些附聚物上升到悬浮液的表面,形成泡沫,就能从表面除去。浮选就是尽可能除去与水密度相同的颗粒。在造纸工业中使用两种浮选系统。脱墨浮选是选择性浮选,可以除去油墨粒子。微浮选或者溶气浮选(Dissolved air flotation,DAF)用于过程水或者废水除渣,尽可能分离液体中的固形物。因此,这个过程也称为总浮选。

选择性浮选

选择性浮选用于分离回用纤维纸浆生产过程除去浆料中的杂质,其是基于颗粒与纤维的表面能不同而进行杂质分离的。表面疏水的颗粒,例如防水剂,可以浮选成具有一定粒径的颗粒。这些颗粒包括:印刷油墨、胶黏物、填料、涂布颜料和黏合剂。

造纸工业中选择性浮选主要应用于脱墨。通过除去油墨粒子提高纸浆的白度,除去杂质增强纸浆的洁净度。杂质为大颗粒,肉眼可见,例如从复印机产生的调色颗粒。对于大多数测定方法,杂质点的最小尺寸约为 $50\mu m$。直径小于这个值的油墨粒子会影响白度测定。

浮选的又一次效果就是也可以除去部分填料。浮选具有去灰分的效果,通常也是人们所需要的。这种效果会阻止所谓循环系统的"灰分崩溃"(灰分过度积累)。浮选也能有效除去胶黏物。然而,胶黏物包括各种物质(见第9章),这些物质的尺寸和表面化学不完全适应浮选。因此,对于废纸脱墨,这种浮选过程需要优化。

打印油墨、填料和胶黏物在一定程度上可以通过洗涤脱墨除去。在特定的脱水条件下,洗涤脱墨可以除去小于 $30\mu m$ 的细小纤维和填料。这个过程没有选择性,且纤维的损失率高。

浮选脱墨有效除去直径处于 $50\sim250\mu m$ 的颗粒,浆料中仍含有细小纤维和填料。这是由于选择性除去疏水性物质。有些系统甚至可以除去粒径为 $500\mu m$ 的颗粒,并且效率很好。洗涤脱墨在美国是首选方法;而在欧洲更加常用的方法是浮选。目前,全球范围内,浮选是常用的方法,但是洗涤常作为一种补偿的方法。根据原料,终端产品的需要,或者两者的需要而制浆,采用合适的方法才能获得经济效益。

选择浮选过程只能从浆料中除去脱附的印刷油墨粒子。为了保证有效浮选,油墨粒子必须首先从纤维上脱离,以便可以在浆料中自由移动。油墨粒子必须以合适的粒径大小适应浮选。因此,机械或者化学处理很重要,这样才可以保证有效浮选。最后,还需要添加脱墨化学品,例如:肥皂、表面活性剂或者苛性钠。碱性环境有利于制浆过程的印刷油墨机械脱附。

对于所有的浮选过程,必须知道粒子的化学和物理性质。例如:各种印刷品和无压印刷技术用于不同的纸张,会影响脱墨浮选的效果(见第 8 章)。这些印刷技术也影响加工过程,以及整条制浆生产线。图 5 - 111 所示为不同浮选的集成,以及漂白办公废纸用于脱墨浆生产的洗涤过程,这条脱墨线有 3 个浮选过程。

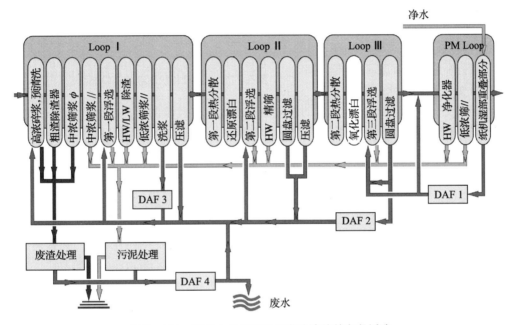

图 5 - 111 漂白办公废纸脱墨浆生产线的多段浮选

5.10.2 浮选原理

良好脱墨结果的必要条件

如前所述,颗粒物必须从浆料中除去而不附着在纤维上。它们的颗粒大小也必须处于合适范围。将油墨粒子从纤维上释放出来的机理还不是完全清楚,但是人们假设这个机理包括制浆过程纤维溶胀,制浆设备处于碱性环境,由于摩擦产生机械力,并使物理、化学连接键松弛。纤维溶胀,油墨粒子裂成片状。当小薄片再分裂,就产生油墨粒子。机械力使油墨通过纤维间的摩擦而脱离。紧密结合的粒子,例如氧化的油墨,需要更大的分离力,这个力比碎浆时的机械力还大。图 5 - 112 是分散的纤维和脱附的印刷油墨粒子。

浆料中的无附着的油墨粒子粒径分布很宽。起初,油墨粒子(炭黑和颜料)的大小是 0.02 ~ 0.1μm。水基柔性印刷的油墨粒子聚集体大小为 1 ~ 5μm。胶印油墨聚集体的尺寸达到 100μm。氧化的油墨聚集体,在纤维表面的附着力非常强,粒径达到 500μm 以上。为了有效浮选除去油墨粒子,粒子的大小必须控制在 10 ~ 250μm。因此大的颗粒必须减小尺寸。通常采用分散剪切力来减小粒子。太小的粒子需要采用凝聚处理使粒子的尺寸变大一些。平坦粒子比球形粒子更难浮选。通过分散改变形状也可以达到分离目的[49]。对于某些混合回用纸,根据产品的需要,要进行多次浮选,见图5-111。

最常见的印刷油墨是疏水性的。应用钠皂可以增强其疏水性。在浮选过程,钠皂利用水中的钙离子发生反应形成钙皂。钙皂作为捕集剂,而剩余的钠皂起发泡剂作用。捕集剂使小油墨粒子聚集,还能改变涂料颗粒的性质,使其易于浮选。当钙离子存在时,Zeta电位下降,表面变得更加疏水。为了良

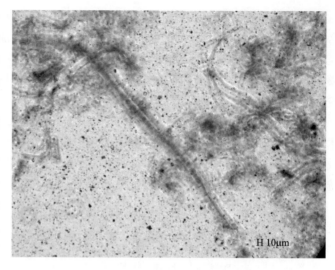

图5-112　纤维和脱附非水基印刷油墨[71]

好絮聚,必须充分进行预处理,但是水的硬化也不能过度。过量的钙离子会降低浮选效果,因为钙皂的溶解度低,捕集效果就降低[72]。

在水洗脱墨中,钙离子常常会影响印刷油墨粒子在滤网上的附着,这样就会影响水基印刷油墨的洗出[73]。详细信息,请见本书的印刷油墨的脱墨能力和脱墨化学品部分。

5.10.3　浮选过程

选择性脱墨浮选和总溶解气体浮选的浮选过程在很多方面相同。首先,向浆料通入气体产生气泡,疏水的颗粒附着到气泡上;其次,气泡从浆料表面除去,形成稳定的容易去除的泡沫层。颗粒可以从起始就是疏水的,或者加入合适的化学品,如表面活性剂,使其变成疏水的。有时还加入絮凝剂改变颗粒大小。

5.10.3.1　可能机理

浮选是一个随机过程[74-76],可以分为4个步骤,每步都有自己的概率。颗粒必须与气泡发生碰撞,这与气泡的数量和尺寸有关(碰撞概率),然后颗粒牢固黏附到气泡上(附着概率),作为稳定的颗粒–气泡聚集体上升到泡沫层(稳定概率),最后随泡沫除去(输送概率)。最后两步的概率称为去除概率。

5.10.3.2　气泡的数量和大小

气泡和颗粒在一定体积内的碰撞概率与气泡的数量有关,也就是,与注入一定体积的气体产生一定大小的泡沫和颗粒数量有关。对于给定体积的气体体积 V,产生小气泡的直径 d,形成大量的气泡数量 z,可以用式(5-49)表示:

$$z = \frac{6}{\pi} \cdot \frac{V}{d^3} \tag{5-49}$$

小气泡能够附着并输送小颗粒,但是大颗粒需要大气泡输送。图5-113表示1mm的气泡和 $10 \sim 500\mu m$ 颗粒的接触和附着的关系。为了保证各种尺寸颗粒能够浮选,需要产生一定尺寸范围的气泡。例如,对于给定的气体与浆料的比例,小气泡提供非常高的表面积,可以附着大量的小颗粒。适宜数量的大气泡也是必要的,它能捕集较大的颗粒(通常有少量的大颗粒存在)。

5.10.3.3　气泡和颗粒之间的黏附

碰撞概率的重要评价标准是气泡与颗粒之间的相对运动。这种概率受到浮选设备中的湍流影响。只有当颗粒与气泡相对运动到足够近时，才能发生碰撞，然后在合适的条件下发生附着。

图 5－114 描述了碰撞的基本条件。气泡和颗粒在相关的流体线上彼此靠近。在临界半径 $r_{捕集}$ 范围内的颗粒将发生碰撞。这个半径与气泡大小，气泡与颗粒的相对速率，浆料黏度和其他因素等有关。在这个例子中，A 粒子在相对流体线 A 上运动，直到与气泡发生碰撞。粒子可能使气泡发生轻微变形，然后反弹回去，或者黏附在上面。B 粒子沿着气泡的临界捕集半径切向与气泡发生碰撞（滑碰），有可能反弹，后则附着。

具有相同质量和性质的圆形粒子与球形粒子发生碰撞的可能性更大，因为圆形的直径比球形的直径大。圆形粒子与气泡发生碰撞的可能性比相同直径的球形粒子小，因为球形粒子的质量较大，另外圆形粒子只有一个面。因此，碰撞取决于他们与气泡是否在一条直线上。

5.10.3.4　附着

如果碰撞后粒子牢固附着于气泡，必须满足三相（固液气）交界内，相互间的界面能必须降低。气泡和粒子碰撞后，粒子之间的相互作用力（范德华力和静电作用力）起作用。粒子和气泡间的液体膜必须迁移形成粒子、气泡和具有表面能的液体之间新的平衡状态。如果液体膜迁移，就有可能发生附着。图 5－115 为附着机理的示意图[72,77-78]。

球形粒子比圆形粒子更加容易附着于气泡。虽然圆形粒子提供更大的表面积，易于附着，但是在有限的碰撞时间内需要更多的液膜发生迁移。如果圆形粒子的边沿与气泡发生接触，因为其面积很小，液膜迁移就很少。

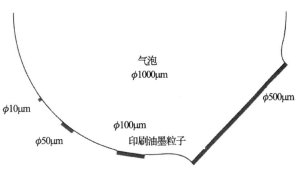

图 5－113　各种颗粒与气泡接触及附着的关系

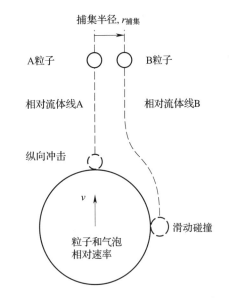

图 5－114　流线和粒子与气泡碰撞的条件[75-77]

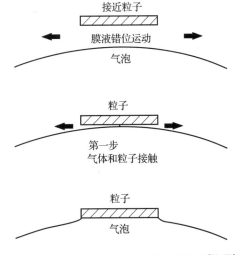

图 5－115　粒子在气泡表面的黏附机理[75-77]

在碰撞和最终形成三相(固液气)交界内的相互作用期间,黏附力尚未完全形成。在这种情况下,浮选装置的湍流不要太强。粒子通过流动力作用与气泡发生分离。

5.10.3.5 稳定输送

通常使用起泡剂(表面活性剂)来保持气泡稳定并输送到表面,在表面将这些泡沫除去。只有达到平衡状态时(能量最低),粒子才能优先附着于气泡,抵抗水力流动力来除去这些粒子。由于流体阻力,粒子移动到下游,或者保留在下游的泡沫上。

水力流动力作用于气泡 – 颗粒团上产生张力、离心力和剪切力。一些直径小于 $10\mu m$ 的粒子不会与气泡发生接触(无接触浮选)。因此,利用流动作用力除去粒子更加容易[75]。

5.10.3.6 气泡形成与移动

其他重要的机理就是关于气泡产生、气泡与粒子之间的相对运动以及气泡上升到表面。产生气泡的方法有很多,也与气泡和粒子的碰撞,以及气泡 – 粒子团输送到表面并除去有关。表 5 – 13 列出了单个粒子浮选原理。

表 5 – 13 单个粒子浮选原理

溶液 功能	无混合动力 (多孔介质)	有混合动力	
		静态混合	动态混合
供气	压力	吸/压	吸/压
油墨粒子与气泡碰撞	浆料与气体逆流	静态元件 (流动动力)	旋转元件 机械能,真空抽吸
气泡和油墨粒子排放	到表面路径长	到表面路径短或者中长	到表面路径中长

5.10.3.7 气泡产生

最简单的情况,通过可渗透物体(如多孔片、织网或者多孔烧结陶瓷)注入空气。气泡的大小和气泡在浆料中的混合不受流动动力的影响。气泡的大小主要决定于浆料的表面张力、注入空气的孔径,以及空气的体积。

另一个产生气泡的方法就是高速搅动。搅动动能决定于压力损失和搅拌器类型。这些强烈影响气泡大小及分布。

在一定浆浓情况下精确测定气泡的大小很困难。虽然可以获得关于气泡的大小、形状和水中的性质,但是浆料所处的条件不同,特别是在浆料浓度大于 1% 的情况。因此,用水测定气泡不具备确定性[79-80]。气泡大小及分布与其他因素有关,例如混合器种类、应用的混合动力、浆料的性质(浆料浓度、表面活性剂的种类和用量)[81]。

5.10.3.8 相对速率

由于浮力和阻力的作用,气泡上升,浮选颗粒在水力、惯性和重力的作用下沿着流体流动方向运动。气泡和浆料之间的相对运动速率决定了气泡与粒子之间的碰撞概率。如果气泡产生时没有使用搅动动能,气泡上升时必然发生碰撞。因此,气泡上升的时间足够长,碰撞的概率就增加。

直径为 1mm 的气泡上升的速率约是 0.2m/s。对于直径为 2mm 的气泡,速率上升到 0.3m/s,如图 5 – 116 所示[79]。由于浮选通气非常强烈,气泡会成串产生。由于有流动阻力,成串的气泡比单个气泡会带走更多的浆料。这种泵吸效果产生强烈的回流,因为浆料会随气泡向上移动,另一个区域的浆料就会向下流动。

成串气泡的各个气泡互相接触常常凝结成大气泡。在高浓浆料中,上升路径长的情况下,常常会形成气流通道,气体会迅速溢出。

由于空气注入和浆料湍流,静态和动态混合器在气泡和粒子之间产生强烈的相对运动。这就保证了气泡和粒子之间有良好的接触。使用通气技术就可以使气泡上升到表面泡沫层的距离短。

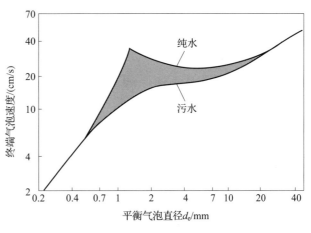

图 5 – 116　气泡上升速率[79]

5.10.4　典型的操作条件

脱墨浮选系统通常的工艺条件是:浆浓 0.8% ~ 0.5%,温度 40 ~ 70℃。pH 范围 7 ~ 9,水的硬度 5 ~ 30dH(当使用脂肪酸表面活性剂制造钙皂时)。使用其他表面活性剂,水的硬度没有要求。由于钙离子具有负面影响,因此没有必要使用过度硬水。相对通气量大约为 300%(总气流和总浆料体积流之比,通常称为持气量 Holdup),或者更多。某些浮选系统,持气量高达 1000%,而气泡的大小分布从几微米到毫米,如图 5 – 117 所示[82]。

除了油墨粒子外,浮选泡沫液含有有机成分,例如纤维、细小纤维,以及无机物质,如填料、颜料。通过减少渣浆泡沫体积,来减少纤维、细小纤维、填料和颜料的损失,或者进行二次浮选,此时将第一段的渣浆进行浮选回收纤维、细小纤维和一定灰分。一些研究开发工作正在进行,希望可以开发一种方法能够洗涤泡沫中的纤维和细小纤维,从而提高脱墨浮选的得率[83 - 84]。减少第一个浮选槽的除渣量而不影响浮选浆料的白度和洁净度可能性不大。因此,通常要采用二级浮选。这段可以减少纤维损失,而第一段则满足纸浆的质量要求。

第二段浮选的浆浓比第一段浮选的低。浆料中的固形物也非常不同。此段含纤维少,而细小纤维和填料多。第二段浮选的工艺参数也必须根据条件进行调整。第二段浮选至少要达到相同的白度,杂质的含量与第一段浮选的入口处相同,因此良浆回流不会影响浆

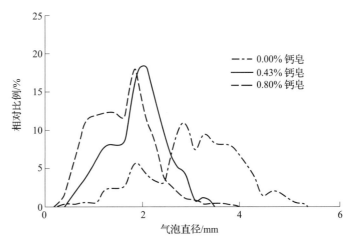

图 5 – 117　浮选槽气泡直径分布[82]

料的质量。第二段浮选的渣浆进行优化,减少总质量损失和有机物损失,而不降低良浆质量。第二段浮选也是有机物与无机物的分选。这就意味着与入口的成分比较,分出的无机物比有机物多得多。

5.10.5　浮选槽及其工作原理

5.10.5.1　不同脱墨浮选槽的特征

浮选脱墨槽有多种[85]。下面概述总结了过去和现在的浮选槽技术。图5-118显示了各种浮选脱墨槽的共同点和差别。浮选槽的主要差别在于他们的通气系统。这些通气系统或者是由可以透气的物体构成,或者是静态/动态混合器构成。浮选槽的其他特征如下:

①　多段通气或者多个单元(构成完整浮选系统的单元)通气;

②　供气的种类(自然空气,还是压缩空气);

③　泡沫的除去方法(浆翼或者自由流动的围堰,真空或者压力);

④　使用二级浮选;

⑤　密闭或者开放的槽;

⑥　槽设计以及多槽组合。

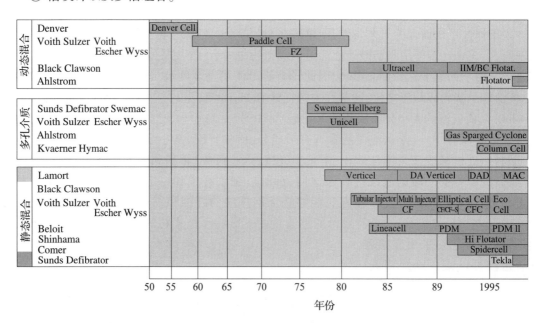

图5-118　脱墨浮选槽的发展[86]

小的气泡产生大的比表面积,提升与粒子的接触。在上升到表面的途中,有些气泡破裂,形成更大的气泡。这个过程叫聚结。高浆浓和低静态水压支持这一效果。聚结使表面积损失,这个可以通过重新通气(不同阶段)而逆转。在一个密闭的浮选槽中,压力过大,形成泡沫的空间就会更小。在气泡-粒子排渣时,高的湍流支撑两者的结合。但是湍流也会导致脱附。第二阶段浮选将减少纤维损失。回流浆料可以根据产能和产品质量进行可变性调节。

5.10.5.2　不同商业脱墨浮选槽

依据工业生产数据,对商业浮选槽的特点总结如下。

（1）奥斯龙式浮选器（Ahlstrom）

奥斯龙式浮选器（见图 5 - 119 和 5 - 120）具有自吸式动力混合器。从这种圆形开口浮选槽产生的泡沫通过溢流口排出。由几个槽组成浮选生产线。

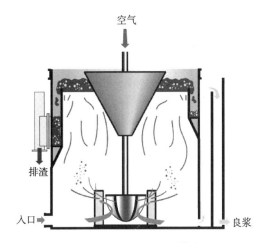

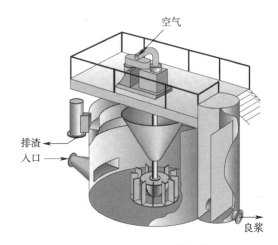

图 5 - 119　Ahlstrom 浮选槽的布置　　　　图 5 - 120　Ahlstrom 浮选槽部件分解图

（2）Comer Cybercel 浮选器

图 5 - 121 和图 5 - 122 是 1996 年引入的 Comer cybercel 浮选器，是 1992 年 Spiderce 浮选器的增强版。这是一张塔式的槽，带有静态混合器用于气体注射和机械搅动提高气体分布的均匀性。浆料与气泡呈相反方向流动。有些浆料反流，在到达中部或者底部时重新通气。泡沫通过桨翼刮到溢口排出。这两种浮选槽足够用于浮选，二级浮选是其选项。为了优化其能量消耗，Comer 2005 年又提出 Zerok 系统，是 Cybercel 的升级系统[87]。

（3）Kvaerner 浮选器

这是一种密闭的浮选柱，见图 5 - 123 和图 5 - 124。气流和浆流方向相反。将压缩空气通过底部烧结的多孔金属管注入。也可以选择在浆料入口通气。使叶片稳定的液流适合安装在柱体侧面。泡沫从溢口排出，浮选效果通过单个粒子流过柱而获得。不使用二级浮选系统。

（4）Lamort MAC 浮选器

Lamort MAC 浮选器如图 5 - 125 和图 5 - 126 所示，是单浮选通过浮选柱。没有二级浮选。这个循环密闭并且带有压力的槽分成 3 ~ 5 个叠加的单元池。浆料从顶部流向底部，每个单元池分接，并且转到下一级池时通气。通气采用静态搅拌混合器自吸式方式进行。每个池通入空气，上升到池的上部达到表面的泡沫层，这层泡沫在负压下除去。用阀门控制排渣率和组成。

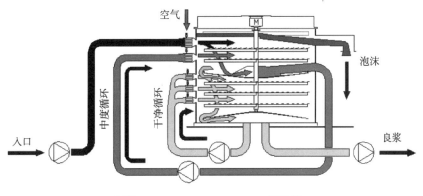

图 5 - 121　Comer Cybercel 浮选槽

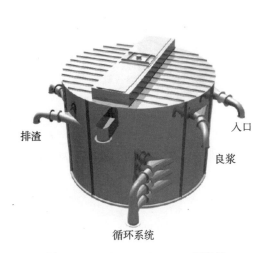

图 5－122　Comer Cybercel 浮选器

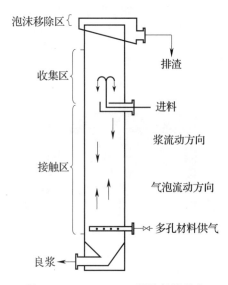

图 5－123　Kvaerner 浮选柱的分布

图 5－124　Kvaerner 浮选柱

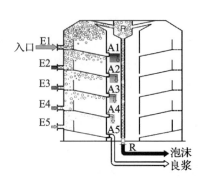

图 5－125　Lamort MAC 浮选槽示意图

图 5－126　Lamort MAC 浮选槽装配线

（5）Voith Ecocell 浮选器

Voith Ecocell 浮选器由带有搅拌的 Voith E – Cell 主体和 Sulzer Escher Wyss CFC Cell 气体发生器构成,见图 5 – 127 和图 5 – 128。椭圆形的 Ecocell 管式槽含有一系列独立的浆池,每次通气浆料就通过这些浆池。通气是通过自吸式静态混合器产生,该混合器的工作原理与阶梯扩散器的原理相同,见图 5 – 129。泡沫通常在第二段处理。

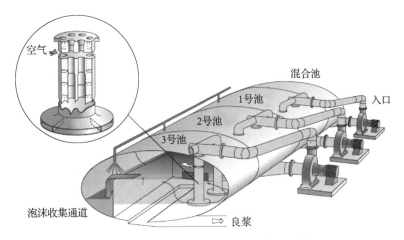

图 5 – 127　Voith Ecocell 浮选器的布置示意图

图 5 – 128　双台 Voith Ecocell 浮选器的布置

采用 Ecocell 设计,有两种其他系统,即美卓的 OPTICELL 和安德里茨的 SELECTAFLOT。所有的设计都采用阶梯扩散器,挡板混合器和分配板用于通气,以及通过湍流使粒子与气泡发生碰撞。通气通过静态混合器实现,其效果符合 Bernouli 方程。在阶梯扩散器的分级导致浆料中低压。通过自然空气流来平衡这种低

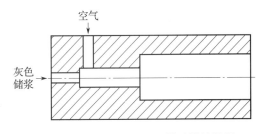

图 5 – 129　Voith Ecocell 的阶梯扩散器

压。浆料加速就引起空气吸入,可以达到总浆料流的 60%。依赖阶梯扩散器的微小湍流就可能使气泡和粒子接触,让一个宽范围内的粒子发生浮选。由于采用抽吸动力,因此能耗低。通气原件插入浆料中,不要太深,气泡达到表面就快。这对于大粒子的浮选具有重要性,可以减少

水力作用破坏粒子－气泡的团聚。低的静水压也可以阻止气泡合并的不可控。

通过隔板分成不同的段或者池，隔板上有个开口，低于通气区域。这样布置就是让部分浆料能够通过。池之间自动回流，保持抽吸泵一直工作，这对于经常通气很重要。生产变化也很容易平衡，只需要进行单水平控制。

浮选装置自动处理到形成泡沫并絮凝。因为原料的变化，泡沫溢流增加或者减少，浆池中的液位水平自动变化。这就保证了浮选过程需要除去的泡沫量。这种设计是常压，为了环保，空气不被排放而是回用[86]。

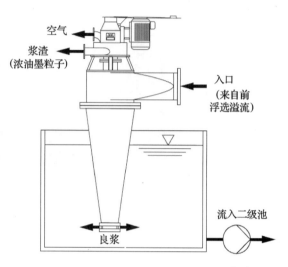

5.10.5.3 泡沫脱气

从一级池出来的浆渣含有大量的泡沫。为了保证二级池温度工作，浆渣必须脱气。图5-130是典型的脱气旋流器，带有机械去泡沫装置。这个装置通过浆料旋转破坏泡沫，浆料旋转通过马达或者离心力驱动，因为这些操作会诱导产生真空[89]。脱气使浆料容易被抽吸，也可分离出浓油墨而排出。

图5-130　带机械泡沫槽的脱气旋流器[151]

5.10.6　脱墨浆的主要质量标准

脱墨浆有两个重要的质量评价标准，即白度（受尺寸小于$50\mu m$的油墨粒子影响）和黑点（尺寸大于$100\mu m$的油墨粒子）。脱墨浆的质量受注入空气体积的影响很大。这就是注入气体体积和进料体积之比。对于单次通气逆流的浮选柱，这个标准就是从柱的底部通气量与柱顶部吸收量之比。对于多槽连接在一起的浮选器，每个池通气量相加与总浆料流之比。浮选结果常常用槽的数量和保留时间来表示。

因为优化结果与浮选时纤维和固形物的损失有关，以此为基础比较才有意义。它可以评价各种浮选结果。图5-131是白度与浮选池数量的关系，或者与注入气体体积的关系，这里假设吸入气体的体积已知。很明显，纸浆的白度随着浮选池的数量增加（或者时间延长）逐渐变平。这是由于不能除去的油墨粒子数量逐步降低。因为虽然鼓入的气泡恒定，但是气泡发生碰撞的概率减少，只有少量的粒子被捕获。

同样的解释可以应用到黑点减少曲线，见图5-132。该图表示黑点的数量如何随着浮选时间的延长而减少，黑点数量更少。图5-132也表示浮选效率随着粒子直径的增大而降低。

图5-133描述白度与泡沫除去和固形物损失的关系。除去固形物越多，获得的白度越高。

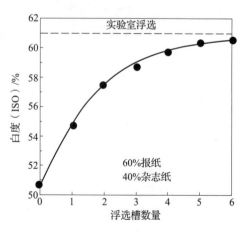

图5-131　白度提高与浮选池数量的关系
（旧报纸和杂志纸）

白度也会下降,后面会解释这一现象。当评估或者设定渣浆流时,重要的是认识到油墨粒子质量部分。例如:旧报纸的油墨粒子质量占 1.5% ,杂志纸的油墨粒子质量占 5% ,打印纸的油墨粒子质量高达 6% 。

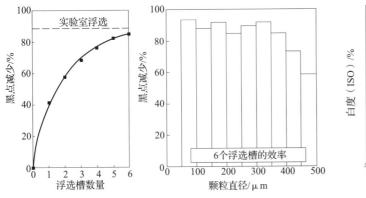

图 5 -132 黑点与浮选池数量关系

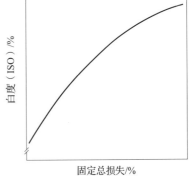

图 5 -133 白度提升与报纸和杂志纸混合废纸总固形物损失的关系

5.10.7 实验室脱墨槽

在白度提高和黑点减少方面,浮选可以达到的结果依赖于进入浮选槽的回用纤维浆。标准的实验室测定(如:INGEDE 方法 12)设计用来评估浮选槽的运行情况,其关于固形物损失的工艺条件来自工厂,因此测定的结果才具有可重复性和实用性。

有几种实验室浮选槽用于这种测试。依赖于工艺条件,浆浓变化和纤维损失的测试结果也不同。有些方法追求测定最大浮选极限,这个不容易标准化。根据回收纤维纸浆,例如回收纸含有高比例的机械浆纤维和高填料,经过一定时间的浮选后,纸浆的白度就下降。在开始有大量的油墨粒子除去,白度会提高;当油墨粒子含量很少时,白度再提高的可能性就不大了。同时浮选时,白色的填料和颜料也除去,所以白度就会下降。如果深色的机械浆纤维排出比化学浆的纤维多,纸浆的白度又会恢复。因此这些也与除去物质的白度有关。图 5 -134 描述的就是这种情况。

对于混合浆料,随着浮选时间延长,白度连续提升。因为未漂白纤维的浮选比漂白纤维的浮选更加有效,因此随着浮选时间的延长,更多的未漂白纤维除去,纸浆的白度提高。

相同的技术应用于去除黑点。如果黑色粒子不能从纤维上离去,它就不能浮选。如果附有疏水性油墨粒子的纤维在浮选时除去增多,黑点就能减少。

为了从实验室测试获得有用的信息,工艺参数,如浆浓、固体损失和浮选气体体积或者浮选时间,必须是逼真的,可重复的。图 5 -135 所示为实验室浮选槽,能够满足上述需要。标准化的实验室浮选槽带有通气装置。气流与实际工艺条件相对应。标准浆浓为 1% ,但是也可能高一些,或低一些。浮选槽操作是间歇式或者半连续式。固体损失(量和组成)采用工厂指标。因此这种装置适合评估工厂的运行,或者优化进料、化学品和复选时间[90-91]。

5.10.7.1 总浮选

通过总浮选分离悬浮固体物质的工艺技术是溶气浮选(Dissolved air flotation,DAF)。这是唯一有效、经济可行的处理大量废水的技术。总浮选体系的典型应用是处理造纸厂的过程废

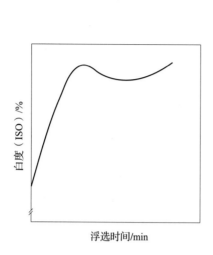

图5－134　报纸与杂志纸混合纸浆的
白度提升与浮选时间的关系

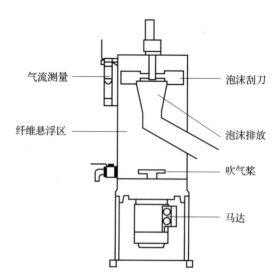

图5－135　实验室浮选槽[151]

水。DAF处理过程水使其得到净化,可有效用于纤维回收,并除去杂质,见图5－136。DAF常常可以直接应用于净化洗涤和浓缩滤液。近来还有新的应用,包括除去过程水中的碳酸钙阻止钙化。在合适的条件下,DAF可以用于除去水基油墨,阻止油墨粒子在过程循环中累积[92]。

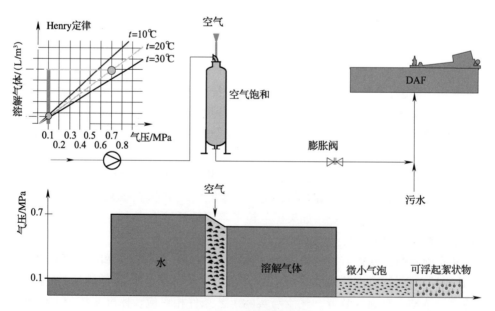

图5－136　溶气浮选原理

在进入澄清箱前,未处理的水或者需要处理的水加压至0.7MPa,通空气至饱和。根据Henry定律,空气溶于水中。通气后,气泡不必存留,因为这些水聚集更小的气泡,会降低浮选效率。降低气－水混合物的压力至常压后,填料和细小纤维等固体作为产气核心产生非常小的气泡,这些气泡的直径处于一定的范围,如图5－137所示。因此,这种浮选没有选择性。

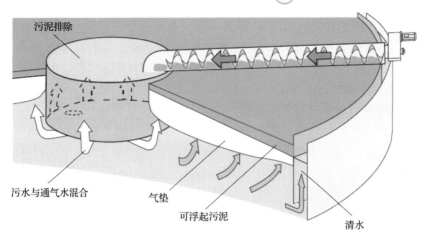

图 5 - 137　溶气浮选的操作原理

在澄清池的入口将通气的水和未澄清的过程水混合,填料和细小纤维发生絮凝,黏附到气泡上,上升到表面,并形成稳定的污泥,通过桨翼刮去。过程水均匀地分布在池子的周围。流体的速度向外方向逐渐降低。澄清水在池子的边沿放掉,如图 5 - 137 所示。有效澄清的重点在于优化化学 - 物理的相互作用。也就是说,使用优化的技术,需要在合适的时间和地点加入絮凝剂[93-94]。

5.10.7.2　优良水净化的必须条件

使用 DAF 技术保证微小粒子有效浮选,粒子的直径必须处于 $1 \sim 100 \mu m$。更大的粒子需要降低尺寸,或者用其他技术(过滤)除去。小的阴离子垃圾或者细小纤维需要团聚成物理上可以处理的絮凝物,或者使用化学品,如:絮凝剂,吸附到大粒子上。图 5 - 138 表示这样一个简化过程。阳离子聚合物像化学章鱼爪抓住粒子。这些团聚物在澄清池中就可以被浮选而除去。在合适的条件下,85% ~98% 的杂质可以除去。

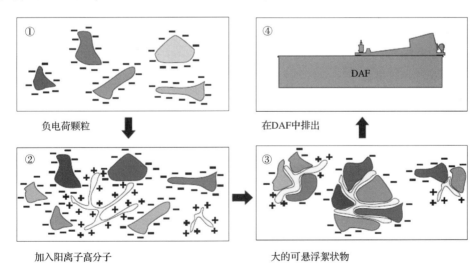

图 5 - 138　加入聚合物絮凝

不同的化学品可以合起来使用,加入两种药剂以减少试剂的费用,并且捕获胶体物质。无机盐添加剂,如明矾或者聚铝(PAC),可以与聚合物或者无机吸附剂(膨润土)联合使用。

DAF 的操作工艺:浆浓为 0.01% ~0.3%。通过加压(0.7MPa)通气,然后在分离装置内减压。这个过程通过加入絮凝剂来控制,并且在通气系统进行调整,可以部分通气,或者全部通气。DAF 的气泡直径为 $400 \sim 100\mu m$。由于处理水的体积大,气泡的直径小,气泡的速度非常小,那么 DAF 设备就非常大。DAF 只是单段过程。当用 DAF 进行水纯化处理,没有必要使用第二段,可以减少水损失。

5.10.7.3 不同溶解气体浮选装置的特征

DAF 用于过程水纯化和纤维回收自 20 世纪 60 年代就开始了。当时 Milos Krofta 博士在美国建了第一台装置,并证明其优越性。现在,有不同的厂家生产,市场上也有不同的产品,部分原因是 DAF 技术不仅用于造纸,也用于市政废水处理。由于产品繁杂,本书仅例举一个例子。

所有的溶气浮选设备都分为两部分:一部分是气体饱和装置,一部分是解压槽。供气由分离的压缩系统提供,或者由工厂的供气网络提供。供气操作有不同的模式:

① 部分流体模式;

② 全流体模式;

③ 循环流体模式。

部分流体模式是只有部分进水被通气饱和,然后与未饱和的水在解压槽内混合。全流体模式是所有的过程水先通气,然后解压。在循环流体模式中,只有部分清洁的水循环。循环流体模式有低化学品消耗,当切换到部分流体模式时,处理能力更高,在饱和系统中的杂质累积就更少。

饱和水通过减压阀喷嘴释放,或者通过在与过程水混合前的涡轮释放。当水减压时,在有杂质的地方立即就产生气泡,这符合 Henry 定律。上升的颗粒 – 气泡团聚物形成浮起的污泥,就像解压槽的表面有一层毯子。重质颗粒沉在槽底,可以通过一个垃圾陷间歇除去。在槽里的流动对于分离非常重要。如果湍流太大,污泥的除去就困难。在圆形装置内、表面大,而径向流动速度小。在方形槽里,平行的导向板和薄片控制流体的流动,气泡在装置内做上升流动。

悬浮的污泥通过下面一个或者几个组合除去:

① 铲子或者漏杓;

② 刮刀或者吹风机;

③ 堰口。

污泥从槽中除去后,脱水并进行清理处置。图 5 – 139 和图 5 – 140 是 MERI Deltapurge NG 处理技术的例子。

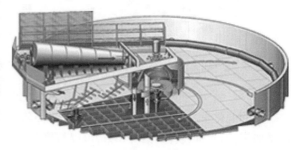

图 5 – 139　MERI Deltapurge NG 的溶气浮选　　图 5 – 140　MERI Deltapurge NG 的溶气浮选原理

5.10.8　脱墨技术的新发展

5.10.8.1　浮选脱墨技术与先进洗涤技术结合

发展新技术的目标就是洗涤和浮选结合,因为现在的洗涤是除去小粒子(水基印刷油墨、灰分和胶黏物)最有效的单元操作。但是洗涤过程也意味着损失,因此需要更加先进的工艺,如图 5-141 所示。

首先,灰色的浆料在筛选和洗涤设备中洗涤,这将在下一章解释。洗涤后的浆料进入储料罐,洗涤水在常用的浮选设备中通过浮选净化。在此过程,油墨粒子在一定程度可以有效除去,洗涤过程的损失通过再混合浆料和洗涤滤水而降到最小。有些填料和颜料采用这种方式就可以获得再利用。不同的浆料流进行过程优化管理就会降低能耗[95]。

更为详细的信息见脱水和洗涤章节。

5.10.8.2　水性印刷油墨浮选和水净化的优化

除了引入溶气浮选除去水基印刷油墨之外,在过程水净化方面也已经发展了几种新的技术,这是由于报纸和其他产品的印刷(例如:电子印刷产品)中使用水基油墨越来越多。业已证明水基油墨的去除是一大难题。

为了阻止这些粒子在水中的累积,避免在废纸造纸中使用颜色遮盖,必须发展新的技术除去这些油墨粒子。水基柔印印刷粒子不能除去的问题不仅是粒径大小的问题,而且由于他们表面具有亲水性,因而在一定程度上阻止了气泡与粒子的接触。要让它们在浮选时除去就必须改变表面性质和它们的尺寸,增强气泡和粒子之间的接触。例如:20 世纪 70 年代由 Sebba 发明的装置产生的泡沫,成为胶质气体泡沫(Colloidal gas aphrons, CGA),可以适合这种粒子的去除。CGA 气泡直径 10~100μm,泡沫具有特殊的表面性能。

CGA 通过容器中的旋转盘产生,这个旋转盘带有特殊的浆,如图 5-142 所示。当盘高速转动时,在液层上面的空气就会吸入。加入合适的表面活性物质,例如,表面活性剂,就可以产生特殊的泡沫,并且稳定时间长。应用这种技术,净化滤液的新的浮选工艺在实验室规模就

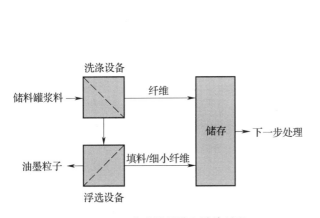

图 5-141　先进的浮选和洗涤过程

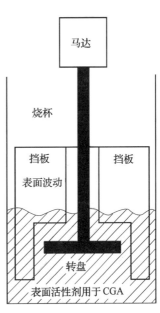

图 5-142　根据 Sebba 的 CGA 发生器[96]

形成,可以使小于 $10\mu m$ 的粒子得到分离,扩展了水处理技术可分离粒子的范围。考虑合适的参数,就可以替代 DAF 技术用于水处理。另外,CGA 技术的能耗似乎比 DAF 技术更低。为了阻止粒子累积,使用 CGA 技术替代 DAF 技术似乎更加适合除去亲水性油墨粒子和杂质[71,97]。

5.11 脱水

5.11.1 脱水的目的与整套系统

脱水的目的主要是除去浆料悬浮液中的过程水,提高纸浆浓度,如图 5 - 143 和图 5 - 144 所示。这就意味着从液体分离固体到一定程度,通过悬浮液和浓缩浆料的浓度比来确定。脱水也用于浆渣和污泥的进一步处理。脱水工艺及相应的经济目标如下:

① 分离水循环,是一种控制终端产品的化学物质和杂质负荷,以及温度的手段(脱水可以将每个循环的终端浆料浓缩至30%或者更高的浓度)。

② 允许另外增加专门的处理,例如,使浆料浓度分散至 22% ~30% 范围,或者使浓度范围更宽。

③ 使下游操作(见图5-144)更加有效,例如漂白,可以减少化学品、能耗、以及需要的占地面积。浆浓不同,例如 5%、15% 或者 30%,需要的占地面积不同。占地面积大,浆料储存的费用高。

④ 长网脱水使浆料输送、储存更节省,也更经济。

⑤ 除渣过程除的水可以再次应用于生产过程(纤维回用,节水槽)。

⑥ 在处理排出物时浆渣和污泥需要脱水(然后分别进行燃烧和填埋)。

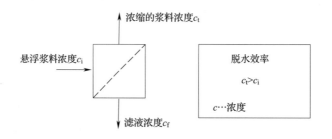

图 5 - 143　脱水的解释和术语

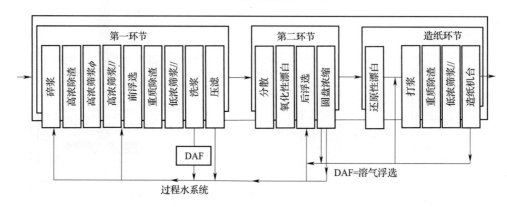

图 5 - 144　有氧化还原漂白和过程水系统的超级压光纸生产脱墨浆的脱水工艺

在洗涤部分描述脱水过程和相关设备,这些设备除了将固体和液体分离,还需要将固体分离成不同级分。因此,这个系统不仅包括洗浆机,而且还有纤维回收过滤器。

图 5-144 显示脱水过程如何并入回收纸的生产系统。表 5-14 表明,两个分离过程(脱水和洗涤)的任务、基本过程和目标如何与回收纸生产过程的设备关联。

表 5-14　　　　　　　　　　　脱水过程

	脱水/洗涤	
过程功能	固液分离 提升浓度	固液分离 分级(按粒子大小)
目标	有利于下一个过程操作(分离回路,或者长网滤水形成浆幅)	细小纤维/灰分与纤维分离
单元操作	过滤 压榨	过滤 (压榨)
希望的结果	滤液中无固体	大粒子 分离纯度
设备举例	圆盘过滤 带式过滤 双网压滤	洗浆机 回收过滤机

5.11.2　脱水原理

脱水是一个过滤过程,包括进一步提高浆料浓度时机械加压。在过滤时,滤饼在网子上或者筛板上累积,如图 5-145 所示。组成滤饼的固体是浆料中的纤维或者浆渣。有时固体随滤液流出。这主要是由于起始时发生损失,当滤饼累积到足够厚时就没有损失了[98-99]。

典型的白水过滤盘也用于此。首先用预过滤滤饼累积长纤维物质,然后进行浆料过滤。厚的过滤滤饼就意味着过滤底座和起始的固体损失对于过滤全过程和过滤结果的影响更小。回用纸生产用的过滤底座是金属网眼的过滤器,和是带孔或者缝隙的金属筛。这种多孔、精细的过滤材料,例如:陶瓷或者膜,用于水净化。

当进行过滤操作时,过滤底座保持固态。因为过滤底座通常有开口。这种开口比浆料中的粒子大,许多粒子随着滤液穿过过滤底座。由于此原因,开始的过滤液固含量高,如图 5-146 所示。只有较大的粒子截住在过滤底座的表面,他们形成预过滤层。由于形成这一滤层之前,流动阻力低,因此早期的流过率较高。

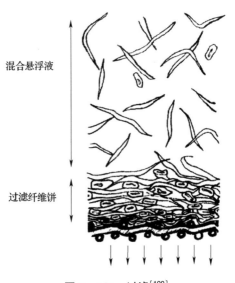

混合悬浮液

过滤纤维饼

图 5-145　过滤[100]

滤层形成后,就能够逐渐截留住较小的粒子,截留在过滤物的表面,或者截留在厚滤饼里面。此后,穿过滤饼的粒子就减少,过虑阻力增大,脱水能力大大降低。甚至比流动通道还小的粒子经过厚滤饼时,由于机械截留或者纤维静电作用被截留。

过滤脱水主要依赖于入口浆料浓度、悬浮液游离度、温度和配抄组成。

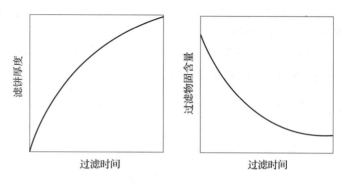

图 5 - 146　过滤滤饼的厚度和滤液中固含量与时间的关系

脱水动力主要来自如下几个方面:

① 重力:自然排水作为悬浮液在过滤器上方高度的函数;

② 离心力:液柱的高度用离心力替代重力,因此提升了脱水压力;

③ 压力差:通过真空产生压力差,在过滤器下面用抽吸箱,或者过滤器上浆料悬浮液上面加压,或者同时采用;

④ 机械压榨:两个辊之间有一个压区,类似造纸的压榨部,或者螺旋挤压。

无机械压榨的脱水通常称为浓缩。当脱水经过过滤底座,而其上没有形成稳定的滤饼时,这个脱水也是浓缩,浆料连续排出。因此,浆料悬浮液在过滤上层得到浓缩,并通过上面的出口排出。有时,使用带式过滤压榨,类似污泥压榨或者螺旋压榨,在滤饼上还会产生另外的剪切力。

脱水能力是产能,它是时间和单元面积的函数。提高浆料的温度,水的黏度下降,脱水能力增强。浆料脱水的特征在工厂通常用肖氏打浆度(SR)或者加拿大游标准离度(CSF)表示。另一个方法就是测定保水值(WRV)。脱水设备的设计也要用手抄过滤测试(手抄片测试),这样就可以表明在固定脱水压力下滤液体积流量与时间的函数关系。

表 5 - 15 列出了回收纤维生产中脱水的主要设备,包括分离目的、进出浆料浓度、分离效率和脱水动力。

表 5 - 15　　　　　　　　　不同脱水设备的操作条件

设备	分离		浓度范围/%				分离效率	脱水方式			
	固液比 固液比		进料		出料		固液比	重力	真空	夹网压	压榨
			<2.0	>3.5	5~10	10~20	20~ >30					
圆网过滤							→				
圆盘过滤							↗				
带式过滤							→				

续表

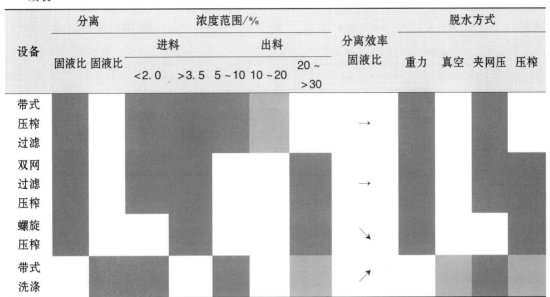

设备	分离 固液比 固液比		浓度范围/% 进料		出料	分离效率 固液比	脱水方式 重力	真空	夹网压	压榨
	<2.0	>3.5	5~10	10~20	20~>30					
带式压榨过滤						→				
双网过滤压榨						→				
螺旋压榨						↘				
带式洗涤						↗				

注:常用条件■;特殊条件▨;↗好;→一般;↘差。

5.11.3　脱水设备及其效率

下面讲述各种废纸生产过程中的脱水设备。本文中,过滤设备主要是按照过滤底座的种类和形状来区分。它们可能组成多孔的或者缝隙的金属筛,或者网目金属筛,以前是用金属制作的,但是现在用塑料制作。后者又分为圆盘过滤、圆网过滤,或者连续带式过滤[101-102]。

5.11.3.1　带式和鼓式过滤器

图 5-147 列出 3 种脱水设备,带有连续的过滤带。最简单的带式过滤,浆料悬浮液置于其上,经重力或者网下的真空吸力使水通过网脱除。在真空作用下,浆料的干度可以达到 10%;无真空情况下,浆料的干度仅为 5%。

在带式压榨过滤中,浆料经重力脱水后,加压可以提高脱水效果。滤饼经过两个过滤带之间,或者两个辊之间,滤饼就得到压榨。由于在滤饼中的相对运动,以及外层过滤带张力产生的压力,结果就加强了脱水,特别是过滤带在小直径辊上的时候。由这种方法产生的压力 p,可以用式(5-50)表示。

$$p = \frac{2S}{D} \tag{5-50}$$

式中:S 为过滤带的张力;D 是辊的直径或者外围表面弯曲的直径。带式压榨过滤,浆料的干度可以达到 10%。

带式压榨是将带式压榨过滤区的滤饼带到压榨区,进行机械压榨,有一个压区,也有多个压区,浆料的干度可以达到 25%~50%。图 5-148 所示为双网压榨,是带式压榨的一种形式。

圆网浓缩机见图 5-149,是一种特殊的带式过滤器,带的长度缩短至一个圆网筛的周长。因此,圆网浓缩机有一个带有开口的辊,覆盖过滤金属网或者过滤毛布。旋转的圆网置于一个槽内,槽内装满了需要脱水的浆料,浆料从网的外部流到内部。滤液从网内部一端的空心轴处流出。脱水的压力是由圆网的浆料液位和滤液液位差产生的。滤饼通过一个刮板后从伏辊取出。后者同时作为压力辊,提高滤饼的干度。

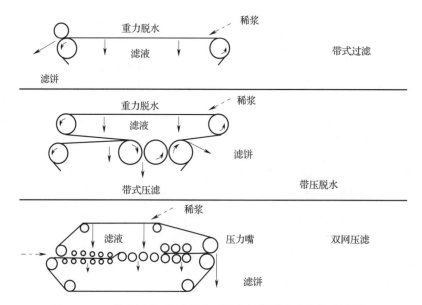

图 5 – 147　带式过滤、带式压力过滤和相关脱水设备的设计原理

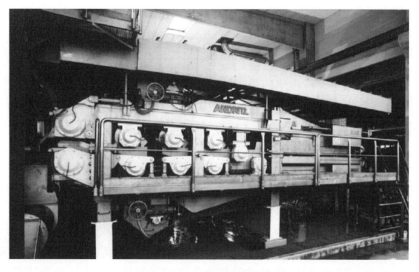

图 5 – 148　双网压榨[142]

5.11.3.2　圆盘过滤器

圆盘过滤器如图 5 – 150 和图 5 – 151 所示。它是由浆料槽和一个直径为 3.0 ~ 3.5m 的转子组成。槽内有许多空心盘(最多有 34 个,长度为 12m)。空心盘紧密安装在一起,空心轴之间的距离相等。每个盘两边被塑料滤布覆盖。由于是紧凑设计,盘式过滤的过滤面积比圆网过滤或者浓缩机的大。过滤盘约一半浸泡在浆料中,旋转速度为 0.5 ~ 2r/min,对应的圆周速度为 5 ~ 20m/min。由于这样旋转,过滤面积不断更新。

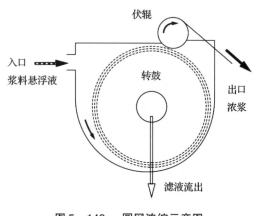

图 5 – 149　圆网浓缩示意图

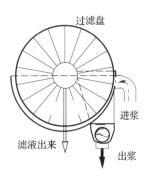
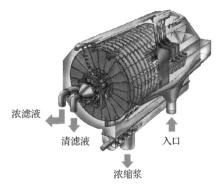

图 5 - 150　圆盘过滤设计原理[145]

如果没有真空泵帮助,脱水的压力差完全依靠浆料的液位和滤液液位的净态压差产生。由于静态压差小,滤饼靠流动和重力从滤网上除去。结果浆料在槽中得到浓缩。由于过滤器圆盘的抽吸效果,浆料从隙口放出。由于连续有滤饼排出和更新,因此滤液中的固含量就高,因此过滤能力高。

在采用真空提升脱水压力时,圆盘过滤器起始压差也依赖于静态液压差。当在空心轴应用真空时(相对压力 0.025 ~ 0.05MPa,后者绝对压力为 0.075 ~ 0.05MPa),脱水压力差大大提升。当圆盘浸入槽中,滤饼就开始形成,并且整个脱水过程紧附在滤网上。滤饼到达上部扇形区时,通过喷淋器使其除去。

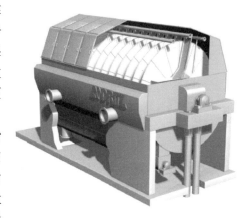

图 5 - 151　圆盘过滤器的内部示意图[142]

出口浆浓为 10% ~ 12% 。因为起始过滤液固含量高,对于脱墨浆达到 250 ~ 500mg/L。这部分作为浓滤液分开排出,占总滤液的 50% ~ 70% 。当滤饼浓缩后,滤液中的固含量下降到 50 ~ 100mg/L(脱墨浆)。这种滤液占总滤液的 30% ~ 50% ,它们用作喷淋器用水。

5.11.3.3　螺旋挤压机

螺旋挤压过滤如图 5 - 152 所示,主要的脱水设备,使用多孔的圆形筛网。这个设备由带有多孔或者缝隙的金属筛网的浆室和适应此浆室的转子构成。螺纹倾斜角向滤饼排出的方向减小,螺纹转子的直径变大,转子与挡板之间的距离变小,如图 5 - 153 所示。伴随输送,预脱水浆料的体积缩小,脱水压力增大。

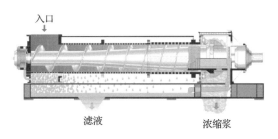

图 5 - 152　带预脱水螺旋的挤压设备[142]

图 5 - 153　浆料脱水螺旋挤压剖面图

当转子旋转时,转子连续清理筛筒表面,同时输送滤饼及再形成滤饼。由于不断更新滤饼的表面,就可以获得高浓度浆料、高的脱水能力。固体进入滤液中的损失也高,因为滤饼不断地移动。螺旋挤压比带式压榨压得的浆浓度更高,但是比能耗和滤液中的固含量也高[103-104]。

螺旋挤压也用于渣浆脱水,如图5-154所示。这种设备在渣子出口处装有节流器。

5.11.3.4 其他脱水设备

另一种使用金属过滤元件的脱水设备就是倾斜式或者斜坡式脱水筛,如图5-155所示。它是由弯曲的金属筛板,其上有水平的缝隙,缝宽为0.15~2.0mm。倾斜的筛是垂直的,浆料从顶部的喷嘴或者隘口向下分布,当流过水平筛缝时,没有滤饼,发生脱水。倾斜的筛没有运动部件。比脱水能力低。主要用于浓缩浆渣和回收纤维。

图5-154 螺旋挤压器用于渣浆脱水(在出口处带有节流器)[151]

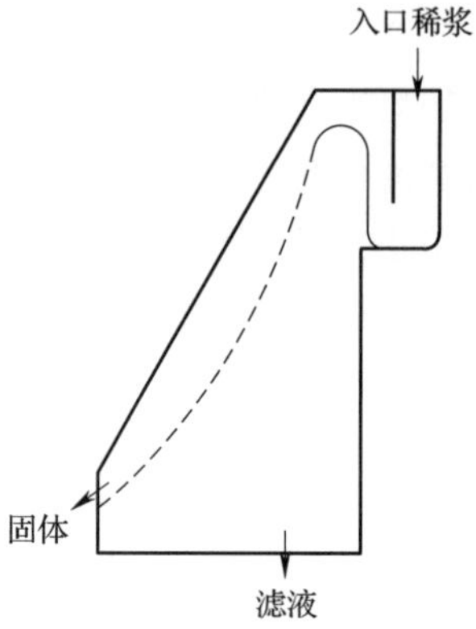

图5-155 倾斜式脱水筛示意图

一种特殊的振动倾斜筛。整个筛通过电机带动偏心轴而振动。提高了筛的净化能力,提升脱水能力。

压榨器是另一种用金属过滤底座的设备,由一个浆槽(带缝隙的筛筒)和内部安装的螺旋转子构成。与螺旋挤压不同,转子不是锥形,产生的压力不会增大。浆料根据阿基米德原理向上抽吸。滤液从筛筒的缝隙流出,这些与螺旋挤压相同。滤饼可以连续挤出。浆料的浓度为4%~8%,不同的设备有所不同。

另一种压榨器是用于废料处理(为了解释废料处理,见图5-156)。浆料浮选固形物通过隘口排出,重质粒子通过沉积池除去。浆料悬浮液进入底部的脱水区,通过螺旋转子向上输送。水就从筛筒的缝隙溢出,留下固形物,这些固形物按照上面的方法处置。

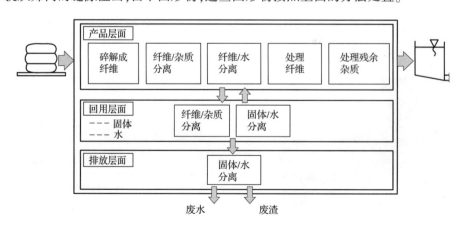

图5-156 废纸生产过程通过次级系统制备三种等级的浆料[100]

5.12　洗涤

5.12.1　洗涤的目标与整套系统

在废纸生产过程中,洗涤是一个过滤过程,从浆料中除去垃圾颗粒,这些颗粒小于 $30\mu m$。同时,溶解的和胶体的杂质也随滤液除去。这两种情况下洗涤的目的就是除去对造纸过程和终端产品质量有负面影响的物质。洗涤除去的物质包括填料、涂料粒子、细小纤维、大胶黏物和油墨粒子[101-102,105-107]。

除去杂质的需要依赖于原料的特性、生产系统和终端产品需求。当洗出杂质时,重要的是不要除去造纸有用的物质,例如:避免纤维损失。多数情况下,必须限制填料和细小纤维的大量损失。因此,洗涤需要根据实际应用而变化。表 5-16 是不同废纸造纸生产过程中洗涤目的。废纸的质量变化依赖于废纸回收系统。

表 5-16　　　　　　　　根据产品要求废纸造纸对洗浆的需求

最终产品	需要出去的物质			
	灰分	细小纤维	常规印刷油墨	水性油墨
新闻纸	无	无	有	有
SC 纸	部分	部分	有	有
LWC 纸	有	部分	有	有
卫生纸	有	部分	有	有

5.12.2　洗涤原理

洗涤过程就是按照粒子大小进行分离。与脱水不同,脱水是从浆料中分离纤维等固形物,而洗涤则是分离其他固形物。滤液作为介质带走颗粒。因为溶解和胶体物质分离出来与脱水过程一样,这些粒子在此不做讨论。为了完全理解洗涤过程,了解粒子大小对脱除效率的限制是有帮助的。另外一个参数就是过滤器的孔径,见表 5-17。过滤器孔径决定分离效果。

理论上,当滤液中的小颗粒含量等于滤前浆料悬浮液中水的流量 q_t 与滤液中水的流量 q_f 差时,就是理想的洗涤分离效果,如图 5-157 所示。因此,理论上最大的洗涤效果决定于进

表 5-17　废纸浆中的固体粒径范围和洗涤设备孔径

固形物	尺寸/μm
中国黏土	1~2
高岭土	0.3~5
涂料无机颗粒	<60
油墨粒子	0.5~100
细小纤维组分	<200
短纤维组分,长度	120~400
长纤维组分,长度	>400
筛/网孔径	10~500

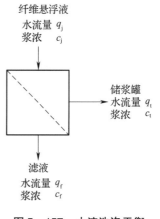

图 5-157　水流洗涤平衡

料的浓度 c_i 和出料的浓度 c_j。进料的浓度低,就会洗出更多的细小颗粒。出口的浆浓 c_j 高,意味着从悬浮液中分离的滤液更多,理论上有更多的颗粒通过过滤除去。

虽然式(5-51)包括填料(灰分)的分离,但其也可以应用于去除其他物质,例如油墨粒子和细小纤维。图50-158表明,在理想情况下洗涤效果与进出浆浓之比有关。理论上,最大去除效果可以通过方程(5-51)定义。

$$最大灰分去除 = \frac{q_f}{q_t} \qquad (5-51)$$

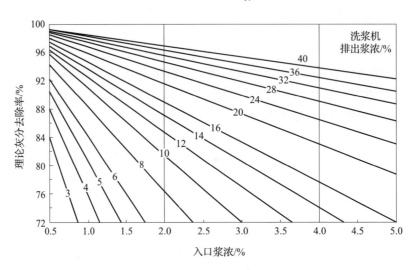

图5-158　理论最大洗涤效率与进出浆浓的关系

因为可分离的粒子保留在滤饼中,因此洗涤效率不会达到理论最大值。其他固体保留的机理在脱水章节解释。在本章中,可分离粒子就是足够小,能够穿过滤饼上纤维之间的空隙。在上文提到的理想情况,这种粒子沿着流体通道流,不会附着在纤维上,因此离开滤饼,流入滤液中。实际上,惯性、重力和静电作用力使粒子发生转向,如图5-159所示,它们就会被纤维捕捉。静电动力效应受水中的离子影响非常大。穿过滤饼的路径越长,也就是说滤饼越厚,更细的毛孔对粒子截留的可能性更大。因此,洗涤常采用多段操作。

通过洗涤进行分离,粒子必须与纤维脱离。另外,粒子的直径必须不能超过临界直径,否则就会保留下来。如果未形成滤饼,直径大于 $30\mu m$ 的粒子就很难洗出来[101]。同时,由于纤维-细小纤维的分子间作用力引起的相互作用,滤饼中细小纤维随着其粒径减小再吸附效果增加。对于更小的粒子,当重力的影响减小时,分子之间的作用力就增加。这在

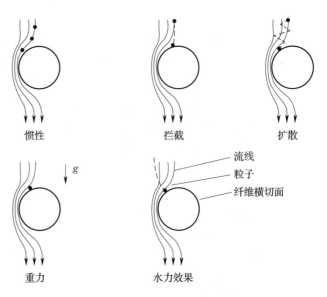

图5-159　流体线与粒子流动通过滤饼的路径[102]

洗涤脱墨和涂布纸加工中是非常重要的。因此洗涤前必须进行有效分离或者有效碎浆(例如:疏解和分散)。

图 5 - 160 解释了关于洗涤过程分离效果的定义。

灰分去除效率可根据式(5 - 52)计算。

$$相对灰分去除效率 = \frac{灰分去除量}{进浆的灰分含量} \tag{5 - 52}$$

悬浮固体物去除效率可根据式(5 - 53)计算。

$$相对悬浮固体物去除效率 = \frac{悬浮固体物去除量}{进浆的悬浮固体物含量} \tag{5 - 53}$$

悬浮固体物被洗去不是人们所希望的,这些物质随着滤液洗去就意味着得率下降,游离度也下降。强度性能也受到影响。除了灰分去除以外,洗涤效率的另一个重要指标就是其他固体物质在滤液中的量,特别是纤维和细小纤维的损失。

洗涤过程及其结果可以用分离图来描述,如图 5 - 161 所示。在筛浆部分将详细描述。固体质量流之比定义见式(5 - 54)。

$$R = \left(\frac{q_{Mf}}{q_{Mt}}\right) \tag{5 - 54}$$

式中　R—— 固体质量流之比

q_{Mf}——滤液中的固体质量流

q_{Mt}—— 进料中的固体质量流

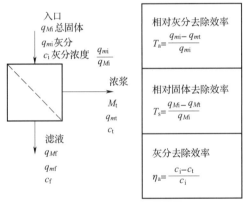

图 5 - 160　洗涤设备中灰分和固形物定义
(q_M 和 q_m 的单位是 kg/s, q_M 包括 q_m)

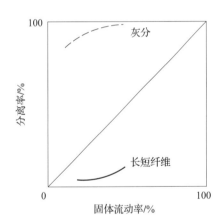

图 5 - 161　浆料洗涤过滤的分离比

如果在浆料质量流 q_{Mt} 中长纤维和短纤维完全去除,就需要进行分离。大多数情况下,细小纤维保留在浆料中。当细小纤维粒子大于 $30 \mu m$,可得到较高的细小纤维留着率。非常小的细小纤维,灰分和胶体将均匀地分布在搅动的浆料中。实际上,超细的细小纤维的留着情况可由式 (5 - 55) 描述。

$$灰分去除效率 = \frac{进浆灰分浓度 - 洗涤后浆料灰分浓度}{进浆灰分浓度} \tag{5 - 55}$$

洗涤(分离固体级分)与脱水(分离水)显著不同,具体如下:洗涤是依据粒径大小分离;而脱水则是固 - 液分离。洗涤的目的是从其他固体物质中除去特殊的固体粒子(按照粒径大小),而脱水则是从固相中分离液体或者流体。在洗涤系统,滤液中固体被分离,通常采用

DAF 方法从系统中分离。在简单的脱水中,滤液进行循环。另外,滤液中的固体在 DAF 单元被分离,但是不可以回用。

在浓缩时,滤液含有最低的固体含量。在洗涤中,特殊含量的细小颗粒是必要的。不纯的洗涤滤液循环就会增加洗涤器入口的固含量,根据洗涤效果来确定这种循环。洗涤效果如图 5-162 所示。换言之,高的洗涤效果会在洗浆机的入口产生很高的固含量 $m_{i,A}$。如图 5-162 所示,从系统循环中抽出一些固体,洗涤效率就会降低。相对固体去除效率 $\left(\dfrac{m_o}{m_i}\right)$ 定义如式(5-56)。

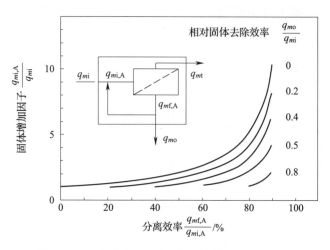

图 5-162　洗浆机入口的固形物增加与洗涤效率和相对固形物去除的关系

$$\frac{q_{mo}}{q_{mi}} = \frac{\text{滤液除去的灰分的质量流}}{\text{入口浆料的灰分总质量流}}$$

$$(5-56)$$

大多数情况下,灰分必须从系统中以不同水平去除。这就可以有以下几种情况:

① 调节不同的洗浆机分离灰分;

② 根据产品等级只洗涤浆料悬浮液;

③ 只净化滤液。

这种方法只限于在洗涤脱墨中使用。为了优化白度,必须从滤液中完全除去油墨粒子。为了减少灰分和细小纤维的去除,滤液必须通过浮选净化。水基油墨的去除,必须结合洗浆机和浮选设备[107]。

洗涤过程是一个多段操作过程,采用逆流或者顺流模式。在逆流模式中,一段洗涤的滤液作为稀释水用于前一段,如图 5-163 所示。新鲜水只在最后一段使用。

理论上,逆流洗涤的去除效率约为 99.5%,而在顺流模式中,效率达到 99.6%。根据这个基础,

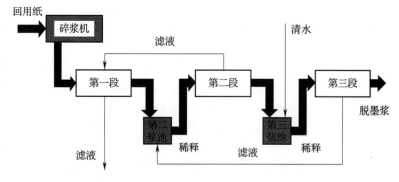

图 5-163　逆流洗涤过程[72]

逆流每洗涤一吨纸浆,产生 82333L 滤液,而顺流产生 247000L 的滤液。这就是现在生产中采用逆流模式的原因,因为可以节省新鲜水,并减少水净化的费用[72]。

5.12.3　洗涤设备

从生产水平来看,洗涤设备用于从浆料主要悬浮液中分离某些固体级分(见总论)。从回

收水平来看,洗涤设备主要用于回收纤维。洗涤设备有带式过滤机、带式压力过滤机、圆盘过滤机、静态过滤机(如倾斜倒弧角筛,压力筛[101,108-109],在脱水章节中描述)。图 5 – 164 是不同设备的总固形物分离和灰分去除的洗涤效率图(回用纤维浆料的浓度为 15% ~17%)。

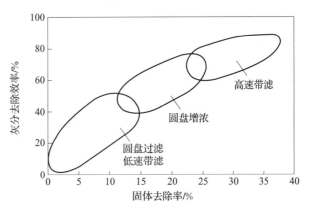

图 5 – 164　从总固形物分离和灰分去除看不同洗涤设备的洗涤效果

5.12.3.1　带式过滤设备

一种类型的带式过滤器是重力案台。这种设备类似于长网造纸机,其中重力仅使悬浮液脱水。洗涤效果取决于未保留的颗粒量,与造纸机网部脱水方式相同,使用离心力和网的张力使悬浮液脱水。

快速运行的带式压力过滤器包括例如 VarioSplit 和双压区浓缩机(Double Nip Thickener, DNT)。浆料悬浮液在网的压力下脱水,该网载着浆料在一个或两个辊上运行。间隙形成原理(双网成形)也用于双面洗涤,例如,在 OptiThick 间隙洗浆机就是应用这种原理。

图 5 – 165 显示了 VarioSplit 带式过滤洗浆机的脱水原理。通过喷嘴将悬浮液注入网和直径为 D 的封闭脱水辊之间的间隙中。脱水压力 p 可以用式(5 –57)表示。

$$p = \frac{2S}{D} \tag{5–57}$$

有关网的张力 S 产生压力,将在脱水章节论述。含有颗粒的滤液需要净化。脱水的浆料离开辊时浆浓约为 5% ±10% 。图 5 – 166 给出了图片 5 – 167 中具有双脱水单元机器的设计。

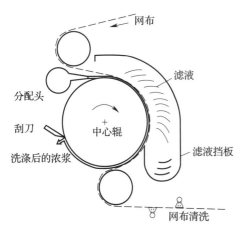

图 5 – 165　VarioSpit 带式过滤洗浆机的脱水原理

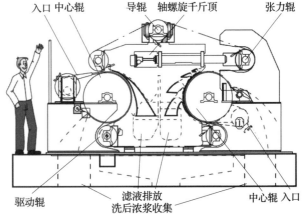

图 5 – 166　带双脱水单元的 VarioSplit 压力过滤器设计[151]

VarioSplit 压力过滤器以 350 ~1000mL/min 的速度运行,入口浆料浓度约为 0.7% ~1.5% 。网目约为 36 ~60μm,工作区域为 1m ×2.5m 至 2m ×4.5m,通过产能约为 115 ~500t/d。

如图 5 – 168 所示,对于一定废纸浆混合物,灰分去除效率和固形物损失非常依赖于洗涤的浆料在网上浆幅的定量。因此,改变这些参数,就允许在较宽范围内调节洗涤效果。两条曲线之间的差异就是有机成分去除速率。灰分去除速率与有机成分的除去速率随着浆幅的定量减少均急剧增加,但是后者更多。这是因为随着滤饼厚度的减小,细小纤维中较大颗粒的保留快速减少。由于灰分颗粒的尺寸小,即使在较高的定量下,也不能很好地保留。

图5-169是双压区浓缩机的设计,其中纸浆浆料也被注入在外围网和第一脱水辊之间。与VarioSplit压力过滤器中的平滑的辊相反,该单元具有周边凹槽。然后,预脱水的悬浮液在网上运行到平滑的第二脱水辊。浆料最后的浓度提升到5%～10%才离开浓缩机。双压区浓缩机的设计如图5-169所示。灰分去除的效率、网的产能和浆幅定量之间的关系原则上也适用于双压区浓缩机。该设备的产能为120～300t/d,取决于配料和进料浓度,操作速度为800m/min,工作宽度可达2m。

纤维滚动辊是另一种类型的带式过滤器。在该机器中,悬浮液直接喷到与喷嘴连接的固定外层网和具有各种真空度腔室的吸辊之间。固定外层网在喷嘴出口后用塑料盖密封,使得脱水只能向内发生。在约5%及以上的原料浓度下,固定外层网和旋转脱水辊之间的剪切力产生纤维滚动效应。施加真空,导致额外的脱水。因此,浆浓可以达到20%以上。如果选用压辊,浆浓可以超过30%。纤维滚动辊的操作速度为100～200m/min,脱水浆幅的定量为25～65g/m²。

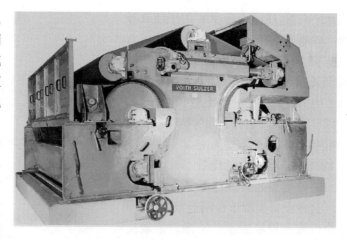

图5-167　VarioSplit压力过滤器[151]

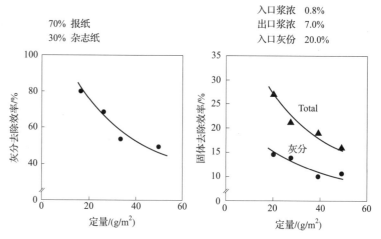

图5-168　VarioSplit压力过滤器除去灰分和固形物的量与洗涤后浆幅定量的关系

5.12.3.2　圆盘浓缩机

圆盘浓缩机是一种无真空操作的圆盘过滤器[109]。除了在生产水平的浓缩,它们

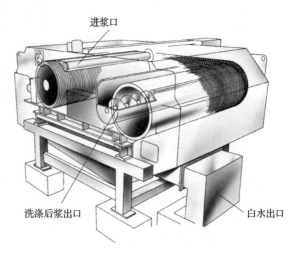

图5-169　双压区浓缩机的设计[155]

还用于回收纤维生产中的纤维回收。它特别适用于去灰分或洗涤效果不很高的情况。用于纤维回收，悬浮液的纤维含量非常低。相应的滤饼也薄。因此，过滤网的目数非常重要。

　　图 5 – 170 是圆盘过滤器，用于浓缩浆料悬浮液，回收纤维，或者去除灰分和细小纤维。去灰分效果可以通过改变速度来调节。脱水效率取决于入口悬浮液液位和滤液液位之间的液压压力差。悬浮液通过细网筛脱水，保留的物料通过圆盘旋转至进料的对面而移出。

图 5 – 170　圆盘过滤器的设计 (用于浆料浓缩
回收纤维或者灰分去除)

5.12.3.3　喷淋过滤器

　　图 5 – 171 所示的机器根据喷淋过滤原理操作[110]。悬浮液以高速从水平喷嘴环喷射到旋转的细网圆柱形筛上。高动态压力迫使大量悬浮液通过筛网。产能和洗涤效果随筛网的功能和喷嘴特性而变化。由于这些参数是相关的，因此调节洗涤效果相对有限。有一个或多个喷嘴冲洗保留在筛表面上的纤维状物料。

5.12.3.4　压力筛型洗浆机

　　如图 5 – 172 所示，RotoWash 本质上是压力筛，具有非常小的孔 (孔径约 150 ~ 400μm)。所使用的转子可以凸起条，或者桨叶转子，如筛浆装置所示。它们产生压力脉冲，清洗筛板上的孔。与常规筛相反，在 RotoWash 中，纤维保留在筛网筐上。只有灰分、细小纤维和非常少的短纤维穿过小孔。该系统用于提高纤维得率，并降低能耗[111 - 112]。

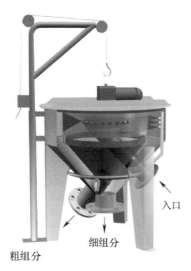

图 5 – 171　喷淋过滤的设计
用于纤维回收[151]

图 5 – 172　RotoWash 筛设计[111]

5.13 分散与搓揉

5.13.1 目标与整套系统

对于分散设备的需求不仅取决于回用纤维的配比,也取决于终端产品质量要求。分散系统的主要任务(表5-18)如下:

① 使油墨粒子脱离纤维,并能在浮选或者洗涤时去除;

② 将黑点破碎到肉眼看不见,并使其均匀分散于浆中,或者去除;

③ 使胶黏物活化使其可以浮选,或者分散,并使其黏性最小化;

④ 将蜡质分散得很细;

⑤ 将涂料和施胶剂粒子粉碎;

⑥ 将漂白试剂混匀;

⑦ 机械处理纤维后,保留或提高纤维的强度性能;

⑧ 热处理纤维增强其松厚度;

⑨ 除去微生物等污染物。

表5-18　　　表示各种与回收纸有关的操作(此表包括白纸和棕色纸)

分散的任务＼纸的种类	新闻纸	SC纸	LWC纸	卫生纸	箱纸板	纸板(加填)	纸板(挂面)
油墨粒子脱附	■	■	■	■		■	■
粉碎黑点	■	■	■	■	■	■	■
处理胶黏物	■	■	■	■	■	■	■
分散蜡					■	■	■
粉碎涂料和施胶粒子		■	■			■	
混匀漂白试剂	■	■	■	■			
增强强度					■	■	■
增强松厚度				■			
微生物去除				■			

分散不能去除杂质(油墨和碳粉,以及胶黏物),但是可以将杂质分散。分散可以将杂质粉碎成足够小的颗粒,它们不再黏附到纤维上,并可以在后续操作中除去。分散后测定的胶黏物或者黑点的量减少,因为小的胶黏物或者黑点用标准的方法检测不到[113-115]。

分散操作的浆浓在20%以上,因此,总是在水分离过程后进行分散。因为此处浆料已经浓缩到足够高的浓度,利于分散。如果最终浆料的浓度特别高,系统中有两处进行分散。有时两处使用相同的分散器,有时将高速圆盘分散器和低速搓揉分散器合用。

分散设备投资大,且分散的能耗高,因此分散操作费用高。因此用缝宽为0.15～0.25mm的精筛替代,这样还可以解决胶黏物的问题,增强光学洁净度。并节约能耗,避免循环水过热。

5.13.2　物理原理

分散与打浆一样,是基于转子 – 定子的工作原理。浆料在转子与定子之间的间隙里。在间隙里的浆料存在速度梯度,因此相互之间存在剪切力。

目前有两种类型的纤维分散机,一种是高速分散机,一种是低速搓揉机。高速分散和低速搓揉使纤维分散的机理是不同的,因为它们的内部构件和操作速度不同。分散机理通常没有有效的模型,无论是分散机还是搓揉机。下面的解释可能帮助我们阐明这些设备的分散过程。

5.13.2.1　高速分散

高速分散是在高速运转的转子和定子之间的狭小的空间内机械处理。转动的速度范围为1000 ~ 3000r/min,但是一般使用的速度为 1200 ~ 1800r/min。转子和定子之间的咬合齿牙通常是锥形齿,或者打浆的棒条。

浆料从中心进入,由于离心力作用向外移动。因为转子高速旋转,浆料在高速分散机里保留的时间很短,不到1s。当浆料转动时,粒子撞击齿牙。粒子碰到转子的边沿和壁上,以及定子的齿牙上。当粒子碰到转子时,它们得到加速;当它们碰到定子时,就被减速。因此,就形成速度梯度,产生剪切力,因此发生分散作用。图 5 – 173 表明悬浮液的运动模型,以及转子和定子之间的理想速度。

图 5 – 173 只显示了两个齿牙圈。一个齿牙圈在转子,一个齿牙圈在相邻的定子上。浆料通过齿牙径向向外抽出,抽吸力是转子产生的离心力。只有当转子和定子的空间完全填满了,浆料才通过定子通道推出。浆料以圆周线速度离开转子齿牙,撞击到喷淋的浆流,又回到中间。浆料遇到定子壁或者定子通道就会减速。然

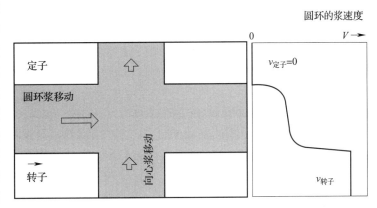

图 5 – 173　高速分散机的工作模型

而,完整分析转子和定子之间的速度曲线尚不能得到。

通过纤维与纤维之间的摩擦、纤维与粒子之间的摩擦以及边缘影响的惯性力作用就使纤维发生分散作用。

比能耗可作为高速分散机的机械处理特性参数。然而,比能耗不能完全描述高速分散现象。依据打浆理论,有几个方法可以描述这些现象,Ruzinsky 将 Brecht 发展的比边缘荷载理论用到锥形齿的纤维分散机[116 – 117]。

5.13.2.2　低速搓揉

低速搓揉是机械处理方式,用于低速旋转叶片与搓揉腔之间缝隙较大的设备。转动的速度为 100 ~ 200r/min。转子和定子之间的咬合齿通常是手指形。

浆料,通过螺杆喂入,低速移向搓揉机。浆料保留时间需要几分钟,与高速分散机比较,就显得时间很长。在转子和定子之间的浆料形成速度梯度,这种速度梯度引起纤维与粒子之间的摩擦。因此,分散效果是由纤维与纤维之间,纤维与粒子之间的摩擦决定。

5.13.3 机械设备与操作

在所有的纤维分散机中,能耗决定于浆料的黏度、温度、齿牙的类型和圆周速度。能耗范围为 $60 \sim 80 kW \cdot h/t$。浆浓一般为 22% ~ 35%。有的设备浆浓可以达到 35% ~ 40%。这种浆浓需要螺旋挤压脱水设备,后者是双网挤压脱水设备。这些设备在脱水章节已经描述。这种浆料的温度范围是 $40 \sim 150℃$,但是大多数情况,温度为 $90℃$。

为了保证准确的分散温度,浆料需要预加热。通常是通过蒸汽加热来实现,蒸汽加热会降低浆浓,因为蒸汽使用后有水蒸气冷凝,会导致稀释几个百分点。当设定脱水浆浓时,就必须考虑蒸汽的影响。加热时,会使用不同的设备,采用不同的加热速度。通入的蒸汽在浆料中冷凝,会引起温度上升。在加热过程,浆料连续搅动,并且通过刮刀输送。另外,浆料需要连续分散,以提供最大的冷凝表面积。

温度高于 $100℃$,加热和冷凝系统是带压操作。浆料通过带塞螺旋推进到压力区。要加热到 $100℃$ 以上,需要更多的蒸汽。在压力情况下,热能转化为机械能比常压下的效率更高。为了节约费用,压力下的分散只用于特种浆料,这种浆料使用这种技术是必不可少的[118]。对于化学浆和机械浆纤维,处理有所不同。

由于浆料的浓度高,使用的比能耗也大,因此搓揉机之后圆盘分散机的温度会显著上升。

后续生产过程要测定浆浓和分散区的压力。这也包括 HC 漂白和 MC 漂白,或者稀释到 5% 的浆浓。图 5 – 174 就是典型的分散系统,带有脱水螺旋压榨、加热螺旋和分散螺旋。

5.13.3.1 圆盘分散机

圆盘分散机是紧凑型机器,它们有多种齿牙。图 5 – 175 是一种典型的圆盘分散机设计,并有中心喂料螺杆,定子圆盘齿牙,转子圆盘齿牙,以及带有出口的腔体。这种纤维分散机通常使用铸造的齿牙。图 5 – 176 就是典型的齿牙。圆盘分散机的典型参数列于表 5 – 19。

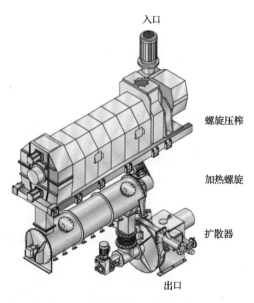

图 5 – 174 带有脱水、加热和分散的分散系统[151]

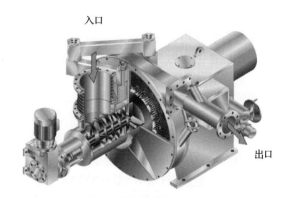

图 5 – 175 圆盘分散机[151]

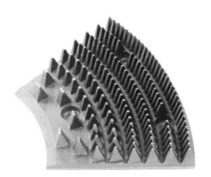

图 5-176 圆盘分散机的齿牙[151]

表 5-19 圆盘分散机的经典过程参数

评价参数	圆盘分散机
转子和定子的圆周速度差/(m/s)	50~100
比能耗/(kW·h/t)	50~80(150)
入口浆浓/%	22~35
入口温度/℃	60~130

分散的能耗可以通过改变入口的浆浓来调节。在操作过程,改变齿牙轴向位置可以精细调节和控制比能耗。由于使用磨损后,轴向齿牙的位置也需要调节。

5.13.3.2 锥形分散机

锥形分散机有一个锥形的工作区域。因此,工作区比圆盘分散机更大,停留时间也更长。图 5-177 比较了锥形分散机和圆盘分散机的工作区。

由于工作区更大,颗粒与齿牙之间的撞击次数更多。

浆料悬浮液进入中心,通过离心力驱向定子的边缘。悬浮液就在转子和定子之间形成高密度的纤维饼,这样也就引起纤维与纤维之间,纤维与颗粒之间的摩擦[119]。

图 5-178 所示为锥形分散机,这个分散机在边缘带有另外的圆盘分散区域。

锥形分散机工作条件与圆盘分散机一样。

5.13.3.3 搓揉机

搓揉机或者搓揉纤维分散机有一个水平的管状腔室,在一端有一个进料斗,在另一端有一个出口。有一个或者两个转动的轴(螺杆),装有搓揉元件,起推进作用。转动的螺杆安装在腔室内部。搓揉腔内有阻抗元件。

图 5-179 是单轴杆搓揉机,其转子有长斜方形的桨,在定子的里面。定子套住圆形的阻抗元件。这种机器的比能耗通过一个阻尼阀限制出口,或者改变排放螺杆的速度来调节。

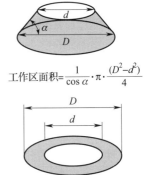

$$工作区面积 = \frac{1}{\cos\alpha} \cdot \pi \cdot \frac{(D^2 - d^2)}{4}$$

$$工作区面积 = \pi \cdot \frac{(D^2 - d^2)}{4}$$

图 5-177 锥形和圆盘分散机的工作区

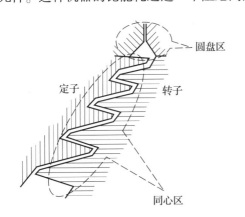

图 5-178 边缘有圆盘分散锥形分散机[119]

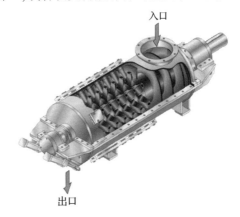

图 5-179 单螺杆搓揉机[151]

图5-180 双螺杆搓揉机[147]

表5-20 搓揉机的典型参数

评价参数	搓揉机
转子和定子的圆周速度差/(m/s)	3~7
比能耗/(kW·h/t)	30~80(120)
入口浆浓/%	22~35
入口温度/℃	40~95

在双螺杆搓揉机(图5-180)有两个转动的轴,相向转动。两个螺杆上的浆可以提供强烈搓揉所需要的阻抗。与单螺杆一样,动力消耗可以限制(用阻尼阀)排放出口来调节。

工业搓揉机的典型参数列于表5-20。

5.13.4 分散机与搓揉机的应用

圆盘分散机的应用描述如图5-181。结果可以应用到锥形分散机和搓揉机。不同的设备表现性能有较小的差别,下面将对其进行讨论。

图5-181描述了比能耗对于大胶黏物减少的影响。如图5-181所示,超过一定最低比能耗,分散可以将所有的胶黏物降低到看不见[120]。

在一定的比能耗下,浆浓高有利于降低胶黏物。提高温度也能降低胶黏物含量,因为胶粘物粒子在软化温度更加容易分散。当分散机的速度达到50m/s后,提高圆周速度对于胶黏物的分散没有什么影响。高的速度还造成磨损[121-122]。

图5-182是比能耗对于黑点减少的影响[113,121,123]。高的比能耗有利于黑点的进一步降低,但是只有比能耗达到120kW·h/t才起作用。在增强油墨脱附的特别应用中,比能耗可能达到150kW·h/t。

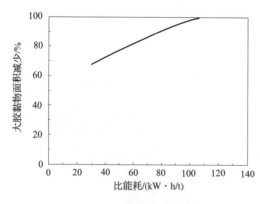

图5-181 使用圆盘分散机大胶黏物面积减少与比能耗的关系

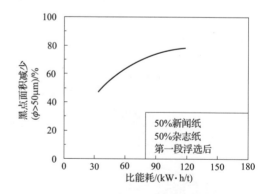

图5-182 使用圆盘分散机黑点面积减少与比能耗的关系

对于超高浓浆料,分散机中的机械处理可能搓揉纤维使纤维起皱[124]。不同分散机的运行非常类似。对于某些应用,特殊的机器可能更好。因为实际应用中常常有不同的目的,有的是关于产品质量,有的是关于生产过程。最好的机器类型依赖于它们的工艺条件。不同的供应商提供相同的机器,运行起来也有不同。

在降低胶黏物方面圆盘分散机通常比搓揉机更加有效。因为搓揉机倾向于使大胶黏物留下来,然后在后续筛浆时除去。圆盘分散机分散传统的油墨更加有效。纤维搓揉机处理无压印刷油墨的炭黑颗粒有一定的优势。通常,用圆盘分散机使自由度下降越显著,对增强纤维强度更加有利。如果自由度不重要,使用纤维搓揉机可能更好,因为它不改变大胶黏物。

表 5 - 21 总结了圆盘分散机和搓揉机对浆料性质的影响。

表 5 - 21 圆盘分散机和搓揉机对浆料性质的影响

浆料性质	分散机的类型	
	圆盘分散机	搓揉机
游离度(CSF)		
—有加热	适度下降	无影响
—无加热	显著下降	无影响
强度		
—有加热	适度下降	无影响
—无加热	显著下降	无影响
黑点减少(油墨)	效果好,特别是传统油墨	效果好,特别是无版印刷油墨和碳粉
大胶黏物减少	效果好	几乎无效果,留下可筛选的大胶黏物

搓揉机在通常的生产过程循环水温度下,不加热,也没有降低纸浆加拿大游离度。没有加热的快速运转的圆盘分散机,纸浆的加拿大游离度迅速下降,而肖氏打浆度增加。

表 5 - 22 列出了圆盘分散机和搓揉机的典型定位。表 5 - 22 主要是直接比较圆盘分散机和搓揉分散机,但是从其他生产的数据也需要考虑。

表 5 - 22 圆盘分散机和搓揉机的典型定位

系统评价标准	分散机类型	
	圆盘分散机	搓揉机
只有1段分散的系统	后浮选前使用	后浮选前使用
有2段分散的系统	接近最后的储浆前	第一段浮选和洗涤前

5.14 打浆

5.14.1 目标与整套系统

回收纤维生产中打浆的目的就是提高纤维的重要性能[125-134]。许多回收纤维强度高,适当打浆后可以重新利用。打浆恢复纤维的性能,例如:溶胀性、柔软性以及纤维与纤维之间的结合性能。造纸各段工序的处理对这些性能产生有负面影响。

因为打浆的目的也取决于终端产品和使用的回用纸的等级,因此打浆变化范围较宽。为了恢复纤维的强度,至少部分恢复,纤维的表面进行活化;在处理过程中会有细小纤维损失。

提升强度性能常常是用于制造包装纸的回用纤维应用的主要目的。用这种方法,在美国使用的 AOCC 原料具有足够的强度,无须使用施胶剂。在欧洲和其他地区使用的 DOCC 级别的废纸需要表面施胶。在两种情况,使用打浆降低施胶来满足强度要求。

打浆有利于减少不可接受的 R14 和 R30 级分的影响,这些级分来自超级压光后整饰纸和轻量涂布纸。经适当的打浆来消除 R14 级分,减少 R30 级分就可以制备所需的合适浆料。

表 5-23 总结了回收纤维制造白色和棕色纸的主要打浆操作。白色级别的纸主要有 SC 纸和 LWC 纸,改进的新闻纸和某些标准新闻纸。回收纤维制造漂白印刷纸、书写纸、卫生纸,无须打浆,或者快速打浆处理。对于棕色级别的纸,有瓦楞原纸、高强箱纸板,回收纤维需要打浆来满足强度需要。因为打浆能耗高,如果不打浆能满足纸张的强度性质,棕色纸的生产商就不进行打浆。

表 5-23 白纸、棕色纸和纸板的回收纤维对打浆的需要

纸和纸板	白色			棕色	
	标准新闻纸	改进新闻纸	SC/LWC 纸	瓦楞原纸/箱纸板	纸板
打浆	部分需要	需要	需要	不完全需要	需要
目标	提高强度	提高强度 纤维粗度减少	提高强度 纤维粗度减少	提高强度	提高强度
打浆净能耗/ (kW·h/t)	<50	50~100	~100	~100	~100(200)

打浆在一定程度提高强度性质。因为打浆时纤维性质变化,纸的其他性质也受到影响。例如,松厚度和滤水性随着游离度的下降(或者肖氏打浆度提高)而下降。光学性质(如白度、不透明度、光散射系数)和撕裂强度随打浆度变化而产生负面影响。

因此需要找到一个折中的点,不仅是费用与效率和质量之间需要折中,而且各种质量参数之间也需要折中。通过改变打浆机的齿,能量输入,打浆机的类型以及打浆前的生产段数来达到这种折中。回用纤维的打浆在低浓范围内,约 3%~6%。有时用高浓打浆,浆浓超过 30%,例如 HC 打浆。

回收纤维纸浆通常是由不同纤维混合组成,根据原料(木材的种类)、制浆方法(化学制浆、机械制浆、漂白或未漂白),和前段历史(造纸时的整理方法是否已经使用)而变化。这就导致了不同浆料组分的打浆能耗产生显著差别。

有些情况,分级会减少这些问题,所以不同的纤维级分能够分开处理。这种选择性打浆替代整体打浆,进一步合并脱墨浆中的 R14 粗纤维。分离的级分可以再混合,或者分配到多层产品的不同层。

在纸浆生产线的终端,净化的纸浆进行打浆可以避免敏感的打浆机的齿过度磨损。如果在精筛前进行打浆,垃圾粒子就变小,以至于在筛浆时不能除去。

图 5-144 表明打浆段如何并入 SC 纸生产线。回收纤维生产 SC 纸通常采用低浓打浆。

5.14.2　物理原理

5.14.2.1　低浓打浆

　　回收纸纤维打浆的目的就是提高纸张中纤维间的结合,打浆会改变纤维的结构。低浓打浆,纸浆通过齿牙棒进行打浆,齿牙固定在打浆机的定子和转子上。图 5 - 183 是定子和转子齿牙棒的打浆示意图。

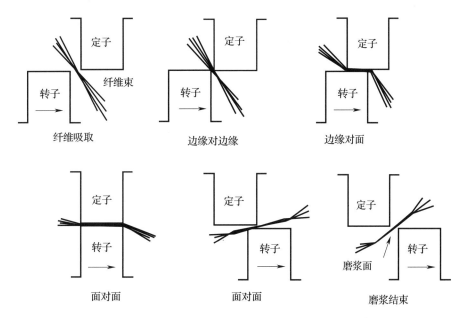

图 5 - 183　打浆机理

　　打浆结果高度依赖于齿牙棒的角度(剪切角度)和边缘的几何形状。小的剪切角度,宽棒并有尖锐的边会导致纤维切短。温和打浆有利于细纤维化,齿牙的移动角度大,边缘呈圆形。

　　在打浆过程,由于磨损齿牙会变形。在转动方向,齿牙边缘变钝,边缘面向转动方向就变得锋利。因此,建议每次改变转动方向。变形依赖于齿牙材料的耐磨性,边缘的比负荷以及浆料中无机填料的含量,无机填料会引起齿牙的迅速磨损。

　　一个影响打浆的非常重要的评价标准就是比边缘负荷(SEL)。这个可以通过有效打浆电耗除以剪切边缘的长度(CEL)来计算。有效打浆能耗就是总能耗与泵动力能耗(无负荷运行的能量)之差,这种泵动力能耗就是在齿牙缝隙较宽,并带水运行,或者在一定定量浆料情况下运行的能耗。CEL 可以用每秒的剪切边长除以相对转动棒的变数而计算。SEL、CEL 和有效打浆能耗可以计算如下:

$$SEL = \frac{P_{\text{eff}}}{CEL} \tag{5 - 58}$$

式中　SEL——　比边缘负荷,W·s/m

　　　P_{eff}——　有效打浆能耗,W

　　　CEL——空载时设定打浆速度,m/s

$$CEL = \frac{n}{60} \cdot Z_{\text{RB}} \cdot Z_{\text{SB}} \cdot l_{\text{B}} \tag{5 - 59}$$

式中　CEL——每秒的总边长(速度),m/s

$$n \text{——} 旋转速度, \text{min}^{-1}$$

Z_{RB}——转子的筛条数

Z_{SB}——定子的筛条数

l_B——转子与定子相互作用的总长度, m

$$P_{eff} = P_{total} - P_0 \tag{5-60}$$

式中　P_{eff}—— 有效打浆能耗, W

P_{total}——总打浆能耗, W

P_0——无负荷能耗, W

关于打浆的更多信息见第九卷第 4 章。

SEL 更高意味着更多的纤维被切短。SEL 越低细纤维化就更加有效。

回收纤维配抄的各种纤维先打浆,因此打浆阻力就小。另外,每次回收过程会削弱纤维。因此,回用纤维要用柔和的方式打浆。这种低强度打浆需要低的 SEL。较低的 SEL 利用纤维的打浆潜能,这样纤维就不会被切短。对于高剪切强度,这种打浆非常重要。高的 SEL,剪切强度就会下降。然而,在 SC 纸和 LWC 纸的回用过程,TMP 浆的纤维束必须解离。

在低打浆负载,相对总能耗,无荷载的能耗是重要的因子。最后,在窄的齿牙条棒和套的情况下,齿牙有很高的 CEL。

由于考虑到材料强度,棒的宽度只能下降到一定程度。棒的宽度也受高度影响,因为高度低,齿牙就窄。齿牙必须有足够的高度,才可以有适当的磨损、使用寿命及其产能。这个特别重要,因为回收纤维原料原来比原纤维原料的摩擦性更大,原因在于回收纤维含有填料。在一定程度上说,较低的 SEL,磨损就小。另一个更重要的方面就是,与齿牙套相接的地方容易形成阻塞,这与纤维的种类和纤维所处的状态有关。纤维长,阻塞的可能性就大。

5.14.2.2　高浓打浆

高浓打浆使用的设备具有高浓齿牙或者圆盘分散机。分散机的齿牙在某些情况下适合打浆。比能耗决定于齿牙的空间。对游离度的影响强烈依赖于打浆机内部的温度。这个温度范围从 40～100℃。高温情况下,游离度减少很有限,但是低温下下降明显。

高浓打浆过程主要涉及纤维间的剪切力,而不是纤维被切断。因此 SEL 理论不适合这种情况。

因为浆料需要浓缩到 30% 或者以上,因此高浓打浆比低浓打浆的能耗和设备损耗更高。这里假设不需要脱水。

5.14.3　磨浆机设备及其设计

5.14.3.1　低浓磨浆机

圆盘、锥形和筒形的磨浆机用于回收纤维打浆。在所有通用的磨浆机,浆料喂到设备的中心,浆料穿过打浆机的缝隙到出口。

所有的磨浆设备,边缘的长度尽可能长,致使低比边缘荷载在空载的能耗尽可能低。图 5-184 显示典型打浆机的齿牙。齿牙宽度 2mm,棒的高度 5mm,或者更高。齿牙套的宽度是 2～3mm,尽量不致阻塞。

为了调节比磨浆能耗,转子和定子之间的空隙和磨浆机的产能必须控制。

（1）圆盘磨浆机

圆盘磨浆机的转子和定子设计成圆盘。根据圆盘的盖可以分为单盘、双盘和多盘磨浆机。单盘磨浆机有两个内部构件(一个是定盘,一个是转盘),双盘打浆机有 4 个内部组件,如图 5 - 185(两个转盘,两个定盘)所示,多盘打浆机有更多的组件,如图 5 - 186 所示。有离心力驱动浆料经过磨浆机间隙。

（2）锥形磨浆机

锥形磨浆机有典型的单转子和定子。转子和定子是锥形,转子和定子相互配套。图 5 - 187 是锥形磨浆机的示意图。浆料从磨浆机的间隙流过,驱动力是离心力,与圆盘

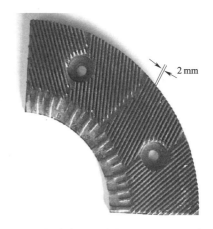

图 5 - 184　低浓磨浆机的齿牙用于低强度磨浆[151]

磨浆机相同。但是磨浆区域比圆盘磨浆机大一些,这是由于转子和定子具有锥形的几何形状。因此,浆料在锥形磨浆机中的停留时间比圆盘磨浆机更长。

图 5 - 185　双圆盘低浓磨浆机(转子自由摇摆)[151]

图 5 - 186　多盘低浓磨浆机[143]

（3）圆柱磨浆机

圆柱磨浆机与安德里茨公司提供的用于废纸生产的 Papillon 磨浆机一样有圆柱形转子和定子。

图 5 - 188 是圆柱磨浆机的示意图。转子和定子相配。浆料通过磨浆机的空心轴进入打浆机,穿过磨浆机的间隙到出口。浆料的移动与离心力是垂直的,因此浆料的输送和磨浆过程是独立的。因为圆柱磨浆机的打浆直径不变,所有棒条的交叉角和速度也是不变的,就像 Hollander 磨浆机一样[135 - 136]。

5.14.3.2　高浓磨浆机

图 5 - 189 为高浓磨浆机,图 5 - 190 为圆盘分散机。它们有同样的功能。搓揉分散机不适合磨浆,因为它们的齿牙太宽。图 5 - 191 是用于高浓磨浆机的齿牙。高浓磨浆机的构成包括一组带有棒条的盘,边缘上有转子的齿牙,以 60～100m/s 的线速度运行。圆盘分散机的转子的齿牙线速度为50m/s 以上。浆料穿过圈和齿牙之间的缝隙。图 5 - 192 描述了圆盘分散机末端的齿牙和横切面。

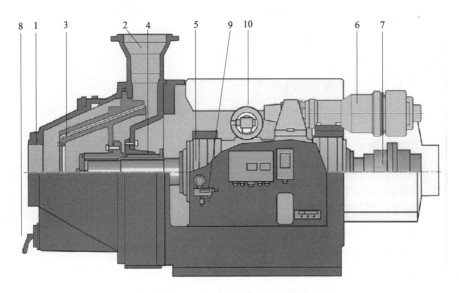

图 5 - 187　锥形低浓磨浆机

1—进料口　2—出料口　3—填料　4—轴封　5—轴组件　6—装料器　7—齿轮联轴器
8—粗渣出口　9—密封水流量计　10—润滑系统

图 5 - 188　圆柱磨浆机[142]

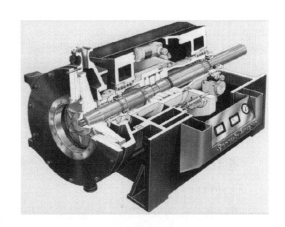

图 5 - 189　高浓磨浆机[142]

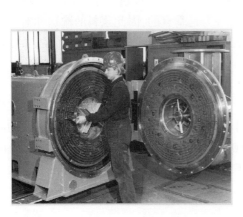

图 5 - 190　圆盘分散机用于高浓磨浆[151]

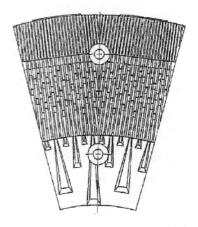

图 5 - 191　高浓磨浆机的齿牙[141]

5.14.4　磨浆机应用

因为废纸浆质量非常不均匀,因此下面的例子只有粗略的指导意义。这是基于高浓和低浓的磨浆结果,纸浆是来自废纸浆,用于包装纸、改进的新闻纸或者 SC 纸和 LWC 纸。高浓磨浆的结果:

① 高延展性,适合做袋纸;

② 游离度下降少(肖氏打浆度提高),而强度提高;

③ 纤维切短非常少;

④ 撕裂强度降低非常少。

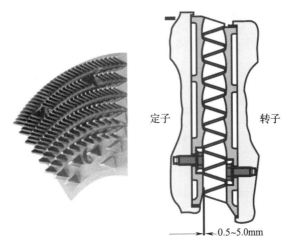

定子　　　　转子

0.5~5.0mm

图 5 -192　圆盘分散机齿用于高浓磨浆[151]

5.14.4.1　废纸浆打浆生产包装纸

表 5 -24 是低浓和高浓的打浆结果。最初,实验的目的是提高 DOCC 的强度性质,用于生产箱纸板。低浓打浆需要浆料三次穿过打浆机,比负载为 1500W·s/km,因此游离度也降低。裂断长、耐破度和短距压缩强度(Short - span compression test,SCT)提高 20% ~ 30%。

表 5 -24　　　　低浓打浆(DOCC)的结果和高浓打浆(混合 AOCC 和 DOCC)

打浆方式	低浓		高浓	
评价指标	DOCC		AOCC,50% DOCC,50% 长纤维级分	
浆浓/%	4.2		37	
比边缘荷载/(W·s/km)	1500		—	
比能耗/(kW·h/t)	3 ×30(净)		127(总)	
	前	后	前	后
游离度 CSF/mL	360	180	620	520
打浆度/°SR	25	54	19	24
裂断长/km	3.5	4.5	3 ~5	4.5
耐破度/kPa	158	200	162	220
SCT/(kN/m)	1.55	1.87	1.53	1.60

注 AOCC:美国废瓦楞纸箱;DOCC:德国废瓦楞纸箱。

对分级的 AOCC 和 DOCC 浆料进行高浓打浆测试。长纤维级分在圆盘分散机于40℃进行高浓打浆。此温度比常用的分散温度90℃低。相应的游离度降低,打浆度升高,裂断长、耐破度和 SCT 提高 10% ~ 20%。

5.14.4.2　废纸浆打浆生产书写纸

图 5 -193 是低浓和高浓打浆对脱墨浆纤维长度、伸长率、撕裂和抗张强度的影响。都是对比能耗作图,曲线反映了典型的趋势。

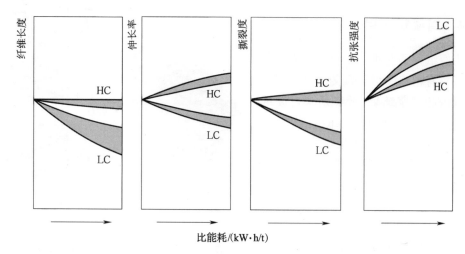

图5-193　低浓和高浓打浆对脱墨浆纤维长度、伸长率、撕裂和抗张强度的影响

表5-25记录了这些打浆结果,脱墨浆用于生产SC纸。这个打浆的目的就是消除R14级分,并且减少R30级分的影响。高浓打浆用于比较。也有其他相关的工艺特征。

表5-25　　　　　　　　　　脱墨浆的低浓和高浓打浆测试

评价指标	低浓	高浓	评价指标	低浓	高浓
比能耗/(kW·h/t)	148	155	裂断长变化/%	+15	+11
比边缘负荷/(W·s/km)	1500	—	耐破度变化/%	−4	+3
R14级分比例/%	100	−14	撕裂度变化/%	−43	−4
R30级分比例/%	−40	−5	杨氏模量变化/%	+40	0
肖氏打浆度/°SR	+20	+5	ISO白度变化/%	0	0
游离度/CSF	−100	−50			

5.15　打浆引起纤维性质变化

图5-194表明,打浆中比边缘负荷降低时纤维性质的变化。现在的造纸厂,打浆时比边缘负荷降至500W·s/km,脱墨浆的性质变化很微弱。

图5-195表明打浆对纤维的不透明度和光散射系数的影响,可以看出化学浆、机械浆和脱墨浆的这些参数随游离度和肖氏打浆度的典型变化规律。脱墨浆是这些纤维组分等量混合。

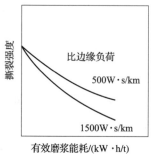
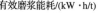
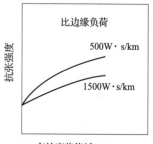

图5-194　低浓打浆的比边缘负荷对书写纸性能的影响

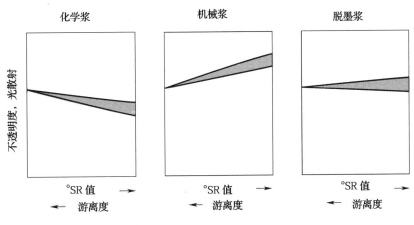

图 5-195 脱墨浆打浆对光学性能的影响

5.16 混合和储浆

5.16.1 目标

混合和储藏是两个不同的任务。混合的目的是将几种质量流尽可能完全混合。各种组成可能是不同种的纤维悬浮物、填料或者过程化学品[137-138]。储存低浓浆的目的就是阻止固形物分离,上浮到顶部,或者由于过度絮凝沉淀到底部。废纸生产的另一个重要问题就是悬浮液的成分缠绕转子刀片,干扰生产。

5.16.2 原理

5.16.2.1 混合

混合是在一个浆箱内、配料泵或者管道内完成。下面描述的是浆箱中的混合,因为这种混合是生产浆料中最常用的方式。为了各种组分能在浆箱中有效混合,整个体积内需要完全搅动[139,140]。这种大容积的搅拌需要高能耗。如果浆箱的几何形状使整个箱的容积内能良好循环,能耗就会降低。从经济上来讲,浆箱无需过度的空间。这就意味着箱的直径与高度之比约(1:1.0)~(1:1.6),后者是高度不大的情况。换言之,相对于基本面积,浆箱不能太矮,也不能太高。

对于给定容积和形状的浆箱,完全搅动的实际能耗决定于浆料种类、浆料的浓度和温度。能耗随着浆浓增加,温度降低而增加。未漂白的针叶木硫酸盐浆需要的能耗最高,其次是漂白针叶木硫酸盐浆,然后是机械浆和阔叶木浆。

5.16.2.2 储浆和阻止分层

为了防止分层,能量必须转移到悬浮液中。能量输入值必须可以限制到阻碍或控制分离和再絮凝所需的最小值。

分层需要更长或更短的时间,这取决于浆的类型,但是可以用相对低的能量输入来防止。这不需要连续搅拌或整槽搅拌。仅以一定间隔少量的悬浮液搅拌就足够了。在不同位置搅拌一定时间之后,整个悬浮液将进行局部再混合。

5.16.3　设备

5.16.3.1　混合

这两种功能使用不同种类的机械。混合通常在高度等于或大于其直径或长度和宽度的浆槽中进行。混合器叶轮类似于船舶螺杆,如图 5 – 196 所示。通过改变叶轮叶片角度可以稍微调节混合效果。现在,这通常通过调节速度来实现,其确保以尽可能低的能量消耗来充分混合。悬浮混合叶轮直径可达 2200mm,额定功率约为 200kW。根据其尺寸和悬挂类型,它们的能耗比从 0.2kW/m³ 到 0.5kW/m³ 不等。

5.16.3.2　储浆和阻止分层

带或不带搅拌的悬浮液浆槽在几何形状上类似。优选的搅拌系统设计基于垂直悬挂的搅拌器轴,叶轮叶片在几个水平上成对地附接在该搅拌器轴上。如图 5 – 197 所示,在大直径浆槽中,搅拌器轴不仅绕其自身轴线旋转,而且围绕浆槽中心线旋转。旋转运动通过轴绕其自身轴线以 60r/min 的速度旋转,直到叶片直径达到 1600mm。这通过保持正确的叶片桨距角来确保。

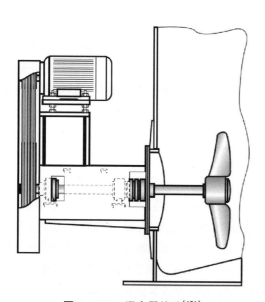

图 5 –196　混合器的腔[151]

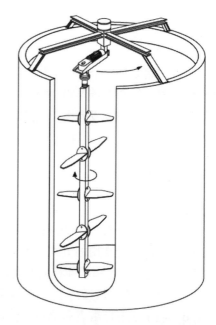

图 5 –197　腔内带桨的杆阻止分层[151]

在具有特别大浆槽直径的情况下,安装两个沿直径相对的搅拌器轴。行星式旋转速度取决于混合需要。例如,浆槽的每个区域可以每 20s 混合一次。这种布置的能耗比约为 0.02 ~ 0.1kW/m³。搅拌器轴可以在顶部和底部具有固定轴承,或者从上部轴承悬挂,在底部具有或不具有稳定重量。

5.16.3.3　阻止杂质缠绕

根据它们在生产线中的位置,储存箱可能遭受杂质和垃圾缠绕叶轮的叶片。为了解决这个问题,可以将叶片做成适当的形状,前缘向后弯曲以防止垃圾甩向叶片的末端。图 5 – 198 示出可用于高可缠绕垃圾含量悬浮液搅拌驱动的叶片设计。

5.16.3.4 高浓浆的储浆悬浮

在储存浓度约 10% ~ 15% 的高浓浆料时,分层通常不是问题。死区可能仍然存在,其中浆保持稳定足够长的时间以分解。在这种情况下的主要要求是确保连续取出靠近出口的稀释原料。具有约 500m³ 或更大容量的储存塔在底部是圆锥形的。只有该提取区装有搅拌叶轮,通过与稀释水混合形成可泵送的悬浮液。

最低可能的存储量取决于浆的浓度。例如,浓度为 15% 的浆只需要 5% 浆浓所需存储容量的 1/3。

图 5 – 198 杆上带桨(后弯形叶片)用于高浓搅动[151]

高浓浆料具有半固体或易碎的性质。30% 浆浓的易碎浆料的容积密度与 10% 浆浓悬浮液的存储密度大致相同。

5.17 致谢

笔者要感谢为本章做出贡献的所有专家。特别感谢福伊特造纸的 Falk Albrecht,达姆施塔特工业大学的 Hans – Joachim Putz、Jens Bosner、Georg Hirsch 和 Dennis Voss,以及 Innventia Stockholm 的 Hannes Vomhoff,他们进行了非常富有成效和集中讨论,赫伯特·霍利克对本章进行了校稿和修订。

此外,非常感谢提供数据、图片和设备示意图的组织。对于本章进行修订的组织有: Ahlstrom、Andritz、Beloit、Comer、GL&V、Kvaerner、Meri Vaith Suizer、Metso、Nass、Omya、Sinhama、Sunds、Thereto Black Clawso、Lamort 和 Volth。

参考文献

[1] Terentiew, O. A. 1992. Rheologie wäβriger Faserstoff – Suspensionen fur die Zellstoff – und Papiererzeugung. Zellstoff & Papier. VOL. 41, no. 1, p. 3 – 8.

[2] Bennington, C. P. J.; Kerekes, R. J.; Grace, J. R. 1990. The yield stress of fibre suspensions. The Canadian Journal of Chemical Engineering. VOL. 68, no. 10, p. 748 – 756.

[3] RECO 1,1/2007. Repräsentative Probenahme von Altpapierstoff – Suspensionsproben in Papierfabriken: Arbeitsblatt. Darmstadt. ZELLCHEMING, Fachausschuss Altpapierverwertung (RECO). 3p. www. zellcheming. de.

[4] TIP 0605 – 04. 1998. Screening symbols, terminology and equations. TAPPI Technical Information Paper. Atlanta. Tappi Press.

[5] Schabel, S. 2001. Improvements in Screening System Configuration Using Simulation and MillVerification. In:6th Research Forum on Recycling. Magog, Québec, Canada, Montreal. PAPTAC. p. 79 – 82. ISBN 1 – 896742 – 75 – 0.

[6] Valkama,J. – P. 2007. Optimisation of Low Consistency Fine Screening Processes in Recycled Paper Production. Dissertation. Technische Universität Darmstadt, Fachbereich Maschinenbau. Darmstadt. 137p.

[7] Holik,H. 1993. Sekundärrohstoffe für graphische Papiere:Alltag oder Zukunft? Wochenblatt für Papierfabrikation. VOL. 121,no. 14,p. 583 – 588.

[8] Moss,C. 1997. Theory and reality for contaminant removal curves. *Tappi Journal*. VOL. 80, no. 4,p. 69 – 74.

[9] Personal Communication with Holik,H.

[10] Holik,H. 1988. Towards a better understanding of the defibering process. In:TAPPI Engineering conference. Chicago,IL,Sept. 19 – 22,1988. Atlanta,GA. Tappi Press. p. 223 –232.

[11] Fischer, S. A. 1997. Repulping of wet – strength paper. *Tappi Journal*. VOL. 80, no. 11, p. 141 –147.

[12] Bennington,C. P. J. 1999. A kinetic model of ink detachment in the repulper. In:5th Research Forum on Recycling. Ottawa,SEPT. 28 – 30,1999. PAPTAC. p. 15 – 21. ISBN 1 – 896742 – 48 –3.

[13] Siewert,W. 1984. Die Auflösetechnologie im Stoffdichtebereich um 15% und ihre Ergebnisse. Das Papier. VOL. 37,no. 7,p. 313 – 319.

[14] Bennington, C. P. J. 1998. Understanding Defibering and Ink Detachment During Repulping. In:Paper Recycling Challenge, VOL. Ⅲ. Doshi, M. R. Process Technology. Appleton. Doshi & Associates Inc. p. 268 – 282. ISBN 0 – 9657447 – 3 – 6.

[15] Cleveland, F. C. 1993. Pulping of Secondary Fiber. In:Spangenberg, R. J. Secondary Fiber Recycling. Atlanta. TAPPI Press. p. 91 – 100. ISBN 0 – 89852 – 267 – 6.

[16] Krebs, J. 1993. Auflösesystem für Sekundärrohstoffe. Wochenblatt fur Papierfabrikation. VOL. 121,no. 5,p. 157 – 161.

[17] Himanen, J. 1995. Fiberflow drum pulper technology for modern deinking application. In: Paperex. New Delhi,Indian Agro Paper Mills Association. p. 295.

[18] Rosenfeld,K.;Mickley,G. 1963. Entstipper in der modernen Stoffaufbereitung. Wochenblatt für Papierfabrikafion. VOL. 91,no. 11/12,p. 560 – 570.

[19] Musselmann, W. 1993. Fractionation of Fibrous Stocks:Fundamentals, Process Development, Pracfical Application,ln:Spangenberg, R. J. Secondary Fiber Recycling. Atlanta. Tappi Press. p. 207 – 227. ISBN 0 – 89852 – 267 – 6.

[20] Meltzer, F. P 1998. Fractionation:Basics, Development, and Application. Progress in Paper Recycling. VOL. 7,no. 3,p. 60 – 66.

[21] Gooding, R. W.;Kerekes, R. J. 1989. Derivation of Performance Equations for Solid – Solid Screens. The Canadian Journal of Chemical Engineering. VOL. 67,no. 5,p. 801 – 810.

[22] Schabel,S.;Respondek,P. 1997. Sortierung – ein Werkzeug zur Sticky – Entfernung. Wochenblaft für Papierfabrikation. VOL. 125,no. 16,p. 736 – 739.

[23] Julien Saint Aman D,F. 2001. Stock Preparation Part 2 – Particle Separation Processes. ln: VOL. 1. Baker, C. F. The Science of Papermaking. Oxford. The Pulp & Paper Fundamental Research Society. p. 80 – 191. ISBN 0 954 1126 0 1.

[24] Rienecker, R. ; Schabel, S. ; Schweiss, P. 1997. Screening a tool for stickies removal. In: Voith Sulzer Brochure St. SD. 05. 0003. Ravensburg. Voith Sulzer.

[25] Yu, C. J. ; DeFoe, R. J. 1994. Fundamental study of screening hydraulics. Part 1. Flow patterns at the feed – side surface of screen baskets; mechanism of fiber mat formation and remixing. Tappi Journal. VOL. 77, no. 8, p. 219 – 239.

[26] Gooding, R. W. ; Kerekes, R. J. 1989. The Motion of Fibres Near a Screen Slot. Journal of Pulp and Paper Science. VOL. 15, no. 2, p. J59 – J62.

[27] Julien Saint Amand, F. ; Wojciechowski, G. ; Asendrych, D. ; Favre – Marinet, M. ; Rahouadj, R. ; Skali – Lami, S. 2004. Screening: fundamental studies on the extrusion of stickies through. ATIP VOL. 58, no. 1, p. 6 – 17.

[28] Julien Saint Amand, F. 2000. Fundamentals of Screening: Effect of Screen Plate Design. In: TAPPI Pulping/Process & Product Qualify Conference. Boston, 5 – 9 Nov. 2000. Atlanta, GA. Tappi Press. p. 20 (CD – ROM). ISBN 87 0 – 89852 – 974 – 3.

[29] Julien Saint Amand F. ; Perrin, B. ; Gooding, R. ; Hovinen, A. 2004. Optimisation of Screen Plate Design for the Removal of Stickies from Deinked Pulps. ATIP. VOL. 58, no. 4, p. 19 – 29.

[30] Schweiss, P. 1996. Application of the finite VOLume method and design example for a Multi-Screen. ln: Voith Sulzer Brochure St. SD. 05. 0001. Ravensburg. Voith Sulzer. p. 10.

[31] Kubat, J. ; Steenberg, B. 1955. Screening at low particle concentrations – studies in screening theory Ⅲ. Svensk Papperstidning. VOL. 58, no. 9, p. 319 – 324.

[32] Steenberg, B. 1953. Principles of screening system design – studies in screening theory Ⅲ. Svensk Papperstidning. VOL. 56, no. 20, p. 771 – 778.

[33] Aimin, K. E. ; Steenberg, B. 1954. The Capacity Problem in Single Series Screen Cascades – Theory of Screening ll. Svensk Papperstidning. VOL. 57, no. 2, p. 37 – 40.

[34] Nelson, G. L. 1981. The screening quotient: a better index for screening performance. Tappi Journal. VOL. 64, no. 5, p. 133 – 135.

[35] Julien Saint Amand, F. ; Perrin, B. ; Ruiz, J. ; Ottenio, P. 2002. Modelling of screening systems for optimised stickies removal. ln: Murr, J. 10th PTS – CTP Deinking Symposium. Munich, Papiertechnische Stiftung. p. 28. 01 – 28. 28.

[36] Heise, O. ; Cao, B. ; Schabel, S. 2000. A novel application of TAPPI T 277 to determine macro stickies disintegration and agglomeration in the recycle process. In: TAPPI Recycling Symposium. Washington, D. C. , March 5 – 8, 2000. Atlanta, GA. Tappi Press. p. 631 – 644. ISBN 0 – 89852 – 960 – 3.

[37] Brettschneider, W. 7993. Sortiersysteme – Ein Beitrag zur Auswahl der richtigen Systemschaltung. Wochenblatt für Papierfabrikation. VOL. 121, no. 13, p. 531 – 536.

[38] Schweiss, P. 1997. Sortierung – ein Werkzeug zur Sticky – Entfernung. Wochenblatt für Papierfabrikation. VOL. 125, no. 18, p. 855 – 859.

[39] Rienecker, R. 1997. Sortierung – ein Werkzeug zur Sticky – Entfernung: Maschinen. Wochenblatt für Papierfabrikafion. VOL. 125, no. 17, p. 787 – 793.

[40] Vitori, C. M. ; Philippe, 1. J. 1989. New technology for improved performance and longer wear life in contour slotted screen cylinders. In: TAPPI Pulping Conference. Seattle, WA, Oct. 22 –

25,1989. Atlanta,GA. Tappi Press. p. 707 – 714. ISBN 0 – 89852 – 753 – 8.

[41] Pothmann,D. ;Büfow,C. 1988. Reducing fibre losses in waste mill discharge. In:Tappi Pulping Conference. New Orleans,LA,Oct. 30 – Nov. 2,1988. Atlanta,GA. Tappi Press. p. 331 – 338.

[42] Siewert,W. H. ;Flinn,P. J. 1989. Final stage screening strategies. In:TAPPI Contaminant Problems and Strategies in Waste Paper Recycling Seminar. Atlanta,Atlanta,GA. Tappi Press.

[43] Dangeleit,M. 2005. Nimax – Siebkorbtechnologie and Siebkorbservice. Wochenblatt für Papierfabrikation. Vol. 133,no. 16,p. 967 – 970.

[44] Weckroth,R. ;Rintamäki,J. ;Tuomela,P. ;Falls,G. ;Goading,R. 2001. Recent developments in papermachine headbox screening. Paperi ja Puu. Vol. 83,no. 6,p. 462 – 467.

[45] Vitori,C. M,1993. Stock Velocity and Stickies Removal Efficiency in Slotted Pressure Screens. Pulp & Paper Canada. Vol. 94,no. 12,p. T441 – T444.

[46] Gooding,R. 9986. The passage of fibers through slots in pulp screening. Thesis. University of British Columbia,Vancouver.

[47] Doshi,M. R. ;Prein,M. G. 1986. Effective screening and cleaning of secondary fibres. In: TAPPI Pulping conference. Toronto,Ontario,Oct. 26 – 30,1986. Atlanta,GA. Tappi Press. p. 67 – 73.

[48] Volk,A. ;Bätz,E. ;Rienecker,R. 2004. Advanced Screening Concepts for Recovered Paper Treatment. In:11 th PTS – CTP Deinking Symposium. Leipzig, Munchen. Papiertechnische Stiftung.

[49] Schmidt,P. 1996. Zyklonabscheider ber geringer Beladung – Funktion and Auslegung,ln:Verein Deutscher Ingenieure (VDl). VDl Bericht 1290. p. 23 – 43.

[50] Trawinski,H. 1958. Näherungsansätze zur Berechnung wichtiger Betriebsdaten für Hydrozyklone und Zentrifugen. Chemie – lngenieur – Technik. Vol. 30,no. 2,p .85 – 95.

[51] Trawinski,H. F. 1985. Practical Hydrocyclone Operation. Filtration & Separation Vol. 22,no. 712,p. 22 – 27.

[52] Svarovsky,L. 1981. Solid – Liquid Separation. 2nd Ed. Oxford. Butterworth & Co.

[53] Julien Saint Amand,F. ;Perrin,B. ;Bernard,E. 1992. Modellierung und Dimensionierung von Cleanern – eine vergleichende Untersuchung zur Abscheidung von Schmutzpunkten aus deinktem Altpapier Wochenblatt für Papierfabrikation. Vol. 8,p. 295 – 302.

[54] Bergstrom,J. 2006. Flow Field and Fibre Fractionation Studies in Hydrocyclones. Doctoral Thesis. Royal Institute of Technology(KTH),School of Chemical Engineering. Stockholm. 228 p.

[55] Julien Saint Amand, F. 1993. Principles and Technology of Cleaning. 2nd advanced training course on deinking technology C. R. No. 3324. Grenoble. CTP.

[56] Lindquist,S. ;Moss,C. S. 1993. Advanced Cleaner Technology for the Year 2000. Progress in Paper Recycling. Vol. 2,no. 2,p. 35 – 46.

[57] Merriman,K. 1993. Cleaning for Contaminant Removal in Recycled – Fiber Systems. In:Spangenberg,R. J. Secondary Fiber Recycling. Atlanta. Tappi Press. ISBN 0 – 89 852 – 267 – 6.

[58] Ferguson,J. W. J. 1998. Tappi Journal. Vol. 81,no. 1,p. 125.

[59] Bergen J. 1985. Möglichkeiten der Abscheidung bzw. Bewältfgung klebender Verunreinigungen in einer Deinking – Anlage. Wochenblatt für Papierfabrfkation. Vol. 113,no. 21,p. 810 – 818.

[60] Julien Saint Amand, F. ; Perrin, B. ; Bernard, E. 1992. Modellierung and Dimensionierung von Cleanern – eine vergleichende Untersuchung zur Abscheidung von Schmutzpunkten aus deinktem Alfpapierstoff. Wochenblatt für Papierfabrikation. Vol. 120, no. 8, p. 295 – 302.

[61] Olson, C. R. ; Hall, J. D. ; Phffippe, I. J. 1993. Laser Print Deinking Using Chemically – Enhanced Densification and Forward Cleaning. Progress in Paper Recycling. Vol. 2, no. 2, p. 24 – 34.

[62] Bormett, D. W. ; Lebow, P. K ; Ross, N. J. 1995. Removal of hot – melt adhesives with through – flow cleaners. Tappi Journal. Vol. 78, no. 8, p. 179 – 184.

[63] Borchardt, J. K. ; Matalamaki, D. W. ; Lott, V. G. ; York, G. A. 1994. Progress in Paper Recycling. Vol. 4, no. 4, p. 16.

[64] Galland, G. ; Julien Saint Amand, F ; Vernac, Y ; Perrin, B. 1994. CTP Recycling Pilot Plant Facilities. Progress in Paper Recycling. Vol. 3, no. 4, p. 15 – 20.

[65] Neeße, T ; Dallmann, W. ; Espig, D. 1986. Aufbereitungstechnik. Vol. 47, no. 1, p. 6.

[66] Janke, H. 1993. Reinigen im Zentrifugalfeld. Wochenblatt für Papierfabrikation. Vol. 121, no. 7, p. 241 – 243.

[67] Larsson, T. 1980. A new type of hydrocyclone. In: BHRA lnternational Conference on Hydrocyclones. Cambridge, October 1980. p. 83 – 98.

[68] Schabel, S. 2000. Computational fluid dynamics in stock preparation machine development. In: COST Action E7 Final Conference". Multi – phase flows in Papermaking". Manchester, April 13 – 14, 2000. p. proc. Paper 5.

[69] Nurminen, K. ; Hertl, H. 2004. Experience with modern RCF line producing stock for industrial board grades. In: 3rd CTP/PTS Packaging Paper & Board Recycling Symposium. Grenoble, 16 – 18 March 2004. p. 10. 01 – 10. 15.

[70] Ottestam, C. 2009. ECOTARGET: New and innovative processes for radical changes in the European pulp and paper Industry Stockholm. STFI – Packforsk AB.

[71] Voβ, D. 2009. Konzeption und Optimierung einer Labor – Apparatur zur Entfernung von Druckfarbenpartikeln aus Fasersuspension mittels Mikroblasenflotation. DiplomaThesis. Technische Universität, FG Papierfabrikation u. Mech. Verfahrenstechnik. Darmstadt. 169 p.

[72] Baumgarten, H. – L. 1996. Altpapierstofftechnik. Dresden. Selbstverl. f. Papiertechnik. 250 p.

[73] Nesbit, S. E. 1999. Flexographic lnk Behaviour During Newspaper Repulping. Dissertation. University of British Columbia, Vancouver: http:// dspace. library. ubc. ca/handle/2429/9903.

[74] Schmidt, D. C. ; Berg, J. C. 1997. A Preliminary Hydrodynamic Analysis of the Flotation of Disk – Shaped Toner Particles. Progress in Paper Recycling. Vol. 6, no. 2, p. 38 – 49.

[75] Schulze, H. J. 1994. Zur Hydrodynamik der Flotations – Elementarvorgänge Wochenblatt für Papierfabrikation. Vol. 122, no. 5, p. 160 – 168.

[76] Thompson, E. V. 1997. Review of Flotation Research by the Cooperative Recycled Fiber Studies Program. ln: Doshi, M. R. Paper Recycling Challenge. Vol. Ⅱ, Deinking and Bleaching. Appleton, Wl. Doshi & Associates lnc. p. 31 – 68 ISBN 0 – 9 657447 – 1 – X.

[77] Nguyen, A. V. ; Schulze, H. J. ; Ralston, J. 1997. Elementary steps in particle – bubble attachment. International Journal of Mineral Processing. Vol. 57, no. Oct. , p. 783 – 185.

[78] Nguyen, A. V.; Stechemesser, H.; Zobel, G.; al, e. 1997. Elementary stop of three – phase contact line expansion in bubble – particle attachment: An experimental approach to flotation theory. In: Proceedings of the XX IMPC, Max Planck Institute for Colloids and Interfaces. p. 31 ff.

[79] Clift, R.; Grace, J. R.; Weber, M. E. 1978. Bubbles, Drops and Particles. New York. Academic Press. 380 p. ISBN 0 – 12 – 176950 – x.

[80] Hunold, M.; Krauthauf, T; Muller, J.; Putz, H. – J. 1997. Effect of Air Volume and Air Bubble Size Distribution on Flotation in Injector – Aerated Deinking Cells. Journal of Pulp and Paper Science. Vol. 23, no. 12, p. J555 – J560.

[81] Rao, R. N.; Stenius, P. 1998. Mechanisms of lnk Release from Model Surfaces and Fibre. Journal of Pulp and Paper Science. Vol. 24, no. 6. p. 183 – 187.

[82] Müller, J.; Meinecke, A.; Göttsching, L. 1995. Messung der Größenverteilung von Luftblasen bei der Flofation von Druckfarben aus Aitpapiersuspensionen. Wochenblatt für Papierfabrikation. Vol. 123, no. 1, p. 26 – 29.

[83] Robertson, N.; Patton, M.; Pelton, R. 1998. Washing the fibers from the foams for higher yields in flotation deinking. Tappi Journal. Vol. 81, no. 6, p. 138 – 142.

[84] DE 19611864. 1997. Flotation process and device for separating solid particles of a paper fiber suspension. Voith Sulzer Stoffaufbereitung, Ravensburg, Germany. (Britz, H.; Gommel, A.; Holik, H.; et al.). DE 19611864, 26. 03. 1996. Published 11. 12. 1997.

[85] Eriksson, T. P.; McCool, M. A. 1997. A Review of Flotation Deinking Cell Technology. In: Doshi, M. R. Paper Recycling Challenge. Vol. ll. Deinking and Bleaching. Appleton; WI. Dashi & Associates Inc. p. 69 – 84, ISBN 0 – 9657447 – 1 – X.

[86] Kemper, M. 1999. State – of – the – art and new technologies in flotation deinking. Intenational Journal of Mineral Processing. Vol. 56, no. 1 – 4, p. 317 – 333.

[87] Pesantin, M.; Magaraggia, F.; Dal Maso, C. 2006. The Zero K* – a new flotation system. In: 12th PTS – CTP Deinking Symposium. Leipzig, 25. 4. – 27. 4. 2006. Munchen. PTS. p. 22. 01 – 22. 14.

[88] Linck, E.; Siewert, W. H. 1984. The new Escher Wyss Flotation Cell in an improved Deinking System. In: Tappi Pulping Conference San Francisco, CA, Nov. 12 – 14, 1984. Atlanta, GA. Tappi Press. p. 611 – 616.

[89] N. N. 2007. Flotation Selecta Flot TM. In: Andritz AG Brochure.

[90] Ackermann, C.; Müler, J.; Putz, H. – J.; Göttsching, L. 1992. Labor – Flotationszelle mit Injektorbelüftung. Wochenblatf für Papierfabrikation. Vol. 27, no. 21, p. 869 – 874.

[91] Ackermann, C.; Müfler, J.; Putz, H. – J.; Göttsching, L. 1994. Injector – aerated laboratory flotation cell. Progress in Paper Recycling. Vol. 3, no. 2, p. 68 – 75.

[92] Ackermann, C.; Putz, H. – J.; Göttsching, L. 1994. Deinkability of Waterborne Flexo Inks by Flotation. Pulp & Paper Canada. Vol. 95, no. 8, p. T307 – T312.

[93] Stark, H.; Schwarz, M. 1994. Papier aus Osterreich. Vol. 6, no. 3.

[94] Hamm, U.; Göttsching, L. 1995. lnhaltsstoffe von Holz and Holzstoff. Wochenblatt fur Papierfabrikation. Vol. 123, no. 10, p. 444 – 448.

[95] Ganz, M. 2009. Feinsortierung zur Druckfarbenentfernung. Diploma Thesis. Technische

Universität, FG Papierfabrikation u. Mech. Verfahrensfechnik. Darmstadt. 79 p.

[96] Sebba, F. 1985. An improved generator for micron – sized bubbles. Chemistry and industry. no. Febr. , p. 91 – 92.

[97] Luca, S. 2009. Energetische Bilanzierung der Mikroblasenflotation. Bachelor Thesis. Teahnische Universität, FG Papierfabrikation u. Mech. Verfahrenstechnik Darmstadt. 5. p.

[98] Rushtan, A. ; Ward, A. S. ; Holdich, R. G. 1996. Solid – Liquid Filtration and Separation Technology. Weinheim. VCH 538 p. ISBN 3 – 527 – 28613 – 6.

[99] Britt, K. ; Unbehend, J. 1980. Water removal during sheet formation. Tappi Journal. Vol. 63, no. 4, p. 67 – 70.

[100] Parker, J. D. 1972. The Sheet – Forming Process. New York. Tappi Press. 104 p.

[101] Horacek, R. G. ; Forester, W 1993. TAPPI Press.

[102] Bliss, T; Ostoja – Starzewski M. 1997. Suspended Solids Washing Overview. ln: Paper Recycling Challenge. Vol. ll, Doshi, M. R. Deinking and Bleaching. Appleton, Wl. Doshi & Associates lnc. p. 85 – 97. ISBN 0 – 9657447 – 1 – X.

[103] Egenes, T. H. ; Helle, T. J. 1992. Flow Characteristics and Water Removal from Pulp Suspensions in a Srew Press. Journal of Pulp and Paper Science. Vol. 18, no. 3, p. J93 – J99.

[104] Kappel, J. ; Fluch, H. – W. ; Brunnmair, E. 9997. Moderne Entwässerungssysteme für Schlämme aus der Papier – und Zellstoffindustrie. Das Papier. Vol. 51, no. 6A, p. V182 – V188.

[105] Siewert, W; Horsch, G, 1984. Operating results and experience with the Escher Wyss Vario-Split. In: Tappi Pulping Conference San Francisco, CA, Nov. 72 – 14, 1984. Atlanta, GA. Tappi Press. p. 611 – 616.

[106] Julien Saint Amand, F. 1997. Ink removal by flofation and washing, hydrodynamic and technical aspects.

[107] Matzke, W. ; Gehr, V. ; Heise, O. 1998. Nigh yield deinking process technology for handling water – based printing inks. In: COST Workshop. p. 5.

[108] Patel, R. 1995. Dynamic washer and filter. In: Recycling 95: EUCEPA Symposium. Manchester, 16 – 18 Oct. 1995. PITA. p. 111 – 114.

[109] Holle, D. 1985. Eindicken, Enfaschen and Entsorgen der Druckfarben beim Deinken mit dem AKSE – Scheibeneindicker. Wochenblatt für Papierfabrikation. Vol. 113, no. 19, p. 711 – 775.

[110] Moss, C. S. 1997. A new type of washer – the Fluidized Drum Washer. Paper Technology. Vol. 38, no. 8, p. 59 – 64.

[111] N. N. 2006. De – asking & Fiber Recovery RotoWash TM. ln: Andritz AG Brochure.

[112] Gabl, H. ; Waupotitsch, M. ; Hertl, E. 2004. Erhöhung der Ausbeute bei der Erzeugung von Deinkingstoff durch den Einsatz des CleanFlot – Systems. Wochenblatt für Papierfabrikation. Vol. 132, no. 14/15, p. 877 – 883.

[113] Borchardt, J. K. ; York, G. A. 1997. The Effect of Kneading on Pulped Office Papers. Part 2. Fiber Detachment from lnk Particles and Ink Particle Geometry. Progress in Paper Recycling. Vol. 6, no. 4, p. 24 – 36.

[114] Carre, B. ; Galland, G. ; Vernac, Y. ; al. , e. 1995. The effect of hydrogen peroxide bleaching on ink detachment during pulping and kneading. In: Fourth InternationlWastepaper Technology

Conference. Grenoble, CTP.

[115] Kakogiannos, A. ; Johnson, D. A. ; Thompson, E. V. 1998. Laboratory highconsistency dispersion studies of laser printed office copy paper. Part II. Tappi Journal. Vol. 81, no. 4, p. 159 – 166.

[116] Ruzinsky, F. ; Zhao, H. ; Bennington, C. P. J. 2007. Characterizing ink dispersion in newsprint deinking operations using specific edge load. Appita J. Vol. 60, no. 1, p. 23 – 28.

[117] Brecht, W. 1967. A method for comparative evaluation of bar – equipped beating devices. Tappi Journal. Vol. 50, no. 8, p. 40 – 44.

[118] Drehmer, B. ; Back, E. 1995. Effect of Dispersion Variables on the Papermaking Properties of OCC, Progress in Paper Recycling Vol. 4, no. 4, p. 49 – 58.

[119] Kanazawa, T; Fujita, S. 2006. Report on recent counter measuring technology against sticky impurities for DIP processing. In: 12th PTS CTP Deinking Symposium. Leipzig, 25. 4. – 27. 4. 2006. Munchen. PTS. p. 13. 01 – 13. 19.

[120] Heise, O. ; Holik, H. ; Dehm, O. ; Schabel, S. ; Dehm, J. ; Kriebel, A. 1998. A new stickies test method – statistically sound and user friendly. 1n: Tappi Recycling Symposium. New Orleans, LA, March 8 – 12, 1998. Atlanta, GA. Tappi Press. p. 213 – 229. JSBN 0 – 89852 – 712 – 0.

[121] Kriebel, A. ; Mannes, W; Niggl, V 1998. Dispergierung, Stickies und optische Sauberkeit. Voith Sulzer Technology Magazine. Vol. 5, p. 22 – 28.

[122] Mannes, W 1997. Dispergierung – – ein wichtiger Prozeßschritt zur Verringerung von Sticky – Problemen. Wochenblatt für Papierfabrikation. Vol. 125, no. 19, p. 938 – 942.

[123] Niggl, V. ; Kriebel, A. 1997. Dispergierung—der Prozeßschritt zur Verbesserung der optischen Eigenschaften. Das Papier. Vol. 51, no. 10, p. 520 – 528.

[124] McKinney, R. ; Roberts, M. 1997. The effects of kneading and dispersion on fibre curl. In: recycling Symposium. Chicago, Apr. 14 – 16, 1997. Atlanta, GA. Tappi Press. p. 279 – 290. ISBN 0 – 89852 – 687 – 6.

[125] DeFoe, R. J. ; Demler, C. L. 1992. Some Typical Considerations for Secondary Fiber Refining. Progress in Paper Recycling. Vol. 2, no. 1, p. 31 – 36.

[126] Demler, C. ; Silveri, L. 1996. Low intensity refining of mechanical and deinked newsprint pulps. Appita J. Vol. 49, no. 2, p. 87 – 89.

[127] Fletcher, R. S. ; Hong, A. J. ; Sasahi, K. R. 1998. Enhancing deinked pulp quality through low consistency refining. Pulp& Paper Canada. Vol. 99, no. 2, p. T44 – T46.

[128] Guest, D. A. ; Cathie, K. 1997. Waste paper Leatherhead UK. 134 p. ISBN 0 – 902799 – 81 – 9.

[129] Levlin, J. – E. 1976. On the beating of recycled pulps. In: EUCEPA Symposium. Bratislava, 27 – 30. Sept. 1976. Paris. EUCEPA. p. 14. 01 – 14. 20.

[130] Linck, E. ; Selder, H. 1994. Sekundärfasern für SC – and LWC – Papiere. Das Papier. Vol. 48, no. 10A, p. V121 – V128.

[131] Lumiainen, J. 1992. Refining of recycled fibers: advantages and disadvantages. Tappi Journal. Vol. 75, no. 8, p. 92 – 97.

[132] Lumiainen, J. 7992. Do recycled fibres need refining? Paperi ja Puu. Vol. 74, no. 4, p. 319 – 322.

[133] Rites, J. 1992. Refining of recycled fibers for brown and white grades. In: Papermakers Conference. Nashville, TN, April 5 – 8, 1992. Atlanta, GA. Tappi Press. p. 239 – 245. ISBN 0 – 89852 – 827 – 5.

[134] Selder, H. 1995. Sekundärfasern für SC – Papiere. Das Papier. Vol. 49, no. 6, p. 335 – 343.

[135] Gabl, H. 2004. Papillon – A New Refining Concept. international Paper world. no. 2, p. T33 – T40.

[136] Gabl, H. 2007. Cylindrical refining: energy savings shown for different paper furnishes. Paper Technology. Vol. 48, no. 1, p. 43 – 48.

[137] Ein – Mozaffari, F.; Bennington, C. P. J.; Dumont, G. A. 2004. Dynamic mixing in agitated industrial pulp chests. Pulp& Paper Canada. Vol. 105, no. 5, p. 41 – 45.

[138] Großmann, H.; Kappen, J.; Fröhlich, H.; Lumpe, C.; Bösner; J. – K. 2009. Reduktion des spezifischen Energieeinsatzes durch verbesserte Steuerung der Prozesszeiten. LTP TU Dresden, Millvision, PTS, PMV TU Darmstadt.

[139] Luiga, A. 1998. What is mixing in paper pulp and what parameters are of importance when designing agitators. In: Asian Paper. Asia Paper Conference. Singapore, p. Session 3 Paper no. 4.

[140] Schnell, H. 1984. Büttenpropeiler oder Rührwerk? Das technologisch richtige und energetisch optimale Umwälzorgan für jede Bütte. Das Papier. Vol. 38, no. 8, p. 393 – 396.

[141] Ahlstrom.

[142] Andritz AG, Graz, Austria.

[143] Beloit, USA.

[144] Comer, Italy.

[145] Kvaerner, Norway.

[146] Meri Environmental Solutions GmbH, Munich, Germany.

[147] Shinhama, Japan.

[148] Sands, Sweden.

[149] Lamort, France.

[150] Metso, Helsinki, Finland.

[151] Voith AG, Heidenheim, Germany.

[152] Noss AB, Norrköping, Sweden.

[153] Omya AG, Oftringen, Switzerland.

[154] Rejectkammer – Verdunnurrg Typ CRC für Ceaner, GL&V Pulp and Paper Group, Stockholm, Sweden, Document Form PD 98080 DE, http://www. flowtec. at/index. Php/de/content/download/67710713/. . . 20_DE. pdf (Referred 28. 08. 2010).

[155] Thermo Black Clawson.

第 ⑥ 章　纸和纸板回收纤维工艺设计

6.1　引言

因为原料成分不像原浆那样稳定,所以回收纤维比原生纤维(化学浆纤维和机械浆纤维)的处理技术更复杂[1-3]。除了杂质,回收纸中往往还含有一些填料和涂料,其含量与回收纸的种类和组成有关。因为完全除去这些组分会涉及更大的技术开销和浆料流失,所以这样做并不经济[4-5]。

回收纤维(RCF)处理系统必须设计成能适应配浆质量大幅波动。各种纤维、填料和添加剂之间的配比必须适应纸机特点和产品需求。当采用原生纤维浆时,可以通过调节回收纤维浆中各组分的配比来实现以较低的成本获得最佳纸张质量的目标。然而,成本随着配比的变化差异很大。

根据生产纸或纸板的种类、产品和工艺条件,回收纤维的得率能低至60%。残留物(如浓浆渣或污泥)可以采用不同方法进行部分回收利用或处理。例如采用焚烧残留物来进行能量回收,或者残留物被其他行业回收利用以及填埋残留物。整个回收纤维处理线还应包括浆渣和污泥处理的外围系统以及循环水净化系统。这些子系统与原生浆处理的子系统有着巨大的差异。其细节将在第6.4节中讨论。

关于如何通过优化工艺布局来节约成本的问题将在第6.5节中讨论,并以包装纸为例。

6.2　设计原则

6.2.1　效率和成本

造纸厂有3个主要目标:质量、运行情况和生产能力。它可以理解成总性能,通常称为"轴质量(quality on reel)"。质量必须满足所生产纸种的特性要求。虽然运行情况原则上只和机械设备有关,但它会受到许多因素的影响。本章主要介绍回收纤维配浆以及其与工艺设计的关联。如果在考虑质量与运行情况之间的关系时,还要考虑回收纤维与工艺设计之间的关系,就有必要区分印刷用纸(白纸)和包装用纸(本色纸)。

与工艺设计相关的质量及运行情况的主要参数见表6-1[6]。

满足技术需求是回收纤维浆料制备工艺设计的主要目标。当生产特定纸种时,浆料质量目标必须与相应工段匹配。目前各工段的主要功能见表6-2。

然而如何组合各处理模块以设计出最佳工艺呢?最佳工艺往往是最经济有效的工艺。因此,工艺设计应该同时满足多个目标。首先,必须满足所有的质量目标(见表6-1)。其次,运行情况必须正常,同时生产成本必须最小化(见表6-3)。没有一个通用原则来处理这些复杂的依赖关系。例如,必须平衡投资成本与运行成本。简单设备虽然投资成本低,但相对于复杂设备可能会产生更高的运行成本。而复杂设备可以把运行成本降至最低。有许多方法来解决设计工艺过程中的这些问题,更多细节将在6.2.2节中进行讨论。

表6-1　成品浆洁净度的主要参数

项目	白纸系统	本色纸系统
质量指标	光学性能	胶黏物
	-白度	碎片
	-尘埃	沙子
	胶黏物	细小纤维
	填料含量	填料含量
与运行情况相关的工艺参数	悬浮颗粒和胶体颗粒	悬浮颗粒和胶体颗粒
	化学需氧量	化学需氧量
	阳离子需求、电导率　pH	阳离子需求、电导率生物活性

表6-2　主要工段的功能

工段	光学洁净度	碎片和胶黏物	填料含量
打浆	印刷油墨粒子的脱落与分散	杂质去除率(saving screenability)	生产用水会导致填料富集
粗筛孔筛		采用 PreClean 进行预筛选重颗粒	填料减少
浮选I除渣器缝筛	白度增大,尘埃减少尘埃分离	粗而扁平的碎片胶黏物减少除去细沙和碎片采用最细筛缝去除胶黏物	填料减少
分散漂白(氧化)	印刷油墨分散纤维的白度	胶黏物分散	
浮选II	白度/尘埃分散的残余油墨	胶黏物减少	填料减少
漂白(还原)	白度/颜色		

如今对于任何一条生产线,采用模拟技术和仿真工具将有助于制定出最经济的工艺布局方案。这将在6.2.3节中进行解释。

典型回收纤维工艺系统的案例(包括技术和成本方面)将在第6.3节中阐述。为了全面描述这些系统,纸机的流送系统也包括在内。在此只考虑与原生纤维处理工艺中纤维回收和浆渣处理系统不同的部分。

表6-3　浆料制备线的主要设计参数

主要设计数据	生产能力得率RCF 种类
运行情况	设备正常运转率(基于时间)
总目标	单位废水排放量总单位能耗(热、动力)

6.2.2　浆料制备工艺设计的方法学

6.2.2.1　初步设计理念的发展

当今,工艺设计在很大程度上仍然依赖于专家经验。工艺设计的第二大信息源则来自运行条件与新建工厂类似的现有工厂。依赖于这些信息源,新的设计理念也慢慢演变,例如实际经验与一定程度的创新相结合。然而,设计理念的内在本质基本没有变化。

理念发展(concept development)[7]建议在制定最佳工段布置方案时开始进行(见表6－2)。最佳工段布置方案需要满足设计目标(见表6－1和表6－3)。关于如何把净化和处理RCF浆料的单元操作进行最佳组合,文献中只有有限的基本常识。

在20世纪90年代,人们努力在浆料制备工艺设计中更好地制定最佳方案。大多数建议是关于如何除去有害物质[8]。适用于原生纤维处理的一般建议并不能写入回收纤维浆料制备工艺的广义设计手册中[9]。目前仍然缺乏广义工艺设计的方法学以及一套关于理念发展和理论评估的详细基本原则。化学工程领域里阐述的通用方法并不能为浆料制备工艺理念发展的特殊要求提供合适的解决方案。

为了填补这方面的空白,下面将介绍一套最简化的通用规则,它将作为浆料制备工艺设计的最佳方案。

① 合并有类似浆浓需求的工序。

② 建议浆浓沿工艺流程方向逐步且连续地降低。

③ 在任何分离过程中较大的颗粒更容易分离,因此在工艺设计过程中应尽量避免破碎有害物质。

④ 大尺寸的有害物质应尽早在流程中除去。后续工段主要去除小尺寸的有害物质。胶态物质应在水处理过程中除去。工艺用水中可溶性物质的负荷取决于水回路的布置(见后面关于水回路布置的建议)和单位废水排放量。

⑤ 推荐浆料流向和水流方向采用逆流布置。该布置应该纳入水回路布置中。新鲜水(只)在纸机处添加。生产用水将从较清洁的回路流向污染较大的回路。最高负荷的循环水应该是从碎浆机管路流向水处理厂。

⑥ 应该避免"分离间隙(separation gap)"。大多数有害物质在很宽的尺寸范围内都有分布。一个工段要么能单独消除所有尺寸范围的有害物质,要么与其他工段(在分离效率上能对某一尺寸的分离间隙进行补偿)共同消除所有尺寸范围的有害物质。

⑦ 基于不同分离原理来组合分离工序,可使得浆料制备工艺整体效率高。例如,一个根据颗粒尺寸分离的工序与后续根据比重分离的工序进行组合。

⑧ 分别根据质量、得率或者分离效率和纤维流失来优化单一工序的操作与设计。

这个列表并不是十分详细,对于任何工厂的具体案例都必须考虑到更为细节的方面。

在浆料制备布局设计方面,进一步提高标准化程度将是今后的发展趋势,它已应用于纸机布局设计[10]。最终这可能促进新建大型工厂在生产标准回收纤维浆和标准纸种时,设备尺寸与工艺配置形成标准化。这种变化已经在最近几年的纺织行业发生了。

6.2.2.2　工程设计

当设计新的浆料制备车间时,大多数情况下工艺布局的最初思想是建立在如何布置主要工序的基础之上的。需要确定工序内设备级数以及计算预期效率。在设计初期就需要进行第一次浆水平衡计算,并计算相应的得率。水平衡计算能被用来估计预期的单位废水排放量。能量平衡只需要少数工序来计算,这包括引起热量显著的变化(例如分散和磨浆等)、室外储存罐的热量损失和进出工序中介质流的焓变。能量平衡也可以以用于计算整个工艺的温度分布图。

基于生产能力目标,需要初步估计所有主要设备的尺寸。定价法(markup pricing)通常用于估计总投资。RCF、污泥和水的(处理)成本,主要设备的能耗费用以及人员、运行和维护等费用都将加入到总运行成本中。在最初阶段,±20% 的成本估计偏差是可以接受的。

工艺布局将服务于基本理念发展阶段中所有有前景的想法。然后用上面描述的方法计算主要性能参数和成本。

下一步,需要做出关于工艺布局的决策。为了减少设计方案的数量并确定最终工艺布局方案,这种决策是有必要的。关于各种工艺布局效果和成本的数据将与最初的设计目标进行对比,并做出评估。就像所有主要设计工作一样,原材料、能源、水和废物处理的费用都具有不确定性。技术方案将帮助评估各种选项的风险,并最终确定最佳方案。第 6.5 节将列举一个这种评估的例子。

当确定一种工艺布局后,将实施详细工程设计。这将包括设备尺寸(如泵、罐和管道)、电气工程、工艺测量与控制技术。经过这个阶段的设计后,成本估算的精度将不超过 ±5% 。

对于大多数工厂项目或主要再建项目,往往不止一家设备制造商被要求提供工艺布局方案(包括成本估算)。除表 6 - 1 和表 6 - 3 中提到的主要目标之外,纸厂会根据工艺布局提出特殊要求。这些要求源自实践过程中的操作经验。在大多数情况下,如果供应商和厂方缺乏某些技术方面的知识,需要进行中试。为了把成本和性能的风险降低至可接受的水平,进行这些试验会提供可靠的保障。在中试实验中考察的典型问题包括:非常规回收纤维纸种的使用效果、工段顺序的调整和新工艺设备的应用效果。

6.2.3　模拟与仿真

6.2.3.1　平衡计算

在工艺布局中,固体(浆料)和水的平衡计算是进行设备尺寸量化估计的最简便方法。在工程设计阶段中所有浆料制备工艺布局都采用这种平衡计算。在大多数情况下,浆料被划分成纤维和灰分。一般而言,RCF 浆料(用于抄造薄页纸产品)制备线和脱墨工艺都必须进行浆水平衡计算。在后一种工艺车间里,灰分将在浮选工段和/或者洗涤工段除去,以满足最终产品中最大灰分含量的限制。

平衡计算可以采用环路(circuitry)、混合和分离原则。分离规则往往根据操作经验和单个安装设备的设计数据来计算。通常根据质量流量来进行平衡计算。大多数布局计算会考虑到主要组分的密度差异。在简单情况下不考虑温度对体积流量的影响。这些平衡计算能对设备尺寸和总体平衡进行预测。关于预期的工艺性能,只能提供表 6 - 3 描述的总体性能预测。关于成品浆中各组分,则无法得到表 6 - 1 所列的数据。另一方面,这些参数将显著影响纸机的运行情况和成品质量。

更详细的工艺布局计算包括主要纤维组分、尘埃、胶黏物、薄片和沙子。在此也将应用环路、混合和分离规则来计算。后者需要具备相应工段功能的详细知识(见表 6 - 2)。仅仅确定胶黏物、沙石或其他物质的总量还不够;分离过程的机理与组分不同的级分有关。例如,浮选脱墨只能有效地减少小尺寸的油墨粒子;分散可以使大尺寸粒子转变成更小尺寸粒子;筛选只能去除纸浆中大尺寸胶黏物,而小尺寸胶黏物则几乎可以完全通过筛子。结果,需要考虑粒径分布和对所有组分的粒径进行平衡计算。这将需要准确地理解各工段的功能机理[11]。这些计算仍然处于开发中,需要大量的知识和专门工具用于处理这些数学问题。

当这些详细的计算完成后,其结果将用于性能的精确分析。新的或改进的工艺设计带来的风险将降到最低,优化计算将用于确认设计选项是否可行。将根据所有设计目标对应的计算结果来做出决策。

6.2.3.2 软件工具

当造纸厂引进第一批个人计算机时,软件工具就开始用于物料平衡计算。软件工具最初应用在布局设计和评估浆纸生产工艺。

这些应用也首次采用动态仿真来计算流程中随时间变化的有害组分(如金属、离子等)浓度。在很长时间内,纸产品和浆料制备的工程设计只需要进行纤维、灰分和水的简单质量平衡计算[12]。通用电子表格计算软件往往应用于此。当今,有许多软件包能用于处理更为复杂的任务,包括动态行为、自动化控制和最优化[13]。

软件工具的应用开始出现另一种趋势,即仿真器开始用于验证控制逻辑和用于操作者培训。这两种应用将显著地加速工厂的试运行。因为仿真器以工程设计阶段中的过程描述为基础,所以当初期建立的模型用于工程的后续阶段时体现出协同优势。通过设计方的模型可将相关知识应用于工厂的试运行。这些应用一般能覆盖整个工厂,包括纸机的运行。这类应用主要发生在大型工厂里,并且在亚洲工厂和美洲工厂的应用远比欧洲工厂普遍。在某种程度上,仿真器在提高操作专业知识上比作为软件工具上更为有用。

表6-4总结了在一个浆料制备工厂使用年限内使用模型的功能及各阶段的相关性。

表6-4　　　　　基于模型的技术在浆料制备设计、试运行和操作上的应用

	基于模型技术的应用领域						
	工程设计			试运行		运行支持	
项目	设备、罐和管道的选择	总体效率计算	离线工艺布局优化	DCS验证	基于训练仿真器的模型使用	MPC和基于在线优化的模型	工厂范围的在线优化
浆料、水和灰分的平衡	标准	标准	一般	一般	偶尔	偶尔	首次
纸浆质量参数(胶黏物、尘埃和白度等)的计算	偶尔	偶尔	偶尔	不适用	首次	偶尔	首次
纸质量参数(力学、结构和光学性能)的计算	不适用	不适用	首次	不适用	首次	偶尔	首次
动态行为	偶尔	不适用	首次	一般	偶尔	偶尔	首次
控制逻辑	偶尔	不适用	首次	一般	偶尔	不适用*	不适用*
成本计算	偶尔	不适用	一般	不适用	首次	首次	首次

(左侧合并单元格:使用模型的功能)

注:"标准":可应用于任何(新)工厂;"一般":可在大多数情况下使用;"偶尔":只在少数工厂使用;"首次":第一次应用或者安装;"不适用":根据应用名称,无应用案例或者模型功能没有在任何(新)厂使用;"不适用*":模型是控制逻辑自身的一部分。

6.2.3.3　优化

优化技术很少用于浆料制备工厂的工程设计。离线优化技术的最佳应用在于确保达到设计目标的同时使成本最小化。对于一个给定的工艺装置,可以在技术极限范围内对所有的操作参数进行优化。在更多"公开"的情况下,与流程顺序和装置(级数、筛缝宽度等)相关的所有变量都是额外且离散的变量。

结果,优化问题将变得极其庞大。优化模型的数学公式往往是非线性和非稳态的。处理多个目标优化问题通常是一个复杂的任务。至今,只有少数的数学求解器可以实现这些计算,并且这些计算只进行了极少数尝试[14]。

除了数学优化器对操作要求高之外,数学优化的另一缺点是优化计算获得的结果解释起来相当复杂。因为各种影响因素会同时变化,所以无法得到因果关系的清晰结论。此外,这些结论的合理性很难评估,因此它们对于工厂员工而言的可信度不高。因此,考虑到对结论进行真实性检验,基于案例进行简单推理往往是错误的。由于结论中高度的内在复杂性,它们仍被专家和工厂员工置疑。

单一的因果关系计算往往对支持工艺改进项目更为有效,因为这种计算可用于解释和逐步推导出更好的解决方案。除此之外,这种方法有助于积累与工艺特性相关的背景知识。

另一种基于模型的优化方法是在分布式控制系统(distributed control system,DCS)中采用在线模型。模型可用于预估任何工艺操作变化引起的影响,这些工艺操作与成品浆质量、纸张质量或总体操作成本有关。采用闭环操作来实现模型,以便于能直接改变单个控制器的设定值。模型预测控制(model predictive control,MPC)就是一个实例,它是造纸厂最常用的基于模型的在线解决方案。MPC 能提高控制回路(需要很长的反馈时间)的精度。当向控制系统内补充和完善相关知识时,基于模型的优化方法有更多的用途。它经常通过降低助剂成本来提高回收纸浆的漂白效率[15]。这些技术已首次成功地推广到整个浆料制备车间[16],并且优化方法将推广到全厂[17]。

也许模型能应用于日常工厂实践,如推荐一个更好的操作设备或者通过对比操作的当前模式来评估这种操作设备的质量和成本效益。操作人员最终决定是否采用被推荐的设备。实际上针对不同纸种,控制器在限制电力或原料成本变化的前提下可计算出最佳方案。生产计划因此得以改进。这些模型通常作为工厂生产执行系统(mill's manufacturing execution system,MES)或工厂企业资源规划系统(enterprise resource planning,ERP)的一部分来实现。

在线优化与工艺设计的相互作用具有双重性。许多基于模型优化的应用都是建立在所累积的知识上,并且在工程设计阶段对它们进行建模。将来,工艺设计的工程师们将在设计工作初期重视在线优化技术,因为这些技术对工艺布局有很大的影响。直到那时,这些技术在降低投资和操作成本上的潜力才能被完全开发出来。

6.3　特定纸种的工艺设计

6.3.1　印刷纸与书写纸

下面讨论的工艺原料由印刷回收纸(包括小部分未印刷且未使用过的纸)组成。这种脱墨材料主要包括旧新闻纸和旧杂志纸,因此包含了机械浆纤维。相反地,回收办公用纸主要包括不含磨木浆的书写纸和印刷纸。配浆中非漂白化学纤维含量应尽可能低,因为高性价比的浆料制备系统特别需要漂白脱木素工艺。在描述印刷纸和书写纸的工艺布局时,需要检查处理子系统、水处理辅助系统、浆渣和污泥浓缩系统。这里将重点介绍与原生浆标准工艺布局不同的系统。

6.3.1.1　新闻纸、SC 纸和 LWC 纸工艺

图 6-1 显示了生产新闻纸及精制纸的关键系统数据和工艺布局情况。所处理的原料为家庭收集的脱墨材料,包括基本等量的旧新闻纸和旧杂志纸(1.11 as per EN 643)。虽然这个系统也能生产高质量浆料用来抄造精制纸,但主要产品还是新闻纸。

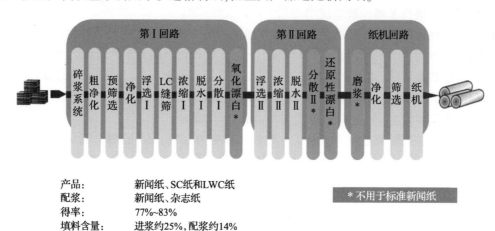

产品:	新闻纸、SC纸和LWC纸
配浆:	新闻纸、杂志纸
得率:	77%~83%
填料含量:	进浆约25%、配浆约14%
白度:	60%~66% ISO

＊不用于标准新闻纸

图 6-1　新闻纸、SC 纸和 LWC 纸的工艺设计理念

碎浆对杂质有轻微地分解。连续运行的转鼓式碎浆机代表了行业的最新技术,虽然小型工厂可能配备间歇式水力碎浆机。经过重质净化系统的放料塔后,大多数重质颗粒会直接被去除。

中浓预筛选采用三段孔筛。第一段和第二段的浆料是正向输送,只有第三段的浆料是串级排列。第一段的工作浆浓约为 3.5%,但后续两段将对浆料进行稀释。预筛选后是净化,操作浓度在 2.5% 左右。与过去使用的低浓(LC)除渣器比较,低浓能降低泵送能耗。除渣器为后续各工段提供充足的保护,特别是对 LC 筛选段的筛框保护。这也能阻止 0.15mm 缝筛的损坏或过早磨损。

纸浆经过稀释后进入第Ⅰ级浮选。第Ⅰ级浮选的基本目标是除去回收纸中出现的印刷油墨和其他纤维组分或非纤维组分。当这级浮选的浆浓为 1.4% 左右时,其中一些小而轻的颗粒和胶黏物也会与印刷油墨一起被部分去除。

精筛往往是多级布置。当采用最新细缝筛选技术时,无须再采用昂贵的轻质除渣器。

浆料经过圆盘过滤机浓缩后,再经过网式压榨机或螺旋压榨机完成第一个回路(浆浓 30% 左右)。然后经过分散作用分离残余油墨和碎解胶黏物[18]。在最佳条件下采用过氧化氢进行高浓(HC)漂白。经过 HC 漂白塔后,浆料在进入第Ⅱ级浮选前会被稀释。然而,这种工艺布局只对生产 SC 纸和 LWC 纸有必要,因为这两种纸需要更高亮度的成品浆。

在成品浆储存前,浆料采用圆盘过滤机脱水后浓度约为 10%。若采用更好的回路进行分离,则需要安装一个高浓挤水机。不管怎样,第二级分散阶段是必不可少的。在回路Ⅱ的末端浆浓会增大到 30%,这能有效地降低药品和杂质的非理想夹带(carryover)。最终,这将提高整个工厂的工作效率。在这里,还原性漂白也是可选择的。

用于抄造高档书写纸和印刷纸的纸浆需要经过两段漂白。过氧化氢漂白不仅可以提高白度，还可以通过增白个别褐色纤维来减少纤维斑点的影响。然后采用连二硫酸盐或(甲脒亚磺酸)(FAS)进行还原性漂白将有助于进一步提高纸浆白度和脱色效果。由于进行了漂白优化，可减少甚至消除纸机贮浆池中纸浆返黄。

分散的单位能耗大于 $100kW \cdot h/t$。

通常推荐加入精筛段，这对生产高档书写纸和印刷纸而言是很必要的。经过精筛后，浆料中 14 目和 30 目的组分会减少，将新闻纸配浆中的 TMP 粗纤维转变成 TMP 精磨浆，可用来生产 SC 纸和 LWC 纸。这将极大地提高平滑度，特别是适印性[19-20]。

因为用这种方法生产的脱墨浆(DIP)含有化学浆纤维成分，所以比 TMP 或磨木浆具有更好的强度性质。由于广泛采用原生浆料生产低定量 SC 纸和 LWC 纸，所以需要向 TMP 内加入化学浆来满足其最低强度要求。当采用脱墨浆作为配浆组分时，其本身已含有很多化学浆，故无须再加入原生化学浆。因此，可以通过优化配浆来降低总原料成本。

在浆料流送系统中，配备脱气和 0.35mm 缝筛的净化设备只起保护作用。

图 6-2 总结了整个工艺过程中的浆浓变化情况。在第一个回路中，由于浮选和后续低浓筛选的要求，最低浆浓约为 1.2%。因为第二个回路中浮选段的浆浓更高，所以在这个回路中采用更小的圆盘过滤机。RCF 配浆中填料含量较高，因此，在整个工艺过程中需要更精确地平衡灰分含量。这是因为灰分含量不仅影响整个系统的得率，还会影响单个工艺机械设备的规格。如果循环水中填料含量增大，则需要加入更多的新鲜水而不是含填料量低的循环水，用于把浆料稀释到一个理想浓度。那么，工艺机械设备的水力负荷和固体负荷会更高。

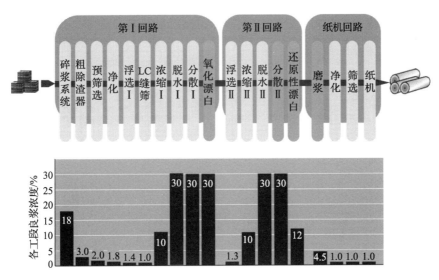

图 6-2　新闻纸、SC 纸和 LWC 纸工艺流程中浆浓变化趋势

图 6-3 表示了填料含量变化的一个典型例子。当加入含有填料的稀释水时，直到第 I 级浮选前灰分含量一直增大。然后，浮选通过选择性去除填料和细小纤维来大幅降低灰分含量。灰分的进一步下降出现在第一个回路的末端——浓缩段和脱水段。进一步去除填料发生在第二个浮选阶段(浮选 II)。在浆料流送部，因为短路会导致白水的灰分浓度偏高，即使不添加填料通常也能检测到峰值。浆料流送部的浆浓应该从两个不同的角度来评价：纤维浓度和总

浆浓。除了脱墨线末端处回收纤维浆的填料含量会影响浆浓之外,成形部的留着也必然会影响浆浓。

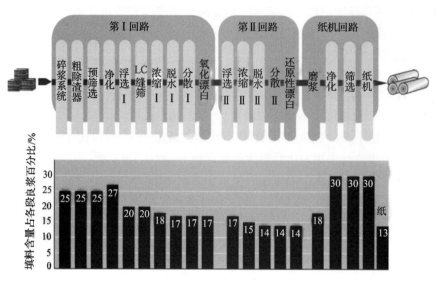

图 6-3 新闻纸、SC 纸和 LWC 纸工艺流程中填料含量变化趋势

因为填料留着率总是比纤维留着率低,所以纤维浓度是确定筛选设备规格和除渣器规格的决定性参数。因为填料含量对黏度和筛选性质影响很小,所以为了浆料流送部分(approach flow section)的机械设备布置必须分别对总浆料浓度和纤维浓度进行平衡计算。

影响光学洁净度的一个重要因素是胶黏物含量。它对纸机的运行情况有着重要影响。由图 6-4 显示的各工段对胶黏物含量的影响,可以得出以下结论:

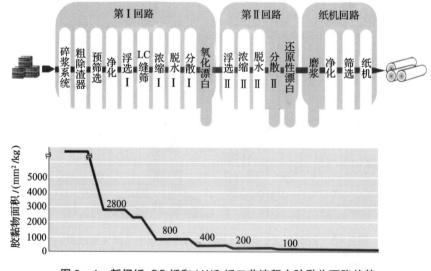

图 6-4 新闻纸、SC 纸和 LWC 纸工艺流程中胶黏物下降趋势

大胶黏物通过筛选、净化和浮选 3 个工段除去。胶黏物面积从 2000mm²/kg 绝干浆降至 1000mm²/kg 绝干浆,这能清楚地说明低浓精筛的重要性。分散会使仍然黏附的小尺寸胶黏物从纤维上分离下来,并通过剪切作用活化胶黏物的活性表面。然后,胶黏物在第 Ⅱ 级浮选处被有效地去除。

在分散前,必须尽可能地净化 RCF 浆。如胶黏物残留,则应采用分散处理。分散后的纸浆若仍含有大量的大胶黏物,则会对 RCF 浆净化产生明显的影响。胶黏物经过分散后,其碎片在搅动的悬浮液中具有团聚倾向。胶黏物在贮浆池或生产水回路中很容易发生团聚,因为在这里微小的胶黏物粒子有很多机会发生碰撞并且黏附在一起。由于尺寸小,粒子能在洗涤和浓缩过程中进入到滤液中。如果滤液不是足够澄清,则说明已形成了大尺寸胶黏物粒子,并在稀释阶段与浆料混合在了一起。值得注意的是,分散后的工段中只有第二级浮选能有效地去除已分散的胶黏物。而采用其他的机械分离方法并不合适。在系统的末端,胶黏物的含量通常小于 $100mm^2/kg$ 绝干浆。

光学洁净度的另一个检测方法是采用可见尘埃的数量与面积。图 6-5 表示了尘埃面积在各工段是如何降低的。这些显示值包括所有直径大于 $50\mu m$ 的可见尘埃。去除尘埃的主要工段是第 I 级浮选和第 II 级浮选。单位能耗约为 $75kW\cdot h/t$ 的分散对减少尘埃也有明显的影响。上游筛选不能去除尘埃。在浮选段分离尘埃与纤维,并且尘埃尺寸将显著地降低至可见阈值以下。因此,成品浆中残余尘埃面积约为 $100mm^2/m^2$。

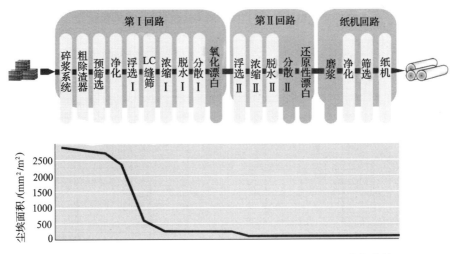

图 6-5　新闻纸、SC 纸和 LWC 纸工艺流程中尘埃面积变化趋势

图 6-6 举例说明了白度的变化情况。大多数印刷油墨在第一级浮选除去。然后,仍黏附在纤维上的残余油墨粒子将在分散工段分离出来,并在第二(II)级浮选中去除。在相同工段中,因油墨碎片引起的白度降低将通过还原性漂白来补偿。过氧化氢直接在分散机前加入。实际的漂白过程发生在高浓漂白塔内,此处的高浓和高温环境有助于优化开发短反应时间的漂白剂。第 II 级浮选段会进一步提高白度。

直到第 II 回路末端的纸浆浓缩后,在中浓条件下可进行还原性漂白。如果采用甲脒亚磺酸(FAS)作为漂白剂,无须特别考虑其他化学助剂。如果采用连二亚硫酸盐,可能需要酸化来破坏残留的过氧化氢。还需要采用适当的方法(例如采用具有脱气效果的中浓浆泵)降低空气和氧气含量。

6.3.2　商品脱墨浆(商品 DIP)

采用 RCF 生产商品脱墨浆对工艺要求非常高。该工艺的前提条件是采用不含磨木浆的分选的办公废纸纤维作为配浆。机械浆纤维含量应该尽可能低于 3% ,最高不能超过 5%(见图 6-7)。

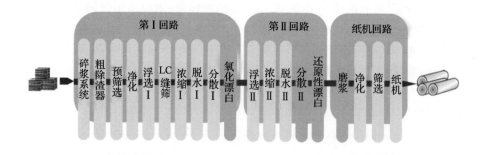

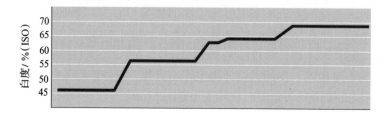

图 6-6　新闻纸、SC 纸和 LWC 纸工艺流程中白度变化趋势

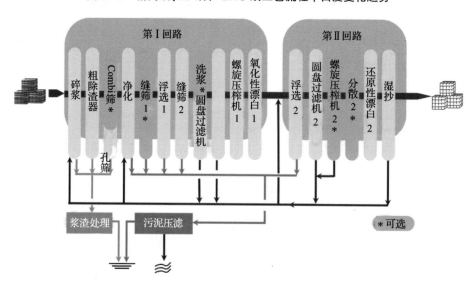

图 6-7　商品脱墨浆生产工艺布局图

生产脱墨浆工艺的第Ⅰ回路与生产书写纸和印刷纸工艺的第Ⅰ回路类似。为了保证最高的洁净度，可在第Ⅰ级浮选前再选择性加入一个缝筛。如果需要脱灰，还需要一个溶气气浮（DAF）。

在第Ⅱ回路中应该加入第二个分散机，这将在 SC 纸和 LWC 纸相关的章节里进行讨论。这也意味着在第Ⅱ级浮选之后需要再加入一个净化段。只有重复布置分散与浮选这两个工段才能满足系统末端高洁净度的要求。

表 6-5 列出了进浆和成品浆的数据（包括白度、尘埃和胶黏物含量）对比。浆料在作为高档浆使用前需要在湿抄设备上进行脱水。

表 6-5　一个生产商品浆系统的效率

参数	配浆	成品浆
白度 *	60%（ISO）	80% ~85%（ISO）
尘埃面积	2800mm²/m²	<20mm²/kg
胶黏物	12000mm²/kg	<20mm²/kg
填料含量	21%	5%

注：* 无紫外光。

当设计 RCF 生产线用于生产化学浆的替代浆种时,往往需要仔细考虑成本。除了湿抄设备的高投资费用以外,还需要考虑得率。然而,通过仔细设计可保证最新技术的长期收益率[20]。

6.3.3　薄页纸

采用 RCF 浆来生产薄页纸时,其主要目标是降低配浆中的填料含量。然而,填料去除的同时也会去除细小纤维。在高脱灰率的系统中,灰分去除的选择性较低。例如,去除的污泥中无机组分会降至 50% 以下。浆料的总得率可能会降低至 60% 或者更低。图 6 - 8 总结了各种薄页纸浆料制备线的检测结果。根据这些统计数据,黏附在纤维上的残余灰分为 1% ~ 1.5%,这不会影响薄页纸的生产工艺或产品质量。对于成本收益高的薄页纸浆料制备线,只有在非常必要的情况下才需要降低成品浆中的灰分含量。

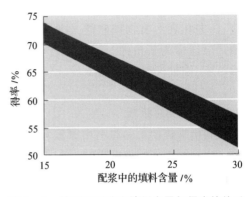

图 6 - 8　薄页纸系统中填料含量与得率的关系

图 6 - 9 显示了薄页纸浆料制备线的工艺总系统。主要在第 I 回路里进行脱灰,洗浆机的滤液将单独采用一个溶气气浮系统(DAF)来处理。因为配浆采用无磨木浆的回收纸,所以胶版印刷纸含量低。在分散段后只需要一个脱墨浮选段。在

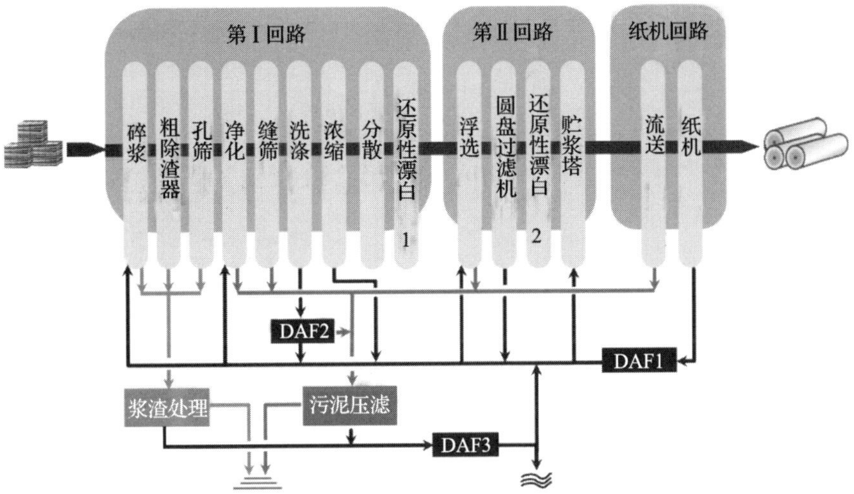

图 6 - 9　采用 RCF 浆生产薄页纸的工艺布局图

浆料稀释至约 1% (为满足洗涤工段的要求)以前,需要在中浓范围内使用孔筛进行筛选。当然,也可以使用缝筛。

在薄页纸设备回路中,填料和细小纤维的含量较低。因此,可以使用简易的机械喷淋式过滤机来代替复杂且昂贵的圆盘过滤机。

6.3.4　包装纸

在设计印刷纸的浆料制备线时,主要目标是获得最佳的光学性能。包装纸的光学性能要求也越来越受到人们的关注。然而,在设计包装纸的浆料制备工艺时,主要目标是获得足够的强度性能。

另一个主要的要求是保证纸机正常运行。这只能通过生产足够洁净的纸浆来实现,因为这可以避免沉积问题以及与其有关联的停机。

当使用的原料质量下降时,洁净度问题更为严重。特别是在西欧,挂面纸和瓦楞纸(瓦楞原纸)中的回收纤维比例多年来几乎达到了100%。虽然各地发展快慢不同,这种趋势目前已明显全球化了。结果,包装纸和纸板的制造商必须要处理有害物质比例日益提高、填料含量增大和纤维质量下降带来的问题。另一个亟待解决的问题是需要处理更多的固体废渣、污泥和高污染物排放量,这些都是因为回收纸质量下降导致的。因此,整个造纸工艺必须适应这样的新条件。回收工艺技术需要升级。为了迎接未来包装纸产品的挑战,现有技术革新、添加额外的处理工段、高效的用水管理以及先进的浆渣和污泥处理都是不可或缺的。

6.3.4.1 强韧箱纸板

强韧箱纸板使用的原料由家庭和超市的低档回收纸(以消费后的废纸形式回收)组成。图6-10显示了强韧箱纸板的工艺系统和总工艺流程数据。

相对于前面讨论的印刷纸生产浆料制备系统,强韧箱纸板的工艺设计更为简单,它包含的工段更少。从根本上说,用于生产包装纸和纸板的复杂工艺也可用于生产强韧箱纸板,但是其成品要求使得对额外的纤维处理和净化工段进行整合时,没有更多的选择余地。考虑到强韧箱纸板的利润相当接近于印刷纸的利润,因此必须检查每一种情况。

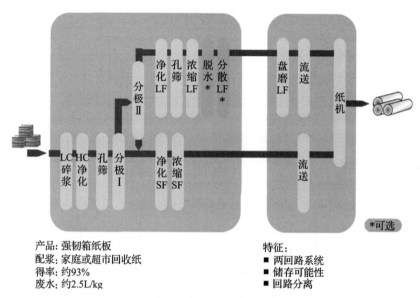

产品:强韧箱纸板
配浆:家庭或超市回收纸
得率:约93%
废水:约2.5L/kg

特征:
- 两回路系统
- 储存可能性
- 回路分离

*可选

图6-10　强韧箱纸板的工艺布局图

连续碎浆机在4.5%~5.5%浆浓下运行。脱灰系统的高效运行是碎浆系统无故障运转的前提条件。

碎浆机的连续运行并不能保证所有纤维的碎浆时间都是相同的。碎浆机内的实际停留时间有时与数学计算的平均停留时间相差甚远。

专门的碎浆操作必须尽可能短,以保证碎浆机的有效运行。这导致经过碎浆机后,碎片含量立即升高。浆料经过卸料塔贮存后,只有再经高频疏解和均质化,才能通过小尺寸筛孔或细筛缝。

高浓净化系统利用离心力对重质颗粒进行有效分离。这种净化系统的一个特性是采用两段除渣器布置。含大量重颗粒的浆渣从第一段重质除渣器中排出。浆渣浓度约稀释到1%后,这部分浆料进入到第二段除渣器中,并得到高效地净化。然后,浓度约为3.5%的浆料通过孔筛系统。

旧瓦楞纸箱(OCC)的分级是一种完善的工艺,可用于生产瓦楞原纸、强韧箱纸板和折叠盒纸板(白色挂面纸板)。保证高效筛选和分级的前提条件是采用相对洁净且长纤维含量高的回收纸作为原料。造纸厂面临的一个挑战是在浆料制备系统中加入分级工段,以便最大限度地去除杂质。

图6-10展示了现代工艺理念。根据产品的产量和质量要求,已通过粗筛的浆料需要经过一段或两段分级。根据操作可靠性要求选用最细的缝宽。这能保证短纤维(SF)组分具有最高的洁净度,而长纤维(LF)主要集中在另一个组分中。

SF组分将再次通过除渣器。现代除渣器车间的工作效率非常高。为了避免重质微细颗粒浓度的升高,有必要排出除渣器车间所有的浆渣。SF组分在上纸机前需要再次经过浓缩和贮存。

长纤维组分在浓缩前必须经过净化和筛选。贮浆塔内浓度通常为4.5%左右。这样,可以实现纸机回路与浆料制备回路的部分分离。

随后,LF组分需要通过分散来均质化和提高强度。这会形成均质浆,它通常作为面层。因为LF组分中长纤维强度较高,所以此浆料经过精制后将具有更高的强度性能。

6.3.4.2　瓦楞原纸

瓦楞原纸(CM)关于尘埃和光学性能的要求低于挂面纸。因此,其工艺布局更加简单,包含的工段比强韧箱纸板还少一些(见图6-11)。

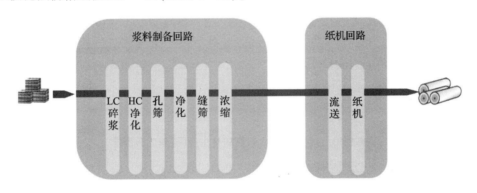

图6-11　瓦楞原纸的工艺布局图

碎浆、预净化和孔筛筛选与强韧箱纸板工艺类似,但省略了分级。为了替代分级和分散,所有浆料在浓缩前(浓缩后浆浓约为4.5%)需要经过净化和筛选。

6.3.5　纸板

折叠盒纸板(漂白浆挂面粗封面纸板)和液体包装纸板的产品要求是根据其作为包装或广告媒介使用来定义的。该产品要求特别强调弯曲挺度、层间黏合强度、平滑度、白度和洁净度这几个指标。在食品部门,微生物和化学洁净度是额外的要求。多层板结构为每层选择最适宜的原料提供了可能。

生产箱纸板产品面临的一个挑战是在保证特性指标(如弯曲挺度和平滑度)的前提下,寻找不同浆料组分在纸页成形时的最佳配比。浆料组分都单独进行浆料制备,然后都采用独立的浆料流送部向各自的成形器输送。这些纤维流会在纸板机的湿部与白水进行混合,这种混合使得不同纤维流混合更加均。

图 6 - 12 至图 6 - 14 显示了 3 种不同配浆的浆料制备线:UKP(用于生产 A 级)、MWP/OCC(用于生产 B 级)和 ONP/OMG(用于生产 C 级)。

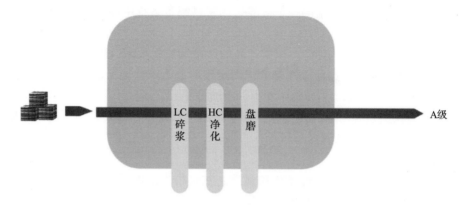

图 6 - 12　硫酸盐浆的浆料制备线

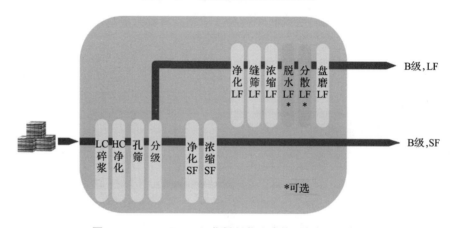

图 6 - 13　MWP/OCC 浆料制浆生产线(单组分理念)

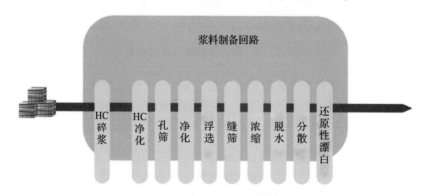

图 6 - 14　ONP/OMP 浆料制备线

采用这 3 种配浆,可以生产各种规格的纸板。图 6 - 15 和图 6 - 16 显示了主要的纸板规格,可细分为白底和灰底。通过组合这 3 种配浆可生产出成本效益高的产品,如 4 层和 5 层纸板。当评估白底规格时,5 层纸板机的优点更为明显。加入一层衬层可能会降低昂贵硫酸盐浆的用量。

各种浆料中杂质水平和杂质含量变化较大，因此需要根据每层的洁净情况(从“洁净”到“较洁净”)来控制纸板机的加水量。在不牺牲质量的情况下，优化用水管理对于纸板机生产不同规格纸板而言极为重要。图6－17显示了在串联布置时，规划供给新鲜水是怎样体现出最大优势的。

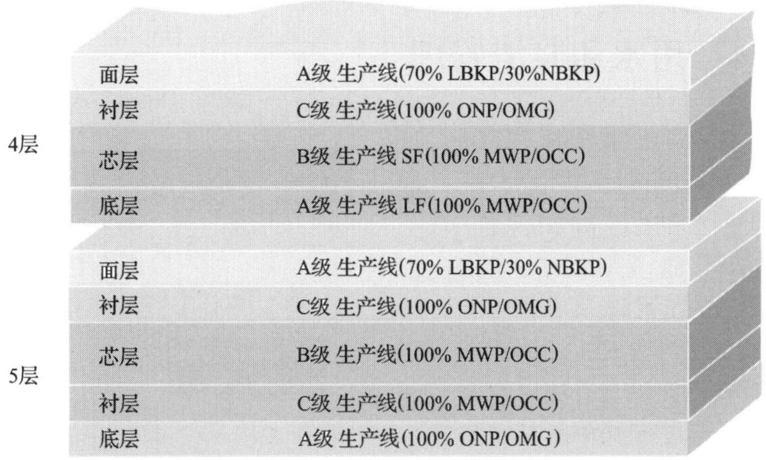

4层
面层
A级 生产线(70% LBKP/30%NBKP)
衬层
C级 生产线(100% ONP/OMG)
芯层
B级 生产线 SF(100% MWP/OCC)
底层
A级 生产线 LF(100% MWP/OCC)
5层
面层
A级 生产线(70% LBKP/30% NBKP)
衬层
C级 生产线(100% ONP/OMG)
芯层
B级 生产线(100% MWP/OCC)
衬层
C级 生产线(100% MWP/OCC)
底层
A级 生产线(100% ONP/OMG)

图6－15 漂白浆挂面粗纸板(WLC)，灰底[a]

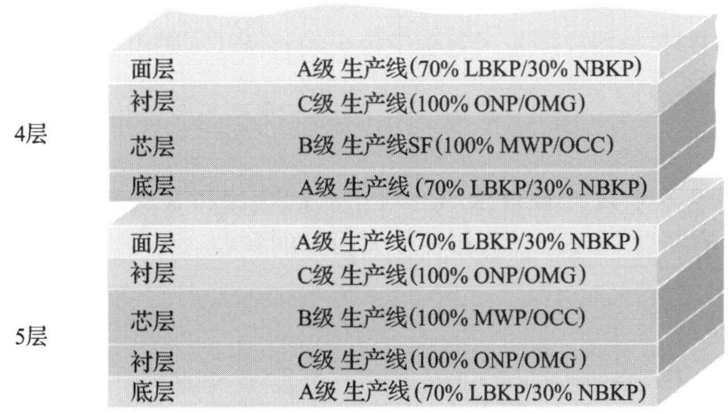

4层
面层
A级 生产线(70% LBKP/30% NBKP)
衬层
C级 生产线(100% ONP/OMG)
芯层
B级 生产线SF(100% MWP/OCC)
底层
A级 生产线(70% LBKP/30% NBKP)
5层
面层
A级 生产线(70% LBKP/30% NBKP)
衬层
C级 生产线(100% ONP/OMG)
芯层
B级 生产线(100% MWP/OCC)
衬层
C级 生产线(100% ONP/OMG)
底层
A级 生产线(70% LBKP/30% NBKP)

图6－16 漂白浆挂面粗纸板(WLC)，白底[a]

注 [a]LBKP—阔叶木硫酸盐浆，NBKP—针叶木硫酸盐浆，ONP—旧新闻纸，OMG—旧杂志纸，MWP—混合废纸，OCC—旧瓦楞原纸，SF—短纤维，LF—长纤维。

总体而言，每一层都有它自己的回路。剩余的水[a]往往供应给质量更低层的回路。显然每层都单独进行纤维回收的话，费用将过于昂贵。在原生浆处理线上，其填料线上通常只有一个纤维回收单元。在回收纤维处理线上，建议采用至少两个和3个(特殊情况下)分离回收单元。除了填料线上的中心纤维回收单元(满足最低质量标准)外，(如果合适的话)需要在漂白原生纤维浆层与白色面层再加入单独筛选段。

质量
层
补充水
最好(第1)
面层
新鲜水
较好(第3)
衬层
澄清水/新鲜水
低(第4)
芯层
澄清水
好(第2)
底层
新鲜水/澄清水
■ 各层的洁净度
■ 节约新鲜水
■ 经济的澄清
过剩水进行
澄清处理

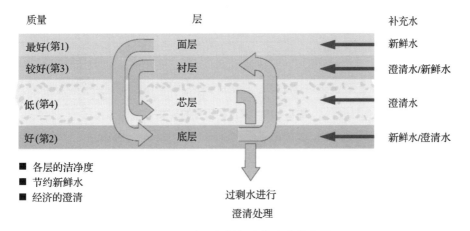

图6－17 多层纸板机上的白水流向图

6.4 用水和浆渣管理

图 6-18 是外围工厂组成的布局图,包括浆渣处理、污泥脱水和循环水处理系统。来自碎浆部、重质颗粒分离和预筛选的粗浆渣,其在排放前有固含率约为 60%。细浆渣与浮选污泥以及清洗用的循环水一起进行预浓缩,其在排放前的固含率约为 60%。采用溶气气浮系统(DAF)净化滤液。在这种情况下,需要安

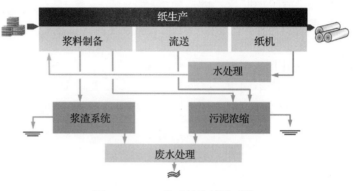

图 6-18 工艺系统和辅助系统

装 3 个独立的溶气气浮工段,其中的 DAF 是用在纸生产过程中传统的长循环回路上。

6.4.1 浆渣和污泥处理

图 6-19 显示了和回收纸一起进入系统的各种杂质。最粗大的组分将在碎浆过程中去除。这些粗大的组分包括大而轻的泡沫塑料或金属箔和各种大而重的颗粒。

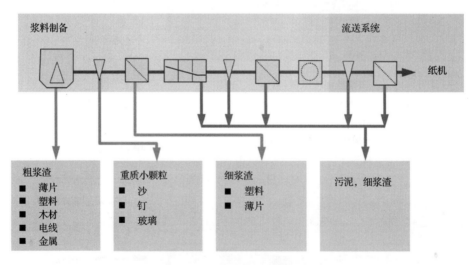

图 6-19 浆渣和污泥的分类

粗净化阶段可以去除密度大的小颗粒(如沙子、订书钉和玻璃碎片)。为了减少浆料损失,高浓除渣器分离出来的颗粒需要进行高效清洗。由于系统特性,后续工段中浆渣的有机物含量高(包括纤维)。

中浓筛选将去除粗颗粒,这包括轻质塑料和薄片。细小的浆渣可以在除渣器、低浓筛和浆料流送系统中分离。因为它们的组成与浮选污泥类似,所以细小浆渣往往与浮选污泥一起处理。

图 6-20 概述了如何整合浆渣处理设备和污泥脱水设备。碎浆阶段的粗浆渣和中浓筛选过程的浆渣采用螺旋压榨机进行机械脱水。粗除渣器产生的浆渣最好用沉降设备进行脱水。低浓

除渣器分离出来的重质微细颗粒无法在沉降设备内得到有效分离,因为这些小颗粒的沉降速度非常低。这些浆渣与低浓筛选阶段的浆渣一起收集起来形成细小纤维浆渣,并与浮选污泥一起进行脱水。通过形成纤维垫层,少量的细小纤维浆渣有助于在污泥压榨过程中处理浮选废渣。

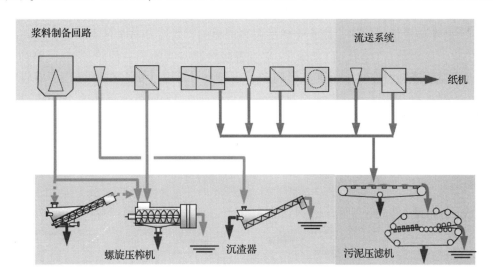

图 6 -20　用于处理浆渣和污泥的设备

现在的普遍做法是采用两级处理:经过轻度预浓缩后,浆渣的浓度从 1% ~2% 增加到 12% ~16% ;然后采用轻度脱水,使浆渣的最终干度达到 60% 。通常,必须使用絮凝剂(有机聚合物或无机吸附剂)。因为浆渣无法自然地形成过滤层,所以脱水时不可能形成滤饼过滤。污泥可在回转式浓缩机(转鼓或转盘)上或重力脱水机中进行预浓缩。

然后,预浓缩后的污泥在双网压榨机或螺旋压榨机内进行脱水。对于这两种工艺,人们有许多参考装置和多年的经验。为适应材料特性,双网压榨机能通过改变压力来连续调节脱水。双网压榨机的另一个优点是低能耗和易维护。螺旋压榨用于污泥浓缩的主要优点是其紧凑而完全封闭的设计。大型系统的特别重要之处在于占地空间小、易于安装以及所形成的浆渣干度更高。预脱水还可以采用重力脱水机[21-22]。

6.4.2　用水管理

图 6 -21 显示了一个典型工艺的最佳用水管理方案,这个典型工艺采用了预浮选和后浮选来处理精制新闻纸生产用水。通过排水把 3 个回路分离,这有助于合理地管理用水。

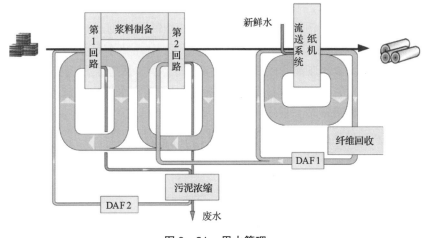

图 6 -21　用水管理

只在纸机上补给新鲜水。

根据逆流原则,白水回收装置中清滤液作为浆料制备线上的补充水。除了极少量来自浆渣处理设备的溢出液和滤液外,整个车间的唯一废水是污泥浓缩设备的滤液[23-24]。返回到第一回路的污泥浓缩滤液往往要经过第二级溶气气浮单元。相关参数(如填料含量、COD 或阳离子需求)的平衡数据表明优化用水管理是相当重要的。与流动有关的有机物浓度可通过生产用水中化学需氧量(COD 负荷)来确定,它沿着浆料制备线的第一回路、第二回路和浆料流送系统方向显著降低。这对于纸页成形和产品质量是必不可少的。COD 是表征有害物质数量的一个主要参数。在这个工艺例子中,第一个回路中的 COD 负荷总计为 4300Mg/kg,第二个回路中的 COD 负荷为 2400Mg/kg,最终流送浆料中的 COD 负荷为 1100Mg/kg。这意味着各个回路的 COD 负荷比约为 100∶50∶30(如图 6-22 所示)。到目前为止,没有一种可靠的方法能用于直接量化那些妨碍纸页成形和产品质量的有害物质。可溶性物质和胶态物质是进行分流还是混合,取决于流量和浓度。

COD 容积负荷/(kg/min)

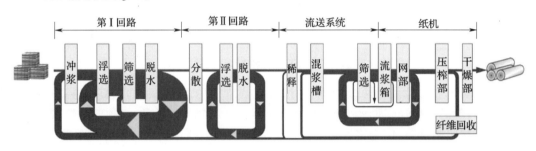

COD 浓度/(mg/kg)

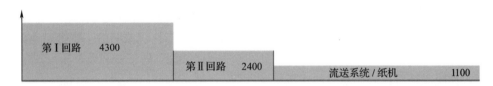

图 6-22　COD 容积负荷和浓度

为了节约新鲜水,一些污泥脱水滤液将被循环使用。剩余的脱水滤液将在 DAF 2 处排入废水处理单元。如果污泥浓缩中更多滤液被循环使用,则意味着从第二回路进入到第一回路的补充水量更少,纸机上所需的补充水也更少,因此整个系统也需要更少的新鲜水。因此,DAF 2 处循环滤液与废滤液的比值将决定整个系统(从碎浆到压榨部)的单位新鲜水消耗量。采用控制系统对浆料制备线上第一回路到纸机(新鲜水进入系统的地方)之间缓冲池和贮浆池的液位进行串级调节。根据阴离子垃圾浓度、助剂消耗量和产品质量的需求,在操作过程中只需要连续调节封闭循环的程度,无须采用复杂的控制算法。

如上所述,强烈建议在第Ⅱ回路末端的圆盘过滤机后加入高浓压榨。这能显著地降低化学品和其他有害物质的非理想夹带。

图 6-23 中左边的柱形表示在采用圆盘过滤机把浆料浓缩至 12% 时不同回路的 COD 负荷。如果安装一台高浓挤浆机用于后续的浆水分离,这使得向纸机回路中转移的浓度将增大到 30%。图 6-23 中右边部分的柱形表示改变条件后的 COD 负荷。如果未采用高浓挤浆机,

纸机回路(决定最终纸质量的地方)中的 COD 负荷将降低近一半。需要注意的是第 I 回路和第 II 回路中 COD 负荷是增大的。如 COD 负荷值所表示的那样,有害物质中较小一部分将通过成品纸离开处理系统。因此当浆料制备各回路中的排水量(体积)不变时,排放负荷和上游回路中的负荷都要相应地增大。生产用水中的有害物质浓度主要取决于单位废水排放量。图 6 - 24 显示了当单位废水排放量为 5 ~ 10L/kg 时,COD 负荷与单位废水排放量的关系。这些数据是针对第 II 回路末端只有一个圆盘过滤机的工艺实例。

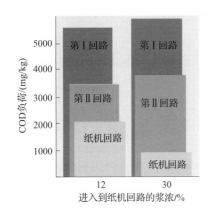

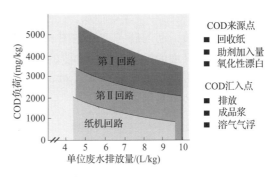

图 6 - 23　水回路分离对 COD 负荷的影响
注:单位废水排放量:5.0L/kg。

图 6 - 24　COD 负荷与单位废水排放量的关系
注:进入纸机回路的浆浓为 12%。

然而,即使优化了回路的分离,也会因为水封闭循环程度的提高,导致有害物质越来越多。对于包装纸生产线而言,有许多提高水封闭循环程度的相关经验可以借鉴。最新技术是水封闭循环系统的单位废水排放量约为 4l/kg,这相当于使用新鲜水系统的单位废水排放量约为 5.5L/kg(如图 6 - 25 所示)。各车间的经验表明,在这些条件下,很大比例的可溶性物质被洗出系统(积累的 COD 浓度只有 7500mg/kg)。

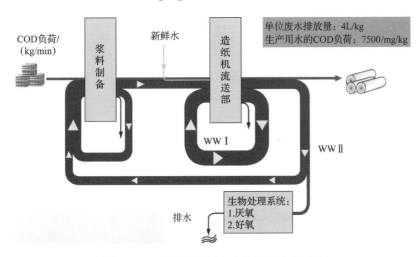

图 6 - 25　针对印刷纸工艺的限量排水系统

如果排水量进一步减少,有害物质将大幅度累积。这将导致一系列问题,如强度性能和纸机运转性能下降、腐蚀和发臭。图 6 - 26 显示了这些情况。完全封闭系统的 COD 负荷将达到 30000mg/kg 或者更多。

随着单位废水排放量的降低,循环水和废水中的 COD 负荷将加速增大。只有在这种情况下(即使在零排放的系统中,少量离开系统的水必须采用新鲜水补充),这种增大是受到限制的。除了少量的水与浓缩浆渣一起排放外,水也会跟随湿纸幅从压榨部进入到干燥部,并随后在干燥部蒸发。对于包装纸生产而言,单位废水排放量约为 1.5L/kg。

利用生物作为"系统之肾"来处理可溶性或胶态物质,使合理的封闭循环变成零排放,并且不会有微细胶黏物和可溶性物质引起问题[15-16](见图 6 – 27)。然而,对系统布局进行仔细的设计是极为重要的。应该合理地解决与系统温度升高以及水染色相关的问题,因为它们会引起产品着色或石灰结垢。

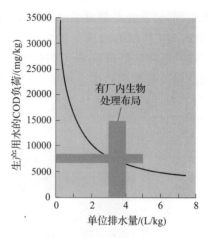

图 6 – 26　COD 负荷与单位废水排放量的关系(针对印刷纸)

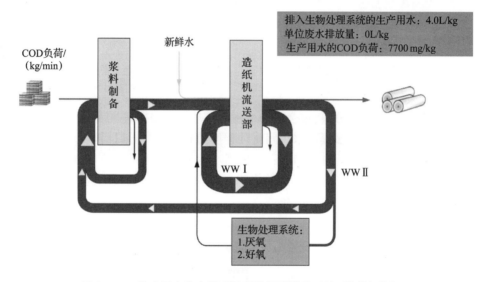

图 6 – 27　集成了生物水处理子系统的零排放系统(针对包装纸)

6.5　工艺布局成本效益的评估

6.5.1　评估相关技术层面

任何浆料制备工艺布局的关键性能要求是达到最佳成本效益。在满足质量目标的同时成本必须最小化。在重建或新建厂房项目的框架下,可选项必须根据性能指数来评估。

为了彻底完成这个任务,必须预测参数(与成品浆或者卷筒纸质量相关)的预期值。在评估过程中,必须对每一个理念做出预测,同时必须计算运行总成本。此成本预算必须包括所有相关的可变成本,如原材料、助剂、能量和水。除此之外,必须考虑到任何理念(因为忽略水处理单元等)暗含的新增停机风险。需要定量评价水平衡、循环水负荷和温度、助剂、能量平衡以及废水处理车间性能之间的相互作用。

不管生产什么纸种,理念评价都必须涉及所有这些方面。为了在浆料制备理念的发展过程中能评价所有的这些选项,必须对所有数据进行定量估计。在大多数情况下采用模型来计算这些数据。后面的章节将以强韧箱纸板为例做出评价结果。脱墨工艺生产线也能做出类似的假设。

6.5.2 包装纸的工艺布局选项评估

对于改进包装纸(强韧箱纸板)生产线的浆料制备工艺布局,其一般选项包括增加工段,使用其他规格的 RCF 或改变单个加药比例/工艺参数。考虑到更为细节的部分,采用规格为 1.02、1.04 和 4.01 的 RCF 是一种明智的选择。第二类选项包括从传统 RCF 纤维中加入未漂白硫酸盐浆增强纤维和为新浆料线再安装一个磨浆段。第三个选项建议合并分级段与长纤维精磨段。考虑的其他选项包括像浮选和纸浆洗涤等技术的应用,这些技术目前只在生产印刷纸和薄页纸的脱墨线上。为此,需要定义一套方案(见图 6 - 28[25])。

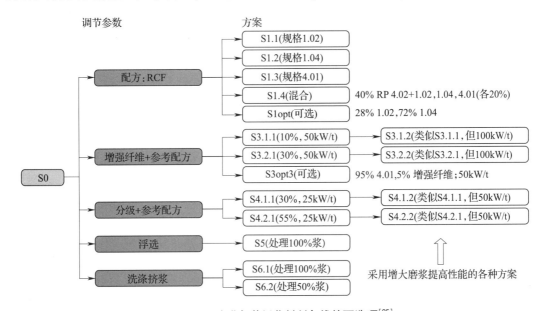

图 6 -28 改进包装纸浆料制备线的可选项[25]

成本计算包括所有的运行和投资成本(见图 6 - 29)。对于任何一个需要追加设备的选项,相对于总体运行成本而言,任何这些投资对于吨纸成本是相对小的。我们能发现增大产品强度性能会导致成本的增加。对于一个给定的成本基数(2009),SCT 每增大 1% ,运行成本将增加 4.37 欧元/t 纸。从图中可以看到最佳执行方案(实心点),很明显该方案中强度增大与成本的比例要好得多。相对于目前的情况每吨纸大概可以节约 17 欧元。此外,更高强度条件下成本斜率更低。

基于前面的假设,最佳执行方案证明是把规格为 1.04 的份额从 72% (S 1 opt)提高到 100% (S1.2),并采用分级(高费用)和精筛(高能耗)处理 RCF 浆(S 4.2.2),为了获得高质量的纸浆(S 6.1)可以安装一个洗浆机来处理低档 RCF。

这个例子表明,为了制定最佳的成本解决方案,在工艺设计的初期阶段就要进行详细的计算。然而,RCF 原料的成本波动很大。各类纸种[26]的长期趋势评估证实了价格的波动。在过去的 20 年中,规格为 1.04 的 RCF 最高价是最低价的 10 倍。在过去的几年中,能源价格也呈

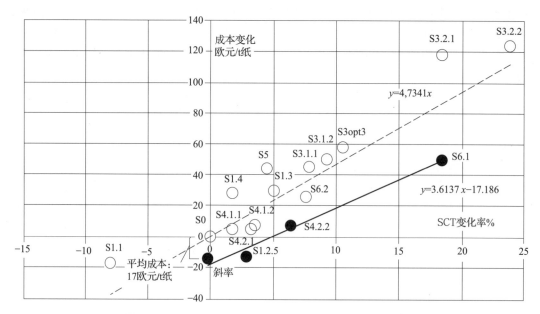

图6-29 模拟结果和各方案在平均效能下成本趋势(空心点,相关性:点画线)和
最佳执行方案(实心点,相关性:实点线)

快速上升的趋势,并且很不稳定。许多其他成本因素(如助剂和废物处置)也有类似的趋势。因此对成本的任何预测都有很大的不稳定性。预测可能并不能反映未来的发展趋势。投资决定也可能证明是错误的。

基于以上的背景,评价和选择未来最佳的技术和技术装备是一件很困难的工作。一种方案可以评价任何装备对价格变化的敏感性。

对于任何浆料制备线而言,最重要的问题之一是决定采用更昂贵的原材料,还是选用能处理更低档纤维原料且更为复杂的浆料制备车间。两种选择对于价格升降的敏感性相差巨大。

采用精制纤维并进行盘磨(方案 S 3.2.1),在很大程度上取决于现有设备和相当昂贵且价格波动小的纸浆原料。相反,安装洗涤压榨/洗浆机用于处理更为便宜的原料(方案 S6.1)可能有很高费用的风险。如果 RCF 价格和浆渣处理的成本同时上升,浆料洗涤的平均成本甚至会超过使用精制纤维的成本。考虑到淀粉和电力成本,这两种选择并没有太大的差别[25]。

每次只根据一种成本因子的变化或者一套未来价格方案对各种工艺布局选项进行对比,因此可以不失全局地评价各种策略选项。这种信息既可以在工艺理念的发展过程中为决策者提供支持,又可以为工程设计中最佳浆料制备工艺布局的制定提供帮助。

参考文献

[1] Göttsching, L.; Stürmer, L. 1978. Physikalische Eigenschaften von Sekundärfaserstoffen unter dem Einfluss ihrer Vorgeschichte. Wochenblatt für Papierfabrikation. Vol. 106, no 23/24, p. 909.

[2] Howard, R. C.; Bichard, W. 1992. Journal of Pulp and Paper Science. Vol. 151, no 18, p. 4.

[3] Ferguson, L. D. 1992. Paper Technology Vol. 14 no. 33, p. 10.

[4] Göttsching, L. 1975. Recycling in der Papierindustrie. Wochenblatt für Papierfabrikation. Vol. 103, no 19, p. 687.

[5] Ortner, H.; Bergfeld, D. 1991. ASEAN Symposium on the Pulp & Paper Industry. Recycling of waste paper, present status – future development.

[6] Siewert, W. H. 1995. Systembausteine der Altpapieraufbereitung. Wochenblatt für Papierfabrikation. Vol. 123, no16, p. 681.

[7] Linck, E.; Matzke, W.; Siewert, W. Systemüberlegungen beim Deinken von Altpapier. 1990. Wochenblatt für Papierfabrikation. Vol. 118, no 6, p. 227.

[8] Borschke, D. 1998. Systemkonzeptionen – ein komplexes Puzzle für die gesamte Prozesstechnologie. Das Papier, Vol. 52, no 2, pp. 51 – 55.

[9] Abrams, Th. L. 1996. Process Engineering Design Criteria Handbook: Pulp and Paper normal design criteria. Tappi Press 1996.

[10] Güldenberg, B.; Hansen, O.; Moser, J. Serr, M.; von Paweisz, M.; Delau R. 2004. One Platform Concept für holzfreie Papiere – Qualität bei hohen Geschwindigkeiten. Wochenblatt für Papierfabrikation. Vol. 132, no 3 – 4, p. 116.

[11] Cordier, O.; Bienert, C.; Hanecker, E.; Kappen, J. 2008 Process optimization of deinking lines based on an innovative management of the particle size distribution. In: 2008 Leipzig: PTS Deinkingsymposium, Leipzig, April 15 – 17, 2008.

[12] Blanco, A.; Dahlquist, E. Kappen, J.; Manninen, J.; Negro, C.; Ritala, R. 2008. A view into European research on modelling and simulation in pulp and paper. In: 2008 Control Systems Pan – Pacific Conference, Vancouver, BC, Canada, June 16 – 18, 2008.

[13] Alonso, A.; Negro, C. 2006. Main specifications of different software packages. http://www.coste36.org/publications.htm.

[14] Kappen, J.; Bienert, Ch.; Hamann, L.; Manoiu, A.; Meinl, G.; Strunz, A.; Ofenböck, W.; Wischeropp, Th.; 2008. A holistic approach on cost optimization in packaging paper production – development and application examples. In: 2008. 5th Packaging Paper and Board Recycling Symposium. CTP, Grenoble, March 18 – 20, 2008.

[15] Reinholdt, B.; 2006. iCON – Quality control for increased productivity in stock preparation plants right up to paper machines. Wochenblatt für Papierfabrikation. Vol. 134, no 5, p. 220.

[16] Reiboth, F.; Krause, R.; Mayer, M.; Kallich, C. 2008. Das bringt eMPC in der Deinkinganlage Stora Enso Sachsen Mill – Erfahrungsbericht über Methode, Technik und Aufwand sowie monetären und immateriellen Nutzen. Wochenblatt für Papierfabrikation. Vol. 136, no 11 – 12, p. 674.

[17] Neumann, A.; Sieber, A.; Kerkhoff, A. – B.; Runge H. 2008. Quality on Demand – Was kann mit einer Steuerung der Produkteigenschaften zur Reduzierung der Produktionskosten erreicht warden? Wochenblatt für Papierfabrikation. Vol. 136, no 21 – 22, p. 1262.

[18] Niggl, V. 1993. Dispergierung – eine Notwendigkeit für grafische Papiere. Wochenblatt für Papierfabrikation. Vol. 121, no 9, p. 324.

[19] Börner, F.; Dalpke, H. – L.; Geller, A, et al. 1982. Anreicherung von Salzen im Fabrikationswasser und im Papier bei der Einengung der Wasserkreisläufe in Papierfabriken. Wochenblatt

für Papierfabrikation. Vol. 110, no 9, p. 287.

[20] Borschke, D., Schwarz, M., and Selder, H. 1996. Aufbereitungstechnologie für Verpackungspapiere – Stand der Technik und Entwicklungstrends, Das Papier. Vol. 50, no 718, p. 444. 48 (10A), p. 72.

[21] Stack, H. 1992. Papier aus Österreich. Vol 11, p. 11.

[22] Schwarz, M. 1995. Wochenblatt für Papierfabrikation. Vol. 123, no. 18, p. 792.

[23] Stark, H.; Schwarz, M. 1994. Papier aus Österreich. Vol 6, p. 3.

[24] Hamm, U.; Göttsching, L. 1995. Inhaltsstoffe von Holz und Holzwerkstoffen. Wochenblatt für Papierfabrikation. Vol. 123, no. 10, p. 444.

[25] Bienert, Ch.; Altmann, S.; Kappen, J. 2009. Cost optimization in packaging paper production based on an innovative concept to assess and simulate strength properties. In: 2009. Paper research Symposium, Kuopio, Finland, 1 – 4 June, 2009.

[26] Diesen, M. 2007. Economics of the Pulp and Paper Industry. Paperi ja Puu Oy 2007.

第⑦章 脱墨化学品

7.1 脱墨化学

7.1.1 脱墨化学的作用

为了获得较高的废纸回用率,不仅需要去除非纤维性物质,如木片、塑料和金属(见本书第5章),更重要的是要去除印刷油墨。只有在实际生产中尽可能地去除油墨,才可以得到较高的废纸回用率。

脱墨化学的作用是,通过化学作用,使油墨易于从纤维上剥离下来,并从系统中去除。

7.1.2 脱墨方法

油墨从纤维上剥离以后,其去除方法有两种:浮选和洗涤,目前最常用的方法是浮选法。

在浮选脱墨过程中,疏水性的油墨颗粒黏附在气泡上(如图7-1所示),随后这些比重较小的气泡上升至液面形成泡沫层,并通过溢流或者刮板的形式将泡沫层去除(如图7-2所示)。

图7-1 空气的注入

图7-2 油墨的去除

为了使印刷油墨颗粒能够黏附在气泡上,油墨颗粒必须完全从纤维上剥离下来。由于纤维表面的亲水性太强,如果油墨颗粒仍然连接在纤维上,将无法黏附在气泡上。

浮选法脱墨的另一个前提条件是,油墨颗粒的粒径必须合适,约为 $20\sim100\mu m$[1-3]。如图 7-3 所示,不同的处理方法,对杂质尺寸的要求也就不同(即不同尺寸的杂质需要采用不同的方法来去除)。

下文所述的浮选是指,脱墨浆(DIP)生产印刷用纸(特别是新闻纸)过程中的油墨浮选。洗涤法脱墨将在"洗涤脱墨化学"部分讲述。

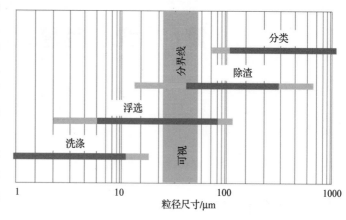

图 7-3　造纸过程中颗粒分离的原理

7.1.3　油墨成功脱除的前提条件

脱墨化学能否起作用取决于许多因素,下文仅就主要的几个因素进行阐述。

7.1.3.1　废纸质量

废纸的品质等级不同,其脱墨潜力也不同。废纸的等级直接决定了脱墨浆的最终白度或亮度。因此,要根据所需的脱墨浆的品质来选取合适等级的废纸。

以生产新闻纸的脱墨浆为例,如果要求新闻纸的目标白度大于 59% ISO,且其灰分在 14% ~ 15% 之间,那就应选用欧洲标准 EN 643 中的 1.11 等级的废纸作为原料。该等级的废纸含有 40% ~60% 的旧报纸和 40% ~60% 的废杂志纸。EN 643 中的 1.11 等级的废纸是家庭生活垃圾经过分选后得到。

然而,无论采用何种化学脱墨技术,如果经过分选后的废纸中仍含有低白度的纸张,那么脱墨浆的最终白度就会降低。低白度纸张对脱墨浆最终白度的影响如图 7-4 所示。低白度纸张的比例每增加 3%,脱墨浆的最终白度就降低 1% ISO。

7.1.3.2　油墨种类

废纸中印刷油墨的种类对脱墨过程具有很大的影响。根据其可浮选性,印刷油墨大致可分为两类:水性油墨和油性油墨。

水性油墨(柔印油墨和喷墨油墨)颗粒的表面是亲水的,所以不能黏附在气泡上,也就无法通过浮选的方法脱除。这些油墨会在循环水体系中逐渐累积,如果它们在水处理过程中也没有

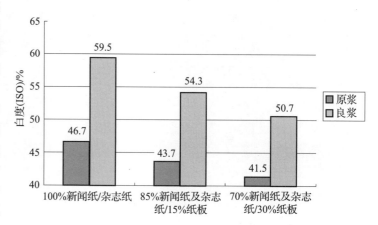

图 7-4　低白度纸张的含量对脱墨浆最终白度的影响

被去除,就可能会污染整个脱墨系统。纸浆中的水性油墨经过过滤后得到的滤液通常呈灰色或黑色(如图 7 - 5 所示)[4,22]。

柔性印刷油墨　　　　　　　　　　油性油墨

图 7 - 5　来自不同油墨印制的新闻纸的脱墨浆滤液对比

油性油墨颗粒的表面是疏水的,能够黏附在气泡上,浮选法可以有效地将之脱除。要达到良好的油墨脱除效果的先决条件是,在碎浆过程中油墨完全从纤维上剥离下来。纸浆中的油性油墨经过滤后得到的滤液通常是澄清的或略微浑浊的(如图 7 - 5 所示)。

7.1.3.3　废纸的老化

废纸的老化程度是影响脱墨效果的一个关键因素。印刷油墨比较容易从没有老化的废纸上剥离和脱除下来;对已老化的废纸而言,其中的油墨连接料硬化程度高(即油墨紧密地连接在纤维上),因而更难于剥离。因此,无论废纸是否已老化,总有一定量的油墨黏附在纤维上,无法通过浮选的方法脱除。图 7 - 6 显示的是新闻纸和杂志纸在人工老化前后脱墨效果的对比,老化温度 60℃,时间 144h[5]。

与未老化的废纸相比,已老化的废纸的白度低、尘埃点多。在脱墨车间可以观察到这种现象,特别是在废纸供应量较低的夏季月份这一现象更为明显。为了弥补废纸供应量的不足,往往在原料中加入一部分囤积的废纸。这些囤积的废纸可能已经过日晒雨淋,从而导致脱墨浆成浆质量的下降。这一现象被称为“夏季效应”[22]。

老化之前的旧新闻纸　　　　　　老化之后的旧新闻纸

图 7 - 6　老化前后的废纸经碎浆和浮选后的对比

为了保证废纸回用过程的顺利进行,应尽可能使用未经老化的废纸,并且其中不含水性印刷油墨。

7.1.3.4　工艺及设备(参见本书第 5 章和第 6 章)

(1)车间的产能

在实际生产中,脱墨车间的实际产能往往远高于其设计产能,导致所生产脱墨浆的白度也不够高。与车间的设计参数相比,实际生产中采用了更短的碎浆时间、更短的浮选时间和更高的浮选浆浓,从而达到提高产能的目的。这样做的后果是,在较短的碎浆时间内,印刷油墨不能在碎浆过程中完全与纤维分离开;另外,在较短的浮选时间内,剥离的油墨不能很好地黏附在气泡上。如果浮选时的浆浓过高(比如高于 1.3%),气泡可能无法顺利地上升至液面(视灰分的高低而言)。

如果脱墨单元在高于其设计产能的条件下运行,脱墨浆的质量就会有所下降。

（2）浮选段数

现代化的脱墨车间通常配有两段浮选。第一段浮选后，纸浆经过浓缩、热分散、稀释后进入第二段浮选。这样做可以确保脱墨浆具有较高的白度和洁净度，因为在热分散过程中，因尺寸过大无法在前浮选中脱除的油墨会被进一步破碎，并通过第二段浮选而脱除[6]。

目前仍有一些脱墨车间采用单段浮选。这样的话，必须对浮选工艺进行优化调整，保证彻底地脱除油墨，因为在浮选段之后，油墨从系统中去除的可能性已不大。

7.1.3.5 过程水的管理（参见7.4节）

在脱墨车间中，废纸在15%~18%的浆浓条件下碎解成浆，然后进行稀释和浓缩，得到的滤液（清滤液和浊滤液）含有大量的细小纤维、填料以及油墨和黏性颗粒。

尽管在滤液的净化过程中纤维和填料的流失会降低纸浆的得率，但由于浊滤液和清滤液中含有胶黏物和其他杂质，因此，这些滤液在用作稀释水之前需要进行净化。现代化的脱墨车间采用微气浮对水进行净化（见第7章7.4小节）。如果滤液没有经过净化或净化不充分，随着循环次数的增加，过程水会变得越来越脏；在极端情况下，甚至可能会污染整个脱墨流程[7]。

总之，要得到最佳的脱墨效果，需要满足以下几方面的要求：a. 选用合适等级的废纸；b. 原料中不含有水性油墨；c. 脱墨车间的实际产能未超过其设计产能；d. 保证过程水的质量。

另外，如果脱墨效果的下降是由上述过程参数选用或运行不当而引起的，那么仅仅靠提高脱墨化学品的用量是不可行的。

7.1.4 油墨剥离化学

如前所述，印刷油墨一般是通过浮选方法脱除的。然而在进行浮选之前，油墨首先必须与纤维分离。

油墨从纤维上的剥离过程主要发生在碎浆阶段。施加到碎浆机或转鼓上的能量有助于纤维物料的解离。碎浆设备所产生的摩擦力和剪切力促使油墨与纤维发生一定程度的剥离（见第5章）。脱墨化学品的加入促进了油墨与纤维的剥离。因此，在碎浆设备（碎浆机或转鼓）中加入以下3种化学品：烧碱、硅酸钠、过氧化氢。

7.1.4.1 氢氧化钠的作用

对油墨剥离而言，氢氧化钠是最重要的化学品。它能作用于纤维上的羟基，使得水分子更容易渗透到纤维网络结构中，从而促进纤维的润胀（见图7-7）。纤维的润胀作用可以使纤维网络变得松弛，因此，油墨在碎浆过程中几乎可以完全从纤维上剥离下来（如图7-8所示）。

除促进油墨的剥离以外，氢氧化钠还是过氧化氢的活化剂和钠皂的皂化剂。过氧化氢和脂肪酸的作用参见在本章后文。

7.1.4.2 硅酸钠的作用

硅酸钠是浮选法脱墨中使用最为广泛的多功

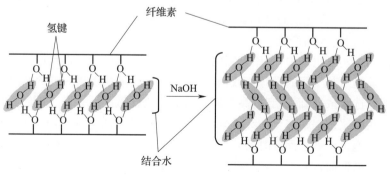

图7-7　纤维的碱性润胀

能化学品。它可以作为洗涤剂、过氧化氢稳定剂和 pH 缓冲剂[8-9]。另据报道,硅酸钠在油墨剥离与絮聚、抑制油墨再沉积,以及润湿油墨等方面都起到重要的作用[10-14]。另外,硅酸钠对提高浮选脱墨的纸浆得率(特别是填料的得率)具有积极的作用[14-17]。

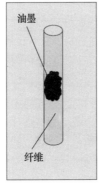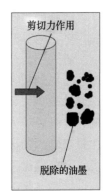

图 7-8　油墨的剥离示意图

7.1.4.2.1　硅酸钠的化学结构和等级

液体硅酸钠是硅酸根离子的复杂混合物。较大的硅酸根离子是其单体 SiO_4^{4-} 的二维或三维缩合产物。硅酸盐溶液的基本结构单元是四面体硅酸根离子(硅氧四面体),硅原子位于四面体的中心,氧原子位于四面体的四个顶角。通常情况下,每个氧原子与氢或钠原子连接,或与其他四面体中的硅原子通过四面体配位形成体积更大的低聚体或多聚体结构(如图 7-9 所示)。

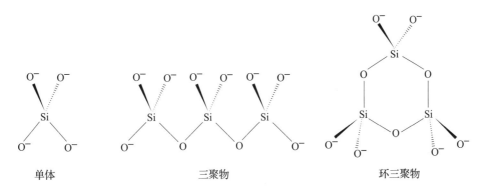

图 7-9　硅酸盐阴离子的结构示意图

溶液中硅酸根离子的大小可以通过固形物浓度和碱度测定出来。硅酸盐溶液的相对碱度通常表示为 SiO_2 与 Na_2O 的质量比。在绝大多数的商品硅酸盐溶液中,SiO_2 与 Na_2O 的质量比在 1.6~3.4 之间。固形物的浓度是 SiO_2 和 Na_2O 的浓度之和。比如,如果产品中含有28%的 SiO_2 和 14% 的 Na_2O,那么其中的 SiO_2 与 Na_2O 的质量比为 2.0,固形物含量为 42%。若用 NaOH 的浓度来表示硅酸盐的碱度,须把碱度值乘以 1.29,因为 1 摩尔的 Na_2O 在水中生成 2 摩尔的 NaOH(即 14% 的 Na_2O 相当于 18% 的 NaOH)。

提高硅酸盐溶液的碱度(即降低质量比),部分硅氧键会发生水解,从而导致硅酸盐离子尺寸的下降。硅酸盐溶液中(1mol/L)质量比的变化对其离子尺寸的影响如图 7-10 所示。随着碱度的降低(质量比的升高),结构单体的浓度逐渐降低(复杂结构的数量有所增加)。质量比在 2.0 左右时,大部分的硅酸盐呈大环形结构;而当质量比大于 3.0 时,主要以聚合态为主。如果向高质量比的硅酸盐溶液中加入碱来降低其质量比,不同结构的硅酸根离子的分布则会达到新的平衡。平衡所需的时间取决于碱的加入量、硅酸盐的初始浓度、温度和搅拌等因素。硅酸盐原液(full-strength,未经稀释的)在没有搅拌的情况下,需要超过48h 的时间才能达到新碱度条件下的平衡。

硅酸盐的等级是通过 SiO_2 与 Na_2O 的质量比（Silica : alkali）以及固形物的浓度来划分的。传统脱墨方法中最为常用的硅酸盐,其质量比为 3.3,固形物含量为 36%。这种产品约含 8.5% 的 SiO_2（相当于约 11% 的 NaOH）。近年来,欧洲的脱墨车间多

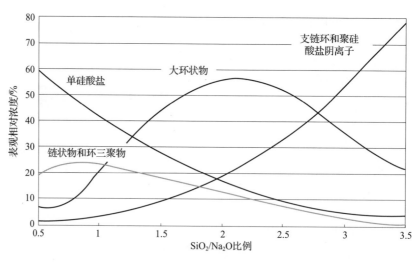

图7-10　硅酸盐阴离子各种结构之间化学平衡的定性解释

采用碱度较高的硅酸盐,其质量比在 1.7～2.5 之间,碱度在 15%～20% 之间（以 NaOH 计）。使用高碱度硅酸盐的好处在于:可以减少液体储存槽和流送设备上的沉积物;可以降低硅酸盐的消耗量,因为高碱度条件下硅酸盐离子的脱墨效果更好。

7.1.4.2.2　硅酸盐的生产

液体硅酸盐的生产方法主要有两种。一种是水热法,将高纯度的石英砂在高压条件下溶于烧碱中,制得 SiO_2 与 Na_2O 质量比小于 2.5 的硅酸盐溶液。另一种是高温炉法,将纯石英砂和碳酸钠置于约 1400℃ 的高温炉中形成熔融物,然后溶于水中;这种方法可以制备各种不同等级的硅酸盐溶液。

7.1.4.2.3　硅酸钠的储存及处置

硅酸钠溶液呈碱性,其 pH 在 11～13 之间,甚至更高。由于碱度高,因此在储存和处置时应特别小心。另外,硅酸盐干燥后会形成类似玻璃的物质,需小心被割破。

液体硅酸盐的储存温度应在 10～60℃ 之间。温度过高会加剧硅酸盐的脱水,从而引起硅酸盐的慢速聚合,并最终导致硅酸盐沉积在储存槽中。温度过低,硅酸盐的黏度高,难以泵送。将硅酸盐的温度降至其冰点（约 0℃）时,也会发生聚合,形成二氧化硅胶体。

液体硅酸盐可以储存在水平或立式的罐中,罐体的材料可以为碳钢、不锈钢、玻璃纤维强化的塑料（玻璃钢）或其他合适的材料。但是,不能使用铝或黄铜制的槽罐和配件,因为铝和黄铜会受到碱液的腐蚀。

由于硅酸钠本身所固有的性质,不管采用何种方法制备的硅酸钠溶液,其中总会有少量的悬浮颗粒,这些颗粒经过一段时间后会积累在储存槽的底部。因此,定期的检查和清洗储存罐就显得很重要。如果悬浮颗粒的沉积得不到良好的控制,罐体的容积就会下降,而且管路会被堵塞;起初较为松软的胶状沉淀物会逐渐变成坚硬质密的物质,需要花费更多时间和金钱才能去除。与低质量比（SiO_2 : Na_2O）的硅酸盐溶液相比,高质量比的硅酸盐溶液发生沉积的可能性要高一些。

7.1.4.2.4　硅酸盐在脱墨中的作用

硅酸盐在脱墨过程中的积极作用主要表现在:系统的残余过氧化氢浓度高,浮选后纸浆的白度较高,油墨脱除的效率高,浆的得率高。

（1）硅酸盐对光学性质的影响

关于硅酸钠对脱墨浆光学性质的影响，研究者通过实验室和工厂试验对其进行了大量的研究，积累了很多数据[4-5,7-10]。脱墨过程中硅酸盐的一个很重要的作用就是稳定过氧化氢，这一点类似于机械浆的过氧化氢漂白；其机理是钝化能够分解过氧化氢的过渡金属离子。另外，硅酸盐可以对过程的 pH 起到缓冲作用，防止在起始阶段碎浆机中的 pH 升至过高，从而进一步强化过氧化氢的稳定性，并减少机械浆纤维的返黄（如图 7 - 11 所示）。从某种意义上来说，硅酸盐能够储存体系的碱度，当体系的碱度被消耗时，硅酸盐能够将其储存的碱度释放出来，从而保持系统 pH 的稳定。

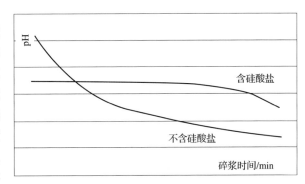

图 7 - 11　硅酸钠在碎浆过程中的缓冲作用

硅酸盐对脱墨浆光学性质的积极作用，一半可以归结为稳定过氧化氢和缓冲作用[3]，另一半归结为清洁作用。硅酸盐在脱墨过程中也可以起到清洁剂的作用，这一点也就不足为怪，因为硅酸盐是很多清洁剂配方中一种常见的组分。硅酸盐能够可以通过润湿纤维、加强油墨剥离、减少油墨破碎等作用提高浮选效率。硅酸盐对脱墨浆光学性质的改善作用即使在无过氧化氢存在的条件下仍较为明显（如图 7 - 12 所示）。

（2）硅酸盐对得率的影响

硅酸钠对浮选的得率有很大的影响。研究发现，加入（碎浆时）硅酸钠后，浮选的得率有明显的提高，且脱墨浆的光学性质不受影响，甚至有所提高[14-17]（如图 7 - 13 所示）。这可能是由于硅酸钠的加入提高了油墨的脱除率以及浮选的选择性（硅酸钠的捕集作用）。

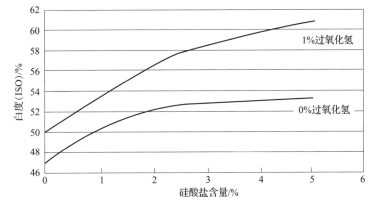

图 7 - 12　硅酸钠对浮选后纸浆白度的影响

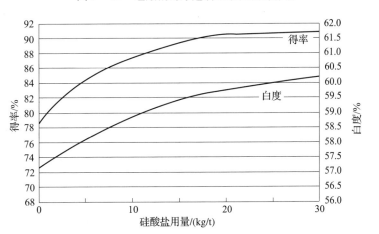

图 7 - 13　硅酸钠用量对白度及得率的影响

7.1.4.3　过氧化氢的作用

如果选用含磨木浆纤维的废纸，并在碱性条件下进行脱墨，那就会诱发纸浆的返黄,导致脱墨浆成浆质量的下降。因此,须设法避免采用此类方案。纸浆返黄的其他可能诱因包括:老化、光照、受热等。碎浆过程中加入过氧化氢的目的就是避免纸浆的返黄。

过氧根离子通过亲核反应攻击木素的侧链,打破其共轭结构,从而破坏发色基团。由于过氧化氢只有在氢氧化钠存在时才会发挥漂白效果,因此需要根据过氧化氢的量加入相应量的氢氧化钠。这可以通过调节碱性介质中过氧化氢与过氧根离子的平衡向右进行来实现(如图 7-14 所示)。但如果碱浓过高会导致过氧化氢分解为水和氧气(如图 7-15 所示)。

$$\underset{\text{过氧化氢}}{H_2O_2} + OH^{\ominus} \underset{}{\overset{NaOH}{\rightleftharpoons}} H_2O + \underset{\text{过氧阴离子}}{HOO^{\ominus}}$$

图 7-14　过氧化氢的活化

$$H_2O_2 + HOO^{\ominus} \longrightarrow H_2O + O_2 + {}^{\ominus}OH$$

图 7-15　过氧化氢的分解

在氢氧化钠的加入量已进行优化的情况下,过氧化氢的加入量对白度的影响如图 7-16 所示。

为避免纸浆返黄,过氧化氢漂白需要一定的反应时间。反应时间不仅取决于过氧化氢与氢氧化钠的比例,还取决于反应温度。总的来说,温度越高,所需的反应时间越短[19](如图 7-17 所示)。

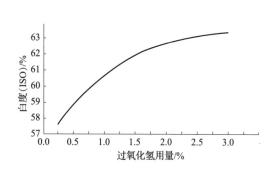

图 7-16　过氧化氢用量对白度的影响

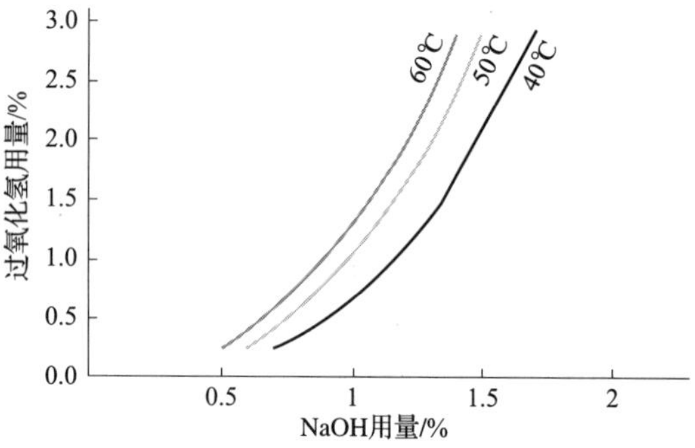

图 7-17　温度对 NaOH 用量和过氧化氢用量的影响

7.1.4.3.1　螯合剂的使用

过程水中的游离重金属离子如 Mn^{2+} 和 Fe^{3+} 会导致过氧化氢的无效分解,失去抑制(避免)返黄的效果。

使用螯合剂可以避免重金属离子引起无效分解。通常情况下,硅酸盐可以起到螯合剂的作用(参见"硅酸盐的作用"部分)。但有些情况下,需将有机螯合剂如 DTPA 或 EDTA 与硅酸盐配合使用(如图 7-18 所示)。

7.1.4.3.2　过氧化氢酶的抑制

重金属离子并不是引起过氧化氢漂白效果降低的唯一原因,过氧化氢酶也是其中的影响因素之一。这种催化酶的催化效率很高。过氧化氢酶是由循环水中的微生物代谢而产生的,它一方面能够保护微生物免受过氧化氢的分解反应的影响(如图 7-19 所示,异裂

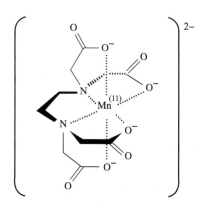

图 7-18　EDTA 对镁离子的螯合作用

反应,heterolysis);另一方面,它能将过氧化氢分解为水和氧气(如图7-20所示,均裂反应,homolysis);该反应的产物不会对微生物产生不利的影响。

$$H_2O + H_2O_2 \longrightarrow HO_2^{\ominus} + H_3O^{\ominus}$$

图7-19 过氧化氢的异裂反应

$$2H_2O_2 \longrightarrow H_2O + O_2$$

图7-20 过氧化氢的均裂反应

过氧化氢的均裂反应使其丧失了应有的特性。对于保证过氧化氢的最佳效果而言(即防止纸浆返黄),必须设法终止均裂反应,而保证异裂反应的进行。

为此,可利用戊二醛(glutardialdehyde,GDA)处理循环水(如图7-21)。戊二醛是广谱杀菌剂,能够杀死系统中的微生物,防止过氧化氢酶的产生,从而保证制浆过程中过氧化氢的最佳效果[21,36]。

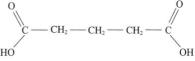

图7-21 戊二醛的化学结构

7.1.5 浮选脱墨化学

7.1.5.1 捕集剂的作用

在浮选法脱墨过程中,黏附在油墨颗粒上的气泡上升至液面,形成泡沫层,该泡沫层随之被去除,从而使脱墨浆的白度达到预期值[22]。

然而,从纤维上剥离下来的油墨必须紧紧地黏附在气泡上,因为气泡与纸浆悬浮液的流向相反。如果油墨颗粒不能很好地黏附在气泡上,就会与气泡发生分离而继续留在纸浆悬浮液中。

为达到最佳的油墨脱除效果,可加入捕集剂。捕集剂具有很强的疏水性,可停留在油墨的表面上,增加油墨颗粒的疏水性,从而提高油墨颗粒与气泡的黏附强度(图7-22)[23]。

为保证最佳的油墨脱除效果,泡沫产生量与排渣浓度之间需要达到一定的平衡,即浮选过程中的泡沫量有一个上限,而浮选损失需尽量低,两者之间需要权衡。这一点在选择捕集剂类型的时候需要

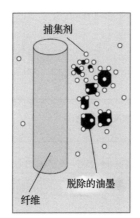
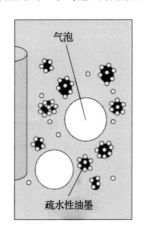
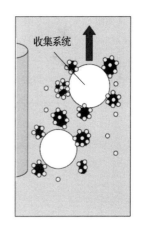

图7-22 油墨的捕集和去除

考虑到。最为重要的捕集剂类型如下文所示。

7.1.5.2 脂肪酸

就用量而言,脂肪酸是最大的一类捕集剂。这其中的原因是,脂肪酸的油墨脱除率高,而且造纸行业在使用脂肪酸方面已有多年的经验。

7.1.5.2.1 化学合成

脂肪酸是有机羧酸,由长烷基链和一个羧基组成。脂肪酸是按照烷基链长来区分的。

常见的脂肪酸如图7-23所示[24]。含有双键的脂肪酸称为油酸,常见的油酸如图7-24所示[24]。

7.1.5.2.2 脂肪酸的生成

脂肪酸和油酸存在于动物或者植物的脂肪即甘油三酯中。脂肪,无论是动物脂肪还是植物脂肪,都是由甘油和脂肪酸或油酸组成的化合物(如图7-25所示)。

甘油三酯在高温高压下可以分解得到甘油单体以及脂肪酸与油酸的混合物。接着,将脂肪酸和油酸分离开。这一分离过程灵活多样,并取决于后续产品升级工序的要求(如图7-26所示)。脱墨用脂肪酸作为捕集剂是脂肪酸混合物,其常见的组成如图7-27所示。

常用名	分子式	化学式
肉豆蔻酸	$C_{14}H_{28}O_2$	$H_3C—(CH_2)_{12}—C{\overset{O}{\underset{OH}{}}}$
棕榈酸	$C_{16}H_{32}O_2$	$H_3C—(CH_2)_{14}—C{\overset{O}{\underset{OH}{}}}$
硬脂酸	$C_{18}H_{36}O_2$	$H_3C—(CH_2)_{16}—C{\overset{O}{\underset{OH}{}}}$
花生酸	$C_{20}H_{40}O_2$	$H_3C—(CH_2)_{18}—C{\overset{O}{\underset{OH}{}}}$
山酸	$C_{22}H_{44}O_2$	$H_3C—(CH_2)_{20}—C{\overset{O}{\underset{OH}{}}}$

图7-23　典型的脂肪酸

常用名	分子式	化学式
硬脂酸	$C_{18}H_{36}O_2$	$H_3C—(CH_2)_{16}—C{\overset{O}{\underset{OH}{}}}$
油酸	$C_{18}H_{34}O_2$	$H_3C—(CH_2)_7—CH=CH—(CH_2)_7—C{\overset{O}{\underset{OH}{}}}$
亚油酸	$C_{18}H_{32}O_2$	$H_3C—(CH_2)_4—CH=CH—CH_2—CH=CH—(CH_2)_7—C{\overset{O}{\underset{OH}{}}}$
亚麻酸	$C_{18}H_{30}O_2$	$H_3C—CH_2—CH=CH—CH_2—CH=CH—CH_2—CH=CH—(CH_2)_7—C{\overset{O}{\underset{OH}{}}}$

图7-24　硬脂酸及其非饱和衍生物

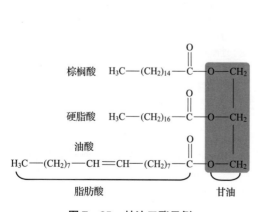

图7-25　甘油三酯示例

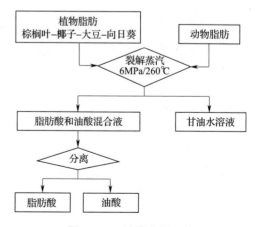

图7-26　油脂分解工艺

7.1.5.2.3　脂肪酸的性质

脂肪酸及其混合物的性质包括如下几个方面：

碳链长度分布：采用降解与气相色谱相结合的方法来测量脂肪酸的碳链长度分布时，链长和双键的数目取决于混合物中脂肪酸或油酸的组成。

脂类名称	常用名称	化学结构式	含量/%
C 14:0	肉豆蔻酸	$H_3C-(CH_2)_{12}-C{\overset{O}{\underset{OH}{}}}$	<5
C 16:0	棕榈酸	$H_3C-(CH_2)_{12}-CH_2-CH_2-C{\overset{O}{\underset{OH}{}}}$	40~60
C 18:0	硬脂酸	$H_3C-(CH_2)_{12}-CH_2-CH_2-CH_2-CH_2-C{\overset{O}{\underset{OH}{}}}$	10~30
C 18:1	油酸	$H_3C-(CH_2)_7-CH=CH-(CH_2)_7-C{\overset{O}{\underset{OH}{}}}$	10~30

图 7-27　脱墨用脂肪酸的典型组成

酸值（AV）：酸值是衡量脂肪酸混合物中游离脂肪酸含量的一个指标，可以通过滴定的方法来测定。理想情况下，酸值约为 200mg KOH/g 或更高。如果酸值偏低，说明脂肪酸中仍然含有未分离的甘油三酯。

皂化值（SV）：皂化值是指脂肪酸中可皂化部分比例的高低。皂化值也可通过滴定的方法测得，应在 200mg KOH/g 或更高。

碘值（IV）：碘值可以间接地反映混合物中脂肪酸或不饱和油酸浓度的高低。换句话说，碘值越高，油酸的比例越高；碘值越低，脂肪酸的比例越高。脱墨用脂肪酸的碘值通常在 20~60mg I_2/g 之间。碘值也是通过滴定法来测定。

冻点：冻点反映的是脂肪酸和油酸混合物的熔点范围。对脂肪酸而言，冻点通常高于 40℃，而油酸的冻点大于 10℃。

脂肪酸要用作脱墨捕集剂还需要满足其他的要求。

7.1.5.2.4　脂肪酸的储存和处置

其中一个基本的要求就是，脂肪酸需要在高于 40℃ 的环境下储存和使用。为满足这一要求，脂肪酸的储存、皂化、添加、运输等全套设备需要隔离和加热，其目标温度最低为 70℃（如图 7-28 所示）。脂肪酸的运输也一样，多置于高于 70℃ 的绝缘罐中。

7.1.5.2.5　脂肪酸的皂化

脂肪酸只有以钙盐的形式（钙皂）存在时才具有捕集作用。这也是脂肪酸之所以要进行皂化的原因。钙皂的形成过程分为两步：

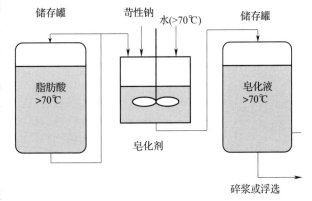

图 7-28　脂肪酸的储存和皂化装置

首先是脂肪酸的烧碱皂化（如图 7-29 所示）。90 份的水（约 70℃）与 3 份的烧碱（质量分数 50%）混合，然后在搅拌条件下加入 10 份的脂肪酸。脂肪酸在短时间内就会被皂化。

如果水的硬度够高，第一步生成的钠皂就会直接与水中的钙离子反应，形成钙皂（如图 7-30 所示）。钙皂是不溶于水的，不会形成泡沫，但可以很好地分散在水相中。

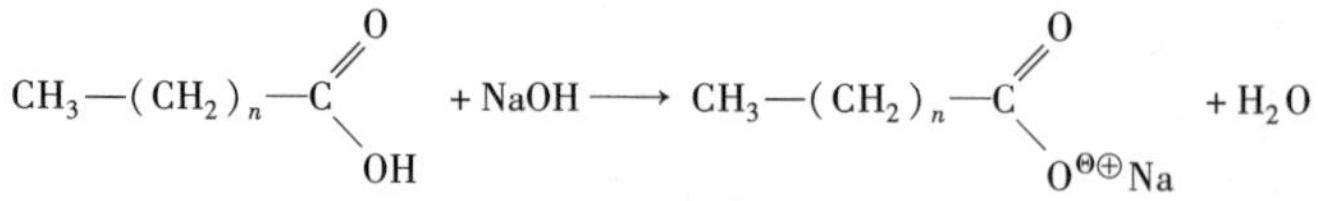

$$CH_3-(CH_2)_n-\overset{\overset{\displaystyle O}{\|}}{C}-OH + NaOH \longrightarrow CH_3-(CH_2)_n-\overset{\overset{\displaystyle O}{\|}}{C}-O^{\ominus\oplus}Na + H_2O$$

图7-29 脂肪酸的皂化反应

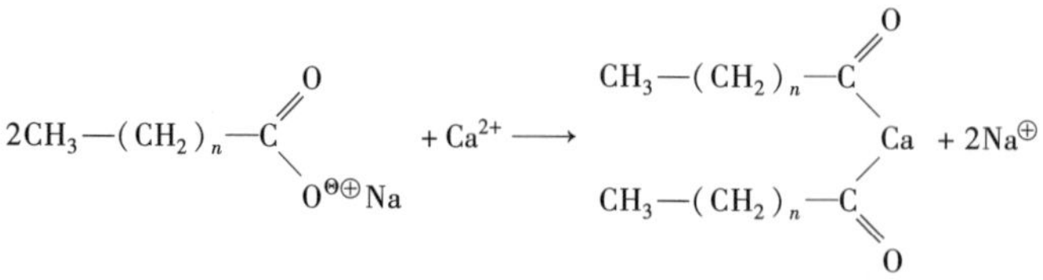

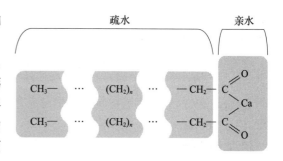

图7-30 不溶性钙皂的形成

7.1.5.2.6 脂肪酸的捕集效果

钙皂具有一个疏水端和一个亲水端(如图7-31所示)。

浮选过程中注入的空气与水形成气泡,水气之间形成一个水/空气的界面。加入钙皂后的目的是,使其稳定地置于水/空气的界面上。由于钙皂的疏水端吸附在剥离下来的油墨表面,其疏水性随着油墨颗粒的变大而增强,这使得钙皂和油墨颗粒可以更好地黏附在气泡上(如图7-22所示)。

图7-31 钙皂的两性特性(疏水性及亲水性)

加入点:在实际生产中,钠皂有3个加入点:碎浆机(转鼓)、前浮选进浆处和后浮选进浆处。最佳的加入点取决于脱墨生产线的整体装备。选取加入点很重要的一点是使钠皂有足够的时间反应。位于斯德哥尔摩的表面化学研究院(Institute of Surface Chemistry in Stockholm)的研究已经证实了这一点(如图7-32所示)[25]。

油酸钠皂溶液中加入不同浓度的氯化钙溶液后,其表面张力随时间的变化如图7-32所示。在实际生产中脂肪酸钠皂通常采用双加入点,即碎浆机和浮选入口处。

水的硬度的影响:水的硬度对钙皂的颗粒尺寸分布有直接的影响,因而也对脱墨产生直接的影响。如果过程水的硬度过低,钠皂不会完全转化为钙皂。如果过程水的硬度过高,形成的钙皂颗粒太大,剥离下来的油墨无法得到最佳的覆盖状态。对脱墨用脂肪酸而言,水的最佳硬度在10~30°dH之间[26]。如果过程水的硬度低于10°dH,需另外加入氯化钙溶液,以提高水的硬度,从而保证脂肪酸的捕集效果。

7.1.5.3 油酸

正常情况下,脱墨用油酸中C18:1的比例大于

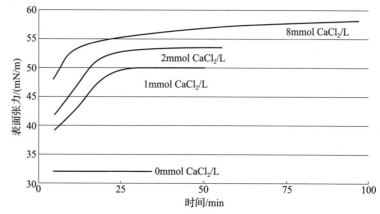

图7-32 不同氯化钙浓度下表面张力随时间的变化趋势

80%。上述内容原则上也适用于油酸。尽管油酸可以在室温条件下储存、皂化和添加,但油酸的使用有一定的限制。其中最主要的原因是,油酸的价格较高(相对于脂肪酸),而且由于其加入量与脂肪酸相同,因而油酸的性价比(cost – performance ratio)低很多。

7.1.5.4 皂片(皂粒)

在一些情况下,无法或者没有必要对加热后的脂肪酸进行储存和皂化。这时我们可使用皂片(皂粒)。

在皂片(皂粒)生产过程中,上述的脱墨用脂肪酸可直接用烧碱或碳酸钠进行皂化。形成的膏状钠皂通过挤压和干燥后制得皂片(皂粒)。每公斤的皂粒含有 850 ~ 950g 的钠皂。这相当于每公斤钠皂含有 790 ~ 880g 的脂肪酸。其他的 5% ~ 15% 是水分。

皂粒的稀释(溶解)用水的温度需高于40℃。最简单的办法是直接用包装袋把皂粒加入到碎浆机中。如果需要在多点加入钠皂,就需要配备一个钠皂制备站。

皂粒通过螺旋传送器投加到稀释槽中,并溶于 70℃ 的热水中。皂的浓度通常在 7% ~ 10%。皂经稀释后,被泵送至储存罐,并由储存罐供给不同的加入点(如图 7 – 33 所示)。

稀释后的钠皂可直接与水中的钙离子反应,形成钙皂。之后的流程与脂肪酸的相同。

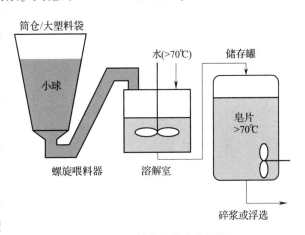

图 7 – 33　钠皂的储存和稀释

7.1.5.5 脂肪酸和钙皂乳液

脂肪酸和钙皂乳液中包含脂肪酸或钙皂、乳化剂和水。这两类乳液的优点包括:无须进行预处理,可以在室温下储存和添加,可以与低硬度的过程水配合使用;其缺点包括:有效组分含量不超过50%,加入量较高(与脂肪酸达到相同的效果),需加入乳化剂。这些缺点会使泡沫量增大,从而导致浮选损失增大,这一点在涂布废纸浮选时表现尤为明显。

在少数情况下,可以将乳液与脂肪酸/皂一起配合使用(双元)。与单纯使用脂肪酸相比,当水的硬度较低时,这样做可以降低脂肪酸的残留(Carryover)和添加量。与单纯使用乳液相比,双元体系可以更好地控制泡沫量,且获得的脱墨浆的白度更高[27]。

7.1.5.6 脂肪酸/皂的残留

脂肪酸/皂的残留是脱墨中经常谈到的一个话题。脂肪酸/皂的残留会在纸机上引起沉积问题。判断脂肪酸/皂是否存在是相对容易的。图 7 – 34 显示

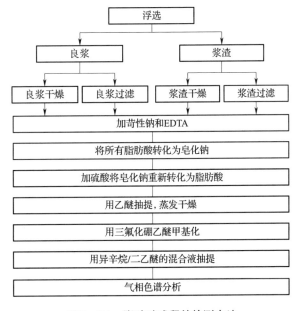

图 7 – 34　脂肪酸残留的检测方法

的是常见的检测方法。

案例研究发现,脂肪酸/皂并不具有任何潜在的直接沉积特性。如果脂肪酸得到正确的皂化,且系统中的水的硬度够高,那么加入的脂肪酸中至少有85%会随着油墨的脱除而排掉[29]。

7.1.5.7 有机硅衍生物

有机硅衍生物是一类新型的捕集剂,可以直接替代脂肪酸和皂。它们作为油墨捕集剂的作用与脂肪酸或皂的类似。有机硅衍生物既有疏水组分,也有亲水组分。它们可以覆盖和捕集剥离下来的油墨,并把油墨固定在气泡上,从而保证最佳的油墨脱除效果。

从化学角度来看,有机硅衍生物是基于聚硅氧烷的一类产品(如图7-35所示)。通过对其官能团的修饰,使其适合用作油墨捕集剂(如图7-36所示)。

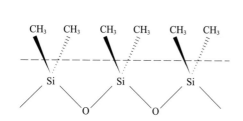

图7-35 聚硅氧烷的化学结构

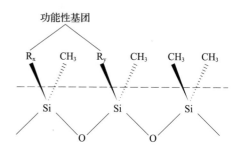

图7-36 改性聚硅氧烷的化学结构

有机硅衍生物的优点有:可以在室温下储存和添加,不需要进行皂化,对水的硬度没有要求。要使有机硅衍生物具有最佳的捕集效果,需满足以下条件:系统温度高于40℃,浓度低于1.5%,加入点位于各个浮选段的进浆处[30-32]。

使用脂肪酸/皂作为油墨捕集剂的最重要的优点在于浮选浮渣的组成。与使用脂肪酸/皂作为油墨捕集剂相比,使用有机硅衍生物时,浮选的灰分流失较高,总损失相当。也就是说,使用有机硅衍生物时,从系统中排出更多的灰分,更小的纤维。由于脱墨浆中的灰分是通过浮选过程的流失平衡控制的,所以使用有机硅衍生物可以提高浮选的得率,或降低浮选的损失[32]。

7.1.5.8 合成捕集剂/表面活性剂

合成捕集剂或表面活性剂只可用在浮选过程中,且很少用。合成捕集剂的优点:可以在室温下储存和添加,无须预处理,对水的硬度无要求。然而,合成捕集剂有一个很关键的缺点,它们的捕集效果不如前述的化学品(脂肪酸/皂/有机硅衍生物)。

合成捕集剂是由天然脂肪或石化产品转化而来的,可以是阴离子的、阳离子的或非离子的。在实际应用中,多采用非离子型的表面活性剂。常见的合成捕集剂有环氧乙烷(EO)环氧丙烷(PO)共聚物,乙氧基脂肪醇和乙氧基脂肪酸(如图7-37所示)。

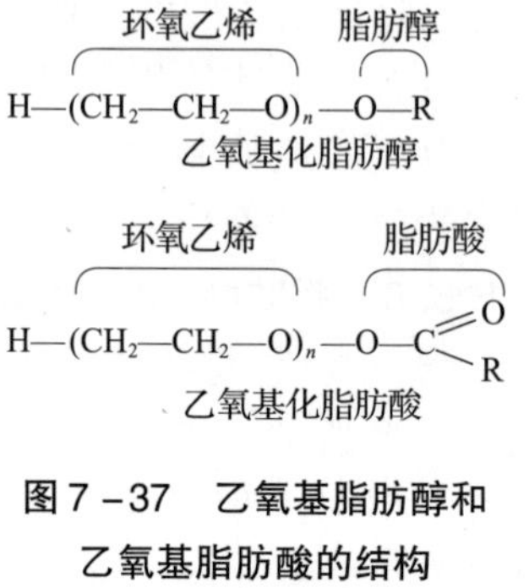

作为捕集剂,阴离子表面活性剂的水溶性太高,易于起泡,因而它们的捕集效果很有限。阳离子表面活性剂比较容易作用于纤维上,会导致浮选损失增大。另外,阳离子表面活性剂的捕集效果并不明显[33]。

$$环氧乙烯\qquad 脂肪醇$$
$$H-(CH_2-CH_2-O)_n-O-R$$
乙氧基化脂肪醇

$$环氧乙烯\qquad 脂肪酸$$
$$H-(CH_2-CH_2-O)_n-O-C\begin{matrix}O\\R\end{matrix}$$
乙氧基化脂肪酸

图7-37 乙氧基脂肪醇和乙氧基脂肪酸的结构

7.1.5.9　捕集剂的选择

捕集剂的选择取决于废纸等级、工艺条件和脱墨浆质量要求。另外,还需考虑捕集剂的储存和添加设备的投入。只有当产量足够大时,才有必要安装脂肪酸皂化设备或在钠皂备料站增加皂化设备。

在欧洲造纸行业中,大型的废纸处理厂在脱墨过程中多采用脂肪酸或有机硅衍生物(也有少数例外)。其他的脱墨系统性价比没有优势,因而没有得到应用或仅具于次要的地位。

7.1.6　洗涤法脱墨化学

纸浆洗涤的目的是去除尺寸小于 $30\mu m$ 的杂质。这些杂质主要是填料、涂料、细小纤维、微细胶黏物和印刷油墨(参见本书第 5 章)。

图 7 – 38 显示的是福伊特(Voith)公司的"Vario – Split"高速带式洗涤机的工作原理。纸浆悬浮液通过网子施加的压力来脱水。

使用合成表面活性剂可以改善污染物的去除程度。

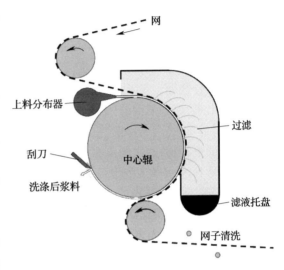

图 7 –38　滤带式洗浆机的脱水原理

7.1.6.1　合成表面活性剂

与浮选法脱墨相比,洗涤法脱墨过程中干扰物质颗粒不是被捕集,而是利用合成表面活性剂将其分散在体系中,使其穿过筛孔或网孔。

合成表面活性剂有阴离子或非离子型的,通常添加在碎浆机中。

需要特别注意的是滤液的处理,要保证洗出来的颗粒彻底离开脱墨流程。这意味着表面活性剂必须不能对水处理产生任何的负面影响。所用的表面活性剂既不能太亲水,也不能过量。

洗涤法脱墨常用于利用废纸生产卫生纸的过程中,因为在此过程中需要去除大量的填料。洗涤法和浮选法相结合也非常常见,这时,合成表面活性剂的设计要兼顾这两个流程。

7.1.7　其他

7.1.7.1　浮选单元的泡沫控制

近年来,浮选过程中的泡沫产生量有所提高。浮选单元中的泡沫量时不时地出现自发而短暂的增大现象,导致脱墨效果下降。人们经常把泡沫产生归咎于脱墨化学品,其实绝大多数情况下并非如此。

废纸自身的组成,特别是废纸混合物的老化,是浮选槽中产生泡沫的主要原因。

新闻纸、杂志纸及白边纸在老化前后的起泡性能如图 7 – 39 所示。老化过程如下:将废纸在 60℃ 温度下加热 144h[35]。如图 7 – 39 所示,起泡性能明显取决于废纸的等级和老化程度。这主要归因于两个方面。

废纸的起泡性能受到填料含量的影响:废纸混合物中填料的含量越高,起泡性能越强。这是因为涂料中含有合成表面活性剂,在制浆过程中这些表面活性剂被释放出来,因而对起泡性能有直接的影响。老化前的报纸和杂志纸的起泡性能对比可以说明这一点。

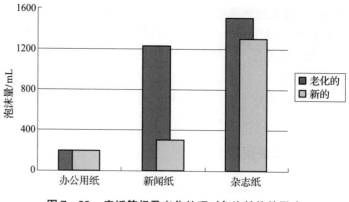

图7-39　废纸等级及老化处理对气泡性能的影响

图7-39的结果还说明,老化程度对起泡性能有直接的影响。这可以归因于印刷油墨的性质。印刷油墨主要包括颜料、矿物油、黏合剂等。在未老化的油墨中,黏合剂未被完全固化,使得油墨中的矿物油在碎浆过程中释放出来,起到消泡的作用。而老化后的油墨,其中的矿物油无法释放出来的,起泡性能有所提高。

在白边纸中,填料的比例及油墨中矿物油的比例皆较低,从而免受填料和老化的影响。

有些情况下,需要加入消泡剂来减少泡沫量,否则的话,难以保证浮选过程中的油墨脱除效果。第二段浮选是非常关键的,如果第二段浮选的效果不好,可浮选油墨的脱除量就会减少。

消泡剂的作用是保证浮选条件的恒定,且不会对油墨的脱除产生负面影响。脂肪酸酯可用作消泡剂,它们可以自发地与泡沫反应,但并不能保持长期的消泡效果。

消泡剂的常见加入点是第一段浮选的泡沫槽(如图7-40所示)。在槽中,泡沫被破坏,并保证第二段浮选槽的正常供浆。

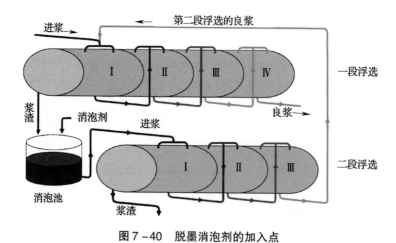

图7-40　脱墨消泡剂的加入点

7.2　脱墨浆的漂白

7.2.1　漂白的重要性

脱墨浆的漂白是废纸回用过程中重要而关键的工段。它对脱墨浆光学性质的提高起到决定性的作用。漂白并不是必需的,只要当再生浆的质量需要满足特定要求的情况下才使用。除生产白浆衬里粗纸板(WLC)用的白纸板外,生产包装纸或纸板用的再生浆通常是不进行漂白的。出于成本考虑,只有当有必要提高再生纸的光学性质(如白度和亮度)时,再生浆才需要进行漂白。因此,漂白通常被集成在这样的工艺设计理念中。这种理念认为,油墨从纸浆悬浮液中脱除需经过一个或多个工段,方法可采用浮选、洗涤或两者结合的方法。漂白脱墨浆通常用于印刷用纸的生产,如超级压光纸、办公用纸和卫生纸。

脱墨浆的漂白需用到多种漂白化学品及多个流程。除无元素氯漂白化学品(如过氧化氢和连二亚硫酸钠,它们适用于所有类型的纤维)外,也会用到含氯漂白化学品(如二氧化氯和次氯酸钠),特别是在美国。由于其降解木素的作用,含氯漂白化学品只用于不含磨木浆的再生浆的漂白。氧漂通常用于化学浆的漂白(通常用过氧化氢来强化),但商品脱墨浆的氧漂也越来越常见,特别是在混合办公废纸回用过程中。到目前为止,臭氧漂白在脱墨浆漂白中尚未发挥出任何重要的作用。然而,臭氧是唯一一种能够几乎完全破坏脱墨浆中增白剂的无元素氯漂白化学品。

脱墨浆的漂白与其他浆料处理流程是紧密相连的。浮选或洗涤脱墨与漂白过程的合理搭配可以产生协同效应,达到最佳的白度。只有采用适于整个浆料制备技术的单段或多段漂白流程,才能满足脱墨浆光学性质的高要求。漂白化学品和流程的选择取决于再生纸的品质要求;除纤维组成外,脱墨浆料中残留的污染物及有害物质的类型和比例也是需要考虑的因素。

7.2.1.1 含磨木浆的脱墨浆

总的来说,与机械浆一样,含磨木浆的脱墨浆通常进行保留木素式漂白。木素的降解(比如化学浆漂白)不是所期望的,但作为次反应仍然会发生,且降解反应的程度很有限。含磨木浆的脱墨浆中的发色基团(存在于机械浆纤维部分)可以利用氧化性或/和还原性的无元素氯漂白剂进行改性,从而提高脱墨浆的光学特性。

含磨木浆的脱墨浆漂白的一个关键任务是,弥补纤维在自然老化过程中的返黄现象。纤维的返黄受到光照、加热和碱性制浆条件等因素的影响。与化学浆纤维相比,机械浆纤维更容易受到这些因素的影响。因此,如果脱墨浆中机械浆纤维的比例越高,那么其漂白过程中的白度增值可能就越大。如采用传统的漂白流程,将不会发生脱木素反应。

脱墨浆漂白的另一个任务是彩色废纸的脱色。从经济效率方面来讲,碱性或酸性染料的有效降解只能靠还原性漂白化学品如连二亚硫酸钠。

含磨木浆的脱墨浆常常采用氧化性的过氧化氢漂白。考虑到成本因素,过氧化氢(浓度为100%)的用量通常在1%~2%之间(对绝干浆)。如采用P-Y(过氧化氢和连二亚硫酸钠)或P-FAS(过氧化氢和保险粉)两段漂白,脱墨浆的光学性能可以得到进一步提升。

彩色废纸在回用过程中需要进行漂白。还原性的后漂白对于减少彩色色调是很有必要的。因此,对卫生纸用废纸浆而言,仅使用一种还原性漂剂即可。在新闻纸用脱墨浆的生产过程中,在碎浆时加入过氧化氢足以达到脱墨浆光学性质的要求。这虽然不是一个漂白过程,但过氧化氢可以弥补或避免纤维的碱性返黄。在某些情况下,特别是当原料中旧报纸的比例较高时,可能需要采取恰当的漂白流程,以生产出满足要求的新闻纸脱墨浆。

含磨木浆的脱墨浆有时也用于高品质的印刷纸中,如高档新闻纸、超级压光纸和低定量涂布纸。此时,脱墨浆的漂白必须采用单段或多段漂序,才能达到与原生机械浆或化学浆相媲美的水平。在实际生产中,多采用两段漂白,如P-Y或P-FAS。

7.2.1.2 不含磨木浆的脱墨浆

在欧洲,与含磨木浆的废纸相比,用于脱墨的不含磨木浆的废纸的供应量仍然很有限。不含磨木浆的废纸主要用于生产纸巾。在北美,不含磨木浆的废纸得到更为广泛的应用。混合办公废纸是北美重要的一类印刷废纸。

以前,混合办公废纸(MOW)多采用含氯漂白如氯气、二氧化氯或次氯酸钠漂白。其中,次氯酸钠的应用尤为广泛。当废纸原料中的机械浆纤维比例小于5%时,次氯酸钠漂白可以获得较高的白度,并可以有效地去除浆中的染料。

如今,化学浆用漂剂正在逐渐取代含氯漂剂。氧气用于脱墨浆的漂白及均质化得到了广泛的研究。这些研究中,大多数情况下,氧气与过氧化氢配合使用。从实验室的研究结果来看,氧漂似乎有较好的应用前景。但是,大规模中试和实际试产试验结果表明,氧气的加入对过氧化氢漂白没有任何帮助,或者说帮助很小。

臭氧漂白未广泛应用于不含磨木浆废纸浆的漂白,其主要的原因是成本太高。臭氧是反应活性很强的漂剂,经臭氧漂白后,纸浆白度增值可达20% ISO。臭氧漂白会引起纤维素的降解(解聚),这对强度是不利的。就染料、增白剂或硫酸盐浆中未漂白浆的破坏或转化而言,臭氧是所有含氧漂剂中最有效的。

由于氧气和臭氧具有脱除木素的作用,因而它们几乎仅用于不含磨木浆的废纸浆的漂白。只有在过氧化氢存在情况下,并选用合适的反应条件,氧气才可用于含磨木浆的脱墨浆的漂白。这种情况下,白度的增值适中,但白水的COD负荷会明显增大。

人们正在探索用不含磨木浆的脱墨浆代替阔叶木化学浆来生产高品质的印刷纸。除多段浮选和热分散以外,这类脱墨浆的生产工艺还包括多段漂白,所用的漂剂既有传统的,也有非传统的。

7.2.1.3 脱墨浆漂白的特别之处

与原生化学浆或机械浆不同,脱墨浆中含有残余印刷油墨和其他杂质。另外,脱墨浆是机械浆纤维和化学浆纤维的混合物,且这些纤维在最初的生产过程中已经被漂白过。与原生纤维相比,再生纤维具有不同的形态特性,其细纤维化程度高,细小纤维含量高。纤维的形态对漂剂与纤维–水体系的反应有很大的影响。再生浆中的杂质也会带来其他不利的影响。比如,在之前的抄造过程中和当前脱墨过程中使用的化学品,就可能会干扰漂白反应。因此,脱墨浆的漂白机理不能完全按照原生浆的。

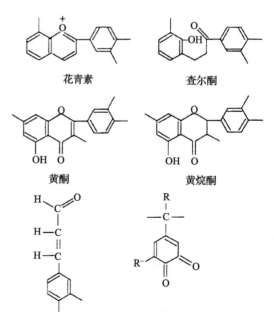

花青素　　　　查尔酮

黄酮　　　　黄烷酮

图7-41　木材中部分发色抽出物和木素中发色基团的化学结构

木材或一年生植物纤维主要包含3大组分(纤维素、半纤维素和木素)。尽管碳水化合物(纤维素和半纤维素)不会引起颜色的任何变化(变色),但是含有发色基的木素结构会赋予纤维亮黄或暗褐的色调。颜色发生变化(变色)的原因是木素能够吸收380～780nm范围内的可见光[37-39]。

木材中几种典型的发色基的化学结构如图7-41所示。这些结构中含有发色的共轭双键体系。总的来说,C=C共轭双键越多,光吸收的波长范围越大,发色基的颜色就越暗。

　　染料和印刷油墨对再生浆的色调也有贡献。几种染料的化学结构如图 7-42 所示。大多数的染料含有芳香基、羰基或偶氮基以及碳碳双键。

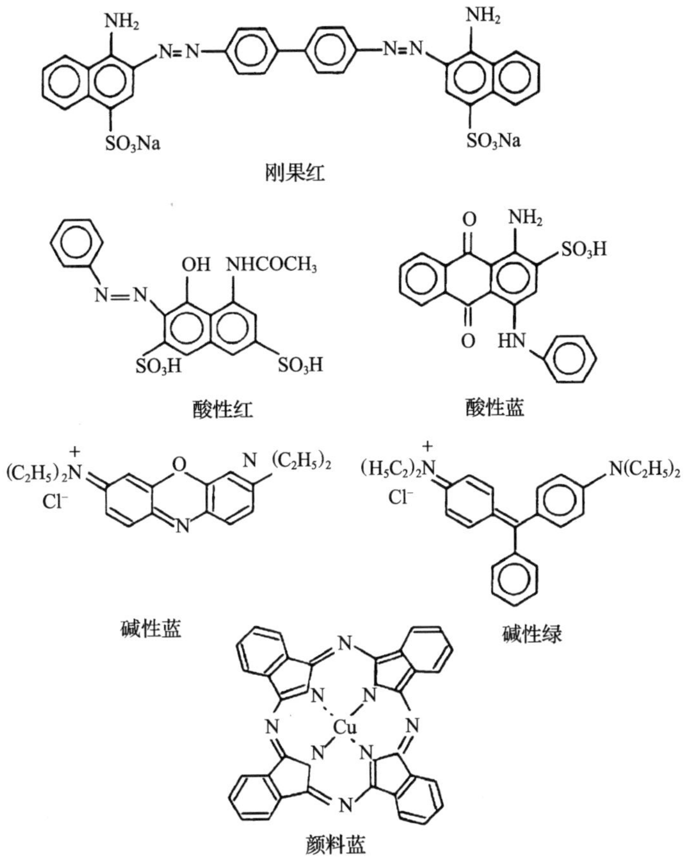

　　要改善脱墨浆的光学性质,需设法消除导致变色的诱因。需要注意的是,不同纸浆组分的可漂性之间有很大的不同[37]。

7.2.1.3.1　化学浆纤维

　　就可漂性而言,化学浆纤维的主要特征是其木素含量。化学浆的木素含量在 0(完全漂白浆)至 5%(未漂浆)之间。蒸煮后保留在纤维中的残余木素为缩合态,所以呈棕色。这主要是由于缩合态的残余木素中含有扩展共轭结构、大量的芳香基和较多的碳碳双键,而只有少量的羰基。因此,化学浆纤维的可漂性基本上是木素芳香体系缩合水平的函数。只有

图 7-42　染料的化学结构示例

亲电试剂如氧气、二氧化氯或氯气等才能氧化木素芳香结构。亲核试剂如过氧化氢或次氯酸盐等只能攻击侧链。亲核试剂可以干扰共轭结构的形成,从而避免其发色。因此,保留木素式的漂剂不能消除化学浆残余木素的颜色褐变现象。

　　即使加入大量的过氧化氢,未漂硫酸盐浆的白度仍会远低于 50% ISO。要使此类纤维发生脱色的唯一可能的办法是使用降解木素式的漂剂,如氧气或二氧化氯。相反,残余木素量约为 0.5% 的半漂白化学浆可采用保留木素式的漂白,但所能获得的白度增值对于纸浆的最终白度而言贡献不大(初始白度约 70% ISO)。

7.2.1.3.2　机械浆纤维

　　与未漂硫酸盐浆纤维相比,机械浆纤维的白度要高很多。其中主要的原因是,机械法制浆过程中木素呈天然状态而未发生缩合,机械浆的返黄是由于其中存在少量发色结构。由于羰基是机械浆发色的首要因素,因此大多数非降解型的、保留木素式的化学品如过氧化氢或连二亚硫酸盐等皆可有效地漂白机械浆。

　　在较佳的漂白条件下,漂后浆的白度可以达到 84% ISO,且得率损失低于 5%。但是,即使使用再大量的漂白剂,漂后浆的白度也不可能高于 84% ISO,因为不是所有的发色基团都可以被漂白,而且漂白过程中会形成新的发色基团。如果采用降解木素式的漂白剂来漂白机械浆,要想达到期望的白度,只能以牺牲得率为代价。

7.2.1.3.3 杂质

除纤维、填料或涂料颜料外,脱墨浆中还含有不同比例的残余印刷油墨、染料、黏合剂和其他杂质。这些杂质不仅决定了纸浆的光学性质,而且会影响到漂白过程的顺利进行。尽管大部分的杂质不能被漂白,并且会干扰漂白流程,但染料通常可以被有效地脱色。还原性漂白剂(如连二亚硫酸钠或甲脒亚磺酸(FAS))及所有的降解木素式漂白剂都可以破坏这些有色物质。然而,有色的颜料如酞菁既不能被还原性漂白剂还原,也不能被过氧化氢氧化。

7.2.1.3.4 小结

基于目前对脱墨浆可漂性的认识,可以得出如下结论:

① 如果脱墨浆的颜色是由共轭羰基结构引起的,那么所有的木素保留式化学品皆可用来漂白。

② 如果脱墨浆的颜色是由共轭偶氮基、共轭碳碳双键或缩合芳香结构等引起的,那么只有使用降解木素式的化学品才能获得期望的漂白结果。

脱墨浆的纤维组成并非一成不变,因此,其漂白往往采用折中方案。如果脱墨浆中机械浆纤维的含量超过15%~20%,那就不能采用降解木素式的漂白,这至少在经济上是不划算的。在过氧化氢、连二亚硫酸盐或FAS漂白过程中,尽管大多数的羰基结构被脱掉,但其漂白效果仍然有限。如果脱墨浆主要是由化学浆纤维组成的,可采用降解木素式漂白,如氧气或臭氧,它们可与羰基结构之外的其他发色结构发生反应。

与纯原生纤维浆相比,脱墨浆的漂白还受到另一个因素的限制(如图7-43所示)。脱墨浆中机械浆纤维的比例越大,化学浆纤维对混合纸浆整体白度的影响就越小。比如,如果脱墨浆中机械浆纤维的比例为50%,即使将化学浆的白度从80% ISO提高至90% ISO,混合浆料的白度也没有明显的变化。这说明,漂白对脱墨浆光学性质的影响在很大程度上取决于对脱墨浆中机械浆纤维的漂白情况。实际上,更为重要的因素是脱墨浆中低白度机械浆比例的高低。如图7-44所示,白度为56% ISO的机械浆对混合纸浆整体白度的影响非常显著。这种低白度的机械浆主要在某些北欧新闻纸中较为常见,这些新闻纸是由100%机械浆抄造的。

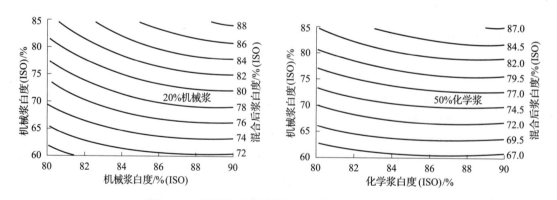

图7-43　不同白度的化学浆与机械浆混合后的白度

因此,漂白化学浆不会明显提高含磨木浆的脱墨浆白度,这与纸张的一种物理现象有关。Kubelka和Munk[40]于1931年发表了一个理论,该理论描述了反射因子R_∞、光吸收系数k和光散射系数s三者之间的关系,如式(7-1)所示:

$$R_\infty = 1 + \left(\frac{k}{s}\right) - \left[\left(\frac{k}{s}\right)^2 - \left(\frac{k}{s}\right)\right]^{1/2} \tag{7-1}$$

对一个均质的浆料混合物而言，其反射因子并不是每一种组分反射因子的叠加。它们的光吸收 kb 和光散射 sb 通过如下方法求得：

$$sb = \sum_i s_i b_i \qquad (7-2)$$

$$kb = \sum_i k_i b_i \qquad (7-3)$$

式中，b_i 是浆料组分 i 的定量。

因此，含磨木浆脱墨浆白度的提高主要靠能与机械浆纤维中发色基发生反应的漂白剂。这也再次解

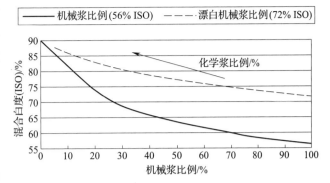

图 7-44　机械浆比例和白度对"化学浆 + 机械浆"
混合物白度的影响

释了为什么在漂白含磨木浆的脱墨浆时要优先选用保留木素式的漂白剂。

7.2.2　保留木素式的漂白

在保留木素式(即非脱木素式的)漂白中，纸浆的脱色是基于将有色的有机分子改性为无色的分子。与漂白剂的化学反应使木材发色基发生了改变。化学反应过程中，有机物质仅发生了有限的降解，生成可溶性化合物。所有的共轭羰基都会受到攻击。氧化反应比还原反应可以更有效地对羰基进行脱色。氧化反应可以破坏羰基结构，且过程是不可逆的。生成的羧基部分以盐的形式溶于水中，并作为 COD 负荷进入到过程水系统中。发色基经过氧化降解并分流到过程水中后，纸浆的返黄程度也会降低。

还原性漂白不能去除醌型结构，而只是将它们还原成芳香化合物，这些芳香化合物可能会被氧气重新氧化。在中性条件下，还原反应对有机物质的溶出作用很小。这样一来，可逆性的还原产物仍保留在纸浆中。比如，环境中的氧气或者光照可以重新氧化邻酚，纸浆会再次呈棕色。图 7-45 是过氧化氢漂白过程中发生的几个反应。

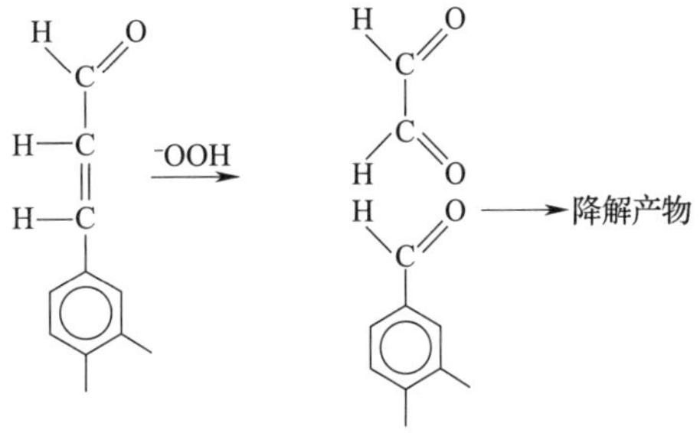

图 7-45　过氧化氢漂白过程中的化学反应

7.2.2.1　过氧化物漂白

尽管在 1818 年 Thenard 就发现了过氧化氢，但直到 20 世纪 10 年代，随着生产工艺的改进(电化学法)，过氧化氢才在工业中得到了大范围的应用。

在 20 世纪 40 年代初，对含磨木浆纸张的白度要求越来越高，这一需求促使将过氧化氢首次应用于机械浆漂白中。在新闻纸生产过程中，废纸的使用量越来越大，因而过氧化氢的重要性就逐渐体现出来。最初，过氧化氢是用来弥补碱性环境下含磨木浆的废纸浆在浮选脱墨过程中出现的返黄现象。在 20 世纪 80 年代，随着纸张中二次纤维比例的急剧增加，过氧化氢漂白成为当时行业的最先进技术。

过氧化氢最初来源于价格较便宜的过氧化钠。过氧化钠是一种黄色的粉末，可以分解生成氢氧化钠和过氧化氢。与蒽醌法相比，氧气电化学氧化金属钠法生产过氧化氢的成本太高。从 20 世纪 50 年代起，后者经过了不断地发展，一直到 20 世纪 70 年代末过氧化钠才停产。另

外,过氧化钠在稀释(溶解)时碱度太高,无法达到良好的脱墨浆漂白效果。为防止机械浆纤维的返黄,有必要向其中加入硫酸溶液。如今,只有过氧化氢(而不是过氧化钠)被用于纸浆的漂白。

7.2.2.1.1 过氧化氢漂白化学

人们已经很好地掌握了过氧化氢的漂白化学。过氧化氢的漂白作用源于其在水中电离生成的过羟基离子和水合氢离子。

$$H_2O_2 + H_2O \longleftrightarrow HO_2^- + H_3O^+ \tag{7-4}$$

过羟基阴离子是亲核漂白剂。为达到较高的漂白效果,需要提高过羟基阴离子的浓度。提高过氧化氢的浓度和加入碱(氢氧化钠)可以做到这一点。过氧化氢的活化如下所示:

$$H_2O_2 + OH^- \longleftrightarrow H_2O + HO_2^- \tag{7-5}$$

如图 7-46 显示的是过氧化氢的使用量对漂白浆白度的影响[42]。图中的曲线表明,过氧化氢与氢氧化钠的加入量呈非线性关系,这就需要严格控制过氧化氢与氢氧化钠的比例,以获得最大的白度增值。如果碱的加入量较低,即在达到最大的漂白效果之前,过氧化氢漂白液没有得到足够的活化。如碱的加入量较高,即达到最佳的漂白效果之后,多余的氢氧化钠会导致白度损失,因为过量的氢氧根离子会与机械浆纤维中的木素结构发生返黄反应。

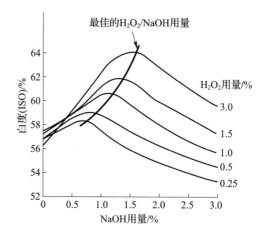

图 7-46 过氧化氢和氢氧化钠用量对白度的影响

如果 $H_2O_2/NaOH$ 的比例能够获得最佳的漂白效果,那么漂白反应与返黄反应的速率比也是最合适的。漂白终点如有残余过氧化氢,就表明过氧化氢得到了较好的活化。如果残余过氧化氢的含量低于其加入量的 10%,返黄反应就会占主导地位。因此,过氧化氢漂白为过量反应。

如图 7-46 所示,随着过氧化氢加入量的增加,白度逐渐提高。同时,达到最佳漂白效果时所需氢氧化钠的量也有所上升。过氧化氢用量翻倍时,并不需要氢氧化钠的量也随之翻倍。比如,过氧化氢的用量从 1.5% 增加至 3.0% 时,氢氧化钠的用量仅需增加 0.2%。

之所以应该采用最佳的 $H_2O_2/NaOH$ 比例,不仅仅是因为成本原因。随着碱度的提高,过程水的 COD 负荷也随之升高,因而有必要将碱量保持在尽量低的水平[43-44]。pH 越高,氧化木素或半纤维素的溶解度越高。这一点对于含磨木浆的纸浆的漂白尤为适用。

加入过氧化氢确实可以提高漂白效果,但过氧化氢漂白并不能无限地提高白度,因为其只能与某些特定的发色基发生反应。纸浆白度随过氧化氢用量的变化趋势如图 7-47 所示。过氧化氢的用量低于 1.5% 时,白度的升高最快;用量高于 1.5% 时,白度上升的速度明显降低。出于成本考虑,过氧化氢的用量应不高于 2%。

提高 pH 有利于过羟基离子的形成。然而,对于含磨木浆的浆料而言,高碱度会导致其返黄,通常称之为碱性发黑。因此,pH 通常在 10~11 之间。

漂白温度对白度的影响取决于废纸原料的组成,如图 7-48 所示[45]。温度越高,漂白反应速率越高,但若温度过高,会导致过氧化氢的无效分解。

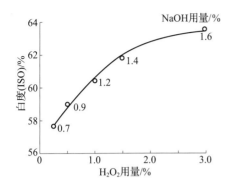

图 7 - 47　NaOH 用量最优时过氧化氢
用量对白度的影响

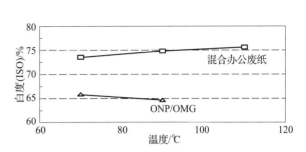

图 7 - 48　ONP/OMG 和 MOW 在塔式漂白时
温度对白度的影响

对含磨木浆的废纸浆而言,漂白温度应不高于 80℃,因为温度过高会发生热返黄,并加剧碱性发黑。

对不含磨木浆的废纸浆而言,可以提高漂白温度。根据 Grundstrom 等人报道,高温(100℃)可以显著地提高混合办公废纸(机械浆含量小于 15%)的过氧化氢漂白效率:过氧化氢消耗量越高,白度增值也会相应地提高;过氧化氢的消耗量一定时,提高温度,也可以提高纸浆的白度(如图 7 - 49 所示)[46]。

再生浆料中的催化性离子(重金属离子)或酶(过氧化氢酶)会导致过氧化氢的分解。过氧化氢分子中氧氧键的断裂需要一定的活化能,而过氧化氢的

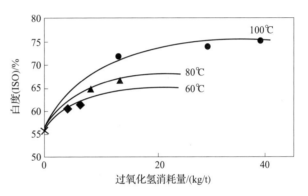

图 7 - 49　MOW 漂白时温度对白度的影响
(100℃,60min;60℃ 和 80℃,90min)

分解会导致该活化能的流失。过氧化氢的分解形成了羟基游离基,并通过连锁反应进一步分解为水和氧气。

$$H_2O_2 \longrightarrow 2HO\bullet \rightarrow \rightarrow H_2O + 1/2O_2 \qquad (7-6)$$
$$H_2O_2 \longrightarrow H\bullet + \bullet OOH \rightarrow \rightarrow H_2O + 1/2O_2 \qquad (7-7)$$

通常情况下,这些反应进行得很缓慢,但催化剂、高温和高碱度环境等因素会加快反应的进行。过氧化氢的消耗(无效分解)不仅在经济上是不划算的,而且分解生成的游离基会对纤维产生氧化作用,破坏纤维的性质。为了稳定过氧化氢,必须对再生浆料中的这些催化性物质进行钝化(失活)处理。常见的反应机理有:螯合、吸附和改性(denaturation),分述如下。

7.2.2.1.2　过氧化氢的稳定

(1)水玻璃

水玻璃是硅酸钠溶液的一种存在形式,是重要而有效的过氧化氢稳定剂之一。硅酸钠是由碳酸钠和二氧化硅制得的,其化学组成也是变化的。

$$Na_2CO_3 + SiO_2 \longrightarrow (SiO_2)_x + Na_2O + CO_2 \qquad (7-8)$$

硅酸钠是根据其组分比例 x 来区分的。通常情况下,硅酸钠的化学组成可以表示为质量

比或者摩尔比。由于二氧化硅和氧化钠的分子质量分别为 60 和 62,几乎是一样的,因而硅酸钠的质量比和摩尔比之间差别很小,换算因子为 1.031。大多数硅酸钠生产商使用质量比。溶液的密度由其浓度或固含量来定义的,可表示为波美度。$SiO_2:Na_2O$ 越大,即 x 的值越大,硅酸钠的密度就越低。标准的水玻璃溶液,其波美度为 $38°Be$,$SiO_2:Na_2O$ 约为 3:1。

水玻璃稳定过氧化氢的机理是,硅酸根离子可以与纸浆悬浮液中的钙离子、镁离子或二者发生沉淀反应。生成的不溶性硅酸盐可作为吸附剂,吸附有害物质如有机杂质(阴离子垃圾)。硅酸钠还可以与重金属离子反应形成螯合物,从而钝化这些金属离子。

尽管其反应的机理尚不十分清楚,但水玻璃对过氧化氢漂白有以下益处:

① 稳定过氧化氢;

② 缓冲作用,确保过氧化氢的持续活化[47-48];

③ 润湿和洗涤作用,改善印刷油墨的剥离;

④ 抑制填料和细小纤维的共浮选(co-flotation),提高浮选的得率[49]。

上述的正面影响并不限于漂白过程,而是会影响整个脱墨过程。若在碎浆机中疏解(解离)废纸时加入水玻璃,其对浮选结果的影响如图 7-50 所示。随着水玻璃加入量的增加,白度得到了改善,其中的原因是多方面的:a. 水玻璃的分散特性有利于碎浆过程中油墨颗粒的剥离;b. 在浮选过程中,水玻璃的存在可以改善油墨颗粒(分散在体系中的)的捕集和絮聚情况;c. 其他方面。不同 pH 和浓度条件下硅酸盐在水中的存在形式如图 7-51 所示。这可以部分解释为什么硅酸钠可以起到多种不同的作用。

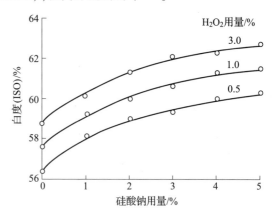

图 7-50　水玻璃用量对白度的影响

脱墨过程中 pH 和硅酸钠浓度的变化、以及硅酸钠的来源($SiO_2:Na_2O$ 的比例)会影响硅酸钠的结构和性质。硅酸根阴离子带有负电荷,能够提高组分之间的静电斥力,因而在碎浆过程中具有分散作用。硅酸盐还可以通过空间稳定作用,在颗粒之间引入排斥力。硅酸钠的絮凝作用可归因于两个方面,一是硅酸钠的络合化学作用,二是硅酸钠可以对脱墨过程水中存在的钙离子起沉淀作用。

硅酸钠可以明显减少浮选过程中填料和细小纤维的流失,从而强化油墨脱除的选择性,如图 7-52 所示。如需特意在浮选过程中去除填料,那么需减少碎浆时水玻璃的用量。但如此一来,细小纤维的流失也会增加,得率下降,脱墨污泥的量也会随之增加。

水玻璃的缺点在于:使碱土金属发生沉淀,沉积在制浆或

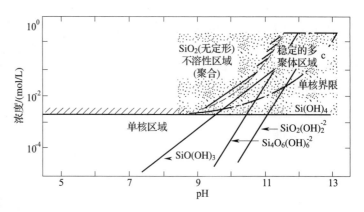

图 7-51　不同 pH 和浓度条件下硅酸盐在水中的存在形式

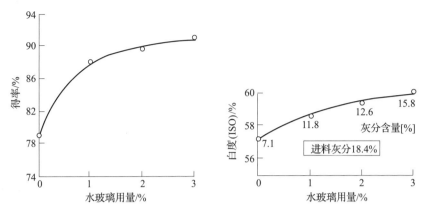

图7－52　水玻璃对浮选得率和白度的影响

造纸设备部件的表面上和管道中,降低助留剂和絮凝剂的使用效果。为消除这些不利影响,在再生纤维浆的处理过程中,水玻璃的使用量已大大减少。在过去,硅酸钠的用量往往高至5%;而今,其用量最大在2%～3%(对绝干浆)之间。为了减轻沉积物的形成,目前的趋势是使用碱性硅酸钠($SiO_2:Na_2O=2$),而不是标准硅酸钠($SiO_2:Na_2O=3.5$)。使用碱性硅酸钠的好处:一方面,由硅酸钠和氢氧化钠两者来提供碱度,碱度更为稳定;另一方面,与使用标准硅酸钠相比,碱性硅酸钠可额外提高白度2个白度单位[51]。

人们曾尝试用其他化学品代替硅酸钠用于过氧化氢漂白,Petit－Conil对已发表的研究结果进行了总结[52]。Jakara等人将一种聚丙烯酸酯类物质用于机械浆的过氧化氢漂白,取得了令人鼓舞的结果[53]:在过氧化氢消耗量相近的情况下,达到了目标白度值;替代硅酸钠以后,阳离子电荷需求量和湿部电导率都有所降低,且由硅酸钠和钙离子引起的结垢现象也减轻了。Fabry等人用聚丙烯酸酯类物质替代硅酸钠,用于脱墨浆的过氧化氢漂白[54]。他们研究发现,对含磨木浆的脱墨浆的漂白而言,矿物填料是一个制约性的因素;而对以非磨木浆为主的脱墨浆的漂白而言,聚丙烯酸酯类物质很有潜力作为硅酸钠的替代品用于过氧化氢漂白。根据脱墨用废纸等级的不同,最佳的过氧化氢漂白策略是,在漂白过程中将聚丙烯酸酯类物质与足量的表面活性剂配合使用。配合使用可将脱墨浆的白度提高4个白度单位,得率提高1.5%,成浆中的尘埃量减半。

(2)螯合剂

在以前,常使用不含硅的稳定剂作为螯合剂,来部分取代水玻璃。这类物质只能取代水玻璃,起到稳定过氧化氢的作用。它们能与重金属离子形成配位键,这种遮蔽作用可以防止过氧化氢的分解。

形成的络合物(复合物)包含一个中心原子M和一个或多个配体L。中心原子和配体应满足摩尔比例关系。因此这些络合物是可命名的化合物(分子式一定),通过计算可得到其络合物生成常数k。通常情况下,k值大于2的络合物是稳定的。尽管中心原子通常为过渡金属族的金属原子或离子,但是配体的性质差别很大。因而,螯合剂可根据以下进行分类[55]:

① 有机的,无机的;

② 离子型的,非离子型的;

③ 单基团的,多基团的。

络合物的稳定性主要是由配体的特性决定的。由于在脱墨浆漂白过程中须有足够长的时间稳定存在的络合物,所以多基团配体(即所谓的螯合剂)特别适合于脱墨浆的漂白。此类螯合剂的每个分子中有多个配位点。这样,它们可以将中心原子牢牢地固定在配位络合物中,如图 7 - 53 所示。

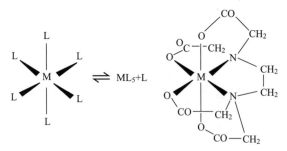

图 7 - 53　单体和多聚体螯合剂的络合结构

螯合剂可以是不同类别的物质,有天然的,也有合成的。脱墨浆漂白常用的螯合剂是 EDTA(乙二胺四乙酸)和 DTPA(二亚乙基三胺五乙酸),它们属于氨基多元碳酸。膦酸类螯合剂尚未用于脱墨浆漂白,而仅用于机械浆漂白,以部分取代 EDTA 或 DTPA。

此类螯合剂可以稳定漂白系统,特别是当再生浆和过程水中重金属离子的含量相当高时。加入螯合剂可以稳定地提高纸浆的白度,而且在漂白结束时,有适量的残余过氧化氢。在脱墨浆漂白过程中究竟是否需要加入螯合剂,文献中存在一些分歧。要保证浮选过程的顺利进行,水的硬度需要得到一定的要求,以促进钙皂絮团的形成。随着多价阳离子(如 Ca^{2+} 和 Mg^{2+})浓度的提高,络合反应的平衡向着有利于钙离子的方向进行。这样,螯合剂就失去了络合重金属离子的特定功效[42]。由这些论点可以得到这样的结论:即使不采用此类螯合剂,脱墨浆的漂白也可以顺利进行。

生态影响也是讨论内容的一部分。EDTA 和 DTPA 几乎是生物不可降解的。它们虽然可以吸附到生物净化车间的活性污泥絮团上,但这只能去除其中的一部分而已。如果 EDTA 和 DTPA 的钠盐进入受纳水体中,已结合在沉积物中的金属离子会被重新活化。若从地表水中汲取饮用水时,这一点尤为严重。因此,作为一个预防措施,很多欧洲国家正尝试限制螯合剂的使用。

在有意使用螯合剂时,一旦加入,螯合剂就会迅速与重金属离子或碱土金属离子形成稳定的络合物。螯合剂还会络合碱土金属离子,特别是当重金属离子的量不足以络合加入的螯合剂时。这样一来,EDTA 和 DTPA 就不会以钠盐的形式进入废水中。另外,有证据表明,约一半左右的螯合剂并不进入废水,而是连接在纤维上。进入废水的那一半螯合剂呈稳定的络合物状态。通常情况下,自来水中的 Ca^{2+} 或 Mg^{2+} 浓度是其他金属离子的 1000 多倍。虽然螯合剂更容易络合重金属离子(相对于碱土金属离子而言),但浓度差别如此大,就意味着会存在钙或镁络合物富集的现象。

目前正在进行的一项工作就是寻找可以达到类似效果的替代品,它们可以是天然产物、生物制品或可降解的化合物。新一代螯合剂是以蛋白模块、中低分子质量的低聚物以及聚合物等为基础[57]。此类螯合剂的成本高很多,且效果较差,因而其市场化推广面临很大的阻碍。尽管人们也尝试采用聚丙烯酸酯和磷脂类螯合剂,但 EDTA 和 DTPA 仍然是仅有的两种常用的螯合剂。

(3)过氧化氢酶

过氧化氢消耗量过大或无效消耗的另一个原因是过程水循环中存在过氧化氢酶。好氧微生物和动植物细胞都可以产生过氧化氢酶。在细胞中,过氧化氢酶是起保护作用的酶,以抵抗过氧化氢及呼吸链中产生的其他物质。在细胞中,过氧化氢有较强的毒性。因而,细胞会利用其过氧化氢酶尽快地将过氧化氢破坏掉。因此,过氧化氢酶是专一的过氧化物酶,能够抑制产生过量的过氧化氢,从而防止细胞的损坏[58]。这一自然反应过程可用于计算浆料或滤液中的微生物的活性。向浆料或滤液中加入过量的过氧化氢,然后测定其分解速率,就可以间接地反映出浆料或滤液中是否存在微生物[59]。

在脱墨过程中,微生物有较好的生长环境。由于过程水的循环封闭程度较高,随着废纸进入到循环中的微生物都有足够的时间进行快速繁殖。实践发现,微生物会在几天内达到一个自然平衡,之后就会形成脱墨系统的一个典型的菌落。

过氧化氢酶是极其有效的催化剂,可以将过氧化氢分解为氧气和水。每分子的酶每分钟可以转化 106 ~ 107 个分子的过氧化氢[58,60]。随着过氧化氢酶浓度的升高,过氧化氢的分解率快速上升,如图 7 - 54 所示。将商品过氧化氢酶的浓度从 10mg/L 升至 44mg/L,反应时间为 10min 时,过氧化氢的分解率从 5% 升至 50%。图 7 - 54 的实验条件为:浆浓 15%,过氧化氢用量 5%[61]。

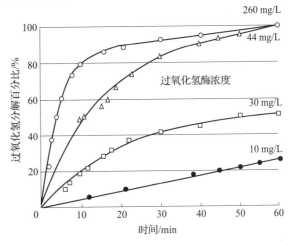

图 7 - 54 过氧化氢酶浓度对过氧化氢分解速率的影响

从图 7 - 55 和图 7 - 56 可以清楚地看出,过氧化氢酶可以在很大的温度及 pH 范围内稳定存在。只有当温度高于 70℃ 且 pH 低于 5 时,四面体的氯化血红素分子才会逐渐变性,使过氧化氢酶永久失去催化效果。尽管过氧化氢酶对热比较敏感,但是经过一定温度的处理后,仍可以重新获得活性。这主要是由于某些微生物个体可以耐受 100℃ 以上的温度,并产生过氧化氢酶。孢子也可以抵抗这样的高温,并为新生的微生物提供底物。

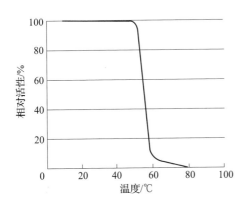

图 7 - 55 温度对过氧化氢酶活性的影响

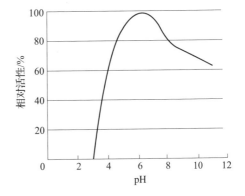

图 7 - 56 pH 对过氧化氢酶活性的影响

120℃ 以上的灭菌处理可以确保能破坏微生物及其酶的。然而,废纸回用过程中不会采用上述条件(温度,pH)。含机械浆纤维的废纸在碎浆时,水力碎浆机或转鼓碎浆机中的温度在 40 ~ 50℃ 之间,pH 在 9 ~ 10.5 之间[62]。在这种条件下,过氧化氢酶可以把用于防止碱性发黄的过氧化氢酶完全分解掉。

将碎浆 pH 变为强碱性(引起机械浆纤维的发黄)或强酸性范围内(引起碳酸钙的分解)在技术上是不可行的。因此,在工业应用中多采用高温或使用杀菌剂的方法对过氧化氢酶进行灭活。

细菌蛋白在70℃以上的温度条件下会遭到破坏,因此热分散或揉搓过程中的热处理是一种抑制过氧化氢酶的有效方法。如果过程水循环得不到较好的分离,就会对热分散的消毒(灭菌)作用产生不利的影响。大量的白水在封闭循环时有一定的滞留时间,在此过程中细菌也会重新滋生。尽管提高碎浆温度可以有效地抑制细菌的生长,但这样做的缺点是,黏性杂质(胶黏物)破碎得更严重,难以在后续的工艺(如筛选)中除去。

如果采用杀菌剂对过氧化氢酶灭活,戊二醛是很有用的抑制剂[63]。另一个破坏酶结构的可能途径是,瞬间提高过氧化氢的加入量,并使其在短时间内过量,这样也可以起到"净化"的作用。这种方法主要用于过程水的处理过程中。

用戊二醛控制过氧化氢酶的缺点是,过氧化氢酶会对其产生抗药性;抗药性经过一段时间的富集后,提高戊二醛的用量并不能降低过氧化氢酶的浓度。这就是如今之所以改用甲基溴化铵的主要原因[64]。

7.2.2.1.3 工艺参数

工艺参数如浆料的浓度、温度、反应时间和化学品等对漂白也有很大的影响。浆料浓度对漂白效果的影响如图7－57所示[41]。浆料的浓度越高,白度增值越大。这主要有两个方面的原因:一是浆料的浓度越高,与纤维直接接触的漂白剂的相对浓度就越高;二是液相的置换过程可以去除对漂白反应不利的溶解性物质。

当浆料的浓度高于30%时,浆料的混合就会出现问题。如果不采用很有效的混

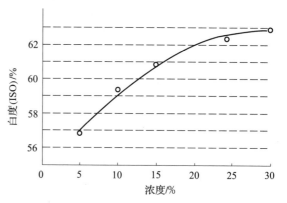

图7－57 漂白时纸浆浓度对白度的影响

合方法,漂白剂与浆料就无法混合均匀,白度的增加就变得缓慢。因此,漂白过程中浆料的浓度约在25%以内。除用于漂白以外,过氧化氢还用于废纸回用过程中的其他工段,如碎浆段。这些工段的工艺条件并非过氧化氢发挥漂白作用的最佳条件。漂白时,浆料的浓度通常在10%～25%之间。

调整温度、反应时间和碱度等可以优化漂白反应。然而,由于成本原因,高浓漂白依然是目前最为实际可行的方法。在化学反应中,获得反应产物所需的时间与反应物之间要进行反应所需的温度之间有紧密的联系。在很多实际应用中,提高温度对加速反应是很有用的。这一点同样适用于过氧化氢漂白。但温度不能无限度地提高,因为高温时副反应(如发黄或过氧化氢降解)也会加快。如果漂白温度异常低,要想获得高温时的漂白效果,就需要延长漂白的时间。出于成本考虑,漂白的温度应在40～70℃之间。作为独立漂白段时,漂白时间通常在1～3h。

漂白温度越高,所需的NaOH量就越低,这样可以保证过氧化氢处于最佳的活化状态。Helmling等人发现[42],漂白温度每升高10℃,碱度必须降低0.1%,以确保"温度活化"与"碱活化"之间最佳的匹配。相比之下,浆料浓度对H_2O_2/NaOH两者比例的影响就没那么明显了。

7.2.2.1.4 过氧化氢的加入点

从全厂范围来看,在如下工段中使用了过氧化氢:

① 水力碎浆机或转鼓碎浆机中废纸的解离阶段;

② 未脱墨纸浆在储浆塔储藏过程中;

③ 脱墨工段后的热分散阶段；

④ 后漂白段，位于浆线的尾部。

(1)碎浆机漂白

在碎浆段使用过氧化氢是最重要、最传统的一种方法。在工业化的脱墨浆车间里，碎浆一律是在碱性条件下进行的。为防止再生浆中机械浆纤维的返黄，可在碎浆机中加入过氧化氢。其目的仅仅是为了弥补或防止碱性发黄，而不是其漂白作用。赞同在碎浆段使用过氧化氢的主要理由是：碎浆机中的化学环境是碱性的，有水玻璃存在，温度在 40~50℃ 之间。

上述工艺条件有很多缺点。最初使用的碎浆机是低浓的，因其浆浓太低，不宜于漂白化学品发挥出最佳效果。在浆浓对碎浆过程的影响方面，人们的认识不断深入，促使人们开发出效果更好的碎浆设备。如今，在印刷废纸回用过程中仅使用高浓水力碎浆机或转鼓碎浆机，而不再使用低浓水力碎浆机。尽管将浆浓提高至 11%~15% 为使用过氧化氢创造了更多有利的条件，但其他工艺条件也会影响过氧化氢漂白的效果。要获得最大的白度增值，15min 的平均碎浆时间是不够的。各种各样的杂质(如印刷油墨)也会催化过氧化氢的无效分解，这就需要提高过氧化氢稳定剂(如水玻璃)的加入量，甚至使用螯合剂。

另外，过程效率也会受到不利的影响，因为部分并非纤维性纸浆被当作纤维来处理了。这些非纤维性浆料在后续的筛选和净化过程中成为废渣。完全没有必要对这部分浆渣进行化学处理。

尽管在碎浆段使用过氧化氢并不是理想的解决方案，但现有的脱墨系统缺少它无法顺利进行。如果使用了过氧化氢，可能就不再需要其他的漂白段。过氧化氢的用量很少超过 1%(相对绝干浆)。如果脱墨流程中还存在另外的过氧化氢漂白段，那么碎浆时过氧化氢的加入量可减少一半以上。如今，所有等级的纸张中的脱墨浆含量均有所提高，特别是新闻纸和杂志纸。纸张中之所以含有低白度的机械浆纤维，是因为在碎浆时过氧化氢和氢氧化钠的用量减少了，特别是当原料中含有高比例的 OMG 而非 ONP 时。

在 20 世纪 80 年代初，一家设备供应商建议在低浓低温条件下进行碎浆，且碎浆时不加过氧化氢[65]。这样做是为了在制浆的开始阶段更加有效地利用过氧化氢。过氧化氢漂白是在净化和筛选段之后进行的。为此，经过净化处理的未脱墨浆首先被浓缩至 23% 的浓度，经加热后加入漂剂，并在 45~50℃ 的塔中储存几个小时。这样做可以避免过氧化氢的无效分解，同时在进行脱墨之前，创造一个有利于过氧化氢漂白的环境。这一设计理念并未成功实施。相反，热分散之前或过程中加入过氧化氢的做法得到了广泛应用[66-69]。

(2)热分散漂白

脱墨系统中使用分散机或揉搓机的目的是剥离脱墨段之后残余在浆中的油墨，或者破碎再生浆中的可见杂质(见本书第 5 章)。暗色颗粒的机械性分散往往会导致纸浆白度的下降。再生浆的分散条件是：浓度 25%~30%，温度 60~95℃。这些工艺条件及高剪切环境对过氧化氢的混合而言是非常理想的。分散漂白可以减轻由油墨颗粒分散引起的纸浆"变灰"现象，从而提高纸浆的白度，哪怕只有几度。

图 7-58 为中试车间试验和规模化试验的研究结果。从图中可以得出，过氧化氢漂白可以弥补由热分散引起的白度损失。在最佳的漂白条件下，无论是在热分散过程中，还是在后漂白过程中进行漂白，白度的提高是次要的。在热分散的过程中加入漂白剂还可以改善整个制浆过程的运行性能。在热分散的过程中加入化学品，还可能强化残余油墨颗粒从纤维上的剥离，以便后续的脱墨段可以去除更多的此类油墨颗粒[70-71]。

在热分散段使用过氧化氢主要有两个缺点。一是纸浆在热分散段的滞留时间太短,不能获得最大的漂白效果。因此,很多设备供应商在揉搓机或分散机之后安装一个高浓漂白塔,可使纸浆有足够的储存时间[72-73]。二是热分散的温度过高,会导致过氧化氢的热分解。这意味着纸浆会在短时间内发黄。在较佳的温度条件下,利用额外的混合器将碱性漂液均匀地与脱墨浆混合,可以起到稳定漂白过程的作用。

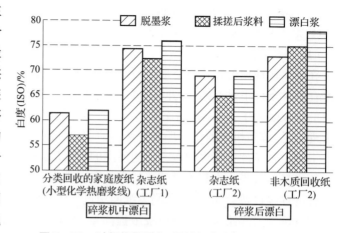

图7-58 过氧化氢漂白(揉搓机内或揉搓之后进行)

因此,热分散漂白主要用于两个脱墨段之间的热分散段。过氧化氢可在热分散处理之前加入,亦可在热分散进行过程中加入,温度约为80℃。此时,热分散单元(喂料螺旋,分散机或揉搓机)的作用只是将漂白剂混合均匀而已。经热分散后(只持续几分钟),脱墨浆被稀释至约12%的浓度,并泵送至漂白管道。接着,漂白反应在约60℃温度下持续30~60min,以获得一定的漂白效果。如果热分散的温度在60~70℃之间,纸浆可直接输送至降流式高浓漂白塔。反应时间为30~120min,漂白剂的加入量通常为1%~2%。

Suess研究发现[74],在高温条件下,碳酸根离子可以分解过氧化氢,给热分散漂白系统带来潜在的问题。在欧洲,脱墨车间水循环中碳酸根离子浓度在200~700mg/L之间。实验室试验表明,碳酸根离子的浓度在500mg/L左右时会对过氧化氢漂白产生不利的影响(如图7-59所示)。在加入过氧化氢之前将纸浆进行预热,可以将碳酸根离子沉淀为$CaCO_3$或$MgCO_3$。这样在

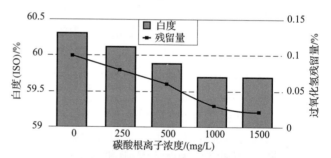

图7-59 碳酸根离子浓度对热分散机漂白的影响
注:浆浓20%,H_2O_2用量1%,NaOH用量0.35%,
Na_2SiO_3用量0.5%,90℃,30min。

热分散机中使用过氧化氢时就不会带来任何负面效果,且能获得最大可能的白度值。使用氢氧化镁也可以将碳酸根离子沉淀为$MgCO_3$,从而抵消碳酸根离子的负面影响。

(3)后漂白

后漂白,即在制浆流程的末段对脱墨浆进行漂白,它与原生浆的漂白差别不大。后漂白是机械法制浆的常见做法。脱墨浆后漂白的步骤是:首先将脱墨浆浓缩并用蒸汽加热至约60℃,然后加入漂白剂,最后将浓度约为15%的纸浆在漂白塔中储存1~3h。

过氧化氢漂白的发展趋势之一是超高浓漂白,浆浓高至40%[73]。除可以降低蒸汽消耗外,超高浓漂白的主要优点是节省化学品(如氢氧化钠),从而降低白水的COD负荷。碱用量下降后,阴离子垃圾的负荷也随之降低。将浆浓从10%提高至30%时,所需的漂白时间可以减半,这也是高浓漂白的一个很重要的优点[75]。

（4）应用经验

脱墨浆过氧化氢漂白的应用经验可以总结为：

① 推荐在脱墨段（浮选或洗涤）之后进行单独的过氧化氢漂白[76-77]。与在脱墨段之前进行过氧化氢漂白相比，这样做可以获得更高的白度增值（如图 7-60 和图 7-61 所示）。碎浆过程中由于缺少过氧化氢而引起的碱性发黄，可以通过脱墨段之后的漂白来弥补。只有当脱墨浆中的机械浆纤维含量较高时，才有必要在碎浆段加入过氧化氢。此时，只有很少量的过氧化氢起到稳定白度的作用。

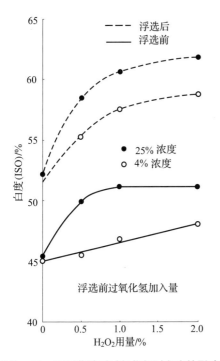

图 7-60　不同浆浓时过氧化氢对白度的影响

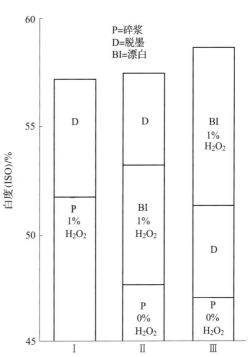

图 7-61　不同漂白方式对浮选法脱墨白度增值影响

② 如果仅仅为了获得更高的白度增值，不建议将过氧化氢的用量提高至 2% 以上（相对绝干浆）。另外，将漂白剂分两次加（一次加在浮选之前，一次加在浮选之后）可以进一步改善漂白效果[78]。大多数的脱墨车间将过氧化氢分两段加入（即碎浆和热分散（或后漂白）），以便利用浮选与漂白的协同效应。

③ 要使后漂白段能获得最大白度增值的前提条件是，在脱墨段达到最佳的油墨颗粒脱除效果[79-80]。脱墨浆中油墨颗粒的含量越高，漂白效果越差。

过氧化氢是提高脱墨浆白度非常有效的漂白剂。脱墨浆经过氧化氢漂白后，能够满足对纸张光学性质的要求，可用于很多方面。要使漂白过程顺利进行的前提是，过氧化氢能够抵抗导致其分解的竞争反应，获得稳定性。

然而，碱性过氧化氢漂白也有一定的不足之处。它会提高某些组分的水溶性，导致以下情况发生[81]：

① 过程水中溶解性物质的浓度较高，特别是在水封闭循环时；

② 流入污水处理厂的过程水的污染物浓度较高；

③ 更多的溶解性污染物被携带到纸机，有时会引起沉积[82]，降低纸机的运行效率。

因此,降低传统过氧化氢漂白过程中的碱度是未来发展的趋势。

(5)过氧化氢漂白过程中氢氧化钠的替代方案

在 P 段用碳酸镁、氢氧化镁或氢氧化钙等替代氢氧化钠可以改善漂白废水的质量,降低过氧化氢的消耗[83]。这些化学品所需的碱度较低,漂白废水的 COD 可以降低约 30% ,而其 BOD_5 值和阳离子电荷需求量与传统漂白的相当[83-84]。

与氢氧化钠不同,碳酸镁可形成 $Mg(HOO^-)^+$,起到稳定过氧根离子的作用,从而避免过氧化氢的分解,提高过氧根对木素的攻击效率[85]。而且,氢氧化镁可以在很大程度上保护纸浆的得率[84]。

然而,白度的增值取决于脱墨浆的组成。在镁碱源存在时,过氧化氢漂白对含机械浆纤维比例较高的脱墨浆更为有效[85]。

Leduc 等人利用机械浆纤维含量较高的工业脱墨浆对其他漂白方法进行了检验[86]。他们所用的过氧化氢是在水溶液中生成的。使用过氧化氢发生器的优点是,无须在漂白液中加入氢氧化钠。相对于传统的过氧化氢漂白,在过碳酸盐和过硼酸盐漂白过程中,释放出氢氧根离子。过碳酸钠、过硼酸钠和过氧化氢漂白可以达到类似的漂白效果。另外,使用过硼酸钠代替过氧化氢,漂白废水的总有机碳含量降低。有报道称,上述的氧化性漂白剂可以提高漂白浆的裂断长、耐破指数,而撕裂指数略有降低[87]。

氧化性的过氧化氢对木素中发色基的作用是有限的。如果对脱墨浆光学性质的要求异常高,那就有必要利用还原性的漂白剂进行进一步的漂白。

7.2.2.2 连二亚硫酸盐漂白

再生浆常用的还原性漂白剂为连二亚硫酸钠(亚硫酸氢钠)和甲醚亚磺酸(FAS)。FAS 在不含磨木浆的再生浆漂白中使用越来越多。还原性漂白不仅对漂白很关键,而且对彩色废纸和无碳复写纸的脱色起关键作用。还原性漂白剂可以有效地破坏彩色纸中的染料。这样一来,即使原料中包含多个等级的废纸,经还原性漂白后,仍可以获得均一的光学性质。

1873 年,德国化学家 Schutzenberger 成功地制备出连二亚硫酸的钠盐,但纯度不高。他还将这种化学品称之为亚硫酸氢钠,这个名称虽然常用但是不正确的。1884 年 Bernthsen 确定了这种化合物的分子式为 $Na_2S_2O_4$,并将其命名为连二亚硫酸钠。

1906 年,德国 BASF 公司在 Bazlen 和 Wolf 等人的研究基础上,首次生产出连二亚硫酸钠,其活性物质的最大浓度约为 90% 。最初,连二亚硫酸钠是由锌粉二氧化硫法制得的。首先在二氧化硫水溶液中将锌粉转化为连二亚硫酸锌,然后用氢氧化钠将其转化为连二亚硫酸钠和氧化锌。后来 Janson 开发了一种方法,将氯化钠溶液在水银电解槽中电解,得到钠汞齐,然后用二氧化硫将其直接转化为连二亚硫酸钠。这种方法的优点是,所得产品不含重金属离子,因而更稳定。由于废水中的汞含量较高,欧洲的氯碱电解正在从汞合金工艺转向隔膜工艺。后来,BASF 公司开发了甲酸钠法。这种方法所需的甲酸钠由一氧化碳直接制得,氢氧化钠被亚硫酸氢盐转化为连二亚硫酸钠。

在 20 世纪 30 年代,连二亚硫酸钠首次被应用于机械浆的漂白。最初,连二亚硫酸钠直接以粉末的形式加入,且用量较小。在约 20℃ 的条件下仅仅漂白几分钟,连二亚硫酸钠就不再发挥漂白效果了。只有将环境中的氧气排掉,才能获得满意的漂白效果。

随着连续漂白工艺的引入(比如塔白漂),必须使用连二亚硫酸钠专有混合物溶液,以确保其与浆料的均匀混合。另外,也可以使用连二亚硫酸钠冷碱溶液。在温度低于 10℃ 时,该冷碱溶液很稳定,可以长时间储存。这样就可以避免复杂的溶解过程。

连二亚硫酸钠也可以利用 Ventron 法在现场通过 Borol 技术进行制备。硼氢化钠漂白本质上就是连二亚硫酸钠漂白。为此,需要将二氧化硫、硼氢化钠和氢氧化钠在反应器(漂白)中混合,加入的方法有以下两种:a. 直接将硼氢化钠注入已预先加入亚硫酸氢钠的纸浆中[88];b. 预先将亚硫酸氢钠和硼氢化钠混合好,然后加入到反应器中[89-90]。漂液中连二亚硫酸钠中活性物质含量约为 85%,除此以外,还生成了亚硫酸氢钠和过硼酸钠。现场制备连二亚硫酸钠的优点是,漂液的制备是可控的,可以减少连二亚硫酸钠中活性物质在运输和储存过程中的损失。这种制备方法特别是在运输距离较远时更有吸引力。

7.2.2.2.1　连二亚硫酸钠漂白化学

漂白过程中,连二亚硫酸钠之所以能够起到还原作用,是因为它在水溶液中可以转化为亚硫酸氢钠和次硫酸钠。反应方程如下:

$$Na_2S_2O_4 + H_2O \rightarrow NaHSO_2 + NaHSO_3 \tag{7-9}$$

由于生成的亚硫酸氢钠是较弱的还原剂,对漂白反应几乎没什么作用,因此次硫酸才是真正的漂剂。在有氧气存在时,次硫酸钠被迅速氧化为硫酸氢钠。

$$NaHSO_2 + O_2 \rightarrow NaHSO_4 \tag{7-10}$$

这种无效消耗使得 pH 移向酸性范围内,进而加速连二亚硫酸钠的自分解,生成硫代硫酸钠和单质硫,带来硫沉积问题。空气的排出也会引起连二亚硫酸钠溶液的分解,特别在高温时尤为明显。上述两种情况下,次硫酸钠被转化为硫代硫酸钠,反应方程如下:

$$2NaSO_2 \rightarrow Na_2S_2O_3 + H_2O \tag{7-11}$$

为稳定连二亚硫酸钠溶液,建议向其中加入 NaOH 或 Na_2CO_3,加入量至少在 5% ~7%(相对绝干浆)。向连二亚硫酸钠溶液中加入螯合剂可以防止钙离子或镁离子的沉淀。使用螯合剂的唯一目的就是隔离这些多价的阳离子。重金属离子的存在不会引起连二亚硫酸钠的分解。连二亚硫酸钠溶液的最大浓度取决于温度的高低,在 120 ~200g/L 之间。

尽管 Polcin 和 Rapson 在 20 世纪六七十年代已对机械浆的连二亚硫酸钠漂白反应进行大量的研究,但依然未能完全弄清楚该漂白反应对纤维性能的影响[38-39]。在漂白过程中,只有部分发色基可以与连二亚硫酸钠发生反应。简单结构(醌类结构,如邻醌、半醌(sei - quinone)和紫丁香醛结构)基本上被破坏掉了。黄酮类化合物可以转化为颜色较浅的查尔酮类发色基。连二亚硫酸钠漂白对共轭酮基、紫丁香醇类双键以及复杂醌型结构的作用不大。

Steenberg 和 Norberg 研究表明,连二亚硫酸钠漂白过程中,只有部分被还原的物质会溶解到漂白废液中[91]。因此,白水或漂白废水的 COD 负荷较低。另外,还原产物不稳定,易于恢复至其初始结构。这就是连二亚硫酸钠漂白机械浆有返黄倾向的原因。使用螯合剂可以抑制漂后浆的返黄趋势[92-93]。

7.2.2.2.2　工艺参数

与过氧化氢相比,连二亚硫酸钠还原性漂白的反应时间大大缩短,说明其具有更高的动力学反应速率。试验研究表明,连二亚硫酸钠漂白只需几分钟。提高反应温度有利于连二亚硫酸根离子扩散至纤维细胞壁中,因而对漂白效果起到积极作用[94]。

由于连二亚硫酸钠对氧气较敏感,因此连二亚硫酸钠漂白必须作为单独的漂白段。仅此一点,就不可能将连二亚硫酸钠漂白与碎浆段结合起来。浆浓越低,浆中的空气含量就越低。因此,长时间以来,连二亚硫酸钠漂白的最佳浆浓一直被限制在 3% ~5% 之间。纸浆与漂剂混合后,被输送至升流式漂白塔。这样的话,与连二亚硫酸钠反应的纤维就不会接触大气中的空气。只有塔顶周围的空气能与尚未消耗掉的连二亚硫酸钠反应,将之转化为硫酸氢钠和亚硫酸氢钠。

由于反应的时间较短，漂白剂在纸浆中的均匀混合和分布就显得尤为重要。在低浓范围内，漂白剂的混合可采用低浓混合器，这种混合物已经流行了几十年。后来开发了一种抽气式混浆泵，它可以在中浓条件下（10%～15%）将漂白剂和纸浆混合均匀。流化中浓浆泵可以将空气从纸浆悬浮液中抽吸出来的同时混合漂白剂。如今，这种流化中浓泵已成为连二亚硫酸钠漂白流程中的标准配置。经过浆泵混合后，纸浆被输送至与上文类似的升流式漂白塔或漂白管中继续进行漂白，反应时间根据实际需要进行设定。

将浆浓提高至中浓范围以后，连二亚硫酸钠漂白更为经济可行。连二亚硫酸钠漂白已成为废纸制浆的惯用做法。如果既要漂白纤维，也要对纸浆的色调进行矫正（通过染料脱色的方法），那么连二亚硫酸钠漂白就是脱墨过程中很重要的一环。

提高温度也可以加速连二亚硫酸钠的漂白反应。如图7－62所示，温度超过60℃时可以达到更高的白度。白度的稳定性随反应时间的延长而降低，这是因为漂白剂在短时间内就被完全消耗掉了[95]。

漂白剂被完全消耗掉以后，热反应就会占主导地位，导致纸浆返黄。机械浆纤维含量较高的脱墨浆若被加热至很高的温度，纸浆就会返色（返黄）。另外，当温度超过80℃时，连二亚硫酸钠会迅速转化为硫代硫酸钠，并伴有硫沉积现象。因此，含磨木浆的脱墨浆的连二亚硫酸钠漂白时间通常在15～60min。为了降低能耗，常用的漂白温度是60℃。

提高反应温度可以改善纸浆的白度，特别是当连二亚硫酸钠的用量超过1%时（如图7－63所示）。当连二亚硫酸钠的用量低于1%时，在40～80℃的温度范围内，纸浆白度的差别是很微小的。漂白时间为1h，温度约为95℃时的漂白效果不如温度为80℃时的。这是由热返黄和连二亚硫酸钠反应过快造成的。为防止白度损失，建议在高温条件下的反应时间为5～10min[95]。此时，漂白多在管道中进行。

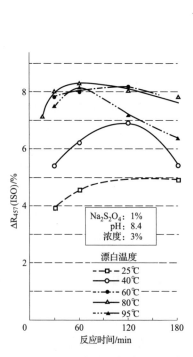

图7－62　不同温度下反应时间对白度影响

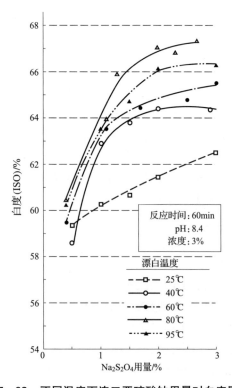

图7－63　不同温度下连二亚硫酸钠用量对白度影响

和过氧化氢漂白一样,pH 对连二亚硫酸钠漂白有显著的影响。如图 7-64 所示,若连二亚硫酸钠的用量为1%,反应温度为80℃,则 pH 在6~7 时可以获得最佳的漂白效果。为获得最佳的效果,如果提高反应温度,pH 也要随之提高。当温度高于60℃时,最佳的 pH 约为7。

如图 7-65 所示,温度越高,连二亚硫酸钠的用量越大,所需的初始 pH 也越高。在高温和高用量的共同作用下,pH 迅速下降,因而无法达到最佳的反应效果。与机械浆不同,再生浆连二亚硫酸钠漂白的最佳 pH 值在中性至弱碱性范围内,而不是弱酸性范围内[96-98]。脱墨浆的连二亚硫酸钠漂白效果不如机械浆的,这可能与剥离下来的油墨颗粒重新回吸到纤维上有关。

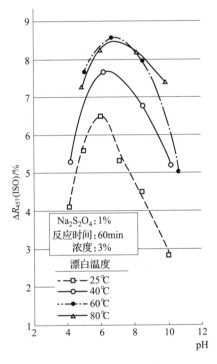

图 7-64　不同温度下 pH 对白度的影响　　图 7-65　pH 和连二亚硫酸钠用量对白度的影响

在实际运行条件下,脱墨浆连二亚硫酸钠漂白时,漂白剂的用量通常在 0.5%~1%(相对绝干浆)。含磨木浆的脱墨浆在中浓范围内漂白时,其白度一般升高 4~7 个白度单位。如果废纸原料中含有彩色纸,那么不含磨木浆的脱墨浆在相同情况下可以获得更好的白度。

与大生产条件下的连二亚硫酸钠漂白相比,实验室条件下可以获得更好的漂白效果。可能的原因如下[99]:

① 在工厂环境中,漂液与纸浆之间的混合不均匀,特别是高浓时;

② 纸浆中存在空气;

③ 金属离子的存在,如铁离子和铝离子;

④ 连二亚硫酸钠溶液不稳定;

⑤ 从前序工段中随纸浆携带过来的残余化学品,特别是过氧化氢(参见本章"两段漂白"中的相关内容)。

7.2.2.3　FAS 漂白

FAS 是晶体状的低气味还原剂,从 20 世纪 80 年代以来一直被用于含机木浆的漂白。利用 FAS 和其他漂白剂对机械浆和再生浆进行一段或两段漂白的技术在 1983 年获得授权[100]。

从那以后,FAS 开始广泛地用于再生浆的漂白。特别在废纸混合物中含有彩色纸或无碳复写纸时,FAS 是很有效的脱色漂白剂。在过去,此类废纸制得的脱墨浆通常用次氯酸盐进行漂白,特别是在北美。次氯酸盐可以有效地破坏多种多样的染料。考虑到次氯酸盐漂白对生态的不利影响,如元素氯含量高及有机废水负荷大等,FAS 正在逐渐取代次氯酸盐,而且取得了与次氯酸盐相当的漂白效果。

早在 1910 年,Barnett 研究了过氧化氢与硫脲的反应。从那以后,FAS 的合成一直是多种出版物的主题内容。根据 X - 射线的结构分析可知,FAS 中含有二氧化硫脲。两分子的过氧化氢和一分子的硫脲在低温、酸性至中性的 pH 条件下反应,即可制得 FAS。

7.2.2.3.1　FAS 漂白化学

FAS 微溶于水,它以亚磺酸的形式溶于水中,浓度只有约 27g/L。但是,在碱性条件下 FAS 的溶解度升高至 100g/L。甲醚亚磺酸钠的溶解度高,但其水溶液分解非常快。因此,碱性漂白液只能在加入之前临时进行连续制备,而且要尽快用掉。

在亚磺酸与可还原性物质(发色基)的反应中,主产物是尿素和亚硫酸氢钠:

在反应过程中,亚硫酸氢钠进一步转化为硫酸氢钠:

$$\underset{\substack{HN}}{\overset{\substack{H_2N}}{\underset{OH}{\overset{O}{C-S}}}} + NaOH + 发色基 \longrightarrow \underset{H_2N}{\overset{H_2N}{C=O}} + NaHSO_3 + 漂白发色基 \tag{7-12}$$

$$NaHSO_3 + 1/2O_2 \longrightarrow NaHSO_4 \tag{7-13}$$

氢氧化钠与 FAS 的最佳质量比为 0.5。在最佳漂白条件下,漂白过程中 pH 从 9 降至 7~8。如果质量比超过 0.5,纸浆就会有返黄的风险,特别是在脱墨浆中机械浆纤维含量较高的情况下。如果脱墨浆中的碳酸钙含量较高,氢氧化钠的用量可以减少 2/3[101]。

与所有的还原性漂白剂一样,FAS 也会被大气中的氧气氧化,但是它远远不如连二亚硫酸钠那样对氧气敏感。因此,FAS 在漂白中的应用范围就大得多,不仅可以作为独立的漂白段,也可以与其他工段结合起来使用。

与连二亚硫酸钠相比,FAS 的硫含量更低,而且用量也较低,因此使用 FAS 对减轻白水循环中硫酸盐的负荷特别有利。设备和仪器受腐蚀程度有所降低,而且硫化氢产生量也有所降低。

在碱性条件下,亚磺酸根离子的还原电势(>1100mV)比连二亚硫酸钠的(~800mV)高。因此,理论上 FAS 比连二亚硫酸钠能够破坏更多的发色基团。FAS 可以将偶氮染料彻底破坏,也能将醌型结构还原。FAS 还能够将未漂白 KP 浆的白度提高 10 个单位左右。

7.2.2.3.2　工艺参数

FAS 漂白最重要的工艺参数是反应温度,它是控制漂白效果最为有效的手段。如图 7 - 66 所示,在反应时间为 30min 时,将温度从 40℃ 提高至 90℃,

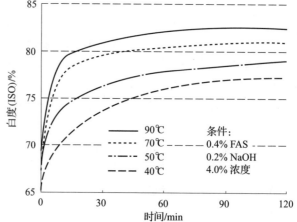

图 7 - 66　温度和反应时间对不含机械浆的
脱墨浆后漂白白度的影响

不含磨木浆的脱墨浆的漂白效果几乎翻倍。温度较低时,需延长反应时间以达到满意的效果。然而,仅仅靠延长反应时间不足以完全弥补低温条件下获得的白度水平。

如图 7 - 67 所示,如果温度设定在最佳值,只需使用少量的 FAS 就可以进行有效的漂白。在温度为 80℃ 时,仅需 0.2% 的 FAS 就可以将脱墨浆漂白至与温度为 50℃ 、FAS 用量为 0.6% 时一样的白度。

与过氧化氢漂白时的浆浓相比,浆浓对 FAS 漂白效果的影响大大减小。Daneault 和 Leduc 利用大量实验结果建立了一个 FAS 漂白工艺参数对漂白效果的影响的数学模型[102]。尽管浆浓越低,

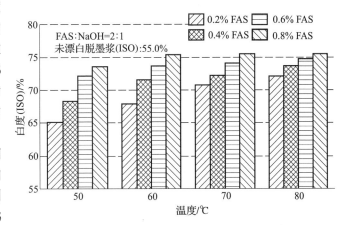

图 7 -67　不同 FAS 用量时温度对脱墨浆后漂白白度的影响

漂白效果越好;但他们发现,浆浓对漂白效果的影响远远小于温度。将浆浓从 5% 提高至 20% ,脱墨浆的白度仅仅升高 2 个白度单位。漂白效果之所以与浆浓有关,是因为纸浆中含有氧气。空气去除效果越好,漂白的效率就越高。

对脱墨浆而言,在实验范围内,工艺参数温度、浆浓和 FAS 用量三者之间存在如下关系[102] :

$$R_{457} = 55.05 + 0.08t - 0.12c + 5.7F - F \tag{7 - 14}$$

式中　R_{457} ——ISO 白度 ,%

　　　　t ——温度 ,℃ (40 ~ 80℃)

　　　　c ——浆浓 ,% (5% ~ 20%)

　　　　F ——FAS 用量 ,% (0.25% ~ 2% ,相对绝干浆)

上述关系被认为也适用于含磨木浆的脱墨浆的漂白。数学模型表明,提高温度和 FAS 用量,或降低纸浆的浓度都有利于提高漂白效果。反应时间对改善漂白效果没有很大的影响。

FAS 漂白可采用不同的工艺条件。一个非常简单的方法是,直接将 FAS 和氢氧化钠加入到碎浆机。这种碎浆机漂白可以有效地对彩色纸和无碳复写纸进行脱色,而无需额外的漂白段。当废纸混合物中彩色纸的比例变化很大时,在碎浆时加入 FAS 可以起到平衡作用,从而防止纸浆存在较大的色差[101]。碎浆机漂白时除了有空气存在以外,另一个缺点是碎浆机内温度较低,很少超过 50℃ 。

采用独立的后漂白段,基本上可以避免空气的存在,并选用最佳的漂白温度。浆浓有很大的调整空间。后漂白可以在升流式或降流式的漂白塔或漂白管中进行,浓度可采用中浓或低浓。这样,漂白效果基本上是温度的函数。可通过向混合器或浆泵中通入蒸汽的方法来控制温度。

FAS 漂白所需的最佳温度在热分散段很容易实现。热分散过程中,漂白剂和纸浆可以在适宜于 FAS 漂白的温度条件下得到充分的混合。在添加 FAS 溶液时,可很好地利用这一点。这样做的好处是:浆料中空气少、水分低;充分混合可以确保漂白剂和纸浆之间实现迅速而紧密的接触。经热分散后,加入的化学品在漂白池或漂白塔中进行漂白反应,时间为 30min[103]。

热分散机中的温度越高,后续漂白反应所需的时间就越短。对于可在高于100℃温度下运行的热分散机而言,后续漂白反应仅需几分钟就足够了。另外,提高温度可以使FAS的好氧损失达到最小化。为达到最佳的经济效益,将FAS漂白与热分散过程结合起来的做法是有吸引力的,因为除了热分散机以外,无须额外的处理设备。

FAS在中浓到低浓范围内用于脱墨浆后漂白的一个典型例子如图7-68所示。脱墨浆经浓缩后与漂白液混合,用高剪切混合器加入蒸汽。然后,纸浆进入升流式漂白塔。如果将漂白与现有的热分散段集成在一起,那流程就如图7-69所示:脱墨浆经浓缩后与漂白液在螺旋喂料器中混合,同时通入蒸汽,接着进行热分散或揉搓处理,之后浆料经稀释后输送至漂白塔、浆池或管道中,并在较低的温度下进行漂白[101]。

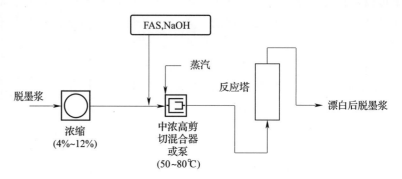

图7-68　FAS用于低浓及中浓后漂白的典型示例

有时,与连二亚硫酸钠漂白一样,实验室的FAS漂白结果与工厂试验的会有差异。其中最重要的原因是实验室使用的设备和反应条件不同。在实验室难以实现高温高浓条件下的高效混合;而且难免有空气的存在。

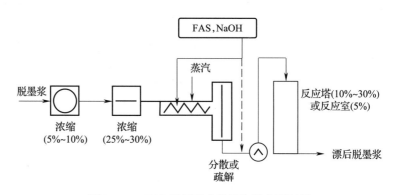

图7-69　FAS用于热分散漂白的典型示例

7.2.2.4　漂白段的组合形式

脱墨浆的用途基本上取决于其光学特性。当使用脱墨浆生产高品质的印刷纸张(如超级压光纸或低定量涂布纸)时,单段漂白一般情况下不足以满足纸张光学性质的要求。为提高白度,有必要采用两段或三段氧化性和/还原性漂白。与单纯增加单段漂白的化学品用量相比,这样做可以破坏各种不同的有色结构,获得更好的漂白效果。光学特性的改善不仅仅包括白度的提高,而且包括纸浆黄色色调的减弱,特别是在漂白含磨木浆的脱墨浆时[104]。

采用不同的化学品和生产工艺,漂白段之间可进行多种形式的组合。漂序中仅使用一种化学品的情况也较为常见。

7.2.2.4.1　两段漂白

脱墨浆的典型漂白组合如下:

① P-P;

② P-Y;

③ P-FAS;

④ FAS – P。

（1）两段氧化漂白

过氧化氢常用于碎浆段、热分散段或后漂白段。大量试验表明，将过氧化氢分开加入到碎浆和热分散段（或后漂白段）比一次性加入到碎浆段的漂白效果要好。需要注意的是，提高碎浆段过氧化氢的加入量会大大减小第二段过氧化氢漂白段的白度增值。

Putz 等人进行了大量的研究，以弄清楚后漂白的白度增值与碎浆段过氧化氢的加入量之间的关系[78]。图 7 – 70 为分别在碎浆和后漂白段加入过氧化氢时，废纸原料（报纸：杂志纸 =1：1）所取得的漂白效果。碎浆段过氧化氢的用量越高，第二段（后漂白）的漂白效果越差。当碎浆段过氧化氢的用量为 2% 时，后漂白的白度增值迅速减小。即使将过氧化氢加入到不同的工段中，其漂白效果依然是有限的。

在碱性条件下生产含磨木浆的脱墨浆时，在碎浆段加入过氧化氢可以防止由碱性条件引起的纸浆返黄现象。就浆料的浓度、温度以及有害物质的负荷而言，碎浆段的工艺条件并不利于过氧化氢漂白。因此，在很多实际应用中，将碎浆段过氧化氢的加入量降至尽量低的范围内，而将相当大量的过氧化氢用于后续的工段中，以便在更为有利的工艺条件下进行进一步的漂白。

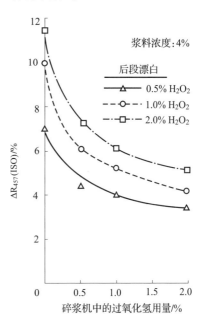

图 7 – 70　碎浆机中过氧化氢用量对过氧化氢后漂白白度增值的影响

（2）氧化 – 还原组合漂白

根据所用化学品的不同，既可以进行氧化性漂白，也可以进行还原性漂白；再生浆的还原性漂白通常在氧化性漂白之后。首先在碎浆机中加入过氧化氢，然后在热分散机中进行连二亚硫酸钠或 FAS 漂白。或者，在漂白塔或漂白管中进行独立的还原性后漂白，漂白剂可以是一种或两种还原剂。

当在还原性漂白段使用连二亚硫酸钠时，与 Y – P 漂序相比，P – Y 漂序有很多优点：

① 加入过氧化氢可以避免含磨木浆的废纸在碱性碎浆条件下发生碱性返黄。Y 在此 pH 范围内漂白作用不大；

② 采用独立的漂白段（Y）是至关重要的，因为连二亚硫酸钠易受大气中氧气的作用；

③ 连二亚硫酸钠漂白段作为后漂白段时，最终脱墨浆（成浆）的 pH 更适合纸机的运行条件。

采用氧化 – 还原漂序时需要注意的一点是，应确保没有残余的过氧化氢会进入 Y 段。否则，残余的过氧化氢会消耗连二亚硫酸钠。在以前，经常用亚硫酸氢钠来破坏残余过氧化氢，防止过氧化氢携带到后续的工段中去。但这种方法逐渐被封闭过程水循环所取代，后者可以确保未消耗的化学品被重新回用到过程中[105]。由于氧化性漂白段和还原性漂白段之间通常有浮选脱墨段，高倍数稀释（浮选前）及后续的浓缩（浮选后）过程可以防止前一段的化学品被携入到后一段中去。

同时，这样做的好处是，不进行酸化处理就能获得合适的 pH，以便进行连二亚硫酸钠漂白。白水的 COD 浓度较低，能够满足两段漂白所需的安全运行条件。

碎浆段过氧化氢的用量越高,过氧化氢后漂白的白度增值就越低。同样地,随着碎浆段过氧化氢用量的增加,连二亚硫酸钠后漂白的白度增值也会降低,但只下降了30%(如图7-71所示)。为获得更高的白度增值,建议选择采用不同漂白剂的多段漂白。

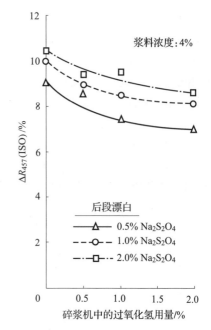

图7-71 碎浆机中过氧化氢用量对连二亚硫酸钠后漂白白度增值的影响

一种较为常见的做法是在第二段漂白中使用FAS,而不是连二亚硫酸钠。FAS漂白可以在热分散中进行,也可以在脱墨流程的末端作为单独的漂白段。使用FAS的主要目的是平衡脱墨浆中存在的颜色差异,同时提高白度。这种漂序的成浆质量更稳定,特别是当废纸原料中彩色废纸的比例变化很大时。未漂白再生浆中机械浆纤维的比例越小,这种色调矫正效应就越大。当未漂白脱墨浆中机械浆纤维的比例较大时,需要特别注意的是,要保证在FAS被完全消耗完以后,多余的碱也基本上被消耗掉了,这样才能防止纸浆的碱性返黄。如果脱墨浆(成浆)要用于中性抄纸,FAS漂白后无须进行酸化处理。

(3)还原-氧化组合漂白

与连二亚硫酸钠不同,FAS可在碎浆机中使用。这就是还原-氧化组合漂白比单纯Y漂白更有吸引力的原因,至少从成本的角度而言是这样的。但是,碎浆过程中设定的温度无法达到FAS漂白所需的最佳温度。因此,与优化条件下的后漂白相比,碎浆机漂白的效率就会受到不利的影响。FAS-P漂序主要用于漂白卫生纸用不含磨木浆的废纸。

对于含机木浆而言,第一段漂白在碎浆段之后进行。氧化-还原组合漂序与还原-氧化组合相比没有明显的优势。法国CTP的研究发现,这两种漂序获得漂白效果几乎完全一样。表7-1显示的是过氧化氢和连二亚硫酸钠两段组合的后漂白的白度增值。两种漂序的平均白度增值仅为0.6个白度单位,区别并不明显。

在MOW回用过程中,Y-P漂序不仅可以在很大程度上改善白度,还可以获得高洁净度的纸浆[105]。当然,获得如此好的效果的前提是:系统中有两段浓缩和两段热分散,并在P段后也有浓缩过程以防止过氧化氢残留在浆中。同时,成浆的pH与抄纸工艺也相匹配。两段漂白皆包括热分散过程。连二亚硫酸钠的混合是在中浓浆泵中进行的。在与化学品混合之前,浆料中的空气由与中浓浆泵集成在一起的真空泵抽除。

这种漂序的一个优点是,脱墨浆在进入P段时具有较高的洁净度,以保证最大的漂白效率。可能

表7-1 不同漂序的两段漂白之间的比较[106]

过氧化氢用量/%	连二亚硫酸钠用量/%	白度增值(ISO)/%	
		P-Y	Y-P
1	1	5.9	7.3
1	2	7.0	7.6
2	1	8.3	7.9
2	2	7.3	8.7
5	1	8.8	9.6
5	2	9.5	10.0

存在的过氧化氢酶已在第一段热分散过程中被破坏掉了。P 段漂后残余的过氧化氢也可以控制纸浆在储存过程中以及纸机上细菌的生长。除投资较大外,此类系统的另一个缺点是过氧化氢漂白之后的浓缩段会提高白水循环的 COD 负荷。另外,水玻璃的大量使用会诱发沉积和留着问题。

不同漂序所能获得的漂白效率更多地依赖于浆料处理技术、系统集成情况以及白水循环与净化情况,而不是某一种特定的漂序本身。须针对具体的情况来选择漂序和漂剂。

7.2.2.4.2 多段漂白

如果对含磨木浆的脱墨浆的光学特性要求较高,采用三段漂白是最有效的。三段漂白通常包括碎浆机漂白段,热分散机漂白段,以及独立的后漂白段。常见的漂序有:

a. 氧化 – 氧化 – 还原;

b. 氧化 – 还原 – 氧化。

过氧化氢在碎浆段的加入量较小(低于 0.5%),仅仅是为了防止碱性返黄。真正的漂白是在脱墨之后进行的。之所以能够获得较高的漂白效率,是因为采用了更为有利的工艺条件。此时(比如说热分散机漂白),漂剂可以为过氧化氢、连二亚硫酸钠或 FAS,它们通常在热分散段被混入至浆料中(有利的工艺条件)。纸浆经过储存(漂白设备中)和另一段脱墨之后,再用另一种不同的漂剂进行后漂白。如果在热分散段使用过氧化氢,那么后漂白就可以使用连二亚硫酸钠或 FAS。

尽管在三段漂白中都加入了漂白剂,但三段漂序对含磨木浆的脱墨浆光学特性的改善仍很有限。即使在第二段和第三段加入更多的漂剂,也几乎不可能将含磨木浆的脱墨浆漂白至高于 70% ~72% ISO 的白度(如图 7–72 所示)。为获得更高的白度,必须破坏其他发色基。这就需要降解木素式的漂白剂。

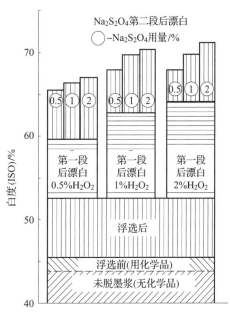

图 7 –72　多段漂白对白度的影响

7.2.3　降解木素式的漂白

所有的降解木素式漂白剂都是氧化剂,主要用于化学浆的漂白。最重要的漂白剂包括元素氯(氯气)、二氧化氯和次氯酸钠。有关氯气和次氯酸钠对生态的不利影响的讨论始于 20 世纪 80 年代。从那以后,利用氧气和臭氧取代这些传统漂白剂成为世界范围内的一个发展趋势。

氯气用于纸浆漂白的量越来越少,因为氯气漂白时会在漂白车间废水中以及纤维浆料中生成具有潜在毒性的有机氯化物。在亚硫酸盐浆和 KP 浆漂白过程中,氯气已基本上被氧气所取代。氧气是一种脱木素式的化学品。

降解木素式的漂白过程只利用氧化反应。发色物质在反应过程中从纤维中溶解出来,进入废水中。因此,这种氧化性漂白往往会伴有得率的损失。漂白剂的氧化电势越高,其漂白效能就越高。氯气的氧化电势为 1.36V。过氧化氢在碱性介质中的氧化电势只有 0.88V。

在降解木素式的漂白过程中,除酚羟基外,碳碳双键也会受到攻击。这些有色的有机物质被降解为亲水性更强、分子质量更小的产物。这些降解产物可溶于水或碱中。除次氯酸钠以外,其他降解木素式的漂白剂并不能对羰基进行改性。图 7-73 是脱木素(漂白)过程中发生的典型反应。除木素和抽出物外,大部分的染料也被脱色了。

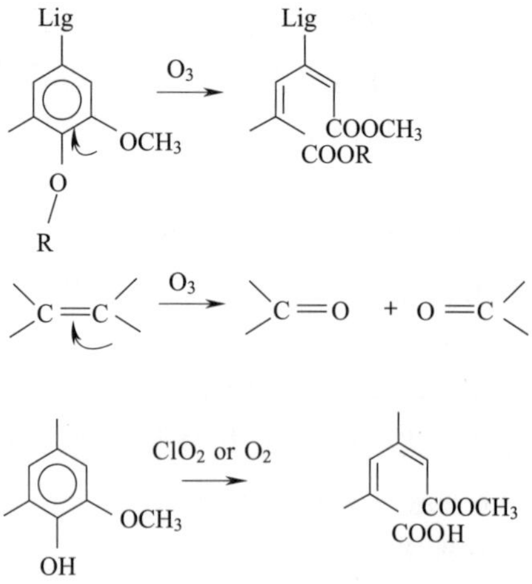

因此,只有当脱墨浆主要是由未漂白或半漂白的化学浆纤维构成时,才有必要进行脱木素式的漂白。漂白可以降低脱墨浆中残余木素的含量,提高其白度。如果含磨木浆的脱墨浆采用上述的化学品(氯气、次氯酸盐、二氧化氯、氧气、臭氧)进行漂白,会带来以下后果:a. 纸浆的光学性质不仅不会得到改善,白度还可能会有明显的降低;b. 得率降低,从而提高脱墨过程废水的负荷[56,107]。

图 7-73 臭氧、氧气和二氧化氯漂白过程中木素发生的主要反应

7.2.3.1 含氯漂白

在北美,不含磨木浆的脱墨浆一般采用含氯漂白。在过去,常用的是次氯酸钠漂白。对机械浆纤维含量高达 5% 的再生浆而言,次氯酸盐漂白可以有效地提高纸浆的白度,并对其进行脱色。如果再生浆中机械浆纤维的含量较高,次氯酸盐漂白过程中会伴有返黄反应,对机械浆组分产生不利的影响。所以,单段漂白不太可能获得所需的漂白效果,须在此之前脱除残余的木素。

7.2.3.1.1 次氯酸盐漂白

要提高白度增值的一个重要前提是木素的含量要尽可能地低。如果纤维浆料中含有过多的木素,次氯酸盐漂白会导致纸浆的颜色变为粉红色,特别是次氯酸盐用量较小时。一旦发生这种情况,就需要使用大量的漂白剂才能将纸浆变白。因此,在传统的化学浆漂白过程中,常见的做法是:在 H 段之前先进行氯气漂白和碱抽提(抽提氯化木素)。

根据对脱墨浆质量的要求,漂白条件可以在一定的范围内进行调整。有效氯的用量在 1% ~6% 之间(对绝干脱墨浆),但大多情况下,有效氯用量在 2% ~3% 之间。温度在 50~55℃ 之间,漂白时间 2~3h。反应器可采用漂白塔或浆池,浆浓在 3% ~15% 之间[108]。

技术层面上,可以向氢氧化钠溶液中加入气态氯气的方法来制备次氯酸钠盐。反应方程式如下:

$$2NaOH + Cl_2 \longrightarrow NaOCl + NaCl + H_2O \qquad (7-15)$$

次氯酸钠溶液的电离是 pH 的函数。在强酸范围内,次氯酸钠以氯水的形式存在,几乎不发生电离。提高 pH,会有次氯酸生成。在碱性范围内,次氯酸钠可以完全电离。碱性漂白条件下,随着反应的进行,pH 会向中性(pH=7)靠近。这是因为在反应过程中会生成碳酸、草酸等酸性产物,它们会中和次氯酸钠的碱性。由于纤维素在 pH 6~7 的弱酸介质中会发生严重降解,因此次氯酸盐漂白的终点 pH 须在碱性范围内。为此,漂白的初始 pH 应在 9~10 之间。

次氯酸盐漂白通常是一个单段漂白过程。根据废纸的组成不同,单段次氯酸盐漂白可以获得 70% ~80% ISO 的白度水平。有时,次氯酸盐漂白也可以分两段进行。在两段 H 漂白之间加入洗涤段以洗掉前一段 H 漂白生成的氧化木素。相对于单段 H 漂,两段 H 漂的成浆白度水平更高,这说明分两段进行 H 漂可以更好地利用次氯酸盐[108]。

7.2.3.1.2 含氯漂白的漂序

如果脱墨浆中机械浆纤维的比例超过 10%，需在 H 段之前进行氯化漂白，以降解残余的木素。这样做可以保证后续次氯酸盐漂白段的功效，甚至当脱墨浆中机械浆纤维的比例较小时。

在氯化处理时，浆浓约为 3%，温度在 30~40℃之间。氯化结束后，要对脱墨浆进行洗涤，以去除氯化的木素降解产物。只有经过上述两步之后，才可以在 12%~15% 的中浓范围内进行次氯酸盐漂白。有时可在洗涤时加入少量氢氧化钠，以便更有效地将氧化木素从脱墨浆中脱除。

在以前，像化学浆漂白一样，在氯化和次氯酸盐漂白之间加入一个完整的碱抽提段，特别是当再生浆的木素含量甚高时（如图 7-74 所示）。采用这种漂序时，提高次氯酸盐漂白段的化学品用量可以获得最佳的漂白效果。

鉴于上述漂序（CEH）对环境产生的负面影响，再生浆的漂白基本上不会采用这种漂序。相反，若将这种漂序与 FAS 或 Y 组合后，可应用于不含磨木浆的再生浆的脱色。

7.2.3.1.3 二氧化氯漂白

二氧化氯广泛应用于化学浆的漂白，而很少用于不含磨木浆的脱墨浆的漂白。原因之一是二氧化氯的生产成本高，只有当脱墨车间的产能足够大时才划算。

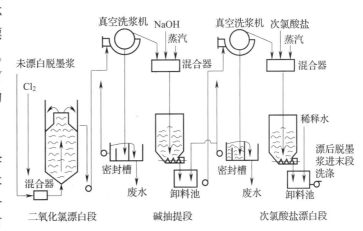

图 7-74　机械浆纤维含量高的脱墨浆的典型 CEH 漂序

Quinnett 等人[109]研究发现，二氧化氯是彩色废纸很有效的脱色漂剂。特别是当废纸中含有非均一的、大量彩色纸时，二氧化氯漂白可以有效地消除绝大多数的染料。颜色很深的 MOW 脱墨浆经过单段二氧化氯漂白（ClO_2 用量 1.1%）后，白度由最初的 51% ISO 升高至 84% ISO，而且染料的脱除率高达 90%。

如图 7-75 所示，二氧化氯漂白的成败取决于 pH。在 pH 为 6 的弱酸性条件下可以获得最佳的漂白效果。二氧化氯在碱性条件下仅获得 70% ISO 的白度，而在 pH 4.5~7 之间可以取得 80% ISO 的白度。二氧化氯漂白的效果还取决于脱墨浆中染料的含量。在大多数情况下，1% 的二氧化氯加入量足以对染料进行脱色，如图 7-76 所示。染料含量越高，达到白度要求所需的二氧化氯量也越大。二氧化氯漂白的废水 AOX 负荷较低。

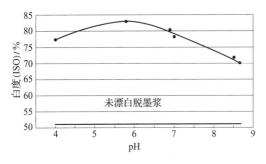

图 7-75　二氧化氯脱色及 pH 对白度的影响

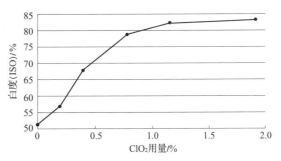

图 7-76　二氧化氯用量对白度的影响

7.2.3.2 含氧漂白

多年以来一直有一个趋势——不仅在化学浆漂白中,而且在废纸处理中用含氧漂白剂取代含氯漂白剂。这一趋势的驱动力包括以下几个方面[101]:

① 客户需求的改变:对非含氯产品的需求在增长。含氯漂白产生的有机氯化物(AOX,参见第10章)由于其毒性逐渐成为公众谴责的目标。

② 苛刻的立法。法律法规对AOX排放量的规定日益严格。对于会产生大量AOX的工厂而言,获得生产许可的难度日益增加。

③ 废纸组成的变化。用CTMP浆部分取代化学浆的做法,提高了废纸中高得率浆纤维的比例。随着废纸使用量的增加,这种趋势(提高机械浆纤维比例)已不可避免。

除了传统的保留木素式漂白剂外(如过氧化氢,连二亚硫酸钠和FAS),氧气和臭氧也是常用的含氯漂白剂替代品。

7.2.3.2.1 氧漂

在化学浆漂白过程中,氧漂段仅作为脱木素段用来脱除纸浆中的残余木素;而在废纸浆漂白中使用氧气的目的是改善纸浆的光学性质。

氧脱木素从20世纪60年代中期以来一直用于工业化的化学浆漂白中,而再生浆的氧气漂白于20世纪80年代后半期才首次见诸报道[110-111]。最初进行OCC氧气漂白试验的目的是通过脱除木素来提高纸浆的强度,同时降低废纸的蜡含量。后来,人们也检验了氧气漂白对提高OCC纸浆光学性质的可能性。

如今,氧漂偶尔也用于不含磨木浆的脱墨浆的漂白,得到的漂后浆可作为化学浆替代品,或作为商品脱墨浆生产光学性质较好的印刷纸和书写纸[105]。大多数情况下,以漂白化学浆制得的混合办公废纸为原料。根据分拣质量的不同,这些原料中可能伴有一定量的未漂白纤维、彩色纸及其他杂质。对组成变化很大的再生浆进行氧气漂白有助于均衡(抵消)脱墨浆光学特性的波动。

是否安装氧气漂白段以生产用于高品质印刷纸的脱墨浆,基本上取决于成本因素。有此类脱墨车间的厂家(特别是北美的厂家)的经验表明,他们的盈利能力取决于净化、筛选、漂白以及废渣处理等的生产成本。从产业化的角度来看,这些脱墨车间的经济效益是值得怀疑的。原生阔叶木化学浆的市场情况对此也会有影响,因为这两种浆料作为不含磨木浆的纸张的生产原料,相互之间是有竞争的。因此,氧气漂白是否能成功地应用于高品质纸张用脱墨浆的漂白,在一定程度与废纸利用方面的政策压力有关。

(1)氧漂化学

氧气漂白过程中涉及的复杂反应为自动氧化反应,是非常迅速的自由基链反应。在氧气及其自由基反应产物的作用下,木素发生降解,并生成过氧化氢。白度的提高是因为生成的过氧化氢能继续与发色基发生相对较缓慢的反应。氧漂中发生的亲电(自由基)和亲核(离子)反应如图7-77所示。漂白过程中形成了过氧化氢及其异裂和均裂分解产物,最终过氧化氢完全分解。尽管均裂

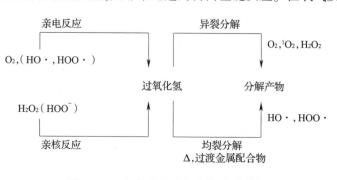

图7-77 氧气漂白过程中的化学反应

反应在其他含氧漂白段(如过氧化氢漂白)中是无用的,因为均裂反应会引起漂白剂的分解;但是,这些有自由基参与的反应对氧漂来说是非常关键的[112]。

氧气的氧化还原电势极低,是很弱的亲电试剂。为激发反应,必须提高温度或者用氢氧化钠之类的碱来活化系统。活化作用是靠官能团的离子化,特别是酚型结构及带有活性氢的结构(如木素中的亚甲基醌)。为达到合理的反应时间,反应温度须高于80℃。

与化学浆不同,脱墨浆的氧漂反应不仅涉及木素中的发色基,还涉及由废纸纤维携入的杂质。经漂白后,纸浆的洁净度得到改善。关于洁净度这一点,氧漂产生的重要影响如下[111,113-116]:

① 对来源于木材的尘埃颗粒进行脱木素;
② 水溶性染料的脱色;
③ 胶黏物黏性的去除;
④ 湿强树脂的去除;
⑤ 改善激光打印和激光复印油墨的脱除情况;
⑥ 胶黏剂的破碎,如热溶物和蜡;
⑦ 黏合剂(将涂料、湿强纸和油墨等碎片黏合在一起)的溶解;
⑧ 就产业化而言,能否将氧漂成功地用于脱墨车间仍需进行严格的审查(论证)。

(2)工艺参数

在常压下,低成本的氧气在漂白液中的溶解度很差。因此,漂白中采用0.3~0.6MPa以提高其溶解度。最初人们曾设想在氧漂时采用高浓,但如今氧漂白段的设计浆浓多在10%~15%之间。这一浆浓范围内使用氧漂白的前提是,能有效地将氧气混入到再生浆中。高剪切混合器特别适合这一点。常用的漂白条件为:约100℃温度下反应30~60min。

如图7-78所示的工艺于1994年被投入商业化应用。这种工艺将不含磨木浆的再生浆的氧漂作为独立的漂白段。净化和浮选后的中浓(10%)脱墨浆用蒸汽加热至80~90℃后,被输送至立式管道中。除氧气外,所有其他化学品都在压力区之前加入。然后,用中浓浆泵对纸浆进行加压脱气。在混合器中与氧气混合后,脱墨浆被输送至压力升流式漂白塔进行漂白。根据所需纸浆的光学特性,可对漂白后脱墨浆进行进一步的脱墨或漂白。

为进一步改善纸浆的光学性质,通常在漂白液中加入过氧化氢。氢氧化钠和过氧化氢对白度的影响如图7-79所示[113]。当过氧化氢用量较低时,要获得最大的白度增值,仅需使用少量的氢氧化钠。当过氧化氢用量较高时,氢氧化钠用量对白度增值的影响力较小。尽管如此,应尽量避免使用大量的碱,因为碱对过程水的COD负荷有不利的影响。与实验室试验结果不同的是,这一工艺尚未成功应用于工厂规模化生产过程中。

水玻璃对氧漂的影响最大。水玻璃(用量4%)可以显著地改善白度,但药品残留问题(携带到纸机)可能会对纸机产生负面影响,特别

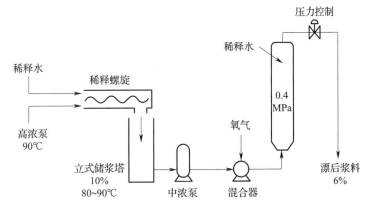

图 7-78 氧气漂白工艺

是在一体化的工厂中。关于硫酸镁对漂白效果的影响，文献报道说法不一。尽管尚未发现加入硫酸镁对优化上述商业化漂白工艺的好处，但是试验结果表明，在氧漂白段加入硫酸镁有稳定白度的作用[117]。若在氧漂过程中加入了过氧化氢，那么 DT-PA 的加入也可以取得略好的漂白效果。

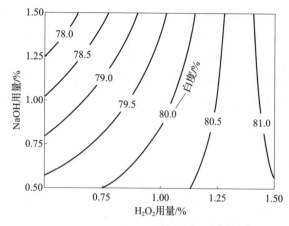

图 7-79　某氧气漂白段的二维白度等高线图〔温度 90℃，浆浓 10%，压力 0.42MPa，反应时间 10min，未漂白浆白度(72.8%ISO)〕

随着氧气用量的增加，光学性质逐渐得到改善，白度增值变大，纸浆的洁净度提高。另外，氧气用量越大（浓度越高），光学性质更为均一，特别对杂质含量波动很大的纸浆而言。氧气浓度较高时会形成较大的气泡，特别是中浓漂白时。部分纸浆会受到气泡不可控运动的拖拽，反应滞留时间难以控制。为此，通常提高压力以保证气泡处于较小的尺寸。最有效的方法是采用适当的混合设备使氧气在纸浆中达到最佳的分布状态。

除上述工艺参数以外，氧漂成功与否还在很大程度上取决于废纸中机械浆纤维的含量。当废纸中机械浆纤维含量大于或等于 10% 时，就会限制氧漂中白度的提升幅度。若在氧漂白段不加入过氧化氢，根据氢氧化钠的用量不同，纸浆的白度可能会出现下降。Ackemann 等人研究发现[56]，在含磨木浆脱墨浆的氧漂白过程中，白度损失很大，因为浆中的机械浆纤维会发生返黄；而且，只有加入过氧化氢才能防止这种返黄现象的发生。与传统过氧化氢漂白（无氧气存在）相比，上述漂白工艺(O)并不能获得更好的漂白效果。

Suss 研究发现，MOW 的氧漂白并不能取得更好的漂白效果[118]。Patt 等人研究发现[116]，与传统过氧化氢漂白相比，由旧新闻纸和杂志纸制得的含磨木浆的脱墨浆在进行过氧化氢强化的氧气漂白(OP)时并未获得明显高的白度。但是，氧气的加入确实可以改善可见尘埃点的脱除情况。

氧漂是废纸回用过程中很有效的一种处理手段，特别是当未漂纤维对含磨木浆的脱墨浆的洁净度有负面影响的情况下（如图 7-80 所示）。

随着再生浆中未漂纤维含量的增加，与传统的过氧化氢漂白相比，OP 漂白的优势就会显得越来越明显。Magnin[119] 在相同的化学品用量（5 个大气压的氧气除外）和运行条件（90℃，浆浓 15%，30min）下对脱墨浆（未漂白硫酸盐浆纤维 10%，办公废纸脱墨浆 90%）进行 P 和 OP 漂白。氧气可以明显地增强过氧化氢消除杂色效应（由未漂 KP 浆纤维引起的）的能力。Marlin 等人研究了混合纸浆（漂白化学浆 90%，牛皮信封未漂纤

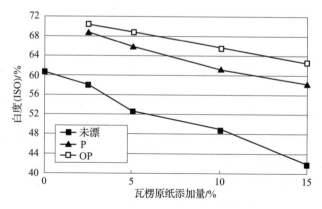

图 7-80　OCC 含量对未漂浆及漂白浆白度的影响

维 10%) P 和 OP 漂白的效果[120]。P 漂白实验条件为:温度 80 ~ 120℃,氢氧化钠用量 0.5% ~ 2%,过氧化钠用量 0 ~ 1%。除氧气压力为 0.5MPa 以外,OP 漂白的实验条件与 P 漂的相同。

由图 7 - 81 可看出,OP 漂白与 P 漂的白度差总是正的(高达 10 个白度单位)。白度差随着温度的升高和氢氧化钠用量的增加而变大,特别是在高温条件下。这是因为在高温高碱性条件下氧气与木素的反应活性要高很多。试验结果还表明,与 P 漂白相比,OP 漂白的优势是由氧气的用量而不是压力决定的。

另外,Marlin 等人研究了 P、OP 漂白以及 O + P 漂白的反应动力学[120]。如图 7 - 82 所示,在过氧化氢消耗量相同的情况下,OP 漂白的白度比 P 漂白的高,说明在 P 段加入氧气可以对木素产生更大的影响。氧气与过氧化氢有累加效应,因为 O + P 漂序可以与 OP 段达到相同的白度,但其漂白反应速率要比 OP 的低很多。

Marlin 等人[119]还研究了混合纸浆(漂白化学浆 70%,未漂白磨木浆 30%)的 OP 漂白效果。试验条件为:温度分别为 70、80 和 90℃,氢氧化钠用量分别为 0.5%、1% 和 1.5%,过氧化氢用量固定在 1%,氧压为 0.5MPa。如图 7 - 83 所示,当氢氧化钠用量较低时,无论温度有多高,OP 漂白的白度仅比 P 漂白的高 1% ISO。P(或 OP)段之后增加一段还原性漂白并不能扩大 OP 与 P 漂白之间的白度差。Marlin 等人[121]试图解释氧气与未漂白 KP 浆或机械浆反应时活性的差异。机械浆的氧漂效果较差有两方面的原

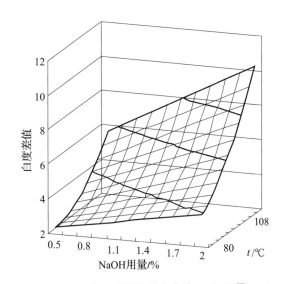

图 7 - 81　OP 与 P 段漂白的白度差(H₂O₂用量 1%)

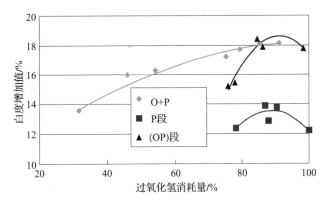

图 7 - 82　不同漂序时过氧化氢消耗量与
白度增值之间的关系

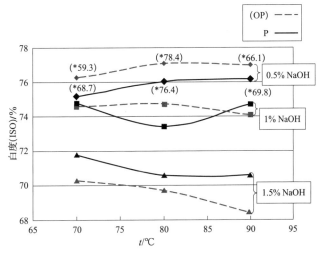

图 7 - 83　含 30% 未漂白机械浆的全漂白化学浆
经 P 和 OP 段漂白后的白度

因:一是在氧漂白过程中,在 TMP 浆的木素上生成了有色的醌型基团;二是 TMP 浆的木素分子量较大,游离酚羟基的含量较低,这使得氧气的脱木素作用减弱。

因此,O/P 漂白的效率是由废纸的组成和工艺条件决定的。很明显,氧气的加入对未漂白 KP 浆纤维的漂白是有利的;但就脱色效果而言(参见"脱色"部分),结论是不一致的,因为脱色效果还取决于废纸中机械浆纤维的含量。

在工业化大生产方面,一家北美公司(First Urban Fiber)增上了一条 MOW 脱墨线。生产实践显示,氧漂白在处理未漂白和半漂白纤维(常见于 MOW 中)方面是一项很卓越的技术。即使浆中未漂白纤维的含量很少,但如果不加入氧气的话,仅凭肉眼即可在成浆中观察到这些未漂白纤维。如果加入氧气,即使浆中有 3% 的未漂白纤维,它们也不会出现在成浆中。Strasburg 等人认为,加入氧气可以对残留的纤维束进行改性,提高其在后续工段中的脱除效率[122]。

小结

表 7 - 2 总结了氧气漂白的特点。如表所示,温和的漂白条件对氧漂功效有积极作用。与传统过氧化氢漂白段相比,如在氧漂白段碱的加入量较低,且有过氧化氢存在的情况下,在漂白温度约为 80℃ 时,纸浆的白度要高 5% ~ 20% ISO,COD 负荷较低。白度的增值通常在4% ~ 8% ISO,在个别情况下可高达 12% ISO。

表 7 - 2 氧气漂白对脱墨浆的影响[105]

漂白条件	高碱度 高温	低碱度 低温 + 过氧化氢
含磨木浆的 脱墨浆	脱木素程度高	脱木素程度低
	高 COD 负荷	COD 负荷相对较低
	白度损失	白度提高
不含磨木浆的 脱墨浆	脱木素	脱木素程度低
	高 COD 负荷	COD 负荷相对较低
	白度增值较低	白度增值较高

7.2.3.2.2 臭氧漂白

臭氧漂白是一项较新的再生浆漂白技术。在化学浆的漂白过程中,臭氧的主要作用是进一步降解残余木素。与此不同的是,在脱墨浆的漂白过程中,臭氧主要用来破坏染料和增白剂,提高强度是次要的[116,123-124]。由于臭氧有毒性,且投资成本和运行成本较高,因此尚未获得用户的广泛认可。

(1)臭氧漂白化学

臭氧是非常强的氧化剂。氧气具有消旋特性,可以以不同的离子机理参与反应。臭氧异裂分解过程中经历了不同的多氧化物阶段,从而导致碳碳双键的断裂,生成羰基和羧基。在此过程中,同时生成了氧气和过氧化氢。另外,臭氧能与芳香结构反应(特别是酚型结构),将它们分解成简单的脂肪酸。这些反应是没有选择性的,而且仅持续几秒钟。

臭氧的缺点之一是其在水溶液体系中的稳定性很有限,易发生均裂分解反应。即使很少量的碱(pH > 3)或者痕量的重金属或过渡金属化合物就可以催化臭氧的分解。除生成氧气和过氧化氢外,自由基反应还引起碳水化合物的降解。图 7 - 84 是臭氧漂白

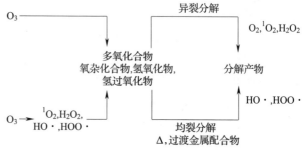

图 7 - 84 臭氧漂白过程中的化学反应

过程中涉及的复杂反应[112]。

除上述反应外,臭氧还可以使再生浆中的多种物质失效。由于与共轭键的反应活性较高,臭氧可以将染料转化为无色的化合物[125]。再生浆中的增白剂主要来源于不含磨木浆的书写和印刷纸,臭氧是唯一能够破坏这些增白剂的含氧漂剂[126-127]。

（2）工艺参数

臭氧漂白是一个独立的漂白段。臭氧在水中的溶解度较差,为解决这一问题,目前有两种技术得到广泛的应用。

为保证有足够的臭氧与纤维发生反应,臭氧漂白通常在高浆浓条件下进行。因此,脱墨浆必须经过两段浓缩,将浆浓提高至 35% ~40%。循环水在第一段分流,如图 7-85 所示。然后,利用螺旋压榨将浆浓提高至漂白所需的浓度。浓浆的疏松处理可保证所有的纸浆组分即使是在常压下也能受到均一的臭氧处理。疏松处理还可以防止过量的臭氧在局部浓缩,从而避免纤维素的降解。纸浆在漂白塔中储存一段时间后（漂白）,再次经过浓缩,将大部分酸性循环液与后续工段分离开。

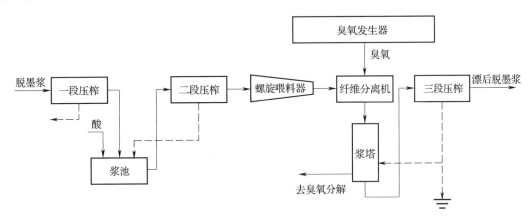

图 7-85　臭氧漂白工艺

臭氧漂白亦可在中浓条件下进行。与氧漂一样,有效的混合才能保证漂剂快速地与纤维发生反应。因此,需将纸浆与大约 1MPa 的臭氧在高剪切力混合器中进行混合处理。由于臭氧的反应活性很高,处理的时间取决于气流中臭氧的浓度。从技术层面来讲,仅需几分钟。

臭氧的稳定性较差,所以只能在现场由氧气通过电晕放电来制备。气体中臭氧的浓度在 6% ~12% 之间。

臭氧漂白过程中涉及很多可能发生的反应,因而漂白条件的变化范围就很小。化学浆臭氧漂白在 pH < 3 的条件下进行,温度在 20 ~60℃ 之间（不加热）,臭氧用量通常为 1%。鉴于臭氧漂白的反应条件及非特定的反应,螯合剂和/或酸洗预处理并不是必不可少的。适用于化学浆臭氧漂白的反应条件,只能在有限的范围内应用于脱墨浆的漂白。与碱性脱墨条件相比,臭氧漂白时的酸性 pH 有相当多的缺点[129]：

① 需要用酸将 pH 调至酸性范围内；

② 增加石膏（$CaSO_4$）沉积的风险；

③ 碳酸钙的流失；

④ pH 的突变会生成二次胶黏物。

在中性或碱性 pH 条件下进行臭氧漂白时，也能提高白度。Kogan 与 Muguet 等人研究发现[127]，尽管不如在 pH 较低时的效果好，但氢氧根离子诱发的臭氧自由基反应也能起到染料脱色的作用。

脱墨浆的组成对能否成功进行臭氧漂白是非常重要的。如果脱墨浆中机械浆纤维的比例超过 20%，臭氧漂白则不可能对脱墨浆的光学性质有任何的改善，如图 7-86 所示。如果脱墨浆是由旧报纸和旧杂志纸制得的，那么臭氧用量偏高甚至会引起白度的略微降低，如图 7-87 所示。

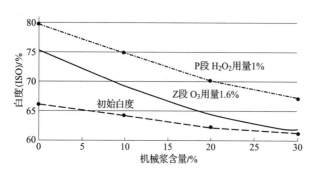

图 7-86　机械浆纤维含量对废纸浆白度的影响

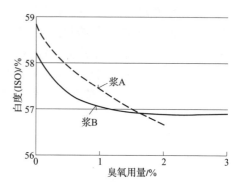

图 7-87　臭氧用量对含机械浆的废纸浆
（50% ONP, 50% OMG）白度的影响

再生浆中机械浆纤维的比例较高，有利于提高纸浆的强度性质。臭氧漂白过程中形成了新的羧基，纤维间的结合力增强，强度性质（如抗张指数和耐破指数）有明显的提高。但是，不含磨木浆的脱墨浆的臭氧漂白并没有这一增强效果[127-128,130]。

除了能够有效地对染料进行脱色以外，臭氧漂白还是唯一一个能够几乎完全破坏增白剂的含氧漂白段。这一点对于食品包装纸脱墨浆的漂白是非常重要的。对于与食品接触的纸张而言，其中的化学物质不允许迁移到食品中（防渗透性），无论这些化学物质是否对人体健康有潜在的威胁[126]。

7.2.3.3　其他漂白方法

在探索新型、高效的漂白方法的过程中，人们获得了其他漂剂在实验室条件下的漂白结果。这里的其他漂白剂主要是指过氧酸，包括过氧乙酸和过氧硫酸（Caro's acid，卡洛酸）。

过氧乙酸具有较高的氧化电势，因而酸性很强。过氧乙酸是由乙酸和过氧化氢制得的，它与乙酸、过氧化氢和水三者之间存在以下平衡：

$$CH_3COOH + H_2O_2 \longleftrightarrow CH_3COOOH + H_2O \tag{7-16}$$

酸性催化剂可以加速这一反应。常见的平衡过氧乙酸浓度为 5%、10% 和 15%。可以通过真空蒸馏的方法从平衡过氧乙酸中制取蒸馏过氧乙酸。蒸馏过氧乙酸需要储存在 4℃ 温度下，以防止其逆转至一个新的平衡。平衡过氧乙酸的价格高很多，因为其中含有过氧化氢和乙酸。复杂的真空蒸馏工艺需要较高的投资成本。成本问题阻碍了过氧乙酸漂白技术的商业化应用进程。

过氧硫酸是由浓硫酸和过氧化氢在现场制备的。起始反应物浓度较高时，反应平衡有利于过氧硫酸的生成。在冷却条件非常好的时候，得率可以达到 80% 左右。

$$H_2SO_4 + H_2O_2 \longleftrightarrow H_2SO_5 + H_2O \tag{7-17}$$

过氧乙酸在酸性环境下的反应活性源于水合氢离子，水合氢离子是由氧气发生异裂形成氧键过程中得到的。过氧乙酸在中性和碱性条件下的反应活性源于过氧乙酸根阴离子。这意味着,如碱性过氧化氢漂白一样,中碱性条件下过氧乙酸漂白反应是亲核反应。与所有的过氧化物一样,过氧乙酸也会发生均裂分解生成乙酸、过氧化氢、水和氧气。该反应基本上是由 pH 控制的。强碱、重金属或过渡金属以及高温条件会加快过氧乙酸的分解。

在 60 ~ 80℃ 之间,过氧乙酸和过氧硫酸是亲电试剂[131]。它们将芳香化合物羟基化,以便于后续漂白段的亲核氧化性降解。与臭氧或氯气和二氧化氯一样,它们也可以破坏增白剂[132]。另外,过氧乙酸可将醇和醛氧化为碳酸,也可将双键羟基化,从而破坏发色基的共轭性。

过氧酸漂白的缺点是,在碳酸盐存在时,酸性反应条件会导致石膏的生成,并降低纸浆的得率。过氧酸的成本很高,且 pH 范围不适合脱墨浆,这是过氧酸漂白无法工业化应用的主要原因。

7.2.4　脱墨浆漂白过程中纤维的筛分

位于德国达姆施塔特的 P. M. V. 公司的研究显示,与长纤维组分相比,化学浆或机械浆中的细小纤维组分的漂白前白度较低,且更难以利用过氧化氢进行漂白[133]。因此,对长纤维组分进行单独漂白可能会获得更高的整体白度水平,或者说,至少在重新混合之前,可以使每一组分获得最佳的漂白效果。细小纤维组分的可漂白性较低,因为细小组分与长纤维组分相比,油墨含量更高。对再生纤维而言,将浆料中长而洁净的部分与短而脏的部分分离开可能会提高最终白度,或者说,至少在重新混合之前,可以使每一部分获得最佳的漂白效果。法国的一家脱墨厂利用细小纤维与长纤维可漂性的差异,对脱墨浆进行筛分处理,并对长纤维部分进行过氧化氢漂白[134-135]。而最初由连二亚硫酸钠漂白过的短纤维部分(细小纤维)不再进行过氧化氢漂白,因为漂白对白度的改善很小。

Lapierre 评估了筛分处理对改善脱墨浆(ONP: OMG = 70: 30)漂白效果的影响[136]。正如前面所提到的,他发现长纤维部分的过氧化氢漂白效果优于连二亚硫酸钠,而短纤维部分(木素、灰分、金属离子、油墨等含量最高)则与之恰恰相反。长纤维部分、短纤维部分和未筛分浆料三者经过 QPY 漂序后的最高白度分别为 75% ISO、56% ISO 和 67% ISO。为验证细小纤维组分对最终白度的贡献,将细小纤维与长纤维组分按不同比例进行混合。据图 7 - 88 可知,向漂后长纤维中加入细小纤维组分会降低白度,未漂细小纤维的负面影响比漂后的要大。

图 7 - 89 中的点画线表示的是两部分浆料分别经漂白并重新混合后的白度;实线表示的

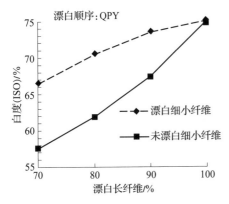

图 7 -88　漂后长纤维组分与漂白前后细小
纤维组分混合后的白度值

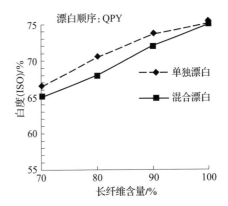

图 7 -89　长纤维与不同漂后细小纤维
混合后的白度值

是两部分未漂白浆料预先混合,再经 QPY 漂白后的白度。如果将细小纤维组分重新混合到长纤维组分中去,那么筛选处理及独立漂白的白度改善作用是很有限的。可将所有或者部分细小纤维用于其他用途,而不是将它全部重新加入到漂后的浆中,这有助于提高纸浆的最终白度。

Lapierre 还研究了脱墨浆中细小纤维组分难以漂白的原因[137]。他选取了来自脱墨浆、TMP 及混合废纸(未印刷新闻纸/杂志纸,70/30)的细小纤维组分。结果表明,脱墨浆的细小纤维组分难以漂白且白度峰值低的主要原因有两个方面:一是残余油墨含量高,二是过渡金属含量高,特别是铁元素。油墨似乎与细小纤维永久性地结合在一起,极其难以从细小纤维上剥离下来,成为限制白度升高的主要因素。铁元素(离子)与细小纤维有很强的亲和力。因此,要使脱墨浆中细小纤维组分获得最佳的过氧化氢或连二亚硫酸钠漂白效果,必须采用金属离子处理段。

除应用于漂白以外,脱墨浆的筛分处理在其他方面的应用也引起了人们的兴趣,主要是各组分(细小纤维和长纤维)的精细(dedicated)处理,即在不破碎游离油墨的情况下,改善油墨的剥离及尘埃点的破碎效果[138-140]。

另外,脱墨浆的筛分处理可以降低能耗,提高热分散的产量。在热分散之前实施筛分处理,可以使热分散的能量输入降低约30%,因为只有长纤维组分才需要进行热分散处理。据 Hertl 和 Arreger 等人研究发现[141],只有在夏季时才进行长纤维组分的精细漂白,以平衡油墨剥离与油墨脱除两者的关系。

7.2.5 漂白的其他影响

7.2.5.1 增白剂的破坏

多种印刷纸的配浆中加入了荧光增白剂(FWAs)以增强日光条件下纸张的白度。因此,不管它们的存在是否有利,废纸中都会含有 FWAs。在某些情况下,可尽可能地保留这些荧光,因为它在紫外线照射下对白度有一定的贡献。而在有些情况下(比如与食品接触的纸张,不允许有 FWAs 的迁移),最好能够破坏这些 FWAs。下述的几种化学品可以做到这一点。

在试验过的化学品中,二氧化氯可以有效地去除脱墨浆中的荧光;1% 的二氧化氯即可将全部荧光剂破坏掉[109]。

Earl 认为[142],在中性或碱性条件下(pH 7~10),少量的二氧化氯(用量 1~5kg/t)即可破坏所有的荧光剂。Magnin 研究发现[119],与其他化学品(臭氧,过氧乙酸)相比,二氧化氯可以更有效地破坏白色办公废纸中的荧光剂。几种化学品荧光剂去除效果如图 7-90 所示。

报道称,臭氧也能够破坏荧光剂[116,119,127,143]。由图 7-91 可知,随着臭氧用量的增加,白度升高(包括紫外光或不包括紫外光),荧光强度下降。臭氧用量在 1% 时,可以去除混合白色/彩色废纸中高达 80% 的荧光剂。另外,臭氧能够去除脱墨浆(100% 白色办公废纸,即不含彩色的办公废纸)中约 70% 的荧光剂[119]。

过氧乙酸、过氧硫酸和过氧硫酸钾在酸性条件下也可以有效地破坏荧光剂[119,132]。

7.2.5.2 脱色

脱墨浆的颜色来源于颜料油墨或染料。颜料油墨主要是在印刷时加入的,而染料可以在不同的工段中加入。染料可以在纸张调色时加入(加入量较小),也可以在生产彩色纸时加入

（浅色纸,加入量较大）。染料作为颜料油墨的可溶性组分,可以增强某一种色彩,也可以降低油墨的价格。无论染料的来源是什么,都应在漂白过程中对其发色结构进行化学改性,使之呈现无色的状态。

7.2.5.2.1　染料的种类

据 Marlin 报道[147],有色分子是很复杂的,因为它们必须具有扩展的共轭系统。共轭程度较低的系统呈黄色,随着 π 电子数量的增多,颜色从黄色经橙色、红色、紫色、蓝色、褐色而逐渐变为黑色。为了更好地将有色分子固定在底物上,它必须与底物有亲和性,而亲和性可以通过调整相对分子质量来实现。分子的有色部分称为发色基;而另一部分决定分子的物理性质(如溶解性、电荷、纤维亲和性等),被称为助色基(如图 7-92 所示)。

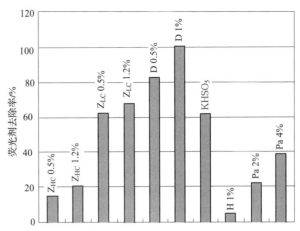

原料:100%办公废纸在中性条件下得到的脱墨浆
$Z_{HC}0.5\%$:高浓臭氧漂白(33%),臭氧消耗量0.5%,中性pH
$Z_{HC}1.2\%$:高浓臭氧漂白(33%),臭氧消耗量1.2%,中性pH
$Z_{LC}0.5\%$:低浓臭氧漂白(3.5%),臭氧消耗量0.5%,中性pH
$Z_{LC}1.2\%$:低浓臭氧漂白(3.5%),臭氧消耗量1.2%,中性pH
D 0.5%和D 1%:二氧化氯漂白,15%浆浓,80℃,60min,中性pH,0.5%或1%二氧化氯用量
$KHSO_5$:多硫酸钾,活性过氧化物用量2%,60℃,90min,pH=6<pKa=9.4
Pa 2%和Pa 4%:过氧乙酸漂白,活性过氧化物用量1%或2%,60℃,90min,pH=8<pKa=8.2
H 1%:次氯酸钠漂白,次氯酸钠用量1%,浆浓4%,60min,40℃,碱用量1%

图 7-90　多种试剂的荧光剂脱除效果对比

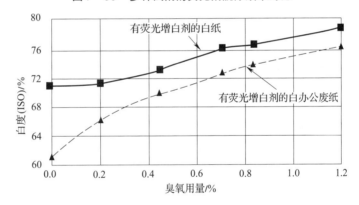

图 7-91　臭氧用量对混合废纸浆(白色/彩色账簿)白度的影响

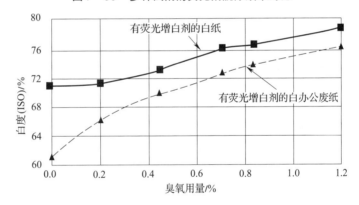

图 7-92　直接黄 4 号染料

发色基是一系列不饱和的共轭基团,包括氮氮双键、碳碳双键、羰基、亚氨基、亚硝基和苯环等。

助色基有利于提高有色分子与纤维的结合力,可以是氨基、羟基、磺酸基或羧基。染料的溶解性及其与纤维的亲和性与助色基有直接关系。同类型的染料可以有不同的助色基,以调整其溶解性,如图 7-93 所示。

染料的范围很广泛,包括:合成有机染料,天然有机染料,矿物颜料和合成颜料。在造纸中最为常用的染料为水溶性的合成有机染料。它们可以分为三大类(如图7-94所示):

碱性染料是阳离子型的,当加入到水中后,染料的助色基被离子化而呈阳离子性。木素含量较高的纸浆,如机械浆或未漂白化学浆,是带负电荷的,因此碱性染料与这类纤维有很好的亲和力。这些染料赋予纤维鲜亮逼真的颜色,但是可被光降解。碱性染料通常为三苯甲烷衍生物。

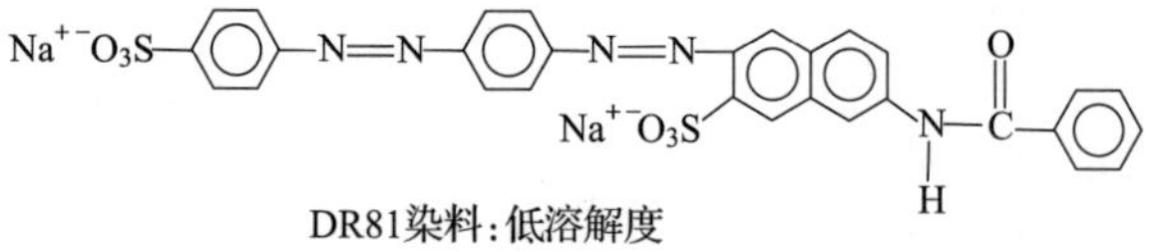

DR81染料:低溶解度

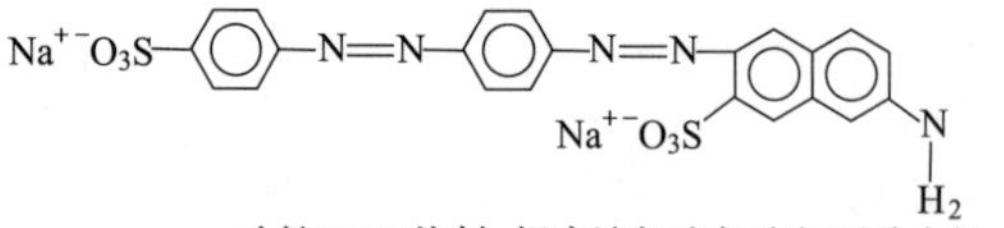

改性DR81染料:提高溶解度但降低了稳定性

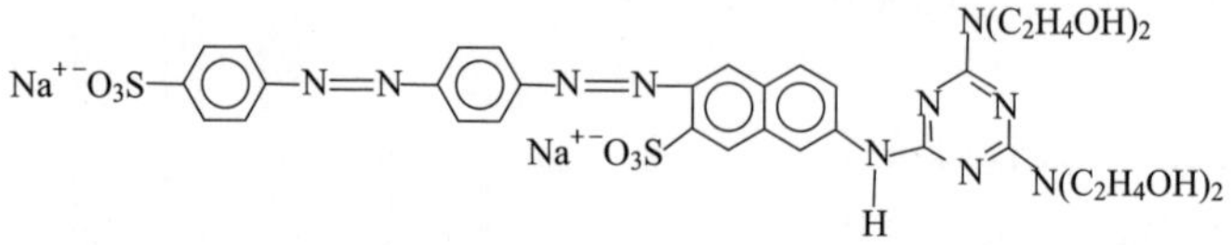

改性DR81染料:高溶解度、高稳定性

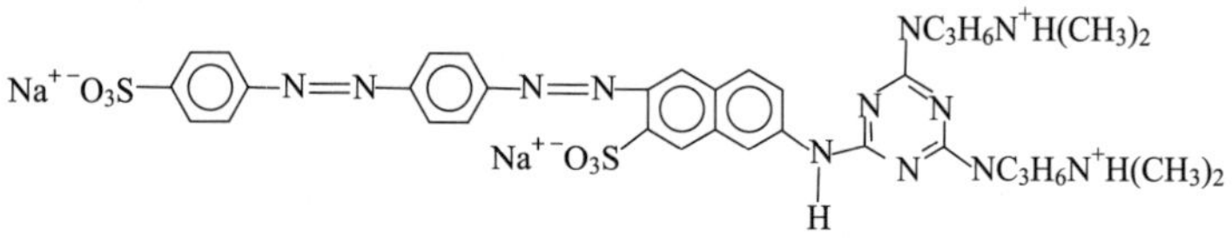

阳离子型DR81染料:高溶解度、高稳定性

图7-93　DR81号染料

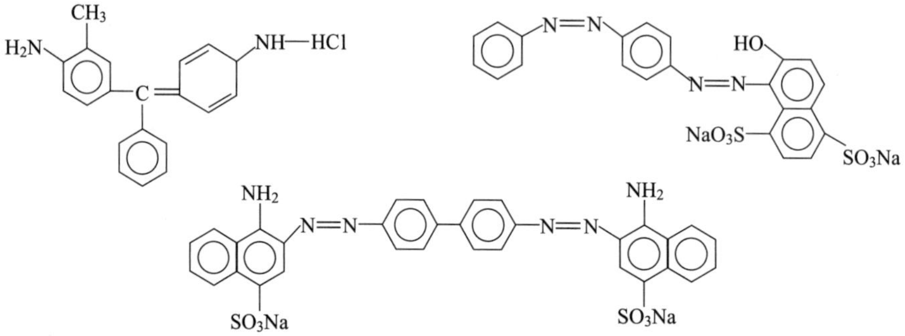

图7-94　3种不同类型的染料示例[147]

酸性染料是含磺酸基的阴离子型小分子。酸性染料与纤维不能有效地结合在一起,因为它们都带有负电。由于与纤维无特别的亲和力,因而酸性染料赋予纸张均一的色调。酸性染料是通过加入硫酸铝或与施胶剂一起使用时才能够固着在纤维上。

直接染料含有能与纤维素纤维形成氢键的基团(如羟基和氨基)。这类染料与纤维素的亲和力较强,因为它们的化学结构是伸展的、支链少,而且所有的芳香结构都处于同一平面上。直接染料与酸性染料在化学结构上类似,因为它们都有偶氮基团(图7-95)。直接染料占造纸用染料的60%。绝大多数的直接染料是阴离子型的,但也有少量是阳离子型的。阴离子型染料用于不含磨木浆的漂白化学浆的调色,而阳离子型染料可用于各类纸浆。

$$R_1—N＝N—R_2 \xrightarrow[\text{还原}]{\text{氧化}} \begin{array}{l} R_1—NO_2 \\ R_1—NH_2 \end{array} \qquad R_1—CH＝CH—R_2 \xrightarrow[\text{还原}]{\text{氧化}} \begin{array}{l} R_1—COOH \\ R_1—CH_2—CH_2—R_2 \end{array}$$

图7-95　偶氮和乙烯基的氧化还原反应[147]（R_n 为烷烃）

为使分子脱色,须去除共轭键或将有色分子分解为共轭程度较低的小分子。为去除共轭键,建议对偶氮键、烯键和羰基进行还原或氧化处理。

总的来说,偶氮基可以很好地与氯气发生反应:氮氮双键被破坏,共轭结构消失。根据电子受体和电子供体数量和位置的不同,偶氮基的反应活性也会有很大差别。

过氧化氢是氧化剂(氧化电势为 +0.3V),主要与羰基发生反应。在金属离子存在时,过氧化氢分解反应会释放出氧化性很强、非选择性的自由基,它们能够破坏染料,但也会降解纤维素。臭氧也是很强的氧化剂(氧化电势为 +2.07V),可与烯键发生反应,但也会降解纤维素。因此,臭氧主要用于废水的脱色。

还原剂常用于过氧化氢漂白段之后:连二亚硫酸钠和 FAS 能够将染料的偶氮基还原为氨基。

研究者对有色再生纤维的可漂性进行了广泛地研究。Sharpe 和 Lowe 等人对脱墨浆的脱色进行了研究[144],结果发现,二氧化氯是最为有效的漂白剂(与过氧化氢、连二亚硫酸钠和次氯酸相比),单段二氧化氯漂白可以对不同彩色办公废纸进行脱色(漂白条件为:70℃,ClO_2 用量 1%,浆浓 10%,时间 3h,终点 pH 4.5)。颜色脱除,比例(染料脱除指数[144])可用 CIE L^* a^* b^* 值来表示。在所研究的 10 种废纸中,卡伯值最高的是染料最难脱除的 3 种废纸。然而,出于环境原因,尽管过氧化氢和连二亚硫酸钠漂白的脱色效果较差,但仍被优先采用。

据 Fluet 报道[145],连二亚硫酸钠可与有色分子中的发色基发生反应并彻底破坏之,可以对大多数酸性和直接染料进行永久脱色;而对大多数碱性染料只能起到暂时脱色的作用。因此,通常通过两段相结合的方法对染料进行脱色:第一段氧化,第二段还原[145-146]。一般来说,两段结合足以有效地对染料进行脱色,因为还原段可以对绝大多数染料进行脱色。还原段常选用连二亚硫酸钠,因为其效率较高,尽管有时也用 FAS。

7.2.5.2.2 二氧化氯单段脱色

Magnin 研究发现[119],DPY 三段漂白可以有效地漂白不含磨木浆的脱墨浆(白色办公废纸 80%,彩色纸 20%)。二氧化氯单段漂白的效果不如还原性漂白剂(如图 7-99 所示)。在较大 pH 范围内(4.5~9),二氧化氯是大面积彩色印刷混合办公废纸的高效增白剂(图 7-97)和脱色剂(如图 7-96 所示)。

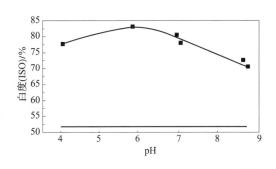

图 7-96 二氧化氯脱色;pH 对白度的影响[109]

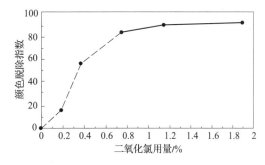

图 7-97 二氧化氯脱色(ClO_2 用量 1% 时脱色效果最好[109])

二氧化氯漂白可以改善混合废纸浆后续过氧化氢或连二亚硫酸钠漂白的漂白效果。二氧化氯的缺点是含氯,但在混合废纸浆二氧化氯漂白过程中产生的 AOX 量是比较低的[109]。

7.2.5.2.3　P 及 O/P 单段脱色

Magnin 研究发现[119]，对不含磨木浆的办公废纸脱墨浆（含彩色纤维）的脱色而言，在过氧化氢漂白段引入氧压并不会改善脱色效果。Marlin 也得到了同样的结论[147]。Marlin 比较了 P 和 O/P 段对彩色文件夹纸中的直接染料（如 DY 147，DY 153，DV 51，DR 239，DR 80，DO 118，DY 133，DB 273，DB 19 等）进行脱色时的差异。在 90℃ 或 110℃ 条件下，大多数染料在 P 段无法有效地脱色，即使加入氧气也不能改善脱色效果。氧气只能加强染料 DO 118 在 P 段的脱色效果，但脱色效率仍低于 40%。

7.2.5.2.4　臭氧单段脱色

由于染料的化学结构中含有大量多重键，而臭氧与这些键有很高的反应活性，因此臭氧是有色纸张很有效的脱色化学品。Karp 等人研究发现[148]，对多种着色剂（共 53 种，其中，1 种酸性染料，4 种碱性染料，41 种直接染料，6 种颜料，1 种荧光增白剂）的脱色而言，臭氧与次氯酸钠有类似的漂白特点。臭氧漂白是在 Quantum 混合器中进行的，浆浓为中浓，臭氧用量为 1.5%。

Air Liuqid 公司声称[129,143]，REDOXAL 工艺可以高效地对纸浆进行脱色，获得很好的光学性质和较高的颜色脱除率。该工艺是一个基于臭氧的还原/氧化过程，包括 Z、P、Y 或 FAS 段。ZP 可以对多种纸浆进行有效地漂白，同时保证纸浆的得率在合适的范围内。Y 段进一步强化 ZP 组合漂白的漂白能力。P 段置于臭氧段漂白之后，中间不进行洗涤，以稳定 Z 段获得的白度，防止纸浆返黄。

Magnin 比较了不同漂白剂在单段和多段漂白过程中（P，O/P，Y，FAS，D，Z，Pa）的脱色效果[119]，从而证实 Z、P 和 Y 在不含磨木浆的有色废纸浆漂白方面的优越性（如图 7 - 99 所示）。

7.2.5.2.5　含彩色废纸的混合办公废纸的脱色

许多研究者对含彩色纤维的脱墨浆（特别是含彩色纸的混合办公废纸）的脱色效果进行了评估。除了测定白度以外，颜色脱除效率也常通过计算染料脱除指数（DRI，dye removal index）[144]来评价（也可计算颜色脱除指数 CSI，Colour Stripping Index 和漂白指数 BI，Bleaching Index）[149]。这 3 个指数利用 CIE L^* a^* b^* 值来计算出一个简单易用的颜色脱除值。尽管这些指数可以体现总的颜色脱除比例，但却无法体现出最终产品的残余色调。因此，这些指数多用于对比颜色脱除工艺的相对脱色效率。

为了获得最佳的白度和颜色脱除率，通常采用三段漂白。下列组合方式可获得较好的效果：

① ZPFAS 或 ZPY，用于不含磨木浆的脱墨浆；

② O_RPY，用于彩色废纸较高的浆料（白色账簿纸 60%，彩色账簿纸 30%，磨石磨木浆 10%）[150]；

③ DPY，用于 90% 分类彩色账簿纸与 10% 商品路边收集纸组成的废纸[109]。

Magnin 对比了多种氧化剂和还原剂在不含磨木浆的脱墨浆（白色办公废纸 80%，彩色废纸 20%）单段和多段漂白过程中的效果[119]，实验结果如图 7 - 98 和图 7 - 99 所示。

从图中可以看出，按照漂白剂的脱色效率可将其分为 4 类：

① 70% < DRI < 75%：FAS 和连二亚硫酸钠；

② 60% < DRI < 70%：ZP_{60}（臭氧 + 传统 P 段（过氧化氢用量 1%，60℃，段间不进行洗涤））和 DP（二氧化氯 + 传统 P 段）；

③ 50% < DRI < 60%：臭氧，二氧化氯，连二亚硫酸钠；

④ DRI < 30%：P_{90}，P_{60}（过氧化氢，60℃ 和 90℃），$KHSO_5$，过氧乙酸，氧气。

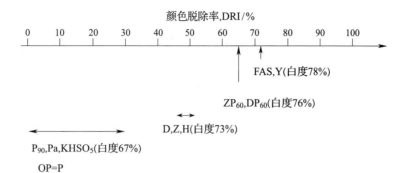

原料:80%脱墨办公废纸+20%彩色纸
FAS:FAS漂白,FAS用量1%,碳酸钠用量0.5%,浆浓12%,80℃下1h
Y段:亚硫酸氢盐漂白,浆浓3%,亚硫酸氢盐用量1%,中性,80℃下1h
P90:过氧化氢漂白,浆浓15%,90℃下30min,H_2O_2%/NaOH%:2/1,硅酸钠/DTPA:2.5%/0.3%
OP段:氧压5bar,其余条件与P90相同
P60:浆浓15%,60℃,90min,H_2O_2%/NaOH%:1/1,硅酸钠/DTPA:2.5%/0.3%
Pa:过氧乙酸漂白,浆浓10%,活性过氧化物用量1%,60℃下90min,pH为4、6、8、10.5
$KHSO_5$:过硫酸氢钾漂白,浆浓10%,活性过氧化物用量1%,60℃下90min,pH为4、6、8、10.5
H:次氯酸钠漂白,NaClO用量1%,浆浓4%,40℃下60min,碳酸钠用量1%
Z:臭氧漂白,浆浓38%,O_3用量1%
D:二氧化氯漂白,浆浓15%,80℃下60min,有效氯用量1%
DP和ZP:两段之间不洗涤

图 7-98　单段漂白[119]

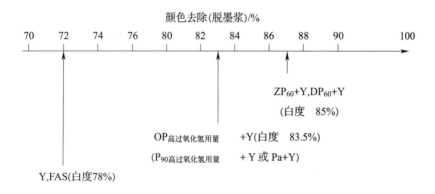

注:氧化+还原:氧化工段后,纸浆浓度稀释至1%,浓缩,然后中和。在还原工段,采用用量为1%的亚硫酸氢盐。

如图 7-99 所示,通过将还原段和氧化段结合在一起,最有效的两段漂白是 OP + Y(90℃,H_2O_2用量2%,氧压为0.5MPa)或 Pa + Y,其染料脱除指数为83%(白度83% ISO,比效果最好的单段漂白要高5% ISO)。ZP_{60} + Y 或 DP_{60} + Y 三段组合漂白的 DRI 比效果最好的两段漂白的 DRI 高4%(白度高2% ISO)。

7.2.5.2.6　彩色纸含量较高的含磨木浆废纸的脱色

Galland 等人[151]采用多种单段漂白(如 P、Pa、Y 和 FAS)对标准脱墨浆(50% ONP,50% OMG)进行漂白。

在平行实验中,将标准脱墨浆与彩色纸(黄页簿纸、橙红色和粉红色新闻纸)脱墨浆进行混合(80∶20),然后进行上述同样的单段漂白,或进行 P 段与还原段组合漂白。

如图 7 - 100 所示,对彩色纸含量较高的含磨木浆的废纸进行漂白时,仅靠单段漂白是不可能满足标准脱墨浆(ONP/OMG)的光学性质要求,而需将 P 段与还原性漂白段结合起来(如图 7 - 101 所示)。

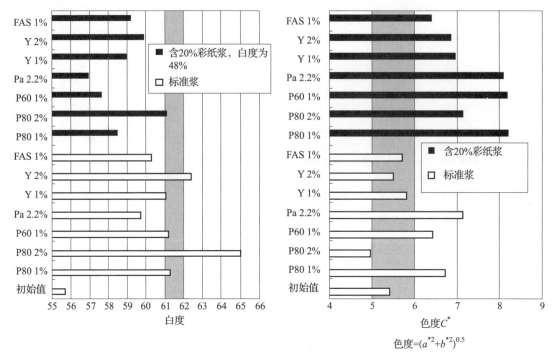

图 7 - 100　单段漂白后标准纸浆与含 20% 彩色浆的纸浆之间的对比

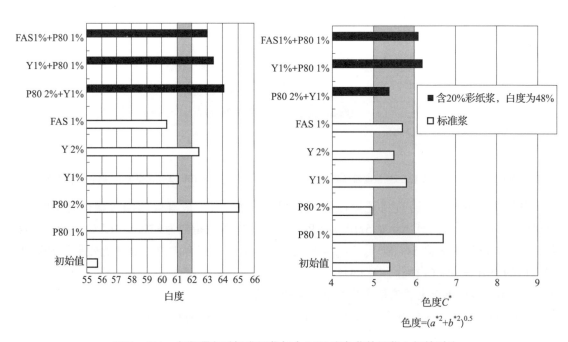

图 7 - 101　多段漂白后标准纸浆与含 20% 彩色浆的纸浆之间的对比

7.2.5.2.7　减少由红色凹版印刷油墨引起的泛红现象

脱墨浆和过程水偶尔会完全呈红色,特别是在情人节之后。这种偶然出现的红色色度是由红色颜料引起的,如 PR 57:1、PR 48:1、PR 53:1 等。凹版印刷油墨中的罗丹明类着色剂也会导致这种红色色度问题。罗丹明常作为染料用于强化浅红色颜料油墨,降低红色油墨的成本。

Carre 等人[152]及 Muller Mederer 等人[153]研究了通过漂白来脱除红色的可行性。他们研究发现,还原性漂白可以有效地对 PR57:1、PR 53:1 和 PR 48:1 等进行脱色,而过氧化氢漂白的脱色效果略差。然而,上述漂白过程对罗丹明染料没有脱色作用。脱木素类化学品(臭氧、次氯酸盐)可能会起到脱色的作用,但这对于含有 15% ~20% 机械浆的废纸而言是不可行的。

7.3　过程水的处理

在过去的 10 ~20 年间,随着过程水封闭循环程度的提高,废纸回用过程中过程水的净化变得越来越重要。

纸厂中过程水的处理主要有三大目的[154]:

① 为系统提供固形物含量较低的过程水;

② 回收原料,特别是纤维;

③ 降低过程水中有害物质的含量。

微气浮(DAF)是造纸工业中最常用的过程水处理技术[154]。传统的过滤(转鼓或多盘)或新近的压滤机主要用于纤维的回收。由于自身的缺陷,如滞留时间长和微生物滋生等问题,重力沉降技术不再起重要作用。膜过滤技术尚未在造纸工业过程水处理中找到立足之地。

过程水经净化后所需达到的质量要求取决于其用途。敏感操作单元要求净化后过程水的固形物含量特别低。不同水处理技术的对比见表 7 - 3,净化后的过程水可用作网部和压榨部的喷淋水,或密封水。这类过程水要求固含量低于 100mg/L,在一些情况下甚至低于 10mg/L。

微气浮的最大优点是:处理量大,能更好地去除小颗粒(与过滤相比)。通常情况下,微气浮处理后的水中可过滤固形物含量低于 150mg/L。

另外,还有其他的过程水处理技术,用于特殊目的。比如,为降低过程水的空气含量,可采用消泡剂。为降低过程水中微生物的生物活性,使用杀菌剂是很有用的手段。特殊添加剂,如臭氧(降低 COD)或

表 7 - 3　不同水处理技术的对比

项目	沉淀	过滤	DAF
尺寸	大	很小	小
处理时间	长	很短	短
提升废纸等级的能力	低	高	高
缓冲效应	中	无	低
对载荷反冲的敏感性	低	低	高
维修成本	低	低	中
对干扰的敏感性	低	低	中
脱除效率			
长纤维	高	很高	很高
短纤维	高	中	高
填料	很高	中	中
清水的质量/(mg/L)	10 ~100	10 ~300	10 ~100
浓缩效果	差	很好	好
排查的浓度/%	1 ~2.5	8 ~30	1 ~15
投资成本	低	高	中
运行成本	低	中	高
能耗	很低	低	中
化学品消耗	低	低	中

金属离子抑制剂(螯合剂,控制水的硬度)也可用于过程水处理。

7.3.1 微气浮(DAF)

DAF 是现代纸厂最先进的悬浮颗粒分离技术。它的用途有:处理纸机白水,制浆过程浓缩段滤液的净化,废水中悬浮颗粒的分离(参见第五章)。DAF 成本较低,水处理量大。

很多情况下,DAF 处理的目标是得到无固形物的水,以替代清水。填料和细小纤维的絮聚通常采用加入聚合物的方法。很多脱墨车间采用升级版 DAF,即利用添加剂的特殊组合来去除水中的微细胶黏物、胶体和溶解性有机物质(COD)和阴离子垃圾(PCD)。制浆过程的循环水亦可进行 DAF 处理,以降低脱墨浆成浆的填料含量。

7.3.1.1 微气浮原理

微气浮(图7-102)过程主要分为三大步[156]。第一步,过程水与阳离子聚合物进行电荷中和,并由短链聚合物通过补丁絮凝机理形成微絮团。此阶段的微絮团不够稳定,必须进行聚集形成更为稳定的大絮团。聚集过程,通常被称为桥联阶段,是由加入的长链阳离子或阴离子聚合物引起的。该两步絮凝过程很容易通过测定浊度的方法来监测;甚至肉眼就可以看到这些絮团。絮凝剂在进入浮选槽(DAF)不久之前混入。浮选过程在压缩气–水混合物与絮凝剂混合的那一刻就已经开始了。在浮选槽中,一旦水平静下来(不再湍流),絮凝和微气浮几乎是同时发生的。

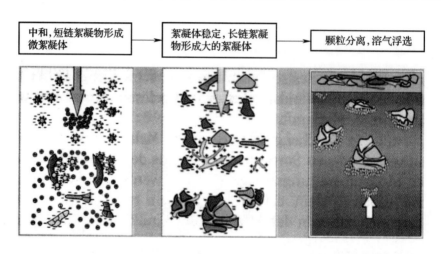

DAF 的目的及工艺参数与脱墨浮选过程是不同的。表7-4 描述了这两种技术的主要特征[157]。

表7-4　　　　　　　　　　　　脱墨浮选与微气浮的对比

脱墨浮选	DAF
① 分离印刷油墨、填料、胶黏物	① 分离颗粒(非专一的)
② 浆料悬浮液的浮选	② 过程水的浮选
③ 浆浓:(0.8)1.0%~1.5(1.8)%	③ 浓度:<0.5%
④ 加入表面改性助剂	④ 加入絮凝或絮聚剂
⑤ 气泡大小:0.3~3.0mm	⑤ 气泡大小:0.01~0.1mm
⑥ 空气含量(体积比):100%~200%(400%)	⑥ 空气含量(体积比):2%~5%

微气浮所需气泡的制备方法是,将空气在加压下溶于水中,直到达到其饱和点。能溶于水的气泡体积取决于水温和罐体中的压力(如图 7 – 105 所示)。当将饱和的水 – 气混合物暴露在常压时,就会形成直径为 $30 \sim 50\mu m$ 的分散良好的气泡。这些气泡作用在絮团的底部,并将它们移至浮选槽顶部的泡沫层。

7.3.1.2 微气浮化学

根据具体目标及工艺条件的不同,DAF 的沉淀和絮凝机理有较大的区别。长链聚合物,有些情况下与膨润土联用通常用于纤维的回收。膨润土可用于结合水中存在的某些离子,以及改善后续的污泥脱水情况。微气浮的纤维回收率通常高于 90%[155]。

对过程水处理而言,即去除胶态和分散态的颗粒,电荷中和/沉淀形成微絮团的过程是在絮凝之前进行的。近年来,所谓的复合产品(包括聚铝盐和短链聚合物)已成功应用于这一过程(电荷中和/沉淀形成微絮团,如表 7 – 5 所示)。絮凝剂的加入量为 $50 \sim 300mg/kg$(对水而言),絮凝助剂的加入量约为 $0.5 \sim 3.0mg/kg$,以形成大絮团。

表 7 –5 微气浮的化学原理[156 – 158]

过程	纤维回收	水的净化 + 纤维回收			物质
	纤维	纤维 + 胶态物质 + (COD)			
系统失稳 + 微絮团的形成		强阳离子型聚合物		强阳离子型聚合物	聚铝盐(pH↓)
			强阳离子型短链聚合物	强阳离子型短链聚合物	聚二烯丙基二甲基氯化铵,聚胺
		吸附剂	吸附剂		膨润土
	+	+	+	+	
大絮团的形成	阳离子型长链聚合物	阴离子型长链聚合物	阴离子型长链聚合物	阴离子型长链聚合物	聚丙烯酰胺

7.3.1.3 工业 DAF 的主要设计参数

如下所示的参数常用作指导值,以确保 DAF 运行稳定性[154]:

① 比表面积负荷,最大值为 $8m^3/(m^2 \cdot h)$,比表面积负荷是指入口流量[m^3/h]与浮选槽可用面积[m^2]的比例;

② 比固形物表面积负荷,最大值为 $12kg/(m^2 \cdot h)$,比固形物表面积负荷考虑了入水的固形物浓度。它是比表面积负荷[$m^3/(m^2 \cdot h)$]与入水固形物浓度[g/L]的乘积。

③ 滞留时间,最长 15min,滞留时间是指微气浮槽的有效体积[m^3]与入水总流量[m^3/min]的比例。

入水流量和固形物浓度的大范围波动,以及微气浮槽中高强度的湍流都会给 DAF 的稳定运行带来问题。

7.3.1.4 清水的质量

DAF 用于过程水净化的潜在可行性,是欧洲一项重大科研项目的几个课题之一。过程水的净化特指微细胶黏物、胶体物质、阴离子垃圾及 COD 的去除。有多种添加剂组合可用作过程水净化的絮聚剂和絮凝剂。在该项目中采用了两大类助剂:第一类是聚铝类或淀粉与长链聚合物形成的组合;第二类是短链聚合物与长链聚合物形成的组合。所有的实验均使用相同的纸厂过程水。

第一类助剂(不同絮凝剂和用量)的过程水净化效果如图 7 - 103 所示。因子 0.5、1、2 是指絮聚剂的加入量水平:因子为 1 意味着絮聚剂的加入量足以(理论上)完全中和过程水的负电荷。试验中共使用了 11 种絮聚剂:4 种聚铝产品,5 种聚铝 - 短链聚合物组合产品,2 种淀粉。柱形的长度表示 11 种助剂经过 10min 沉淀试验后,清水的各项质量指标的变化范围[159]。若浊度下降得越多,相应地,微细胶黏物和胶态黏性颗粒的含量就越小。

聚铝 - 短链聚合物组合絮聚剂比单独聚铝能更有效地降低浊度。淀粉在用量较低时可快速降低浊度,但在用量较大时,清水相的浊度会有明显的提高。

第二类助剂的 DAF 试验结果如图 7 - 104 所示,即在最佳絮聚剂和絮凝助剂用量条件下,实验室 DAF 试验的净化效果。3 种不同的短链聚合物用于形成微絮团,一种长链聚合物用作絮团稳定剂。柱形的长度表示使用不同助剂时,清水的各项质量指标的变化范围。总的来说,聚合物组合也可以获得很好的净化效果。对比浊度降低率为 90% 时各种助剂的用量可以得出,所需短链聚合物的量要比聚铝的少。

考虑到助剂的成本,短链聚合物在某种程度上价格要比聚铝类产品高。因此,净化效果和助剂成本的最佳结合点应视具体情况而定。

7.3.1.5 DAF 系统的设计

在进入净化槽之前,未处理的过程水或对应量的净化后过程水用 0.7MPa 的空气进行饱和处理。气 - 水饱和物恢复到常压时,形成了非常

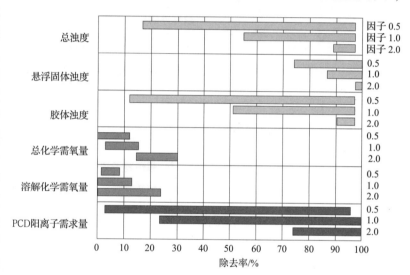

图 7 - 103　微浮选过程中第一类助剂的去除效果(第一部分)[159]

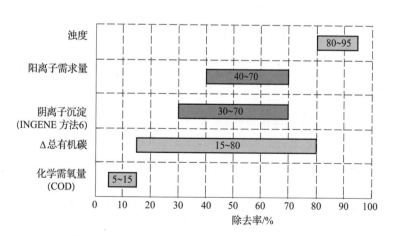

图 7 - 104　图 7 - 103 所示微浮选过程中第一类助剂的去除效果(第二部分)[159]

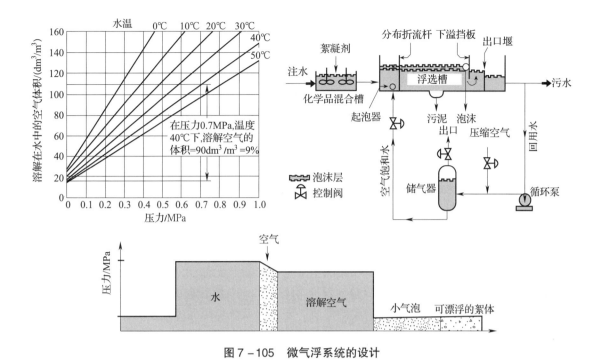

图 7-105 微气浮系统的设计

小的、尺寸分布较窄的气泡(图 7-105)。将这些含气的水在净化槽入口处与过程水混合后，形成的絮团吸附到气泡上，升至液面形成一层稳定的污泥，并由刮板刮掉。

7.3.2 纤维回收机

鼓式或盘式过滤机常用于回收纸机白水中的纤维(参见第 5 章)。常见的做法是向白水中加入纸浆(比如来自混浆池的纸浆)，以提高白水的滤水速度。白水主要是由滤水性较差的细小纤维和填料组成的。绝大多数情况下，滤水后得到的滤饼会返回到混浆池。有时也加入聚合物类絮凝剂进一步改善白水的滤水性。这些絮凝剂相当于助留系统的长链组分(如聚丙烯酰胺)，并通过絮凝作用加速白水的过滤。如此一来，固形物留着在滤饼中，清水的质量得到改善。

7.3.3 消泡剂

浆料悬浮液中含有 95% 的水、1% 的纤维，以及约 2% ~5% 的空气。另外，悬浮液中还含有天然及合成表面活性物质。消泡的目的是降低空气含量[160]。

消泡剂通常用于破坏浆料液面上的泡沫。消泡剂也常称为浓缩物，因为绝大多数情况下，它们的活性物质含量为 100% (烷氧基化物,脂肪酸酯等)。

另一种做法是降低纸浆悬浮液中悬浮空气的含量，起预防作用。使用的化学品为脱气剂或抗气泡剂，多为脂肪醇的水分散液，也可以是浓缩物。根据化学品的目的不同，是破坏大泡沫，还是去除分散在水中的空气，其化学特性也有所不同。消泡剂是疏水性的，即不溶于水，而脱气剂必须有一定的亲水性或分散性才能在纸浆悬浮液中起作用。消泡剂和脱气剂通常直接加入到纸机白水中[161]。

消泡剂主要有以下几类[160]：

① 脂肪酸烷氧基化合物；

② 脂肪酸酯；

③ 脂肪醇环氧乙烷/环氧丙烷加成产物；

④ 烃类/矿物油；

⑤ 改性硅油(特别是化学浆的洗涤)。

7.3.4 杀菌剂

杀菌剂可以控制或降低生物膜和黏液的生长,从而抑制微生物的生长或彻底破坏之。杀菌效果体现在总细菌数量的降低。杀菌剂可以高效地杀死自由浮游微生物。氧化性与非氧化性的抗菌剂之间有明显的区别。

生物分散剂可以弱化和松弛生物膜,使杀菌剂能够更有效地渗透至其中。已经存在的沉积物可通过水流的方式冲洗下来,导致白水中的细菌数量出现暂时性的增加。酶可引起生物膜中胞外聚合物的降解,从而防止生物膜的正常生长。酶是无毒、可生物降解的,专一性很高。

所有的这些助剂治标不治本,只是延缓生物膜的生长,并不能从根本上防止生物膜的生成,而生物膜抑制剂则可以防止生物膜的形成。随着水系统封闭循环程度的提高,在未来一段时间内仍需使用杀菌剂[162]。

7.3.5 特殊助剂

臭氧处理对维持水循环的清洁很有帮助。控制水的色度、避免厌氧条件或降低有机物负荷等都是所期望的效果,臭氧处理能够强化这些效果。要达到这些效果,臭氧加入量的变化范围较大[163]。

抑制剂通常为膦酸酯,可以有效地中和高浓钙离子(水的硬度)。它们通过防止钙电离的方式来影响过程的 pH,这样能够在成本较低条件下快速减轻结垢问题[164-166]。

7.4 胶黏物控制

只有当胶黏物不能通过其他技术从纸浆悬浮液或过程水中彻底分离时,才应采用钝化的方法控制胶黏物。钝化意味着大多数胶黏物会留在纸张中,而且由于废纸回用率较高,这些胶黏物将会重新引入到造纸循环中来。

7.4.1 矿物质脱黏

在废纸浆中加入矿物质是胶黏物控制的一种常用方法。矿物质可以吸附到胶黏物的表面,降低其黏性。最常用的矿物质是滑石粉。滑石粉是一种质地较软的片状矿物质,具有类似"三明治"式的层状结构,两层二氧化硅之间夹着一层氧化镁。每层之间靠范德华力连接。这也是为什么滑石粉在敲打(beating)过程中容易分层剥离的原因。

滑石粉的表面是疏水的、亲有机物的,而边缘是亲水性的,因此滑石粉可以分散在水中。在已知的材料中,滑石粉具有最大的疏水性比表面积。滑石粉之所以能够取代其他矿物质如黏土用作胶黏物控制,是因为其疏水性比面积较大。

滑石粉的比表面能约为 $35mJ/m^2$,而黏土的亲水性很强,比表面能在 $500\sim600mJ/m^2$ 之间。滑石粉的表面能与沥青(树脂)、黏合剂及很多塑料的表面能在同一范围内。表面能类似的颗粒很容易聚集在一起[167]。

表7-6是滑石粉与其他几种矿物质物理性质的比较[168]。滑石粉的比表面积较高、颗粒较小、白度高、摩擦因数小。由于其表面带负电荷,滑石粉可以将小的胶黏物吸附至其疏水性表面,并随纸张一起离开系统。一些滑石粉颗粒还能吸附到大胶黏物的表面,降低其黏性。因此,滑石粉对大胶黏物和小胶黏物都有效,从而优于其他添加剂。如果由于滑石粉的脱黏作用而使胶黏物不再具有黏性,那么胶黏物的聚集也就可以避免[169-170]。

表7-6　　　　　　　　　　矿物类胶黏物控制剂的化学及物理特性

矿物质	颗粒形状	颜色	白度(ISO)/%	B.E.T.比表面积/(m²/g)	电荷	粒径范围/μm	备注
石棉(温石棉)	片状二氧化硅和氧化镁形成长纤维状的纤维	白色,灰色,绿色	n/a	4~50	正电荷	变化范围很大	1.对健康有危害 2.被滑石粉所取代,用于树脂控制
膨润土	两层片状二氧化硅之间夹着铝八面体	灰色,米黄色或白色	70~90	130	正电荷	20~80	1.降低硅酸钠的用量 2.起捕集作用 3.提高助留聚合电解质的功效 4.被滑石粉所取代,用于树脂控制
碳酸钙	超细研磨碳酸钙,不规则;沉淀碳酸钙,偏三角面体(玫瑰花簇状)	白色	96	5~11	负电荷	0.1~8	1.在中性和碱性抄纸过程中用作填料 2.在酸性体系中形成泡沫
黏土	薄片状六边形二氧化硅和氧化铝	白色	83~93	13~22	负电荷	0.2~30	1.用作填料和涂布,赋予纸张光散射特性、印刷性能、白度和 TiO₂ extension 2.需进行水洗、气浮和煅烧
硅藻土	硅藻土的硅质骨架(单细胞藻类)	灰色至白色	75~90	26~28	n/a	0.2~73	1.起捕集作用 2.磨蚀性强 3.被滑石粉所取代,用于树脂控制
滑石粉	两层片状二氧化硅之间夹着氧化镁	白色	80~90	6~17	负电荷	0.2~20	边缘亲水,可以分散在水中;平面疏水、亲有机质

注:n/a:未测。

正确使用滑石粉可以减轻胶黏物在纸机湿部和压榨部的沉积,大幅提高纸机的运行性能。滑石粉的缺点之一是,胶黏物表面的滑石粉抗剪切能力较差,比如在泵送或磨浆过程中。这会造成胶黏物的聚集[171]。

滑石粉最初用于机械浆和化学浆的树脂控制。对滑石粉颗粒表面进行阳离子化可以改善其与胶黏物(通常是带负电的)的连接。滑石粉的常规添加量为:卫生纸 0.3% ~ 1.0%,脱墨浆 0.8% ~ 2.0%,包装纸 1.0% ~ 3.0%。滑石粉最好加在高浓、高湍流的浆料中,即碎浆机中或热分散机之前[172]。

据某报道称[173],一种经过特殊疏水化的矿物质可以成功地抑制胶黏物。在碎浆机中加入这种矿物质后,它可以紧紧地黏附在胶黏物颗粒上,降低纸机的停机时间。而且,这种改性矿物质还可以改善胶黏物的浮选行为。

Grenz 等人报道称[174],树脂颗粒可以成功地吸附到滑石粉、膨润土和 PCC 上。研究还发现,如果加入点或加入量选择不恰当,树脂颗粒会发生聚集现象。

7.4.2　聚合物脱黏

为减轻由残余黏性污染物引起的沉积问题和不足,对污染物进行表面改性降低其黏性是很有吸引力的一个解决方案。有机硅具有双重性(无机/有机),能够与很多底物反应,改变底物的表面特性。有机硅的这一性能已被应用于很多领域。研究显示,有机硅也有益于改变胶黏物的表面性质,减少对造纸过程的不利影响。Delagoutte 等人[175]试验了几种有机硅在降低胶黏物黏性方面的能力。为了评估有机硅对造纸过程中胶黏物沉积的作用,他们利用含胶黏物的纸浆(实验室制备或工厂采集)进行了多种沉积试验。在所有测试的产品中,γ - (甲基丙烯酰氧)丙基三甲氧基硅烷(γ - glycidoxypropyl trimethoxysilane,GPS)是最佳的候选产品之一,其结构特殊,含有(甲基丙烯酰氧)丙基功能团。接着,他们对 GPS 的使用条件进行了优化,以便在最佳条件下进行工业化应用。结果显示,0.02% ~ 0.2% 的 GPS 加入量(对绝干浆)足以明显地降低胶黏物在纸机网部的沉积[175]。

Honshu 于 1980 年首次在日本申请了一项使用锆化物进行胶黏物控制的专利。从那以后,锆化物用于控制胶黏物的工业化应用开始在美国和欧洲见诸报道。锆化物含有水溶性的聚合物链,聚合物链可以是阴离子型、阳离子型或中性的。不管聚合物链是哪种类型的,含锆的活性基团都会与胶黏物的官能团反应,减少其负面影响。实验室试验表明,经过锆化物溶液处理后(0.1% ~ 0.3%,相对废纸浆),纸浆模型物中的黏合剂(PSA 和 HMA)的黏结力和黏结面积有很大程度的降低[176]。加入 0.2% 的锆化物后,多家纸厂成功地大幅减少了由胶黏物引起的问题。但是,加入锆化物有可能会形成新的黏性聚集物[177]。在最近的几年中,未见任何与锆化物控制胶黏物有关的报道。

2004 年 Hattich 等人发表了一篇关于使用蛋白类脱黏剂进行胶黏物脱黏的报道[178]。他们研究发现,此蛋白类脱黏剂与传统的定着剂配合使用,可以有效地稳定胶黏物,防止其聚集,并在后续的过程中将这些颗粒留着在纸张中。

2010 年 Nellessen 等人发表了一篇关于使用具有表面活性的阳离子沉积抑制剂钝化胶黏物的论文[228]。此抑制剂可以在胶黏物颗粒表面形成一个亲水的、略呈阳离子性的保护层。这种新型添加剂结合了两种机理,能有效地降低胶黏物的沉积:a. 降低胶黏物的表面黏性(钝化);b. 将微细胶黏物结合到纤维和细小纤维上(定着)。

7.4.3　胶黏物的定着

定着通常意味着将细小颗粒结合到纸浆纤维上。尺寸处于 1~50μm 范围内的细小颗粒中,有一部分是胶黏物。定着的主要目的是减少白水循环中的阴离子垃圾,从而防止发生无法控制的絮聚效应。阴离子垃圾过多地对施胶剂和助留剂会产生不利的影响。这些细小颗粒被固着在纤维上,且不会形成新的黏性聚集物。由于加入助剂而产生的聚集物被称为二次胶黏物。定着剂的常见加入点有成浆池,或者涂布损纸、机械浆或化学浆的专用浆池[179-180]。

定着剂多为电荷密度较高的阳离子型短链或中链聚合物,有时也可以是多价无机阳离子。作用机理是,阳离子型的助剂能够紧紧地吸附到阴离子性颗粒上。聚合物的结构、电荷密度和分子质量等对作用机理有很大的影响。尽管使用定着剂的主要目标是固着,但如果使用不当,也会导致絮聚或絮凝。

在长达几十年的时间内,造纸厂习惯把明矾(硫酸铝)作为一种解决问题的通用助剂。明矾的优点是成本低,这是不容置疑的。明矾的离子(Ionic modification)和电荷特性在很大程度上取决于 pH,这就影响了其控制沉积的效率。pH 低于 5 时,铝复合物的电荷在 +2 到 +4 之间;当 pH 升高时,铝复合物就会以羟基复合物或氢氧化铝的形式沉淀下来。当 pH 高于 9 时,会形成水溶性离子铝酸根。因此,绝大多数情况下,明矾仅在酸性 pH 条件下使用。由于明矾的使用效果取决于 pH,因此使用明矾时需在线测定 pH[181]。

Laufmann 等人研究了铝化物控制白树脂的效果[182]。Neimo 等人研究发现,使用适量的明矾或聚合氯化铝(PAC)可以把涂布损纸中的胶体物质黏结到 LWC 纸浆上[183]。Rebarber 等人研究了特殊方法制备的聚合氢氧氯化铝(poly aluminium hydroxyl chloride,PAHC)的脱黏效果,结果发现,PAHC 在微粒二氧化硅助留体系的协助下可以将涂料颗粒结合在纸浆上[184]。由于氯离子有腐蚀性,后来出现了新型定着剂如聚合硝酸硫酸铝(poly aluminium nitrate sulphate,PANS)。这两种产品以及 PAC 可以与短链有机聚合物一起复配到助剂配方中[185]。

在过去的十年中,短链聚合物的使用越来越普遍。这是因为它们的效果很好,而且分子结构、分子质量和阳离子度等可以有很多变化。而且,这些短链聚合物可以在较大的 pH 范围内起作用。其中,最为常用的聚合物有聚二烯丙基二甲基氯化铵(Polydiallyldimethylammonium chloride,PolyDADMAC)、聚酰胺、聚乙烯亚胺、聚乙烯胺和特殊改性淀粉。多家生产商和研究机构对这些助剂的使用效果进行了报道[186-192]。研究表明,这些化学品对胶态水相有非常大的影响:浊度和阳离子需求量下降,Zeta 电位趋向于 0。一些文章还对黏附性质进行报道并指出,不同的化学品的脱黏效果差别相当大。在研究中发现,在不同的研究中得出的最为有效的化学品是不一样的。这就意味着难以找到一种在多数情况下效果都好的化学品。因此,化学品的选取必须根据试验结果视具体情况而定。

7.4.4　其他脱黏方法

也有人提出使用合成纤维进行胶黏物的控制。由于合成纤维的比表面积大,对胶黏物的疏水表面有很强的亲和力,因而能够几乎完全将胶黏物包裹起来,使之失去黏性。在实践中,聚丙烯纤维特别适用于胶黏物的脱黏。聚丙烯纤维用量在 0.1%~0.3%(1~3kg/t,相对绝干浆)时,可以获得最佳的降低黏性和沉积性的效果[193]。推荐使用的合成纤维的纤维长度在 0.8~1.0mm,白度为 95% ISO。这类合成纤维的比表面积在 5~10m²/g 之间,远高于化学浆纤维。合成纤维悬浮液(浓度在 1.0% ~ 1.25% 之间)应该在流程的开始阶段加入到废纸浆中,以便趁胶黏物的疏水性较高时,尽早与之接触。但对于脱墨系统而言,合成纤维只能在油墨脱除之后才能使用。另外,应尽量避开漂白流程,因为漂白段会改变合成纤维的表面特性,从而降低其效果[194]。来自 Darmstadt Technical University 的科学家试验了一种特制阳离子纤维素材料的胶黏物控制效果。研究发现,在用量为 0.4% (相对浆料)时,滤液的沉积性有所下降。因此,使用阳离子纤维应该可以改善胶黏物在纸张中的留着情况[195]。但总的来说,合成或天然纤维目前尚未广泛应用于防治胶黏物的沉积问题。

关于使用特殊酶对胶黏物进行处理的研究结果首次发表于 20 世纪 90 年代末。这种特殊胶黏物处理酶就是酯酶(参 7.5 小节)。酶可应用于印刷用纸、包装用纸和生活用纸。研究发现,酯酶可以使微细胶黏物的表面变得光滑,黏性降低。只有当胶黏物颗粒特别微小时,才有可能单靠酶的作用来完全溶解胶黏物颗粒。酶亦可用于树脂障碍控制[196-197]。

胶黏物的化学分散是先前一段时间内所遵循的一种胶黏物处理策略[198]。化学分散技术利用阴离子或非离子的表面活性剂使分散的胶黏物处于稳定状态。将合适的阴离子型化学品吸附到胶黏物的黏性表面,能够改变胶黏物的表面电荷。当表面电荷不断升高以至于疏水性的胶黏物不发生絮聚时,非离子型的表面活性剂在胶黏物的周围形成一个保护层。在这两种情况下,都利用了表面活性剂的双重性,即在水性介质中表面活性剂有一个亲水端和一个疏水端。但表面活性剂的亲水端吸附到疏水的胶黏物上时,就会改变胶黏物的表面特性。胶黏物的表面变得亲水,即易被水分子接受,从而防止发生聚集现象。胶黏物的尺寸变小会显著减少由纸机干燥部沉积引起的问题,并减少纸病。使用表面活性剂进行胶黏物控制可能产生的问题包括:起泡,对施胶的影响,首次使用表面活性剂时沉积物的剥离等。使用合适的化学品可以对纸机的运行性能产生积极影响[199]。影响胶黏物稳定性的一个限制因素是,现有的阳离子助剂(定着、助留)对胶黏物的稳定是不利的,表面活性剂的分散效果会有所下降。如今,分散剂在胶黏物控制领域并未得到广泛应用。

7.5 废纸浆的酶处理

酶制剂在制浆造纸行业中的应用可以追溯到几十年前。早在 1942 年,Diehm 就申请了一项有关使用酶制剂改善木浆磨浆性能的专利[200]。从那以后,酶在制浆造纸行业的应用越来越广泛,如今聚木糖酶辅助漂白在原生纤维工业是一种公认的技术。然而,酶在再生纤维中的应用一直存在较大的争议,难以获得明显的突破。尽管如此,人们仍对再生纤维的多种酶法处理进行了探究。在再生纤维领域,酶主要用于:

① 提升再生纤维的品质(如改善滤水性);

② 促进污染物的脱除(如酶法脱墨)。

总的来说,酶可以作用于纤维的化学组分(纤维素、半纤维素和木素),或作用于污染物(如油墨和胶黏物)和助剂(如淀粉)上。商业酶制剂往往是多功能复合酶,因此弄清楚配方中每一种组分的相关性就显得尤为重要。对能与纤维发生反应的酶而言,必须严格控制酶的用量,使得率损失最小化。酶的反应选择性是其纯度的函数,因此通过选择合适的酶制剂配方和正确的反应条件可以使副作用降至最小。除此之外,酶处理的另一个重要的方面是,商品酶制剂配方中的未知次要组分和/或助剂,可能对其整体功效有协同效应。

在最常见的几种酶中,值得一提的有以下几种:

纤维素酶和半纤维素酶:新一代此类水解酶可以在 pH 高达 8.0 ~ 9.0 的条件下起作用,更易于应用到造纸行业中。

漆酶:是一种能够作用于酚型结构的氧化性酶,可通过氧化木素结构单元对纤维进行改性。

脂肪酶和酯酶:作用于植物油基印刷油墨的载色体或黏结料,可直接用于降解油墨和黏性污染物。

7.5.1 再生纤维品质的提升

许多研究者对二次纤维进行了研究,主要考查了改善纸浆游离度及其强度性质的可行性。Prommier 等人研究发现[201],纤维素酶及纤维素酶与半纤维素酶的混合物,在基本不影响纸浆物理性质的前提下,能够提高纸浆的游离度。Bath 等人研究发现[202],当酶的浓度较低时,在耐破指数相同的情况下,酶处理可以提高纸浆的游离度;当酶的用量较高时,纸浆强度有所下降。酶处理效果与初始游离度有关,即初始游离度越低,酶处理过程中游离度提高的幅度就越大。另外,漂白浆的游离度增值比未漂白浆的要高,这说明木素阻碍了纸浆的纤维素酶改性。酶处理对纸浆滤水性及其强度的影响与酶用量和反应时间的有关。尽管如此,纸浆酶法改性效果有一个限值,当达到限值后,滤水性不再提高,而机械性质开始大幅度地恶化。酶的作用效果归因于其对高比表面积的纤维素微纤丝或细小纤维有"剥皮"效应[201]。这一点在酶的浓度较高时是有道理的,因为此时糖的溶出量较大;但在酶的浓度较低时,出现这种溶出现象的可能性较小[203]。另外,Jackson 等人[204]认为,在酶的浓度较低时,细小纤维含量减少可能是由于絮凝效应引起的,这种絮凝效应将细小纤维相互结合在一起或结合到长纤维上。由于纤维素酶能够紧密地黏附在纤维上,因此絮凝效应应该是导致这种现象(细小纤维含量减少)的关键因素。他们在研究中发现,所有试验用酶都会引起纸张不透明度的下降,而裂断长基本上不受影响。Stork 等人[205]发现,通过酶法提高再生纤维游离度的前提是,所用的酶制剂须有纤维素内切酶活,而纤维二糖水解酶和聚木糖酶可与纤维素内切酶产生协同作用,提高后者的效率。酶处理对废纸中不同组分(细小纤维和长纤维)的影响是不同的。与长纤维相比,细小纤维组分经过纯纤维素内切酶和纤维素酶/半纤维素酶混合物处理后,溶解糖总量分别高 2.3 倍和 2.7 倍。这些研究结果说明,半纤维素酶优先作用于细小纤维上,尽管正常情况下半纤维素酶处理不足以获得很好的脱水效果。如今,人们普遍认为,一般情况下半纤维素酶不会干扰纸张的强度性质,除非同时存在纤维素酶活;但是,纤维表面木聚糖的脱除可能会降低纤维的总电荷。Pala 等人对多种商品酶制剂的处理效果进行了对比[203]。结果发现,在试验条件范围内,木聚糖酶是最有效的酶,能够在不降低纸张强度的前提下,很好地改善 OCC 浆的滤水性能。其他酶制剂大多降低抗张、耐破和撕裂指数。与此相反,筛分得到的短纤维在酶处理之后,抗张强度有所提高。另外,据 Pala 等人报道,利用纤维素结合域(CBDs,纤维素酶的结合部分,不包括水解域)处理纸浆可以同时提高滤水性和纸张强度,这说明蛋白质的吸附可能会改变纤维的界面特性。但该方法成本太高,尚无法实现工业化应用。Taleb 等人对影响酶处理效果的多个变量进行了统计分析[206],酶处理条件经优化后,纸浆滤水性有显著提高,抗张强度和表观紧度有所提高,而撕裂强度和光散射系数有所降低。Pala 等人[203]研究发现,纸张的紧度可以提高 1% ~3% ;但紧度的变化与某一特定的酶活或酶用量之间并没有关联。

上述研究结果表明,要提升再生纤维的品质,必须在提高滤水性和降低强度损失两者之间寻找平衡点。从一个更全面的角度来看(包括提高滤水性能、降低磨浆和干燥能耗、降低淀粉消耗量、用低等级原料部分取代价格较高的纸浆等方面),混合酶制剂处理更值得关注[207-208]。Mocciutti 等人[209]提出利用漆酶 – 介体体系提高高卡伯值未漂废牛皮纸的结合能力。

7.5.2 酶法脱墨

酶法脱墨是二次纤维领域研究最多的内容之一。Bajpai 等人[210]认为,酶辅助脱墨是不含磨木浆的废纸传统碱法脱墨的一种很有潜力的环境友好型替代技术。与传统碱法脱墨相比,该技术公认的主要优点是在中性条件下酶法脱墨后,纸浆的尘埃点少。酶的功效可通过对比加热灭活后的酶[211]与纯化酶(不含可能对脱墨性有影响的助剂)两者的处理效果而得出[212]。对办公用纸而言,高洁净度是特别重要的。酶辅助脱墨的其他优点,比如降低化学品消耗量、中性 pH 条件下运行性能较好等,可能更值得关注。另外,酶处理可以在一定程度上缩短碎浆的时间[213]。

纤维素酶及纤维素酶/半纤维素酶混合物是目前最有效的脱墨用酶,根据废纸和印刷油墨类型的不同,也可以使用其他酶如淀粉酶、脂肪酶[214,215]。在某些情况下(含淀粉的废纸),淀粉酶与纤维素酶有协同作用[216]。Anne 和 Elegir 等人以不含磨木浆的废纸为原料进行酶法脱墨,中试和工厂试验的结果基本与实验室中观测到的结果一致[217-218]。

然而,含磨木浆的废纸酶法脱墨的应用前景尚不明确。文献中报道的结论也并不完全一致,部分研究者认为,酶处理可以明显地提高白度增值,并改善油墨剥离情况[219-220];部分研究者认为,与传统碱法脱墨相比,酶法脱墨的纸浆白度较低[221]。具体来讲,Magnin 等人[221]对含磨木浆的废纸进行了中试规模的酶法脱墨,结果发现,使用适当的酶混合物进行脱墨,可以降低过程水的 COD 和胶体物质含量。另外,与碱法脱墨相比,酶法脱墨的尘埃点要低约50% 。但是,白度损失(3% ~4% ISO,该白度损失只有通过后漂白段才能恢复)抵消了上述的优势。据 Ryu 等人[223]报道,脂肪酶可降低 ONP 浮选的排渣量。这种脂肪酶能够选择性地对排渣中非油墨的疏水性组分(如施胶剂和涂布黏合剂)进行改性。在第二段浮选之前加入这种脂肪酶可以在不牺牲油墨脱除效率的前提下,降低酶用量70% ,降低脱墨排渣量16% 。在欧洲,特别是意大利和英国,随着柔版印刷技术市场开发的不断推进,将脱墨 pH 调至近中性的做法受到越来越多的关注,从而使酶法脱墨技术更有吸引力。然而,目前尚有一个难题未能从根本上得到解决,即找到一个最佳的反应条件,能够同时处理不同印刷方法印制的纸张(如胶版和柔版新闻纸)[224-225]。最新研究结果[228]表明,将酶与亚硫酸盐配合使用可以显著提高亚硫酸盐的脱墨效果,为已老化的新闻纸在中性 pH 条件下有效脱墨提供了一种新的策略[226]。

参考文献

[1]Know – How Wire,Jaakko Pöyry,(May):32,(1988).

[2]Paraskevas,S. ,Ink removal – Various methods and their effectiveness,Tappi 1989,Tappi Press,Atlanta,p. 41.

[3] Marchildon, L. Lapointe, M. and Chabot, B. , Pulp Paper Can. 90(4):90(1989).

[4] Schriftreihe der Technischen Kommission Deinking, Druckerzeugnisse und Deinkingbarkeit, Mai 2008.

[5] Nopco Paper Technology GmbH, Internal Investigation, 2009.

[6] Perlen, Company brochure, Perlen bringt Neues in Rollen, 2008.

[7] Eisenschmid, K. and Stetter, A. , Maßnahmen zur Entlastung des AP – Kreislaufes, Wochenblatt für Papierfabrikation, 186 – 191, 1997, Nr. 5.

[8] Vail, J. G. , Soluble Silicates: Their Properties and Uses. Volume 1: Chemistry. Reinhold Publishing Corp. New York, USA. 1952.

[9] Lassus, A. , Deinking Chemistry, in Recycled Fiber and Deinking, Göttsching, L. and Pakarinen, H. (Eds.). Fapet Oy, Helsinki(2000).

[10] Ali, T. , McLellan, F. , Adiwinata, J. , May, M. , and Evans, T. , Functional and performance characteristics of soluble silicates in deinking. Part I: Alkaline deinking of news print/magazine. 1st research forum on recycling. Toronto, Canada. 1991.

[11] Haynes, R. D. and Weseman, B. D. , The impact of pulper chemistry on contaminant removal and water quality. TAPPI 99 – preparing for the next millennium, Atlanta, GA, USA, 1999.

[12] Rφring, A. and Santos, A. , Pulper chemistry is a key to successful deinking. 4th research forum on recycling. Canada, October 1997.

[13] Rao, R. and Stenius, P. , Mechanisms of ink release from model surfaces and fibre. 4th research forum on recycling. Canada, October 1997.

[14] Beneventi, D. , Carbo, A. C. , Fabry, B. , Pelach, M. A. and Pujol, P. M. , Modelling of flotation deinking: Contribution of froth – removal height and silicate on ink removal and yield. JPPS, 32, 2, 2006.

[15] Suess, H. U. , Kronis, J. D. , Nimmerfroh, N. F. and Hopf, B. , Yield of fillers and fibres in froth flotation. TAPPI Pulping Conference. San Diego, USA. 1994.

[16] Suess, H. U. , del Grosso, M. and Hopf, B. The effect of pH and different alkalisa – tion sources on brightness in flotation deinking. 54th Appita annual conference. Melbourne, Australia. 2000.

[17] Vilen, E. , Roring, A. and φvrum, T. , The effect of silicate on yield in flotation deinking. 10th PTS – CTP Deinking Symposium, Munich 2002.

[18] Engelhardt, G. , Zeigan, D. , Jancke, H. , Hoebbel, D. and Wieker, W. , Z. Anorg. Allg. Chem. 418, 17. 1975.

[19] Degussa, Brochure Ch 560 – 2 – 1 – 1288 Vol, p. 13 – 14.

[20] http: Hen. wikipedia. org/wiki/File: Medta. png.

[21] Centre technique du papier: Effect, identification and control of catalase in deinking plants (CTP – project FR 96 – 18).

[22] Ingede, March 2002, Leitfaden zur Optimierung der Altpapierverwertung bei grafischen Papieren.

[23] Hornfeck, Wochenblatt für Papierfabrikation, 113(11):646(1985).

[24] Henkel KGaA, Zusammensetzung und Eigenschaften natürlicher Öle und Fette.

[25] Johansson, B. , Wickman, M. and Ström, G. , Nordic Pulp Paper Res. J. 11(2):74(1996).

[26] Nopco Paper Technology GmbH, Internal Investigation, 2007.

[27] Lassus, A., Recycled Fiber and Deinking(2000), Chapter 7, p. 256 – 257.

[28] Henkel KGaA, Analytik, Methode zur Bestimmung des Fettsäure — Carry over.

[29] Henkel KGaG, Internal Investigation, 1992.

[30] Neilessen, B., Use of New Types of Additives for the Dispersion of Dirt from General Office Waste and other Sorts of High – Quality Paper, PTS – Deinking – Symposium 2004.

[31] Nellessen, B., Practical experience with the use of silicone derivatives for the detachment and removal of ink, PTS – Deinking – Symposium 2006.

[32] Nellessen, B. and Thalhofer, R., Use of Silicone Derivates in the Production of DIP for the Manufacture of Newsprint, PTS – Deinking – Symposium 2008.

[33] Lassus, A., Recycled Fibre and Deinking(2000), Chapter 7, p. 254 – 255.

[34] Holik, H., Recycled Fibre and Deinking(2000), Chapter 5, p. 181.

[35] Nellessen, B., Controlling of foam volume in Deinking plants, PTS – Deinking – Symposium 2002.

[36] Salzburger, Hartinger, Maltzeff, Mattila: Das CelTlink – Konzept zur Optimierung des Chemikalieneinsatzes im Deinking – Prozeß, Wochenblatt für Papierfabrikation, pp. 592 – 597(13/1996).

[37] Lachenal, D., Progress in Paper Recycling 4(1):37(1994).

[38] Polcin, J. and Rapson, W. H., Pulp Paper Can. 72(3):T103(1971).

[39] Polcin, J., Zellstoff Papier 22(8):226(1973).

[40] Kubelka, P. and Munk, F., Zeitschrift fur technische Physik 32(11a):593(1931).

[41] Burnet, A., Carré, B., Ayala, C., Fabry, B., Marlin, N. and Chirat, C., Influence of fibre mix on the recycled pulp brightness and influence of Na_2SiO_3, NaOH, H_2O_2 during hydrogen peroxide bleaching on effluent quality. Proceedings of the International Symposium "Present and Future of Paper Recycling Technology and Science", Bilbao, May 24 – 25(2007).

[42] Helmling, O., Süss, U. and Berndt, W., Wochenbl. Papierfabr. 113(17):657(1985).

[43] Berndt, W., Wochenbl. Papierfabr. 110(15):539(1982).

[44] Putz, H. – J. and Göttsching, L., Wochenbl. Papierfabr. 110(11 H2):383(1982).

[45] Robberechts, M., Pyke, D. and Penders, A. (2000): The use of hydrogen peroxide and related chemicals in waste paper recycling, 6th International recycling technology conference, Budapest, Hungary, 16 – 17 Feb 2000.

[46] Grunström, P., (1996): Bleaching and colour stripping of contaminated mixed office waste, Paper Recycling 1996 Conference. London 13 – 14 November, PPI, Preprints.

[47] Schlegel, M., Neu – und Weiterentwicklung technologischer Verfahren zur Aufbereitung und Veredlung von Altpapierstoffen für grafische Papiere, Ph. D. thesis, Technische Universität Dresden, Dresden, Germany, 1979.

[48] Bechstein, G., Das Österreichische Papier 12(4):16(1975).

[49] Süss, H. U., Nimmerfroh, N., Jakob, H. et al., Wochenbl. Papierfabr. 120(8):303(1992).

[50] Stumm, W. et al., Env. Science and Technol., Vol. 1, 3, March, 221 – 227(1967). Burnet, A. Thesis, à completer.

［51］Burnet，A. Thesis；àcompleter

［52］Petit – Conil，M.（2004）：Efficient silicate – free hydrogen peroxide bleaching of mechanical pulps，Revue ATIP Vol 85，n°12，October 2004.

［53］Jäkärä，J.，Parén，A.，Pitkänen，M.，Nickul，l O. and Hämäläinen，H.（2005），Replacing silicate with polyacrylate – based stabilizers in peroxide bleaching of mechanicl pulps. International- al Mechanical Pulping Conference，Oslo，Norway，7 – 9 June 2005.

［54］Fabry，B.，Carré，S.，Svedman，M. and Jäkärä J.（2006），Tissue deinking lines：what is the best surfactant strategy and is there an alternative to silicate in peroxide bleaching sequence for tissue deinking lines?，12th PTS CTP Deinking symposium 2006，Leipzig，Germany，25 – 27 Apr. 2006，Paper 20.

［55］Beurich，H. G.，Wochenbl. Papierfabr. 113（18）：689（1985）.

［56］Ackermann，C.，Putz，H. – J.，and Göttsching，L.，Das Papier 50（6）：320（1996）.

［57］Bast – Kemmerer，I. and Salzburger，W.，Wochenbl. Papierfabr. 123（23/24）：1096（1995）.

［58］Aebi，H. E.，Enzymes 1：Oxidoreductases，Transferase，Methods of Enzymatic Analysis，Vol. III （H. U. Bergmeyer，J. Bergmeyer，and M. Gral，Eds.），Wiley VCH，Weinheim，Germany，1987， p. 273.

［59］Prasad，D. Y.，Tappi J. 72（1）：135（1989）.

［60］Bogner，B.，Produktblatt 1 – 4，Boehringer GmbH，Mannheim，Germany，1990，pp.

［61］Galland，G. and Vernac，Y.，Bleaching of deinked pulp，2nd Advanced Training Course on Deinking Technology，CTP，Grenoble，1995，Chap. 20.

［62］Ferguson，L. D.，Tappi J. 75（7）：75（1992）.

［63］Salzburger，W.，Hartinger，S.，Maltzeff，P.，et al.，Wochenbl. Papierfabr. 124（13）：592 （1996）.

［64］Krapsch，L.，and Geese，M.，Efficient catalase control at deinking plants yields significant sav- ings and improved brightness，Proceedings of the 13th PTS / CTP Deinking symposium，Leip- zig，April 15 – 17 2008.

［65］Ortner，H. E.，Tappi J. 63（10）：83（1980）.

［66］De Ceuster，J. and Carman，G.，Paper Techn. Industry 18（4）：126（1977）.

［67］Boriss，P.，Bradi，S. and Muller，R.，Wochenbl. Papierfabr. 113（17）：650（1985）.

［68］Gilkey，M. N. and Mark，E. L.，Dispersion of sticky contaminant at medium consistencies， TAPPI 1985 Pulping Conference Proceedings，TAPPI PRESS，Atlanta，p. 567.

［69］Siewert，W. H.，Wochenbl. Papierfabr. 114（14）：536（1986）.

［70］Blechschmidt，J. and Ackermann，C.，Wochenbl. Papierfabr. 119（17）：659（1991）.

［71］Carré，B.，Galland，G.，Vernac，Y. and Suty，H.，The effect of hydrogen peroxide bleaching on ink detachment during pulping and kneading，TAPPI Recycling Symposium，Proceedings： 189 – 198，New Orleans，（February 20 – 23，1995）.

［72］Sabbatini，M.，Optimization of tissue – paper manufacture from 100% secondary fibers，1983 EUCEPA Symposium Proceedings，EUCEPA，Paris，p. 129.

［73］Matzke，W. and Kappel，J.，Present and future bleaching of secondary fibers，TAPPI 1994 Recycling Symposium Proceedings，TAPPI PRESS，Atlanta，p. 325.

[74] Süss, H - U, Hop, f B. and Schmidt, K. , Optimised peroxide bleaching of DIP'S in the disperser, 10th PTS - CTP deinking symposium, Munich, Germany, 23 - 26 April 2002.

[75] Sharpe, P. E. , TCF bleaching of mixed office waste composition, TAPPI 1995 Recycling Symposium Proceedings, TAPPI PRESS, Atlanta, p. 157.

[76] Galland, G. , Bernard, E. and Sauret, G. , Contribution a/' amelioration du desencrage, 1983 EUCEPA Symposium Proceedings, EUCEPA, Paris, p. 167.

[77] Bovin, A. , Improved flotation deinking by development of the air mixing chamber, TAPPI 1984 Pulping Conference Proceedings, TAPPI PRESS, Atlanta, p. 37.

[78] Putz, H. - J. and Göttsching, L. , Wochenbl. Papierfabr. 113(11):382(1985).

[79] Ackermann, C. , Putz, H. - J. , and Göttsching, L. , Wochenbl. Papierfabr. 120(11 ! 12):433 (1992).

[80] Helmling, O. , Süss, U. and Eul, W. , Upgrading of wastepaper with hydrogen peroxide, TAPPI 1986 Pulping Conference Proceedings, TAPPI PRESS, Atlanta, p. 407.

[81] Holm bom, B. , Analysis of dissolved and colloidal substances generated in deinking wet - end chemistry, Conference and COST workshop, Pira International, Gatwick, UK, 10 - 13(1997).

[82] McLean, D. S. , Stack, K. R. and Richardson, D. E. , The effect of wood extratives composition, pH and temperature and pitch deposition, Appita Journal, 58(1):52 - 56(2005).

[83] Burnet, A. , Fabry, B. , Ayala, C. and Carré, B. , New possibilities in bleaching wood - containing: Alternative to alkaline peroxide bleaching, International pulp bleaching conference, Quebec City, QC, Canada, 267 - 272(2008).

[84] Leduc, C. , Martel, J. and Daneault, C. , Use of magnesium hydroxide for the bleaching of mechanical pulp(softwood and hardwood) and deinked pulp: efficiency and environmental impact, Proceedings of the International pulp bleaching conference, Quebec City, QC, Canada, 221 - 228(2008).

[85] Burnet, A. , Recherches de nouveaux traitements de blanchiment de pâtes désencrées générant moins de matières organiques dissoutes, PhD thesis, Grenoble - INP, (2009), to be published.

[86] Leduc, C. , Phan, A. , T. , Chabot, B. and Daneault, C. , In - situ generation of peroxide in the bleaching of deinked pulp, 7th PAPTAC Research Forum on Recycling, Quebec, Canada, pp. 63 - 68(2004).

[87] Leduc, C. , Phan, A. , T. , Chabot, B. and Daneault, C. , In - situ generation of peroxide in the bleaching of deinked pulp, Progress in paper recycling, Vol. 15, n°3, pp. 6 - 11(2006).

[88] Hache, M. , Fetterly, N. and Crowley, T. (2001), North American Mill experience with DBI, 87th Annual meeting, PAPTAC, 30/1/2001 - 1/2/2001, Montreal.

[89] Vahlroos - Pirneskoski, S. , Bleaching of ONP furnish with Bori no, Proceedings of the COSTE46 meeting, Oulu, November 22, 2007.

[90] Rangamannar, G. , Bettano, J. and Hebert, R. (2005), DBI bleaching of recycled fibers for the production of towel and napkin grades, 2005 Engineering, pulping and environmental conference, Philadelphia, USA, 28 - 31 Aug. 2005.

[91] Steenberg, E. and Norberg, G. , Deutsche Papierwirtschaft(3):111(1977).

[92] Schuster, G. , Das Papier 32(7):299(1978).

［93］Auhorn，W. and Melzer，J.，Wochenbl. Papierfabr. 110（8）:255（1982）.

［94］Melzer，J.，Kinetics of bleaching mechanical pulps by sodium dithionite，1985 International Pulp Bleaching Conference Proceedings，CPPA，Montreal，p. 69.

［95］Putz，H. – J.，Upcycling von Altpapier fur den Einsatz in höherwertigen graphischen Papieren durch chemisch – mechanische Aufbereitung，Ph. D. thesis，Darmstadt University of Technology，Darmstadt，Germany，1987，202 pp.

［96］Putz，H. – J. and Göttsching，L.，Die Bleiche von deinktem Altpapier，1984 EUCEPA Conference Proceedings，EUCEPA，Paris，p. 279.

［97］Nikki，M.，Wochenbl. Papierfabr. 113（21）:819（1985）.

［98］Melzer，J.，Tippling，P. and Jokio，P.，Wochenbl. Papierfabr. 113（18）:684（1985）.

［99］Fluet，A.，Dumont，I. and Beliveau，D.，Pulp Paper Can. 95（8）:37（1994）.

［100］Süss，H. – U. and Kruger，H.，German Pat. DE 3,309,956 C1（March 19,1983）.

［101］Kronis，J. D.，Adding some colour to your wastepaper furnish，TAPPI 1992 Pulping Conference Proceedings，TAPPI PRESS，Atlanta，Vol. 1，p. 223.

［102］Daneault，C. and Leduc，C.，Cellulose Chemistry Technology 28（2）:205（1994）.

［103］Faul，A. M. and Eisenschmid，K.，Wochenbl. Papierfabr. 119（1）:1（1991）.

［104］Hache，M. and Joachimides，T.，The influence of bleaching on colour in deinked pulps，TAPPI1991 Pulping Conference Proceedings，TAPPI PRESS，Atlanta，p. 801.

［105］Gehr，V. and Borschke，D.，Wochenbl. Papierfabr. 124（21）:929（1996）.

［106］Galland，G.，Bernard，E. and Vernac，Y.，Improvement of waste paper pulp bleaching，Commission of the European Communities，European Seminar Proceedings，CTP，Grenoble，1991，p. 205.

［107］Süss，H. U.，Nimmerfroh，N. and Hopf，B.，Wochenbl. Papierfabr. 122（20）:802（1994）.

［108］Heimburger，S. A. and Meng，T. Y.，Pulp & Paper 66（2）:139（1992）.

［109］Quinnett，PE. and Ward，L. R.，Chlorine dioxide for decolourizing deinked mixed office waste，TAPPI 1995 Recycling Symposium Proceedings，TAPPI PRESS，Atlanta，p. 149.

［110］de Ruvo，A.，Farnstrand，P. A.，Hagen，N.，et al.，Tappi J. 69（6）:100（1986）.

［111］Markham，L. D. and Courchene，C. E.，Tappi J. 71（12）:168（1988）.

［112］Gratzl，J. S.，Das Papier 46（10A）:V1（1992）.

［113］Thomas，C. D.，Hristofas，K.，Yee，T. F.，et al.，Progress in Paper Recycling 5（1 ）:37（1995）.

［114］Thomas，C. D.，Hristofas，K.，Yee，T. F.，et al.，Progress in Paper Recycling 5（1）:45（1995）.

［115］Magnotta，V. L. and Elton，E. F.，U. S. Pat. No. 4,416,727（Nov. 22,1983）.

［116］Patt，R.，Gehr，V.，Matzke，W.，et al.，Tappi J. 79（12）:143（1996）.

［117］Pauli，C.，Patt，R.，Gehr，V.，et al.，Wochenbl. Papierfabr. 121（20）:852（1993）.

［118］Süss，H. U.，Bleaching of waste paper pulp — changes and limitations，1995 PIRA International Wastepaper Technology Conference Proceedings，Leatherhead，UK，paper no. 9.

［119］Magnin，L.，Angelier，M. C.，Galland，G.（2000），Comparison of various oxidising and reducing agents to bleach wood – free recycled fibres，9th PTS CTP Deinking Symposium，Munich，

Germany,9 – 11 May 2000.

[120] Marlin, N. , Magnin, L. , Chirat, C. and Lachenai, D. (2001) , Effect of oxygen on peroxide bleaching of recycled fibres . Part I. Case of fully bleached chemical pulp contaminated with kraft brown fibres of mechanical pulp, Progress in Paper Recycling, vol 10 , N°3 , May 2001 , pp. 11 – 17.

[121] Marlin, N. , Magnin, L. , Lachena, l D. and Chirat, C. (2002) , Effect of oxygen on the bleaching of pulp contaminated with unbleached kraft or mechanical fibres – Application to recycled fibres, 7th European Workshop on lignocellulosics and Pulp, August 26 – 29 , 2002 , Turku/ Abo, Finland.

[122] Strasbourg, R. and Kerr, JC. (1998) , Deink market pulp mill — An operations perspective on the design and construction aspects, Pap South Afr, vol 18 , n°2 , Apr 1998.

[123] Kogan, J. and Muguet, M. , Progress in Paper Recycling 1(1) :37(1992).

[124] Muguet, M. and Kogan, J. , Tappi J. 76(11) :141(1993).

[125] Karp, B. E. and Trozenski, R. M. , Non – chlorine bleaching alternatives : a comparison between ozone and sodium hypochlorite bleaching of coloured paper, 1996 International Pulp Bleaching Conference Proceedings, TAPPI PRESS, Atlanta, p. 425.

[126] Roy, B. P. , Progress in Paper Recycling 4(1) :74(1994).

[127] Kogan, J. and Muguet, M. , Ozone bleaching of deinked pulp, TAPPI 1994 Recycling Symposium Proceedings, TAPPI PRESS, Atlanta, p. 237.

[128] Kappel, J. and Matzke, W. , Chlorine – free bleaching chemicals for recycled fibers, TAPPI 1994 Recycling Symposium Proceedings, TAPPI PRESS, Atlanta, p. 231.

[129] Muguet, M. and Sundar, M. , " Ozone bleaching of secondary fibers, 1996 International Non – chlorine Bleaching Conference Proceedings, TAPPI PRESS, Atlanta, paper no. 8 – 1.

[130] van Lierop, B. and Liebergott, N. , J. Pulp Paper Sci. 20(7) :J206(1994).

[131] Gierer, J. , Holzforschung 36(2) :55(1982).

[132] Dubreuil, M. , Progress in Paper Recycling 4(4) :98(1995).

[133] Luo, C. , Putz, H. J. and Göttsching, L. (1988) , Bleichbarkeit von Deinkingstoff und Holzstoffen, Teil I : Einfluss der Fasermorphologie, Wochbl. Papierfabr. , 116(8) :295 – 302 (Apr. 1988).

[134] Floccia, L. (1988) , Fractionation and separate bleaching – A First, Tappi Int. Pulp. Bleaching Conf. , Orlando, Proceedings :181 – 198(5 – 9 June 1988).

[135] Floccia, L, Vol Hot, C. (1996) , Fibre separation and bleaching, Paper technology, April 1996 , p. 45 – 48.

[136] Lapierre, L. , Pitre, D. and Bouchard, J. (1999) , Bleaching of deinked pulp recycled pulp : benefits of fibre fractionation, 5th research forum on recycling, Ottawa, Canada, 28 – 30 Sep 1999 , pp. 57 – 63.

[137] Lapierre, L. , Pitre, D. and Bouchard, J. (2001) , Fines from deinked pulp : effect of contaminants on their bleachability and on the pulp final brightness, 6th research forum on recycling, Magog, Que, Canada, 1 – 4 oct 2001 , pp. 173 – 178.

[138] Fabry, B. and Carré, B. , Interest for mechanical treatments prior to pre – flotation in order to

simplify deinking lines, Proceedings of the 13th PTS / CTP Deinking symposium, Leipzig, April 15 – 17 2008.

[139] Fernandez de Grado, A. and Lascar, A. , Macro, mini, stickies: New challenges, Proceedings of the 13th PTS / CTP Deinking symposium, Leipzig, April 15 – 17 2008.

[140] Carré, B. , Simplified deinking process : from lab to mill trials, Proceedings of the Open Final Ecotarget Conference, Stockholm, November 12, 2008.

[141] Hertl, E. and Arreger, Proceedings of the 12th PTS / CTP Deinking symposium, Leipzig, April 25 – 27, 2008.

[142] Earl, P. Fand Znajewski. (2000), Removal of fluorescence from recycled fibre using chlorine dioxide, Pulp and Paper Canada, voi 101, n°9.

[143] Kogan, J. , Perkins, A. and Muguet, M. , (1995), Bleaching deinked pulp with ozone – based reductive – oxidative sequences, TAPPI Recycling Symposium, Proceedings :139 – 148, New Orleans, (21 – 23 February 1995).

[144] Sharpe, PE. , Lowe, RW. (1993), The bleaching of coloured recycled fibers, Pulping Conference, 1993, TAPPI Proceedings p1205 – 1217.

[145] Fluet, A. , Sodium hydrosulfite brightening and colour stripping of mixed office waste furnishes, Proceedings of the TAPPI Pulping Conference, pp. 717 – 724, 1995.

[146] Rangammanar, G. , Colour stripping of mixed office waste papers, Proceedings of the TAPPI Pulping conference, pp. 879 – 885, 1995.

[147] Marlin, N. , Thesis(2002) : presented the 11 December 2002, at Ecole Francaise de Papeterie de Grenoble, for the grade of INPG phD, " Comportement de mélanges de pâtes papetières chimiques et mécaniques lors de traitements par le peroxyde d'hydrogène en présence d'oxygène – Application au blanchiment de fibres recyclées.

[148] Karp, B. E. and Trozenski, R. M. (1996), Non – chlorine bleaching alternatives: a comparison between ozone and sodium hypochlorite bleaching of dyed paper, International Pulp Bleaching Conference, 1996, Tappi Proceedings p. 425 – 431.

[149] Fiuet, A. and Shepperd, P. (1997), Colour – stripping of mixed office papers with hydrosulfite based bleaching products, Progress in Paper Recycling, February, 1997.

[150] Darlington, B. , Jezerc, J. , Magnotta, V. , Naddeo, R. , Waller, F. and White – Gaebe, K. , (1992), Secondary Fiber Colour Stripping: Evaluation of Alternatives, Tappi Pulping Conference, Boston, Proceedings :67 – 74(Nov. 1992).

[151] Galland, G. , Magnin, L. , Carre, B. and Larnicol, P. (2002), Best use of bleaching chemicals in deinking lines, ATIP, vol 56, n°1, Février – Mars 2002, presented to the China Paper Conference, TAPPI China, Beijing, September 24 – 25, 2001.

[152] Carré, B. , Magnin, L. , Galland, G. and Vernac, Y. (1998), Deinking difficulties related to ink formulation, printing process and type of paper, Cost Action E1 "Paper Recyclability" – Las Palmas de Gran Canaria(Spain), November 24 – 26, pp. 255 – 289, 1999 Tappi Recycling Symposium, March 1 – 4, 1999, Atlanta, Vol 2(session 1 – 6), pp. 583 – 616.

[153] Muller – Mederer, C. et al. (2002), Possibilities to reduce red discolouration of deinked pulp, 7th Recycling technology conference, Brussels, Belgium, 14 – 15 Feb 2002.

[154] Kamml, G. and Kappen, J. , 2002. Mechanical Whitewater Treatment. In: PTS – Seminar "Water Circuits in Paper Making", PTS – Conference Book, Munich.

[155] Schwarz, M. and Velinski, J. 1994. Thinking about water circuit design in recovered paper using mills. In: Wochenblatt für Papierfabrikation 122, Nr. 21, S. 825 – 832.

[156] Menke, L. 1998. Micro – Stickies — Disturbing substances in water Circuit. In: Wochenblatt für Papier – fabrikation 126, Nr. 5, p. 187 – 193.

[157] Brun, J. and Carre, B. 2003. Dissolved Air Flotation of Deinking process water. In: Conference book, 6th Advanced training course on deinking technology, Grenoble.

[158] Vogel, W. 1996. Cleaning of effluent water circuits in DIP – process with KROFTA – dissolved air flota – tion. In: Wochenblatt für Papierfabrikation, 23/24.

[159] Hamann, L. and Bobek, B. 2006. Ecotarget – New and innovative processes for radical changes in the European pulp & paper industry. In: Work Package Separation techniques covering detrimental phenomena in papermaking, Project Report, Munich.

[160] Blickensdorfer, C. 2008. Defoamers, Air and Gas in Paper Stock Suspensions: Origination, Measurement and Fighting. In: PTS Seminar Efficient Use of Chemical Additives, Munich.

[161] Kannengießer, D. , Tresh, R. and Arnold, J. 1994. The task of retention aids and defoamers during sheet forming. In: Wochenblatt für Papierfabrikation, No. 7.

[162] Dürkes, F. 2000. Slime: Origin, Elimination, Prevention, PTS Seminar Wasserkreisläufe in der Papiererzeugung — Verfahrenstechnik und Mikrobiologie. In: PTS – Manuscript PTS – MS 2017, Munich 2000.

[163] Bierbaum, S. Improvement of water circuit and paper quality by ozone treatment of partially streams for example of recovered paper grades, In: Research Report, Project 13666, www. pts-paper. de.

[164] Hutter, A. 2008. Ca – Analytic to solve problems in water circuit and effluent treatment. In: PTS Analytic – Days, Munich.

[165] Rother, U. 2007. Calc trap — a new technology for calcium elimination from water circuits. In: Wochenblatt für Papierfabrikation, No. 18.

[166] Schencker, A. 2004. Overview about technologies and strategies for control of microbiology in paper industry. In: PTS – Seminar Wasserkreisläufe in der Papiererzeugung — Verfahrenstechnik und Mikrobiologie, PTS – Manuscript PTS – MP 417, Munich.

[167] Biza, P. 2001. Talc — A modern Solution for Pitch and Stickies Control. In: Paper Technology, No. 4.

[168] Williams, G. R. 1997. Physical chemistry of the adsorption of talc, clay and other additives on the surface of sticky contaminants. In: TAPPI Pulping Conference proceedings, TAPPI Press, Atlanta, p. 81.

[169] Doshi, M. R. 1989. Additives to combat sticky contaminants in secondary fibres. In: TAPPI Seminar: Contaminant Problems and Strategies in Wastepaper Recycling, TAPPI Press, Atlanta, p. 81.

[170] Galland, G. 1995. Stickies: origins and solutions. In: 2nd Advanced training Course on Deinking, CTP Grenoble, Session 13, p. 36.

[171] Fogarty, T. J. 1992. Cost effective, commonsense approch to stickies control. In: TAPPI Pulping Con – ference Proceedings, TAPPI Press, Atlanta, p. 429.

[172] N. N. 2004. Talc for pith and stickies fighting. In: Company presentation by Luzenac, PTS Munich.

[173] Spedding, J. 2002. Elimination and Inhibition of Stickies in Deinking – Process by using hydrophobic mineral particles. In: Wochenblatt für Papierfabrikation, No. 17.

[174] Grenz, R., Le, P. C., Molinero, A. Ad Moran, N. 2002. Use of mineral adsorbents for the adsorption of detrimental substances. In: PTS Symposium Chemical Technology of Paper Making, Munich.

[175] Delagoutte, T., Carre, B. and de Buyl, F. 2008. Stickies Deposits Reduction by Organosilanes. In: CTP/PTS Deinking Symposium, Conference Book, Munich.

[176] Mann, S. 1993. Sticky moments. In: PIRA Conference: Developments in Wastepaper Technology, Leatherhead, UK, Paper No. 10, 13 pp.

[177] Goldberg, J. Q. 1987. Use of zirconium chemical in sticky contaminants control. In: TAPPI Pulping Conference Proceedings, TAPPI Press, Atlanta, p. 585.

[178] Hättich, T., Angle, C. D. and Knight, P. 2004. A new and effective method for treatment of trash dur – ing production of packaging paper. In: Wochenblatt für Papierfabrikation, 9.

[179] Esser, A., Blum, R., Kuhn, J. and Leduc, M. 2004. New Developments in the field of trash reduction with polyvinylamides. In: Wochenblatt für Papierfabrikation No. 10.

[180] Baumann, P., Esser, A., Rübenacker, M. and Kuhn, J. 2002. Optimized use of fixatives for produc – tion increase. In: PTS Symposium Chemical Technology in Paper Making, Munich.

[181] Wortley, B. H. 1987. The role of alum in acid, neutral and alkaline papermaking. In: TAPPI Advanced Topics Wet End Chemistry Seminar Notes, TAPPI Press, Atlanta, p. 55.

[182] Laufmann, M. and Hummel, W. 1991. Neutral wood containing paper production. In: Wochenblatt für Papierfabrikation 119(8): 269.

[183] Neimo, L. 1993. Coagulation of anionic fines and colloids originating in LWC broke. In: Nordic Pulp Paper Res., J. 8(1): 170.

[184] Rebarber, E. S. 1995. How to avoid white pitch and its may pitfalls In: TAPPI Journal 78(5): 252.

[185] Faber, W. 2007. Aluminiumnitratsulfate — Experience with an innovative Additive for stickies and trash elimination. In: PTS Stickies – Seminar, Conference Book, Dresden.

[186] Kröhl, T., Lorencak, A., Gierulki, H. Eipel, H. and Horn, D., 1994. A new laser – optical method for count – ing colloidally dispersed pitch. In: Nordic Pulp Paper Res. J., 9(2): 125.

[187] Hentzschel, P. 1991. Lab study about simulation and opression of polymer aggregates (white pitch) when using coated broke. In: Wochenblatt für Papierfabrikation, 119(15): 569.

[188] Von Seyerl, J. and Beck, F. 1993. Reuse of coating colours and coated broke – Observation con – cerning trash abolition In: Wochenblatt für Papierfabrikation, 121(9): 344.

[189] Allen, L. H. and Filion, D. 1995. A laboratory white pitch deposition test for screening additives. In: TAPPI Papermakers Conference, Chicago, p. 539.

[190] Mönch, D., Stange, A., Linhart, F. 1996. Advanced product concepts for trash removal and ef-

fi – ciency increase in paper production. In：Wochenblatt für Papierfabrikation，124(20)：889.

[191]Gercke，M．，Kannegießer，D．，Scholz，R．and Arnold，J．1997. Optimal application of process chemi – cals — new possiblities for process optimisation. In：Wochenblatt für Papierfabrikation 125(9)：452.

[192]Gill，R. I. S. 1996. Chemical control of deposits — scopes and limitations. In：Paper Technology，37(6)：23.

[193]McKinney，R. W. J. and Currie，P. C. G. 1986. Sticky pacification — new additive shows considerable promise. In：TAPPI Papermakers Conference Proceedings，TAPPI Press，Atlanta，p. 161.

[194]Wade，D. E. 1990. Sticky pacification with synthetic pulps. In：Recycling Paper：From Fibre to Fin – ished Product(M. J. Coleman，Ed)，Vol. 2，TAPPI Press，Atlanta，p. 536.

[195]Hamann，A. 2003. Research of depositing behaviour of tacky contaminants during paper production from recovered paper. In：Dissertation，TU Darmstadt，Institute of Macromolecular Chemistry.

[196]Sykes，M．，Klungness，J．，Gleisner，R．，and Abubakr，S. 1998. Stickie removal using neutral enzymatic repulping and pressure screening. TAPPI Proceedings Recycling Symposium，New Or – leans，LA. TAPPI，Atlanta，GA.

[197]Seifert，P. 2005. Enzymes — A new effective solution of advanced stickies elimination. In：PTS Stickies Seminar，Dresden.

[198]Hoekstra，P. M. and May，O. W. 1987. Developments in the control of stickies. In：TAPPI Pulping Conference Proceedings，TAPPI Press，Atlanta，，p. 573.

[199]Elsby，L. E. 1986. Experiences from Tissue and Board production using stickies additives. In：TAPPI 1986 Pulping Conference Proceedings，TAPPI Press，Atlanta，p. 445.

[200]Diehm，RA. U. S. 1942. pat. 2，280，307.

[201]Pommier，J. C．，Fuentes，J. L．，Goma，G. 1989. Using enzymes to improve the process and the product quality in the recycled paper industry. Part I：the basic laboratory work. Tappi J 72(6)，187 – 191.

[202]Bath，G. R．，Heitmann，J. A．，Joyce T. W. 1991. Novel techniques for enhancing the strength of secondary fiber. Tappi J. 74(9)，151 – 157.

[203]Pala，H．，Lemos，M. A．，Mota，M．，Gama，F. M. 2001. Enzymatic upgrade of old paperboard containers. Enzyme Microb. Technol. 29，274 – 279.

[204]Scott Jackson，L．，Heitmann，J. A，Joice，T. W. 1993. Enzymatic modification of secondary fiber. Tappi J. 76(3)，147 – 154.

[205]Stork，G．，Pereira，H．，Wood，T. M．，Düsterhöf EM，Toft A，Puls J. 1995. Upgrading of recycled pulps using enzymatic treatment. Tappi J. 78(2)，79 – 88.

[206]Taleb，M. C．，Maximino，M. G. 2007. Effect of enzymatic treatment on cellu – losic fibres from recycled paper. Analysis using a response curve experimental design. Appita J. 60(4)，296 – 300.

[207]Bajpai，P．，Mishra，S. P．，Mishhra，O. P．，Kumar，S．，Bajpai，P. K. 2006. Use of enzymes for reduction in refining energy — laboratory studies. Tappi J. 5(11)，25 – 32.

[208] Raj G. 2008. Application of Fibre modification enzymes in papermaking. XXXIX ATICELCA Conference Proceedings. 29 – 30 May, Fabriano, Italy.

[209] Mocciutti, P. , Zanuttini, M. , Kruus, K. , Suurnäkki, A. 2008. Improvement of the fiber – bonding capacity of unbleached recycled pulp by the Laccase/Mediator Treatment. Tappi J. (10), 17 – 22.

[210] Bajpai, P. , Bajpai, P. K. 1998. Deinking with enzymes: a review. Tappi J. 81(12), 111 – 117.

[211] Jeffries, T. W. , Klugness, J. H. , Sykes, M. S. and Rutledge – Cropsey, K. R. 1994. Comparison of enzyme – enhanced with conventional deinking of xerographic and laser printed paper. Tappi J. 77(4), 173 – 179.

[212] Marques, S. , Pala, H. , Alves, L. , Amaral – Collaco, Gama, FM. and Girio F. M. 2003. Characterisation and application of glycanases secreted by Aspergillus terreus CCMI498 and Thricoderma viride CCMI 84 for enzymatic deinking of mixed office wastepaper. J. Biotech noi. 10, 209 – 219.

[213] Elegir, G. and Bussini, D. 2008. Potential/benefit of enzymes in the neutral deinking of office paper and newspapers. 13 th PTS – CTP Deinking Symposium. Leipzig 14 – 17 April.

[214] Zöllner, H. K. , Schroeder, L. R. 1998. Enzymatic deinking of nonimpact printed white office paper with a – amylase. Tappi J. 81(3), 166 – 170.

[215] Anne, L. , Morkbak, PD. and Zimmermann, W. 1999. Deinking of soy bean oil based ink printed paper with lipases and a neutral surfactant. J. Biotechnol. 67, 229 – 236.

[216] Elegir, G. , Panizza, E. and Canetti. 2000. Neutral Deinking of xerographic office waste with a cellulase/amylase mixture. Tappi J. 83(11), 71.

[217] Heise, O. U. , Unwin, J. P. , Klungness, J. H. , Fineran, W. G. , Sykes, M. S. and Abubakr, S. 1996. Industrial scaleup of enzyme – enhanced deinking of nonimpact printed toners. Tappi J. 79(3), 207 – 212.

[218] Jobbins, J. M. and Franks, N. E. 1997. Enzymatic deinking of mixed office waste – process condition optimization. Tappi J. 80:9, 73 – 78.

[219] Prasad, D. Y. , Heitmann , J. A. , and Joyce, T. W. 1992. Enzyme deinking of black and white letterpress printed newsprint waste. Prog. Paper Recycl. 1, 21 – 30.

[220] Pelach, M. A. , Pastor, F. J. , Puig, J. , Vilaseca, F. and Mutie, P. 2003. Enzymic deinking of old newspapers with cellulose. Process Biochemistry 38, 1063 – 1067.

[221] Putz, H. J. , Renner, K. , Göttsching, L. and Jokinen, O. 1994. Enzymatic deinking in comparison with conventional deinking offset news. Proceedings of Tappi Pulp Conference. Tappi Press, Atlanta 877 – 884.

[222] Magnin, L. , Lantto, R. and Delpech, P. 2002. Potential of enzymatic deinking. Prog. Pap. Recycling 11(4), 13 – 20.

[223] Ryu, J. Y. , Song, B. K. and Song, J. K. 2008. Application of lipase to reduce ONP flotation rejects. Part 2. Reduction of flotation rejects. Tappi J. 8, 3 – 7.

[224] Elegir, G. and Bussini, D. 2008. Evaluation of enzymatic assisted deinking of wood containing paper versus conventional deinking. Prog. Pap. Recycling. 18(1), 40 – 44.

[225] Bobu, E. , Ciolacu, F. and Cretu, A. 2008. Deinkability of mixed prints: alkaline vs. neutral

deinking. Prog. Pap. Recycling. 18(1),23 –31.

[226] Zhang, X. , Renaud, S. and Paice, M. 2008. Cellulase deinking of fresh and aged recycled newsprint/magazines(ONP/OMG). Enzyme Microb. Technol. 43(2),5103 – 5108.

[227] www. wikipedia. org

[228] Nellessen, B,2010. New method to prevent the deposition of stickies. In:PTS/ CTP Deinking Symposium 2010, Munich.

第⑧章 二次纤维的造纸性能

8.1 二次纤维与原生纤维的区别

8.1.1 引言

目前,二次纤维是纸和纸板生产中最重要的纤维来源。2007 年,全世界用于生产纸和纸板的二次纤维为 2.08 亿 t,占总产量的 53%[1]。在欧洲,该比例为 47%,德国为 68%。在"欧洲废纸回用声明(European Declaration on Paper Recycling)"中,欧洲纸业联盟(Confederation of European Paper Industries CEPI,)成员国承诺在 2010 年前将废纸回用率(Recycling rate,废纸用量占纸张总产量的比例)提高到 66%[2]。

这些数字说明二次纤维作为造纸原料的重要性。2008 年 CEPI 成员国的二次纤维利用率及各类纸张的产量如图 8 - 1 所示。

据图 8 - 1 所示,一些纸种(如挂面纸、瓦楞原纸和新闻纸)可用 100% 二次纤维来生产。但对印刷类纸张而言,二次纤维的比例要低得多。

支持使用二次纤维的理由包括:原生纤维的来源有限,二次纤维造纸的能耗较低,实现天然资源的可持续利用。但是,废纸回用也有自身的局限性,对废纸回用的技术、经济和环境等方面进行优化时必须明白这一点。这些方面在将来会变得越来越重要,因为生物质不同用途(如建筑材料、生物质精炼、生物质能源等)之间的竞争越来越激烈。

本章主要讨论回用过程对纤维的影响以及纤维结构、细胞壁性质和结合能力的变化。有关二次纤维造纸性能的主要研究结果如下:

由于机械浆与化学浆的化学及物理性质有所不同,因而回用过程对两种浆的影响也就不同。化学浆纤维(简称化学纤维,下同)最初的结合能力较高,但经过反复干燥和润湿后,会发生角质化,结合能力明显下降。相对

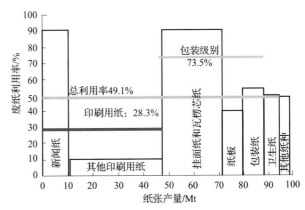

图 8 - 1 2008 年 CEPI 成员国二次纤维利用率及各类纸张的产量

于化学浆而言,机械浆的最初结合能力较差,经过反复干燥和润湿后,品质并没有下降,结合能力反而有一定程度的改善。研究证实,机械浆纤维有良好的可回用性[3-8]。

有关废纸回用的研究结果表明,二次纤维与原生纤维之间最大的改变发生在第一个循环。

造纸过程中的机械处理会引起纤维的机械性破坏,比如纤维变短、微细纤维的切断等。机械性破坏会削弱纤维之间的结合能力,产生更多的细小纤维,降低纸浆的脱水性。这些不利因素可以通过"无用细小纤维"的分离和精浆处理来弥补。

二次纤维的来源是废纸,因此所有的造纸物料如填料、黏合剂、助剂等都会出现回用车间的进料中。随着废纸用量的增加,造纸循环的封闭程度也越来越高,废纸中纤维碎片、填料和助剂的量也随之增加。纸张整个生命周期的优化,如生产易回用的产品或避免使用在反复回用过程中有负面影响的助剂,对未来废纸回用产业的发展是很重要的。

8.1.2 回用过程对纤维化学性质及形态的影响

8.1.2.1 干燥及回用过程中纤维的角质化

如何解释化学纤维经干燥后结合能力变差的原因是化学浆研究领域的一个挑战,因为机械浆纤维不存在这个问题。有关角质化的原因有各种各样的假设。更多详情请参见本系列丛书的第八卷《造纸化学》。角质化是由 Jayme 于 1941 年提出的,用纸浆保水值(Water Retention Value, WRV)降低的百分率来表示[如式(8-1)所示][5]。

$$保水值降低百分率 = \frac{WRV_0 - WVR_1}{WRV_0} \qquad (8-1)$$

WRV_0 为原生纤维的保水值,WRV_1 为二次纤维经过干燥和碎浆后的保水值。

一种较为普遍认可的观点认为,角质化发生在化学纤维的细胞壁三维空间中[9]。在干燥过程中,纤维细胞壁的剥落部分(即纤维素微纤丝)相互黏连(如图8-2所示)。细胞壁胞间层之间形成氢键结合,微纤丝被重新定向,排列更加有序,形成结合强度更高的结构。在后续的碎浆过程中(在水中),一些氢键并没有重新打开,纤维细胞壁微结构的抗剥离性更强。因此,整根纤维就为变得更为挺硬、更脆[10-11]。研究发现,角质化并不会提高细胞壁中纤维素的结晶度和半纤维素的有序性[9,12]。这些是早期角质化理论所采用的观点。

Weise 和 Paulapuro 等人研究了纤维在干燥过程中的变化,得到了有趣的实验结果[13]。他们利用激光共聚焦显微镜研究了不同样品中硫酸盐浆纤维的横切面,同时利用保水值(WRV)测定了角质化程度。纤维在干度为30%~35%时开始发生不可逆的角质化反应,根据纤维打浆度的不同,这一角质化过程会一直持续到干度为70%~80%时才结束。由于纤维的最大收缩发生在干度高于80%时,因而纤维的角质化规律并不与收缩的规律相一致。纤维在不同干燥阶段的变化情况如图8-2和图8-3所示。

图8-2和图8-3中,A代表干燥前的湿KP浆纤维。在B段中,纤维的固含量约为30%,纤维的脱水开始导致纤维细胞壁空间结构发生形态变化。细胞壁胞间层由于毛细管作用力开始相互接近。在此过程中,纤维的细胞腔会发生塌陷。随着干燥过程的进行,细胞壁胞间层之间的空间继续收缩,如阶段C所示。在C段,细胞壁片层结构之间的绝大多数空隙已经闭合。纤维收缩的角度与片层结构垂直,纤维细胞壁变厚。如图3所示,纤维的宽度尚未发生变化。在干燥的末期(D段),水分的脱除发生在细胞壁的微细结构,即非定形区域。KP浆纤维在干燥的末期(即固含量在75%~80%)发生强烈而均一的收缩。

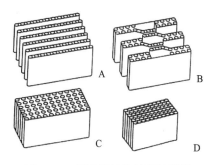

图 8-2 细胞壁结构的变化情况

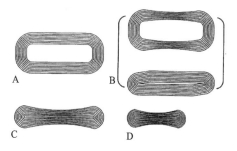

图 8-3 纤维横截面的收缩

D 段发生的纤维收缩过程是可逆的,KP 浆纤维经再浸湿后能够恢复其润胀性能。纤维的角质化发生在 B 段和 C 段。再浸湿处理无法将纤维完全恢复至初始的尺寸(润胀态原生纤维的尺寸)。在碎浆或打浆过程中,细胞壁片层结构中微纤丝之间的空间并不会完全打开,其中一部分空间,水是无法进入的。

当纤维的干度达到纸机湿部压榨区的水平时,角质化就已经开始了。在化学浆打浆过程中,角质化的量及程度会逐渐升高。干燥过程也会提高纤维的角质化程度[14]。Weise 对上述的湿角质化和干角质化(将 KP 浆在 105℃ 条件下烘至绝干而引起的角质化)进行了对比[8]。在实践中,可对角质化的低得率浆进行打浆或精浆处理,恢复其纤维性质。pH 及其他化学条件在角质化和再润胀过程中的作用将在本章 1.2.3 小节进行讨论。

Scallan 及 Tigerstrom 等人研究发现,漂白 KP 浆湿纤维的弹性模量在回用过程中会翻倍[9]。纤维柔软性降低体现在低得率浆肖氏打浆度降低或加拿大游离度升高。对高得率浆回用性能的研究发现,纸浆游离度的变化情况很不一致[3,5-6]。游离度的变化有时是由实验过程中细小纤维流失引起的,也可能是由于 TMP 浆磨浆过程中单位能耗不同而引起的[15]。因此,纸浆游离度的变化并不是纤维出现角质化的唯一表现。

不同类型纸浆的角质化倾向性也不同,这一点在测定保水值时表现得最为明显。比如,Korpela 等人在回用实验中(包括使用脱墨化学品进行碎浆,压光等)得出了不同类型纸浆在回用过程中的行为特征[5]。如图 8-4 和图 8-5 所示,机械浆保水值的初始值较低,且在回用过程中几乎不发生变化;而针叶木及阔叶木化学浆保水值的初始值高得多,但随着回用次数的增加,保水值急剧下降,特别是在第一个回用循环。

细小纤维组分也会发生角质化。在上述实验中,除了纸浆的整体保水值以外,他们还研究了回用过程对细小纤维组分沉淀体积的影响,从而得到可能出现的角质化或其他形态上的变化情况[5]。根据 Brecht 的木材细小纤维分类方法,高细纤维化的"黏稠"类细小纤维的沉淀体积理论上要比结合能力弱的"粉末"类细小纤维的高得多。通常情况下,细小纤维的沉积体积随着回用次数的增加而减小[16]。如图 8-6 所示,所有化学浆细小纤维的沉淀体积都随回用次数的增加成比例下降,且下降的速度比机械浆细小纤维的快。这意味着化学浆细小纤维发生了角质化。从形态学的角度来看,这可能是由于细小纤维颗粒外部的微纤丝在回用过程中发生了不可逆的扭曲或磨损。

从图 8-6 还可以看出,TMP 和 KP 经过实验室用硬靴套压光机处理后产生的细小纤维或纤维碎片,比原生细小纤维沉淀得更快。在实践中,适当的精浆处理可以对二次纤维的细胞壁起到剥皮作用,产生新的二次细小纤维。这些二次细小纤维的结合能力与原生细小纤维相当,这一点将在本章 8.3.5 节展开讨论。

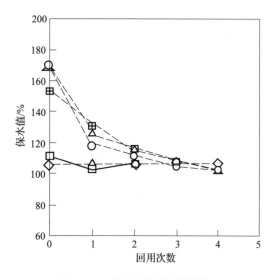

图 8-4　回用过程对机械浆和
硫酸盐浆保水值的影响

—□—未漂 TMP 浆　—◇—漂白压力磨石磨木浆
—○—打浆后漂白松木硫酸盐浆
—△—打浆后漂白桉木硫酸盐浆
—⊞—打浆后漂白桦木硫酸盐浆

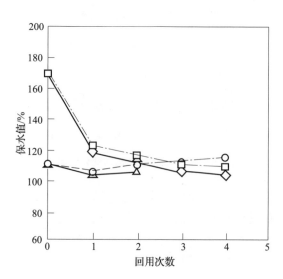

图 8-5　回用过程对 TMP 浆和硫酸盐浆
(压光和未压光的)保水值的影响

—□—打浆后漂白松木硫酸盐浆(未压光)
—◇—打浆后漂白松木硫酸盐浆(压光)
—○—未漂 TMP 浆(未压光)
—△—未漂 TMP 浆(压光)

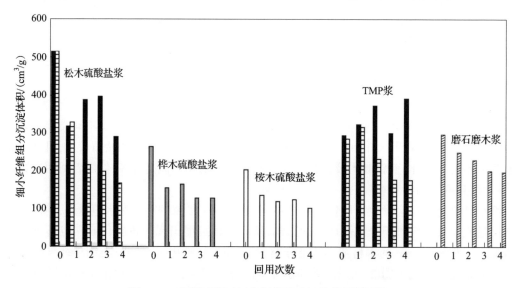

图 8-6　回用过程对细小纤维组分沉淀体积的影响

■打浆后漂白松木硫酸盐浆　■未漂 TMP 浆　▤打浆后漂白松木硫酸盐浆(压光)
▥未漂 TMP 浆(压光)　▨打浆后漂白桦木硫酸盐浆(压光)　▧漂白压力磨石磨木浆(压光)
▢打浆后漂白桉木硫酸盐浆(压光)

　　在某种程度上,纤维空间结构的疏松或收缩状况可用 Simon 染色法来进行观察[17]。角质化引起的化学变化是很难测定的。化学浆的黏度(溶于铜乙二胺溶液,cupriethylendiamine,CED)是衡量纤维素类物质降解情况的一个指标,也是其整体强度性能的一个指示[18]。角质化会降低 CED 黏度[19]。因而,CED 黏度也可以用来测定角质化情况。为证实这一假设,

Alanko 考察了再生(使用脱墨化学品)TMP 和 KP 浆的 CED 黏度[1]。结果发现,打浆后的漂白 KP 浆 CED 黏度随着回用次数的增加而显著降低[3];而 TMP 浆在相同的条件下,其 CED 黏度略有升高。CED 并不能将机械浆中的木素完全溶解。这是之所以纸浆的黏度性能有所不同的原因,也可能是不同纸浆的黏度性能之间不完全具有可比性的原因。两者的变化趋势说明,KP 浆纤维素结构发生的变化并没有出现在 TMP 浆中。

在上述研究中,机械浆纤维中发生的中度角质化的主要特征是,经干燥后它们能够在很大程度上保持吸收水分的能力,而低得率的化学浆纤维做不到这一点。据 Scanllan 的观点,木素是纤维细胞胞间层微纤丝结构中的交联剂[9]。半纤维素会优先包裹胞间层,在木素和纤维素微纤丝之间充当"耦合剂"。这种木素 – 半纤维素凝胶能够防止干燥过程中微纤丝之间形成氢键,使水可以进入胞间层之间的空间。在化学法制浆过程中,木素 – 半纤维素凝胶的含量降低,使微纤丝之间可能形成不可逆的氢键;而在机械法制浆过程中,这种凝胶基本上没有受到破坏。

一个值得考虑的问题是,在发生角质化之前,究竟有多少木素—半纤维素凝胶可以被脱除。Law 等人对化学机械浆(不同化学处理条件、不同制浆得率)的回用性能进行了研究,考察了化学机械浆在回用过程中强度性质的变化情况[20]。纤维发生角质化的标志是抗张强度出现下降。根据木材种类的不同,当制浆得率在 80% ~90% 范围内某一点时,强度开始随着回用次数的增加而急剧下降。

8.1.2.2　纤维形态及柔韧性的变化

纤维结合能力的变化有时被认为是由纸浆组分比例的变化而引起的。为了检验这一假设,Bouchard 等人对进行了化学浆和机械浆回用实验(包括加入脱墨化学品和不加脱墨化学品两种情况)[21]。结果发现,在回用过程中,半纤维素或木素的脱除情况与强度性质的降低或升高之间并没有直接的关系。纤维的红外光谱分析显示,纤维也没有发生明显的化学变化。碎浆过程中的氢氧化钠会引起脱墨车间过程水 COD 的增加。碎浆滤液的化学分析结果表明,回用过程中碳水化合物和木素的溶出量可以忽略不计。与此相对应的是,回用过程中 TMP 浆和 KP 浆的得率损失分别仅约为 0.2% ~1.0% 和 0.1% ~0.3%。如此小的得率损失不太可能对纤维的润胀或强度性质有任何的影响。因此,结合能力的变化可能是由物理因素引起的,如纤维的柔韧性。

通常情况下,如果不考虑压光和打浆的影响,回用过程对纤维长度、粗度及其组分分布的影响是可以忽略不计的[3,5,23-24]。根据压光机类型(软压、硬压)的不同,压光会引起所有纸浆纤维长度的下降。如前所述,湿化学浆纤维的弹性模量值在干燥和再浸湿过程中会翻倍[9]。但尚未发现或证实干燥状态下的纤维也存在这一现象。通常情况下,干纤维的强度特性和弹性模量是通过零距抗张实验来测定的。在典型的回用实验中发现,根据零距抗张实验的结果,回用过程会降低化学浆纤维的干强特性,而对高得率浆纤维的干强特性没有影响或略有提高[3,5]。

从物理学的角度来讲,纤维内部及外部细纤维化作用影响纤维的结合能力。在一项纤维回用研究中(用或不用脱墨剂),Klofta 等人利用图像分析法对打浆后的化学浆的外部细纤维化进行了定量分析[23]。他们将细纤维化指数定义为纤维的粗糙轮廓与光滑边缘长度的比例。经过 4 次循环后,细纤维化指数降低了 20% ~25%。Alanko 等人利用激光共聚焦显微镜(CLSM)对纤维进行可视化检测。结果发现,在回用过程中 TMP 纤维的外部细纤维化指数也会出现类似的下降[3]。原生 TMP 纤维的外部微细纤维较长,且呈卷曲状态;经过回用后,部分微细纤维被去除了。这种外部微细纤维的损耗和撕裂作用也应会对再生机械浆纤维的结合能力有负面影响。其他作用机理可以弥补这些负面影响。

内部细纤维化可以改善纤维的柔顺性(柔韧性和顺从性)。因此,柔韧性或挺硬度可用来间接地定量测定单根纤维的内部细纤维化程度。在 Alanko 等人的纤维回用试验中[3],纤维的柔韧性是根据 Kerekes 的流体力学法来测定的[25]。他们对再生 TMP 和 KP 浆(回用过程中使用脱墨剂)的长纤维组分(18 目)的柔韧性进行了测定,每种浆测定 5 根纤维。在回用过程中,TMP 和 KP 的柔韧性都有所提高。经过 4 次回用循环后,TMP 的柔韧性几乎翻倍。CLSM 观察还发现,在回用中,再生 TMP 纤维发生了扁平化。在流体力学法中,假定被水流弯曲的纤维是呈球形的。因此,这种方法不能将纤维细胞壁外形的变化和柔韧性的变化区分开。尽管在此研究中 KP 纤维的柔韧性也有提高,但这并不一定就意味着纤维间的结合会变强,纸张的强度会提高。显微镜观察还发现,纤维的外部损伤有所增加。对比实验发现,再生 KP 纤维中存在弯曲和扭结现象,流体力学法可以很灵敏地测定出再生 KP 纤维的机械弯曲情况。

一些研究者对机械浆纤维在回用过程中发生的扁平化进行了定量测定[6,26]。CLSM 是一种很强大的工具,可以对纤维横向尺寸参数的变化情况进行定量分析。Jang 等人对 3 种针叶木浆进行了研究:一种热磨机械浆(TMP),一种化学机械浆(CTMP),一种经过打浆的 KP 漂白浆(HS)[26]。纤维回用次数为 1~5 次,且回用过程仅包括碎浆(无化学品)、抄片和干燥(对干燥过程中的收缩进行了控制)。纤维横切面图像由 CLSM 获取,并利用图像分析技术对变化情况进行定量。图 8-7 为纤维的横向尺寸参数,如细胞壁横切面积、细胞壁厚度、胞腔面积和切面纵横比(D_{min}/D_{max})等。

回用次数在 1~5 次之间时,上述所有的参数值都下降。表 8-1 为每一种浆相关参数的相对变化情况。表 8-1 中的数值是对约 500 根干纤维进行统计分析而得出的结果。在该研究中,所有纸浆纤维的细胞壁横切面积都下降约 8%。

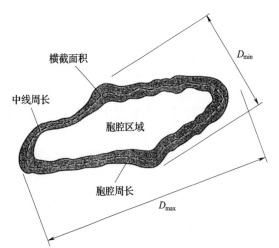

图 8-7　CLSM 分析中纤维的横截面示意图[26]

表 8-1　纤维回用 5 次后的切向尺寸与回用一次后尺寸的降低比例[26]　单位:%

参数	TMP	CTMP	KP
横切面积	8.3	7.9	7.7
细胞壁厚度	7.9	5.0	3.0
胞腔面积	14.0	31.0	0
切面纵横比	9.6	9.6	3.9

该 CLSM 研究的主要观测结论是,机械浆纤维在回用过程中变得更为扁平。仅经过第一个回用循环,化学浆纤维细胞壁就已经几乎全部塌陷,纤维也变得扁平。因此,在表 8-1 中没有 KP 纤维胞腔面积的下降值(记为 0)。尽管在此过程中纤维粗度(mg/m)并没有明显的变化,但所有种类的纤维的细胞壁壁厚都有所下降。

回用过程中导致机械浆纤维胞腔面积下降(扁平化)的机理有两个:一是内部细纤维化引起细胞壁物质刚性的下降(物理性质上);二是纤维细胞壁厚度的下降(外形上)。如表 8－1 所示,纤维细胞壁的横切面积有所降低。根据该研究的实验结果,将 TMP 纤维的胞腔面积对细胞壁壁厚作图,结果如图 8－8 所示[26]。既然细胞壁厚度不同的各种纤维(壁薄的早材纤维和壁厚的晚材纤维)都会出现胞腔面积下降的现象,这意味着回用过程会降低纤维细胞壁的刚性,为上述第一个机理提供了依据。

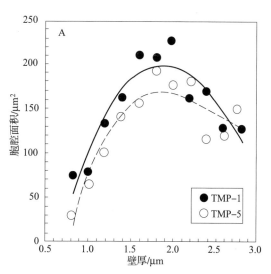

图 8－8　TMP 纤维回用 1 次和 5 次后胞腔面积与壁厚的关系

机械浆纤维内部细纤维化及扁平化是由类似于损纸系统(无磨浆和压光处理)回用过程而引起的。在如此轻度的处理过程中,干燥过程中纤维结合键被迫收缩而产生的挤压力就可能足以软化纤维细胞壁物质。当干燥过程进行到细胞壁无定形微结构中纳米尺寸的微孔时,由水的表面张力引起的收缩压力可高达 10～100MPa[27]。纤维在横向的收缩程度比纵向的要高约 10 倍。如果两根纤维以垂直的方式接触,径向(横向)收缩的纤维将会把另一根纤维挤压至结合区域的轴向微压缩区。根据纤维类型的不同,这种微压缩力可以在细胞壁内部细纤维化的过程中体现出来。比如,在低得率浆中,在干燥末段产生的这种压力显然不能够打开在之前角质化阶段形成的氢键。微压缩力及其在纤维键合区域的形成过程难以通过传统的显微法或其他定量方法来监测。

事实上,二次纤维的适度打浆能够影响其形态,提高细小纤维的含量以及内外部的细纤维化程度,从而改善纤维间的结合能力。有关通过精浆(磨浆)的方法来克服化学浆纤维角质化的影响的可行性,请参见 8.3.6 小节。再生机械浆纤维似乎也可通过打浆的方式来强化其结合能力。需特别指出的是,长纤维组分的细胞壁厚度会在高浓磨浆过程中变小。这意味着有一部分纤维状物质从细胞壁外层中剥离下来[24]。该效应多出现在壁厚的晚材纤维中(与薄壁的早材纤维相比)。在一些回用研究中发现,压光过程中的高温也会增加机械浆纤维的永久性扁平化[28]。单根纤维的冷冻处理也会产生与干燥处理非常类似的效应[17]。

8.1.2.3　化学条件对纤维柔韧性的影响

上述的纤维机械柔韧性的提高并不是由化学品引起的。氢氧化钠常用于废纸的碎浆过程中,以加强纤维的解离和油墨的剥离。研究表明,氢氧化钠能够通过离子交换反应促进纤维的润胀[3,9,22,29-30]。纤维细胞壁中的酸性基团(如聚糖的羧基)可以发生电离。溶液中阳离子产生的渗透压越高,纤维的润胀就越厉害(唐南效应,Donnan effect)。润胀程度随下列阳离子顺序而升高:

$$Al^{3+} < H^+ < Mg^{2+} < Ca^{2+} < Li^+ < Na^+$$

在传统的造纸过程中,最为常见的阳离子为氢离子、钙离子和铝离子。在某种程度上,脱墨过程中的碱处理用钠离子取代了这些离子,可同比例地促进纤维的润胀。Gurnagul 等人考察了几种不同纤维对碱处理的响应情况[22]。实验中，TMP以及未打浆的KP（漂后的和未漂的）在干燥之前先进行盐酸和氯化钠处理。换言之，将这些纸浆进行离子交换，使其中的阳离子变为氢离子和钠离子。纤维的润胀水平是由纤维饱和点法测定的。纸浆中的酸性基团是通过电导滴定法测定的，所用的滴定剂为无机简单电解质，这种电解质可以达到纤维细胞壁的大部分区域。酸性基团的测定只针对氢离子化的纸浆。实验结果如表8-2所示。

表8-2　　碱性回用处理对不同类型纸浆的润胀水平及酸性基团（氢离子和
钠离子形式）含量的影响[22]

纸浆类型	氢氧化钠含量/%	纤维饱和点/(g水/g浆)		酸性基团含量/(mmol/kg浆)
		钠盐形式	羧酸形式	羧酸形式
从未干燥过的TMP	—	0.89	0.78	98
经过干燥和再润湿的TMP	0.061	0.96	0.82	163
	0.176	1.00	0.84	178
从未干燥过的未漂KP	—	1.42	1.33	85
经过干燥和再润湿的未漂KP	0.061	1.19	1.07	92
	0.176	1.22	1.09	91
从未干燥过的漂白KP	—	1.33	1.32	31
经过干燥和再润湿的漂白KP	0.061	1.05	1.02	30
	0.176	1.03	0.97	30

正如料想的一样，碱处理能够提高TMP纤维的润胀程度。氢离子化的TMP纤维的润胀程度均低于钠离子化的TMP纤维。由于碱处理过程中存在于纤维细胞壁中的钠离子数量变少，因而渗透润胀效应（唐南效应）较小。

从表8-2中可以明显地看出，两种KP（未漂的和漂白的）均存在角质化效应。对未漂KP而言，钠离子化的纸浆与氢离子化的纸浆的润胀程度存在明显的差异；而对漂白KP而言，其酸性基团的含量较低，因而两者润张程度的差异可以忽略不计。

理论上，各种化学浆电荷含量的差异可作为评价其角质化倾向性高低的一个指标。比如，阔叶木KP浆纤维比针叶木KP浆纤维的羧基含量高很多，因而在钠离子化状态下进行干燥时，前者应该更可能会避免角质化现象的发生[31]。然而，在纤维回用研究中所得的实验结果是不一致的，这可能由于实验设计的差异而造成的[5,30,32]。对低得率的再生纤维而言，如果缺少机械精浆作用，仅靠钠离子引起的渗透压效应可能根本无法打开角质化了的纤维细胞壁空间结构。

Mahagaonkar及Nystrom等人利用氢氧化铝或多价氢氧化物（钙，镁）取代氢氧化钠进行脱墨和过氧化氢漂白试验，研究结果证实了金属离子顺序（$Al^{3+} < H^{+} < Mg^{2+} < Ca^{2+} < Li^{+} < Na^{+}$）在细胞壁润胀中的重要性[33-34]。尽管旧新闻纸和杂志纸在碎浆时pH较高，但与一般的氢氧化钠处理相比，浆片的强度和紧度较低，而纸浆的游离度较高。

8.1.2.4　纤维表面化学的变化

除了影响纤维的润胀以外，纤维的电荷还对湿部化学品的吸附、网部和压榨部的滤水、干燥过程中纤维结合键的形成等方面有重要的影响。当电离的羧基含量升高时,纤维表面的亲水性增强。在测定纤维表面的酸性基团含量时,用于滴定的电解质的分子质量也很重要。高分子质量的聚合物较难以达到纤维细胞壁,特别是对角质化的再生浆而言。比如,Alanko 等人在纤维回用实验中利用聚合电解质滴定的方法测定了 TMP 浆及打浆后的漂白 KP 浆中的羧基含量,使用的电解质为低相对分子质量(~8000)的阴离子聚合物 Polybren[3]。图 8 - 9 和图 8 - 10 显示的是不同脱墨化学的模式下,经过 4 次循环后,纤维中羧基含量的变化情况。

当 TMP 浆在纯水中回用 4 次后,浆中的羧基含量几乎没有变化(与初始点相比)。加入碱可以提高羧基含量,但只有当过氧化氢与之一起使用时,TMP 浆中的羧基含量才达到最高值(如图 8 - 9 所示)。配糖酸对酸性基团含量有贡献,在处理(NaOH + H_2O_2)过程中,聚糖链中的还原性末端基被较为稳定的配糖酸末端基所取代,因而羧基含量升高。TMP 浆中酯类物质及内酯衍生物的碱性皂化反应也能提高羧基的数量[3,29]。

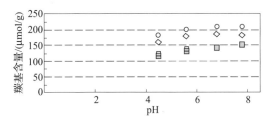

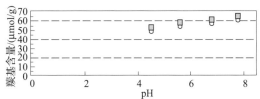

图 8 - 9 不同回用条件下 TMP 浆长纤维组分
(30 目以上) 羧基含量的变化情况
□ 初始值 □ H_2O ◇ NaOH ○ NaOH + H_2O_2

图 8 - 10 使用脱墨化学品进行回用时漂白
硫酸盐浆羧基含量的变化情况
□ 初始值 ○ NaOH + H_2O_2

如图 8 - 10 所示,氢氧化钠和过氧化氢并没有提高 KP 漂白浆的电荷含量。如表 8 - 2 所示,由于在化学法制浆和漂白过程中半纤维素被脱除了,因而 KP 漂白浆的总电荷含量要低于机械浆的。

Alanko 等人在研究中利用化学分析电子光谱技术(ESCA, electron spectroscopy chemical analysis)分析了 TMP 浆片的表面[1]。ESCA 可以揭示纤维最外层 5~10nm 厚度内的碳/氧比以及碳氧连接键的组成。利用曲线拟合程序,得到不同结合态的碳原子(分为 4 类)的高斯曲线,从而计算出总的碳氧比。再生 TMP 浆纤维表面(回用过程中使用 NaOH 和 H_2O_2)化学变化的 ESCA 谱图如图 8 - 11 所示。

图 8 - 11 中的碳谱表明,图中最右边的峰代表直链碳碳键,经过第一次循环后此类碳碳键的数量显著下降。这意味着在首次碱处理时,脱除了 TMP 浆纤维表面的木材抽出物。谱图中总体氧碳比随着回用次数的增加而增加。纤维素及木素的理论分子式中的氧碳比分别为0.83 和 0.33。在该研究中,经过 5 次回用后,纤维表面的氧碳比为 0.66[3]。氧碳比的增加可解释为,回用过程不仅脱除了纤维表面的抽出物,还脱除了部分木素。图 8 - 11 中碳氧连接键的增加也意味着纤维素含量的增加和木素含量的降低。

过氧化氢对木素或碳水化合物的氧化作用可能对氧碳比的增加也有贡献。在另一项研究中也证实[35],碱法脱墨过程中抽出物的含量有所降低,且纤维表面化学的变化也有类似的ESCA 分析结果。

纤维的表面化学,特别是抽出物的含量,对结合强度、干纸片的浸湿及成纸的摩擦性等都有重要的作用。比如,位于纤维表面层的亲脂性抽出物膜会干扰纤维间结合键的形成[36-37]。

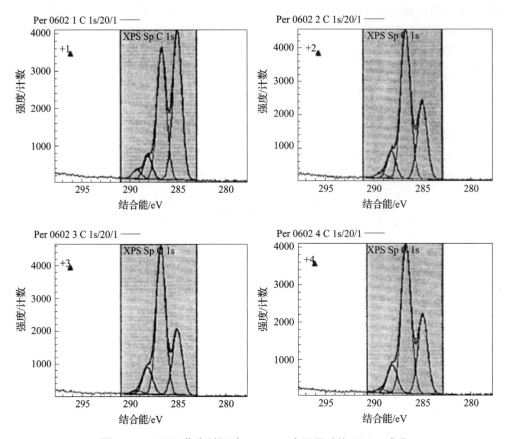

图 8 – 11　TMP 浆分别经过 1、2、3、4 次回用后的 ESCA 碳谱
（从右到左的峰分别表示 C—C、C—O、O—C—O 和 O—C≡O 化学键）

然而,纤维表面能(通过测定水在单根纤维上的接触角)的研究结果却是相互矛盾的,因为不同研究中所采用的回用流程和二次纤维是不一样的[7,35,38]。在测定商品纸张中的抽出物含量时,脱墨浆制得的新闻纸与原生机械浆制得的新闻纸之间有很明显的区别[39]。这其中最有可能的解释是,碱法脱墨条件下的溶解作用是含二次纤维的纸张中抽出物含量降低的主要因素。

　　在低得率浆生产过程中,化学法制浆或漂白工艺可以很有效地去除纤维表面的抽出物和木素。因此,化学浆在回用过程中表面能的变化可以忽略不计或不确定[7,38]。

8.1.3　回用过程对浆片性质的影响

　　通过对纤维在回用过程中形态及化学变化的调研可以清楚地看出,回用处理对浆片性质是有影响的。其中特别受关注的是结合能力的提高,这也是纸浆最为关键的性质。根据回用流程及纸浆得率的不同,关于影响这一性质(结合能力)的机理存在很大的分歧。再生浆通常为不同纤维和颜料的混合物。为了弄清不同纸浆的基本区别,下面就回用过程分别对单一浆种的影响进行讨论。

8.1.3.1　对强度性质的影响

　　20 世纪 70 年代,Gottsching 和 Sturmer 等人详细地研究了回用过程对纸浆性质的影响[40-42]。在讨论反复干燥及碎浆过程对浆片性质的影响时,经常引用的案例还有 Howard 和 Richard 等人的实验[6]。在实验中,他们采用类似损纸回收系统(无压光过程)的流程研究了多种纸浆的回用性能。每个回用循环之间对细小纤维进行回收，浆片在室温下干燥。图 8 - 12 显示的是机械浆在回用过程中的典型变化情况，表明纤维之间的结合能力得到了改善。

实验结果表明，温和的、类似损纸回收系统的处理过程足以改善机械浆纤维的结合能力，因为该处理过程可以强化内部细纤维化，从而提高纤维的柔韧性。如本章 1.2.2 小节所述，干燥过程中的收缩力可以在交叉纤维的结合区形成微压缩。对机械浆而言，这种收缩力产生了内部细纤维化作用。如图 8 - 12 所示，CTMP 在回用过程中性质的变化趋势与磨石磨木浆（SGW）的类似，且更为明显。在第一个回用循环中，抗张强度有所提高，光散射系数降低 10%。浆片横断面显微观察发现，CTMP 中塌陷或扁平纤维的数量要比 SGW 中的多。需要注意的是，这种情况下，CTMP 制浆过程中的化学预处理与细胞壁硬度的下降有关，角质化尚未出现。可惜的是，研究者并没有测定 CTMP 制浆的得率。常规 TMP 在回用过程中的变化情况介于 SGW 和 CTMP 之间[6]。

在 Howard 等人的研究中，回用过程中化学浆性质的变化情况如图 8 - 13 所示，撕裂强度有明显的提高。在此回用流程中（无压光，室温干燥），纤维可能得到了很好的保护，免受破坏。但是，纤维发生了较强的角质化，耐破和抗张强度的下降以及光散射系数的升高可以说明这一点（如图 8 - 13 所示）。在此回用实验中，尽管细胞腔塌陷可能会使纤维扁平化，但纤维结合力的下降如此显著，以至于浆片的紧度也出现明显下降。

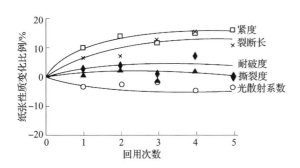

图 8 - 12　磨石磨木浆在回用过程中性质的变化趋势

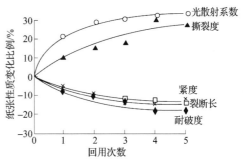

图 8 - 13　打浆后漂白硫酸盐浆在回用过程中性质的变化趋势

总的来说，撕裂强度是预测纸机运行性能高低的一个很好的指标。它表示的是从运行着的纤维网络断裂处的末端拔出或拽断纤维所需的力。因此，在回用过程中，针叶木 KP 浆撕裂强度的提高是非常值得关注的，因为这一增强效果对含脱墨浆的印刷纸张十分重要。然而，在很多纤维回用研究中，对撕裂度提高的原因存在很多异议[3,5-6,21,23]。Chaterjee 等人研究发现，KP 浆的初始打浆度对撕裂度的提高有影响[43]。图 8 - 14 显示的是针叶木 KP 浆撕裂度与打浆度（结合能力）关系的典型曲线。

如果原生 KP 浆的游离度与曲线中最高点左侧的打浆度相对应，那么撕裂度会在回用过程中逐渐降低，因为角质化引起了纤维结合能力的下降。如

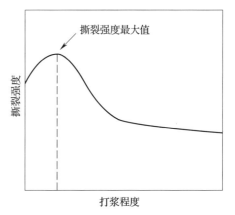

图 8 - 14　针叶木硫酸盐浆撕裂强度与打浆程度之间的关系

果原生 KP 浆打浆后的撕裂度在峰值的右侧,结合力的下降(角质化)会提高其撕裂度,直至最高点(如图 8 - 14 所示)。这一假设与图 8 - 13 中打浆后 KP 浆的撕裂度升高相吻合。

同样,机械浆的纤维结合能力并非在所有的回用实验中都所有改善[5,15,35,44]。例外的情况已经从以下几个方面作了解释:压光过程中纤维的切断,细小纤维的流失,纸页或油墨的老化,纸页的干燥方法等。比如,与约束条件下的收缩相比,干燥过程中的自由收缩虽可以提高撕裂度和伸展性,但抗张强度有显著地降低。Law 等人研究发现[15],TMP 生产过程中的单位能耗对回用过程中纸浆性质的提高有很重要的影响。对单位能耗较高的浆片而言,其抗张强度和紧度逐渐提高;而对单位能耗较低的浆片而言,其抗张强度和紧度基本上呈下降趋势。因此,在设计回用实验时,需考虑制浆时的磨浆能耗或纸浆的初始游离度。

另外,与化学预处理程度相对应的 CTMP 制浆得率也会影响回用过程中纸张性质的变化情况。Law 等人在研究中使用了云杉和杨木的 TMP、CTMP 及 CMP,回用过程中不使用脱墨化学品,但保留了细小纤维组分[20]。与 CTMP 相比,CMP 制浆工艺使用更多的亚硫酸钠、更高的温度、更长的处理时间。云杉和杨木的 CMP 制浆得率分别为 85% 和 80%;而云杉和杨木的 CTMP 制浆得率分别为 92% 和 90%。

反复干燥及碎浆过程对纸浆性质的影响取决于纸浆的制浆得率和木材种类。云杉 TMP 和 CTMP 的紧度和抗张强度在回用过程中有所提高,而 CMP 的紧度和抗张强度则分别下降了 15% 和 30%。杨木 CTMP 的这两个性质也有下降趋势。这些研究结果表明,在回用过程中,CMP 纤维间的结合能力出现明显下降,而温和预处理过的 CTMP 几乎没有受到影响。制浆得率为 80% ~ 90% 时所采用的化学预处理会将细胞壁胞间层中的木素 - 半纤维素凝胶去除到一定程度,以至于在干燥时纤维结构的某些部分发生不可逆的角质化。确切的制浆得率上下限取决于木材的种类。

不同种类的木材制得的纸浆,其回用行为可能会有所不同。Bayer 等人[44]利用类似损纸回收系统的处理流程(不回收细小纤维)研究了云杉、松木、白杨(poplar)和桦木 TMP 和 CTMP 的回用性能。由于细小纤维的流失,所有浆的抗张强度和耐破度都有所下降,下降比例最小的是云杉浆,下降比例稍大的是松木浆,下降比例最大的是阔叶木浆。研究结果表明,在回用过程中,阔叶木 TMP 和 CTMP 中纤维的结合能力比针叶木浆的下降更明显。Liebe 等人[32]对多种未漂和漂白 KP 浆的回用性能进行了研究,发现纸浆的性质发生了类似的变化,阔叶木浆与针叶木浆更易于发生角质化,而与漂白方法(ECF 或 TCF)无关。

8.1.3.2 对其他性质的影响

取决于纤维结合能力的其他纸张性质如弹性模量和内结合强度(抗层离性)在回用实验中都会发生相应的变化。它们随着纤维结合能力的提高而提高,反之亦然。

在回用过程中,所有类型的纸浆抄造纸页的挺度都会下降。根据纸张物理学,抗弯曲作用力随着弹性模量或纸页厚度的增加而增大。再生低得率纸浆抄造的纸页其刚性下降可能是由于纤维结合力(弹性模量)的降低引起的。对机械浆而言,纸页刚性下降的原因是其厚度变小了,因为纤维在回用过程中发生了扁平化。

与未干燥过的纸浆相比,干燥过(角质化)的化学浆可以赋予纸页更好的尺寸稳定性。也就是说,干燥过程可以降低纤维的吸湿膨胀性。Sturmer 等人研究了二次纤维的干燥历程(方式)对其吸湿行为的影响[14]。对再生 KP 浆而言,与室温下慢速干燥得到的纸页相比,快速干燥得到的纸页从湿润空气中吸收水分的量明显低很多。如前所述,干燥的强度越大,角质化程度就越高,会有更多的纤维细胞壁微孔发生不可逆的闭合,降低水对细胞壁空间的可及性,从而阻碍了纤维的润胀。相比之下,原本吸湿膨胀性较低的机械浆,在回用过程中其吸湿膨胀性几乎不变[27]。

纸浆的光学性质(光散射系数除外)受纤维结合能力的影响要小(与强度性质相比)。如本书第四章和第七章所述,油墨的脱除率以及纸浆的漂白工艺主导着纸浆的白度、光吸收系数、色阶和油墨点的数量。残余油墨的累积以及不同世代的二次纤维的年龄分布将在本章第二和第三小节进行讨论。

如果对机械浆纤维进行碱性脱墨,那些受纸页中疏水性抽出物影响的纸页性质会发生改变。在脱墨车间中,这些木材抽出物大部分会溶出,并被洗掉。总的来讲,化学浆在回用过程中,其多孔性(通过测定透气性)是有所提高的。而机械浆在回用过程中,其多孔性可能降低,也可能提高。回用的流程或纸浆的初始游离度等因素可能对多孔性有很重要的作用。表面粗糙度的形成更为复杂;根据回用过程中细小纤维处理方式的不同,可能得到相反的实验结果。与原生纤维相比,再生机械浆纤维制得的纸张在压光过程中更易于致密化,这也使得纸张的表面平滑度有所提高(基于测定空气渗透的方法)。然而,光学显微镜或电镜的测定结果发现,与原生 TMP 相比,再生 TMP 制得的纸张的表面结构更为开放(粗糙)[35]。

8.1.4 废纸回用的实验模拟的有效性

一个重要而有趣的问题是,在纤维多次回用的过程中,废纸中的纤维和其他组分到底发生了什么变化。废纸是一种组分变化很大的二次纤维原料,可以销售和运输到很远的地方,比如从美国运到中国。这就给弄清及模拟废纸的流向带来了困难。对纤维多次回用进行模拟的另一个问题是,实验室或中试规模的试验无法充分地模拟工业化生产中的处理和处置过程。比如在浆料准备阶段,将过程水中的可溶性物质浓缩至平衡点所带来的影响以及其他复杂反应几乎是不能模拟的。这可能就是早期的纤维多次回用的研究结果不能反映现状的原因。比如,Horn 等人研究发现[45],纤维结合力的损失是木材纤维在回用过程中要考虑的一个关键因素。但是,新的研究结果显示(很明显采用了更为先进的仪器),废纸的强度性质不是关键问题(见 2.5.1 小节)。Smook 在 1982 年声称"总的来讲,50% 是废纸实际回收率的最大值"[46]。然而,欧洲如今的废纸回收率是 64.5%,CEPI 的目标是在 2010 年将之提高到 66%。

在实验室对纤维多次回用进行模拟的问题之一是,纤维在每一个循环的流失率要高于生产实际,因为实验室的流程不能像实际生产那样进行优化。据本书作者所知,这也是为什么所有的实验室和中试模拟试验在 5~7 个循环后就停止的原因。纤维多次回用的试验在 7 个循环后就停止的事实往往被错误地解读为造纸纤维的回用次数不能超过 7 次。

回用过程中的纤维损失其实很容易估算出来。如果每一个循环内的质量损失比为 l,试验所需的(如手抄片等)初始纤维的最小质量比为 $m_{\min}$,那么循环次数的最大值 n(超过此值以后,所剩的纤维不足以进行下一个回用循环)可以通过如下方法求得:

$$(1-l)^n = m_{\min} \tag{8-2}$$

中试试验的典型纤维损失率 l 为 30%,所需纤维的最小比例 $m_{\min}$ 为 10%,通过上述方程可以得到,最大回用次数为 6.5。这意味着经过 6~7 个循环后,纤维的剩余量不足初始值的10%,纤维多次回用试验不得不停止,因为剩余的纤维不足以进行下一个回用试验。

8.1.4.1　回用实验的设计

文献调研发现,几乎所有的研究者都采用不同的技术来对纤维和纸浆进行回用。一个切中要害的问题是,所得到的实验结果之间的差异在多大程度上是由原料的不同引起的,在多大程度上是由于回用方法的不同引起的。

根据实验目标的不同,纤维回用试验既可以以再生纸为原料,也可以以原生浆为原料。与新鲜浆相比,纸页中的化学浆纤维已经发生了角质化,其细胞腔或多或少地出现了塌陷。纸浆的打浆度以及机械法制浆过程中的初始能量输入是必须考虑的因素,因为纤维结合力的产生取决于这两个因素。研究发现,高浓磨浆会导致纤维产生一定程度的卷曲。这种"潜态性"影响纸页的性质,需在回用试验前消除掉。储存新鲜浆时所采用的深度冷冻方法会使低得率浆纤维发生一定程度的角质化[32]。在一些非一体化的回用浆厂中有时会采用快速干燥。在此过程中,纤维的收缩未受到任何约束。

若欲对纤维多次回用的中试试验进行完整地模拟,那么纸浆得率的测定将是很困难的。如果回用过程中包括印刷和脱墨,那么纤维(特别是细小纤维)的流失是很明显的。细小纤维的比例对纸页的性质有非常大的影响。实验室或中试模拟试验中大多不包括高浓高温的热分散或揉搓段。实际上,这些过程会导致纤维发生一定的卷曲,也可能发生扭结和微压缩。螺旋压榨和高浓浆泵也会引起纤维的损伤。

造纸过程中,可采用精浆处理和添加增强剂的方法弥补再生化学浆纤维结合力的下降。精浆处理可以作为实验室纤维回用试验的一部分,但实验结果取决于设备的类型和磨浆流程。实验室用打浆机通常可以对纸浆进行温和的精浆处理,生成结合力较好的纤丝状细小纤维。实际上,精浆处理的作用或大或小,波动范围很大。

在纸页压榨过程中,实验室湿压榨机上纸页的紧度及最终固含量与大生产规模的湿压榨的是不相当的。纸机的干燥也比实验室纸页干燥的强度要高。至于这些差异(压榨、干燥)对纤维回用模拟结果有什么影响,目前尚无这方面的研究。另外,实验室或中试试验中的压光处理与大生产中压光处理的差异也是纤维回用实验中需要考虑的因素。

8.1.4.2　纤维回用实验中的化学条件

许多非纤维性物质(如颜料、胶乳、施胶剂、阴离子或阳离子助剂、无机盐)及其随废纸回用率的提高而产生的累积,从多个方面影响纸页的性质。在脱墨实验中,还应监测化学品的平衡、水循环中的 COD 以及脱墨化学品在待测纸页中的残留情况,并使之保持在一个现实可行的水平上。比如,与纤维相比,助剂(如阳离子淀粉)更易于吸附到细小纤维和填料上。

如前所述,如果纤维细胞壁结构中的钠离子(来自传统的碱性碎浆过程)被氢离子或其他金属阳离子所取代,那么纤维的润胀程度就会降低,因此应考虑 pH 和阳离子的影响。比如,在手抄片抄制过程中加入造纸用明矾会使抗张强度有一定的下降。在一些地区,用硬水稀释浆料,使钙离子成为系统中的主导阳离子。

在设计纤维回用模拟实验时应考虑纸张的老化,特别是当回用过程中包括印刷和脱墨流程时。若使纸张自然老化,回用流程将会很费时、复杂。因此,再生纸张多采用人工加速老化法,将纸张在温度为 60 ~ 90℃、相对湿度为 50% 的环境下保存数日。纸页抄造过程中的 pH 和其他化学条件起很关键的作用,特别是对机械浆而言。如果 pH 在酸性范围内,配浆中没有碳酸钙的缓冲作用,半纤维素中的乙酰基和甲氧基会在湿热的老化环境下发生断裂,生成有机酸;这些有机酸会攻击位于纤维细胞壁中的受力的纤维素长链,导致强度性质的下降[47]。在机械浆纤维自然老化的过程中,酸水解也会引起纤维素的降解,只是降解的速度要慢得多。

当对印后纸张进行加速老化时,油墨载体与纤维之间的相互作用取决于所用油墨的类型。热处理会加快油墨中黏合剂及油中可能存在的不饱和碳碳键的氧化,使油墨与纤维表面之间的黏附作用更强。如此一来,在废纸碎浆过程中,油墨难以从纤维上剥离下来,造成脱墨效果差、浮选损失大等问题[48-49]。这就是为什么在整个纤维回用试验模拟过程中需考虑油墨的选择或设计。

纤维回用和脱墨试验的设计是一项苛刻的任务。研究者必须要搞清楚所要研究的特定现象,而且在总结概括具体实验结果时要谨慎。尽管现有的中试或实验室设备和流程会有一些限制,但对基本现象的理解会有助于解释实验结果。

8.1.4.3　纤维多次回用实验的结果

在实验室、中试及大生产规模条件下进行的纤维多次回用实验表明,多次回用的影响要比预期的小。Geistbeck 和 Weigh 等人[50]根据一个大生产规模的纤维多次回用研究得出,"由经多次回用的废纸纤维制得的新闻纸的质量与原生纤维制得的新闻纸的质量是一样的"。可惜的是,有关这一大生产规模的纤维多次回用研究项目的详细实验结果尚未对外发表。Geistbeck 和 Weigh 等人[50]还证明,即使在实验的边界条件下,且不向循环中添加任何原生纤维,并未发现多次回用会带来明显的负面结果(如表 8-3 所示)。在大生产中,总有一定比例的原生纤维进入到循环中,比如通过添加高质量的杂志纸等。

Huber 等人也得到了类似的结论:"在脱墨线的出口处,纤维和纸浆的绝大多数性质与其初始值类似"[51]。Huber 等人采用不同的原料进行了中试和实验室试验,比较了脱墨流程进浆和出浆的性质。该研究的主要成果是,浮选过程总的来说对机械性质的改善是有利的,因为浮选过程中脱除了部分灰分;而浓缩过程对抗张、耐破和纤维的卷曲有负面影响。

Kang 和 Paulapuro[52]等人报道称,回用过程造成的纤维润胀性能的下降可通过精浆处理来弥补。他们利用 Lampen 磨和超细摩擦粉碎机分别对化学浆纤维进行内部和外部细纤维化。通过测定处理前后纸浆性质的变化可以得出,与内部细

表 8-3　多次回用对脱墨浆及纸张性质的影响(大生产规模)[50]

性质	多次回用的影响
脱墨浆:机械性质	游离度 -
	长纤维比例 -
	细小纤维,保水值 +
脱墨浆:光学性质	白度 + +
	尘埃度 +
脱墨浆:化学性质	比表面积 +
	羧基含量 +
	木素含量 +
	COD + +
纸张:机械性质	强度 +
	伸长率 +
	粗糙度 -
	挺度 -
	多孔性 -
纸张:光学性质	S 值(散射系数) -
	K 值(吸收系数) +
	不透明度 o
	白度 -
	Formation(匀度) -
印刷	吸水、吸油性 -
	接触角　-
	掉粉(Linting) +
	透印 -

注:"+"表示性质有所改善,"-"表示性质有所恶化,"o"表示影响不明显。

纤维化的纤维相比,外部细纤维化的纤维更易于通过精浆处理来恢复其润胀和变直(straightening)性能。外部细纤维化的纤维的强度甚至可以超出其初始强度值。图8-15和图8-16为回用浆和非回用浆经不同磨浆处理后抄得纸片的电子显微镜图。

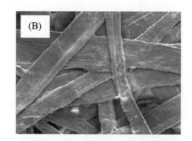

图8-15　不同纸张表面的电镜图片

(A)未回用过的纤维　(B)回用5次的纤维　(C)回用5次且经过精浆处理(Lampen mill 盘磨)的纤维,标尺为50μm

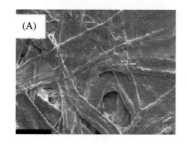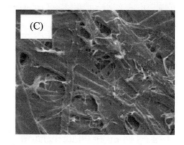

图8-16　不同纸张表面的电镜图片

(A)未回用过的纤维　(B)回用5次的纤维　(C)回用5次且经过精浆处理(grinder 磨浆机)的纤维,标尺为50μm

上述研究表明,纤维的机械处理会产生细小物质。这些研究结果也在 FIBREVIVAL 项目中得到了证实;此项目对浆料制备过程中改善废纸纤维质量的几种方法进行了评估。Selder等人的研究表明[53],浆料制备及纸张抄造过程中的机械处理会降低纤维长度和细纤维化程度,导致细胞壁分层和角质化。他们将从纤维上切下来的以及纤维机械剪切得到的细小纤维称为"Crill",并认为对包装纸而言,有必要在浆料制备系统中加入"Decrilling"工艺。与新闻纸或印刷纸相比,西欧的包装纸的物料循环是十分封闭的。挂面箱纸板及其他包装用纸板是由100% 废纸纤维抄造的,且浆料制备段的纤维损失率通常小于 2%;而在印刷纸的回用循环中,大多通过添加高质量废纸的方式向系统中引入原生纤维。包装纸厂的物料循环封闭程度如此之高,且缺乏关键的工艺,无用物质的含量越来越高,造成一些负面影响(如强度性质的下降)。Selder 等人研究发现,关键工艺的结合(比如浮选或洗涤与低强度磨浆相结合)可以对生产包装纸所用废纸纤维的质量进行恢复。

8.2　与残留污染物及油墨相关的二次纤维的质量问题

根据废纸等级的不同,废纸浆通常是一种非匀质的物料。除了纤维(来自不同类型的木材,来自不同的制浆及漂白工艺)、填料和颜料外,废纸中还包含纸张在加工和印刷过程中进入到回用循环的组分。尽管目前尚未根据这些组分的类别对其进行准确的定义,但它们通常是指任何不能用于后续造纸的物质。这些组分包括不适用于特定回用过程的纸和纸板、纸加工过程中使用的物质(如胶黏剂、印刷油墨)以及非纸类组分(如塑料、金属等)。

另外,废纸中还存在化学污染物和微生物污染物。特别是对直接与食物接触的包装用纸以及卫生纸而言,某些化学污染物的浓度必须低于法律法规所规定的限值。而且,某些污染物不能迁移至所包裹的食物中或皮肤中。

所有上述组分都会对再生纸的质量产生不利影响,但影响程度有很大的差异。一些组分只影响成纸的质量(如白度或光学洁净度),而另一些组分(如胶黏物)会对纸张的生产过程产生很不利的影响。这些不利影响往往会持续到纸张加工或印刷阶段。根据二次纤维的最终用途,有必要对产品的特性进行说明,标明某些污染物和某些类型的再生纸基本上不存在或者至少不超过某一比例。

污染物的去除过程应该从废纸的人工分拣阶段开始。分拣过程主要去除较大的非纸类组分、不可用的纸和纸板(参见第三章)。纸厂中多段处理的目标主要是消除残留在废纸中的有害组分。因此,所用废纸的污染程度以及成纸的品质决定了浆料制备车间的技术配置(参见第六章)。与受污染程度较低的废纸相比,或者成纸或纸板的质量要求不那么苛刻,受污染程度高的废纸所需的投资和运行成本要高一些。

8.2.1 污染物的分类

废纸中的污染物可根据不同的标准如污染物的类型、来源、产生的影响等进行分类。最常见的分类依据是污染物的类型,因为污染物的物理和化学性质对选择合适的分离工艺是很重要的。

废纸中的污染物通常根据废纸等级标准清单(提供此等级的标准定义)来分类[54]。人们对废纸中的一些无用物质也进行了界定,如非纸类组分和无用的纸和纸板。

废纸中凡是可能导致设备损坏、生产过程不稳定或最终产品质量及价值下降的物质皆称为非纸类组分。非纸类组分包括金属、麻线、玻璃、织物、木材、合成纸、沙子、建材和塑料等。

无用的纸和纸板包括所有不适于或不宜于作为原材料(生产纸和纸板)使用的,或者使整批次废纸都不可用的纸和纸板。常见的对生产过程不利的纸和纸板的种类有:碳纸、羊皮纸、蜡纸箱和湿强纸。

某些纸和纸板会造成二次纤维质量的下降。本色包装纸和纸板、印刷废纸的存在对脱墨浆的光学性质有负面影响。因此,脱墨原材料中它们的含量应很小或根本没有。

不同等级的废纸,其中无用材料的类型和数量都是特定的。脱墨用印刷废纸的特性(1.11)表明,不可脱墨的纸和纸板的比例不超过 1.5%。根据对德国脱墨用含磨木浆印刷废纸的大量随机分析发现,实际比例要比 1.5% 高得多[55]。尽管非纸类污染物的比例低于 1%,但不可脱墨的纸和纸板的比例(特别是包装纸和纸板)竟然高达平均 6%,而且在过去的 10 年里保持不变(如图 8-17 所

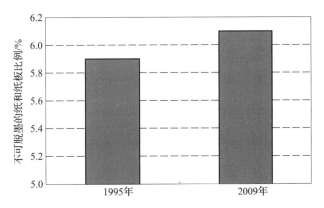

图 8-17　1.11 等级废纸中不可脱墨的纸和纸板的比例

示)。非纸类组分的含量水平不仅对从家庭收集到的印刷废纸而言是相对较稳定的,而且对其他等级的废纸而言也是如此[56]。

这种分类方法主要考虑了分拣质量,而并未考虑到在纸张加工过程中引入的有害物质,以及随着纸张(含有在前一次造纸过程中加入的化学助剂)意外进入到回用过程的有害物质(参见1.2.4部分)。

根据污染物的来源进行分类,不仅考虑了在收集过程中从外界进入到废纸中的非纸类组分,还考虑了与纸张通过物理或化学方式结合在一起的内部引入的物质。包括印刷油墨、黏合剂以及在前一次造纸过程中使用的化学助剂。

不应该存在于废纸中的外来污染物包括沙子、金属、玻璃以及那些原本就不该出现在废纸纤维中的物质。有些污染物的尺寸较大,通常出现在打包的原料中。这些污染物通常可在开包后原料的手动预分拣过程中分离出来,或者在制浆过程中通过合适的垃圾去除装置分离出来。小尺寸的外来污染物可通过净化和筛选段有效地脱除。此类污染物对回用浆质量的不利影响基本上可以实现最小化。

为获得一定的纸张性能或改善造纸过程,在纸张生产过程中加入了一些化学助剂,这些物质在回用过程中就成为内部污染物。这些助剂包括淀粉、湿强剂、颜料或填料以及涂布用料。内部污染物还包括纸张加工和印刷所需的物质,其中最主要的是印刷油墨和黏合剂。

在该分类方法中(按污染物来源分类),内部污染物有水溶性的和不溶性的。水溶性的污染物通常被称为"干扰性物质",会在过程水系统中累积。这些物质的处置或去除效率主要取决于废水(源自生产过程)的体积以及工厂所采用的水处理工艺。这些干扰性物质的不良后果表现在:在设备和仪器上产生沉积物,黏液和微生物的快速生长,腐蚀现象更加严重,造纸过程中加入的化学助剂(如助留剂)的作用效果下降等。通常通过间歇性地添加杀菌剂等物质来抑制水溶性污染物的不利影响。微气浮系统并不能很有效地去除溶解性污染物。去除溶解性有机物质的主要技术有生物净化、膜技术,以及添加化学品以促进沉淀。这些技术不仅有助于提高纸浆的质量,而且可以提高生产过程的稳定性。

不溶性的污染物包括黏性和非黏性物质。如果回用浆用于生产印刷用纸,那么印刷油墨就是最为重要的非黏性内部污染物。当二次纤维用于生产卫生纸时,填料和颜料也会对最终产品的性质产生不利影响。这些污染物的去除是废纸处理过程中很重要的一步。

尽管印刷油墨和填料或涂布颜料是影响回用浆质量的主要因素,但黏性污染物或胶黏物也会给生产和加工过程带来一些问题。胶黏物来源于纸和纸板加工过程中使用的胶黏剂,如热熔胶、压敏胶、蜡和涂布黏合剂等。这些胶黏物的控制已成为废纸处理工艺中一个很重要的领域。

8.2.2 污染物脱除技术

二次原料历经个人、商业或工业用户到纸厂的过程,再到下一个生命循环。可在此过程的多个阶段对污染物进行脱除。污染物的脱除主要有3个阶段:

① 分拣车间,对干废纸进行手动分拣,或者使用机械筛或光学传感器(包括近红外光传感器)与喷气分离相结合的机械过程进行分拣。

② 纸厂的浆料制备系统,一些基于纸浆悬浮液的单元操作,详情见第5章。

③ 纸厂水处理系统的子过程,这些子过程可将胶体物质和溶解性物质分离开。这些子过

程见第 5 章和第 6 章。

如今,纸的干分拣在废纸回用链中是很重要的一个环节;然而在早期的废纸回用过程中污染物的去除甚至是不必要的,或者是在浆料制备系统中使用越来越来复杂的单元操作来去除污染物。因为造纸用废纸纤维的需求量越来越大,所以此类原料通常是不同等级废纸的混合物,且污染物含量高。从纸张加工行业(如印刷厂的废纸或损纸)收集到的二次纤维以及从大型百货公司收集到的旧包装材料通常含有较少的污染物。相反,大城市垃圾箱中收集到的二次纤维往往是包装纸和印刷纸的混合物,且各类污染物的含量较高。

此类原料通常采用手动分拣系统。首先将原材料分散到传送带上,然后分拣工人将本色纸张与印刷纸张分开,并拣出污染物(如瓶子、易拉罐、塑料包装等)。据 Wagner 等人报道[58],每个工人每小时可以分拣 0.5t 原材料。通过增加机械分离技术,可以将分拣系统的通过量(处理量)提高至 7 ~ 10t/(人·h)。图 8 - 18 是全自动分拣系统的设计图。在此系统中,摄像机和可见光或近红外范围内不同波长的光学传感器(青色(C)、品红(M)、黄(Y)、黑(K)、近红外(NIR))可辨别出每一种物料,并能将本色纸、印刷或未印刷的印刷纸、不同类型的塑料等区分开。本色纸和白色纸的分离效率达 80% ,污染物的分离效率也达 80%[58]。

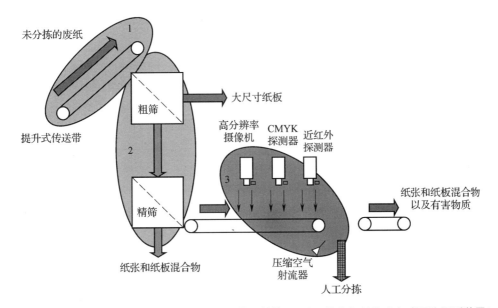

图 8 -18　废纸自动分拣系统示意图(包括粗筛和精筛,以及压缩空气射流式自动驱除识别装置)

干分拣技术和工艺将会越来越重要,因为一些污染物在干态时物理性质的差异要远大于其处于湿态或悬浮态时的差异。当然,这一点仅适用于印刷油墨和黏合剂等本身不属于纸产品组分的污染物。未来浆料制备工艺的目标之一就是提高此类一体化污染物分离效率。干机械分拣技术很有效地将塑料瓶、金属碎片或包装纸和印刷纸等物料分离开。研究结果表明,有可能对不同印刷油墨和印刷技术印制的纸张进行区分,也可使用 NIR 传感器将柔版印刷纸与胶版或凹版印刷纸分离[59]。将干分拣技术与基于悬浮液的浆料制备工艺结合起来仍有很好的协同效应,因此有望在该领域有进一步的发展。水处理工艺也在小或胶体颗粒与溶解性物质的分离中起到很重要的作用。这些水处理工艺(如好氧或厌氧处理、化学沉积物的膜分离等)将在第 10 章进行讨论。图 8 - 19 为废纸纤维回用过程中分离工艺的概况。

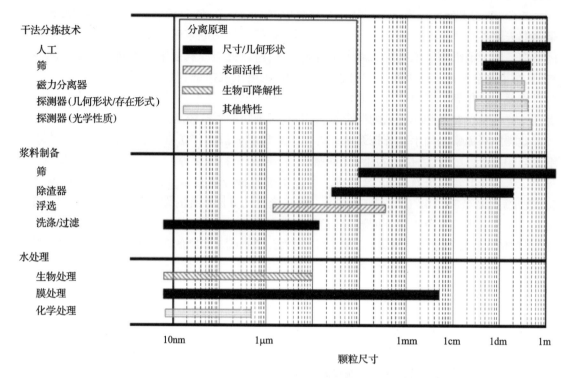

图 8 - 19　二次纤维回用过程中分离工艺及颗粒尺寸概览

8.2.3　污染物对二次纤维质量的影响

本部分讨论污染物(即使经过充分的处理,仍然存在于再生浆中)对再生纤维质量的影响。这些污染物对纸张的抄造、后加工及成纸的质量均有负面影响。除了残余印刷油墨外,这些污染物主要包括胶黏物和溶解与胶体物质(DCS)。

8.2.3.1　残余油墨颗粒的影响

残余油墨颗粒对回用浆和再生纸的光学性质有很大的影响。尽管这一点对光学性质要求较低的纸张(如本色包装纸或纸板)而言是无关紧要的;但对印刷用纸而言,一定量的残余油墨颗粒仍会降低其品质。

残余油墨颗粒会降低白度。如图 8 - 20 所示,白度的下降并不是线性的。当回用浆中含有很少量的小尺寸的残余油墨时,白度的降幅最大。废纸的初始白度越高,白度损失就越大。对新闻纸而言,印刷油墨含量为 0.1% 时,白度下降 16%;而对白色纸张而言,其白度下降高达 35%。因此,即使将残余油墨的浓度翻倍,光学性质仅出现略微的下降(与初始油墨浓度相比)[60]。

白度的降幅还与残余油墨颗粒的大小有关。如图 8 - 21 所示,与大油墨颗粒相比,小油墨颗粒具有较大的比表面积,其光吸收系数更大,因而会造成更大的白度损失。除了这一光学现象外,所谓的光散射效应(光学网点扩大效应,亦称 Yule - Neilsen 效应[61])也会使得光吸收系数随着颗粒尺寸的变小而变大。根据此理论,光线可以在纸张结构中发生散射而穿透到印刷油墨颗粒的下面,并在该处进行累加吸收。

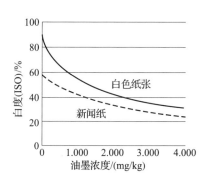

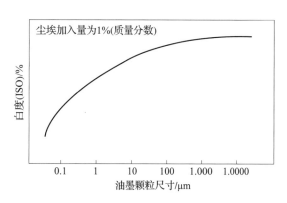

图 8-20　新闻纸及不含机械浆的白色纸张的
残余油墨浓度与其白度之间的关系

图 8-21　油墨颗粒尺寸与白度
之间的关系

　　大油墨颗粒影响回用浆的光学均一性,使之看起来不洁净(像受到污染一样)[63]。某些颗粒呈现为可见的尘埃点,是因为残余油墨以两种形式存在,一是从纤维上剥离下来但未被去除的颗粒或絮聚体;二是仍然黏附在纤维表面上。难脱墨的印刷油墨(如非接触式油墨)对尘埃点密度(单位面积的尘埃点数量)的贡献较大,对成品的光学性质有负面影响。

　　除了对光学性质有影响外,残余油墨颗粒还会对运行性能产生不利的影响[64]。经验表明,传统的平版和凹版印刷油墨会在纸机的湿部产生沉积问题。而来自非接触式印刷工艺的调色剂颗粒的不利影响在纸机干燥部体现地更为明显,它们以沉积物的形式存在于传送带、织物或辊子上。这些不良后果既可以用过程(某些阶段)效率的高低来衡量,也可以用引起断纸纸病的多少来衡量。

8.2.3.2　彩色纤维的影响

　　除残余油墨颗粒外,彩色纤维也会引起脱墨浆及其纸产品光学性质的下降。由未漂本色废纸或染色废纸制得的彩色纤维不仅对白度有负面影响,而且还会降低产品的光学均一性。

　　少量彩色纤维对脱墨浆和化学浆白度的影响如图 8-22 所示。与印刷油墨颗粒的影响类似,基质(纸浆)的白度越高,白度的下降也越明显。5% 的瓦楞纸板(由未漂白纤维制得)可将漂白化学浆的白度降低约 17% ISO,而含磨木浆的脱墨浆的白度仅下降了 4% ISO。本色再生纤维的存在对不含磨木浆的废纸有特别不利的影响,因为这些废纸的初始白度要比旧新闻纸和旧杂志纸的高得多。氧化型漂白虽可以对彩色纤维进行有效地脱色,但却是非常低效而不经济的解决方法。

　　只有当脱墨浆未经过合适的漂白处理时,这些来自染色废纸的彩色纤维才会降低纸浆的光学性质。连二亚硫酸钠或 FAS 还原性漂白

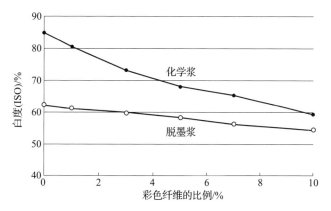

图 8-22　彩色纤维对脱墨浆和化学浆白度的影响

通常可以有效地对这些纤维进行脱色。

8.2.3.3　胶黏物的影响

　　具有潜在黏性的物质是回用浆中最不希望存在的污染物。由于这些物质具有黏性,因而可以沉积在成形网、皮带、辊子及其他运转部件上,特别是纸机上。这些负面影响可以通过不同的方式呈现出来,如图 8 - 23 所示。纸病主要表现为纸页上的超薄区域或者空洞,这些纸病会导致纸张在纸机或印刷压榨部位发生断纸。其结果是延长了停机和清洗时间,降低了生产率。

　　如今,黏性污染物之所以会带来越来越严重的后果,有几方面的原因:压敏纸的用量越来越大(在家庭和办公室中),信函推广方式的广泛应用,在杂志中普遍使用附页和粘贴插页。这就导致废纸中黏合剂的含量越来越高。除此之外,越来越多等级的纸张采用类似的方式进行表面施胶、涂布或整饰。

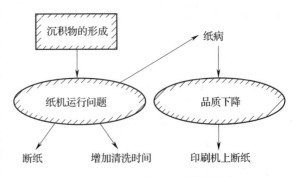

图 8 - 23　回用浆中胶黏物的影响

　　回用浆中常见的胶黏物并不一定都会带来问题。超过一定尺寸(尺寸约大于 $150\mu m$)的大污染物可通过合适的筛选技术从回用浆悬浮液中有效地去除掉。但分散良好的微细胶黏物(尺寸小于 $100\mu m$)可与良浆一起穿过筛缝(或筛孔),造成上述的问题。这些微细胶黏物特别令人头疼,因为它们是在制浆过程中与纸浆其他组分或白水发生副反应而形成的,因而难以控制。避免此类问题的方法之一是,对回用浆进行洗涤,并对洗涤滤液进行纯化(净化)。另一个可行的解决方法是,加入滑石粉对胶黏物的粘性表面进行钝化。

8.2.3.4　填料的影响

　　随着碳酸钙在造纸工业中的成功应用(作为有竞争力的填料),各等级纸张中填料的比例一直在升高。这一变化趋势如图 8 - 24 和图 8 - 25 所示。

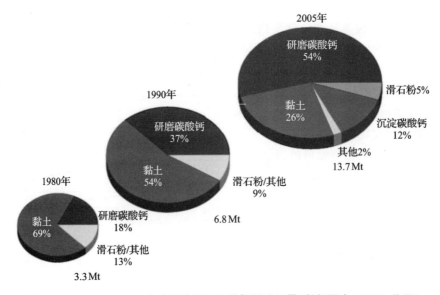

图 8 - 24　1980—2005 年欧洲造纸行业的颜料消耗量(数据源自 OMYA 公司)

造纸过程中矿物填料的使用量越来越大,这就导致二次纤维(甚至包装材料如瓦楞纸箱)的填料含量也越来越高。其中的原因主要是,适于高质量印刷的涂布瓦楞材料的市场份额在不断增加。此类瓦楞材料制得的外包装可以直接在超市里进行展示,而无须拆包。生产挂面箱纸板的纤维回用车间所用二次纤维的填料含量可以反映这一趋势,混合废纸中灰分含量的变化情况如图 8 – 26 所示。

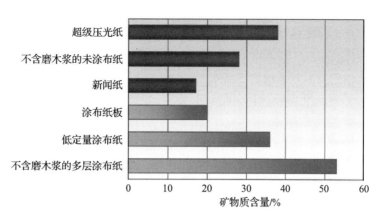

图 8 – 25 2008 年主要纸种的平均矿物质含量(数据源自 OMYA 公司)

二次纤维中填料含量的增加给纸厂带来了很多负面影响。填料含量高意味着强度性质较低,就需使用天然或合成的黏合剂来弥补。另外,在某些浆料制备流程中(如浮选或洗涤),纤维流失较严重。如果原料的填料含量与最终产品的填料含量十分接近,那么

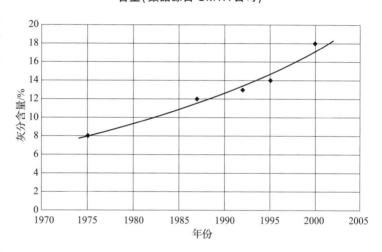

图 8 – 26 混合废纸(1.02 等级)灰分含量的变化趋势[67]

该参数(填料含量)就很难控制。而且,源自二次纤维的填料颗粒的光学性质与新填料或颜料的性质是不同的。再生填料的颜色往往较深,因为它们具有疏水性的表面,能够吸附印刷油墨颗粒。因此,如果要使回用过程中纸浆的白度达到一定的水平,那么废纸原料中的填料量就必须有一个限值(不能太高)。人们曾多次尝试改善源自废纸填料的光学性质,如超临界水氧化。然而,目前尝试的所有工艺都无法将填料的白度恢复到初始值。这些工艺所得到的填料通常呈淡黄色或淡红色[68]。

除了影响回用过程和产品质量外,填料含量过高还会引起其他问题。如今,大多工厂对排渣(尾渣)进行煅烧,以利用残留的有机物质来产生能量。浆料制备过程中分离出来的填料可以与排渣一起处理(煅烧)。但填料并非是完全惰性的,它们会在发电厂的热交换器上形成沉积,降低发电效率。而且,这些填料必须与燃烧残渣一起被处理掉,这样就提高了处理成本。

8.2.3.5 其他有害物质的影响

由于有害物质的范围很广,因而它们对回用浆质量的影响也有很大的不同。有时,这些污染物只有当在水相中被浓缩后才会产生负面影响。影响的程度取决于过程水循环的封闭程度

以及污染物对纤维和填料吸附倾向性的大小。

就干扰性物质而言,溶解性污染物通常被理解为阴离子型寡聚物、聚合物及非离子型亲水性胶体的统称。这些溶解性污染物不仅会降低回用浆的质量,而且还会带来严重的技术难题。有害物质的不利影响如下所示[69]:

① 降低化学助剂(如助留剂、染料、湿强树脂和漂剂)功效;
② 助留效果差;
③ 沉积问题;
④ 降低纸张的强度;
⑤ 纸中的尘埃点和斑点增多。

这些问题不仅在使用二次纤维时会出现,即使在使用原生浆时也有这些问题。有一种潜在有害物质是以树脂的形式随机械浆引入到系统中。在填料处理过程中所使用的聚磷酸盐和聚丙烯酸盐也会给纸张的生产过程带来问题。由于采用脱墨工艺,因而硅酸钠就成为回用浆中的一种典型的有害物质[70]。由于化学残留的原因,残余的硅酸钠会随着回用浆进入白水系统和纸机系统,降低助留剂的使用效果(如聚乙烯亚胺,聚丙烯酰胺)。另外,该过氧化氢稳定剂(硅酸钠)还会降低絮凝剂的功效,对白水的净化效率产生不利影响。

回用浆中大多数对生态有潜在危害性的化学污染物来自原生纤维的生产过程,或以造纸或纸加工助剂的形式进入到回用过程中的。表8-4为回用浆中的几种化学物质及其来源。

这些组分之所以越来越受到人们的关注,是因为消费者深刻地认识到这些物质对环境的潜在危害性。另外,不断改进的分析技术使人们可以经济有效地对这些物质进行监测。

问题最严重的物质是二噁英和呋喃,它们部分来自于化学浆的氯漂,部分来自抄纸过程中加入的含二噁英的助剂。使用二氧化

表8-4　回用浆中可能存在的化学组分[64]

组分	来源
二噁英/呋喃	氯漂(不常见)
多氯联苯(PCB)	无碳纸(前一次生产)
五氯酚(PCP)	除黏菌剂,杀菌剂
增白剂	纸张,涂料
邻苯二甲酸酯	印刷油墨中的软化剂,助剂,胶黏剂
甲醛	湿强剂
重金属	填料,涂布颜料,(印刷油墨)
可吸附有机氯	氯漂,湿强剂

氯和含氧漂剂替代氯气是全球性的发展趋势,这样做可以从根本上避免在化学浆的生产过程中产生二噁英和呋喃。因此,回用浆中这些物质的含量也有明显的下降。从造纸行业的角度来看,对消费者的潜在危害如今已不复存在(参见第10章)。

多氯联苯也有相同的情况。相反,五氯酚会继续进入到回用流程中,因为世界范围内并无统一的法规来规范含五氯酚杀菌剂的生产及使用(参见第10章)。

据目前所知,与白色印刷纸和书写纸一起进入到废纸中的增白剂并不具有生态学和毒物学意义上的危害性。不管它有没有潜在的危害,都必须保证增白剂不会发生渗透(迁移,对食品包装而言)。

回用浆中甲醛和邻苯二甲酸酯的含量非常低,以至于基本上检测不到。有关废纸中重金属含量及可吸附有机氯化物,请参见第10章。

理论上来说,在回用浆的还原性漂白(连二亚硫酸钠、FAS,或两者都有)过程中,黄色印刷

油墨中的偶氮颜料会分解生成芳胺类化合物。这些胺类化学物是致癌的。为此,废纸处理车间对这个问题进行了大量的试验。在试验所采用的漂白条件下,偶氮颜料没有化学活性。在白水系统或漂后回用浆中均未检测到芳胺[71]。

细菌和真菌会导致回用浆的微生物污染,造成生产不稳定和产品质量问题。微生物载荷通常是由有机污染物造成的。这些污染物要么是随着废纸进入到浆料制备系统的,要么是在回用浆的储存过程中形成的。另外,在高度封闭的过程水循环中,可生物降解的溶解性有机物也会促进微生物的生长,导致黏菌沉积在设备部件上和管道系统中。若黏菌聚集体从设备部件或管道上剥离下来,就会干扰纸页的成形,甚至会由于断纸增多而导致产量下降。微生物的呼吸会消耗过程水中的氧气,使体系呈厌氧状态,并导致有机酸的生成。这些有机酸又会产生气味和腐蚀问题。含二次纤维的包装纸通常不会引起食品的微生物污染,因为微生物不会从纸张迁移到干燥或潮湿的食物中[72]。

在过去,抑制微生物的活性主要靠加入杀菌剂。而今,热处理越来越受到偏爱。80℃的温度可达到很明显的去污效果(微生物污染)。为减少杀菌剂的使用量,应优先采用热灭菌方法(如热分散)[64,73]。

8.2.4 二次纤维生命周期的模拟

在再次用于造纸之前,任何废纸等级的二次纤维或送往纸厂的废纸都可能已经经历了一次或多次回用循环。回用循环包括以下几个阶段:a. 纸张生产;b. 纸张加工和印刷;c. 纸产品消耗;d. 旧纸产品收集;e. 废纸分拣;f. 废纸回用处理。

与原生纤维相比,每经过一个回用循环,二次纤维或由全部或部分二次纤维制得的纸张的性质都会发生变化。这些变化与形态、化学、机械、光学及其他物理特性有关:

① 前一次造纸过程中的干燥过程会导致纤维的角质化,因此,当使用回用化学浆纤维生产新的纸张时,纤维与纤维之间的结合力就会下降,对纸张的强度性质(如抗张强度或层间结合强度)产生不利的影响。角质化效应在纤维的第一个生命周期内是非常明显的。纤维一旦发生了角质化,其结合特性在以后的产品和生产循环中就不会再发生很大的变化。

② 受废纸处理过程中机械作用力(如磨浆)的影响,纤维的尺寸(长度、直径)有所下降,并伴有细小纤维的形成。因此,纤维悬浮液或纸张的某些性质(如游离度)也会受到影响,如表观密度、多孔性、空隙尺寸分布和抗撕裂等。

③ 当对印后的纸产品进行脱墨时,油墨颗粒及其他尘埃物并不能被完全去除。因此,残余污染物的量会随回用循环次数的增加而逐渐增大,从而对纸张的洁净度和光学性质(如白度和色调)产生负面影响。

二次纤维及其所制纸张的性质的变化主要取决于纤维回用循环的次数,而不是纤维的类型(化学浆或机械浆)和废纸处理过程中所采用的品质提升手段。因此,弄清楚纤维平均多长时间回用一次是很重要的(比如在一个全国性的回用系统中)。另一个重要的因素是,某些废纸等级的二次纤维的年龄分布情况(与回用世代数有关)。另外,也可以对不同等级的废纸(如脱墨等级的)或成纸(如完全或部分由二次纤维制得的新闻纸或瓦楞芯纸)的已回用次数进行估算。

即使对纤维进行显微分析或化学分析,我们仍不可能对二次纤维多长时间回用一次或者二次纤维究竟有没有回用过等情况进行核实。因此,回用循环的次数只能通过统计的方法来计算。另外,不同情况下得到的计算结果可能有很大的差异,因为所用废纸原料并不一定能反映全国的平均水平。当地的具体情况通常占主导地位。

用于确定二次纤维多久才用于新纸品的生产(或者说,含二次纤维纸张的配浆中包含多少二次纤维,它们之间的比例是多少)的统计模型如下:

① 为了便于理解主要的原理,首先引入一个单参数(变量)的简单模型。这些简化假设意味着这个模型不能反映工业化大生产条件下的真实情况。

② 下文的多参数模型接近工业化大生产的实际情况。

鉴于新闻纸的重要性,以及在很多国家二次纤维在新闻纸中的比例不断增加,双参数模型和多参数模型主要针对此等级的纸张(新闻纸),并特别考虑了德国的状况,因为德国的新闻纸几乎全部是由二次纤维生产的。

8.2.5　单参数模型

为了使读者更好地了解统计流程,首先采用一个非常简化的模型来计算回用循环次数或生产含二次纤维纸张的配浆中二次纤维的世代数及其比例,如图 8-27 所示。此模型对回用过程进行了如下简化:

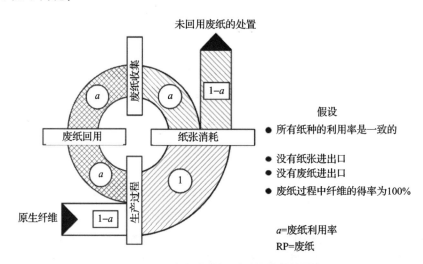

图 8-27　二次纤维回用循环的单参数模型

① 一个国家中所有等级纸张的废纸利用率都相同,比如 50%;

② 没有废纸的进出口;

③ 没有新纸品的进出口;

④ 在废纸处理过程中没有得率损失。

本模型一个很重要的假设是,没有纸张的进口,因为如果进口由原生纤维制得的纸,就在进口国的回用系统引入新鲜的第一代二次纤维。该模型中唯一的变量是废纸的利用率,用 a 表示。$(1-a)$ 表示在纸张生产过程中需要加入的原生纤维的比例。

图 8-28 利用所谓的年龄树,通过 3 代来演示二次纤维年龄结构或世代数的计算方法。纸 A 是由二次纤维和原生纤维以相同的比例($a=50\%$)重复制得的。由于所用废纸的来源与旧纸 A 完全一样,因此纸 A 中含有已在回用系统中循环不同次数的二次纤维,比如 G3 代的原生纤维,它们已经被用过 3 次了。

在下文中,给出不同世代数的纤维所占的比例 g_j,用作计算纸 A 配浆中二次纤维的年龄结构:

$$g_0 = 1 - a \qquad (8-3)$$

g_0 表示第零代纤维的比例,即原生纤维的比例。

$$g_1 = a(1-a) \qquad (8-4)$$

g_1 表示第一代二次纤维的比例。

$$g_2 = a^2(1-a) \qquad (8-5)$$

g_2 表示第二代二次纤维的比例。

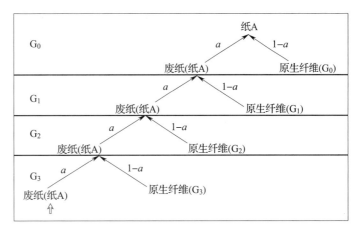

图 8 - 28 纸张多次回用的年龄结构 (世代数)

$$g_n = a^n(1-a) \qquad (8-6)$$

g_n 表示第 n 代二次纤维的比例。

将式(8-3)到式(8-6)相加所得的和,即可得到所有世代数二次纤维的比例 g_i 之和 S_n(包括第零代 g_0):

$$S_n = g_0 + g_1 + g_2 + \cdots + g_n \qquad (8-7)$$

$$S_n = (1-a) + a(1-a) + a^2(1-a) + \cdots + a^n(1-a) = 1(100\%) \quad 0 \leqslant a < 1 \qquad (8-8)$$

根据式(8-8)可知,在 3 种不同废纸利用率的条件下,纸浆中纤维的世代数及其比例如图 8-29 所示的柱状图。此时,G_0 代表原生纤维(g_0 为其比例),G_1 到 G_n 分别表示已在回用系统中循环不同次数的 RCF 再生纤维(g_1 至 g_n 为其比例)。

最低的利用率($a = 0.25$,25%)反映的是 20 世纪 80 年代美国的状况。利用率为 0.5(50%)时模拟的是 20 世纪 90 年代初德国和日本的情况。而利用率为 0.75(75%)适用于目前的其他一些国家。

从数学的角度来看,纤维世代数应该是无穷大的。图 8-29 中所示的系列柱图是以纸浆总质量的约 99% 为界,所有更大及未显示出世代数的纤维比例不超过 1%。鉴于现实及技术原因,低于总浆料量 1% 的那些大世代数二次纤维的再生过程不包括在其中。

图 8-30 显示的是纤维世代数总和

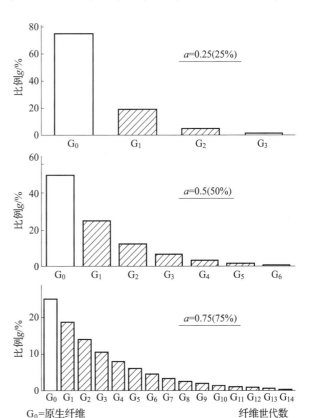

图 8 - 29 纤维世代数及其比例与废纸利用率的关系

$N_{总}$与废纸利用率 a 之间的关系。当 a 等于 1.0(100%) 时,函数趋于无穷大。当 a 等于 0.5(50%) 时,尽管 50% 的纸浆为原生浆,但纸浆中仍会含有六代不同的二次纤维。随着 a 值的增大,二次纤维的世代数会急剧增多。由于仅占纸浆总量很小比例的纤维的世代数也算在其总和之内,因此纤维世代数总和会引起很大的误解,且从技术层面上来讲没有什么实际意义。

除世代数总和外,可用式(8-9)所定义的纤维世代数平均值 $\overline{N}$ 来描述纸浆中二次纤维的年龄结构。从技术角度而言,图 8-31 比图 8-30 更具有实质性意义。

$$\overline{N} = \frac{a}{1-a} \quad 0 \leqslant a < 1 \tag{8-9}$$

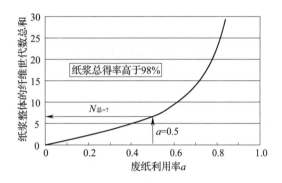

图 8-30 纸浆整体的纤维世代数总和
与废纸利用率之间的关系

图 8-31 纸浆整体的纤维世代数平均值与
废纸利用率之间的关系

以废纸利用率 a 等于 0.5 为例,纸浆(或用于产浆的含二次纤维的废纸)中所有纤维的平均年龄为 $N=1$,是很低的,因为其配浆为 50% 原生纤维和 50% 六代回用纤维。这种情况下,原生纤维和第一、二代二次纤维是该浆的主要组分,如图 8-32 所示。当废纸利用率 $a=0.5$ 时,三者加起来共占纸浆总量的 90%。当利用率 $a=0.67$ 时,平均年龄增至 2,三者之和占纸浆总量的 70%。

上述单参数(变量)模型着

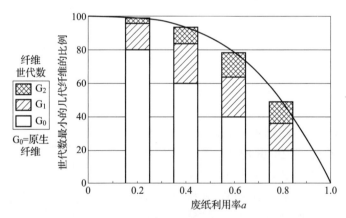

图 8-32 纸浆整体的纤维世代数平均值与
废纸利用率之间的关系

眼于全国性的回用体系。总之,当全世界所有等级的纸均有相同的废纸利用率时,这个模型对全球性的回用体系也是有效的。

8.2.5.1 多参数模型

该模型以废纸生产新闻纸为例。图 8-33 显示的是纸产品、废纸组分或纸浆等物料流的定性特性和非定量特性。国内生产的新闻纸中均含有原生纤维和二次纤维。国内生产的杂志纸以及进口的新闻纸和杂志纸也一样(都含有原生纤维和二次纤维)。生产脱墨浆所用废纸混合物中二次纤维的组成更为复杂。该废纸混合物含有如下组分:

① 由原生纤维和二次纤维抄制的旧报纸,质量比为 45% ;

② 由原生纤维和二次纤维抄制的 SC 和 LWC 纸组成的旧杂志,质量比为 45% ;

③ 由原生纤维抄造的不含磨木浆的纸张制成的纸制品,质量比为 10%

为了更清楚地描述这个模型,该部分未显示在图 8 - 33 中。

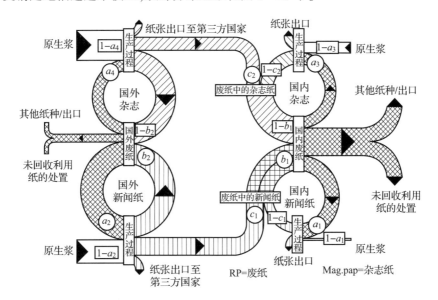

图 8 - 33 国内外新闻纸和杂志纸的回用循环模型

国内外生产这 4 种等级的纸张所用的原料可能是:原生纤维与二次纤维的混合物,单纯的原生纤维,或单纯的二次纤维。这样就形成了一个复杂的浆料体系,包括纸的等级、纤维混合物的组成以及不同等级的纸张中纤维的年龄等因素。

因此,必须需要考虑的因素是,用于生产国内报纸的新闻纸可能来自国内,也可能来自国外;而且,国内与国际的废纸利用率是不同的。这一点也同样适用于由 SC 和 LWC 制得的杂志纸。因此,多参数模型中可能会有 18 个变量,这就不能像双参数模型那样把如此多的变量融合到简单的方程中去。使用特殊的计算机程序可以计算出全国范围内纤维混合物(原生纤维和二次纤维)的平均年龄。1997 年 Hunold 等人利用 1994 年的数据建立了一个多参数模型[74]。图 8 - 34 表示的是 Hunold 等人针对德国 1994 年的状况得出的结果以及对 2005 年的预测。

如图 8 - 34 所示,1994 年德国用于生产新闻纸的纸浆平均纤维年龄约为 1.26。根据 Hunold 的预测,该平均

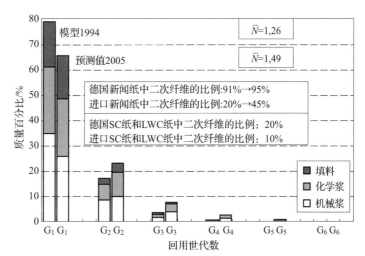

图 8 - 34 德国国内新闻纸纤维世代数
分布及平均世代数计算[75]

纤维年龄到 2005 年时会增至 1.49。

Putz 等人根据 2003 年的实际数据更新了 Hunold 的模型[75]。经证实,Hunold 模型对 2005 年平均纤维年龄的预测值(1.49)与 2003 年的实际数据(1.48)非常接近。

Putz 等人对 Hunold 的工作进行了延伸,采用十分极端的条件对 2015 年的数据作了新的预测,结果如图 8 – 35 所示。

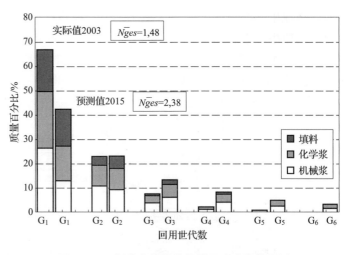

图 8 – 35　纤维世代数分布及平均世代数预测

① 德国新闻纸中二次纤维的比例:100%;

② 德国 SC 纸中二次纤维的比例:50%;

③ 德国 LWC 纸中二次纤维的比例:35%;

④ 德国双胶纸中二次纤维的比例:20%;

⑤ 进口新闻纸中二次纤维的比例:80%;

⑥ 进口 SC 纸中二次纤维的比例:50%;

⑦ 进口 LWC 纸二次纤维的比例:35%;

⑧ 进口双胶纸中二次纤维的比例:20%。

据预测结果可知,在不久的将来,德国用于生产新闻纸的纸浆的平均纤维年龄不会超过 2.4。纸浆质量随平均纤维年龄的变化情况如图 8 – 36 所示。

如图 8 – 36 所示,随着平均纤维年龄的增大,纸浆的重要性质并没有像预想的那样发生很大的变化。这些结果是在实验室研究的基础上得出的[74],与其他多次回用实验(包括实验室、中试和工业化大生产规模的)的研究结果是一致的(见 1.4.3 部分)。从这些实验结果可以看出,将来仍有潜力对纤维进行更多次的回用。平均纤维年龄不会超过临界值,对纸浆的性质也不产生太大的负面影响。将二次纤维作为原料是节约能量和资源的一条可继续发展之路。

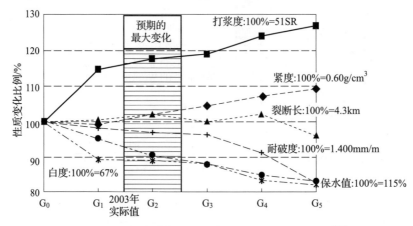

图 8 – 36　回用浆纤维平均世代数与纤维特性的关系[75]

8.3 造纸过程中的二次纤维

8.3.1 概述

实验结果表明,回用过程会导致纤维和纸浆的性质发生根本性的变化(如本章前部分所述)。实验室和中试实验发现,二次纤维与原生纤维相比,没有哪个更好或更差;但两者是不一样的。接下来的章节将讨论纤维回用对造纸过程中浆料的行为以及产品质量的影响。

未漂白脱墨浆与原生纤维相比最为明显的质量差别是,前者的油墨尘埃点多、白度低,因为油墨脱除工艺并不是完美的。高强度的热分散处理可使油墨尘埃点变得很小,以至于肉眼观察不到。这种较小的油墨颗粒会降低纸浆的白度,且更易于被细纤维化的纤维所捕获。废纸的老化也会影响二次纤维的最终白度和色调。漂白虽然可以弥补白度的降低,但难以获得高白度。脱墨浆的漂白请参见第七章。

就纸张抄造而言,回用浆最致命的缺点是其中含有残余污染物,如油墨、胶黏剂、胶和塑料等。这些残余物会在辊子和织物上形成沉积,降低纸机的运行性能。纸浆的胶黏物含量取决于废纸收集和处理系统。控制胶黏物不利影响的机械和化学方法有很多。本书第五章对此进行了详细地描述。

当试图对回用浆的行为或质量进行预测时,非均一性是废纸与生俱来的一个问题。尽管对各种等级的废纸有一致的界定,但废纸收集系统会获取到二次纤维不同类型的纤维及其他造纸配料(如矿物颜料)。比如,根据所在地理位置不同,从家庭和文印室收集到的用于生产脱墨浆的废纸中会含有不同比例的机械浆和化学浆纤维。

8.3.2 废纸的降级使用与品质提升

8.3.2.1 降级使用

理论上讲,废纸经过处理后得到的二次纤维纸浆应可生产与废纸本身同等级的纸张。但由于种种原因,这一原则不尽适用。很多情况下,二次纤维纸浆仅限于用作生产质量要求较低的纸张。这就意味着降级使用。原因包括以下几个方面:

① 纤维的质量或者回用过程中污染物的脱除效果不足以使二次纤维纸浆重新用于生产原产品。

② 如果所用废纸是由不同印刷品和纤维组成的混合物,那么混合物中低品质的纤维就会限制二次纤维的应用。这样的话,废纸混合物中高品质纤维就会被降级使用。

③ 较高等级的废纸可用于生产较低等级的纸张,以弥补其他纸料组分带来的不足。比如,用脱墨浆生产新闻纸的厂家通常加入一定量的旧杂志来改善脱墨效果和白度。

④ 纸张的涂布通常会提高其质量。在回用时,涂布纸通常会被降级使用。从回用的角度来看,涂布会向二次纤维浆料中携入精细颜料和黏合剂。这些物质不适合作为填料,而且可能对滤水产生负面影响。因此,若要使用涂布纸,脱墨浆生产商在脱墨操作中必须重视灰分的脱除。

某些等级的纸张永远无法重新用于生产同类型的纸张。很多印刷品可用于生产包装纸和纸板;而某些生活用纸是不能回用的。这并不一定就意味着二次纤维的降级使用。

8.3.2.2 品质提升

原则上讲,可通过以下方式对二次纤维进行品质提升:

① 通过漂白或其他化学和机械处理等方法可以改善二次纤维纸浆的质量,甚至超过其在最初产品中的品质。比如,将脱墨浆分级为长纤维和短纤维两部分,并分别进行处理,经漂白后可用于生产高品质印刷纸。这在实践中是不常见的,因为单独用短纤维或长纤维造纸有许多缺点。二次纤维分级处理大多用于 OCC(旧瓦楞纸板)或混合(本色)废纸,以生产多层纸板。

② 少量品质较低的废纸有时会混在等级较高的废纸中,后者仍有能力来"隐藏"或弥补最终二次纤维纸浆中由前者带来的缺点。比如,二次纤维经过漂白后,尽管其中可能有 5% ~ 10% 的机械浆纤维,但它仍可以归类为"不含磨木浆"的纸浆。

③ 外观有缺陷的二次纤维易通过成层的方式(层理)隐藏在纸页中,比如在各种纸板的多层成形过程中。印刷纸生产商已经对此做法的可行性进行了一段时间的讨论,现在也有一些此类型的应用实例。分层(层理)可能还有利于隐藏微细胶黏物。然而,印刷纸多层成形技术如今尚未得到广泛的工业化应用。

④ 在涂布原纸的配料中使用较低品质的二次纤维亦可被认为是利用了类似的"隐藏"原理,这种做法在将来可能有所发展。这将取决于膜转移涂布技术(即辊式涂布)的发展情况。与目前占主导地位的刮刀式涂布相比,辊式涂布对原纸的质量要求较低。

⑤ 废纸升级使用的一个特殊案例是,在高等级的纸张中使用较低等级的二次纤维,并且接受由此带来的质量损失。比如,出于环境方面的考虑,二次纤维含量高达 100% 的办公用纸也颇受欢迎。

8.3.3 脱墨工艺的得率对纸浆性质的影响

二次纤维脱墨工艺的目标是脱除污染物和印刷油墨,这就不可避免地造成纤维、细小纤维和填料的流失。通常情况下,浮选损失与脱墨浆白度之间存在直接的关系。绝大多数情况下,强化浮选系统的功效会同时提高两者(损失和白度)的水平。

印刷油墨的剥离效果差不仅会影响纸浆的白度,还会影响浮选的得率。某些类型胶版印刷油墨的老化对印刷品的可脱墨性有很大的影响[48]。由于氧化作用,油墨黏合剂中的碳链不饱和键被打开,并与纤维上的活性基团反应[49]。这会导致很多油墨点黏附在纤维上,

纤维和细小纤维的疏水性变强,从而导致浮选的损失更高。如图8 – 37所示,在新闻纸(由 TMP 制得的)浮选中试试验中若使用易于发生老化反应的油墨,浮选损失由 7% 升高至 15% ~20%[48]。

可惜的是,这个中试试验没有阐明是否长纤维部分的损失要比细小纤维部分的要大。油墨老化倾向性的高低通常是评价印刷品可回用性的一个重要标准。

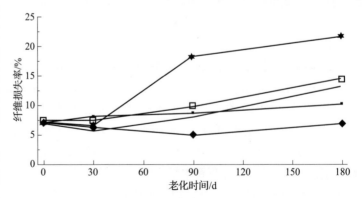

图 8 – 37 不同胶印新闻纸在浮选过程中纤维损失率随老化
时间的变化情况[48]

US   INK 1   INK 2   INK 3   INK 4

研究发现[5,38],如果纸浆中的油墨含量低于1%,那么残余印刷油墨对纸浆的抗张强度和滤水性的影响很小。只有由办公废纸制得的脱墨浆中,扁平片状的油墨颗粒才会对纤维与纤维之间的接触产生很强的干扰作用。

8.3.3.1　脱墨过程中细小纤维和矿物颜料的流失

通过分析浆渣和良浆的组成可以揭示纸浆组分比例的变化情况。这些变化通常取决于原材料、脱墨工艺的设计和操作。在多个脱墨浆生产车间进行的一项研究可以总结为[76]:在浮选脱墨的良浆中,初始浆料的颜料含量有明显降低;纤维组分(200目以上)的比例有所升高,而木材细小纤维(200目以下)的比例基本上不变,这说明细小纤维的去除率要高于纤维部分(并非按照细小纤维与纤维的比例进行等比例去除)。

一些等级的废纸中含有大量填料和涂布颜料,这些物质可以部分代替新鲜填料,以改善印刷纸的光学性质。有时会在脱墨过程中故意去除一部分颜料,因为配浆中过量的灰分会降低纸张的松厚度;纸张过于柔软,在很多方面无法使用。颜料含量高还对生活用纸的柔软性产生不利影响,从而在平版印刷过程中有可能形成网毯沉积物。另外,颜料含量高会降低纸张的强度性质。

位于德国 Bietigheim - Bissingen 的国际脱墨行业协会(INGEDE, International Association of the Deinking Industry)对脱墨工艺的实际运行情况进行了一项有趣的研究[77]。他们对生产多种用途(绝大多数是新闻纸)脱墨浆的欧洲成员单位的 20 条脱墨生产线进行了研究。结果发现,灰分含量的变化范围很大,且在很大程度上取决于废纸中杂志纸的比例。碎浆后废纸的平均灰分含量为21%(最高达30%),但在脱墨过程中该含量逐渐降为13.5%。可能由于表面特性的差异,碳酸钙的减少量为高岭土的2倍。研究发现,纸浆的强度性质与脱墨浆成浆的灰分含量之间存在反比关系,但相关性并不高,因为其他纸浆组分的含量差异也较大。比如,化学浆纤维含量在22%~60%之间波动。

设计一个更为合适的工艺或使用恰当的浮选脱墨化学,可明显提高系统去除灰分的能力。比如,微气浮法可部分或完全去除白水循环中的悬浮颗粒。一段洗涤脱墨就几乎可以把纸浆中的灰分完全去除掉。这些操作(微气浮,洗涤脱墨)也可以像去除填料和涂布颜料那样有效地去除细小纤维。

细小纤维的流失对纸页的性质有很大的影响。比如,在印刷用纸中使用脱墨浆(含磨木浆)时,细小纤维含量不足可能会成为一个不利因素,其中的原因是多方面的。细小纤维对纸张的不透明度和平滑性起很关键的作用。

细小纤维的预期得率通常取决于纸浆的最终用途。生活用纸用脱墨浆的流程中,为提高产品的质量,矿物和细小纤维经过洗涤后几乎可以完全被去除。在包装材料的回用过程中,结合力较差、角质化的细小纤维会产生累积,降低纸浆的滤水性,因而要像填料一样把它们去除掉。

8.3.3.2　浮选脱墨的纤维得率

长纤维部分的高保留率是所有二次纤维工艺所希望达到的一个指标。可通过调节浮选过程的运行条件或浮选槽的流体力学设计来控制脱墨过程中长纤维的保留情况[78]。根据浮选槽中纸浆浓度的高低和湍流情况,长纤维可能会分布不均一,浓缩形成絮团。不能形成网络的较短纤维和细小纤维集中在絮团之间的区域,被途经絮团周围的上升的水和气泡携带至泡沫中。这就是为什么在浮选排渣中矿物质和细小纤维浓度较高的原因。在浆浓较低或湍流较强时,絮团被打破;更多的长纤维被气泡捕获并携带至泡沫中,从而造成纸浆得率的损失。高度絮聚的纸浆不能有效地进行脱墨,因为气泡无法与絮团内的油墨颗粒接触。因此,浮选槽首先应该包括一个"高湍流区",使气泡与油墨颗粒之间的碰撞概率最大;然后是一个较为"平静"的浮选区域,负载油墨的气泡在纤维絮团之间迁移,并最终被排除掉。

钙离子含量高会使长纤维的疏水性增强或促使油墨沉淀在纤维上,从而增大纤维损失率[79]。大气泡与长纤维之间的黏附行为尚未被完全证实。因此,前述的流体力学转移机理似乎比可能存在的表面化学机理更占主导地位[78]。表面化学机理的确可以解释浮选过程中颜料得率与纤维性物质得率之间的差异。若要在回用操作过程中提高纤维的得率,还应关注筛选段和净化段。

传统观点认为,浮选脱墨可以选择性地去除那些受损、受污染的纤维。Korpela 等人对大生产的浮选段进浆和尾渣中的长纤维进行了详细的显微分析[76]。研究结果显示,进浆和尾渣中长纤维的长度或细纤维化过程中的表面特性并没有不同。进浆和尾渣中机械浆纤维与化学浆纤维的比例大致相同。因此,纤维中木素含量的差异对浮选并不起重要作用。很明显的是,尾渣中的纤维受到了油墨的污染。要测定这些纤维在何种程度上是被选择性地浮起或是简单地从浮选泡沫中吸附油墨,是很困难的。

8.3.3.3 浮选对强度性质的影响

在工业化的浮选脱墨过程中,纸浆组分与纤维部分之间的比例在不断变化。这种变化对强度性质的影响是值得关注的。Le 等人对欧洲三个脱墨车间的纸浆进行了分析[80],这些脱墨车间使用的是从家庭收集来的废纸。他们对碎浆后、前浮选后、热分散处理之前等处的纸浆进行了分析,结果如表 8 – 5 所示。不同车间所用废纸中旧报纸与杂志纸的比例相差甚大。矿物颜料的量平均降低了约 40%,长纤维的比例平均提高至总纤维配料的约 7%,源自木材的细小纤维的比例略有提高。

降低填料和涂布颜料的含量可明显改善纤维之间的结合能力,而提高长纤维的比例可以改善撕裂强度。细小纤维流失率偏高(与长纤维相比)并没有对结合能力产生明显的负面影响。与浮起的纸浆相比,未浮起的纸浆中油墨污染物的含量较高,可能会在一定程度上降低强度性质。

表 8 – 5 工业化浮选脱墨过程中强度性质的变化情况[80]

性质	碎浆后	前浮选后
裂断长/km	3.73	4.33
耐破指数/($kPa \cdot m^2/g$)	2.06	2.56
撕裂指数/($mN \cdot dm^2/g$)	911	1006

8.3.4 通过机械处理提高二次纤维的造纸性能

如今,压力或常压热分散或揉搓段是二次纤维处理过程中常见的工序。该工序将纸浆脱水至高达 25% ~ 35% 的浓度,并在指定的温度下进行剧烈的机械处理。该处理过程可以有效地分散胶黏或油墨尘埃点,消除细菌或其代谢产物,并且可以在高浓条件下对漂白化学品进行强烈地混合。第五章和第六章对此进行了详细的描述。该处理过程的另一个作用是改善纸浆的质量。对某些纸和纸板而言,高浓或低浓磨浆(精浆)处理是二次纤维工艺的一部分,用以改善发生角质化化学浆纤维的造纸潜力。

8.3.4.1 磨浆对机械浆纤维的影响

当使用从家庭收集到的废纸来生产高品质的印刷用纸时,旧报纸中挺硬的机械浆纤维会造成质量问题。需要对该部分机械浆组分进行适当地处理,以便在强度、适印性和光学性质之间达到一个较好的平衡。换句话说,所用的浆料应该是由长、软纤维与细小组分组成的理想混合物;这些细小组分有利于改善纤维的结合力、表面平滑度和光散射性能。若纸浆纤维的结合力较高,必要时可以提高印刷用纸的灰分含量。因此,对于印刷用纸类的产品而言,推荐采用多段热分散或将热分散与后磨浆段(精浆段)结合在一起。此类工艺类似于 TMP 车间的浆渣再磨流程。因此,当试图利用机械处理提高脱墨浆的质量时,有必要弄清楚磨浆的基本原理,以及木材纤维对打浆处理的响应特性。

　　针叶木管胞的结构示意图如图 8 –38 所示。针叶木纤维中 90 % ~95% 为管胞,其他组分主要为非常短小的(0.1mm)薄壁细胞(射线细胞)。S2 层是纤维细胞壁中最厚的一层。S2 层决定了纤维究竟属于厚壁的晚材纤维,还是薄壁的早材纤维。与早材相比,晚材的细胞壁要厚得多,因此其胞腔要小得多。在干燥时,早材纤维比晚材纤维更易于塌陷。

　　挺硬的机械浆长纤维不够柔软,单靠它们不能形成良好的纤维结合。若在实验室中单独使用长纤维组分制备手抄片,在湿压榨后及干燥过程中,纤维网络会由于回弹效应而变得疏松。为了克服这一点,可采用磨浆的方法来提高这些纤维的柔软性。经过磨浆处理的细长纤维可与其他纤维交叉重叠,从而提高结合面积,以便于制备紧度和平滑度更高的纸页。粗糙的TMP 纤维经过打浆后其柔软性有所提高,主要是由于细胞壁结构变得疏松,即发生了内部细纤维化。纤维横切面

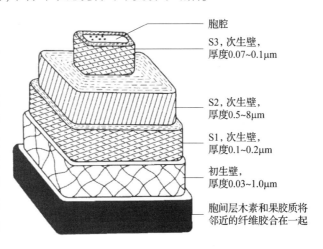

的尺寸变化基本上可以忽略不计[82]。对分离出来的粗纤维部分进行选择性地磨浆处理,比对TMP 整体进行磨浆可以更有效地提高纤维的柔软性[82]。特别是对厚壁的晚材纤维而言,更需要进行高强度磨浆。

图 8 –38　针叶木纤维结构示意图[81]

胞腔

S3,次生壁,
厚度0.07~0.1μm

S2,次生壁,
厚度0.5~8μm

S1,次生壁,
厚度0.1~0.2μm

初生壁,
厚度0.03~1.0μm

胞间层木素和果胶质将
邻近的纤维胶合在一起

　　机械浆纤维的磨浆处理是一个随机过程。在此过程中,纤维的长度会由于切断和破裂而变短,细胞壁的厚度也会变小。

　　提高能耗可以同时强化上述两个因素(纤维长度变短,细胞壁变薄)。在磨浆过程中,中等大小部分(48 ~200 目之间)和细小纤维部分(通过 200 目网)的比例增大,因为产生了更多的纤维和细胞壁碎片或从 S2 层上剥离下来的宽带状颗粒[24,87]。在磨浆的起始阶段形成了一些粗短的纤维碎片,通常称之为初生细小纤维。当磨浆过程继续进行到 S2 层时,产生了一些薄片式的带状细小纤维,被称之为二次细小纤维。二次细小纤维通常有益于提高纤维的结合力,而初生细小纤维可以提高纸页的平滑度和光学性质[81]。

8.3.5　磨浆对脱墨浆的影响

　　脱墨浆中含有来自于旧报纸和杂志纸的化学浆纤维和机械浆纤维,因此提高脱墨浆的造纸潜力是一项很复杂的工作。低浓磨浆是常见的手段(特别是对后磨浆段而言),它可以降低粗纤维或纤维束的含量。在低浓磨浆过程中,撕裂度的降低通常是难免的,因为纤维长度变短

了。为保持撕裂度,推荐采用中等比边缘负荷(specific edge load,SEL)和能耗的磨浆方式[83]。低 SEL 磨浆不能像高 SEL 磨浆那样可以快速地提高抗张强度。长纤维的粗糙度下降以及纸页的光散射能力降低均表明,在低浓磨浆过程中有二次细小纤维产生。

低浓磨浆过程中纤维结合力的形成还取决于脱墨浆浆料的组成。Luniainen 等人在磨浆试验中发现[84],化学浆纤维含量较高的脱墨浆在长时间的磨浆过程中,抗张强度保持稳定地增大。而机械浆纤维含量较高的脱墨浆在磨浆时,抗张强度的增大很快就趋向平稳;若继续进行打浆,会导致撕裂强度出现大幅度降低。这类脱墨浆料在低浓磨浆时很容易发生过度磨浆。

Selder 等人研究发现,低浓磨浆可以改善纸张的平滑度(由漏气法测定)[85];但是 Latomaa 等人发现,在采用轮转凹印工艺时,印刷平滑度并没有相应的提高[86]。在低浓时,粗纤维的断片可能未得到充分磨浆;也可能是来自化学浆纤维的二次细小纤维对纸张的轮转凹印适印性产生了不利的影响(参见本章 8.3.6 小节)。

目前人们尚不明确对脱墨浆长纤维部分进行单独磨浆(而不是对脱墨浆整体进行磨浆)的优点何在。采用适当的缝筛可以对脱墨浆的长纤维和短纤维进行筛分。Latomaa 等人利用脱墨浆进行了中试试验[86],几乎可以完全将 28 目网以上的长纤维组分与其他组分分离开,以对前者进行高浓磨浆。每经过一段磨浆后,长纤维组分与短纤维组分重新混合。将此混合物的纸页性质与磨浆至相同游离度的未筛分脱墨浆的纸页性质进行对比。出乎意料的是,长纤维的单独处理(磨浆)消耗了更多的能量,但所得纸页的平滑度和抗张强度与脱墨浆整体磨浆的相比并没有明显的改善。

需要说明的是,脱墨浆的长纤维部分是机械浆纤维和化学浆纤维的混合物,且比例不可控,这就需要进行不同的处理过程以改善强度性质或印刷适性。化学浆纤维在高浓高温磨浆条件下还会出现一些特殊的反应(见下文)。目前的筛分技术尚不能对化学浆纤维进行选择性的分离(与机械浆分离)。

8.3.6　磨浆处理对角质化化学浆纤维的影响

回用化学浆与回用机械浆之间的根本区别在于,化学浆纤维的细胞壁会发生角质化。角质化主要表现为水对细胞壁的可及性降低。由此导致的润胀能力的下降在测定保水值时表现最为明显。另外,在显微分析中,润胀能力受损的纤维,其细胞壁横切面积和厚度均有所降低[87]。重新浸湿的纤维一经干燥,其胞腔直径和细胞外径都会减小。整个纤维会发生坍塌和扁平化。厚壁的晚材纤维在干燥时收缩得特别厉害。湿化学浆纤维在不同条件下的形态变化示意图如图 8 - 39 所示[88]。

图 8 - 39　从未干燥过的、干燥过的及未打浆的湿化学浆纤维示意图[88]

纤维外径的减小可能是由于某些物质从纤维表面剥离掉了。通过磨浆处理,纤维可以恢复至大致与原生纤维相同的环状横切面[89]。湿纤维的去塌陷现象如图 8 - 40 所示。

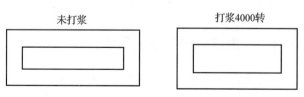

图 8 - 40　未打浆的及打浆后的化学浆干纤维的平均尺寸示意图88

　　除引起纤维细胞壁结构的形态变化外,磨浆的机械作用还能够从回用化学浆纤维的外层上剥离出二次细小纤维。当磨浆处理开始影响到纤维 S2 层的有序结构时,就会产生二次细小纤维,其中主要包含薄片形式的(分层的)带状物质。Waterhouse 等人研究发现[90],打浆后化学浆的二次细小纤维主要存在于纤维表面微细纤维之间的空隙中,对纤维间结合力的形成有重要的作用。回用化学浆中的初生细小纤维,比如薄壁细胞及在前一个造纸循环中形成的细小纤维,在磨浆之前就已经存在。初生细小纤维与化学浆长纤维类似,其保水值也随着干燥的进行而逐渐降低[5],但不能通过打浆的方法来恢复。

　　Waterhouse 等人研究发现[90],经过高强度压榨和干燥后的纸张在磨浆时得到的二次细小纤维,与原生纤维在磨浆时得到的细小纤维一样,也可以有效地强化纤维间的结合力和纸张的弹性特性。回用化学浆纤维的角质化并不会影响二次细小纤维的增强作用(通过打浆获得)。

　　通过磨浆处理来改善纸张强度性质的做法会对回用化学浆的滤水性产生非常不利的影响。McKee 等人在研究中把原生 KP 在加拿大游离度为 585mL 时的耐破强度作为参考值[91]。在每一个回用循环中,将碎解后的浆料磨浆至一定程度,使之强度达到参考耐破强度。他们研究发现,在该类型的回用过程中,在耐破强度恒定时,纸张的紧度、抗张强度以及其他与结合力相关的性质均略有提高。但是,纤维的长度和撕裂强度明显下降。该做法的最大不足之处在于,为保持耐破强度达到参考值水平,在第一个回用循环中,纸浆的加拿大游离度从原生浆的585mL 降至 455mL,在第三个循环中降至 250mL,在第五个循环中降至 90mL。

　　二次纤维工艺中的揉搓或热分散段不能恢复由角质化引起的纤维润胀能力的损失。根据温度的不同,高速热分散通常可以改善抗张和耐破强度[92]。低速揉搓反而会导致上述强度性质(抗张和耐破强度)的轻度下降,且纸张的透气性也会提高。尽管有打浆效果,但纤维处于高浓和高温条件下会出现潜态。为消除高浓磨浆、热分散或闪干过程引起的纤维卷曲或潜态,通常在不含磨木浆的 RCF 过程中加入低浓打浆处理。

8.3.6.1　化学条件对磨浆效果的影响

　　干强剂(如淀粉)对改善纤维间的结合力很有用,且不像磨浆处理那样牺牲含磨木浆浆料的脱水能力。由于干强剂的分子尺寸较大,因而其渗透到细胞壁微孔的能力受到限制。因此,这些助剂并不能完全替代打浆,以恢复角质化纤维的润胀能力。有时,回用流程中会包含氧气、过氧化氢和氢氧化钠等化学处理过程。氢氧化钠可以通过打开纤维间结合键的方式来促进纤维的润胀。在 Freeland 等人的一项研究中[93],他们在对 OCC 纸浆进行 PFI 磨浆之前,将其在 2% 的氢氧化钠中浸泡 4h。实验结果如图 8-41 和图 8-42 所示。

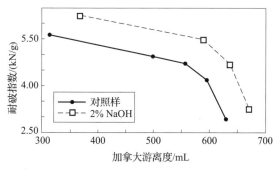

图 8-41　打浆对耐破度的影响

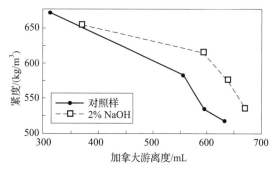

图 8-42　打浆对纸张紧度的影响

如图 8 – 41 所示,与对比样品(在 pH 为 5.5 时制得)相比,经过氢氧化钠处理的纸浆制得的手抄片耐破指数要高约 25% 。氢氧化钠的润胀效果在纸张的紧度上也体现得很明显,特别是当纸浆的游离度较高时更为明显(如图 8 – 42 所示)。之后,随着游离度的降低,新生成的二次细小纤维使二者(氢氧化钠处理前后的纸浆)之间的紧度值差距逐渐变小。

如本章 8.1.2.3 小节所述,在碱性条件下,纤维细胞壁微结构内会形成渗透压。酸性的羧基在钠离子存在时会发生电离,通过化学方法对纤维的润胀起作用。比如,OCC 浆料比漂白 KP 含有更多此类可离子化的基团。磨浆导致的内部细纤维化作用使得细胞壁中的带电点更易于与系统中的阳离子作用。与钠离子不同,多价阳离子或酸性造纸会使得这些带电基团对纤维润胀失去作用。Le Ny 等人研究发现[80],与把浆料浸泡在氢氧化钠溶液中相比,若在较低 pH 条件下抄造手抄片,纸页的强度性质会有很大幅度的下降。

8.3.6.2 分散或磨浆过程中高温对二次纤维的影响

热分散和揉搓段会导致整个纤维结构发生变化,特别是化学浆纤维特性的变化。在此段,先将纸浆浓缩至 25% ~35% ,再经蒸汽加热 2 ~3min,使入口温度升高至 80 ~120℃。高温更适于杀菌和改善非细菌物质的分散状况。净能量输入通常为中等量,在 30 ~80kW · h/t。大约 85% 的磨浆能量(输入电能)被转化为热能,因此纸浆的温度可能会暂时性地比入口温度高 5 ~15℃。

热处理会改变纤维的吸水能力[94]。纤维素和半纤维素的吸水及润胀过程是一个放热反应。

在热分散或磨浆处理过程中,纤维是充分吸水的。最大可能水分含量(通过保水值或纤维饱和点来测定)及纤维的相应润胀程度均随着温度的升高而降低。

换句话说,纤维随着温度的升高而收缩。这种收缩作用的一部分在纤维冷却后暂时保持为一种"滞后"效应。润胀能力的恢复过程很慢。在本系列书籍中,《造纸化学》对与温度相关的水分在纤维上的吸附与解吸现象进行了详细地描述。二次纤维在 90℃ 条件下的收缩情况及冷却后的滞后效应如图 8 – 43 所示。在超过 100℃ 的高温条件下,这种收缩效应更为明显。

纤维的收缩对纸浆的游离度和强度性质有影响,因为纤维的软化和柔韧性取决于润胀的速率。关于温度(超过 100℃)对与纤维结合相关的强度性质的负面影响,请参见文献[92]、[94] 和[95]。比如,Drehmer 等人对 OCC 浆料在 60 ~120℃ 的热分散处理进行了中试试验[94],结果如表 8 – 6 所示。

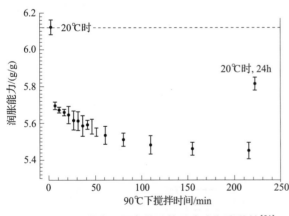

图 8 –43 纸浆在不同条件下的吸水或润胀特性[94]
(20℃条件下保持润胀状态;90℃时,中等程度的
搅拌条件下纤维会收缩;温度降至 20℃时,
纤维的润胀能力得到部分恢复)

表 8 –6 热分散温度对 OCC 浆
性质的影响[94]

参数	碎浆机中	热分散之后		
入口温度/℃	50	66	98	120
分散机能量输入/(kW · h/t)	–	117	112	100
打浆度/°SR	19	23	22	18.5
纸页紧度/m³	590	630	620	600
内结合强度(Scott 法)/(J/m³)	160	240	220	190
抗张指数/(kN · m/kg)	36	42	40	31
耐破指数/(mN/kg)	2.4	2.8	2.7	2.2
撕裂指数/(N · m²/kg)	13.4	12.7	13.4	13.2

试验结果表明,当温度低于95℃时,热分散的磨浆效应占主导地位,纤维间的结合潜力升高。当温度升高至120℃时,延迟的收缩效应对纤维结合能力产生了负面影响,而对撕裂强度有积极影响。经高温处理的纸浆在重新冷却过程中,这种收缩"滞后"效应类似于干燥过程引起的角质化效应。尚不清楚这种滞后效应是否像角质化一样是可逆的,因为纤维的吸水能力经过一定的时间可以从收缩状态恢复回来[94]。热分散处理后的纸浆经稀释后,在中等温度条件下进行打浆,是加快恢复纤维吸水能力的一种较为可行的做法。

8.3.6.3　高浓处理对二次纤维卷曲的影响

众所周知,高温高浓磨浆处理会引起机械浆纤维的卷曲。低浓及中等温度条件下的轻度搅拌处理就可以消除机械浆的这种潜态。低得率浆的卷曲现象是相对稳定的,因而需要更多的机械能才能减少纤维的卷曲情况[95]。与高速热分散处理相比,低速揉搓处理会导致更多的卷曲,且纤维内易形成更多的微压缩区。这可能是由于在低速揉搓过程中纤维受到了较强的纵向压缩作用。在热分散单元操作中,提高运行温度比提高用电量(增加机械能)更容易造成化学浆纤维的卷曲[95]。

Page等人提出了一种有趣的理论来描述卷曲的形成与消除[96]。该理论解释了各种类型的纤维之所以具有不同行为的原因。当机械浆纤维在高浓或高温条件下发生卷曲时,纤维细胞壁中的半纤维素–木素基质可能在卷曲应力的作用下发生流动,而纤维细胞壁中的纤维素层(微细纤维)是结晶态的,可以抵抗这种卷曲应力。如果把纤维在冷水中稀释,那么这种卷曲状态就会固定下来,因为机械浆纤维中的半纤维素–木素基质会变硬,内部应力就会达到一定的平衡。当提高温度时,这种基质变软,且又可以发生流动;而纤维素细纤维的应力迫使机械浆纤维恢复到其最初挺直的形态。

在几乎不含木素或半纤维素的低得率化学浆中,纤维的任何卷曲都对消潜处理不敏感,无论是热的还是冷的消潜处理。在热碱KP制浆过程中,纤维的纤维素次晶态区的有序性变差,即无定形性变强。这些无定形区容易在高浓处理时产生的应力作用下发生流动,此时化学浆纤维就会发生卷曲。纤维细胞壁中不存在能够使纤维恢复到挺直状态的内部应力。低浓磨浆可以在一定程度上将卷曲的化学浆纤维拉直。中浓条件下(10%～15%)的混合或螺旋压榨输送过程甚至都会略微增加化学浆纤维的卷曲程度。

纤维的卷曲和微压缩及其在二次纤维工艺中的控制均对纸张的品质有很大的影响。热分散之后的消潜处理可以提高抗张强度和纸页的紧度。当有意提高纤维的卷曲时,纤维湿网络的延展性及干撕裂强度会提高,但纸页的紧度及其他与纤维结合力有关的强度性质均会下降。总之,控制纤维的卷曲有时可以为改善最终产品的品质提供帮助。比如,在生活用纸中,高松厚度和柔软性是希望得到的性质,而这正是卷曲的纤维所能提供的。在某些包装纸中,由卷曲纤维引起的松厚度、撕裂度和延展性的提高,改善了产品质量。

8.3.7　回用浆对纸机湿部化学的影响

8.3.7.1　脱墨化学品的残留

化学品残留是指加入到废纸处理过程的有机和无机化学品携带到纸机及其白水系统的现象。这些化学品除了会诱发纸机沉积物(即二次胶黏物)的形成外,还对与表面化学有关的纸页性质有影响。这一点特别适用于脱墨工艺中的表面活性剂和脱墨皂。除了会引起胶黏物的形成,脱墨皂还会干扰纤维间的结合,并使得纸页的表面摩擦力较低,在卷取纸辊时可能会增加纸页层间打滑的概率。比如,如果在卷好的新闻纸纸辊中同时存在动态摩擦力较低(滑动)

和紧度较高的现象,就可能导致皱褶的形成[97]。

浮选过程中使用的钙皂也会黏附在纤维上。这种表面活性剂(钙皂)在纤维上的留着是机械捕集和吸附共同起作用的结果。它是范德华力、静电力和流体动力三者相互平衡的结果。加拿大制浆造纸研究所(Paprican,现为FPI)研究人员利用纯脂肪酸和纤维对此留着现象进行了研究[98]。

他们研究发现,纤维细胞壁中存在以钠皂形式存在的脂肪酸。当向含有钠皂的浆料中加入钙离子时,并没有观察到脂肪酸会被捕集到细胞壁结构中;由于尺寸较大,钙皂形成的大颗粒只能存在于纤维的外部(不能进入细胞内部,如图8-44所示)。

图8-44以简化的方式显示了脂肪酸皂的尺寸与纤维细胞壁结构单元之间的关系。微纤丝层之间的空隙为大孔隙。纤丝之间的孔隙为微孔,只有很小粒子才可以通过。细胞壁中的大孔隙的直径可达到30nm,临界胶束浓度(约0.48mol/L)的油酸钠(7nm)可以进入。而油酸钙颗粒(水力学直径为230nm)则无法进入。

当钙离子的加入量相同时(约7.0mg/L),油酸钙在纤维上的留着是可以忽略不计的。当钙离子的加入量提高10倍时(在实践中的常见加入量),在过滤实验中,高达60%的钙皂会吸附在KP纤维垫层中[98-99]。钙皂的留着行为可用DLVO理论来解释。DLVO理论阐述的是处于静电稳定态分散液的胶体稳定性的(请参见本系列图书《造纸化学》)。钙皂颗粒与纤维类似,是带负电的,通常情况下它们是相互排斥的。纸浆悬浮液中的过量钙离子会将静电斥力抑制到一定程度,从而使得其他作用力(如范德华力或机械捕集力)能够显著地提高钙皂在纤维上的沉积。另外,pH也是影响钙皂和脂肪酸发生胶体留着的一个重要因素(如图8-45所示)。当pH高于8时,留着量较低。随着pH的降低,留着量逐渐增加,在pH为6时达到最大。这一行为也可由纤维与钙皂之间的相互作用来解释。pH较高时,纤维中的酸性基团的活性要比pH为6时的高,因而能够排斥钙皂颗粒。

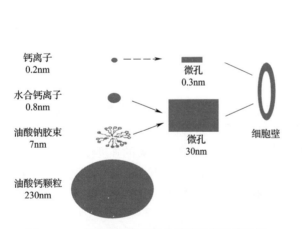

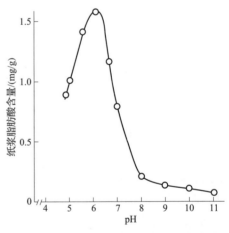

图8-44 细胞壁多孔性及油酸类残留皂化物的
相对尺寸简图[98]

图8-45 不同pH条件下钙皂和脂肪酸
在TMP长纤维上的沉积量[99]

钙皂颗粒与纤维表面的黏附力不是很强。它与周围的液相之间存在一个吸附-解吸动态平衡。钙皂颗粒可以从纤维上释放到引入的"干净"水中,也可以从"含皂"水中吸附到干净的纤维上[98]。Krook等人对一些脱墨车间进行了分析。结果发现[100],在浓缩过程中,脂肪酸(如钙皂)通常进入纤维流(被纤维携走)。因此,尽管在纸机白水系统中加入清水,但纸机的白水还是会被脱墨浆的残留物质所污染。

据文献报道[100-102],脱墨浆中皂的残留在0.6~13kg/t,平均值约为2kg/t。脱墨工艺的设计与操作、pH 和脱墨化学都会影响皂的残留量。有时,将钙皂脱墨化学换成脂肪酸乳液或非离子型表面活性剂(中性脱墨),其目的是避免脱墨化学品被携入到纸机中。文献报道的皂残留量变化范围很大,部分原因可能是所用的分析方法不同。本书第七章讨论了脂肪酸的分析方法。

8.3.7.2　湿部化学品重新回到造纸过程中

造纸过程中使用了大量各种各样的湿部化学品。这些化学品可能会存在于成品中,并最终随着废纸回到造纸系统中。特别是阳离子型聚合物,尽管它们的确切位置或附着模式尚不详知,但它们确实会附着在浆料中的固形物上。一个值得注意的问题是,最初加入的化学品是否在脱墨过程中继续保留在纤维上,并影响在后续造纸工段中新加入的化学品的功效。可能最为常见的情况是,用阳离子型湿部化学品作为定着剂把阴离子垃圾结合在纸页中。Holmback 等人研究了那些最初被阳离子型助剂固着在纸页中的模型物(木素磺酸盐)在纸张疏解过程中的释放情况[103]。在中性 pH 时,阴离子物质的解离是非常少的;但当 pH 高于 9 时,其释放量是相当大的。在碱性脱墨和漂白工艺中,pH 高于 9 是很正常的。因此,只要系统水的管理是基于逆流原理的,那么就有可能在脱墨工艺中将被定着的阴离子垃圾和旧助剂清洗干净。当 pH 降低时,模型物重新附着在纤维上[103]。这意味着,当排斥效应由高 pH 造成时,纤维与旧阳离子聚合物(仍带正电荷)之间的相互作用是可以恢复的。

在废纸回用过程中,纤维上通常吸附着大量的阳离子聚合物(如淀粉或 AKD 施胶剂)[104]。然而,对一些阳离子型的长链干强剂而言,即使它们可以很好地保留在纸页中,但在后续的造纸循环中仍会失去结合能力[105]。这些长链聚合物在纤维上的附着方式(环式和尾式)可能也会发生很大的变化。

由于阳离子型助剂在造纸中的用量越来越大,且其功效在回用过程中得到了较好的保留,因此它们会在二次纤维中持续累积。如果一个系统逐渐变得过阳离子化,那么由于阳离子静电排斥作用,这些助剂还可以在纸浆悬浮液中起到分散剂的作用。比如,Ackermann 等人利用未涂布的超级压光杂志纸进行脱墨实验[106],这些杂志纸在之前的造纸工段中已进行过强烈的阳离子定着剂或明矾处理。他们研究发现,过阳离子化会干扰脱墨捕集剂对油墨颗粒的絮聚效果。

8.3.8　二次纤维工艺中水耗的降低

在如今一体化的二次纤维生产线中,水的流向通常与纸浆的流向相反(请参见本书第 6 章)。清水在纸机处加入,废水从二次纤维车间排走。在最佳条件下,回用过程开始阶段溶到水中的物质 90% 并不会到达纸机[107]。这一比例取决于整体水耗、浓缩机的脱水率,以及溶解物质在浆垫中的吸附等因素。

由于环境原因及资源有效利用的需要,造纸过程的内部水循环变得越来越封闭。当降低清水的加入量时,白水中溶解与胶体物质(DCS)的含量就会急剧升高。一旦这些有害的 DCS 物质开始絮聚,就会对留着和滤水的控制产生干扰,甚至引起断纸或质量缺陷。除了水循环越来越封闭,第二个主要趋势是二次纤维浆料的用量越来越大。这类浆料中含有很多种物质,它们向系统中引入了不同量的以 DCS 形式存在的有机和无机物质。

在挂面纸板和瓦楞原纸纸厂中比较容易实施过程水系统的全封闭,因为这类纸机的运转性能不像生产印刷用纸的纸机那样敏感。如今,在本色纸的生产过程中,废纸的排放量可以达到 $0 \sim 2.5 m^3/t$。在新闻纸生产中,可以达到 $8 m^3/t$。在脱墨过程中,为了去除剥离下来的油墨和污染物,需要将污水排出。

随着造纸工业水耗的不断降低,值得关注的问题是:二次纤维系统中的哪些 DCS 会在水循环中累积,哪些会存在于纸页中,该系统与原生纤维造纸的区别是什么。弄清这些 DCS 物质行为的一种简单方法就是进行封闭循环试验。在试验中,纸浆样品经过首先稀释和搅拌;经过滤后,滤液重新用于稀释新鲜的浆样。这一过程重复进行指定的次数,通过化学分析方法来测定各种 DCS 物质在此过程中的累积情况。

Ventola 等人进行了详细的封闭循环试验[108],比较了原生浆和再生浆中这些 DCS 物质的行为。他们所用的新闻纸 TMP 取自第二段盘磨,脱墨浆(采用碱性钙皂法进行脱墨)取自脱墨流程末端的浓缩机。第一次稀释用水为蒸馏水,pH 为中性。每一个循环过程中,水要经过两次过滤(通过浆垫),以防止油墨和填料颗粒渗透到滤液中去。接下来讨论的试验结果包括某些关键 DCS 物质的累积倾向及其组成[108]。

8.3.8.1 回用浆产生的阴离子垃圾的特性

不管它们对什么物质有干扰,阴离子性的 DCS 物质通常均被称为干扰性垃圾。它们的行为与其带负电有关。有用的和有害的物质都可能带有负电荷。负电荷通常是由羧基和磺酸基电离而产生的。

Ventola 等人在封闭试验中测得的脱墨和 TMP 滤液阳离子电荷需求量(CD)的变化情况如图 8-46 所示[108]。从图 8-46 可以看出,纸浆向系统中引入了带负电的胶体颗粒。未漂白的 TMP 比脱墨浆向系统引入了更多的颗粒(带负电),而且颗粒的富集行为是不同的。随着循环次数的增加,TMP 浆滤液的电荷量呈稳定连续地增加,这说明颗粒或分子的尺寸是非常小的。脱墨浆滤液的电荷量经过 5 次循环后就趋于平缓,这说明脱墨浆中的某些带电的胶体颗粒尺寸较大,并开始逐渐地被截留在新鲜浆样的垫层中。

Houtmann 等人对欧洲两家使用 TMP 和脱墨浆生产新闻纸的工厂的白水和纸浆进行了分析[72]。实验结果证实,两种浆的阴离子负荷有特征性的差异。颗粒尺寸很小的阴离子垃圾主要来源于 TMP。经过 0.45μm 膜过滤后,绝大多数的电荷仍会存在于水中。

在脱墨浆中,部分阴离子颗粒来自于废纸的成分,如涂布黏合剂、分散剂、淀粉和油墨连接料树脂等。这些物质在原生 TMP 中是不存在的。目前尚没有关于这些物质颗粒大小的确切数据。

机械浆中的大部分阴离子负荷来源于碳水化合物(聚糖),主要是溶解性的半纤维素。在 Ventola 等人的封闭循环试验中[108],他们还分析了回用过程中碳水化合物的富集情况,如图 8-47 所示。在开始阶段,TMP 滤液的碳水化合物含量是脱墨浆滤液的 5 倍;但是,循环次数仅增加几次,前者就变成后者的 21 倍,且没有变缓的趋势。

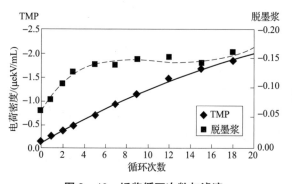

图 8-46　纸浆循环次数与滤液
电荷密度之间的关系[108]

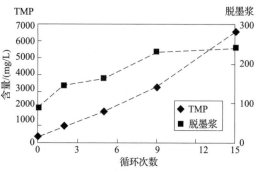

图 8-47　纸浆循环次数与滤液碳水
化合物含量之间的关系[108]

之所以溶出的 TMP 碳水化合物在浆层中留着情况较差,是因为聚糖颗粒的尺寸较小(低于 0.1μm)。溶出的 TMP 半纤维素的主要化学组成为甘露糖、半乳糖和部分葡萄糖。然而,溶出的脱墨浆碳水化合物绝大多数为来自于淀粉葡萄糖[72]。在一些使用旧包装材料的浆厂中,表面施胶剂或变性淀粉是阴离子负荷的主要来源。

如果在脱墨工艺中有碱性过氧化氢漂白段,除非对纸浆进行充分洗涤,不然阳离子需求量就会升高。在碱性过氧化氢漂白过程中,半纤维素中甲基化半乳糖醛酸的酯键会发生断裂,并溶于水中[109]。连二亚硫酸钠还原性漂白不会直接导致溶解性物质的形成。

木材的亲脂性抽出物是危害性最大的一类阴离子垃圾,因为它们可以单独或与其他疏水性颗粒一起在纸机上形成沉积物。在 Ventola 等人的封闭循环试验中[108],脱墨浆和 TMP 滤液中的溶解与胶态木材树脂的富集情况如图 8 - 48 所示。

经过 3 次循环后,在两种滤液中木材树脂的含量均趋于平缓。很少量的溶解和胶态亲脂性抽出物会从脱墨浆释放到滤液中。逆流的系统水可将抽出物洗涤除去,浮选脱墨也可以去除液滴状树脂。通过分析 TMP

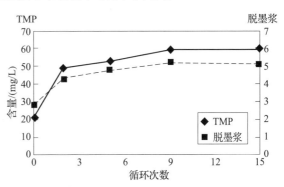

图 8 - 48 纸浆循环次数与溶解性胶体抽出物含量之间的关系[108]

和脱墨浆滤液中的木材树脂的组成或许可以在一定程度上解释这两种滤液中抽出物含量的差异。在气相色分析中,抽出物被分成甘油三酸酯、甾醇酯、甾醇、树脂酸和游离脂肪酸等几大类,如图 8 - 49 所示。

如图 8 - 49 所示,TMP 浆滤液中亲脂性抽出物的组成与新鲜云杉木的很类似。在脱墨浆滤液中,甘油三酸酯已经被分解成游离脂肪酸和树脂酸,这一过程可能是在废纸老化过程中发

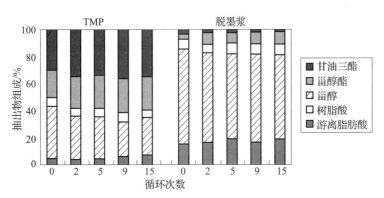

图 8 - 49 脱墨浆和 TMP 滤液中木材抽出物的组成[108]

生的。在 pH 高于 7 时,这些酸以电离态存在,并以胶束的形式随水流而动。甘油三酸酯优先形成较大的液滴状抽出物,并在浓缩设备上随浆流而动[100]。甘油三酸酯被认为是纸机上产生树脂问题的主要诱因[72]。降低一体化脱墨生产线的水耗时,可能会出现游离树脂酸富集的现象。

8.3.8.2 回用浆对化学耗氧量(COD)的贡献

化学耗氧量(COD)或总有机碳(TOC)通常用来衡量释放到白水中有机物质的含量。它们的浓度与单位水耗紧密相关。在 Ventola 等人的封闭循环试验中[108],分析了脱墨浆和 TMP 滤液中 COD 的富集情况,如图 8 - 50 所示。

实验发现,就 COD 而言脱墨浆更为"洁净"。与 TMP 滤液相比,脱墨浆滤液的 COD 经过更少次数的循环就会趋于平缓。这说明两者中 COD 物质在分子大小上存在一些差异。如果

在脱墨工艺中有碱性过氧化氢漂白段，COD 的释放量将与 pH 呈线性关系。

COD 测定的是能够被化学氧化的 DCS 物质，但其数值本身并不能给出任何有机组分的准确信息。在对脱墨浆滤液的分析中，COD 的组成物质可归为 4 大类：木素小分子、半纤维素小分子、乙酸以及尺寸很小的亲脂性抽出物颗粒或胶束[110]。木素通常来自于机械浆或本色包装材料（对 OCC 而言）。在上述 4 类物质中，碳水化合物颗粒是最大的，可以通过超滤或微气浮

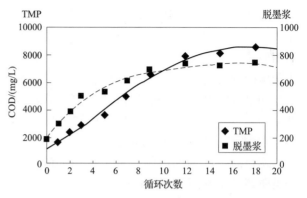

图 8 – 50　纸浆循环次数与脱墨浆和 TMP 滤液
COD 之间的关系[108]

的方法把它们完全或部分去除。木素小分子和抽出物分子的尺寸小于 0.01μm，传统的净化设备难以将它们去除。脱墨浆滤液的 COD 负荷中的某些抽出物，特别是游离树脂酸，可能来自于油墨连接料或脱墨皂。

当降低二次纤维车间的清水用量时，白水的 COD 浓度会急剧升高。在封闭式的 OCC 生产线中，COD 值超过 10000mg/L 是较常见的。在纸张的回用链中，有机的 DCS 物质的负荷越来越大，也可能会产生累积。当把废纸疏解在水中时，其滤液的 COD 水平接近于最初造纸过程的 COD 值[110]。

8.3.8.3　回用浆中可溶性无机物的影响

除了有机的 DCS 物质外，废纸中还含有各种各样的无机离子。这些离子的留着率通常较差，会在封闭水系统中产生非常严重的累积。大部分的电解质来自最初造纸过程的无机盐，但也有少数是在废纸制浆和漂白过程中加入的。比如，碱性脱墨过程中通常都会使用氢氧化钠和硅酸钠，有时还会加入钙离子来提高水的硬度。

如果可溶性盐的浓度超过一定的临界水平，那么造纸中使用的助留剂、分散剂及其他造纸助剂的功效就会减弱。带负电的电解质（如硅酸钠）会消耗阳离子助剂，直接充当阴离子垃圾。若可溶性盐的含量较高，基于架桥机理的高分子量助留剂的作用也会减弱，因为聚合物的长链会变成球状。

离子强度较高产生最为明显的后果是，在不希望的位置上产生无机沉积或结垢。碳酸钙和硅酸钙可以在碱性 pH 区域内发生沉淀。草酸钙可以在更为广泛的 pH 范围内形成沉积。草酸是纸浆氧化性漂白过程中的副产物。如果系统中有较多的硫酸根离子，那么就会形成石膏，并以结垢的形式存在。一些会引起腐蚀的离子也可能会随着废纸进入到系统中，这其中就包括氯化物。当降低清水用量时，这些离子也会发生累积。

随着废纸中碳酸钙比例的增加，钙离子的含量也会不可避免地有所提高。在 Ventola 等人的封闭循环试验中[108]，他们还分析了脱墨浆和 TMP 滤液中钙离子的累积趋势。如图 8 – 51 所示，两种滤液中钙离子含量都呈稳定增长。

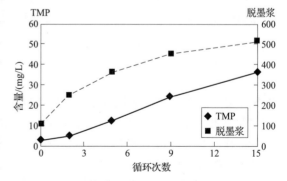

图 8 – 51　纸浆循环次数与脱墨浆和 TMP 滤液
可溶性钙之间的关系[108]

TMP 滤液的钙离子含量初始值仅为 3mgCa/L,因为工厂所用清水的硬度很低。对脱墨浆滤液而言,初始值为 100mgCa/L,因为所用的捕集剂为钙皂。

当 pH 高于 8 时,碳酸钙微溶于水。但若 pH 下降,碳酸钙的分解将会急剧地加快。任何酸度进入到系统中都会溶解碳酸钙,释放出游离钙离子及泡沫形式的二氧化碳。造纸过程中典型的酸度来源是明矾的使用和连二亚硫酸钠漂白的残留物。偶尔补充配用的原生浆 pH 通常也是酸性的。在二次纤维系统中,淀粉通常会被微生物转化为有机酸,这也会导致碳酸钙的分解。这一点在包装纸和纸板的生产过程中是一个较大的问题,因为所用的混合废纸中含有大量的碳酸钙。表面施胶和纸张加工过程中也会将淀粉引入到纸料中。

钙离子浓度较高会给造纸过程带来复杂的问题。根据 DLVO 理论,多价阴离子浓度较高时,就会压缩阴离子胶体颗粒的双电层。当扩散层收缩变薄时,其他的作用力(如范德华力)就会克服静电排斥力,并最终诱发颗粒发生聚结。在二次纤维系统中,这将更可能使阴离子稳定化的微细胶黏物、钙皂或液体状树脂等发生絮聚现象。

Krogerus 等人利用光散射颗粒分析技术(photometric dispersion analysis,PDA)研究了钙离子浓度对磨石磨木浆(GW)和脱墨浆过程水中胶体颗粒的絮聚倾向[111]。

如图 8 - 52 所示,对两种浆的过程水而言,胶体颗粒的尺寸都在增大。与 GW 胶体颗粒相比,脱墨浆胶体颗粒在较低的钙离子含量时就发生了絮聚。在钙离子存在时,把 pH 从 5.0 提高到 8.0 时,脱墨浆胶体颗粒的相对絮聚程度有所提高。这说明钙离子与有机胶体颗粒在悬浮液中发生了相互作用或反应。否则的话,提高 pH 只会强化阴离力系统的排斥力。在该研究中,他们将图 8 - 52 所示的相对 PDA 值用 Coulter N4MD 仪器转化为绝对颗粒尺寸。GW 胶体颗粒的初始 PDA 读数对应的平均颗粒大小为 0.3μm,这是木材树脂的典型尺寸。对脱墨浆而言,平均颗粒直径为 3μm。这说明在该实验中,脱墨浆过程水中胶体颗粒可能已经开始与矿物填料颗粒之间发生了絮聚。

纸张加工过程中使用的很多水溶性黏合剂都是处于静电稳定态的悬浮液。电荷分布在黏合剂膜经过疏解而得到的颗粒上,保持不变。这些颗粒也被称为微细胶黏物。Krogerus 等人利用 PDA 仪器研究了钙离子对压敏胶膜再分散而成的颗粒胶体稳定性的干扰作用[111]。根据图 8 - 53 所示,微细胶黏物的大小随着循环(搅拌)时间的延长而增大,且当钙离子存在时,

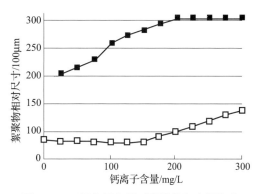

图 8 - 52　钙离子含量对脱墨浆和未漂白磨石磨木浆滤液中胶体颗粒形成絮聚物的相对尺寸(PDA 法测定,pH 5.0)[111]

■ 脱墨浆　□ GW

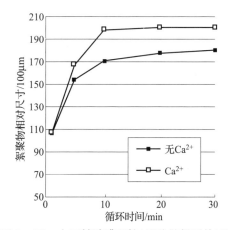

图 8 - 53　由压敏胶膜颗粒(再分散得到的)形成的絮聚物的相对尺寸随循环时间的变化趋势(pH 5.0,在钙离子浓度为 180mg/L 和无钙离子的条件下)[111]

尺寸增大得更快。

8.3.8.4 二次纤维回用过程水系统中 DCS 物质的去除

如前所述,当降低清水用量时,有机和无机 DCS 物质含量的增加会对纸机的运行性能和纸张质量产生不利影响。当试图将更多的 DCS 物质保留在纸页中时,那些定着或吸附在纸页中的物质最终将会随着废纸返回到系统中。因此,通过水回路的内部净化处理来去除 DCS 物质似乎比把它们定着在纸页中更为可取。

如今,微气浮(dissolved air flotation,DAF)是处理大量水的一种便利方法。它可以通过适当的絮凝化学机理有效地去除细小纤维、填料和部分胶体颗粒[110,112-113]。最初,内部微气浮系统是用来去除尺寸太小的油墨颗粒和胶黏物的(<5μm),这些物质难以通过常规的浮选方法去除。

微气浮不能去除小尺寸的 DCS 物质(<0.2μm)[110]。当过程水封闭循环时,这些小尺寸的 DCS 物质可以累积到很高的浓度。这些小尺寸的颗粒对 COD 负荷的贡献特别大。因此,通过微气浮处理可获得的最佳 COD 降低比例局限在 20% ~30%。微气浮对无机盐的去除效果很差。但铝离子是一个例外,因为它可以结合在悬浮颗粒上,或在碱性条件下形成 $Al(OH)_3$ 絮团。

为获得高品质的水,可利用膜技术来进一步降低尺寸非常小的 DCS 物质的含量。在 Roring 等人的超滤试验中[110],他们利用截留数为 100000g/mol(相当于孔径为 0.01μm)的膜处理微气浮后的脱墨浆白水,白水的 COD 值又下降了 30%。这一下降比例(30%)是由阴离子碳水化合物的去除而造成的。超滤对无机盐的去除程度适中,去除率集中在 10% 左右;对很小的离子(如钠离子和氯离子)的去除率几乎为零。Krishnagopalan 等人曾利用超滤技术来去除脱墨白水中的苯胺油墨颗粒[114]。由于污损(即膜的永久性堵塞)的原因,废纸的过程水很难处理。

生物法水净化工艺为从本色废纸系统白水中去除有机 DCS 物质提供了很有前景的方法。现有的好氧活化污泥工艺可以将脱墨车间废水的 COD 降低 80% ~90%,有机物主要被转化为二氧化碳。在厌氧生物处理中,COD 转化为甲烷气体的反应不像好氧处理那样完全。但是,厌氧处理的设备和运行成本较低,而且甲烷气体可用来产生能量。在厌氧水处理过程中,硫酸根离子被还原成硫离子;它们还可以被硫化物氧化细菌进一步转化为单质硫,从而从系统中去除含硫化合物[115]。

Diedrich 及 Habets 等人发表了一系列采用厌氧 - 好氧处理工艺所取得的实验数据[115-116]。这些数据参考的是一家使用本色废纸生产纸板的厂家,该厂家的水系统是全封闭式的(请参见第 10 章)。过程水的 COD 浓度高达 35000mg/L,其主要来源为后加工过的 OCC 中的淀粉。淀粉水解为葡萄糖,然后被细菌分解成短链的可挥发脂肪酸。丁酸、乳酸及其他酸等会导致产品的气味问题。它们的酸度还会分解来自废纸的碳酸钙。白水的内部生物法净化处理可以明显改善这种状况[115],如表 8-7 中的数据所示。

该净化工艺的好氧段可产生二氧化碳气体,可以在适当的 pH 条件下与溶解的钙离子反应,生成沉淀碳酸

表 8-7 内部生物法净化处理对某 OCC 封闭式回用系统白水性质与组成的影响[115]

参数	单位	净化前	净化后
		白水净化	
COD	mg/L	35000	8000
pH	—	6.25	7.25
钙	mg/L	2650	420
硫酸根	mg/L	1350	610
马来酸	mg/L	6600	1350
丁酸	mg/L	350	40
乙酸	mg/L	6300	1300

钙。这些碳酸钙与废水污泥一起排掉了。如前所述,厌氧段和硫细菌会降低硫酸根离子的含量。该生物法处理过程中(好氧 – 厌氧)电导率仅有少许下降,这意味着盐的含量一直较高[115]。因此,需要蒸发或合适的脱盐工艺来去除电解质。表8 – 8为几种脱盐方法的对比数据。

表8 – 8 几种脱盐方法的对比

参数	单位	离子交换法(IE)	反渗透法(RO)	反向电渗析法(EDR)
有机污染物		敏感	很敏感	不怎么敏感
进水盐含量	mg/L	<700	400 ~50000	500 ~4000
出水盐含量	mg/L	<100	10 ~5000	50 ~500
过程压力		低	高	低

反向电渗析(Electro – dialysis reversal,EDR)是一种值得关注的技术,它通过直流电流将水中的盐浓缩至很小的体积。反向电渗析还可以防止膜污染,因为未能透过膜的有机物质会被反冲回过程水中。

8.3.9 脱墨浆的运行特性

8.3.9.1 在印刷用纸生产中脱墨浆对脱水的影响

含磨木浆的脱墨浆广泛用于部分或全部替代机械浆组分来生产印刷用纸。有时人们认为:脱墨浆中化学浆和填料的含量较高(相对机械浆而言),因此在新闻纸纸页成形过程中脱墨浆的滤水性不如原生机械浆的。Verkasalo 等人在转速为 1500m/min 的夹网成型器上进行中试试验,测定了该成形网在使用不同配比(脱墨浆:TMP)的新闻纸浆料时的最大脱水能力[117]。

试验所用的脱墨浆中机械浆与化学浆的比例约为65:35,灰分含量约为7%。试验过程中逐渐调大流浆箱的唇板开口,直到形成的纸页中出现褶皱为止。研究发现,随着脱墨浆比例的增加,最大滤水能力的限值越来越低,如图8 – 54 所示。

从图8 – 54 可以明显看出,当使用脱墨浆时,纸浆在夹网成形器成形辊上的滤水性较差,但经过整个网部后的干度却比使用 TMP 时高出约1%。这说明脱墨浆在"干燥线(dry line)"之后的脱水效果更佳。含有脱墨浆的浆料可能在刮刀靴和吸水箱的真空脉冲作用下受压更好,可把水挤出来。经过湿压榨区后,两种浆(脱墨浆和 TMP)的干度没有明显差别,整体的运行性能较好。如果不进行剧烈的精浆处理(机械印刷纸的浆料一般情况下不进行精浆处理),用脱墨浆替代机械浆时,其滤水性可能不会给运行性能带来问题。

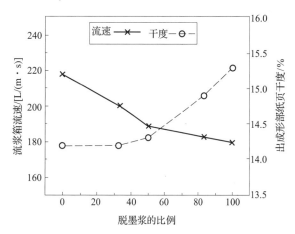

图8 – 54 脱墨浆/TMP 比例对夹网成形器最大滤水能力和纸页干度的影响[117]

8.3.9.2　回用化学浆作为增强纤维的功效

如前所述,在某些地区,从家庭中收集到的废纸所制得的脱墨浆中含有较高比例的针叶木KP纤维(高达50%)。如果这部分化学浆可以用来替代印刷纸中的主要增强纤维,那还是有一定的成本优势。用脱墨浆替代机械浆时,针叶木KP纤维的含量很容易超过机械印刷纸(甚至是新闻纸)所要求的限值(30%~40%)。理论上,这足以形成一个完整的增强纤维网络[118]。另外,市场上还有由办公废纸脱墨制得的不含磨木浆的再生商品浆可供选用。

增强纤维可以改善纸张的强度性质,提高纸机及加工或印刷操作的运行性能。较长的纤维长度、较高的纤维强度及结合能力对高品质的增强纤维而言是很关键的。除了改善传统的强度性质,增强纤维还应该可以提高纸张的断裂韧性,即抵抗裂缝蔓延的能力。断裂韧性可以由多种方法来测定;但通常情况下,它随着机械印刷纸中KP浆用量的增加而提高。有关增强纤维的最佳打浆度的多种观点请参见文献[118]和[119]。

Chaterjee等人研究了断裂韧性(以J积分J_c计)及传统的面外(out - of - plane)撕裂强度与回用次数的关系[43]。他们采用类似于损纸处理系统的流程(即只有抄片、约束干燥和温和碎浆过程)对TMP和未打浆的未漂白KP浆进行回用实验。

如图8-55所示,经过4次回用后,未打浆的KP纸页的断裂韧性(J_c)降低量高达55%,撕裂强度降低了27%。

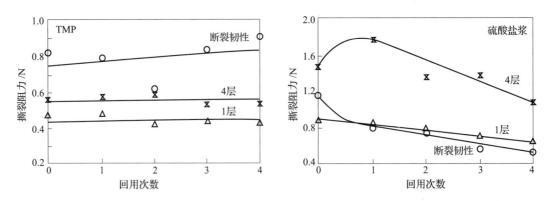

图8-55　回用次数对未打浆硫酸盐浆和TMP断裂韧性的影响

通过观察原生及回用4次后的KP纸页的断裂路径发现,与原生KP纸页相比,再生KP纸页的断裂面上纤维拔出情况较多,而纤维断裂较少。很明显,未打浆的KP纤维在回用过程中发生了角质化,由于其结合能力降低,因而易于从纤维网络中拔出来。正如料想的那样,TMP的性质并没有随着回用次数的变化而变化。在此研究中,TMP的J_c值甚至比回用4次后的KP纸页的要高(如图8-55所示)。如果对原生KP进行打浆处理,那么其J_c值的整体水平会高很多。回用过程中撕裂强度的变化情况取决于KP的初始打浆度(请参见本章8.1.3.1小节)。

KP纤维网络的断裂韧性似乎对角质化作用很敏感。因此,非磨木浆纤维作为增强纸浆的潜力受到回用过程的严重不利影响。来自白色办公废纸的二次纤维的精浆处理将在后面的章节进行讨论。

8.3.10　二次纤维用量的提高对高品质印刷用纸品质的影响

从技术和经济的角度来讲,提高印刷用纸生产过程中废纸的用量是可行的。然而,产品的质量与原生纤维制得的产品之间的差距会越来越大。污染物和残余油墨的累积及其对质量的影响请参见本章第二小节。本小节将讨论浆料组成的变化及其对质量的影响。

在一些地区,超过 50% 的脱墨浆来自于旧杂志纸。在含磨木浆纤维的杂志纸用作增强纤维的针叶木 KP 纤维的比例高达 50% 。另外,不含磨木浆纤维的印刷品和部分办公废纸也会混入废纸中。这意味着所有使用脱墨浆的产品中,其化学浆含量会逐渐升高。二次纤维浆中的填料将随着回用率的提高而逐渐累积。

在回用过程中,机械浆纤维不易于发生角质化。在一定程度上,它们甚至可以在回用过程中获得柔韧性,这可能是由反复干燥和压光处理导致的内部细纤维化引起的。随着回用过程的进行,纤维出现明显的扁平化。化学浆纤维也会在废纸回用链中产生累积,从而进一步提高含脱墨浆纸页的紧度,因为化学浆纤维的胞腔是塌陷的。图 8 - 56 和图 8 - 57 显示的是由 100% TMP 和 100% 脱墨浆制得的商品新闻纸的典型横切面。填料含量分别为 8.5% 和 12% ,脱墨浆纸页大约含有 35% 的化学浆纤维。

图 8 - 56　100% TMP 新闻纸(45g/m²)的横切面

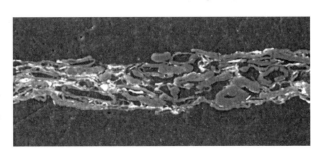

图 8 - 57　100% 脱墨浆新闻纸(45g/m²)的横切面

尽管脱墨浆新闻纸在压光时采用较小的线压,以赋予其较高的粗糙度,但该纸页仍比 TMP 新闻纸要薄得多(如图 8 - 56 所示)。原生 TMP 的管状晚材纤维可以有效地抵抗压光作用,并不会被压扁。

式(8 - 10)以数学的形式表示了纸页中纤维网络的表观紧度及相对结合面积与无量纲的柔韧性指数 F 之间的关系[120]。F 取决于纤维自身的特性:

$$F = \left(\frac{b_f}{d_f}\right)(C \cdot b_f \cdot WFF)^{1/4} \tag{8 - 10}$$

其中,WFF 为湿润态的纤维的柔韧性,b_f 为纤维的宽度,d_f 为纤维的厚度,C 为常数(取决于纤维物质本身)。

尽管式(8 - 10)忽略了细小纤维和填料的重要性,但它确实仍可以反映出回用过程的影响。当纤维的厚度由于发生了扁平化而变小时,纤维网络的表观紧度及相对结合面积就会提高。由于化学浆纤维是扁平的,且其湿润态的柔韧性数值高出一个数量级还多,因此提高回用化学浆纤维的比例比机械浆纤维的任何变化都对纸页紧度的影响要大。除了角质化以外,由于外部损伤(扭曲、扭结),化学浆纤维的柔韧性会随着回用次数的增加而提高。

用脱墨浆替代机械浆时,与原生纤维纸页相比,二次纤维纸页厚度的下降表现为刚性下降。式(8 - 11)为纸页的挺度 S:

$$S = \frac{E}{12d^3} \tag{8 - 11}$$

其中 E 为弹性模量,d 为纸页的厚度。

提高脱墨浆纸页中 KP 纤维的比例可以提高弹性模量 E,并对纸页的刚性有所贡献;但是,它对纸页的厚度(方程中为 3 次方)的影响更大。理论上,较高的纸页紧度以及化学浆较低的光散射系数会导致纸页的不透明度较低。不透明度是印刷用纸一个很关键的性质。随旧杂志纸进入到脱墨浆的微细颜料可以在一定程度上弥补这一缺点。尽管如此,对低定量的纸张而言,过于松软和透印现象是有问题的。

8.3.10.1 回用率的提高对新闻纸质量的影响

新闻纸是印刷用纸的一部分,在其生产过程中使用脱墨浆已是普遍认同的。在一些地区,使用100%脱墨浆生产新闻纸几乎是一种行业标准。脱墨和造纸技术的进步弥补了运行性能和纸页外观方面的不足。比如,热分散处理几乎可以消除初生胶黏物和可见的油墨尘埃点。二次胶黏物的形成也可以通过采取适当的湿部化学来进行控制。

如前所述,脱墨浆新闻纸中化学浆的比例将会随着废纸回用率的提高而增加。人们尚不明确增加化学浆的比例是否会改善纸页的强度,因为填料的含量也会变高,且化学浆组分发生了一定的角质化。为了保持新闻纸的不透明度和挺度,在实践中通常不会对脱墨浆进行精浆处理。杂志纸中的微细颜料可以在一定程度上弥补光散射系数的下降。颜料还可以提高白度。原生纤维新闻纸与脱墨浆新闻纸之间最为明显的区别是,脱墨浆纸页的紧度更高(如图8-56和图8-57所示)。虽然同样直径的纸辊,脱墨浆新闻纸的长度更长,但最终印制的报纸会更为松软。

与原生TMP新闻纸相比,脱墨浆新闻纸的平滑度(由空气泄露法测定)目标值通过较轻的压光处理就可以达到。如图8-57所示,在压光过程中,化学浆纤维及扁平的机械浆纤维的压缩阻力较小[35],光学测定仪测得的微观粗糙度可能会升高。电子扫描显微镜图片显示[39],脱墨浆纸页的表面更为开放,而原生TMP纸页的表面更为封闭,这可能是因为细小纤维在脱墨过程中发生了流失。

尽管含脱墨浆纸页中KP纤维的含量较高,但与原生TMP纸页相比,它并没有在胶版印刷的润湿段之后呈现更好的吸水延展性。这是因为脱墨浆中的化学浆组分由于发生角质化而丧失了润胀能力[14],胶版印刷机上的掉毛倾向性变化较大。虽然填料含量过高会导致纸张表面上部分纤维的结合力(与纸页网络)较低。但是,由于细小纤维在脱墨过程中流失掉了,所以脱墨浆中疏松细小纤维(即薄壁细胞)含量较低。由于碱性脱墨的溶解效应,与TMP纸页相比,脱墨浆纸页中亲脂性抽出物的含量更低[27]。这一点体现在脱墨浆纸页具有较高的摩擦因数和较快的润湿性。

考虑到最为常用的报纸印刷方法(冷固胶印法)对纸张质量的要求,脱墨浆纸页的微粗糙表面可以为油墨的固着提供一个较好的基础。这一点特别适用于低黏度的油墨。该类型的油墨会引起与掉墨和背面蹭脏有关的印刷问题[121]。原生TMP新闻纸的表面更为封闭,可以更有效地防止油墨的过度渗透,即透印。报纸油墨的透印对低定量含脱墨浆纸张而言是一个很严重的问题。

8.3.10.2 杂志纸中的脱墨浆

一直以来,二次纤维被认为不如原生纤维那样适宜于生产杂志纸。人们对二次纤维纸的运行性能一直怀有严重的怀疑态度,特别是那些使用刮刀涂布机的厂家,因为胶黏物可能会使产品的质量出现缺陷。市场需求及废纸的大量供应改变了这种态度。与报纸印刷中通常采用的冷固胶印相比,杂志印刷中最为常用的工艺(即轮转凹版印刷和热固胶印)对底物(即纸张)的质量要求有所不同。

常见的家庭废纸采用过氧化氢-连二亚硫酸钠组合漂白,仅能保证71%~73% ISO的白度水平。因此,使用这种脱墨浆来生产高白度的纸张是有问题的。洗涤处理可以将脱墨浆的灰分含量降至约5%,使之适宜于生产刮刀涂布原纸;但同时也会导致细小纤维的流失。与生产杂志纸所用的 TMP 相比,脱墨浆若不进行精浆处理,其中的细小纤维含量要低 10% ~15%。若制得的脱墨浆用于生产薄膜压榨涂布原纸和 SC 纸,纸浆中可以保留更多的填料和细小纤维。

提高脱墨浆白度的途径之一是,将旧杂志作为唯一的纸料组分,或者尽可能多地使用此类原料(旧杂志)。另一种可能的途径是,在第一段浮选后,对纸浆进行筛分;然后使用易于漂白的长纤维组分来抄造杂志纸。尽管长纤维组分的白度较高,但其光散射系数却较低,因为其中化学浆纤维的比例较大,且缺乏细小纤维。颜色较深的细小纤维组分很少单独用于实际的造纸中。Ackermann 等人在实验室里采用多种脱墨工艺组合对长纤维组分和短纤维组分分别进行处理[122]。与对纸浆整体进行脱墨和漂白处理相比,各组分经单独处理后再混合在一起的做法并没有给光学性质带来任何明显的改善。

如图 8 – 56 和图 8 – 57 所示,由于其形成的纸页紧度较高,脱墨浆用于替代机械浆时,适合于生产涂布热固胶印纸。脱墨浆比 TMP 含有更少比例的厚壁机械浆纤维。Karna 等人使用常规的脱墨浆进行了一系列中试试验[123]。结果发现,用脱墨浆替代杂志纸机械浆时,在热固胶印印刷时,纤维竖起(表面粗糙化)的趋势甚至更小。对脱墨浆或其粗糙部分进行高浓精浆处理可以进一步改善它的这一特性。如在新闻纸中一样,脱墨浆可以为涂布原纸提供开放的、亲水性的表面。特别是对薄膜压榨涂布而言,这更是一个有利的特性,因为涂布层需要在压区中进行快速脱水和固化。

在轮转凹版印刷用纸中使用脱墨浆时,情况较为复杂。LWC 和 SC 凹版印刷用纸的关键质量特性是印刷平滑度。平滑度不够会导致印刷滚筒与纸张之间局部没有发生接触,从而在印刷纹路中产生漏印点。尽管在印刷中采用了较强的压光处理或静电辅助油墨迁移(ESA,electrostatic assisted ink transfer),但脱墨浆中的厚壁机械浆纤维仍会引起漏印点。由于厚壁纤维的交叉作用,压光处理并不能压平纸页表面上的凸出部位,特别是不能弄平表面上的凹陷部位。

将脱墨浆长纤维组分或脱墨浆整体经精浆处理至较低的游离度,可以改善粗糙机械浆纤维的柔韧性,使之更为扁平。脱墨浆长纤维组分中也含有化学浆纤维,它们也将受到同样的精浆处理。如前文所述,二次纤维精浆处理会产生润胀和收缩能力较高的二次细小纤维。当这些二次细小纤维存在于纸页中时,经过湿压榨后,它们会在纤维网络的纤维之间建立连接桥。接着,这些结合的连接桥在干燥过程中发生强烈地收缩,从而导致纤维网络产生局部收缩和变形。因此,精浆处理不仅会导致纸页的致密化,还会导致微观粗糙度的升高(由局部收缩作用引起的)。随脱墨浆进入纸页的化学浆纤维含量较高时,会使纸页"发硬"。这对凹版印刷适性而言是不利的。因此,有必要开发一种方法,可以选择性将脱墨浆中的化学浆纤维和机械浆纤维分离开,从而使之可以在用于生产凹版印刷纸之前进行分别处理。

8.3.11 办公废纸二次纤维的潜质

大部分不含磨木浆的办公用纸通常是阔叶木和针叶木化学浆纤维的混合物。因此,源自办公用纸的二次纤维不能满足增强纸浆的要求(通常为纯针叶木 KP)。不含磨木浆的废纸通常用于生产生活用纸、办公用纸,或者作为商品浆用于其他多种用途。随着办公用纸回用率的提高,"不含磨木浆"的纯度可能会随着一些机械浆纤维或本色化学浆纤维的加入而降低。因此,办公废纸的脱墨工艺中有时包括很剧烈的漂白段,以获得足够的白度(见第 6 章)。

在不含磨木浆办公废纸的脱墨工艺中,为满足质量需要,需去除绝大部分的填料和细小纤维。通过精浆处理可以产生新的细小纤维,以改善浆料的结合能力。角质化了的不含磨木浆脱墨浆抵抗精浆处理的能力较弱,即它的打浆度比原生浆的提高地要快。Holmback 等人利用 Valley 打浆机对来自账簿纸的不含磨木浆的回用浆以及原生纤维进行打浆处理[102],打浆曲线如图 8－58 所示。

打浆后二次纤维的性质(如抗张强度(如图 8－59)和不透明度)与原生阔叶木 KP 的增长趋势类似,因而不含磨木浆的回用浆通常用于替代阔叶木浆。二次纤维浆的撕裂强度有时略高于原生阔叶木浆的。

在不含磨木浆的废纸脱墨工艺中,为了保证油墨的完全碎化,通常对纤维进行多段热分散、揉搓或精浆处理。如 8.1.2 小节所述,在高温条件下,化学浆纤维的润胀能力变差。高浓处理会导致永久性的微压缩和卷曲。纤维的卷曲可能对生活用纸的柔软性有利;但紧度和强度要求较高时,卷曲就成为一个缺点。

有证据表明,若在生产办公用纸的过程中,用不含磨木浆的二次纤维取代阔叶木 KP,那么网部的滤水性和成纸的挺度都会恶化[125]。卷曲、挺硬纤维的湿纸页可能不会很好地压紧在网部吸水箱上,从而对真空脉冲(将水分挤出去)的响应较差。自然地,卷曲纤维的结合能力降低,

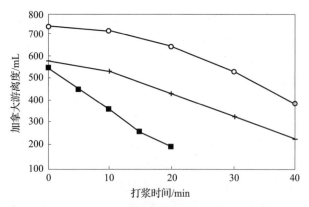

图 8－58　几种纸浆的瓦力打浆时间与加拿大游离度之间的关系[124]

■ 不含磨木浆的废纸浆　＋ 4种北方阔叶木硫酸盐浆　○ 4种南方针叶木硫酸盐

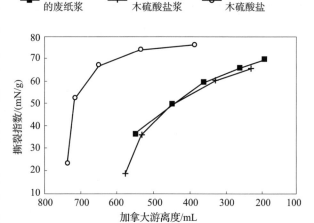

图 8－59　几种纸浆的抗张指数与加拿大游离度之间的关系[124]

■ 不含磨木浆的废纸浆　＋ 4种北方阔叶木硫酸盐浆　○ 4种南方针叶木硫酸盐浆

无法在纸页中形成高模量的弹性和挺度,见式(8－11)。低浓温和打浆处理可以在一定程度上恢复角质化了的或失去润胀性能的化学浆纤维的结合能力,但要以牺牲脱水性能为代价。在打浆过程中采用碱性条件或使用酶制剂可以缓解这一问题,本部分将在后面的章节中讨论。

8.3.12　二次纤维浆料抄造包装用纸过程中面临的挑战

8.3.12.1　现状及未来的趋势

全球使用的再生化学纤维绝大部分来自于包装纸和纸板的回用。包装纸和纸板的利用率一直高于再生印刷产品的利用率。在将来,来自包装纸和纸板的二次纤维的使用量可能会进一步升高。旧包装材料(特别是 OCC 和双衬牛皮纸碎边)的国际贸易量一直居高不下。根据 Magnaghi 报告[126],全球的废纸量在 2007 年已超过 2.8 亿 t,比原生纤维的用量和产量高一些。根据该报告中的数据,中国是二次纤维的主要收集者,进口量约 2.25 千万 t,其中约 1000 万 t 来自北美,710 万 t 来自欧洲,约 380 万 t 来自日本。随着二次纤维需求量的增大,造纸厂不得不使用低品质的原料。这一点特别会对包装纸和纸板的生产(使用低品质二次纤维)带来不

利影响。在纸制品消耗量较大的国家里,传统的 OCC 来源(如加工纸厂和销售商)已经得到了较好的开发。在工业化国家,从家庭和办公室中收集到的混合废纸(含有不同比例的包装纸、办公用纸、旧报纸和旧杂志纸)也是二次纤维较为常见的来源。在墨西哥或巴西等发展中国家二次纤维的收集越来越系统化。比如,2008 年,瓜达拉哈拉(墨西哥第二大人口密集的地区,居民超过 400 万)实施了一项方案以促进二次纤维的系统化收集。另外一个发展趋势是,通过水循环的封闭来降低造纸过程的清水消耗量。与配有一体化脱墨车间的印刷用纸厂(需有油墨排口)相比,降低废水排放量或完全封闭水循环的做法更易于在包装纸和纸板厂中实施。除需要控制 DCS 物质以外(如前所述),除非采取对策来净化过程水水系统的封闭还可能会影响运行性能和产品质量。

8.3.12.2　OCC 纸浆精浆(打浆)过程的优化

在包装纸和纸板的生产中,打浆、滤水性、强度性质及干燥 4 者之间存在较为紧密的联系。改善某一个因素的任何措施,都不可避免地会影响到其他因素。提高滤水性的措施,如轻度打浆或提高流浆箱的浆浓,通常会引起强度的损失。尽管其他性质(如环压强度)基本上相同,但商品 OCC 纸板的耐破强度水平通常情况下比原生纤维纸板的要低[127]。

OCC 原料结合能力的下降可能是由热分散及其他高浓处理过程引起的。如本章 3.4.1 小节所述,化学浆的高浓打浆会使纤维发生较高程度的永久性卷曲和微压缩。这样做虽然可以提高撕裂度、多孔性和松厚度,但不如低浓打浆那样可以有效地提高耐破度。因此,高浓打浆可能仅适宜于一些特殊的包装用纸和纸板。

回用率的提高以及混合废纸和封闭水循环的引入,使得包装纸和纸板机越来越受到滤水能力的约束。因此,OCC 生产线就成了采用酶技术的合适领域,以提高浆料的游离度,从而提高车速。比如,Sarkar 研究发现,在大生产规模的试验中,加入 0.4% 的纤维素酶可以将加拿大游离度从 350mL 提高至 600mL[128]。在强度性质不受到很大损失的情况下,研究者们取得了很大的进展(在提高滤水性方面)[128-130]。

酶作用的机理是基于细小纤维的水解以及从纤维表面上剥离下较小的纤丝或黏附的细小纤维颗粒,并把它们分解成糖。这与传统的助滤聚合物不同,后者通过一定的机理将纤维絮凝在一起,并把细小纤维黏合在一起。但该机理在细小纤维或 DCS 物质含量很高的系统中是无效的。

Latta 等人研究发现,酶还可以切断受损的纤维,并润胀受损位置处的细胞壁[131]。Rutledge - Cropsey 等人研究发现[18],再生 KP 经过酶处理后,铜乙二胺(CED)黏度以及与结合能力相关的强度性质都有所降低(如图 8 - 60 所示)。CED 黏度被认为是纤维素物质降解情况的一个尺度,也是化学浆整体强度性质高低的一个标志。

通过打浆的方法可以暴露出新的表面,从而改善纤维间的结合能力。酶处理几乎不会对这种方法的可行性产生不利的影响。在 Rutledge - Cropsey 等人的研究中,初始耐破指数是通过后续打浆处理来获得的。在打浆过程中,纸浆的打浆阻力降低,即获得相同的游离度下降值,所消耗的能量变

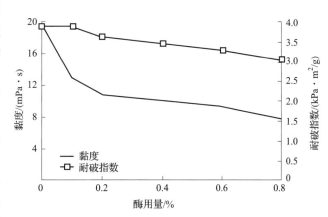

图 8 - 60　酶处理对打浆后的干燥硫酸盐浆耐破强度和 CED 黏度的影响

少[18]。多次酶处理究竟是如何导致二次纤维品质恶化的,目前尚无确定的答案。

8.3.12.3 包装用纸强度性质的挑战

随着利用率的提高以及混合废纸比例的增大,当试图满足强度要求时,为避免过度打浆,就需要使用更多的干强剂。这些助剂可能不会增大纸页中纤维的结合面积,而是提高结合键的比强度,从而保留了纸页的松厚度。绝大多数厂家使用改性湿部淀粉,在有些情况下,淀粉的用量高达4%～5%(对绝干浆)。在一些水循环封闭程度较高的系统中,当阳离子淀粉的用量为1.5%～2%时,其留着率就开始下降,强度增值达到一个峰值[132]。绝大多数的淀粉被细小纤维吸附,系统呈现过阳离子化。加入阴离子聚合物可以缓解这种情况[133]。在某些情况下,额外加入聚丙烯酰胺干强树脂也是有效的。

在挂面箱板纸生产过程中,通常使用施胶机来添加额外的淀粉。在湿度较高的条件下,吸水性的淀粉不能替代长纤维,而且纸箱的环压强度或压溃时间会降低或变短。从长远来看,淀粉用量的不断增长还会导致淀粉在回用链中产生累积。如前所示,淀粉的累积会在封闭水系统中引起微生物问题。

引入到OCC物料链中的混合废纸会携入机械浆纤维和矿物填料,而填料则会降低产品的强度性质。从统计学上来看,即使加入2%～3%的填料,也可以从挂面箱板纸的环压强度的损失情况看得出来。一个箱纸板厂家利用混合废纸来部分取代OCC,实验结果如图8-61所示[132]。当混合废纸的替代比例在8%～12%时,环压强度开始降低。

如果不脱除填料和机械浆细小纤维的话,它们的累积可能会逐渐变得难以处理。即使在硬纸板之类的产品中,填料和细小纤维在回用链中的富集也会导致纸页弯曲挺度和松厚度的下降。硬纸板中间层的浆料一直以来使用的是混合废纸。比如,一家西欧的硬纸板厂被迫增上一条RMP生产线,以将纸板的弯曲挺度提高至可以接受的水平[134]。该地区的废纸回用率较高,这使得混合废纸中填料和机械浆细小纤维的含量逐渐升高。虽然提高定量可以改善纸板的

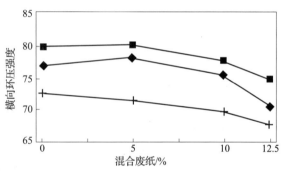

图8-61　混合废纸替代OCC的效果[132]

高值 ■■■　平均值 ◆◆◆　低值 ┼┼┼

环压强度和弯曲挺度,但考虑到原料的用量和成本,这种做法是不可取的。

混合废纸还会逐渐向系统中携入碳酸钙颜料。如此一来,可溶性钙的含量就会升高,从而要求系统在高于常规pH的条件下运行。要在中性或碱性条件下抄造纸板,就需要对传统的明矾-松香酸性施胶体系进行改造。如前所述,可溶性离子引起的问题可以以很多种方式体现出来。比如,在一个包装纸板生产车间,当湿部水的硬度(以钙元素计)超过0.01mol/L(400mg/kg)时,淀粉的留着率出现明显地下降[127]。

对未来的造纸厂而言,如何利用混合废纸中富含木素的机械浆纤维及其他高得率纤维所特有的性质,既是一个挑战,也是一个机会。其中可能的手段包括脉冲或压榨式干燥技术。后者已经应用于生产箱板纸、瓦楞原纸和卡通纸板[135]。在此工艺中,将纸页置于高压(高达0.5MPa)高温条件下处理一定的时间。在此过程中,木素被软化,并发生流动。半纤维素也有可能发生类似的变化。如此一来,就可以把纤维"焊接"在一起,如纤维交叉的激光共聚焦显微镜(CLSM)照片所示(如图8-62和图8-63)[136]。

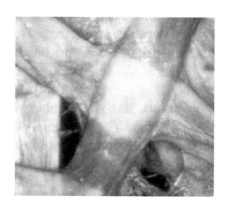

图 8 - 62 挤压式干燥后纤
维的结合状态[136]

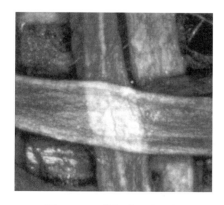

图 8 - 63 烘缸式干燥后纤
维的结合状态[136]

这种"焊接"作用对所有与结合能力相关的强度性质都有利,特别是环压强度。这种作用可用来降低最终产品的定量[135]。流动的木素还可以在纤维上形成保护层,以提供良好的抗水性,从而省去松香施胶工艺。通过使用这些新型的脉冲或压榨干燥技术,一些由混和废纸用量增大而导致的问题就可以避免。Retulainen 等人在回用实验中研究了不同干燥工艺对纸板二次纤维性质的影响[137]。结果发现,与烘缸干燥得到的二次纤维相比,压榨式干燥所得到的二次纤维的润胀能力(保水值)损失更大,但其纸页的强度性质与前者的非常类似。

参考文献

[1]Papier 2009 – ein Leistungsbericht. Verband Deutscher Papierfabriken(VDP),Bonn.

[2]European declaration on Paper Recycling,Confederation of European Paper Industries(CEPI),Brussels.

[3]Alanko,K.,Recyclability of thermomechanical fibres,M. Sc. Thesis,Helsinki University of Technology,Department of Forest Products Technology,Espoo,Finland,1993.

[4]Marton,R.,Progress in Paper Recycling 2(2):58(1993).

[5]Korpela,A.,Kuitujen kierratettavyys,Internal Report,KCL,Espoo,Finland,1994.

[6]Howard,R. C. and Bichard,W.,J. Pulp Paper Sci. 18(4):J151(1992).

[7]Stenius,P.,Hynynen,R. and Laine,J.,The surface properties of virgin and recycled fiber,Helsinki University of Technology,Interim Report of Nordpap Project:Properties of virgin and recycled fiber,Helsinki,1996.

[8]Weise,U.,Paperi Puu 80(2):110(1998).

[9]Scallan,A. and Tigerstrom,A. C.,Elasticity of fiber wall:effects of pulping and recycling,1991 CPPA 1st Research Forum on Recycling,Toronto.

[10]Howard,R. C.,Paper Technology 32(4):20(1991).

[11]Carlson,G.,Svensk Paperstidn. 87(15):R119(1984).

[12]Jayme,G.,Wochenbl. Papierfabr. 72(6):187(1944).

[13]Weise,U. and Paulapuro,H.,Das Papier 50(6):328(1996).

[14] Stürmer, L. and Göttsching, L, Wochenbl. Papierfabr. 107(3):69(1979).

[15] Law, K. N., Valade, J. L. and Li, Z, Tappi J. 79(10):181(1996).

[16] Brecht, W. and Klemm, K., Pulp Paper Mag. Can. 54(1):72(1953).

[17] Lammi, T. and Heikkurinen, A., PSC Report No. 102, KCL, Espoo, Finland, 1997.

[18] Rutledge – Cropsey, K. – R., Abubakr, S. and Klungness, J. H., Performance of enzymatically deinked wastepaper on paper machine runnability, 1995 Tappi Papermakers Conference, TAPPI PRESS, Atlanta, p. 311.

[19] Yamashki, Y. and Oy R., Japan Tappi J. 35(9):33(1981).

[20] Law, K. N., Progress in Paper Recycling 6(1):32(1996).

[21] Bouchard, J. and Douek, M., The effects of recycling on the chemical properties of pulps, 1993 CPPA 2nd Research Forum on Recycling, Quebec.

[22] Gurnagul, N., Tappi J. 78(12):119(1995).

[23] Klofta, J. and Miller, M. L., Effects of deinking on the recycle potential of papermaking fibers, 1993 CPPA 2nd Research Forum on Recycling, Quebec.

[24] Koljonen, T. et al., Characterization of refining effects on deinked pulp, 6th PTS – Deinking – Symposium, Munich, 1994.

[25] Tam Doo, P. and Kerekes, R., Pulp Paper Can. 83(2):T37(1982).

[26] Jang, H. F., Howard, R. C. and Seth, R. S., Tappi J. 78(12):131(1995).

[27] Hoppe, J. and Baumgarten, H. – L, Wochenbl. Papierfabr. 125(18):860(1997).

[28] Gratton, M. F., The recycling potential of calendered newsprint fibres, 1991 CPPA 1st Research Forum on Recycling, Toronto.

[29] Katz, S., Liebergott, N. and Scallan, A. M., Tappi J. 64(7):97(1981).

[30] Katz, S., Liebergott, N. and Scallan, A. M., Tappi J. 64(7):97(1981).

[31] Laine, J. and Stenius, P., Paperi Puu 79(4):257(1997).

[32] Liebe, H., Einfluss des Papierherstellungsprosesses auf das Festigkeitspotential von ECF – und TCF – Zellstoff, M. Sc. Thesis, Darmstadt University of Technology, Darmstadt, Germany, 1995.

[33] Mahagaonkar, M., Banhan, P. and Stack, K., Appita J. 49(6):403(1996).

[34] Nyström, M., Pykäläinen, J. and Letho, J., Paperi Puu 75(6):419(1993).

[35] Erikson, I. et al., Recycling potential of printed thermomechanical fibres for newsprint, 1995 CPPA 3rd Research Forum on Recycling, Vancouver, BC.

[36] Brandal, J. and Lindheim, A., Pulp Paper Can. 67(10):431(1966).

[37] Villfor, S., Inverkan av extraktivamnen och polysackarider på egeskaper hos papper, M. Sc. Thesis, Abo Akademi, Department of Forest Products Chemistry, Turku, Finland, 1996.

[38] Okayama, T., Yoshinaga, N. and Take, Y., Effect of recycling on wetting and liquid penetration of paper, 1995 Tappi Coating Conference, TAPPI PRESS, Atlanta.

[39] Viitaharju, P., Quality profile of European newsprint, Internal Report, UPM – Kymmene Research Department, Helsinki, 1996.

[40] Stürmer, L. and Göttsching, L.: "Physikalische Eigenschaften von Sekundarfaserstoffen unter dem Einfluss ihrer Vorgeschichte", Wochenblatt furu Papierfabrikation, Vol. 106 (1978), Nr. 21, pp. 801 – 918.

[41] Stürmer, L. and Göttsching, L.: "Über die Eigenschaften von Altpapier – Fasersuspensionen in Abhängigkeit von den Einflussen des Papierrecyclings und im Hinblick auf die Gebrauchseigenschaften bei der Papierherstellung", Abschiussbericht zum FFW – Forschungsvorhaben Nr. S6, Institut für Papierfabrikation, Darmstadt, 1979.

[42] Stürmer, L.: "Über die Eigenschaften von Sekundarfaserstoffen aus Altpapier unter dem EinfluB ihrer Vorgeschichte", Dissertation, TH Darmstadt, 1980.

[43] Chaterjee, A. et al., Tappi J. 76(7):109(1993).

[44] Bayer, R., Allg. Papierrundschau 120(27):739(1996).

[45] Horn, R. A.: "What are the Effects of Recycling on Fiber and Paper Properties?" in Paper Trade Journal, Vol. 17/24, February 1975, pp. 78 – 82.

[46] Smook, G. A.: "Handbook for Pulp and Paper Technologists", TAPPI, Atlanta, 1982, 3rd printing 1986, ISBN 0 – 919893 – 00 – 7.

[47] Lyne, S., Tappi J. 78(12):138(1995).

[48] Lunabba, P., The effect of ageing of waste paper on the deinking efficiency, 1996 SPCI Conference, Stockholm.

[49] Tuovinen, J., Welche Einflüsse haben Druckfarbenkomponenten auf die Deinking – Ergebnisse, 5th PTS – Deinking – Symposium, Munich, 1992.

[50] Geistbeck, M. and Weig, X.: "Die Verwendung von Aitpapier und dessen Grenzen" in Das Papier, Vol. 135, No. 3, pp. T20 – T24, 2007.

[51] Huber, P. et. al.: "Effect of the deinking process on physical properties of various wood – free recovered paper furnishes" in Pulp & Paper Canada, Vol. 107, No. 7/8, pp. 34 – 40, 2006.

[52] Paulapuro 2006

[53] Selder, H. et. al.: "Aufbesserung von Altpapierstoffen für Verpackungspapierherstellung durch Decrilling" in Wochenblatt fur Papierfabrikation, Vol. 130, No. 5, pp. 292 – 298, 2002.

[54] Anon., Liste der deutschen Standardsorten und ihre Qualitäten, issued by BDE/ Koln, bvse/ Bonn and VDP/Bonn, Germany, 1997.

[55] Renner, K., Putz, H. J. and Göttsching, L, Wochenbl. Papierfabr. 124(14/15):662(1996).

[56] Ferguson, L. D. and Grant, R. L., The State of the Art in Deinking Technology in North America, 7th PTS – Deinking – Symposium, Munich, 1996.

[57] Staff Progress in Paper Recycling, Progress in Paper Recycling 2(3):80(1993).

[58] Wagner, J.; Franke, T. and Schabel, S.: "Automatic Sorting of Recovered Paper — Technical Solutions and Their Limitations" in Progress in Paper Recycling Vol. 16, No. 1, pp. 13 – 23.

[59] Pigorsch, E.: "Entwicklung eines automatisierten Messverfahrens zur Erkennung von Papiersorten und papierfremden Bestandteilen für die Qualitätsbewertung der Aitpapiersorte Deinkingware(1. 11)", PTS – Forschungsbericht, Papiertechnische Stiftung, Munchen, 2009.

[60] Jordan, B. D. and Popson, S. J., J. Pulp Paper Sci. 20(6):J161(1994).

[61] Yule, J. A. C. and Nielsen, W. J., TAGA Proc. 65 76(1951).

[62] McCool, M. A. and Silveri, I., Tappi J. 70(11):75(1987).

[63] Peel, J. D., Wochenbl. Papierfabr. 114(6):189(1986).

[64] Selder, H., Das Papier 51(9):455(1997).

［65］Roβkopf,J. ,Optische Bewertung von Melierfasern in hellen Altpapierstoffen,M. Sc. Thesis, Darmstadt University of Technology,Darmstadt,Germany,1994.

［66］Ackermann,C. ,Putz,H. J. and Göttsching,L. ,Wochenbl. Papierfabr. 124(11/12):508(1996).

［67］Kessel,Loud van: "Aim and technologies for fibre upgrading",Presentationat Dutch Centre of Competence Paper and Board,Feb. 18th,2004.

［68］Krogerus,B. ; Moilanen,A. ; Sipilä,K. and Johansson,A. : "Use of WastePaper Ash as Paper Filler" in Das Papier,Vol. 6A,1997,pp. V86 – V90.

［69］Linhart,F. et al. ,Wochenbl. Papierfabr. 116(9):329(1988).

［70］Tremont,S. R. ,Pulp Paper Can. 96(12):T399(1995).

［71］Hamm,U. and Putz,H. J. ,Untersuchungen zur möglichen Bildung aromatischer Amine bei der reduktiven Altpapierbleiche,INGEDE Report 4896 IfP,Darmstadt,Germany,1997.

［72］Höütmann,U. et al. ,Tappi J. 82(1):77(1999).

［73］Escabasse,J. Y. et al. ,Decontamination microbiologique des papiers et cartons recycles,50th ATIP Congres,Bordeaux,France,1997.

［74］Hunold,M. ,Experimentelle und theoretische Untersuchungen uber quantitative und qualitative Auswirkungen steigender Aitpapier Einsatzquoten auf das Recyclingsystem Papier Aitpapier, Ph. D. Thesis,Darmstadt University of Technology,Darmstadt,Germany,1997.

［75］Schabel,S. and Putz,H. – J. : "Rohstoff Aitpapier – ein Ausblick" in Wochenblatt für Papierfabrikation,Vol. 133,No. 3 – 4,pp. 103 – 111,2005.

［76］Korpela,A. ,Fibre recyclability: a comparision of accept and reject in full scale DIP processes, Internal Report,KCL,Espoo,Finland,1996.

［77］Hanecker,E. ,DIP – Charakterisierung,INGEDE Report 4796 PTS,Munich,1997.

［78］Ajersch,M. and Pelton,R. ,Mechanism of pulp loss in flotation deinking,1995 CPPA 3rd Research Forum on Recycling,Vancouver,BC.

［79］Turvey,R. ,J. Pulp Paper Sci. 19(2):J52(1993).

［80］Le Ny,C. ,Comparison of three UPM – Kymmene DIP – plants,Internal Report,UPM – Kymmene Research Department,Helsinki,1997.

［81］Mohlin,U. – B. ,J. Pulp Paper Sci. 23(1):J28(1997).

［82］Lammi,T. and Heikkurinen,A. ,PSC Report No. 102,KCL,Espoo,Finland,1997.

［83］Lumiainen,J. ,Paperi Puu 74(4):319(1992).

［84］Lumiainen,J. ,Tappi J. 75(8):92(1992).

［85］Selder,H. and Linck,E. ,World Paper 220(Jan. /Febr.):26(1995).

［86］Latomaa,A. ,Internal Report,UPM – Kymmene Research Department,Helsinki,1992.

［87］Kibblewhite,R. P. and Bailey,D. G. ,Appita J. 41(4):297(1988).

［88］Bawden,A. D. and Kibblewhite,R. P. ,J. Pulp Paper Sci,23(7):J340(1997).

［89］Houen,P. J. and Fjerdingen,H. ,On the effect of recycling on cross – sectional shapes and dimensions of sulphate pulp fibres,1997 Tappi Recycling Symposium,TAPPI PRESS,Atlanta, p. 347.

［90］Waterhouse,J. F. et al. ,Products of Papermaking,1993 Fundamental Research Symposium, PIRA,Leatherhead,UK,p. 1261.

[91] McKee,R. C. ,Empire State TAPPI Meeting,Lake Placid,NY,1972.

[92] Maddern,R. ,Experience of Krima dispersion unit in treating white waste for printing grades, Recycling Conference of PIRA,Leatherhead,UK,1993.

[93] Freeland,S. A. ,Tappi J. 77(4): 185(1994).

[94] Drehmer, B. and Back, E. ,Effect of dispersion variables on the papermaking properties of OCC,1995 CPPA 3rd Research Forum on Recycling,Vancouver,BC.

[95] McKinney,R. J. W. ,PPI 39(1):37(1997).

[96] Page,D. H. et al. ,J. Pulp Paper Sci. 10(5):J74(1984).

[97] Lucas,R. and Williams,T. ,Winding problems associated with recycled fibres and additives in today's papers,1997 Tappi Finishing & Converting Conference,TAPPI PRESS,Atlanta,p. 151.

[98] Fernandez,C. and Gamier,G. ,J. Pulp Paper Sci. 23(4):J144(1997).

[99] Larson,A. and Stenius,P. ,Svensk Pappertidn. 88(3):R2(1985).

[100] Krook,K. ,M. Sc. Thesis,Abo Akademi University,Faculty of Chem. Eng. ,Turku,Finland, 1997.

[101] Haynes,D. and Marcoux,H. ,Evaluation of fatty acid carryover in North American newsprint deinking mills,1997 CPPA 4th Research Forum on Recycling,Quebec.

[102] Holmbäck,Å. ,Analys av fettsyratvålar och vedharts i en returpappersanläggning,M. Sc. Thesis, Abo Akademi,Faculty of Chem. Eng. ,Turku,Finland,1995.

[103] Krüger,E. ,Göttsching,L. and Mönch,D. ,Wochenbl. Papierfabr. 125(20):986(1997).

[104] Sjöström,L. and Ödberg,L. ,Das Papier 51(6A):V69(1997).

[105] Grau,U. ,Schuhmacher,R. and Kleemann,S. ,Wochenbl. Papierfabr. 124(17):769(1996).

[106] Ackermann,C. and Putz,H. – J. ,Unpublished INGEDE Project,Darmstadt,Germany,1997.

[107] Terho,J. ,Jaakko Pöyry Client Magazine(1):16(1994).

[108] Ventola,J. ,Effect of dissolved and colloidal substances on bonding ability of TMP – fibres, M. Sc. Thesis,Helsinki University of Technology,Paper Laboratories,Espoo,Finland,1997.

[109] Sundberg,K. ,Effects of wood polysaccharides on colloidal wood resin in papermaking,Ph. D. Thesis,Abo Akademi University,Faculty of Chem. Eng. ,Turku,Finland,1995.

[110] Röring,A. and Wackenberg,E. ,Pulp Paper Can. 98(5):T136(1997).

[111] Krogerus,B. ,PSC Report No. 71,KCL,Espoo,Finland,1995.

[112] Stetter,A. and Eisenschmidt,K. ,Wochenbl. Papierfabr. 121(23/24):1018(1993).

[113] Stetter,A. and Eisenschmidt,K. ,Wochenbl. Papierfabr. 125(7):186(1997).

[114] Krishnagopalan, G. et al. ,Flexographic newsprint deinking: wash filtrate clarification by membrane filtration,PIRA International Wastepaper Technology Conference,London,1995.

[115] Diedrich,K. ,Hamm,U. and Knelissen,J. ,Das Papier 51(6A):V153(1997).

[116] Habets,L. and Knelisen,H. ,Pulp Paper Europe 2(6):8(1997).

[117] Verkasalo,L. ,Valmet's Internal R&D Report No. 901024,Jyväskylä,Finland,1990.

[118] Alava,M. and Niskanen,K. ,Performance of reinforcement fibres in paper,in Fundamentals of Papermaking Materials,PIRA,Leatherhead,UK,1997,p. 1177.

[119] Kärenlampi, P. and Yu, Y. ,Fibre properties and paper fracture — fibre length and fibre strength,in Fundamentals of Papermaking Materials,PIRA,Leatherhead,UK,1997,p. 521.

[120] Niskanen, K. et al. , KCL – PAKKA: Simulation of the 3D structure of paper, in Fundamentals of Papermaking Materials, PIRA, Leatherhead, UK, 1997, p. 1270.

[121] Brinckman, M. , The printability of newsprint containing recycled fibres, IFRA Newspaper Techniques Bulletin, Darmstadt, Germany, Febr. 1997, p. 24.

[122] Ackermann, C. , Putz, H. J. and Göttsching, L. , 5th PTS – Deinking – Symposium 1992, p. 92.

[123] Kärnä, A. , Internal Report No. 2112, KCL, Espoo, Finland, 1994.

[124] Farrand, J. A. , McCrory, S. J. and Forsman, D. L, Secondary fiber plant operations does influence paper machine performance, 1995 Tappi Papermakers Conference, TAPPI PRESS, Atlanta, p. 327.

[125] Korpela, A. , Information Bulletin No. 190, KCL, Espoo, Finland, 1998.

[126] Magnaghi, G. : "The world recovered paper market in 2001", Bureau of International recycling(BIR) , 2008, www. bir. org/pdf/Dec08MagnaghiReport2. pdf.

[127] Bhardwaj, N. K. , Bajpaj, P. and Bajpaj, P. K, Appita J. 50(3) :230(1997).

[128] Sarkar, J. , Appita J. 50(1) :57(1997).

[129] Jackson, L. S. , Heitmann, J. A. and Joyce, T. W. , Tappi J. 76(3) :147(1993).

[130] Gruber, E. , Gelbrich, M. and Geistler, U. , Das Papier 51(9) :464(1997).

[131] Latta, J. and Mangat, N. , Paper Age 113(11) :13(1997).

[132] Scott, W. and Kumar, V. , Paper Age 113(12) :22(1997).

[133] Mühlhauser, M. , Stark, H. and Merckens, C. , Das Papier 51(6A) :V74(199 7).

[134] Renders, R. , The future of RCF technology, 11th Sunds – Defibrator Technical Seminar, Defibrator, Stockholm, 1995.

[135] Ojala, T. , Valmet Paper News 13(2) :22(1997)

[136] Kunnas, L. et al. , Tappi J. 76(4) :95(1993).

[137] Retulainen, E. , Paperi Puu 80(2) :104(1998).

第⑨章 检测方法

9.1 检测方法及说明

只有采用合理的标准化方法、标准化步骤以及标准化术语,得到的废纸回用检测结果才能进行有效的评价与交流。本章将主要介绍与回用性能和可回用性(recyclability)相关的概念。

除了实验室检测方法,在线测量方法在脱墨控制和过程优化方面变得越来越重要。在脱墨工艺中采用传感器也很普遍。然而,在回收纸种形成的纤维悬浮液中,某些特定组分会导致传感器校正比较困难。浓度波动和高灰分对大多数在线传感器的精度都有很大的影响。典型而难以预测的问题是传感器安装位置和流量波动。因此,本章不涉及传感器的各种运行环境。详细信息请联系控制器和设备的供应商。

9.2 脱墨检测方法和可脱墨性评价

显而易见,油墨的去除能提高纸浆白度。因此,光学性能是评价脱墨工艺最重要的参数。对光学杂质的评价是一种挑战,这需要基于图像分析的测量方法。除了质量参数外,脱墨工艺的另一个重要影响因素是得率。另外,分析脱墨生产线上的纤维损失仍是一个问题。实验室国际脱墨工业协会(INGEDE)方法 11 介绍了评价浮选脱墨的必要步骤。INGEDE 方法 11 也能作为评价可脱墨性和可脱墨性分值系统的依据使用。

9.2.1 脱墨浆的光学性能

白度、颜色轨迹和有效残余油墨浓度(effective residual ink concentration,ERIC)是表征脱墨前后回收纤维性质的主要光学参数。它们能表示回收原纸的质量和成品脱墨浆质量。实验室和脱墨工段开发的光学参数也为脱墨效率和脱墨性能提供了基本信息。

9.2.1.1 光反射和白度的测定

评价脱墨浆光学性能最常用的参数是光反射因数 R_{457}。ISO 白度就是标准 C 光源照射下的蓝光内反射因数。因为荧光增白剂在紫外光(UV)下具有增白效果,所以采用 D65 标准光源会检测到更高的白度。

分光光度计是一种常见的颜色测量仪器。它将理想不光滑的白色物体作为完全反射漫射体,通过对比纸样在固定角度下的光反射与完全反射漫射体在相同测量条件下的光反射,来确

355

定纸样的亮度。

因为完全反射漫射体是不存在的,所以该设备必须选用一个已知性质的参照物来进行校正。依据 ISO/TC6 权威实验室提供的纸标准如 IR3 标准(三级参比标准)。IR3 标准由一系列的纸样及其光反射因数组成。非荧光 IR3 标准和荧光 IR3 标准是校准设备光源中 UV 含量的必备标准。常用的工作标准能用 IR3 标准进行基本校正。

用于确定纸张或纸浆白度的两种主要方法如下:

① TAPPI 标准方法 T452[1] 规定了一种基于定向反射的白度测量方法。北美采用的主要就是这种方法。

② 欧洲普遍采用的是基于漫射光源的白度测量方法,这种方法定义为 ISO 标准方法[2-4]和 TAPPI T525[5]。

两种白度检测方法都采用垂直(0°)观测,并在波长范围为 400 ~ 520nm(有效波长为 457nm)的条件下进行检测。这两种方法的不同之处在于入射光束的几何条件。TAP-PI T452 采用照明的入射角为 45°,而 ISO 测量方法则采用漫射照明(d)[6]。图 9 - 1 说明了测量装置的几何条件和纸张光泽度对反射光空间分布的影响。可根据 Kubelka – Munk 理论[7-9],漫射照明可应用于脱墨过程中的高级分析。

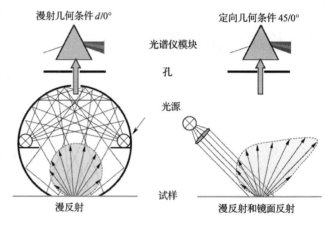

图 9 - 1　白度检测方法的差异

内反射因数可在滤垫或一沓纸(如手抄片)上测量得到。即使循环用水,手抄片中填料、细小纤维和油墨粒子的留着率仍然比滤垫低。故当采用非脱墨浆作为检测原料,制作的滤垫比手抄片要黑一些;对于脱墨浆,滤垫的白度高于手抄片的白度。因此,用滤垫测到的白度增益(ΔR_{457})要比手抄片的高一些。

滤垫是纤维悬浮液在布氏漏斗的滤纸上进行中速脱水后制得的,详见 INGEDE 方法 1[10]。这种方法也描述了怎样制作用于分析尘埃面积或 Kubelka – Munk 参数的手抄片。

检测纸样是预测纸张质量的基本方法,因为这种检测方法排除了脱水后无法留在纸样中的粒子。然而,制作检测纸样是繁重而易出错的。检测过程中的一个关键点是纤维悬浮液的采样。合适的采样阀门对于人工取样是必不可少的。另一个影响检测精度的因素来自检测纸样中油墨团聚、纤维团聚和填料的非均匀分布。泡沫沉淀物、布氏漏斗的抽吸方式以及较大的两面性,对于滤垫检测来说都是显而易见的干扰。结果,非脱墨浆比脱墨浆的测量精度更低。

过程监控是否有效取决于快速测量。当离线检测时间超过浆料在脱墨工段的停留时间时,在线检测是不可或缺的。一般而言,在线传感器的测量原理和特性与离线方法有着巨大的差异。有必要通过大量的校正来补偿在线检测方法与实验室检测方法的差异。到目前为止,所有的在线亮度传感器都需要仔细地校正,才能预测检测纸样的光学性能。测量精度将主要取决于校正模型,其次是传感器设备、安装位置、浆浓和纸浆成分。用于校正的试样应包括纸浆质量和浓度变化的全范围。

9.2.1.2　色差(colour shade)

当采用脱墨浆来生产特定色彩规格[如超级压光纸(SC 纸)和轻量涂布纸(LWC 纸)的推荐颜色值]的印刷纸时,需要了解各基材组分和脱墨浆的色度特性。特别是在荧光增白剂(OBA)存在的情况下,仅通过光反射因数 R_{457} 并不能充分描述这种光学效果。在紫外(UV)光的激发下,OBA 能导致非常高的光反射值,其光反射值可超过 100%。图 9-2 说明了荧光增白剂对光谱反射的影响。随着光反射因数 R_{457} 的增大,观测者会发现试样或多或少呈现出蓝色。

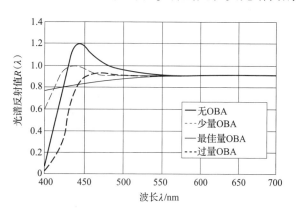

图 9-2　荧光增白剂对光谱反射的影响

市场上出版用纸(如新闻纸,SC 纸和 LWC 纸)的光学性能都有着通用的技术指标。这些技术指标会涉及发光度 Y(很少受荧光增白剂和光源的影响),而不是白度。然而,白度和色彩(shade)都是纸张重要的质量参数。

色彩通过比色方法测量得到。这些方法都基于色度观测器(用于替代颜色敏感性依赖于观测角度的人眼)来进行测量。其中一种方法采用红色、绿色和蓝色的标准滤镜分别得到三刺激值 X、Y 和 Z。在 400～700nm 波长下测量光反射值最常用的方法是采用分光光度计。根据光谱理论,基于色度观测器和光源可计算出三刺激值。

对于回收纸工艺中的有色试样,还有另一种评价方法即颜色分析。颜色轨迹(color locus)可以明确地采用三刺激值(X、Y 和 Z)来定义。为了明确表示颜色,三刺激值 X、Y 和 Z 将转换成色度坐标(x、y 和 z)。由于 $x + y + z = 1$,因此颜色定义只需要说明两个色度坐标(x 和 y)。虽然 $x - y$ 图(在标准 C 光源下,采用 2°CIE 标准色度观测器得到的 CIE 色度图[11-13])能代表色度坐标,但由于 x 和 y 的物理属性,脱墨浆的 x 和 y 的数值变化范围通常很小。因此,采用 $x - y$ 图来表示结果将变得困难。

CIELAB 颜色空间[14]作为原始 CIE 颜色空间的替代空间。采用 CIELAB 颜色空间,可以分析色度值(colorimetric value)的色差。这个系统的优势在于它能等距地利用色差(相当于人眼对颜色的敏感性)。这个系统采用 3 个系数 L^*、a^* 和 b^* 来表示颜色,它们是通过三刺激值(X、Y 和 Z)计算得到。如图 9-3[15]所示,L^* 代表明度,a^* 代表红色或绿色区域,b^* 代表黄色或蓝色区域。两个不同试样的色差 ΔE_{ab}^* 是两个颜色矢量值差,可以根据式(9-1)计算得到。

$$\Delta E_{ab}^* = \sqrt{(\Delta L^*)^2 + (\Delta a^*)^2 + (\Delta b^*)^2}$$
$$(9-1)$$

根据"可脱墨性评估"那节所描

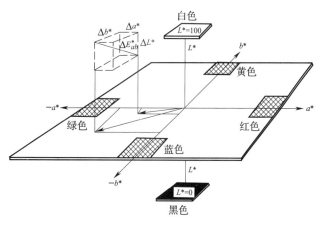

图 9-3　CIELAB 颜色系统

述的 CIELAB 颜色空间,计算色差可以给出脱墨浆、未印刷的化学浆和印刷过未经处理过的浆三者之间的光学比例关系。先前的方法根据可脱墨因子 DEM_{LAB}[16]来计算。

当测量脱墨浆试样时必须控制光源的紫外光比例,因为测量得到的光反射值会受残留荧光增白剂的影响。经验证明,光源中紫外光比例高可导致光反射因数 R_{457} 增大几个百分点[17]。对于 ISO 亮度,增大光源中紫外光比例将增大 ISO 白度的绝对值。光源中紫外光比例不同也会导致颜色的变化。

9.2.1.3　有效残余油墨浓度

在过去几十年里,采用红外反射测量来分析有效残余油墨浓度(ERIC),这在脱墨技术领域里扮演着越来越重要的角色。INGEDE 方法 2 是脱墨工艺中测量纸浆和滤液光学性能的准则[18]。同时,ERIC 的测量方法也实行了国际标准化[19-20]。合理解释 ERIC 值必须理解检测方法的物理意义。

ERIC 测量的物理效应是光的吸收性。残余油墨粒子和其他光吸收物(如木质素和染料)会降低回收纤维的光反射值。图 9 - 4 表示了印刷油墨对回收纸光反射因数的影响[21]。

图 9 - 5 表示了单色打印中使用的炭黑在很宽的波长范围内都会影响反射率,而有色印刷油墨只能吸收特定波长的光。在 950nm 波长下,光吸收系数 k_{950} 与碳黑油墨粒子(具有特定粒径分布)含量有很大的关系,因为发色基团(如木质素、荧光增白剂和染料)和彩色物质在近红外波长范围内不会吸收光。

在 20 世纪 90 年代中期,Jordan 和 Popson 提出了有效残余油墨浓度[22]。ERIC 值是在 950nm 波长下试样的吸收系数 $k_{纸样}$ 与油墨的吸收系数 $k_{油墨}$ 之比。ERIC 的单位为百万之一(ppm)。通常 $k_{油墨}$ 值是未知的,常采用炭黑的默认值(10000m^2/kg)来替代。

影响 ERIC 测量的 3 大主要因素如下:

① 基于光学效应的 ERIC 非常依赖于油墨粒径分布,油墨粒径分布则随着油墨粒子的分散和团聚而变化。

② ERIC 是根据 Kubelka - Munk 方程来估计。其中一个限制是不透明度。ISO 22754 和 TAPPI T567 方法中检测纸样不透明度的最大值为 97%,这限制了试样

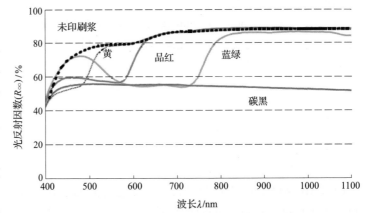

图 9 - 4　印刷油墨对非印刷浆光谱反射的影响

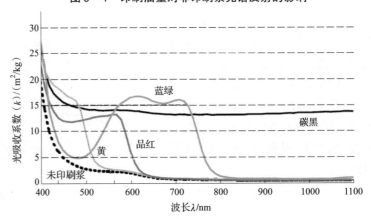

图 9 - 5　印刷油墨对非印刷浆光吸收系数的影响

的定量。因此,这两种检测方法中明确地说明了不使用滤垫。当不透明度接近 97%,Kubel-ka - Munk 方程经过对数奇点简化后,不确定性将被放大,这导致预测的差异系数(COV)超过 50%[9]。

降低试样的定量虽然可以减少不透明度,但留着率也下降了。使用助留剂会导致油墨粒子的团聚,从而严重干扰测量。强烈建议采用循环白水抄造手抄片,以减少填料和油墨粒子的流失。

③ 当无法得到不透明度低于 97% 的试样时,INGEDE 方法 2 允许采用不透明纸样(如滤垫)来测定 ERIC。在这种情况下,可采用一个固定散射系数 $s = 42m^2/kg$,也许还可以采用一个更为合理的散射系数来代替。

从实用角度看,采用循环白水来抄造手抄片是没有必要的,因为在常规测量中会采用滤垫。从科学角度看,只有考虑了滤垫实际光散射能,使用滤垫得到的 ERIC 测量结果才具有可比性。使用滤垫测量得到的 ERIC 值,其准确性取决于填料、细小纤维和油墨粒子的分布,例如纸页成形和两面性。

Körkkö 等人[23]通过向不同油墨含量的回收纤维试样中加入纯填料来研究灰分对残余油墨测量的影响。研究结果表明填料的影响远大于人们的预期。他们在测量过程中发现填料能掩盖残余油墨的影响。因此,若单元操作过程中(例如洗涤、浓缩和浮选)导致了填料含量的变化,则 ERIC 结果很容易给人造成假象。该研究结论特别适用于第二级浮选阶段(其灰分含量可能超过 70%)。

然而,ERIC 测量在分析脱墨浆质量和评价脱墨工艺时是必不可少的。ERIC 值常用来计算油墨去除量(ink elimination,IE)。

9.2.2 基于图像分析的粒子测量方法

图像分析用于脱墨控制的一个主要问题:检测那些影响光学效应的可见尘埃。相对于肉眼观测,仪器检测更可靠、更客观和更快速。事实上,粒子扫描仪在世界范围内的安装量日益增大。随着光学分辨率的进一步提高,扫描仪将变得更为重要。高质量的扫描仪通常能检测到显微镜下可见的粒子。在微观尺度上测量油墨粒径分布,使得观测油墨粒子的脱落、团聚和去除成为可能。定量检测油墨粒子可为脱墨效率提供全面的评估。

测量可见尘埃粒子的分析方法不同于脱墨工艺中定量检测可见粒子和显微镜下可见粒子的方法。根据检测方法如 ISO 5350 - 4、TAPPI 方法 T 563 和 ASTM D6101,尘埃计数器模拟人类视觉来测量可见尘埃[24-27]。这些标准都源自基于等效黑体面积(equivalent black area,EBA)分析的可视检测方法。EBA 定义为与尘埃点在特定背景下产生相同视觉效应的圆形黑点在白色背景下的面积。

为了提高肉眼观测与仪器检测评价尘埃的一致性,系统必须采用一个"标准观测器"建立美学对等。Jordan 和 Nguyen 开发了一个经验可视化模型和一个视觉空间分辨率模型。前者用于模拟粒径和对比度的影响,后者用于模拟视觉系统增强效果[28]。相对于复杂的视觉感知而言,这个方法出奇的简单[29]。然而,这些开发模型只限于灰色值图像。EBA 相关的方法都能分析尘埃的视觉效应,但这些方法无法检测色觉和显微镜下可见的粒子。

只有定量测量能提供相关信息,用于脱墨工艺中油墨粒子流动的平衡计算。图 9 - 6 表示了定性粒子测量和定量粒子测量之间的主要差异。定量粒子分析需要检测试样中所有粒子,而定性分析则会忽略其中隐藏的粒子[30]。

粒子定量检测能得到杂质的绝对浓度和粒径分布,因此它对脱墨控制十分重要。对油墨粒子进行定量分析意味着需要进行宽粒径分布测量,从亚微米量级上的水性柔版油墨粒子到毫米量级上的碳粉粒子。脱墨处理(像碎浆和分散)会将墨膜破碎成各种尺寸的粒子[31]。最小的油墨粒子可能是由单个染料组成。炭黑染料是一种非常小的球状团聚物,尺寸从5nm到100nm[32]。大部分有色染料都有芳香族分子结构。有色染料的形状是非常重要的,它们可以是片状、纤维状或针状。典型的染料尺寸范围从 0.1μm 到 5μm[33]。实际上,印刷油墨中连接料的溶解会导致油墨粒径非常小,从而很难通过浮选除去。

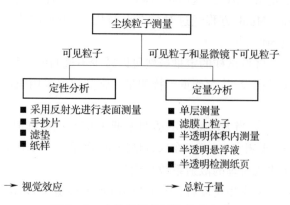

图9-6 尘埃粒子检测的基本方法

黑色和有色油墨粒子的特定光学性能和宽粒径分布都将影响整个检测链。图 9-7 表示了放大检测设备需要测量的油墨粒径分布范围[34]。简单的图像分析系统能充分满足纸张质量的评估,而工艺评价则需要高性能的图像系统。

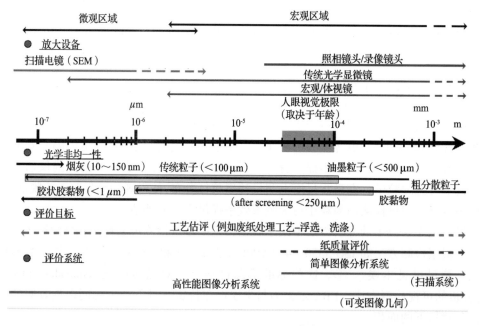

图9-7 光学非均一性评价[35]

只有很少量的研究者致力于可见粒子或显微镜下可见粒子的检测。主要原因如下:

① 如何准备合适且典型的试样?

② 如何保证这是一种稳健而可靠的粒度分割?

③ 如何合并宏观尺度和微观尺度上的粒子以及匹配不同的放大倍数?

制备定性分析或定量分析样品的最大不同之处在于小尺寸粒子的保留。定性分析与纸张中尘埃在心理物理方面上的影响有关。因此,手抄片抄造时不能使用循环白水,以便消除干扰测量的不可见粒子。INGEDE 方法 2 也建议使用无循环白水抄造的手抄片来测量有效直径大于 $50\mu m$ 的尘埃[18]。

对于定量测量,粒子应该平铺在显微镜载玻片[36]或滤膜(membrane filter)[37-39]上,以避免纸张微观结构引起的问题[24]。根据试样中油墨粒子浓度,单层要限制滤膜的最大覆盖度。表 9-1 表示了针对典型试样所推荐的覆盖度。非常低的覆盖度(如 $0.025 \sim 0.05 g/m^2$)通常会导致尘埃统计量少和统计不稳定[39]。对于滤液和浮选浆渣的情况,建议采用最小覆盖度以防止尘埃重叠。

表 9-1 粒子定量测量中推荐的滤膜覆盖度

试样种类	覆盖度/(g/m^2)
非脱墨浆	$0.25 \sim 1$
浮浆/脱墨浆	$0.5 \sim 4$
浮选浆渣	$0.1 \sim 0.5$
非脱墨浆的滤液	$0.1 \sim 0.5$
脱墨浆的滤液	$0.5 \sim 4$

覆盖度为 $1 g/m^2$ 相当于直径为 45mm 的滤膜(直径为 40mm 的湿面积)上覆盖着绝干质量为 3.18mg 的固体。根据 INGEDE 方法 1[10],这相当于定量为 $42.6 g/m^2$ 的手抄片,即质量为 1.35g、直径为 201mm 的快速 Köthen 手抄片。原则上,需要测量 425 张滤膜上固体的质量是否与单张手抄片的质量相同。有必要通过统计分析来控制相同尺寸试样的差异。

若由经验丰富的实验员进行检测,并且所有步骤都按规定进行操作,此时统计数据量可能对测量误差(特别是粒子数量很少时)的影响最大。试样中的粒子分布可视为泊松分布[40]。为了获得特定的精度,实际的测量面积取决于不同粒径区间内检测粒子的数量。基于泊松分布的统计分析也用于定义和提高大胶黏物粒子的测量精度[41-43]。一般而言,若均值的置信区间在百分之几以内,这需要在每个粒径区间内检测至少 100 个粒子。

为了保证足够的精度,可根据估计理论来确定粒径区间内实际粒子数量 n。因为统计的方差未知,置信区间将根据 n 个检测粒子的学生 -t(student - t distribution)分布来计算[44]。根据式(9-2)来定义学生 t 分布的置信区间。

$$P\left\{x - t_{1-\frac{a}{2}} \frac{s}{\sqrt{n}} < \mu \leqslant x + t_{1-\frac{a}{2}} \frac{s}{\sqrt{n}}\right\} = 1 - \alpha = Y \tag{9-2}$$

其中:x-检测结果,t-学生 t 因子,s-标准方差,n-样本大小,α-显著性水平,Y-置信系数。

标准方差 s 可以采用检测结果 x 的均方根来替代,因为粒子测量服从泊松分布[45]。式(9-3)表示了显著性水平为 α 或置信系数为 $Y = 1 - \alpha$ 的 $100(1-\alpha)\%$ 置信区间。

$$P\left\{x - t_{1-\frac{a}{2}} \sqrt{\frac{x}{n}} < \mu \leqslant x + t_{1-\frac{a}{2}} \sqrt{\frac{x}{n}}\right\} = 1 - \alpha = Y \tag{9-3}$$

式(9-4)表示了相对置信区间 v 仅取决于样本大小 n 和检测结果 x。后者即为样本中粒子的数量浓度。

$$v = \pm \frac{t_{1-\frac{a}{2}} \sqrt{\frac{x}{n}}}{x} \tag{9-4}$$

最小样本大小 n(可使测量结果的可靠性处于置信区间内)采用式(9-5)进行求解。

$$n = \frac{t_{1-\frac{a}{2}}^2}{xv^2} \tag{9-5}$$

Heise 等人证实了这已成功应用于大胶黏物粒子的测量(基于图像分析)[45]。

Klein 等人[40]根据式(9-6)估计最小粒子数 k_0

$$k_0 = \frac{z_Y^2}{\phi^2}(1+\phi) \tag{9-6}$$

其中:ϕ 为变异系数,z_Y 为 $-z$ 分数。z 分数可根据置信系数 $Y=1-\alpha$ 时的标准正态分布来计算得到。由于高自由度下学生 t 因子分布近似于标准正态分布[44],所以这里的 z 分数等于学生 t 因子。典型的 z 分数为 $z_{80}=1.282$,$z_{90}=1.645$,$z_{95}=1.960$ 和 $z_{99}=2.576$。表 9-2 表示了给定统计精度下的最小样本大小 n。

表 9-2 给定统计精度下的最小粒子数

最小粒子数 k_0		变异系数 ϕ			
		1%	2%	5%	10%
	80%	16588	4188	690	181
	90%	27326	6899	1136	298
置信系数 $Y=1-\alpha$	95%	38799	9796	1613	423
	98%	54660	13800	2273	595
	99%	16919	16919	2787	730

采用高放大倍数的设备来检测大量的可见尘埃是非常耗时的。检测只限于显微镜下可见粒子能减少测量粒子的数量,但小尺寸和大尺寸尘埃都会影响纸浆和纸制品的光学性能。在微观和宏观范围的结合测量能解决这个问题。最近定量测量通常采用摄像系统在滤膜上检测小尺寸粒子(1~50μm)和用扫描仪检测大尺寸粒子(50(30)~5000μm)[39]。30~50μm 的重叠粒子区域用来校正相机测量结果与扫描仪测量结果。最有应用前景的方法是把测量面积从滤膜面积(约1.4cm²)扩大到一张滤纸面积(132cm²)。这种定量测量方法根据两种滤纸材料上覆盖的单粒子层进行检测,而其他检测方法则在半透明介质或透明介质(如纤维悬浮液[46-48]或油浸过的纸页[24,29])上进行测量。

Klein 等人对比了回收纸处理过程中用于工艺分析的粒子测量技术[34-35]。图 9-8 描述了含有可选冲洗(hyperwashing)处理的备样过程。黏附和脱落的油墨粒子数量可通过冲洗来评价。滤膜用于 1~100μm 微观粒子的定量测量,而快速 Köthen(RK)纸片则用于 50~5000μm 宏观粒子的定性测量[39,50]。重叠区域(50~100μm)用于校正两种油墨粒子(1~5000μm)的定量测量结果。

在离线过程控制的商业应用中,定性分析在粒径大于 50μm 的宏观区域有着广泛的应用。这些分析采用滤垫、手抄片或实际生产的纸产品。由于在后续的脱墨工段中(如离解),纸浆悬浮液中残留的尘埃粒径会减小至微观区域(<50μm),采用宏观测量不会得到任何有用的信息。

除了样品制备,图像采集、图像处理和图像识别这些步骤对尘埃的定量也很重要[37-38]。图像分析将根据尘埃与背景(单层纤维)的对比度差异来甄别和记录尘埃。首先,相机捕捉到的图像通过数字转化成像素,而像素的大小取决于视野(由使用的测量范围决定)。然后,根据灰度值的差异对尘埃进行甄别。图像处理功能将增强被测物体与图像背景之间的对比度。图像分割将相机数字化的灰度值图像转化成二值图像。这样,所有灰度值低于设定阈值的像素点都被视为尘埃。试样的图像分析以尘埃测量和数据输出结束。图 9-9 说明了图像分析过程的主要步骤。

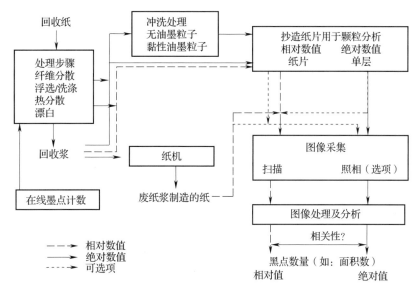

图 9 – 8 墨点分析方法[35]

尘埃分割是定性和定量测量中的一个基本问题。图 9 – 10 举例说明了试样的白度对于粒子检测灵敏性的影响。黑色粒子与背景对比度大,而灰色粒子在较黑的试样中几乎消失了。亮检测纸样中的可见尘埃在暗纸样中可能无法检测到。测量还受到粒子的形状、尺寸、颜色以及粒子间的距离与重叠性的影响[40]。然而,因为增大了对比度,滤膜上的颗粒可能很容易检测到。对尘埃进行全面分析可为脱墨浆和非脱墨浆提供客观的评价。

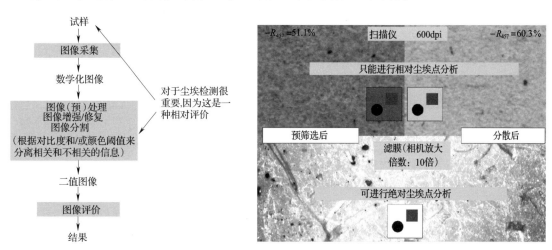

图 9 – 9 图像分析步骤概述[35]   **图 9 – 10 相对尘埃分析与绝对尘埃分析的比较**

粒径范围和粒子总数量与粒径区间划分有关。定性检测方法通常需要检测 $1m^2$ 的纸样,而定量检测则需要检测 1kg 绝干浆。由于其光学影响,故尘埃面积的检测具有特殊的重要性。

9.2.3 脱墨过程的得率

脱墨过程的得率取决于诸多因素。最重要的因素是分离技术的类型(浮选或洗涤)和工艺的复杂性(即油墨去除级数)。一条完整脱墨生产线采用浮选系统时,得率大约是原料的 75% ~ 85% ,而采用洗涤系统的得率大约是 55% ~ 65% 。另一个重要的因素是原料种类(主要是灰分含量)。最后,脱墨工艺的操作参数(如排渣率、浮选时间)也会影响得率。相对于油墨去除工段,其他工段(如筛选和净化)所导致的浆料流失是很小的。

计算脱墨工艺得率最常用的方法是将脱墨浆质量除以脱墨时使用回收纸的质量(都以绝干质量计),见式(9-7)。

$$得率 = \frac{脱墨浆质量}{回收纸质量} \qquad (9-7)$$

德国技术协会(Geman technical association)下属的制浆造纸化学家工程师协会(ZELLCHEMING)对得率的计算以及各种计算方法的差异进行了非常全面的研究。研究结果发表在一份技术公报上[51]。当脱墨处理与脱灰(如浮选脱墨)相关时,得率可以通过填料的质量流率来估计。当进浆、良浆和渣浆的灰分含量(以质量流率计)已知时,浮选脱墨的得率可以根据式(9-8)计算得到。

$$得率 = \frac{灰分含量_{渣浆} - 灰分含量_{进浆}}{灰分含量_{渣浆} - 灰分含量_{良浆}} \qquad (9-8)$$

使用相同的检测方法和条件进行灰分含量的检测是十分重要的。

通过脱墨提高的光学性能取决于脱墨工艺的得率。因此,得率的计算往往可用于评价脱墨结果。上述公式也可以应用于实验室脱墨检测。

9.2.4 印刷品可回用性的评价

在纸回收工艺中,浮选是一种广泛应用的油墨去除技术。因此 INGEDE 方法 11 定义了实验室浮选脱墨工艺的基本步骤[52]。这种方法在 2009 年进行了修订,现在被称作 INGEDE 方法 11p[53]。该方法的主要工艺步骤是制浆和浮选。为了模拟印刷品的平均使用年限,加速老化是其中的一个步骤。对于制浆过程,该方法规定了设备、剪切力(基于浆浓、碎浆时间和转速)和脱墨化学条件。第一次稀释出现在碎浆后,第二次稀释出现在浮选前。对于浮选过程,该方法规定了浮选槽的类型、浆浓、浮选时间和通气量。修订的方法在原则上只多了两个 pH 范围的规定,即碎浆后的 pH 范围和浮选前的 pH 范围(见图 9-11)。当无法满足这些 pH 条件时,则需要通过改变脱墨化学条件来改变碱度,并进行重复试验。

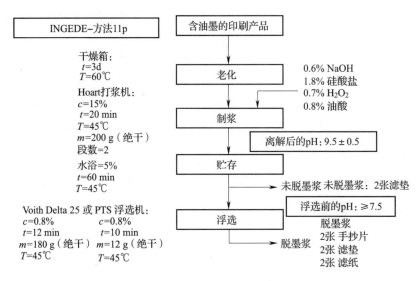

图 9-11　INGEDE 方法 11p 的流程图

可脱墨性可根据脱墨浆的 3 个质量参数以及制作滤垫、手抄片和滤膜时的两个工艺参数来评价。

9.2.5 脱墨性评价

脱墨浆的质量取决于诸多因素,如印刷油墨、印刷工艺、印承物、印刷品的老化程度以及脱墨工艺中的操作条件和工艺参数(即化学、机械和水力工况)。因此评价体系必须使这些因素尽可能标准化,并定义检测参数。

9.2.5.1 早期方法

可脱墨性主要采用白度、颜色或色彩 3 种光学参数来评估。评价可脱墨性最简单和最快速的方法通常是表征脱墨前后纸浆亮度的差异,即白度增值(brightness gain)。

在实验室,可脱墨因子 DEM 用于表征印刷品的可脱墨性[54]。针对印刷用纸和非印刷用纸,德国造纸技术基金会(Papiertechnische Stiftung,PTS)提出采用可脱墨因子 DEM 来评价实验室浮选脱墨效果。根据式(9 – 9)DEM_f 利用未印刷脱墨浆(US,如未印刷过的纸经脱墨制得的纸浆)、印刷非脱墨浆(BS)和脱墨浆(DS)的 ISO 白度(R_{457})来计算。

$$DEM_f = \frac{R_{457}(\text{DS}) - R_{457}(\text{BS})}{R_{457}(\text{US}) - R_{457}(\text{BS})} \tag{9 – 9}$$

DEM_f 可在 0% 到 100% 范围内变化。100% 表示可完全去除印刷油墨。

因为 ISO 白度不能充分描述有色脱墨浆试样的光学性能,所以采用 DEM_f 只能在一定程度上评价有色印刷样品的可脱墨性。在 $L^* a^* b^*$ 颜色系统(CIELAB)中,参考样与检测试样的色差用于计算另一个脱墨因子。达姆施塔特工业大学的造纸科学与技术系(Institut für Papierfabrikation,IFP)提出了一种可脱墨因子 – DEM_{Lab}[16]。这种可脱墨因子不采用亮度增值,而采用脱墨印刷纸样与未印刷纸样的色差来估计可脱墨性。计算方法见式(9 – 10)。

$$DEM_{Lab} = 1 - \frac{\Delta E(\text{US,DS})}{\Delta E(\text{US,BS})} = 1 - \frac{\sqrt{(L_{\text{US}}^* - L_{\text{DS}}^*)^2 + (a_{\text{US}}^* - a_{\text{DS}}^*)^2 + (b_{\text{US}}^* - b_{\text{DS}}^*)^2}}{\sqrt{(L_{\text{US}}^* - L_{\text{BS}}^*)^2 + (a_{\text{US}}^* - a_{\text{BS}}^*)^2 + (b_{\text{US}}^* - b_{\text{BS}}^*)^2}} \tag{9 – 10}$$

DEM_f 为 100% 表示可完全脱墨。DEM 计算的缺点在于需要非印刷纸。因此,这种方法通常不能用于评估报摊上的印刷品或回收纸。

Jordan 和 Popson 提出了另一种通过分析有效残留油墨浓度(ERIC)来评估可脱墨性的方法[55]。该方法分别在红外区(950nm 波长)和可见光区(457nm 波长)测量试样表面(手抄片和滤垫)的反射率。在 950nm 波长条件下,只有黑色印刷油墨可以吸收光。其他物质如黄色木质素,在红外区不会吸收光。虽然人们希望 ERIC 测量结果能提供残余油墨的数量,但 ERIC 值只能提供在 950nm 波长下的残余油墨对光吸收率的影响信息,并不能提供残余油墨的真实数量。

通过非脱墨浆与脱墨浆的 ERIC 值之差来计算油墨去除量 IE。因为纤维及其发光度不会干扰 950nm 波长的信号,所以无须检测非印刷原料。IFP 也发现波长如果采用 700nm 代替 950nm,标准分光光度计测量的干扰误差是可以忽略的[21]。

除了采用光学参数来评价脱墨结果的方法以外,图像分析方法在定量分析脱墨浆光学均一性上的应用也越来越广泛。这种方法通过检测油墨尘埃的数量和面积,可得到粒径分布图。使用这些参数能得到脱墨浆生产纸的洁净度。粒径分布图也能用于评价回收纸工艺中各工段处理的有效性。

采用摄像机或扫描仪来检测试样表面(手抄片、滤垫或滤膜试样)的系统,可作为图像分析设备用于后续分析。图像分析系统的分辨率越高,可获得的粒径分布信息也越多。回收纤维处理过程中直径小于 $50\mu m$ 的尘埃往往超过 90%。这种尺寸的粒子通过肉眼是无法观察到的[56-58]。

9.2.5.2　五参数模型

可脱墨性检测可根据 INGEDE 方法 11 来模拟油墨去除的两大主要工艺步骤:制浆和浮选。在制浆前,所有试样需要进行 3 天加速老化,这相当于典型胶版印刷品经过了 3 个月的自然老化。图 9-12 中列出了 INGEDE 方法 11p 关于 5 大参数的结论[59]。前 3 个质量参数表征了脱墨浆的白度和洁净度(发光度 Y 和尘埃面积 A)。除此之外,脱墨浆在颜色空间中红绿轴上的颜色通过 a^* 来确定。因为相对于黄蓝轴(b^*)变色而言,红色变色更关键。最后两个参数是操作参数(油墨去除量 IE 和滤液变色量 ΔY)给出了在脱墨工艺中有关油墨夹带作用的信息。在评估过程中,操作参数提供的信息与 3 个质量参数提供的信息可进行有效互补。

五大参数的脱墨检测结果可作为创建可脱墨性"方向值"的基础。不同种类的印刷品(新闻纸、胶印杂志纸和报刊杂志纸)有着不同的方向值。杂志纸又可细分为涂布纸和非涂布纸。提出"方向值"这个概念是为了给印刷商和出版商一个暗示:与具有标准可脱墨性的产品种类进行比较,他们印刷产品的脱墨效果如何? 2006 年,德国技术委员会脱墨部(German Technical Committee Deinking)正式采纳了"方向值"作为可回用性的评估方案[60]。

目标	评价参数	
高反射率	脱墨浆的发光度 Y	质量参数
高光学洁净度	脱墨浆的尘埃面积 A	
无色调变化	脱墨浆的 a^* 值	
高油墨去除率	油墨去除量(IE)	工艺参数
白水不变色	滤液变黑 ΔY	

图 9-12　可脱墨性的检测标准

9.2.5.3　可脱墨性评分

采用"方向值"评估可脱墨性并讨论其结果,存在着一些严重的缺点。有时,脱墨领域的非专业人士理解单个参数的意义及其重要性是有困难的。这促进了可脱墨性分值系统的开发。根据 INGEDE 方法 11 和 11p 得到的可脱墨性结论可作为两种评估体系的基础。这也意味着两个评估体系符合相同的科学标准。可脱墨性检测的结果能转换成可脱墨性分值。在最近的版本中,不同方向值的产品种类可分成五大印刷产品种类。

① 新闻纸;

② 杂志纸(含有涂布插页和目录);

③ 杂志纸(含有未涂布插页和目录);

④ 文具纸(原纸发光度≤75);

⑤ 文具纸(原纸发光度>75)。

2009 年,欧洲回收纸委员会(European Recovered Paper Council, ERPC)采用了可脱墨性评分的改进版本。"脱墨浆中应该不含大的可见尘埃"被替换成另一种评价:脱墨浆中不能含有效直径大于 $250\mu m$ 的尘埃。这与 TAPPI 关于尘埃(有效直径大于 $225\mu m$)的评价很接近[61]。

检测结果将归入分值系统。针对参数的重要性进行加权后可在一张图中进行可脱墨性评价。除此以外,可脱墨性评分能对不同产品种类进行交叉比较。在所有产品种类里最高分值都是 100。

为了构建一个共同分值系统需要定义阈值和目标值。根据阈值类型可分成下限阈值、上限阈值或阈值区间，印刷品应大于下限阈值，低于上限阈值或者处于阈值区间内。表 9-3 列出了这些阈值，它们与印刷品种类无关。对于一种指定的印刷品，每个参数必须满足阈值。如果印刷品的一个或多个阈值不能达到要求将视为"不适合脱墨"。

表 9-3 可脱墨性评分的阈值

参数	Y	a^*	A_{50}	A_{250}	IE	ΔY
	点	[-]	mm²/m²	mm²/m²	%	点
下限阈值	47	-3.0			40	
上限阈值		2.0	2000	600		18

各类印刷品设定的参数目标值见表 9-4。各种印刷产品中颜色（a^* 值）、尘埃面积（A_{50} 和 A_{250}）和滤液变暗（ΔY）三大参数的目标值是相同的。脱墨浆的发光度（Y）和油墨去除量（IE）的目标值则取决于印刷品种类。

表 9-4 可脱墨性评分的目标值

印刷品种类	Y	a^*	A_{50}	A_{250}	IE	ΔY
	点	[-]	mm²/m²	mm²/m²	%	点
新闻纸	≥60	[-2.0,1.0]	≤600	≤180	≥70	≤6
未涂布杂志纸	≥65	[-2.0,1.0]	≤600	≤180	≥70	≤6
涂布杂志纸	≥75	[-2.0,1.0]	≤600	≤600	≥75	≤6
文具纸（原纸 Y 值≤75）	≥70	[-2.0,1.0]	≤600	≤600	≥70	≤6
文具纸（原纸 Y 值 >75）	≥90	[-2.0,1.0]	≤600	≤600	≥80	≤6

当一个参数满足目标值时，则这个参数可得到满分。为了反映 6 个参数的重要性，表 9-5 中对它们的评分值是不同的。脱墨浆的发光度参数对可脱墨性的总评分值影响最大（占 35%），其次是脱墨浆的尘埃面积（A_{50} 和 A_{250} 共占 25%）和颜色（占 20%），最后是两个操作参数 - 油墨去除量和滤液变暗（各占 10%）。

表 9-5 可脱墨性评分中每个参数的最大分值

参数	Y	a^*	A_{50}	A_{250}	IE	ΔY	总计
最大分值	35	20	15	10	10	10	100

每个参数在阈值与目标值之间的分值是线性细分的，即每个参数的分值增量不变。最后，所有五大参数的分值加到一起的数值相当某一个特定印刷品的总分值。与生活消费品的测试结果比较，一种印刷品的可脱墨性通过 0 到 100 分值来进行简单的总体评估（表 9-6）。如果一个或多个阈

表 9-6 可脱墨性分值等级

分值	可脱墨性评价
71 ~ 100	优
51 ~ 70	良
0 ~ 50	差
负分(无法满足任何阈值条件)	不适合脱墨*

注：* 产品可能不用进行脱墨就能得到很好的回收。

值条件都无法满足,印刷品将视为不适合脱墨。总之,有些产品可能无须脱墨也能完全循环利用,例如纸板厂产品。当所有阈值条件都能满足后,产品的可脱墨性将分成 3 种不同等级:差、良和优。

9.3 胶黏物检测方法和胶黏物去除能力的评价

胶黏物是回收浆纸中一种具有黏性的粒子。区分胶黏物取决于粒径、分离行为和成形过程。主要胶黏物随着原料进入到脱墨工段,二次胶黏物由脱墨工段中可溶性或胶态物质形成的[62]。

大胶黏物和微细胶黏物的区别在于标准化分离过程中(基于缝筛板)胶黏物尺寸或行为的差异。建议采用缝宽为 $100\mu m$ 的缝筛进行标准化分离。缝宽为 $150\mu m$ 的缝筛可用于分析生产包装纸的废纸浆。残留在缝板上的胶黏物叫作大胶黏物。通过筛的那部分物质(即过筛物)包含了微细胶黏物。胶状物质和可溶性物质如果有黏性或有可能变得有黏性,被称为潜在的二次胶黏物。图 9-13 说明了大胶黏物、微细胶黏物和潜在的二次胶黏物之间的差异[63]。

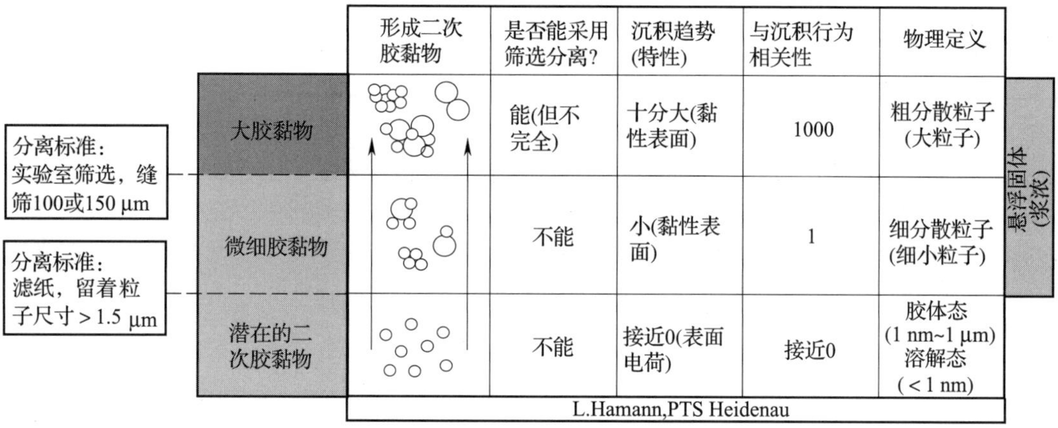

		形成二次胶黏物	是否能采用筛选分离?	沉积趋势(特性)	与沉积行为相关性	物理定义	
分离标准:实验室筛选,缝筛100或150 μm	大胶黏物		能(但不完全)	十分大(黏性表面)	1000	粗分散粒子(大粒子)	悬浮固体(浆浓)
	微细胶黏物		不能	小(黏性表面)	1	细分散粒子(细小粒子)	
分离标准:滤纸,留着粒子尺寸 > 1.5 μm	潜在的二次胶黏物		不能	接近0(表面电荷)	接近0	胶体态(1 nm~1 μm)溶解态(< 1 nm)	

L.Hamann,PTS Heidenau

图 9-13　不同种类的胶黏物的差异

全世界有很多胶黏物检测方法。许多文献提出了合理的检测方法并做出了相应的评价。Doshi 等人比较了许多胶黏物测量方法[64-65]。虽然任何一种大胶黏物的评价方法似乎都是合适的,但是不同方法得到的实际值因其变化太大而无法进行比较。Doshi 等人调查了大多数的大胶黏物检测方法,发现这些方法要么不能反映沉积趋势,要么不能去除大胶黏物[66]。Sarja 对检测胶黏物数量、化学成分或沉积趋势的方法进行了综合的考察[67]。接下来的章节将展开说明各种胶黏物的检测方法。

9.3.1 大胶黏物

大多数检测大胶黏物的方法都采用实验室缝筛[64,68]。检测方法的差异在于试样制备和胶黏物的评价与测量手段。以下部分描述的方法主要在欧洲使用。

对筛板不同,但回收纤维悬浮液和检测方法都相同条件下得到的胶黏物结果进行对比时,应重点考察筛板特性。因为筛板的最大缝宽决定了筛浆结果,所以筛板特性对筛浆结果影响很大,进而影响胶黏物的检测数量。因此,建议采用经测试认证的筛板[69-70]。德国达姆施塔特工业大学(Technische Universität)的造纸技术与机械处理工程研究所(institute of Paper Technology and

Mechanical Process Engineering, PMV)生产的经测试认证的筛板可用于 Haindl 筛分器。

9.3.1.1 INGEDE 方法 4

INGEDE 方法 4[71]是用来分析非脱墨浆和脱墨浆中大胶黏物的方法。该分析方法基于实验室筛选方法,即对经过筛选后截留的黏性杂质进行图像分析。

纤维悬浮液需要采用 Haindl 筛分器[72]或者 Somerville 筛分仪[73]或者 Pulmac Masterscreen 筛分仪来浓缩胶黏物,并从胶黏物中分离纤维,因为过多的纤维会干扰胶黏物的检测。经过筛选后,筛板上的截留物在白色滤纸上脱水。滤纸黑化后,采用白色的专用刚玉粉末来标记黏性粒子。无黏性杂质(如白色塑料)将被去除或通过黑色记号笔掩盖。在黑色滤纸上标记过的白色胶黏物因为对比度高很容易进行图像分析。扫描检测系统能分析出大胶黏物的数量和尺寸分布。图 9-14 说明了 INGEDE 方法 4 的操作步骤。

INGEDE 方法 4 可用于过程控制和可回用性检测的评价(例如 INGEDE 方法 12)[74]。

9.3.1.2 TAPPI"拾取"方法

与 INGEDE 方法 4 一样,TAPPI 方法 T277[75]也可用于分析大胶黏物的含量。TAPPI 方法根据实验室筛选方法来检测胶黏物,它最初由福尹特造纸在 20 世纪 90 年代提出的。这种方法与 IN-GEDE 方法 4 最大的不同在于对胶黏物的检测。纤维悬浮物试样采用实验室筛选设备(配置缝筛板宽度为 100μm 或 150μm)进行筛选。筛板上的截留物用黑色滤纸脱水。黑色滤纸上再覆盖白色涂布纸,然后在控制条件下进行加热和压榨。在热和压力的作用下,黏性粒子会黏附在白色涂布层上。经过冷却后,当涂布纸从黑色滤纸上揭下来后,会把胶黏物取下来。由于黏性,部分(白色)涂布层会留在胶黏物上。薄片、碎片、粗砂和其他非黏性杂质在控制条件下被冲刷掉。最后,采用基于扫描的图像分析系统来分析大胶黏物的数量和粒径分布。粒子检测得益于黑色滤纸与白色(覆盖涂布层)胶黏物的高对比度。

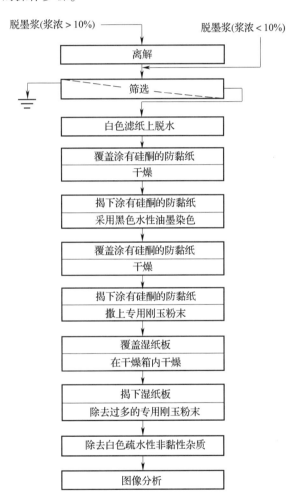

图 9-14　INGEDE 方法 4 的流程图

9.3.1.3 INGEDE 方法 12

INGEDE 方法 12 用于评价回收胶黏剂的适用性[74]。研发这种评价方法的主要原因是通常情况下印刷品中胶黏剂含量是未知的。如果胶黏剂用量是已知的,这种方法将可以并入 INGEDE 方法 13[76]。INGEDE 方法 12 模拟脱墨工艺中胶黏剂的可筛选性。模拟可筛选性的两个基本步骤是制浆和筛选。这种方法通过定义物理条件和脱墨化学品加入量来描述实验室制浆过程(如图9-15所示)。根据INGEDE方法4,胶黏剂会从纸浆中分离出来。

根据测得的大胶黏物的粒径分布,可评估胶黏剂的可筛选性。中试试验和工业生产过程中的检测结果表明工业脱墨过程可以分离出有效直径大于2000μm的胶黏物,而小于该尺寸的胶黏物则无法去除。因此,有效直径小于2000μm的胶黏物可计入胶黏物的数量。这部分胶黏物的面积及其与大胶黏物总面积的关系可用于评价印刷品中的胶黏剂。

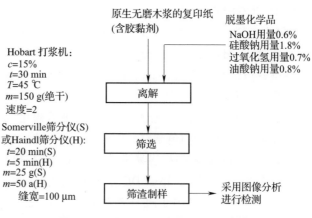

图9-15 INGEDE方法12的流程图

9.3.1.4 INGEDE方法13

INGEDE方法13用于评价在脱墨过程中印刷品的胶黏剂含量[76]。如INGEDE方法12[74],该方法包含制浆和筛选两个工艺步骤(如图9-16所示)。INGEDE方法13根据疏解时大胶黏物形成速率来评价胶黏剂的含量。大胶黏物形成速率采用重量法来估算,其中试样中的胶黏剂材料的数量必须已知。根据INGEDE方法12来进行制浆。为了溶解纤维,100g浆采用纤维素酶进行处理。试样经过蒸煮后,根据INGEDE方法4[71]进行筛选。100μm缝筛板上的截留物在已称重过的滤纸上进行脱水,然后在105℃条件下干燥。在确定滤纸上胶黏物的质量之前,必须人工去除非黏性杂质。试样中的胶黏剂和筛板上胶黏剂的质量差即为脱墨过程中大胶黏物和潜在的二次胶黏物的质量。这部分胶黏物被认为是不利于纸回收的[76]。

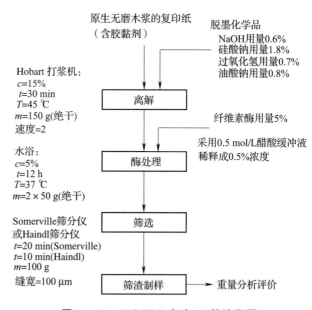

图9-16 INGEDE方法13的流程图

9.3.2 微细胶黏物和其他细小胶黏物

与大胶黏物相比,微细胶黏物和其他细小胶黏物的尺寸分布相当宽,并且其检测方法的原理也大为不同。许多研究所和公司根据它们自己的喜好来选择检测方法。并不是所有检测方法都遵循制浆造纸化学家工程师协会(Zellcheming)术语中胶黏物的要求:"微细胶黏物的检测方法必须能够检测出至少一种特征数量、尺寸或重量以及至少一种特征黏附/黏性或表面能"[62]。

所有检测方法都有一个缺点：回收纤维浆脱水后滤液中的可溶性或胶状物质不能用来评估其对回收工艺的影响。因为非纤维助剂（如可再分散或可溶性助剂）在中性脱墨或碱性脱墨的水环境中是可溶的，一般不会影响纸页成形，所以这类助剂归纳成可回用助剂。对于纸机或浆料制备生产线，无须考虑可回用助剂在其封闭水循环系统中的累集。由造纸生产过程中使用的其他物质或者助剂（如助留剂）间相互作用形成的胶黏物也不予考虑。由于产品中非纤维成分的存在，在现有纸和纸板的可回用性检测方法中，没有规定生产用水中新增负荷[以COD或总有机碳（TOC）来表示]的阈值。在封闭水循环系统中，很难模拟和预测纸或纸板产品中可溶性或可再分散性非纤维成分之间的复杂作用。

回收环保纸和纸板产品的基本要求是非纤维成分应该具有最高的湿解离阻力，以保证其在回收纸处理操作中被尽早去除。开发一种经制浆后可筛选且不会解离（或溶解）太强烈的胶黏剂，对于回收纸处理工业而言是特别有用的。这是设计回收环保纸或纸板产品很好的前提条件。

接下来的章节描述了评估纸浆滤液中微细胶黏物或潜在的二次胶黏物数量的各种方法。

9.3.2.1 PMV 方法

PMV 方法的目标是检测回收纸浆（采用包装纸和混合纸种生产的）中的微细胶黏物。这种方法基于实验室筛选步骤，然后采用过筛良浆制样，最终对微细胶黏物进行光学分析。PMV方法总是与 INGEDE 方法 4 一起用于微细胶黏物分析。其中 INGEDE 方法 4 经常用于大胶黏物含量的分析[71]。大胶黏物和微细胶黏物之和即是检测试样的胶黏物总量。这里必须注意的是，试样中实际胶黏物负荷应该比检测值要高，因为微细胶黏物太小以至于 PMV 方法无法检测到。这种方法也无法检测到潜在的二次胶黏物。

不同于 INGEDE 方法 4，在 PMV 方法中全部的过筛良浆需要收集起来。Haindl 筛分器[72]是唯一的筛选设备，因为它很容易控制过筛良浆体积。经过筛选后，收集良浆的体积和浓度都需要进行测定。从良浆中取出 5~10 份最大固体质量为 0.2g 的试样。并在滤纸上对试样（已知体积）进行脱水。由于纤维能覆盖微细胶黏物，因此增大检测试样的数量可以降低这种误差。干滤纸黑化后，根据 INGEDE 方法 4 使用白色的专用刚玉（氧化铝）粉末。用氧化铝粉末标记黏性粒子后，再用肉眼检查滤纸。非黏性杂质通过镊子去除或采用油性记号笔标黑。

采用基于扫描的图像分析系统测量得到的胶黏物面积记为 $SA_前$。然后，所有可见胶黏物（黏附许多白色氧化铝粒子）采用油性记号笔标黑。胶黏物的剩余面积记为 $SA_后$。$SA_前$ 和 $SA_后$ 之差则被认为是微细胶黏物面积。对于定量检测，胶黏物面积与取自良浆的试样质量有关。可根据试样的悬浮液体积、良浆总体积、良浆浓度和筛选浆量来计算试样质量[77]。

9.3.2.2 纸机干燥部胶黏物的沉积特性

因为胶黏特性，胶黏物特别容易沉积在纸机的网部、毛毯和辊子上。胶黏物沉积引起的断头和清洗会导致纸机停机检修。为评价胶黏物在纸机干燥部的沉积特性，检测方法将模拟纸幅与热干燥辊之间的接触过程。

Klein 研究了胶黏物在回收纤维浆料制备系统和纸机上的沉积行为[78]。在这个项目中，PTS 提出了一种基于胶黏物在金属表面沉积的检测方法。这种检测方法的基本思想是采用漂白化学浆和试样滤液来抄造高胶黏物负荷的检测纸样（定量约为 $60g/m^2$）。为了模拟胶黏物在干燥部的沉积,检测纸样上覆盖着一块镜面镀铬金属平板,并在快速 Köthen 干燥器内进行干燥。然后,金属板上的疏水性沉积采用荧光染料进行标记,并在紫外光下用荧光显微镜进行可视化评价。

1999 年 INGEDE 出版的这个检测方法命名为 INGEDE 方法 9[79]。然而,PTS 对这种方法进行了多年的改进,特别是在试样制备和粒子检测方面。PTS 板吸附检测方法的最新版本采用图像分析,并使用不锈钢板来替代镀铬板[80]。考虑到这些改进,INGEDE 在 2010 年 1 月作废了原 INGEDE 方法 9。

Fike 调查了含胶黏物的纸幅在纸机干燥部的静态与动态的吸附行为[81-82]。实验室纸幅黏附干燥模拟器(laboratory - scale web adhesion drying simulator, WADS)用来测量从金属板上揭下纸幅所需要的能量。该研究表明了无纤维吸附的胶黏物与有纤维吸附的胶黏物在吸附行为方面存在的差异。这种方法将有利于减少胶黏物从纤维层向热金属表面转移。

Putz 和 Hamann 对比了不同的沉积方法[83]。对于微细胶黏物而言,每一种检测方法都适用于各种情况。需要选择一种方法或几种方法相结合来监测回收纤维处理过程中胶黏物负荷。

9.3.2.3 潮湿环境下的胶黏物沉积趋势检测

根据胶黏物的黏性来分析胶黏物的沉积趋势。当胶黏物黏附在吸附剂上并与纸浆悬浮液分离时,用于评价胶黏物沉积趋势的检测方法也叫作吸附方法。这种方法采用黏性作为分离粒子的标准,可分离出大部分胶黏物。除采用光学评估之外,这种检测方法还可以采用重量法评估。沉积方法的价值主要取决于使用材料的沉积行为和特定的检测条件。影响因素包括吸附剂的组成、胶黏物在沉积时的实际黏性以及沉积动力学。

与筛选方法相比,沉积测试能检测到任何尺寸的胶黏物。然而,大胶黏物可能很难总是附着在吸附剂上,或者在检测或冲洗过程中可能因湍流而解附。沉积方法过程中,在一个指定时间、特定条件下纸浆悬浮液与特定的反应物发生接触后,黏性污染物会沉积在反应物上。除了在潮湿环境下测试沉积趋势的方法以外,还有一些方法能在干燥环境下检测胶黏物的沉积趋势和黏性。2007 年 Sarja 发表了一篇介绍各种检测方法及其原理的综述文章[67]。

以下材料可用来作为吸附用:

① 纸机网部材料[84]和毛毯材料[85];

② 聚乙烯瓶[86];

③ 低密度聚乙烯(LDPE)带[87];

④ 聚丙烯泡沫[88];

⑤ 微泡沫[89];

⑥ 采用铜、聚酯、聚氨酯、聚乙烯或丙烯腈 – 丁二烯 – 苯乙烯共聚物(ABS)制成的其他固体材料表面[90]。

胶黏物沉积趋势可通过萃取、称量或图像分析来进行分析。图 9 – 17 给出了最重要的几种沉积方法,并概述了他们的基本原理。1986 年发表了许多新沉积方法。近些年,只提出了非常少量的新沉积方法。各种检测方法的主要不同在于吸附剂材料的选择和回收浆悬浮液相对于吸附剂的流动。流动主要由悬浮液中搅拌器或喷射所产生的湍流引起的,如在第一次 Pira Tack 检测中。需要注意的是许多更新的方法并不包含在这幅图中,如德国造纸技术基金会(Papiertechnische Stiftung, PTS, 德国慕尼黑,)或法国造纸技术中心(Centre Technique du Papier, CTP, 法国格勒诺布尔,)[91,92]的吸附方法。这些方法的基本原理与本文所描述的方法类似。

沉积方法都对干燥部进行了模拟,即纸幅在 Fike 所描述的热弯曲金属板上进行压榨[82]。已作废的 INGEDE 方法 9 采用的纸页,将在镀铬金属板上进行接触和干燥[79]。Delagoutte[93-96]描述了另一种采用铝箔的方法。

Moreland 提出了一种评价化学品降黏有效性的客观检测方法[97]。这种检测方法采用可降黏溶液处理的胶带和聚酯带。然后把这两种胶带压在一起来分析两种塑料胶带的分离作用力。这个过程被视为能客观地评价不同助剂的降黏效果。当悬浮纤维存在时,这些方法将不再适合检测制浆工

湿法沉积检测	
PM线	2.Pira 黏性检测方法(1992)
PM喷雾线	1.Pira 黏性检测方法(1986)
旋转毛毯	Fukui/Okagawa方法(1986)
聚乙烯瓶	Buckmann方法(1986)
聚乙烯膜制成的颗粒	LDPE方法(1986)
聚乙烯泡沫	Doshi方法(1989)
塑料	Blanco方法(2002)
金属	Kanto öqvist方法(2005)
PM线	Lee和kim方法(2006)
干法沉积检测	
弯曲金属板	Fike(2006)
镀铬金属板	INGEDE方法9
铝箔	Delagoutte(2001)
黏性检测	
胶带/聚酯带	Moreland(1986)
胶黏剂膜	Fike & Banerjee(2004)
乳胶膜	Vähäsalo(2005)

问题:只能检测到少量的胶黏物
——并不是所有胶黏物都具有永久的黏性
——沉积条件差(水相、湍流、接触时间短、无压力)

图 9-17 不同沉积检测方法[100-103]

艺的效率。这是因为无法在不受纤维干扰的情况下分析胶黏物粒子的分离作用力。

Fike 和 Banerjee[98]提出了采用胶黏剂膜来表征黏性的检测方法。Vähäsalo 建议采用乳胶膜来表征黏性的检测方法[99]。

在不同的检测方法中,要么采用搅拌器使纸浆悬浮物保持运动,要么使反应物在纸浆悬浮液中运动。吸附剂与纸浆悬浮物经过一段特定时间的接触后,需要小心地清洗吸附剂上附着的纤维,以便于进行沉积物的后续可视化评估。除了微细胶黏物的沉积评估和图像分析以外,由残留胶黏物引起的反应物(吸附剂)重量增加可以通过重量法来分析。因为所有检测方法都是处理很少量纸浆的间歇操作,并且工业浆样中胶黏物的含量是非常低的(<1%,按重量计算),所以沉积物重量通常是很轻的。当使用轻质反应物(吸附剂)时,采用重量测量法是很有利的[104]。

当这种方法应用于工业浆样时,印刷油墨的黏性连接料和其他污染物可能导致在纸机网和毛毯上形成额外的胶黏物沉积,因此影响检测结果。因为胶黏物和吸附剂的对比度可能不够大,所以有必要经常可视化统计胶黏物的数量。这里所描述步骤的主要优点是检测纸浆悬浮液时可以模拟纸机上的物理化学条件(如 pH、温度和水的硬度)。由于这个原因,新材料特别适合在实验室条件下进行研究。这包括研究具有低胶黏物沉积趋势的网或毛毯以及检测专用降黏助剂的有效性[105]。

理论上,只要吸附介质能截留胶黏物,所有的黏性粒子都可以采用沉积方法来评价。现有沉积方法的问题主要在于只有十分少量的黏性杂质能被吸附。所有沉积方法都假设胶黏物在沉积时间内具有永久的黏性。除此之外,上面所述的所有方法沉积条件较差。液相(悬浮液)会降低所有胶黏物的黏性。虽然湍流流动是促使胶黏物和吸附剂接触的必要条件,但是湍流也会产生强烈的剪切力。持续黏附力较弱的胶黏物虽然在初期会黏附在吸附剂上,但这种剪切力会导致此类胶黏物脱附。最后,在非常短的接触时间内和无外部压力条件下,胶黏物必须

黏附在吸附剂上。这些条件导致了浆样中胶黏物的分析速度低[104]。尽管存在这样的缺点，但这些方法适合研究纸机湿部的特殊问题。

目前尚没有可靠的方法来进行微细胶黏物的分析。沉积方法是未来胶黏物分析方法中最有前景的方法。有必要对基本概念进行一些修改，以便于找到一种可靠的胶黏物分析方法。首先，开发一种新方法需要考虑两个基本原则。第一，在沉积过程中必须保持所有相关物质的黏性不变。在造纸过程中所有可能具备黏性的物质都应该在考虑范围内。第二，额外作用（如压力）应该促进胶黏物沉积，以保证尽可能多地暴露出胶黏物的黏性表面。这使得分离低黏性胶黏物成为可能。因此，有必要进一步改进沉积方法。

9.3.3 其他胶黏物检测方法

9.3.3.1 FINAT 检测方法 FTM19

FINAT（FédérationInternationale des Fabricants et Transformateursd'Adhésives et ThermocollantssurPapiers et Autres Supports）检测方法 FTM19"自黏标签回收适用性的测量方法"也描述了类似的步骤[106]。这种检测方法特别适用于自黏标签。

虽然这种检测过程与 PTS RH 021/97 方法类似，但具体细节与 PTS 方法不完全相同[107]。这种检测方法也同时包括（缝筛）筛选和浮选两大步骤。然而，过筛后脱墨纤维所抄造纸页上出现的黏性杂质、尘埃点和透明点都将被检测，因为它无法对光学性能进行评价。

9.3.3.2 TLMI 方法

标牌及标签制造商协会（Tag & Label Manufacturers Institute，TLMI）采用实验室回收实验步骤规范（laboratory recycling protocol，LRP）来检测纸制标签产品的回收适用性。这个协议的制定具有双重目的。它既可用于分析一种胶黏剂或一种标签产品的回收适用性，又可用于检测纸制标签层压材料和压敏型胶黏剂。这种检测方法包括了以下 3 个步骤：制浆、筛选（采用缝筛）和浮选。各个步骤都需要制作手抄片，然后将手抄片进行图像分析[108]。

9.3.3.3 INGEDE 方法 6

使用助剂会导致粒子带正电荷，除此之外工业生产过程中的粒子一般带负电荷。在阴离子环境中，通过阳离子沉淀来检测潜在的二次胶黏物。特别是在完全根据沉淀物的形状和黏性来判断重量分析结果时，潜在的二次胶黏物与二次胶黏物引起的问题有着直接的联系。

INGEDE 检测方法 6 包括了采用阳离子沉淀来分析潜在的二次胶黏物的方法[109]。这种方法适用于检测工业生产过程中浆样和水样抄造的纸和纸板。试样浓度不得超过 5%。

分析结果采用 PSS 指数（Potential Secondary Stickies index）。PSS 指数是根据沉淀物的数量、形态和黏性来计算得到的。沉淀物的形状与黏性采用可视化评价，并给出相应的系数。最终，沉淀物的数量乘以这两个系数（形态系数和黏性系数）来计算 PSS 指数。

9.3.4 胶黏物可去除性评估方案的应用

所有检测方法都有一个缺点：回收纤维浆脱水后滤液中的可溶性或胶状物质不能用来评估其对回收工艺的影响。因为非纤维助剂（如可再分散或可溶性助剂）在中性脱墨或碱性脱墨的水环境中是可溶的，一般不会影响纸页成形，所以这类助剂归纳成可回用助剂。对于纸机或浆料制备生产线,无须考虑可回用助剂在其封闭水循环系统中的累集。由纸生产过程中使用的其他物质或者助剂(如助留剂)间相互作用形成的胶黏物也不予考虑。

由于产品中非纤维成分的存在,在现有纸和纸板的可回用性检测方法中,没有规定生产用水中新增负荷[以 COD 或总有机碳(TOC)来表示]的阈值。在封闭水循环系统中,很难模拟和预测纸或纸板产品中可溶性或可再分散性非纤维成分之间的复杂作用。

回收环保纸和纸板产品的基本要求是非纤维成分应该具有最高的湿解离阻力,以保证其在回收纸处理操作中被尽早去除。开发一种经制浆后可筛选且不会强烈解离(或溶解)的胶黏剂,对于回收纸处理工业而言是非常有用的。这是设计回收环保纸或纸板产品很好的前提条件。

对于可脱墨性,德国技术委员会脱墨部(German Technical Committee Deinking)创建了方向值用于评价"胶黏剂的可筛选性"[110]。目前胶黏剂中只有一个关于胶黏柱体和 PSA 的数据库。PWV 做了一项调查(主要由 INGEDE、Feica、FINAT 或其他组织资助)用来建立一个完善的数据库,这个数据库包含了大量胶黏剂制品回收行为的数据。

类似于可脱墨性分值系统,胶黏物可去除性的评价体系目前仍在纸产业链相关利益方中讨论。拟建的评价体系遵循本章所述的结论。如果印刷纸产品中包含一种或者多种胶黏剂,它们将被当作大胶黏物来检测(如图 9 - 18 所示)。如果不属于这种情况,这将意味着胶黏剂只能形成微细胶黏物和可溶性或胶态(有时称为"溶胶态")胶黏物。一般认为无法完全除去这些胶黏剂。大胶黏物可根据 INGEDE 方法 12 来检测,其检测结果可转化成分值[74]。对大胶黏物(粒径小于 2000μm)的面积及份额,规定阈值和目标值。目标值将取决于产品种类(杂志纸、目录及平装本、邮件和信封),这将基于 PWV 的调查。

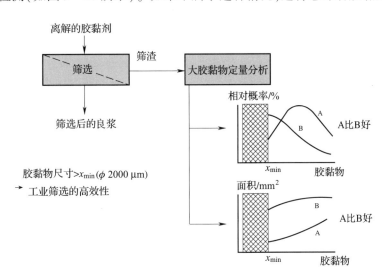

图 9 - 18　胶黏物潜力检测的评价(根据 INGEDE 方法 12)

9.4　检测和评价可回用性的其他方法

9.4.1　非纸成分分析

阻碍纸和纸板产品回收的主要因素是非纸成分的数量和性质。非纸成分还包括那些添加后性质发生转变的物质,如胶黏剂、塑料箔和铝箔。PTS 提出了一种纸、纸板和卡片纸板制成的复合材料和包装材料中分析非解离纤维成分含量的方法。这种方法首先将试样用实验室疏解机离解,然后选用直径为 0.7mm 的筛孔进行筛选,最后分析非纸成分含量[107,111]。

① 当干渣质量小于 5% 时,包装材料将归入到纸产品,意味着较低的 DSD 执照费。德国

双系统有限公司（Duales System Deutschland GmbH, DSD）提供了回收系统。它主要因就近收集和回收包装材料而被人所知。

② 当干渣量大于5%时，必须先调查残留物中纤维含量，或许可以借助显微镜小心地除去纤维。若剩下的残留物中非纤维材料的残留量仍大于5%，则包装材料归入到"复合材料"，意味着较高的DSD执照费。

这种检测方法不适用于湿强纸和纸板包装材料。在德国，因为"绿点（Green Dot）"系统和DSD执照费，这种分类对所有的包装材料有着重要的经济影响。当然，非纤维成分含量并不能完全表征纸和纸板可回用性。例如，金属箔涂层含量超过5%（质量分数）是不利的，因为这将导致金属残留材料含量高。如果金属箔足够厚（定量大于$12g/m^2$），它将不会解离，最终会在回收纸处理过程中得到有效分离。相比之下，再分散涂层虽然不属于非纤维成分，但因其具有黏性仍可能对回收包装产品产生很大的负面影响。

9.4.2 PTS方法 PTS – RH 021/97

评价可回用性的早期方法之一是PTS – RH 021[107]。这种方法早在20世纪90年代就提出来了，最新版本是在1997年修订的。这种方法是为了对纸和纸板产品的可回用性进行全面评价。它的原理是在实验室和给定条件下，模拟回收纸处理的工业生产步骤——离解、筛选和纸页成形。它采用纤维分离程度、尘埃数量、不干扰纸页成形的检测和在纸生产过程中无用物质含量来评价可回用性。根据回收纸的潜在用途，产品可分成以下两大类：

① 第Ⅰ类包括基本适合脱墨回收纤维浆生产的纸产品。脱墨回收纤维浆主要用于生产白纸，如印刷纸、薄页纸和挂面纸。这类纸主要是印刷或未经印刷过的白纸，而不是纸板。

② 第Ⅱ类包括日常消费用的纸产品。它们主要是包装纸或包裹纸，通常不需要采用脱墨处理。

PTS – RH 021中的一些步骤已经过时了，因此这种方法如今只能适用于第Ⅱ类产品的评价。印刷纸品的可回用性可根据INGEDE方法11和方法12来检测。然而，由于INGEDE方法11和方法12并不包括对薄片和纸页均匀性或非纸成分的特殊要求，所以仍需要采用尚需更新的PTS – RH 021方法来进行校正。

9.5 回收纸的入境检验

9.5.1 脱墨用印刷纸的入境检验

由于回收纸成分复杂以及供应形式（捆装或散装）不同，对回收纸的质量控制通常只限于记录交货数量、分析湿度以及目测检验。通常可视化控制只适用于散装纸品表面和捆装纸品外表面。因此，通过这种判断来确定回收纸是接收或者拒收，或是存有争议。

9.5.2 取样设备

具有代表性的取样对客观评价回收纸品十分重要。只有经过具有代表性的取样后，才可能得到可靠而客观的结论。然而，由于大部分样品通过人工方式从破包、纸堆或传送带取得，因此会产生主观性影响。

9.5.2.1　捆装回收纸的取样

对于捆装回收纸而言,芯钻系统能提供内部样品。20 世纪 70 年代末,德国达姆施塔特的造纸科学技术部(Department of Paper Science and Technology, IFP)采用芯钻系统对回收纸进行质量检测(如图 9 – 19 所示)。这个系统含有一个切削头和一个内径为 50mm、长度为 750mm 的取样管,其中钻取的样品装入到一个塑料袋内。电机的转矩经锥形盖传递给取样管[112]。该系统在捆装回收纸的压缩方向上对角地钻取两个孔,因此可以在捆装回收纸的全长范围内进行取样。这种取样具有客观性,因此,适用于重量法分析湿度或进行复杂的物理检测。

图 9 – 19　IFP 芯钻设备

经过对钻芯进行人工分选,可以分析纸和纸板中非纸成分比例和回收纸的成分。试样经过碎浆和处理后,可以检测其工艺特性。根据回收纸的种类和压缩类型(软或硬),芯钻系统每小时能开 8 到 15 个孔,在每个钻孔内取出重量为 300 ~ 700g 的试样。因此,每小时能对4 ~ 7个捆装回收纸进行取样。相当长的额外时间花销往往是必需的,这取决于后续人工分选和样品处理过程(用于回收浆纸特性分析)。此后,就可以获得回收纸的详细统计数据[112 - 113]。INGEDE 方法 8[114]也描述了采用芯钻系统和两种拆包方法,对用于脱墨的捆装回收纸进行入境检验[114]。

位于法国格勒诺布尔的造纸技术中心(Centre Technique du Papier,CTP)致力于开发芯钻技术,而且这种装置现已作为商品销售。芯钻的套筒加长至 1.5m,直径减小到 40mm。因此一次钻孔就能穿透整个打捆长度。此外,用这种方式设计的系统,因其物理强度高而无须再推进钻头(如图 9 – 20 所示)。取样过程最多需要 5min,这使得每小时可对 12 个捆装回收纸进行取样。试样质量为 700 ~ 1000g[115]。

造纸技术专家(Paper Technology Specialists, PTS)开发了另一种捆装回收纸的取样设备——捆装纸检测器。捆装纸检测器(Paper Bale Sensor, PBS)是一种用于捆装回收纸及其相关产品入境检验的测量系统。这种设备可以检测到非常重要的捆装物性质(湿度、塑料含量、灰分以及纤维和机械浆含量),并给出百分率。这个测量系统取样的一个前提条件是钻孔的深度是随机的,其直径应大于 21mm。采用一台钻机(扭矩至少 50Nm)和一个螺旋钻(直径 24mm,长度至少 400mm)来完成钻孔。PBS 是在最新光谱学和数学统计学方法和知识基础上研发的。图 9 – 21 是枪形检测器,可插入到孔内使用。这种检测器可以在近红外波长范围内扫描孔的长度,并且能够根据定义好的校正方法来计算成

图 9 – 20　商业芯钻设备[115]

分含量。检测结果将传递给显示器。

近红外测量设备
光谱波长：900~1680nm
质量：5kg
尺寸：175mm×250mm×260mm

探头
长度：1200mm
直径：20mm

图9-21　捆装纸检测器[116]

每次检测至少需要5捆回收纸才能获得可靠性高的统计数据。这种系统传输结果非常快，并且不需要进行实验室采样、样品处理和分析[117]。

9.5.2.2　散装回收纸的取样

出于统计原因，散装回收纸比捆装回收纸更难取样。理论上对回收纸堆或纸浆进行随机取样并无不妥。然而，人工取样过程会受到有意识或潜意识的影响。例如，当一个批次的回收纸中杂志纸比例高，则可能导致抽取更多的杂志纸。另一个问题是纸产品的性质。杂志纸经过装订会保存完好，而新闻纸经过折叠就会散架。主观和非随机取样可能对回收纸质量评价有着重要影响。

目前，没有一种设备专门用于散装回收纸的取样。然而，INGEDE 与 Carinthian Tech Research（CTR）合作，开发了一套自动入境检验系统，它能区分非纸成分（如塑料和木材）、不合格纸品（如纸板）、染色纸和柔版印刷产品。

传感器系统基于近红外光（NIR）和可见光图像方法，如图9-22所示。传送带上的物体采用可见光源和近红外光源照明。光在物体上经过特殊的吸收与反射，可见区的光谱包含了物体颜色的信息，而近红外区的光谱包含了材料性质的信息。

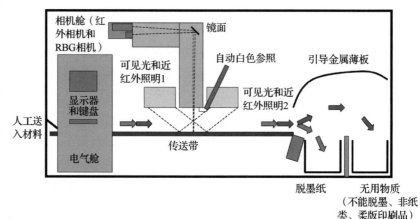

相机舱（红外相机和RBG相机）
镜面
自动白色参照
引导金属薄板
可见光和近红外照明1
可见光和近红外照明2
显示器和键盘
人工送入材料
电气舱
传送带
脱墨纸
无用物质（不能脱墨、非纸类、柔版印刷品）

图9-22　自动入境检验（参考 CTR[118-119]）

基于光谱信息，这种系统能够检测非纸成分和不合格纸品。后者借助气嘴分离出想要的材料[118]。

基于光谱图像的自动入境检验系统也可能用于检测柔版印刷新闻纸[119]。到目前为止，虽然柔版印刷新闻纸适合回收利用，但至今仍无法对其进行脱墨。

然而，位于慕尼黑的国际脱墨行业协会（International Research Association for Deinking Technology，INGEDE）启动一个分析散装脱墨材料（含磨木浆）组成的项目，它包括一个开发一种典型取样系统的计划[120]。在这个项目中，直径为60cm的料仓处于分选带的卸料口下方，能收集30kg的样品。在回收纸销售商处，将散装回收纸与捆装回收纸的采样过程进行了比较，将相同等级的捆装纸和散装纸分别置于两条平行的分选带上。分析料仓中散装纸样时首先通过人工分选分析其组成，然后在中试级碎浆机上进行匀质化。检测结果与采用IFP标准检测步骤得到试样（取自两个捆装回收纸钻芯，约为1kg）的检测结果进行对比。根据纸成分和物理特性,两种方法得出了相同的结论。

通常纸厂不会使用能在分选带或传送带上取样(如前所述)的系统。有必要采用不同的方法来控制散装回收纸的质量。为了这一目的,INGEDE 提出了一种基于散装回收纸目测的测量方法[121]。INGEDE 方法 07 定义了检测过程,即首先目测统计非捆装回收纸中不需要物质的数量,然后通过称量确定其含量。检查人员在工厂卸货过程中根据各种迹象(如噪声、灰尘和流动行为)寻找不需要的组分。结果,根据典型的气味或腐烂程度来观察检测卸下的货物。采用在一定的观测面积(至少 30m²)内对单一成分进行统计或估计,并乘以先前已确定的加权因子的方法来分析回收纸成分。作为最低要求,检测应该能区别总无用材料和合格纸品。如果需要进一步细分,可以根据 INGEDE 方法 14[122]进行重量分析检测。针对特殊回收纸种(例如旧新闻纸和杂志纸)和不同控制人员,需要对加权因子进行定期校正。出于这个目的,需要从每批回收纸中分离出更多样品量,以便于精确分析。

INGEDE 方法 14 定义了回收纸成分的重量分析法[122]。这种更客观的质量评价方法是基于对随机落入料仓中的回收纸(至少 30kg)进行取样。相对于随意取样,这种取样方法很少受主观因素影响。料仓内组分可分成不同组分,例如无用材料(包括纸板和瓦楞包装纸板、有色纸、塑料)和有用纸品成分(如新闻纸和杂志纸)。对比权重分数与目测结果,是培训质检人员来提高可视化入境检验质量的基础。

参考文献

[1] TAPPI Test Method T 452 om – 08. 2008. Brightness of pulp, paper, and paper – board (directional reflectance at 457 nm). Technical Association of the Pulp and Paper Industry.

[2] ISO 2469. 2007. Paper, board and pulps – Measurement of diffuse radiance factor. International Organization for Standardization.

[3] ISO 2470 – 1. 2009. Paper, board and pulps – Measurement of diffuse blue reflectance factor – Part 1: Indoor daylight conditions (ISO brightness). International Organization for Standardization.

[4] ISO 2470 – 2. 2009. Paper, board and pulps – Measurement of diffuse blue reflectance factor – Part 2: Outdoor daylight conditions (D65 brightness). International Organization for Standardization.

[5] TAPPI Test Method T 525 om – 06. 2006. Diffuse Brightness of Paper, Paperboard and Pulp (d10). Technical Association of the Pulp and Paper Industry.

[6] Riviello, A. E., Jr.; Scamehorn, J. F.; Christian, S. D.; Borchardt, J. K. 1995. Use of Image Analysis to Measure Brightness of Paper. In: 1995 Pulping Conference. Atlanta. TAPPI PRESS. p. 165 – 177.

[7] Kubelka, P.; Munk, F. 1931. Ein Beitrag zur Optlk der Farbanstriche. Zeitschrift für technische Physik. Vol. 12, p. 593 – 601.

[8] ISO 9416. 2009. Paper – determination of light scattering and absorption coefficients (using Kubelka – Munk theory). International Organization for Standardization.

[9] Vahey, D. W.; Zhu, J. Y.; Houtman, C. J. 2006. On Measurements of Effective Resldual Ink Con-

centration (ERIC) of Deinked Papers using Kubelka – Munk theory. Progress in Paper Recycling. Vol. 16, no. 1, p. 3 – 12.

[10] INGEDE Method 1. 2007. Test Sheet Preparation of Pulps and Filtrates from Deinking Processes. München. INGEDE e. V.

[11] Smith, T. ; Guild, J. 1931. The C. I. E. colorimetric standards and their use. Transactions of the Optical Society. Vol. 33, no. 3, p. 73 – 134.

[12] ISO 11664 – 1. 2007. Colorimetry – Part 1: CIE standard colorimetric observers. International Organization for Standardization.

[13] ISO 11664 – 2. 2007. Colorimetry – Part 2: CIE standard colorimetric illuminants. International Organization for Standardization.

[14] ISO 11664 – 4. 2007. Colorimetry – Part 4: CIE 1976 $L^* a^* b^*$ Colour Spaces. International Organization for Standardization.

[15] N. N. 1994. Das CIELab – Farbsystem. Frankfurt a. M. Gebr. Schmidt Druckfarben.

[16] Renner, K. ; Putz, H. – J. ; Göttsching, L. 1992. Untersuchungen zur Deinkbarkeit von wasserbasierendem Tiefdruck. INGEDE Report 1791 lfP. Darmstadt. 23 p.

[17] Renner, K. ; Putz, H. – J. ; Göttsching, L. 1996. Einfluss optischer Elgenschaften von Deinklngstoff auf optische Eigenschaften von altpapierhaltigen graphischen Papieren. INGEDE Report 3593A IfP. Darmstadt. 92 p.

[18] INGEDE Method 2. 2007. Measurement of Optical Characteristics of Pulps and Filtrates from Deinking Processes. München. INGEDE e. V.

[19] ISO 22754. 2008. Pulp and paper – Determination of the effective residual ink concentration (ERIC) by infrared reflectance. International Organization for Standardization.

[20] TAPPI Test Method T 567 om – 09. 2009. Determination of the effective residual ink concentration (ERIC) by infrared reflectance. Technical Association of the Pulp and Paper Industry.

[21] Ackermann, C. ; Göttsching, L. 2001. Quantitative Bewertung von Druckfarbenablösung und Druckfarbenaustrag beim Deinken. INGEDE Report 4997 IfP. Darmstadt. 50 p.

[22] Jordan, B. D. ; Popson, S. J. 1994. Measuring the concentration of residual ink in recycled newsprint. Journal of pulp and paper science. Vol. 20, no. 6, p. J161 – J166. ISSN 0826 – 6220.

[23] Käorkkö, M. ; Laitinen, O. ; Vahlroos, S. ; Ämmälä, A. ; Niinimäki, J. 2008. Effects of mineral fillers and pigments on residual ink measurement. In: CTP – PTS Deinking Symposium. Leipzig, Germany, 15 – 17. April 2008. p. 08. 01 – 0. 810.

[24] Trepanier, R. J. 1999. Dirt Measurement in Sheets by Image Analysis. In: Paper Recyclying Challenge. Vol. IV. Doshi, M. R. ; J. M. Dyer. Process Control & Mensureation. Appleton. Doshi & Associates Inc. p. 11 – 23. ISBN 0 – 9657447 – 4 – 4.

[25] ISO 5350 – 4. 2006. Pulps – Estimation of dirt and shives – Part 4: Instrumental inspection by reflected light using Equivalent Black Area (EBA) method. International Organization for Standardization.

[26] TAPPI Test Method T 563 om – 08. 2008. Equivalent Black Area (EBA) and ocunt of visible dirt in pulp, paper and paperboard by image analysis.

[27] ASTM D6101 – 97. 2005. Standard Test Method for Equivalent Black Area (EBA) of Dirt in

Pulp, Paper and Paperboard by Image Analysis.

[28] Jordan, B. D. ; Nguyen, N. G. 1988. Emulating the TAPPI dirt count with microcomputer. Journal of pulp and paper science. Vol. 14, no. 1, P. J16 – J18. ISSN 0826 – 6220.

[29] Hauske, G. 1994. Der Gesichtssinn als Übertargungskanal. In: Fliege, N. Informationstechnik. Systemtheorie der visuellen Wahrnehmung. Stuttgart. Teubner. ISBN 3 – 519 – 06156 – 2.

[30] Ackermann, C. ; Putz, H. – J. ; Göttsching, L. 1994. Bilanalytische Bestimmung sichtbarer optischer Inhomogenitäten in Deinkingstoffen mit Hilfe des Dot – Counters. Wochenblatt für Papierfabrikation. Vol. 1994, no. 20. 791 – 795.

[31] Thompson, R. C. 1999. The effect of evolving ink chemistry on the reclamation of paper fiber. Pigment & Resin Technology. Vol. 28, no. 1, p. 16 – 25. ISSN 0369 – 9420.

[32] Holleman, A. F. ; Wiberg, N. 2007. Lehrbuch der Anorganischen Chemie. 102 Ed. Berlin, New York. de Gruyter. ISBN 978 – 3 – 11 – 017770 – 1.

[33] Keiter, S. 1998. Haftung und Audnahme von Druckarben auf gestrichenen Papieroberflächen. Diplomarbeit. Universtät Dortmund, Fachbereich Chemietechnik. Dortmund. 121 p.

[34] Klein, R. ; Schulze, U. ; Hanecker, E. 2006. Stand und Entwicklungstrend der messtechnischen Bewertung von optischen Inhomogenitäten als grundlage einer Prozessbeuteilung und – optimierung. Wochenblatt für Papierfabrikation. Vol. 2006, no. 7, p. 250 – 258.

[35] Klein, R. ; Schuze, U. ; Hanecker, E. 2004. Analytical assessment of optical inhomogeneities as basis for process evaluation and optimization – state of the art and trends. In: PTS Deinking Symposuym. Leipzig, 27th – 30th April 2004. Papiertechnische Stiftung (PTS).

[36] Klein, N. G. ; O'Neil, M. A. ; Jordan, B. D. ; Dorris, G. M. 1992. Measurement of Ink Particle Size in Deinked Stocks by image Analysis. Journal of pulp and paper science. Vol. 18, no. 5, p. J193 – J196. ISSN 0826 – 6220.

[37] Riempp, G. ; Török, I. l Ackermann, C. ; Göttsching, L. 1993. Bildanalytische Bestmmung von Schmutzpartikeln in Altpapierstoffen, Teil I: Probervorberitung und Messungen, Das Papier. Vol. 47, no. 3, p. 128 – 136. ISSN 0031 – 1340.

[38] Riempp, G. ; Török, I. ; Ackermann, C. ; Göttsching, L. 1993. Bildanalytische Bestmmung von Schmutzpartikeln in Altpapierstoffen, Teil II: Auswertung und Darstellung von Messergebnissen. Das Papier. Vol. 47, no. 4, p. 186 – 191. ISSN 0031 – 1340.

[39] Hamann, L. ; Kappen, K. 2007. Entwicklung einer Systemanalyse zur Kontrolle der Schmutzpartikel bei der Erzeugung von Papieren aus Deinkingstoff. Munich. Papiertechnische Stiftung (PTS). 25 p. ISBN IW 050282.

[40] Klein, R. ; Wawrzyn, A. ; Grefermann, A. ; Groβmann, H. 1995. Die Bilanalyse als wirksames Werkzeug bei der Qualitätsbeurteilung von Altpapierstoff und altpapierjaltigen Papieren. Vochenblatt für Papierfabrikation. Vol. 123, no. 12, p. 596 – 605. ISSN 0043 – 7131.

[41] Schabel, S. ; Krieberl, A. ; Dehm, J. ; Holik, H. 1997. Stickies inweissen und braunen Stoffen – Praxisreleveante Grundlagen zur messtechnischen Erfassung. Wochenblatt für Papierfabrikation. Vol. 125, no. 20, p. 980 – 985. ISSN 0043 – 7131.

[42] Schabel, S. 2006. Macro Sticky Particle Measurement – Using Statistics to Specify and Improve Accuracy. Part I: Accuracy of Single Measurements. Progress in Paper Recycling. Vol. 15, no.

2,p. 18 –24.

[43]Schaberl,S. 2006. Macro Sticky Particle Measurement – Using Statistics to Specify and Improve Accuracy. Part II: Approximate Functions. Progress in Paper Recycling. Vol. 15,no. 4, p. 11 –12.

[44]Krishnan,V. 2006. Probability and Random Processes. In: Desurvire,E. Wiley Survival Guides in Engineering and Science Hoboken,New Jersey. Jorhn Wiley & Sons,Inc. ISBN 978 – 0 – 471 – 70453 – 9.

[45]Heise,O. ; Cao,B,; Dehm,J. ; Holik,H. ; Schabel,S. ; Krieber,A. 1999. A new stickies test method – statistically sound and user friendly. TAPPI Journal. Vol. 82,no. 2,p. 143 –151.

[46]Julien Saint Amand,F. ; Perrin,B. J. ; Sabater,J. A. 1993. Advanced deinking supervision ising a new sensor for on – liner spec measurements. TAPPI Journal. Vol. 76,no. 5,p,139 –146. ISSN 0734 – 1415.

[47]Jurlien Saint Amand, F. ; Eymin Petot Tourtollet, G. ; Perrin, B. J. ; Sabater, J. A. 1998. Advanced deinking supervision and control using new on – line sensors. In: PTS – CTP Deinking Symposium. Munich,5 – 8 May 1998.

[48]Klein,R. 2007. Entwicklung vo verfahren zur Anwendung undKalibrierung von Inline – Mikroskopen für die Schmutzpunktdetcktion in Altpapiersuspensionen als Voraussetzung fü eine objecktive Schmutzpunktbeladungsmessung. Munich. Papiertechnische Stiftung (PTS). 30 p. ISBN IGF 14303BR.

[49]Fischer,S. 1984. Schmutzpunktbestimmung mit Bildanalysengeräten. Vochenblatt für Papierfabrikation. Vol. 112,no. 1,p. 15 –18. ISSN 0043 –7131.

[50]Strunz,A. – M. ;Manoiu,A. 2009. Höhere Effektivität der Druckfarbenabtrennung in Deinkinganlagen unter Nutzung einer neuen Bewertungsmethode. Munich. Papiertchnische Stiftung (PTS). 21 p.

[51]ZELLCHEMING – Arbeitsblatt RECO 1. 2005. AUsbeutekennzahlen für Altpapier verarbeitende Betriebe. Darmstadt. Verein der Zellstoff – und Papier – Chemike und – Ingenieure.

[52]INGEDE Method 11. 2007 Assessment of Print Product Recyclability – Deinkability Test. München. INGEDE e. V.

[53]INGEDE Method 11p. 2009. Assessment of Print Product Recyclability – Deinkability Test Preliminary adaption of the method according to the requirements of novel printing technologies. München. INGEDE e. V.

[54]PTS – Methode PTS – RH 010/87. 1987. Prüfung von Altpapier – kennichnung der Deinkabarkeit von bedrucktem Altpapier im Flotations – Deinking – Verfahern. München. Papiertchnische Stiftung.

[55]Jordan,B. D. ; Nguyen,N. G. ; Trepanier,R. J. 1993. Measuring the particle – size distribution of residual ink in recycled paper. TAPPI Journal. Vol. 76,no. 10,p. 110 –116. ISSN 0734 – 1415.

[56]McCool,M. A. ,; Taylor,C. J. 1983. Image analysis techniques in recycled fiber. TAPPI Journal. Vol. 66,no. 8,p. 69 –71. ISSN 0039 –8241.

[57]Trepanier, R. J. 1994. Novel High Resolution Image Analysis for Measuring Residual Ink in

Pulp, Paper and Board. Pulp Paper Can. Vol. 95, no. 12, p. T547 – 549.

[58] Renner, K. ; Putz, H. – J. ; Göttsching, L. 1995. Druckfarbenpartikel – Bilanzierung in industriellen Dinkinganlagen. Das Papier. Vol. 49, no. 10A, p. V48 – V56. ISSN 0031 – 1340.

[59] Ackermann, C. ; Hanecker, E. 2000. Entwicklung von Kriterien zur Bewertung von Druckprodukten hinsichtlich ihrer Rezyklierbarkeit. INGEDE Report 6098 IfP/PTS. Darmstadt. 37 p.

[60] Technical Committee Deinking. 2006. Orientation Values for the Assessment of the Recyclability of Printed Products. Munich. INGEDE. 13 p.

[61] ERPC [005]09. 2009. Assessment of Print Product Recyclability – Deinkability Score – User's Manual. Bruxelles. European Recovered Paper Council.

[62] ZELLCHEMING Technical Leaflect RECO 1. 2006. Terminology of Stickies. Darmstadt. Verein der Zellstoff – und Papier – CHemiker und – Ingenirure.

[63] Hamann, L. 2009. Stickies: definition, origin and characterization. In: Carre, B. ; B. Fabry. 9th CTP/PTS Advanced Training Course on DEINKING Technology. Grenoble, 3 – 5 June 2009. Centre Technique du Papier (CTP).

[64] Doshi, M. R. ; Moore, W. J. ; Venditti, R. A. ; Copeland, K. ; Chang, H. – M. ; Putz, H. – J; Delagoutte, T. ; Houtman, C. ; Tan, F. ; Davie, L. ; Sauve, G. ; Dahl, T. ; Robinson, D. 2003. Comparison of macrostickies measurement method. Progress in Paper Recycling. Vol. 12, no. 3, p. 34 – 43.

[65] Doshi, M. R. ; Blanco, A. ; Negro, C. ; Dorris, G. M; Castro, C. C. ; Hamann, A. ; Haynes, R. D. ; Houtman, C. ; Scallon, K. ; Putz, H. – J. ; Jphansson, H. ; Venditti, R. A. ; Copeland, K. ; Chang, H. – M. 2003. Comparison of microstickies measurement methods. Part I: Sample preparation and measurement methods. Progress in Paper Recycling. Vol. 12, no. 4, p. 35 – 42.

[66] Doshi, M. R. ; Blanco, A. ; Negro, C. ; Dorris, G. M; Castro, C. C. ; Hamann, A. ; Haynes, R. D. ; Houtman, C. ; Scallon, K. ; Putz, H. – J. ; Jphansson, H. ; Venditti, R. A. ; Copeland, K. ; Chang, H. – M. 2003. Comparison of microstickies measurement methods. Part II: Results and Discussion. Progress in Paper Recycling. Vol. 13, no. 1, p. 44 – 53.

[67] Sarja, T. 2007. Measurement, nature and removal of stickies in deinked pulp. Oulu, Finland. Oulu University Press. 82 p. ISBN 978 – 951 – 42 – 8464 – 9.

[68] Sitholé, B. ; Filion, D. 2008. Assessment of Methods for the Measurement of Macrostickies in Recycled Pulps. Progress in Paper Recycling. Vol. 17, no. 2, p. 16 – 25.

[69] Lösch, F. 2008. Systematische Analyse genormter Makro – Sticky – Bestimmungsmethoden zur Beschreibung der Haupteinflussgrößen und Verbesserung der Wiederholbarkeit von Messergebnissen. Technische Universität Darmstadt, Fachgebiet Papierfabrikation und Mechanische Verfahrenstechnik (PMV).

[70] Putz, H. – J. ; Hanecker, E. 2009. Verbesserung der Reproduzierbarkeit Genormter Makro – Stickybestimmungsmethoden. Final Report Project INFOR 118. Technische Universität Darmstadt, Fachgebiet Papierfabrikation und Mechanische Verfahrenstechnik (PMV), Papiertechnische Stiftung (PTS).

[71] INGEDE Method 4. 1999. Analysis of Macro Stickies in Deinked Pulp (DIP). München. INGEDE e. V.

[72] ZELLCHEMING Merkblatt V$^{1.4}$ 86. 1986. Prüfung von Holzstoffen – Für Papier, Larton und Pappe – Gleichzeitige Bestimmung des Gehaltes an Splittern und Faserfraktionen. Darmstadt. Verein der Zellstoff – und Papier – Chmiker und Ingenieure.

[73] TAPPI Useful Method UM 242. 1986. Shive contecnt of mechanical pulp (Somerville Fractionator). Technical Association of the Pulp and Paper Industry.

[74] INGEDE Method 12. 2009. Assessing the Recyclability of Printed Products – Testing of Fragmentation Behaviour of Adhesive Applications. München. INGEDE e. V.

[75] TAPPI Test Method T277 pm – 07. 2007. Macro stickies content in pulp: the "pick – up" method. Technical Association of the Pulp and Paper Industry.

[76] INGEDE Method 13. 2009. Assessment of the Recyclability of Printed Products – Testing of the Macrosticky Formation Rate of Adhesive Applications. München. INGEDE e. V.

[77] Hirsch, G. ; Putz, H. – J; Schabel, S. 2008. Separation of Fines and Filler in DIP Rejects by Differences in Flow Properties of the Fine Particles 0 in which Fraction are Microstickies enriched? INGEDE Report 109 06. Technische Universität Darmstadt, Fachgebiet Papierfabrikation und Mechanische Verfahrenstechnik. Damstadt.

[78] Klein, R. 1997. Untersuchungen zum Ablagerungsverhalten von potentiell klbenden Stoffen in der Altpapieraufbereitung und in der Papiermaschine.

[79] INGEDE Method 9 [withdrawn 19 January 2010]. 1999. Testing of adhesives for their deposition propensity in PM dryer sections. München. INGEDE e. V.

[80] Hanecker, E. ; Blasius, K. ; Klein, R. 2006. Bewertung von Ablagerungen bildenden Substanzen in Altpapierstoffen und Filtraten. AiF 14139. München. Papiertechnische Stiftung PTS. 20 p.

[81] Fike, G. M. Determination of Polymer Film Development through Surface Characterization Studies. Dissertation. Georgia Institute of Technology, School of Chemical and Biomolecular Engineering. Atlanta.

[82] Fike, G. M. ; Merchant, T. ; Banerjee, S. 2006. Simulation of the behavior of stickie – contaminated sheets in a dryer section. TAPPI Journal. Vol. 5, no. 6, p. 28 – 32.

[83] Putz, H. – J. ; Hamann, A. 2003. Methodenvergleich zur Bestimmung von Stickys. Vochenblatt für Papierfabrikation. Vol. 131, no. 5, p. 218 – 225.

[84] Cathie, K. ; Haydock, R. ; Dias, I. 1992. Understanding the fundamental factors influencing stickies formation and deposition. Pulp & Paper Canada. Vol. 93, no. 12, p. 157 – 160.

[85] Fukui, T. ; Okagawa, A. 1986. The use of a rotating felt to study the behavior of organic colloids in papermaking stock. TAPPI Journal. Vol. 69 no, 9, p. 134 – 135.

[86] Dykstra, G. M. ; Hoekstra, P. M. ; Suzuki, T. 1988. A new method for measuring depositable pitch and stickies and evaluating control agents. In Tappi Papermakers Conference. Chicago, TAPPI Press. p. 327 – 340.

[87] Elsby, L. E. 1986. Experiences from Tissue and Board Production Using Stickies additives. In: TAPPI Pulping Conference. TAPPI Press. p. 187 – 191.

[88] Doshi, M. R. 1989. Additives to combat sticky contaminants in secondary fibers. In: TAPPI 1989 Seminar: Contaminant Problems and Strategies in Wastepaper Recycling. Atlanta. TAPPI

Press. p. 81.

[89] Ling,T. F.；Hall,J. D.；Walker,M. M. 1993. Novel test method for evaluating stickies deposition control：an effective tool in both lab and mill. Pulp & Paper Canada. Vol. 94,no. 12,p. 85 – 89.

[90] Klein,R.；Großmann,H. 1995. Adsorption klebender Verunreinigungen an festen Grenzflächen. Wochenblatt für Papierfabrikation. Vol. 123,no. 19,p. 871 – 876.

[91] Klein,R.；Großmann,H. 1997. The measurement and control of microdisperse and colloidal stickies. Paper technology. Vol. 38,no. 5,p. 45 – 51. ISSN 0958 – 6024.

[92] Carre,B.；Brun,J.；Fabry,B. 1995. Comparison of two methods to estimate secondary stickies contamination. Progress in Paper Recycling. Vol. 5,no. 11,p. 68 – 72.

[93] Delagoutte,T.；Laurent,A. 2002. Modified method for the quantification of primary stickies in recycled pulps. In：Murr,J.,et al. 10th PTS – CTP Deinking Symposium. Munich,p. 23 – 26.

[94] Delagoutte,T.；Mclennan,I. J.；Bloembergen,S. 2001. Fluorescent labeling of PSA's：A new approach to evaluate the behavior of adhesives during the recycling process. In：65h Research Forum on Recycling. Magog,Quebec,Canada,October 1 – 4,2001. p. 111 – 117.

[95] Delagoutte,T.；Brun,J.；Galland,G. 2003. Drying section deposits：Identification of their origin. Investigación y técnica del papel. Vol. 40,no. 149,p. 153 – 158. ISSN 0368 – 0789.

[96] Delagoutte,T.；Brun,J.；Galland,G. 2005. Drying section deposits：origin identification and influence of the recycling processes – deinking and packaging lines comparison. ATIP. Association technique de I'industrie papetière,Vol. 59,no. 2,p. 17 – 25. ISSN 0997 – 7554.

[97] Moreland,R. D. 1986. Stickies control by detackification. In：TAPPI Pulping Conference. Atlanta. TAPPI Press. p. 193.

[98] Fike,G. M.；Banerjee,S. 2004. Role of base surface on the development of adhesive films. In：7th Research forum on Recycling. Quebec City,Canada,September 27 – 29,2004. p. 27 – 33.

[99] Vähäsalo,L. 2005. White pitch deposition：mechanisms and measuring techniques. Åbo Akademi University,Faculty of Chemical Engineering,Laboratory of Wood and Paper Chemistry. Turku. 42p.

[100] Blanco,A.；Negro,C.；Monte,M. C.；Fuente,H.；Tijero,J. 2002. Overrview of two major deposit problems in recycling：slime and stickies. Part II：stickies problems in recycling. Progress in Paper.

[101] Carre B.；Brun,J.；Galland,G. 1998. The incidence of the destabilization of the pulp suspension on the deposition of secondary stickies. Pulp & Paper Canada. VOL. 99,NO. 7,P. 75 – 79.

[102] Kanto Öqvist,L.；Salkinoja – Salonen,M.；Pelzer,R. 2005. Novel evaluation methods for paper machine deposits. Professional Papermaking. No. 1,p. 36 – 42. ISSN 1612 – 0485.

[103] Lee,H. L.；Kim,J. M. 2006. Quantification of macro and micro stickies and their control by flotation in OCC recycling process. APPITA journal. Vol. 59,no. 1,p. 31 – 36. ISSN 1038 – 6807.

[104] Krauthauf,T.；Ackermann,C.；Putz,H. – J. 1998. Möglichkeiten und Grenzen bestehender Sticky – Bestimmungsmethoden：Klebende Verunreinigungen（Stickies）bei der Aufbereitung

von Altpapier für die Papiererzeugung. Wochenblatt für Papierfabrikation. Vol. 126, no. 3, p. 81 – 84.

[105] Doshi, M. R. 1992. Quantification, control and retention of depositable stickies. Progress in Paper Recycling. VOL. 2, no. 1, p. 45 – 48.

[106] FINAT Test method FTM 19. 2001. Recycling compatibility of self – adhesive labels. The Hague, Netherlands. FINAT. 5p.

[107] PTS – Methode PTS – RH 021/97. 1997. Prüfung von Roh – and Hilfsstoffen der Papiererzeugung – Kennzeichnung der Rezyklierbarkeit von Packmitteln aus Papier, Karton und Pappe sowie graphischen Druckerzeugnissen. Aus Papier, Karton und Pappe sowie graphischen Druckerzeugnissen. München. Papiertechnische Stiftung.

[108] Recycling Compatible Adhesives Standard RCA LRP – 2. 2007. Laboratory Testing Protocol For Paper Labels Coated With Recycling Compatible Pressure Sensitive Adhesives. Wisconsin Council on Recycling. 7 p.

[109] INGEDE Method 6. 2009. Determination of Potential Secondary Stickies by Cationic Precipitation. München. INGEDE e. V.

[110] VoB, D. ; Hirsch, G. ; Putz, H. – J. ; Schabel, S. ; Faul, A. 2010. Preparation of an Adhesive Application Data Base and Development of a Recyclability Scoring System. In: 9th Research Forum on Recycling. Norfolk, Virinia, 18 – 20 October 2010. TAPPI.

[111] Stauss, J. 2005. Sustainpack – Innovation and sustainable Development in the Fibre Based Packaging Value Chain. D2. 16 – Basic recyclability testing of paper board. Munich. Papiertechnische Stiftung(PTS) 12 p.

[112] Phan – tri, D. ; Göttsching, L. 1984. Eingangskontrolle von Altpapier. Teil 1: Probenahme aus Altpapierballen mit dem IfP – Kernbohrer Wochenblatt für Papierfabrikation. Vol. 112, no. 6, p. 167 – 174.

[113] Phan – tri, D. ; Göttsching, L. 1985. Eingangskontrolle von Altpapier. Teil 2: Stoffliche Zusammensetzung. Wochenblatt für Papierfabrikation. Vol. 113, no. 10, p. 343 – 356.

[114] INGEDE Method 8. 1999. Entry Inspection of Baled Recovered Paper for Deinking (1. 06, 1. 08 – 1. 11, 2. 01, 2. 02, 2. 05 and 2. 06; formerly D21 – D39, E12, J11, J19). Munchen. INGEDE e. V.

[115] Galland, G. 1997. Recycling of household paper and boerd packaging waste; The R& D programme supported by Eco – Emballages. Das Papier. Vol. 51, no. 6A, p. V173 – V177.

[116] Murr, J. 2007. Firsthand report of the industrial use of a measuring device for the quality control of recovered paper (bales). In: IPE international Recycling Symposium. Bilbao, Spain, 24 and 25 May 2007.
http://www. ptspaper. de/fileadmin/PTS/Dokumente/Unternehmen/News/PBS_engl_bilbao. pdf

[117] Pigorsch, E. ; Gärtner, G. 2010. Kontrolle am EingangExperten der Papiertechnischen Stiftung (PTS) entwickeln neue Nahinfrarot – Messverfahren zur umfassenden Quälitatskontrolle von Altpapier. RECYCLING magazin. Vol. 2010, no. 4, p. 30 – 31.

[118] Leitner, R. 2008. Automated Entry Inspection. In: 17th INGEDE Symposium. Munchen, IN-

GEDE e. V.

[119] Leitner, R. ; Rosskopf, S. 2008. Identification of Flexographic – printed Newspapers with NIR Spectral Imaging. World Academy of science, Engineering and Technology. No. 44, p. 476 – 481. ISSN 2070 – 3724.

[120] Renner, K. ; Putz, H. – J. ; Göttsching, L. 1997. Erfassungsstrategien zur Qualitatsverbesserung von Altpapier. INGEDE Report 4094 If P. Technische Hochschule Darmstadt, Institut fur Papierfabrikation. INGEDE e. V, München. 73p.

[121] INGEDE Method 7. 2009. Visual Inspection for Recovered Paper for Deinking, Unbaled Delivery. München. INGEDE e. V.

[122] INGEDE Method 7. 2009. Gravimetric Determination of Recovered Paper Composition. München. INGEDE e. V

第⑩章 二次纤维造纸过程中的废弃物及非再生纸品的最终处置

10.1 纸厂废弃物及生活垃圾的分类

包括书中的铜版纸或图书馆中的归档材料在内,纸和纸板产品(如印刷纸和包装材料)的生命周期均较短。经过使用后,它们在相对较短的时间内就变为废弃物或二次原料。废纸的回用有助于废物减量。在废纸的处理过程中会有新的废弃物产生,这些新废弃物的处置正成为纸厂一个重要的难题。

在使用二次纤维的纸厂中,常见的固体废弃物如图10-1所示。包括从水力碎浆机或转鼓碎浆机中排出的物质在内,废渣还包括筛选和净化过程的各种排渣。污泥包括在清水、过程水和废水的机械净化过程得到的固体,以及生物法废水处理车间的污泥。煅烧残余物包括厂内发电车间和废弃物焚烧车间的灰分和炉渣,以及烟气清洁过程中得到的残余物(包括飞尘)。其他废弃物包括化学残余物、废油、网子、皮带,以及有害废物(如实验室化学品、电池和变压器油)。当在生产机械浆时,还会存在一些木材残余物,如树皮和锯末。

图10-1 使用二次纤维造纸的纸厂中常见的固体废弃物[1]

不同类型废弃物的物质回收和能量回收以及最终处置技术的现状如图10-2所示。很明显,填埋对所有类型的废弃物都很重要。但是,在未来的几年内,许多欧洲国家将禁止通过填埋的方法来处置废弃物。一部分欧洲和非欧洲国家将继续允许实施大规模的填埋处理。即使在这些国家中,填埋地点的缺乏、泄露水收集与处理的高昂成本、堆填区沼气控制与利用的费用高等因素都使填埋技术的发展受到阻碍。因此,采用其他方法进行能量的回收以及废弃物质的利用将越来越重要。

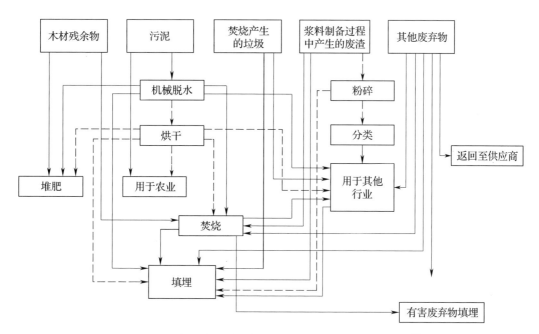

图 10 - 2　废纸造纸过程中固体废弃物的利用及处置技术[1]

根据废纸及纸产品回用率的不同,一定量的废纸和纸板将不能进入纸厂的回用循环。对某些种类的纸产而言(比如卫生纸和特种纸),是不可能回用的。未在纸厂中处理的废纸通常为生活垃圾,但它们也可以用作其他用途,比如燃烧产生能量、堆肥或者生产隔热材料。

生活垃圾的处置面临着与废纸处理过程中废弃物的处置一样的压力。只有有机物质含量很少的废弃物才可以进行填埋处理。这就需要对生活垃圾(其中含未回用的纸和纸制品)进行热处理。在一些国家,生活垃圾中的有机组分是单独进行收集的。这些生物垃圾包括各种纸制品(如厨房手巾纸、手帕纸、餐巾纸、脏包装纸和咖啡滤纸等)。生物生活垃圾可以进行堆肥处理或厌氧发酵。

10.2　二次纤维造纸过程中固体废弃物的利用与最终处置

废纸回用的目的是生产回用浆,用来制造纸和纸板。为此,需要把那些可能干扰废纸处理过程或成品质量的所有物质都从碎解后的回用浆料中去除掉,直到干扰物质的浓度达到可以接受的水平。根据废纸受非纸组分污染程度的不同,废弃物的量有较大的差别(参见第一章)。

回用浆在筛选、净化、脱墨过程中得到的固体尾渣和污泥,以及未回到生产循环的固体物质都归类为废弃物。这些废弃物可分成两部分,一部分可重新利用(系统外利用),一部分进行最终处置。过程中被去除的物质如果又重新回到生产过程中,则不归为废弃物,如图 10 - 3 所示。

二次纤维造纸过程中产生的废弃物类型和总量取决于废纸的组成和筛选的功效(在确保产品质量和纸机运行性能基础上)。二次纤维造纸过程中产生的废弃物既包括比重较大、颗粒较粗的尾渣,也包括密度较小、颗粒较小的尾渣,还包括污泥。其中,污泥包括浮选脱墨产生的污泥,以及过程水和洗浆机滤液在微气浮处理过程中产生的污泥。表 10 - 1 为生产不同种类的纸和纸板的过程中,产生的废弃物相对于所用的废纸的比例。

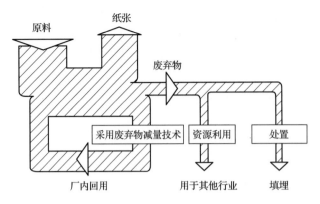

图 10 – 3　纸厂废弃物管理体系概览

表 10 – 1　　处理不同种类的废纸及生产不同种类纸品的过程中尾渣和污泥的产生量[2]

（U. Hamm 博士在 2012 年对数据进行了更新）

纸种	废纸种类	废弃物总比例/%（干重）	废弃物比例/%（干重）			
			尾渣			污泥
			重质粗渣	轻渣和细小组分	浮选脱墨	过程水净化
书写纸	新闻纸,杂志纸	15 ~ 25	1 ~ 2	3 ~ 5	8 ~ 13	2 ~ 5
	高品质等级	15 ~ 30	<1	<3	7 ~ 16	1 ~ 5
卫生纸	文档纸(files),办公用纸,一般,中等等级	28 ~ 45	1 ~ 2	3 ~ 5	8 ~ 13	15 ~ 25
商品脱墨浆	办公用纸	32 ~ 45	<1	4 ~ 5	12 ~ 15	15 ~ 25
箱板纸,瓦楞原纸	分拣过的混合废纸,超市垃圾	4 ~ 10	1 ~ 2	3 ~ 6	—	0 - (1)
纸板	分拣过的混合废纸,超市垃圾	4 ~ 10	1 ~ 2	3 ~ 6	—	0 - (1)

10.2.1　固体废弃物的组成及特性

表 10 – 2 为废纸处理过程中不同阶段产生的废弃物的组成。碎浆、净化和筛选段的废弃物包括尾渣物质或尾渣。在浮选及过程水（来自洗涤脱墨）净化过程中产生的物质为污泥。由于如今废纸处理方法的选择性很有限,因此尾渣和污泥两者中都含有一定比例的纤维和微细纤维。废水的净化和生物处理过程也会产生污泥。

表 10 – 2　　　　　　　　废纸处理过程中不同阶段的废弃物组成[2]

废弃物来源	废弃物组成	性质
水力碎浆机,转鼓	大尺寸物质,如塑料袋、书本装帧料、织物、瓶子、鞋子、丝绳、玩具、工具、网子、木块、湿强纸等	无害
高浓除渣	玻璃,钉子,别针(纸夹),织物,大头针等	无害

续表

废弃物来源	废弃物组成	性质
粗筛(预精筛)	长、薄、宽的污染物,塑料,聚苯乙烯,胶黏物	无害
浮选脱墨	印刷油墨,填料,纤维,细小纤维,胶黏物	无害
低浓除渣(正向除渣)	高密度小尺寸的坚硬颗粒,如砂子、纤维束、UV 色料的硬颗粒、涂布色料、油漆	无害
精筛	塑料碎片,轻质污染物,热熔胶,胶黏物	无害
过程水净化	胶态物质,填料,纤维,细小纤维,油墨颗粒	无害

10.2.1.1 尾渣

尾渣的生成量及其组成从根本上取决于废纸的等级。Chryssos 和 Murr 等人对不同废纸处理车间的尾渣组成进行了分析[3],结果发现,根据塑料比例的不同,尾渣的组成有明显的区别。新闻纸生产过程中尾渣样品的组成如图 10-4 所示。该厂仅用脱墨浆(60% 旧新闻纸,旧杂志纸 40%)为原料,碎浆在鼓式碎浆机中进行。图 10-4 中的样品取自鼓式碎浆机的排渣。排渣比例(以固含量计)为风干废纸的 0.7% ~1%。该尾渣样品的固含量约为 70%。其中,塑料的比例为 52%。纸片与纤维(27%)主要来自于湿强纸。在后续的筛选和净化段,另外产生了 3% ~4% 的固体。打包金属线的重量与此是无关的,因为绝大多数的废纸是以松散的形式运送来的。

图 10-5 所示为某包装纸厂尾渣的平均组成。该厂以分拣过的混合废纸、超市废弃物和 OCC 为原料。混合废纸在传统的带有绞绳机的水力碎浆机中进行碎浆,碎解的浆经过筛鼓(样品即取自该处)进行筛选。尾渣中的塑料、薄膜和自黏胶带的比例(60%)要比新闻纸厂尾渣(约 30%)的高很多。纸片和纤维的比例较低,为 13%。打包金属线的重量包含在 7% 的金属废弃物中。(绞绳机通常用于水力碎浆机中。它可以与多种轻杂质(如钢丝绳、塑料和棉线)缠绕成一股绳。)

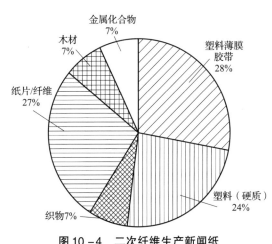

图 10-4 二次纤维生产新闻纸
过程中尾渣样品组成[3]

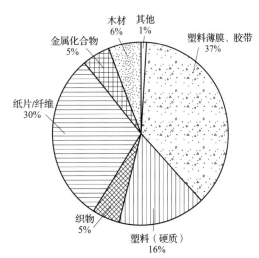

图 10-5 二次纤维生产包装纸过程中
尾渣样品的组成均值[3]

废纸碎浆后的净化和筛选段提高了尾渣中纤维的含量。图 10－6 显示的是瓦楞原纸和挂面箱纸板生产过程中轻质而细小尾渣的组成。图中有关物质和化学组成的数据为 5 家德国纸厂的平均值[4]。纤维占总固含量的比例超过 35％。由于可燃性塑料物质的含量较高，该尾渣的热值（超过 20GJ/t，以干物质计）远高于褐煤。

与废纸处理过程得到

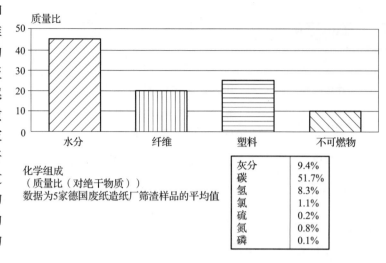

质量比

化学组成	
（质量比（对绝干物质））	
数据为5家德国废纸造纸厂筛渣样品的平均值	

灰分	9.4%
碳	51.7%
氢	8.3%
氯	1.1%
硫	0.2%
氮	0.8%
磷	0.1%

图 10 –6　二次纤维生产挂面纸和瓦楞原纸过程中筛渣样品的组成[3]

的污泥相比，尾渣中的总氯含量(有机氯和无机氯总和)明显地高。氯的含量可能占尾渣质量的 3%（以干物质计）。如下含聚氯乙烯的物质是氯含量的主要来源：

① 自黏胶带；

② 湿立板和瓦楞纸板容器的行李提手；

③ 来自包装部门的 PVC 薄膜层压材料；

④ 误丢入废纸容器中的 PVC 产品。

若尾渣的氯含量较高，可能会限制其作为能量的来源，比如作为水泥生产中的二级燃料。

10.2.1.2　脱墨污泥

脱墨污泥中含有印刷油墨（黑色和彩色颜料）、填料、涂布颜料、纤维和细小纤维以及黏合剂成分。含磨木浆书写纸的生产过程中脱墨污泥的平均组成如图 10 –7 所示。据图 10 –7 可知，通过浮选而脱除的固体物质中，无机组分的比例超过 55％，其中主要是填料和涂布颜料（如黏土和碳酸钙）。纤维的含量较低，为 7％。二氯甲烷抽出物的平均比例为 8％，其中包括纤维的木材组分（如松香、脂肪和树脂酸）、可溶性印刷油墨和黏合剂组分、以及浮选脱墨化学品。其余的 29% 包括细小纤维、不溶性油墨组分（主要为炭黑和彩色颜料）以及不溶性黏合剂组分。

卫生纸生产过程中产生的洗涤法脱墨污泥与浮选法脱墨污泥是不同的，因为

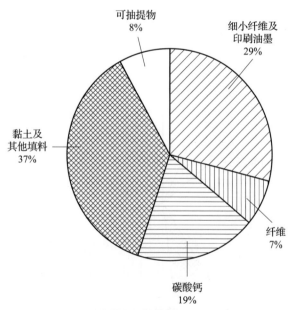

图 10 –7　含磨木浆印刷用纸生产过程中
脱墨污泥的组成（相对绝干物质）[5]

前者更为洁净,且填料及颜料几乎完全被脱除了(如图10-8所示)。由于纤维和细小纤维的含量较高(11%),填料和颜料的比例通常低于50%。细小纤维、不溶性油墨和黏合剂组分的比例占40%。抽出物的比例较低(约3%),这是因为原料中不含磨木浆的废纸比例较高。

表10-3对脱墨污泥的灰分、热值、元素含量和污染物含量等进行了总结。表10-3显示了来自不同纸厂的污泥的最低值、最高值和平均值[6]。脱墨污泥的特性是灰分含量高(40%~70%)。它们净热值的高低取决于灰分含量,可达4.7~8.6GJ/t(干物质)。硫、氟、溴和碘的含量较低。因此,在脱墨污泥焚烧时,无须安装价格昂贵的烟气净化系统。与废水生物处理车间的污泥相比,氮和磷的含量很低。利用脱墨污泥进行堆肥、农用和填埋时,需要考虑这一点[7]。

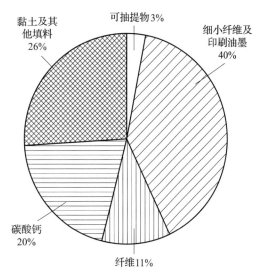

图10-8 卫生纸生产过程中脱墨污泥的组成(相对绝干物质量)[5]

表10-3　　　　　　　　　脱墨污泥的化学特性(对干物质)[6]

参数	单位	样品数量 n	最低值	最高值	平均值
固含量	/%	11	38.1	62.1	51.2
灰分	/%	14	36.4	67.3	54.8
热值	kJ/kg(湿)	12	1240	4320	2310
热值	kJ/kg(干)	13	4750	8600	6940
pH		13	6.8	8.3	7.5
硫	%	3	0.06	0.12	0.08
氟	%	14	—	<0.1	—
氯	%	14	0.01	0.1	0.05
碳	%	14	19.1	35.8	26.0
氢	%	14	2.6	4.2	3.3
氮	%	14	0.20	0.50	0.35
磷	mg/kg	14	300	560	464
钾	%	14	0.08	0.30	0.19
钙	%	14	1.5	14.9	9.3
镁	%	14	0.16	0.79	0.37
铝	%	6	2.8	6.5	6.5
铁	%	6	<0.1	0.5	0.5
硅	%	6	3.3	7.6	7.6
铅	mg/kg	14	9.5	79.4	44.6

续表

参数	单位	样品数量 n	最低值	最高值	平均值
镉	mg/kg	14	0.02	1.54	0.34
铬	mg/kg	14	4.8	96.6	39.1
铜	mg/kg	14	64.2	345.0	186.2
汞	mg/kg	14	0.10	0.89	0.26
镍	mg/kg	14	<10	31.3	—
锌	mg/kg	14	34.2	1320	269
PCB	mg/kg	5	—	<0.3	—
AOX	mg/kg	14	160	1200	516
二噁英/呋喃	ng I - TE/kg	3	26.5	58.3	37.9

注:n 为脱墨污泥的样品数量。I - TE = International Toxicity Equivalent according 国际毒性当量,按照 NATO/CCMS 北约现代科学委员会标准。表中元素百分比为质量分数。

　　废纸处理过程中产生的污泥,其重金属的含量通常比较低[8]。图 10 - 9 将脱墨污泥的重金属浓度与纸厂废水处理的生物污泥及城市污水厂污泥的进行了对比。图 10 - 9 中数据显示,脱墨污泥比城市废水处理厂污泥受污染的程度要低。镉和汞的浓度特别微不足道,有时甚至低于检测限(原子吸收光谱)。只有铜的浓度与城市污水厂污泥的属于同一数量级。脱墨污泥中的铜主要来自于印刷油墨中的蓝色颜料(其中含有苯二甲蓝化合物)。

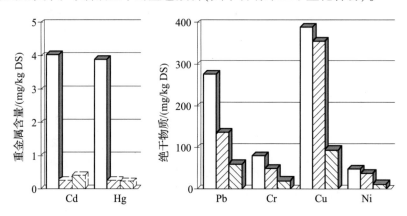

图 10 - 9　脱墨污泥、生物污泥及城市污水污泥的重金属含量(德国)[9]

□ 城市污水污泥(29 家处理厂样品的平均值)　▨ 脱墨污泥(4 家纸厂样品的平均值)

▧ 生物污泥(4 家纸厂样品的平均值)

　　另外,痕量的有机卤化物[如多氯联苯(polychlorinated biphenyls,PCB)]、多氯代二苯并二噁英(polychlorinated dibenzodioxins,PCDD)、多氯代二苯并呋喃(polychlorinated dibenzofurans,PCDF)也是需要考虑的。直到 20 世纪 70 年代,多氯联苯类化合物一直用于生产无碳纸。从那以后,脱墨污泥中 PCB 含量就发生了显著降低。多个脱墨车间的最近数据证实,PCB 的浓度(通过测定最相关的 7 个同源物的浓度)低于 0.3mg/kg(干物质)。

　　脱墨污泥中 PCDD/PCDF 的浓度也呈现类似的下降趋势。随着化学浆从元素氯漂白向二氧化氯和氧气漂白的不断转变,德国纸厂脱墨污泥中 PCDD/PCDF 含量一直在大幅度降低。如今,脱墨污泥中 PCDD/PCDF 含量为 25～60ng I – TE/kg(干物质)。这些数字并不比城市污水厂污泥中 PCDD/PCDF 的平均含量高很多。由于化学法制浆过程中漂序的改进,绝大多数生产纸浆的国家中不再有二噁英的产生。因此,废纸处理车间二噁英的排放量将会进一步降低。

可吸附有机卤(AOX)在环境法规中起到很关键的作用。比如在德国,污水厂的污泥若要直接散布在农业耕地上,须对重金属、PCB、二噁英和 AOX 等进行控制。很多情况下,脱墨污泥中 AOX 含量须低于 500mg/kg(干物质)的允许限值[10]。据位于德国达姆施塔特行政区的 PMV(Department of Paper Science and Technology(PMV))调查发现,脱墨污泥中高达 80% 的 AOX 为印刷油墨中黄色颜料的氯化产物[11]。但这些颜料不溶于水,且不可生物降解。

10.2.2　厂内预处理

接下来的几个小节将分析尾渣和污泥的脱水机干燥。无论采用什么样的回用和处置方法,脱水都是废弃物处理过程中一个很关键的工段。尾渣及污泥中的固含量越高,越有利于物质和能量的回收。

10.2.2.1　脱水

除了散包单元的打包金属线、绞绳机获取的废弃物以及转鼓碎浆机的排渣以外,几乎所有来自废纸处理过程的废弃物,其初始固含量仅为 1%～6%。因此,废弃物处理的第一步就是脱水。如今,绞绳机得到的废弃物及碎浆机排渣系统得到的尾渣通常不进行任何特殊的脱水。由于其组成的特殊性,这些物质经滤水后,其干度即可达到 60%～80%。筛孔式螺旋输送机、振动筛、螺旋分级器和倾斜分级器等在重质粗渣的脱水中很有用处。经筛网(无端铜网或振动筛)脱水后的轻质细渣通常还需在尾渣螺旋压榨机中进一步进行脱水[12]。

污泥的脱水通常分为两个阶段,首先利用重力床或鼓式和盘式浓缩机进行初步脱水,接着利用带式压滤机或螺旋压榨进行高浓脱水。间歇搅拌式箱式压滤机没有得到重视,因为这种方法是靠无机沉淀剂(金属盐和白垩)或有机聚合物来处理污泥的,因而处理费用高,且维护费用较高。

离心机是通用的,而且在脱水之前无须进行其他处理。纯生物污泥经过离心处理可以达到很高的固含量。

带式压滤机的基本功能如图 10 – 10 所示。污泥被夹在两张网之间,并对其进行逐渐加压处理。定向压力和剪切力将污泥中的水挤压出来。绝大多数的污泥

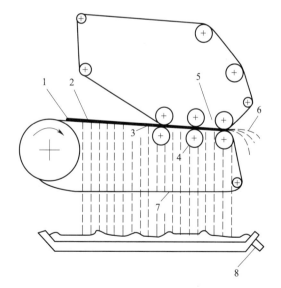

图 10 – 10　带式压滤机的工作原理

1—污泥与聚合物混合后由此处进入　2—重力滤水,形成污泥
3—开始挤压　4—有孔脱水辊提高压力,收集水分
5—滤带加压,加速脱水　6—脱水后的污泥　7—滤带清洗
8—滤液及洗涤水泵至排水沟

需用聚合电解质进行调节[13]。图 10 – 11 显示的是螺旋压榨机的基本功能,污泥由缓慢旋转的螺杆进行输送。挤出的水通过环绕螺杆的圆柱形外壳的空洞(开口)流出。某些螺旋压榨机可

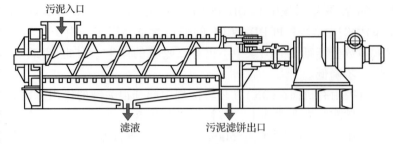

污泥入口

滤液 污泥滤饼出口

图 10 – 11　螺旋挤压机的工作原理

通过螺杆轴注入蒸汽,从而推动污泥前进。利用聚合电解质调节污泥是很常见的做法。

表 10 – 4 对不同类型废弃物的最常见脱水系统进行了总结,其中也包括可以达到的固含量的数据。固含量的差异是由压榨压力和压榨时间的不同而造成的。比如,螺旋压榨机的操作压力高达 0.8MPa,时间长达 10min。带式压滤机的工作压力只有 0.05MPa,压榨时间较短,只有 1 ~ 2min。随着废水处理厂生物污泥比例的增加,所有技术所得到的污泥固含量都有所降低。无论采用什么样的技术,纯生物污泥的固含量只能达到 15% ~ 40%。

表 10 – 4　　　　　　　　　　尾渣和脱墨污泥的组成及脱水效果[2]

	重质及粗大尾渣	轻质及细小尾渣	脱墨污泥
组成	玻璃,钉子,砂子,石块,纸夹,大头针,订书针,织物,木块,湿强纸	砂子,织物,纤维,涂布色料,塑料碎片,热熔胶,胶黏物	填料,颜料,纤维,细小纤维,印刷油墨,胶黏物
脱水设备	筛 振动筛 螺旋分离机 耙式分离机	筛 盘式浓缩机 鼓式脱水机 重力床 螺旋压榨	鼓式脱水机 脱水床 带式过滤压榨 螺旋压榨 滤池过滤压榨 离心机
可达到的固含量	60% ~ 80%	50% ~ 65%	单段:<15% 两段:<65%

10.2.2.2　干燥

利用热干燥可以更有效地将机械法脱水的污泥中剩余的水分脱除掉。污泥干燥机主要是当现有的或潜在的处置工艺不可行或不经济时才使用。比如,当每吨湿污泥由于干燥不充分而导致其填埋成本较高时。除了降低重量外,污泥的干燥还会带来其他好处,从而拓宽废弃物管理的选择余地[14]:

①固含量约为 95% 的污泥是没有味道的。这种无菌条件意味着可以把污泥存放在露天或简易的储存仓里;

②干燥的污泥可与常规运输系统中的大宗货物一样进行运输,不会有任何问题;

③与其他废弃物和可燃物的混合更为简单;

④更易于燃烧,而且每单位质量的干物质可以产生更多的热量。

现有的干燥系统中既有直接型的,也有间接型的。如图 10 – 12 所示,直接型干燥系统采

用对流式干燥器,而间接型干燥系统采用接触式干燥器。在对流干燥过程中,传热介质烟气、过热蒸汽与污泥直接接触,并吸收从污泥中挥发出来的水分。在接触式干燥过程中,热能间接地传递给污泥,污泥与传热介质之间通过器壁分隔开。

接触式或间接成干燥器一般是通过由蒸汽加热的表面向湿污泥提供水分蒸发所需的能量。由于传热表面的温度高于所需的蒸发温度,污泥会在接触面上产生过热现象,有结壳的风险。虽然这种系统的冷凝废气污染程度较高,但废气的总量较低。

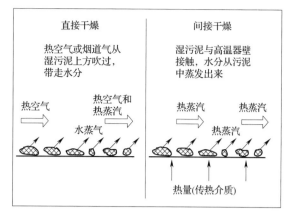

图 10-12　污泥烘干方法示意图[15]

在对流式干燥器中,热量是通过热空气与污泥直接接触而传递的。热空气还在干燥器中起到输送气体的作用。对流式干燥器可以采用直接加热,也可采用间接加热。与接触式干燥器相比,对流式干燥冷凝废气的污染程度较低,但废气量却要高很多。

造纸行业采用的接触式干燥工艺有蒸汽离心干燥器和盘式干燥器,采用的对流式干燥器有鼓式干燥器、带式干燥器和坡度干燥器[16]。

在所有的干燥工艺中,烟气和干物质的控制都很重要,因为这些物质存在燃烧和爆炸的问题。就此而言,间接式干燥工艺的问题就会少一些。根据其湿润状态下的结构,干燥后的污泥可能以细小颗粒或药丸状的形式存在。对直接式和间接式干燥而言,蒸发每吨水需要 4.0 ~ 4.5GJ 热量。

图 10-13 为脱墨污泥鼓式干燥系统的示意图。干燥后的污泥进入发电厂(紧靠纸厂)。在电厂中,这些污泥与褐煤和无烟煤(硬质煤)一起用作二级燃料[17]。

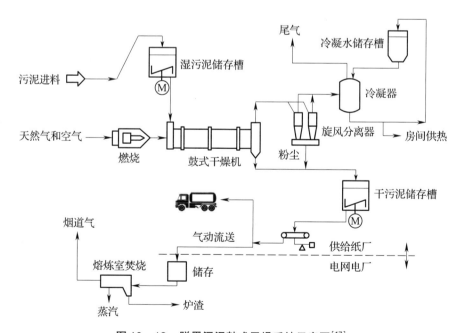

图 10-13　脱墨污泥鼓式干燥系统示意图[17]

10.2.3　内部及外部燃烧车间中的能量回收

废纸处理车间的废弃物在外运用于其他用途时遇到了一些潜在用户的抵制。而且,还存在过度依赖外部用户的风险,这些用户可以自行确定废弃物的价格。因此,将废弃物用于企业内部的能量回收将变得十分重要[18-22]。

废弃物用于产生能量的主要目的是:

①　降低废弃物的最大体积和重量;

②　钝化有机组分;

③　通过转化为灰分和炉渣的方法将有害物质固定下来;

④　利用产生的能量。

在造纸行业,废弃物的焚烧有很久的历史,比如树皮和木材残余物的燃烧。近年来,利用其他类型的废弃物(如污泥和尾渣)来获取能量的做法受到了越来越多的关注。呈现这一趋势的原因有:

①　化石燃料和外购电力的成本有所升高;

②　填埋容量的降低,填埋成本提高;

③　废弃物使用的法规更加严格;

④　应用高效烟气净化技术的新型燃烧技术的发展。

由于其热值较高且有害物质含量较低,因而废纸处理车间绝大多数类型的废弃物都适合用于能量回收。表10-5将不同固体燃料的热值、灰分含量和水分含量等与废纸处理过程的废弃物进行了对比。从表10-5可以明显看出,尾渣的热值较高,因为其中塑料含量较高。可燃性有机组分、灰分和水分三者之间的关系可以用燃料三角形来说明(如图10-14所示)。自主燃烧的范围在三角形中已做出特别标识。这意味着标识范围内的物质无须额外添加化石燃料形式的燃料就可以进行燃烧。阴影区域为废纸处理过程中的脱墨污泥和尾渣(经过机械脱水处理的)。很明显,自主燃烧是一个可行的事情,这不仅对尾渣而言,而且对高灰分含量的脱墨污泥也是如此。

市场上有许多不同的废弃物燃烧工艺和系统。具体应用取决于总的运行条件和废弃物的类型。对所有燃烧工艺都重要的因素有:

①　燃烧区的滞留时间;

表10-5　固体燃料的热值、灰分和水分含量[23-24]

固体燃料	净热值/ (MJ/kg)	灰分/%	水分/%
木材(风干)	14~17	<1	10~20
泥煤(风干)	12~15	15	15~30
褐煤	8~12	2~8	15~35
硬煤	28~34	3~12	0~10
脱墨污泥(湿的)	7~10	40~60	40~60
尾渣(湿的)	16~23	8~12	20~50
生物污泥(湿的)	7~9	20~40	70~85

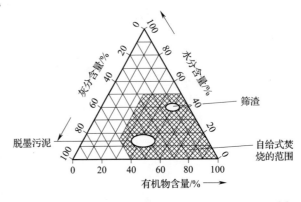

图10-14　废纸处理车间废弃物的燃料三角关系图[4]

② 燃烧温度；

③ 空气或氧气供应情况；

④ 燃烧区中燃料的密度或燃料的分布情况。

在废纸处理车间,尾渣和污泥的燃烧主要采用如下的燃烧技术:

① 炉箅燃烧技术；

② 流化床或循环流化床燃烧技术；

③ 多层炉燃烧技术。

10.2.3.1　炉箅燃烧技术

在炉箅燃烧法中,通过机械的方法将燃料喂送到炉箅上。助燃空气通过炉箅间的空隙从下方送入,这样做还有助于冷却炉箅条,如图 10 – 15 所示。由炉箅条之间的空隙形成的自由炉箅面积,以及炉箅条的形状影响燃烧的质量。它们与燃料的类型及颗粒大小相匹配。炉箅条间隙的宽度及燃料的颗粒大小还决定了灰分中未燃烧物质的比例。

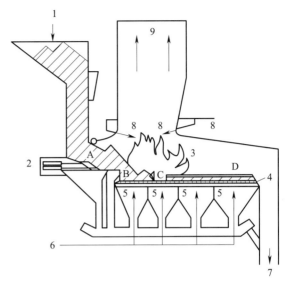

图 10 – 15　固定炉箅式燃烧[15]

A—废弃物　B—干燥及点火区　C—燃烧区　D—燃后区

1—废弃物进料　2—喂料机　3—燃烧室　4—炉箅

5—鼓风机　6——次风系统　7—炉渣移除

8—二次风、三次风供风系统　9—烟道气

装有固定炉箅的燃烧技术与装有移动炉箅的燃烧技术之间有本质的区别。固定炉箅主要用于产燃烧热在 10MW 以下的炉中。它们可以达到约 $1MW/m^2$ 的炉箅热负荷(或每单位炉箅面积的热流量)。若采用移动炉箅,可以达到 $1 \sim 2MW/m^2$ 的炉箅热负荷。当使用较大的炉箅面积时,可能产生 100MW 的燃烧热。

采用固定炉箅时,通过倾斜炉箅和/或机械辅助移动(使用倾斜的、阶梯式的、带搅拌式加煤机的炉箅)的方法将燃料层分散在炉箅上。燃料依次通过干燥区、点火区、燃烧区和燃尽区。为适应不同燃烧阶段的要求,需调整空气通入量。

在移动炉箅式燃烧工艺中,链条式炉箅燃烧技术是最常见的燃烧系统。链条式炉箅包括一条连续的炉箅带,由两个轴来驱动。燃料以 $100 \sim 300mm/min$ 的速度从燃烧区输送到炉箅带。燃烧残余物在炉箅的末端排出。对于更大些的链条式炉箅,助燃空气由位于上下炉箅带之间的分区气箱送入。气箱的数量取决于炉箅的负荷及所需的燃尽程度。链条式炉箅会自动与黏糊的燃烧残余物(在回程炉箅的底部上)分离开,但通常需要某一形式的机械力进行辅助。

通过调整燃烧条件(根据燃料的特性)、优化助燃空气的输入、使用适宜的燃烧室等手段,炉箅燃烧系统可以在低排放、高燃尽效率的条件下运行。如果燃料在炉箅上有足够的停留时间,而且把焦炭含量较高的灰分进行回流处理,那么燃烧残余物中仅留有少量的未燃烧物质。在紧靠炉箅上方的位置送入二次空气可以显著地改善燃烧气体(炉气)的燃尽效率。这样做可以降低一氧化碳和烃类物质的排放量。

炉箅燃烧系统特别适用于大块状的燃料,而不适于湿润、膏状和细小颗粒状的燃料。以湿润的污泥为例,污泥在炉箅上或燃烧区域的停留时间可能不足以实现完全燃烧。尽管如此,炉箅燃烧系统在造纸行业中得到了应用,主要用于将污泥与煤炭、树皮或木材残余物等进行混烧

(共燃)。由于在控制操作中的反应时间较长,且难以控制炉箅上的燃烧情况,因此燃料的水分及灰分含量必须限定在较窄的范围内。燃料热值的最大限值在 15 ~ 20GJ/t(干物质)范围内。

10.2.3.2　流化床式燃烧

在流化床式燃烧过程中,燃料在惰性固体层上进行燃烧。惰性固体有二氧化硅、砂砾或灰末等,这些固体靠空气实现流化。空气由下方有孔的底层鼓入燃烧区。空气充当燃烧的介质。它可以使惰性固体层以 1 ~ 2.5m/s 的速度进行流化。

燃料在流化床的上方加入。由于其较高的热容量及流体动力特性,这些惰性的底层材料(床料)可以起到传热和均化温度的作用。因此,当燃料被喂入时,它可以快速引燃。燃料与助燃空气在流化区的充分混合,为物质及热量交换创造了很有利的条件。因此,即使质量较差的燃料也可以实现良好的燃烧。

流化床燃烧系统中的燃烧温度在 800 ~ 900℃ 之间。从流化床释放出的炉气进入空闲空间,在其上方通入二次空气即可形成一个后燃区。在该区域内,废气在 800 ~ 950℃ 的温度下进行反应。2 ~ 4s 的停留时间就可以确保实现完全燃烧。后燃室可以是一个独立于流化床燃烧室外部的结构单元,并可选配一个后燃烧炉。

根据流化床的大小及运行压力,可选用如下几种技术:

① 固定流化床;

② 循环流化床;

③ 压力流化床。

（1）固定流化床燃烧技术

如图 10 - 16 所示,固定流化床有一个轻微膨胀的流化床及一个限定的(defined)床面。流化的速度需与固体颗粒的大小相匹配,以保证尽量少的颗粒从流化床上流失掉。以多孔的底层为基准,产热的量为 1 ~ 2MW/m^2。固定流化床主要用于热量输出低于 50MW 的工业车间。在产能更大的锅炉中,固定流化床是不利于燃烧的,因为流化床的尺寸更大,且会给混合带来问题。

固定流化床锅炉可以提供很好的运行条件,以使靠空气传播的污染物的排放达到最小化。与炉箅燃烧相比,固定流化床的氮氧化合物的排放量特别低。在相对较低的燃烧温度下,基本上被消除了助燃空气转化为氮氧化合物的过程。通过工程手段的实施(如阶梯式暴气),可以有效地降低由燃料中的氮元素而生成的氮氧化合物的量。通过向炉体中添加碱性吸附剂(如石灰石或白云石)的方法可实现直接脱硫。

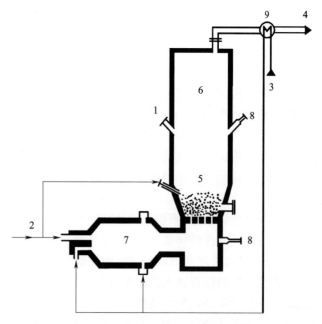

图 10 - 16　固定流化床燃烧技术[25]

1—废弃物进料　2—燃料　3—助燃空气　4—烟道气　5—流化床
6—后燃室　7—开机燃烧室　8—视镜　9—空气预热器

（2）循环流化床燃烧技术

循环流化床燃烧技术可以提高燃烧效率,降低废气排放量。它们可以在气体流速较高（达8m/s）、床料颗粒小很多的条件下运行。高速的气体可以形成一个膨胀程度很大的流化床,并且可以把较大比例的固体从炉体中去除。如图10－17所示,炉灰在旋风分离器中与废气分离,并返回到炉体中。根据热量的需要,炉灰可以直接进行回流,或者经由一个流化床热交换器（流化床冷却器）再回流到炉体中。这些小颗粒状固体物质的连续回流,可以确保燃料几乎完全燃尽,并使炉体内的流化床保持平衡。采用多次阶梯式的方法向炉内供气可以保证氮氧化合物的排放量很低,在100mg/m³以下。由于空气和固体的吞吐量（流量）较大,循环流化床锅炉的平均切向热负荷可达到12MW/m²。热功率的上限为500MW。

（3）压力流化床燃烧技术

压力流化床锅炉可以得到更高的热功率（高达1000MW）。它们既可以在固定模式下运行,也可以在循环模式下运行。加压条件下的流化床燃烧技术可以改善炉内的反应过程。压力越高,废气排放量越低。压力流化床燃烧车间的主要优势是他,它们的建筑结构更为紧凑。在功效完全相同的情况下,压力流化床锅炉的体积仅为传统流化床锅炉的1/3。

为了降低流化床燃烧车间的颗粒排放量,在烟气净化过程中可采用静电除尘器和/或袋式过滤器。在添加石灰石的情况下,过滤器有助于降低无机卤化物,如氯化氢和氟化氢气体。与其他燃烧技术相比,由于压力流化床燃烧技术的燃烧温度较低,因而其氮氧化合物的排放量（NO_x）相对较高。

10.2.3.3　多层炉燃烧技术（层燃炉）

多层炉燃烧技术特别适合于湿润及膏状废弃物的燃烧。几十年来,造纸行业一直利用多层炉燃烧技术从一次污泥及生物污泥中获取能量。通常情况下,将污泥与树皮进行混烧。如图10－18所示,燃料并非直接送入锅炉的燃烧区,而是由层层分布的塔板送入。燃料被送入上部的炉层上,并通过上升的高温烟气对其进行干燥。烟气与燃料的直接接触可以保证较好的热量传递。利用搅拌器不断地将燃料循环和分散在炉层的表面,可以获得燃

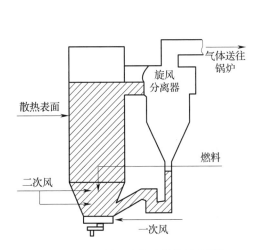

图10－17　循环流化床燃烧技术[25]

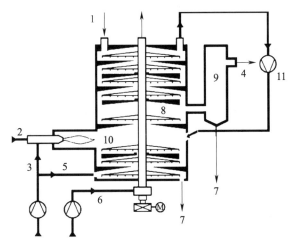

图10－18　多层炉燃烧技术（层燃炉）[25]

1—废弃物进料　2—燃料　3—助燃空气　4—烟道气
5—炉灰冷却气　6—冷却气　7—炉灰　8—多层炉
9—后燃区　10—开机燃烧室　11—循环扇风机

料中水分蒸发所需的热交换。燃料沿着锅炉边缘的方向(或中心方向)被交替输送至每一个炉层上。在中心位置,燃料落入下一个炉层。如此一来,燃料就可以从上到下依次穿过所有的炉区。

根据燃烧温度的不同,顶部炉层(干燥区)的温度通常在 250~400℃ 之间。燃烧温度在800~1000℃ 之间。为了达到这一温度,可能需要添加额外的燃料。液态或气态的辅助燃油(如天然气或燃油)经由启动燃烧室加入。固体燃料(如煤炭和木材)可以直接送入燃烧区的炉层上。在从底部炉层上移除之前,炉灰需冷却至 200~400℃。

多层燃烧炉有两种类型。在最初的设计中,燃烧炉配有一个外置的后燃室,用于烟气的后燃烧。在新一些的设计中,利用循环式鼓风机将烟气吹回燃烧区,从而达到后燃烧的目的。

多层燃烧炉下游的烟气净化车间通常配有湿式除尘器,用来去除灰尘和硫化物。硫化物的去除可使用石灰。烟气经过一个除雾器被排放至烟囱。

10.2.3.4 燃烧技术的选择

燃烧技术的选择取决于运行条件和废弃物的类型。根据现有的知识来看,流化床燃烧技术最适宜于污泥及尾渣的热处理[26-30]。流化床中的燃烧快速而完全。燃料热值的波动或不燃性组分(如砂砾、金属或填料)比例的变化不会影响其燃烧效率。对于热值较低的燃料(比如脱墨污泥),固定流化床可能是最佳的选择[31];而对于热值较高的燃料(如木材和树皮),循环流化床的效率更高。

与炉篦及多层燃烧相比,流化床燃烧技术的缺点是投资成本较高。而且,流化床锅炉主要面向大型车间,因而对废弃物量较小的小型车间并不十分合适。由于可以直接在炉内进行脱硫和脱卤,因此烟气净化处理节省的资金可以部分抵消额外的成本。为了确保燃料颗粒大小的一致性以及燃料能够平稳地进入炉内,可能需要对其进行机械处理(如金属的分离和燃料的粉碎)。当在流化床燃烧炉内混烧尾渣和污泥时,特别需要考虑这一点。

10.2.3.5 排放物

(1)概况

焚烧车间的大气排放物中含有多种潜在的污染物。最为重要的有:固体颗粒或粉尘、二氧化硫、氮氧化合物,氯化氢、氟化氢、重金属、痕量有机物(如二噁英和呋喃类化合物)。

近年来讨论的主要排放问题一直与废弃物焚烧过程中二噁英及呋喃类化合物的产生及其高毒性有关。虽然人们对二氧化碳的排放及其温室效应已经进行了广泛讨论,但当对废纸处理车间的污泥进行焚烧时,这一问题并不那么重要。由于污泥中的有机组分主要是生物质,它的燃烧对温室效应并没有贡献。这类废弃物的原始来源树木可以重新吸收释放出的二氧化碳。

对于废纸处理过程中得到的废弃物在燃烧时产生的排放物,文献中几乎找不到与之相关的信息。因此,很难对不同燃烧车间的排放物进行对比。而且,当使用不同的燃料混合物时(比如,不同比例的污泥和尾渣),就更加不可能进行对比分析了。

靠空气传播的排放物通常分为如下几类:

① 由燃料决定的物质;

② 由过程决定的物质;

③ 由燃料及过程共同决定的物质;

④ 固体颗粒(粉尘)。

由燃料决定的物质包括二氧化硫、氟化氢和氯化氢。这些物质是由有机及无机的硫化物、氟化物和氯化物形成的。重金属化合物也属于这一类。它们结合在烟气中的粉尘颗粒上或以气态的形式存在。即使在完全燃烧时,这类污染性物质的排放也是不可避免的。因此,烟气必须进行净化处理。

非完全燃烧时产生的所有产物皆为由过程决定的物质。实例包括一氧化碳、各种烃类化合物(如甲烷、乙烷、苯衍生物何多环芳香族化合物等)。烟气中这些化合物的浓度在很大程度上取决于燃料的预处理情况和燃烧炉的运行条件。

由燃料及过程共同决定的物质包括氮氧化合物(如一氧化氮和二氧化氮,统称为 NOx)。它们来自两大反应过程,一是燃料中的氮与助燃空气中的氧气的反应;另一个是助燃空气中的氮气与氧气之间的反应。后者仅在高温条件下才会发生。

多氯二噁英和多氯呋喃类化合物的形成也是由燃料及过程共同决定的。燃烧车间废气中的这类化合物的可能来源包括:

① 燃料中存在二噁英和呋喃类化合物,但由于停留时间很短,且炉内的燃烧温度较低,这些化合物在燃烧时并没有被分解或充分分解。

② 在炉内,由氯化有机物产生。这些有机物就是所谓的前驱物,比如燃料和/或燃气中的氯代酚和 PCB。

③ 在具有催化作用的重金属(主要是铜)存在的情况下,含碳化合物和无机氯化物通过所谓的 DeNovo 合成路径而生成二噁英和呋喃类化合物。这一反应发生在燃烧过程之后的废气冷却阶段($250 \sim 400℃$)。

燃烧室的氧气及一氧化碳含量以及烟气在冷却系统中的停留时间,对燃烧车间烟气中二噁英及呋喃的含量影响很大。控制一氧化碳含量的峰值,并尽可能地保持燃烧室中氧气含量的稳定,可以显著地降低二噁英及呋喃的排放量。缩短废热回收锅炉中烟气的滞留时间,以及迅速将烟气的温度降至 $250℃$ 以下,也是实现二噁英及呋喃排放量最小化的手段。除此之外,还可采取以下措施来改善燃烧车间的燃料输入情况。

① 采用合适的喂料系统,确保连续地输入尽可能均一的燃料;

② 通过剔除含卤量较高的燃料(如 PVC),降低燃烧室内的卤素的存量。

固体颗粒(即上述的第四类物质)包括多种不同来源的颗粒,比如未完全燃烧的燃料颗粒、流化床床料颗粒、不可燃烧的燃料污染物或炭黑(燃料分解产物)。

废气中的氧气、氮气、蒸汽和二氧化碳等是大气的组分,因此它们不是污染物质。在全球变暖及其对气候的影响的争论中,二氧化碳的排放越来越受到严格的审查。其中一个需要考虑的重要的问题是,二氧化碳的排放究竟是来自化石燃料的燃烧,还是来自可再生能源载体的燃烧。

(2)实践经验

表 10-6 对 3 家德国废纸回用厂的废弃物焚烧车间的排放数据进行了总结。A 车间采用的是倾斜式旋转炉篦焚烧炉,其中的燃料为纤维性残余物与生物污泥的混合物。B 车间和 C 车间的燃料为掺有少量生物污泥的脱墨污泥。C 车间还使用了废纸处理车间的尾渣。B 车间和 C 车间采用的是固定流化床锅炉。

这 3 个车间采用了不同的烟气净化系统。A 车间的烟气净化系统中采用袋式过滤器去除颗粒,并配有两段湿式除尘器。在 B 车间中,采用静电除尘器去除颗粒,并通过湿式除尘器来吸收酸性气体和二氧化硫。C 车间采用袋式过滤器去除颗粒,并向烟气流中注入石灰,以中和酸性化合物。

表 10 –6　　　德国某些废纸处理废弃物现场焚烧车间年平均排放物量与法定标准的比较

参数	单位	A 车间	B 车间	C 车间	法定标准
颗粒物	mg/m³	8.2	6.0	6.4	10
一氧化碳(CO)	mg/m³	<5.0	8.0	8.5	50
总碳(C)	mg/m³	<1.0	0.3	0.9	10
氯化氢(HCl)	mg/m³	1.7	0.5	2.8	10
氟化氢(HF)	mg/m³	0.03	0.1	<0.1	1.0
二氧化硫(SO₂)	mg/m³	8.0	15	6.1	50
氧化氮(NOₓ)	mg/m³	190	185	190	200
镉和铊(Cd + Tl)	mg/m³	<0.0002	0.002	0.01	0.05
汞(Hg)	mg/m³	<0.010	0.02	0.02	0.05
其他重金属(As,Co,Ni,Sb, Pb,Cr,Cu,Mn,V,Sn)	mg/m³	0.022	0.06	0.01	0.5
二噁英/呋喃(PCDD/PCDF)	ngI – TE/m³	0.002	0.03	0.01	0.1

这 3 个车间的烟气净化设备中没有配备其他的措施,比如向烟气中通入活性炭或使用活性炭过滤器以控制二噁英和呋喃的排放。对二噁英和呋喃进行额外的控制是没有必要的。如果对污泥的焚烧过程进行合理地安排,使之有充足的滞留时间、燃烧过程均一而完全、固体颗粒可以有效地被去除,那么烟气中的二噁英及呋喃的浓度将会很低。

表 10 – 6 还将这 3 个焚烧厂的烟气排放浓度与《德国联邦排放管制法》第十七条规定的数据进行了对比。该条规定适用于焚烧废弃物及其类似物质的厂家。针对废纸处理车间的污泥的焚烧,可以得出如下结论:

① 固体颗粒、二氧化硫、氯化氢、氟化氢、一氧化碳的排放浓度均低于标准。由于富含碳酸钙的脱墨污泥的灰分含量较高,因此这种污泥不应该以二氧化硫的形式将全部的硫释放出来。现有的烟气净化工艺可以消除任何对环境不利的重要影响。

② 重金属,特别是镉和汞的排放浓度远低于标准。

③ 通常情况下,可以通过改善燃烧条件(温度和氧气含量)的方法来达到氮氧化合物的排放标准。但在有些情况下,还需采取特定的措施来脱除氮氧化合物。

④ 无需对烟气净化系统采用任何的额外措施就可以达到二噁英及呋喃的严格排放标准(0.1ngI – TE/m³)。

第四条结论值得引起 B 焚烧车间的特别关注。在其流化床中,废纸处理过程中的尾渣被作为补充燃料。这些尾渣中塑料含量较高,似乎会提高二噁英及呋喃的排放浓度,但不会超过指定的限值。

10.2.3.6　炉灰的组成及其应用

由于填料、涂布颜料、残余化学品及污染物的含量不同,脱墨污泥及尾渣在燃烧过程中产生的炉灰的组成也并非一致。根据燃料混合物组成的不同,不同纸厂的炉灰,其性质是不同的。炉灰中特别值得建筑材料行业关注的氧化物含量如图 10 – 19 所示。氧化物组成表明,燃烧炉灰通常适用于生产水泥。炉灰的其他潜在用途包括道路修建、生产灰砂砖和混凝土。A 车间的炉篦灰在道路修建过程中得到了应用。B 和 C 车间的炉灰可用于生产水泥。

表 10 – 7 将 B 和 C 车间的炉灰中的不同物质的含量与城市废弃物焚烧厂的进行了对比。通过比较发现，脱墨污泥燃烧得到的炉灰与生活垃圾焚烧得到的炉灰相比，前者中的有害物质的含量要低得多，因而适用于多种用途。

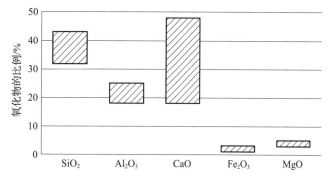

图 10 – 19　脱墨污泥燃烧后灰分中的氧化物组成[28]

表 10 – 7　脱墨污泥和城市废弃物焚烧车间炉灰的组成(U. Hamm 博士于 2010 年对数据进行了更新)

参数	单位	脱墨污泥焚烧车间的炉灰		城市废弃物焚烧车间的炉灰[32]	
		B 车间	C 车间	1990 年之前	1990 年之后的平均值
氧化铝	%	20 ~25	20 ~27	18 ~36	19
氧化钙	%	15 ~25	20 ~30	4 ~20	14
二氧化硅	%	43 ~47	40 ~45	30 ~70	50
氯	%	0.1 ~0.3	0.1 ~0.3	0.03 ~0.6	0.3
硫	%	0.2 ~0.4	0.3 ~0.5	0.2 ~0.4	0.3
铅	mg/kg	60 ~100	120 ~270	600 ~5200	1600
镉	mg/kg	1.8 ~4.9	1.9 ~9.4	0.1 ~82	10
铬	mg/kg	90 ~100	75 ~130	100 ~9600	500
铜	mg/kg	360 ~390	360 ~490	200 ~7000	2200
镍	mg/kg	50 ~70	40 ~100	40 ~760	150
汞	mg/kg	0.05 ~0.4	0.1 ~0.4	0.1 ~20	0.6
锌	mg/kg	400 ~600	470 ~890	500 ~21000	4800
二噁英/呋喃	ng I – TE/kg	n. a.	1.0 ~4.3	7.5 ~25	17

10.2.3.7　污泥及尾渣的混烧(混燃)

如下几类焚烧厂可以考虑将废纸处理厂的污泥及尾渣与相应的燃料进行混烧。

a. 硬煤发电厂；b. 褐煤发电厂；c. 旋转水泥窑；d. 鼓风炉；e. 城市污水污泥焚烧厂；f. 城市垃圾焚烧厂。

在厂外焚烧车间里，更易于对废弃物的特性进行调整，以适应于待焚烧的燃料。在废纸碎浆、筛选和净化过程中得到的尾渣，尽管其热值比脱墨污泥和生物污泥高得多，但前者不如后两者更适宜于焚烧，因为前者的均一性较差且物质组成变化较大。

对使用固体燃料的发电厂而言,在与污泥进行混烧(共燃)时,只需将机械脱水过的污泥混入燃料就足够了。混合过程可采用分散装置或现有的燃料喂料系统。对使用煤渣的发电厂而言,必须将污泥预先干燥至90%的固含量,并在粉碎之前加入到煤渣中。

在硬煤及褐煤锅炉内混烧脱墨污泥和生物污泥时,从整体上来讲,可能会导致烟气排放情况发生如表10-8所示的变化。因此,焚烧厂的废气在未经处理的情况下,其中的二氧化硫、氮氧化合物、氯化氢和氟化氢的含量也比较低。特别是在与脱墨污泥进行混烧时,较高的碱含量可以有效地抑制二氧化硫、氯化氢及氟化氢的排放。在未经处理的废气中,镉和汞的含量也低很多,因为与硬煤及褐煤相比,脱墨污泥中的重金属含量很低。德国的混烧发电厂每年烧掉约4500万t的硬煤以及约9500万t的褐煤。德国二次纤维脱墨厂的污泥总产量约为100万t,将之与煤炭燃料混合后,可以用于这些外部的发电厂。

到目前为止,仅有有限量(少量)的尾渣及污泥被用于德国的水泥产业,与相应的燃料进行混烧。在德国,水泥生产点有65处,水泥旋转窑约有100台,其水泥熟料的年产量约为3300万t。因此,德国的水泥产业可以为废纸处理厂废弃物的利用提供很可观的潜力。

如今,德国的城市垃圾焚烧厂已经对废纸处理过程中的尾渣进行了利用,但并没有利用脱墨及水净化过程得到的污泥。这样做的缺点是,由于城市垃圾焚烧厂没有热电联产设备,因而其能效比就比建成的废弃物焚烧车间的能效要低。

表10-8 将纸厂污泥与硬煤和褐煤混燃时烟道气排放物的预期变化情况[4]

排放参数	预期的变化
颗粒物	—
二氧化硫(SO₂)	↓
氮氧化物(NOₓ)	—
氯化氢(HCl)	—↓
氟化氢(HF)	—↓
一氧化碳(CO)	—
总碳(C)	—
镉(Cd)	↓
汞(Hg)	↓
其他重金属	—

注:—表示无变化,↓表示下降。

10.2.4 堆肥及农业应用

堆肥是最为古老、最为天然的废弃物利用方式。堆肥技术作为商业堆肥厂中有机废弃物利用的一个途径,近十年来才得到人们的重视。随着有机生活垃圾与庭院及公园垃圾单独收集方式的强化,堆肥技术已经取得了很大的进展。采用现代化工艺,堆肥厂的年处理量可达到3万~7万t。某些堆肥工艺的年最大处理量可高达15万t[33]。

如图10-20所示,在堆肥过程中,有机物质在好氧环境下通过多种微生物的作用变成相对稳定的分解产物,即肥料(堆肥)。一些底物被矿化,形成二氧化碳,通常会导致总质量的下降。剩余的碳被转化为新的细胞物质及富含腐殖质的肥料。这一微生物过程受到生物学自生热的影响。这种自热效应会导致水分的蒸发,从而引起原料质量进一步减小。在堆肥过程中,平均质量流失率约50%是与原料中有机物的比例有关。

10.2.4.1 堆肥条件

堆肥是一个复杂的生物过程,涉及很多种微生物种群。它们在如下的

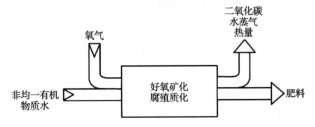

图10-20 堆肥过程中生物降解体系概况[11]

温度条件下具有最佳的生物活性：

① 嗜温性微生物(25 ~45℃)；

② 嗜热性微生物(45 ~75℃)。

通过记录温度的变化,就可以确定在堆肥过程中某一个特定阶段,哪几类微生物在生物反应链中占主导地位。由于微生物在该温度范围内仍有一定的活性,因此 70 ~75℃的温度也是可以的。为去除致病菌、寄生菌、害虫及杂草种子,有必要延长 55 ~65℃温度下的处理时间。

考虑到微生物主要以碳和氮为养分,为得到最佳的堆肥效果,需要满足与堆肥原料及工艺相关的各种要求。最佳的 C/N 比在 20∶1 ~35∶1 之间。如果碳源不足,就会释放出氨气。这会导致气味问题,并且会释放出氮元素。当 C/N 较高时,氮的含量就具有限制效应(成为限制性因素),因为此时有机物质的分解速率较慢。

(1)水分含量

微生物只能从水溶液中汲取营养。这意味着在堆肥过程中须一直存在足够的水。堆肥原料的最佳水分含量为 40% ~70%。如果水分含量低于 30%,堆肥过程就会终止。过量的水分会把堆肥原料间隙和空洞中的空气置换出来,从而造成供氧不足,甚至形成厌氧条件。其后果是发生厌氧分解,造成气味问题。

(2)堆肥原料的结构

致密的结构以及多孔性较低的底物会阻碍暴气过程的有效进行。高度结构化的堆肥原料,如木材残余物、树皮或废纸,有利于改善原料的结构。

(3)pH

为达到最佳的堆肥效果,pH 须在 7 ~9 之间。由于脂肪酸的形成、CO_2 的生成及硝化作用,pH 会在分解的初始阶段有所降低。待细菌数量变化后(增多),pH 会重新升高。

(4)温度

在堆肥过程中,温度不应超过 65℃。当温度高于 65℃ 时,嗜热菌会被消灭。终点温度取决于堆肥的工艺。

(5)暴气

暴气过程为微生物提供氧气,同时排出 CO_2、蒸汽和热量。在高温时,暴气还可以起到冷却的作用。因此,空气的通入量应高出所需氧气量的约 10 倍还多。

(6)有害物质的含量

堆肥原料中的有害物质含量须较低,以保证堆肥过程不会受到阻碍,并生产出无毒的、可市场化的肥料。

10.2.4.2　堆肥工艺

商业化堆肥厂的工艺如图 10 - 21 所示,其中最重要的 3 个阶段为：

① 堆肥物料的预处理及混合；

② 堆肥原料分解为新鲜的肥料(初始生物降解)；

③ 新鲜肥料进一步分解为成品肥料(熟化)。

如今,不同堆肥工艺之间的差别主要与初始生物降解体系有关。初始生物降解是有机物分解的第一个阶段。为预防废气的排放问题,并保证堆肥物料的完全清洁调质,可采用不同的降解体系。各种降解体系之间的区别主要在于初始生物降解的絮聚物、暴气系统和转移技术的不同。在所有的工艺中,熟化过程都在堆中进行的。料堆须进行翻动或强制暴气,以保证必要的氧气供应。

如图 10-22 所示,初始生物降解技术分为如下 6 大类:

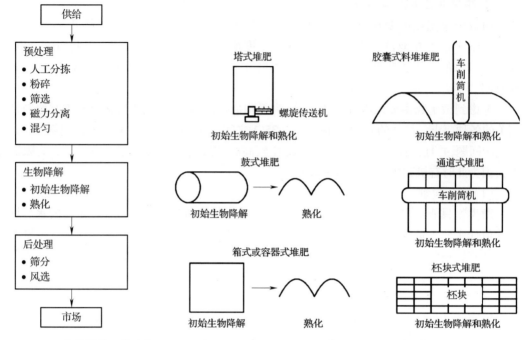

图 10-21 工业堆肥的工艺流程   图 10-22 堆肥技术示意图[33]

① 塔式堆肥:堆肥物料从上至下通过塔体,并进行强制暴气。塔体中的滞留时间为 6~9 周。

② 鼓式堆肥:堆肥物料从鼓的一端进入,从鼓的另一端排出。鼓内进行强制暴气。鼓体的不断旋转能够确保物料良好的混合,并降低其尺寸。根据工艺的不同,鼓内的处理过程可持续 1~7 天。熟化过程在料堆中单独进行。

③ 箱式或容器式堆肥:堆肥物料进入一个密闭的、强制暴气的容器,并记录废气、渗漏水或冷凝水的变化情况。初始生物降解过程需 1~2 周。熟化过程在料堆中进行。

④ 胶囊式料堆堆肥:堆肥物料进入到密闭建筑物内的料堆中,并进行强制暴气。采用拖拉机或专用料堆翻动机械对物料进行翻动和暴气。熟化过程通常也在密闭的建筑物内进行。整个堆肥过程持续大约 10~12 周。

⑤ 通道式堆肥:堆肥物料进入敞开式的垄或封闭的通道,垄或通道之间由固定的墙壁分开。每一个垄或通道可单独进行暴气和翻动。根据所需降解程度的不同,堆肥过程持续 4~12 周。

⑥ 杯块式堆肥:堆肥物料经过挤压形成杯块。杯块依次摞在一起,存放在堆肥通道的货盘上。挤压过程将水分从杯块的内部置换至外部。同时,好氧生物降解也开始了。这个堆肥过程持续约 3~4 周。之后,将杯块在粉碎机中进行粉碎,并在料堆中做进一步处理,得到成品肥料。

在德国,堆肥厂受到严格的环境法规的制约。环境法规关注的主要是渗漏及恶臭排放问题。渗漏水的 COD 浓度可达到 50000mg/L 至 100000mg/L。对料堆进行遮盖、安装特殊的渗漏水循环系统或独立的收集及处理系统等方法可以有效地防止地下水受到污染。合理构筑料堆,经常性地翻动,以及更大强度的暴气等可以防止厌氧生物降解过程中释放出的恶臭。在密闭容器系统中进行堆肥的优点是,可以将废气抽取出来并输送至除臭工艺。实践证明,肥料过滤器(生物过滤器)可以有效地净化堆肥过程中产生的废气。

10.2.4.3　堆肥的应用

堆肥在农业及植物种植领域的主要应用如下:

a. 耕种;b. 水果种植;c. 葡萄种植;d. 蔬菜种植;e. 花卉(园林)植物种植;f. 树木苗圃;g. 苗圃播种;h. 蘑菇培育;i. 园艺、墓地维护及绿化。

特殊应用包括:

a. 复耕(再栽培);b. 垃圾填埋场植被恢复;c. 噪声屏蔽;d. 用作生物过滤器材料。

堆肥的肥效较小,因此堆肥主要用作土壤改良剂。通过使用堆肥,重质、肥沃的土壤变得疏松,从而保证更好的暴气;砂质土壤可以获得更高的保水能力,从而更好地保护土壤免受表面侵蚀。作为腐殖质,堆肥有助于减少泥炭的使用,从而为保护沼泽生物栖息地做出贡献。堆肥的一个特别重要的应用是绿化。比如,由于开采褐煤及钾盐而形成的荒地,可通过施加堆肥的方法来实现复耕。复耕的一个重要形式是垃圾填埋场植被再造。

为获得较好的销路,堆肥必须保持较高的质量。重要的质量标准包括:土壤改良特性、卫生安全有保障、污染物含量低。很多国家针对堆肥的重金属含量制定了规范。由于对铅、镉、铬、铜、镍、汞、锌等的最高允许含量没有统一的参考值,因此对指南及限值进行对比是毫无用处的。在一些国家,限值是针对干固体质量而言的;而在其他国家,重金属的含量是针对 30% 的有机物而言的。在堆肥过程中由于总质量的减少而引起的重金属的富集,理论上可以通过这一归一化处理来弥补。这样一来,就有可能对堆肥原料及产生的堆肥两者的重金属含量进行直接对比。

除重金属以外,一些法规还限制了有害有机物的含量,如 PCB、二噁英、呋喃和六氯化苯。其他条款则关注了有机物的含量、水分、C/N 比、pH、营养成分、分解程度、卫生保障、与植物的相容性、以及有无发芽种子及石块和杂质。

10.2.4.4　尾渣及污泥的堆肥处理

几乎所有类型的造纸行业废弃物都适合进行堆肥处理。其中包括含纤维的污泥、脱墨污泥、树皮、木材残余物及废水处理厂的生物污泥。废纸碎解及筛选过程得到的尾渣不适合进行堆肥处理,或者说仅在有限的程度上适合堆肥处理。对这类废弃物而言,塑料及其他非纸组分(玻璃或石块)会对堆肥过程产生不利的影响。

在任何情况下,对废纸处理过程中得到的污泥进行堆肥处理都需要使用助剂。除生物污泥外,其他污泥的 C/N 比都不利于进行生物分解,而且它们的结构较致密,也不利于进行堆肥处理。这就需要添加能够改善污泥结构的物质;理想情况下,这些材料最好也是含氮物。适合作为这类材料的有:家庭生物质垃圾、花园垃圾、树木及植物的断枝、秸秆、树皮、以及畜牧业垃圾等。

很长时间以来,含纤维污泥及生物污泥的工业化堆肥处理(通常与树皮一起)已成为惯例。20 世纪 80 年代,Mick 等人、Campbell 等人、Carter、Smyser 等学者发表了有关纤维性污泥及生物污泥与树皮及屠宰厂垃圾一起进行堆肥处理的论文[34-37]。Campbell 等人研究了向纤维性污泥中加入尿素的可行性[35]。

系统性的实验室试验表明,与现行质量指标相应的堆肥仍可以由脱墨污泥、家庭生物质垃圾、花园及公园垃圾来制取。通常情况下,脱墨污泥的加入对堆肥的有机物含量、盐分含量和保水性能都有积极的作用。堆肥期间的渗漏现象减轻了。与堆肥物料的组成有关的限制性因素可能是脱墨污泥的铜及锌含量。带有蓝色颜料(酞菁铜类化合物)的印刷油墨是铜的含量较高的主要原因。锌的含量较高是由多个来源造成的,如金属墨、涂料组分、镀锌铁丝或办公室装订机。重要的一点是,脱墨污泥的重金属含量要低于城市污水污泥的。铜及锌的含量也是如此。

当与家庭生物垃圾一起堆肥时,在成品堆肥的重金属含量不超过允许限值的情况下,脱墨污泥的比例可高达30%。对金属镉、铬、镍、汞而言,向生物垃圾中加入脱墨污泥甚至有助于降低成品堆肥中这些重金属的含量。

脱墨污泥与家庭生物垃圾一起堆肥时可能存在的局限可由如下两个案例来说明。两个案例的脱墨污泥年产量分别为1万t和10万t(固含量为50%)。堆肥混合物中脱墨污泥的比例为30%(质量比,相对固含量而言)。这意味着新鲜生物垃圾的年需求量分别约为2.4万t和24万t。若每人每年的新鲜生物垃圾及花园垃圾的平均产生量约为120kg,那么生物垃圾需分别从20万人和200万人中收集。这一假设性的案例表明,脱墨污泥与家庭生物垃圾一起进行堆肥仅对中小型造纸厂来说有意义。

10.2.4.5　农业应用

自从第一个生物污水处理厂开始运行以来,造纸行业为农业提供原生纤维污泥及生物污泥已有悠久的传统。在德国,造纸污泥的使用须在农业研究机构的科学指导下进行。在评估了所有能获得的研究结果后,这些机构认为造纸污泥的农业应用是切实可行的。

除生物法污水处理厂的污泥外,造纸污泥的C/N比较高,因而只含有少量的氮元素。因此,它们的肥效很有限。造纸污泥应用于农业的优势是,它们具有土壤改良作用。它们不仅可以提供形成腐殖质所需的有机物,而且可以改善土壤的暴气及耕种性,提高其保水能力,防止沙化。当在坡度较陡的葡萄园中使用纤维性污泥时,保水性及防沙化的有益功效就显得特别重要。造纸污泥的其他正面效应有:提供微量养分,提高可及性较差的磷酸盐对植物的供应量,提高土壤中生物体的活力。

脱墨污泥在农业中的应用仍存在争议。在北美,只要污染物的浓度或有害物质的量不超过指定的限值,脱墨污泥是可以用作土壤改良材料的。但德国的情况就有所不同。总体来说,脱墨污泥中污染物的浓度远低于有关法规设定的城市污水污泥的污染物浓度有效阈值。出于保护土壤的原因(大量的土壤污染物的不可逆影响),德国环境保护局仍然认为脱墨污泥用于农业是不合道理的。德国环境保护局声称,脱墨污泥的潜在生态风险仍不为人所详知。其中引用的一个例子是,尚未有分析检测程序来检测那些作用持久的有机物对土壤的污染情况。

由于德国环境保护局的约束性态度,德国许多州一直禁止在种植植物的土壤中使用脱墨污泥。根据1998年颁布的生物废弃物条例(Biowaste Ordinance),脱墨污泥不允许在用于农业、林业或花园的土壤中使用。

脱墨污泥直接用于农业的有利之处(正如一些北美出版物中所描述的那样)并没有说服德国环境保护局的专家[39-41]。Diehn研究[42]得出,使用脱墨污泥可以改善土壤的特性,并提高谷物的产率。Pridham、Yau及Bailey等人报道称[43-44],使用脱墨污泥与生物污泥的混合物对作物收成有积极的影响;他们还排除了地下水污染的风险。Pridham和Yau验证了脱墨污泥用于复耕荒地和土壤中不含有机物的工业用地的可行性。Trepanier等人证实[45],脱墨污泥用于粉质土壤时,还需额外加入氮元素,以避免发生氮素固持现象。

10.2.5　用于其他工业

废纸处理厂得到的尾渣、脱墨污泥及燃烧灰烬可用于多个工业部门,以生产材料和产生能量。脱墨污泥及燃烧灰烬用于生产材料的可行性主要取决于其无机组分的组成。脱墨污泥的无机部分主要包括碳酸钙和黏土。脱墨污泥燃烧后的灰烬主要是氧化钙和烧结黏土。上述无机组分也可用作建筑行业的原材料。主要的潜在用途有：

　　a. 生产水泥；b. 制造砖块；c. 生产混凝土；d. 生产砂浆及砂灰砖；e. 道路施工。

10.2.5.1　生产水泥

　　水泥是一种黏合剂，主要是由氧化钙与氧化硅、氧化铝、氧化铁（原料组分在高温下煅烧形成的）等形成的化合物组成的。水泥的生产过程包括预处理、将原料混合物煅烧成水泥熔渣、添加剂的处理、冷却的熔渣与添加剂的搅拌等（如图 10 - 23 所示）。

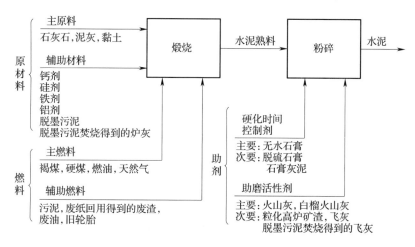

图 10 - 23　水泥生产工艺物料流示意图[46]

　　在水泥生产过程中，原材料、燃料以及起微调作用的添加剂之间有根本的区别。原材料分为主原料和辅助原料。主原料的类型和数量是由矿床的地理位置及化学组成决定的，因而不同水泥厂之间的差别较大。原材料混合物或生料是通过分析的方法进行控制的。生料的组成需遵循给定的优化目标值。因此，必须添加钙剂、硅剂、铁剂、铝剂等，作为辅助原材料。脱墨污泥及来自能量回收过程的灰烬也可作为辅助原材料。

　　在燃料中，主燃料（如褐煤、硬煤、燃料油＜中油＞、天然气）与辅助燃料之间也有差别。除废旧轮胎、废油、无卤素有机溶剂、石油焦炭外，来自废纸处理厂的尾渣及脱水后的污泥也可以作为辅助燃料。辅助燃料在第一点火段喂入（通过点火管喂入液体、气态或固体燃料），或者像来自废纸处理过程的尾渣那样，在第二点火段回转窑入口处喂入，如图 10 - 24 所示。

　　起微调作用的物质（添加剂）决定熔渣的性质，从而生产出所需等级的水泥。在波特兰水泥（硅酸盐水泥）的生产过程中，高达 20%（体积比）的颗粒状高炉矿渣、火山灰及粉煤灰作为水硬性助剂与水泥熔渣一起粉碎。脱墨污泥流化床式燃烧后得到的炉灰也适合作水硬性助剂。图 10 - 25 为不同类型的水泥熔渣及灰分的氧化铝、氧化硅及氧化钙三元平衡图。就氧化物而言，脱墨污泥灰分的组成与硅酸盐水泥熔渣的非常类似。鉴于此，在不进行前期煅烧的情况下，脱水过的脱墨污泥本身，或者与生物污泥进行混合后得到的混合物，都可用作一种类型的能量和材料。如此一来，不仅利用了有机组分的热值，而且通过将其融入成品水泥中的方式利用了矿物组分[47-48]。脱墨污泥本身（或与生物污泥混合在一起）并没有在工业化水泥窑中得到普遍的应用。

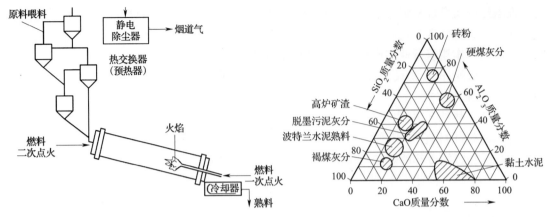

图 10 -24　水泥石灰窑干燥工艺

图 10 -25　不同类型水泥熟料及灰分的
Al_2O_3、SiO_2 和 CaO 三元平衡图[4]

为使来自废纸处理过程中的尾渣可用作辅助燃料,需对尾渣进行处理。处理过程主要包括预粉碎、筛选和后粉碎,以获得比表面积较大的尾渣颗粒。筛选过程可与铁类金属的风选及磁选过程相结合,以便去除能够破坏后粉碎集料的杂质。

在熔渣煅烧过程中,回转窑中的条件(气体温度高于 2000℃,物料温度约为 1500℃)可以确保,即使很稳定的有害物质,如二噁英、呋喃和 PCB,也会被有效地破坏到一定的程度,使之与燃料一起进入窑内[49]。热交换器内的温度条件保证二噁英与呋喃不会发生再合成。在回转窑中,来自有机物的氯气会与生料的组分发生反应,生成碱金属氯化物。由于这些氯化物的挥发性较高,因而其融入水泥熔渣的量可以忽略不计。

碱金属氯化物与回转窑的废气一起进入热交换器。在其中冷凝后,这些氯化物又与原材料一起返回回转窑中。为了防止氯化物在熔渣中产生富集,可利用旁通对回转窑的废气进行分流,这样氯化物就会与过滤器中的粉尘一起去除掉。

10.2.5.2　生产砖块

在砖厂中,造纸行业的含纤维废弃物可用于改善砖块的多孔性。由黏土及砂质黏土烧制的砖块的多孔性可以改善其绝热性能。在煅烧砖块时,用于提高多孔性的材料也会被煅烧,留下大量的能够提供良好绝热性能的小空隙。除了来自原生纤维处理过程中的污泥外,近年来,脱墨污泥的使用也越来越广泛。锯末和聚苯乙烯团粒也有可能作为可选的多孔性助剂。

图 10 - 26 举例说明了砖块的生产过程。将黏土及砂质黏土与提高多孔性的材料一起混合粉碎后,在成型机中形成砖块。一旦离开成型机,砖块就被切成所需的形状。此时砖块的水分含量约为 50% ,也称之为生砖(砖胚)。

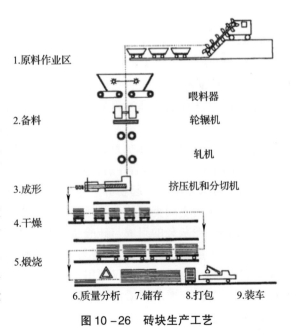

1.原料作业区

喂料器
轮辗机

2.备料

轧机

3.成形　挤压机和分切机

4.干燥

5.煅烧

6.质量分析　7.储存　8.打包　9.装车

图 10 -26　砖块生产工艺

通常情况下,这些潮湿的砖胚在温度高达 100℃ 的干燥室中慢慢地进行干燥,直至水分含量为 2%。造纸污泥中含有的纤维具有增强作用,可以显著地降低干燥过程中发生断裂的风险。脱墨污泥中包含的粒度较小的黏土和碳酸钙还可以改善砖胚材料的流变性。这一点在砖胚的挤出过程中具有积极的作用。从这个意义上来说,脱墨污泥充当了一种提高多孔性的材料,且对砖块的生产过程有积极的影响。在使用少灰浸灰或富黏土时,脱墨污泥中的碳酸钙就显得特别有优越性。碳酸钙能够结合来自黏土的硫和氟,从而降低砖块煅烧过程中硫和氟的释放量。在砖胚材料中,碳酸钙的最大允许比例为 30%(体积比)。

砖块的煅烧是在连续式的隧道炉内进行的。炉体由燃油、燃气或煤炭加热至约 900℃。在炉腔内,砖块的走向与供气的流向相反,并以此通过预热区、煅烧区、冷却区。在预热阶段,砖胚被预热至 150~450℃,多孔性增强材料中的有机物被烧尽。在煅烧区,砖块被烧结,并形成其陶瓷特性、抗压强度及抗大气性。多孔性增强材料的热值可以降低预热隧道炉所需的初始能量。当存在大量的多孔性增强材料时,会产生过量的、难以控制的能量。这会降低砖块的质量。原则来说,造纸污泥中的矿物组分具有增强的效应。这些矿物组分至少可以弥补由多孔性增加而带来的强度损失。砖块通过冷却区后离开隧道炉。回收得到的热量可用于干燥用气的预热。

在砖块升温过程中形成的低温碳化气要么被导入到隧道炉的煅烧区来进行后燃烧,要么在独立的配有热交换器的后燃烧车间中几乎完全被烧尽。在所有的砖厂中,剩下的残余气体通过高烟囱被排放掉。在此过程中释放的有害物质有:

① 黏土及砂质黏土中的硫化物和氟化物;
② 来自多孔性增强材料的苯、乙醛、甲醛。

其中特别重要的是苯,因为苯是致癌物质。这主要发生在聚苯乙烯作为多孔性增强材料时。由于废气中存在苯,这就要求所有的砖厂都须采取降低废气排放的措施。

在生产具有类似抗压强度的砖块时,造纸污泥、聚苯乙烯和锯末都可以用作多孔性增强材料(体积比分别为 20%,10%,5%)。当使用造纸污泥时,污泥在砖厂内的暂时储存过程中绝不允许发生生物分解。这种生物分解会产生非常令人不安的恶臭气体,特别是在夏季。提高 pH(加入石灰石)或根本不进行暂时储存等方法可以显著地缓解这些问题。最为有效的措施是,在纸厂中对纤维性污泥以及来自生物法废水处理厂的污泥进行严格的分离。

10.2.6　填埋

在世界范围内,填埋是垃圾最终处置时采用的最为广泛的方法。在很多偏远地区,有可能在中期时间范围内继续保持这一现状。相反地,在人口稠密的国家,填埋区的吸纳量已经很有限。要获得新填埋点的启用授权变得越来越难。填埋技术的进一步发展大大地提高了填埋点的建设及运行费用。利用最新的填埋技术和工艺,对邻近社区的烦扰或者由于渗漏、气味、火灾、爆炸等引起的环境风险,可以在很大程度上得到消除[50]。

先进的填埋场都配有密封系统,这些密封系统带有渗漏水及填埋区沼气收集系统。所有的渗漏水都须经过物理、化学或生物处理。沼气或烧掉,或经过净化后用于燃烧车间或天然气动力引擎来产生能量。

在长达几十年的时间里,即使填埋场被关闭,也可能产生渗漏的有害物质或释放出的气体依然是一个潜在的环境隐患。

10.2.6.1　填埋的类型

如下几种类型的填埋场之间存在明显的区别:

① 压实填埋场；

② 堆肥填埋场；

③ 包填填埋场；

④ 固体废弃物填埋场和专一填埋场；

⑤ 危险废弃物填埋场。

压实填埋场通常为城市垃圾填埋场,垃圾在压实之前先一层一层地堆起来(高达2m)。其目标是,使用最少的设备获得最大的压实度。在堆肥及包填填埋场中,垃圾需进行预处理。在堆肥填埋场中,首先对垃圾进行粉碎,或许还与污水污泥进行混合。预处理完的垃圾以松散的层状堆放起来(高达2m),并进行长达数周的分解过程。分解后的物料按照标准的压实方法压实后送至填埋点；或者进行进一步的堆肥处理,用于填埋场的中期覆盖或再植(植被再造)。

许多国家(如日本)采用包填填埋场。分理出可回用的材料后(如纸张、玻璃、金属),城市垃圾被压缩成大包。在填埋场,使用叉车将这些大包摞起来。包填填埋场没有粉尘,而且与未打包的垃圾的处置方法相比,需要更少的时间、设备和人力。大包的尺寸并不规则,这会导致很大的压实问题,从而需要大量的覆盖材料。

专一填埋场用于处理单一类型的垃圾。这类垃圾通常为数量较大的工业垃圾,比如建筑垃圾、塑料或污水污泥及工业污泥。目前尚未有针对这些工业垃圾的商业化再利用途径。有害物质的类型、含量,以及这些垃圾的反应行为必须一致且相互兼容。

被矿化多半的垃圾储存在固体废弃物填埋场中。这类垃圾可以是开挖土或垃圾焚烧产生的灰分。此类填埋场的工作及洗涤流程要明显地简单于其他类型填埋场的。

危险垃圾填埋场以待处置的材料(如卤化有机物、清漆、油漆污泥等)的毒性为特征。这些填埋场的设计及运行参数需满足特殊的需求。

10.2.6.2　填埋场沼气的产生

贮存在环境安全型填埋场中的垃圾可免受光线和氧气的作用。待包含在垃圾中的空气中的氧气被消耗完以后,代谢过程在厌氧条件下被激活。垃圾首先被各种细菌群代谢成酸、醇及其他有机物。第一步的分解产物被另一类细菌产酸细菌转化为乙酸、二氧化碳和水。然后,这些物质被生物转化为甲烷。填埋场沼气的产生速率及气体的组成取决于每一具体情况下占主导地位的条件。

图10-27以城市垃圾的降解为例,解释了填埋场沼气的组成是如何变化的。由好氧过程

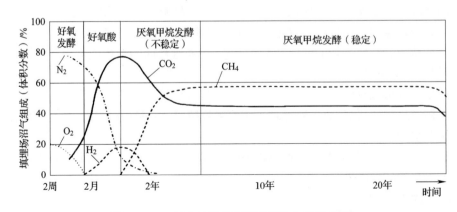

图 10-27　城市垃圾填埋场沼气的化学组成[15]

造成的高 CO_2 产量,在厌氧阶段开始降低,以利于产生甲烷。在过渡阶段的一个短时间内,氢气以分解产物的形式出现。经过这一不稳定的初始阶段后,沼气中甲烷和二氧化碳的浓度保持数年不变。$CH_4 : CO_2$ 在 1.2 ~ 1.5 之间。根据当前的知识,在垃圾开始处置的半年到一年内,开始产生大量的甲烷,并继续很长的时间。在一些填埋场,在填埋 75 年之后,沼气的释放情况仍记录在案。

鉴于目前人们对大气痕量气体对温室效应影响的关注,填埋场甲烷的释放也越来越引起人们的重视。甲烷的潜在温室效应比二氧化碳的高 21 倍。尽管大气中甲烷的浓度很低(约为 10^{-6} 级),但其在温室效应中的份额为 13%。甲烷来自于沼泽地区、水稻耕作、家畜排气、天然气及煤炭的开采与运输,且在很大程度上来自于填埋场。

因此,将来在设法降低和限制二氧化碳及其他温室气体的排放时,一定不要忘记考虑填埋场的影响。环境不安全型的填埋方法,作为一种简单、低成本的垃圾处置方法(主要仍被发展中国家所采用),必须让路于废弃物管理,其中包括填埋,但理想情况下只对有机物含量较低的惰性材料进行填埋。

10.2.6.3　填埋场的渗漏水

在穿过填埋体(填埋堆)时,降水会携带水溶性和与水混溶的垃圾组分,以及化学和生物分解过程中得到的产物。渗漏水的质量及其组成取决于很多因素:

① 所贮存的垃圾的物理化学性质及水分含量;
② 填埋的条件;
③ 气候条件和季节;
④ 填埋点的生化分解过程;
⑤ 填埋场的工作年限;
⑥ 从底部渗透到填埋体的水量。

一些因素在很大程度上取决于当地的条件,如气候、地形、土壤的本身特性以及水文地质情况。

根据填埋堆年龄的不同,渗漏水的污染程度也不同。在酸性发酵阶段,渗漏水的 COD 值超过 20000g/L。但在甲烷发酵阶段,COD 值降至低于 5000g/L。

对渗漏水的组分进行分析发现,其中有许多有机和无机物质。要对填埋堆渗漏水的特性进行更为准确的预测是不可能的。经常对不同类型人工填埋堆进行长期的分析,可以获得有关降水在垃圾中的分布、储存密度、渗漏水的组成、生化及卫生参数等方面的信息。

很多手段,特别是为填埋堆提供一个表面覆盖物,可以降低渗漏水的量。使暴露表面积最小化、使用永久性覆盖物或日常用的中期覆盖物来保护垃圾的插入点、通过合适的预处理手段来降低所供垃圾的水分,都是降低渗漏水量的合适措施。

10.2.6.4　填埋场密封系统

为防止渗漏水渗透到填埋堆下方的土壤中,很有必要安装一套带有渗漏水收集及处理系统的底部衬垫密封系统。如果地下水有受到污染的风险,或者地下水是饮用水的来源,那么这一点(安装密封系统)就是绝对至关重要的。同时,应对底部衬垫系统进行设计,确保能够把渗漏水快速地从储存区排至渗漏水处理厂。

底部衬垫系统的要求包括如下几个方面:

① 对降水和地表径流水的抗渗透性;
② 温度耐受能力(至少 70℃);

③ 对填埋场沼气迁移的抗渗透性；

④ 稳定性,以防上方的负载加大；

⑤ 对沉降具有最小的敏感度；

⑥ 抵抗微生物、啮齿动物以及植物根系侵蚀的能力；

⑦ 易于安装。

生活及有害垃圾填埋场的密封采用复合式衬垫。这些衬垫包含不同类型的密封材料层,层层之间直接接触。图10-28为复合衬垫的示意图。地质屏障采用三层衬料,材质通常为黏土。黏土层由一层合成衬料所覆盖,合成衬料的最小厚度为2.5mm。高密度聚乙烯(HDPE)非常适合用作该合成衬料。合成衬料被一层沙子或类似的细颗粒材料所覆盖,以起到保护作用。另外,还提供了一个由砂石或碎石子组成滤水层,用于收集渗漏水的滤水管道就安装在其中。

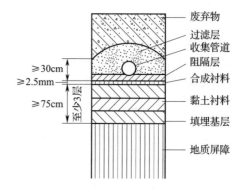

图10-28　城市垃圾填埋场复合衬垫示意图[15]

当填埋堆填满时,用一个表面覆盖物盖住,也可以用复合衬垫盖住。最后,在顶部建一层厚度最小为1m的植被。脱墨污泥通常用作土壤覆盖材料,这种做法主要集中在北美,但也有一些欧洲国家采用这种做法。该覆盖层(脱墨污泥)可以保护合成衬料免受根茎和霜冻破坏。风蚀和水蚀现象也可以避免,而且降水的渗透现象可实现最小化。

10.2.6.5　废纸处理厂废弃物的填埋

理论上,废纸处理厂的废弃物可通过如下方式进行填埋：

① 填埋在针对某些类型的垃圾(如灰分、污泥和树皮)的专一垃圾场中；

② 填埋在用于储存厂内垃圾的工厂自有的填埋场中；

③ 填埋在公用垃圾场(其他来源的垃圾也储存在这里)。

根据当地的情况以及垃圾的类型,制浆造纸厂有时以上3种处置方法都使用。

由于绝大多数来自废纸处理厂的垃圾是没有危险性的,因此可使用城市垃圾填埋场来进行填埋。这一点也适用于脱墨污泥,尽管有时它们对重金属有较高的湿法抽提能力。为使渗漏水量达到最小化,且保持填埋堆的稳定性,有必要对污泥和尾渣进行深度脱水处理。固含量应高于40%。对于来自尾渣及污泥焚烧过程中的灰分,除了那些控制生活垃圾处置的措施外,其填埋无须采取额外的措施。

10.2.7　新的发展

除了用于生产材料和产生能量外(如前所述),废纸处理过程中得到的垃圾还可能用于其他用途。这主要是一些与纤维性污泥和脱墨污泥有关的用途。只有少数的纸厂利用了这些用途,或者它们仅限于实验室及中试试验。污泥应用领域的新发展包括如下几个方面：

a. 湿氧化法；b. 发酵法；c. 水解法；d. 热裂解法；e. 生产猫砂和吸附材料。

为了更有效地利用灰分,填料回收工艺尚处于研制阶段。这些工艺应该能够使再生的填料重新用于造纸行业或其他行业成为可能。

10.2.7.1　湿氧化工艺

由于矿物性污泥组分的热转变特性,焚烧污泥生产能量过程中得到的灰分不适合重新用作造纸填料或颜料。为阐明这一点,表 10 – 9 显示的是脱墨污泥在燃烧过程中碳酸钙及黏土所发生的物理变化和化学变化。在 400 ~ 600℃ 的温度范围内,高岭土就会失去羟基,形成偏高岭石(二水高岭石)。偏高岭石仅在温度低于 925℃ 时才稳定存在。温度高于 1150℃,偏高岭石经由一个尖晶石型居间相,形成莫来石和方晶石。碳酸钙在 700 ~ 920℃ 的温度范围内会发生分解。当碳酸钙和黏土以混合物的形式存在时,氧化硅与氧化钙反应会形成硅酸钙。这是在同一温度范围内发生的部分反应。所以,在填料混合物中可同时发生这些反应。

表 10 –9　　　　黏土和碳酸钙在热处理过程中的物理及化学变化[51]

温度/℃	反应
400 ~ 600	$Al_2(OH)_4(Si_2O_5) \rightarrow Al_2O_3 \cdot 2SiO_2 + 2H_2O$ 高岭土　　　　　　　　偏高岭石
925	$Al_2O_3 \cdot 2SiO_2 \rightarrow \gamma - Al_2O_3 + 2SiO_2$ 　　　　　　　　　　尖晶石
1100 ~ 1150	$3Al_2O_3 + 6SiO_2 \rightarrow 3Al_2O_3 \cdot 2SiO_2 + 4SiO_2$ 　　　　　　　　　莫来石　　　方晶石
700 ~ 920	$CaCO_3 \rightarrow CaO + CO_2$ 碳酸钙
800 ~ 1000	$CaO + SiO_2 \rightarrow CaSiO_3$

这些转变过程提高了灰烬的摩擦性能,因而不能用作造纸填料。另外一个不足之处是灰烬的光学性质。这些灰烬可用作生产水泥及混凝土的辅助原料或助剂,也可用作建筑材料,或用于筑路。

除了燃烧外,湿氧化法也可以对有机物质进行深度氧化。总体上来讲,湿氧化是利用大气氧、纯氧或其他氧化剂(如过氧化氢、硝酸、次氯酸钠(sodium peroxide sulphate)、过硫酸钠、臭氧)对水溶液或悬浮液中的有机物质进行无焰燃烧(冷燃烧)。如果氧化反应在中等温度及常压条件下进行,那它就是普通的湿氧化法。如果采用高温(120 ~ 330℃)及高压(约至 30MPa),就称之为热湿氧化法(如图 10 – 29 所示)。

湿氧化法可进一步细分为低压、高压和超临界湿氧化法。由于反应条件相对温和,出现了与污泥中的填料及颜料的结构完全一样的矿物型湿氧化残渣。如表 10 – 10 所示,上述的方法主要用于净化工业及城市废水,以及处理城市污水污泥和垃圾。自 20 世纪初,人们就弄清了湿氧化的基本原理。第二次世界大战期间,湿氧化技术在造纸行业首先实现了工业化。位于瑞典法伦的 Stora Kopparberg AB 公司和位于纽约的 Sterling 制药公司取得了湿氧化法回收化学品的专利。从 1960 年开始,Sterling 公司与发明者 Zimmermann 合作,创建了许多用于处理城市污水污泥的湿氧化车间。

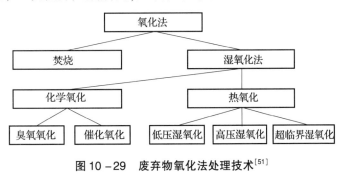

图 10 –29　废弃物氧化法处理技术[51]

表 10 – 10 热湿氧化法的分类及应用[51]

项目	湿氧化法		
	低压	高压	超临界
压力/MPa	0.3 ~6.0	6 ~30	22 ~100
温度/℃	50 ~250	250 ~370	370 ~600
应用	活性炭再生 城市污水污泥的调质 改善废水的生物可降解性 废水的脱色	过程水的处理 城市污水污泥的氧化 无机化学品的回收	土壤净化 电子废弃物的处理(火焰保护剂) 军事行动所造成的污染的处理 含卤素废水的处理

在瑞士的 Biberist 纸厂,一个基于 Zimmermann 工艺(ZIMPRO)的高压湿氧化厂从 1978 年开始一直运行到 1997 年[52]。来自该厂机械法 – 生物法废水处理车间的污泥,其无机组分实现了回收,并重新用作生产双胶印刷纸和书写纸的填料。污泥进入湿氧化车间时的固含量为 7% ~ 10%,灰分含量为 70% ~ 75%(主要以黏土形式存在)。在 ZIMPRO 反应器中(管道直径约为 1m,管长 25m,管内壁镀钛),有机物质在 300℃、16MPa 的条件下进行深度氧化。回收得到的黏土,其白度为 75 ~ 80% ISO,可返回至造纸过程。由于经济原因,该车间于 1997 年关闭。

1982 年,Mertz 和 Jayme 报道了一家美国纸厂 ZIMPRO 车间的运行经验[53]。他们的研究成果证实了 Biberist 纸厂的结果。Gosling 等人对一家美国废纸处理厂湿氧化车间的设计数据进行了描述[54]。从脱墨污泥中回收得到的填料(黏土与碳酸钙的混合物)适合重新用于造纸,但目前尚未见与再生矿物质品质有关的信息。

湿氧化法尚未大规模地用于从脱墨污泥中回收填料。Johnston 和 Wiseman 报道了实验室湿氧化试验的结果[55],试验温度为 240℃,压力为 4 ~ 5MPa。在该试验中,他们处理白度为 17% ISO 的脱墨污泥得到了白度为 76% ISO 的湿氧化残渣。试验中,填料颗粒的结构并没有发生变化。可惜的是,文章的作者几乎没有提供试验条件实际范围方面的信息。

Hamm 和 Gottsching 在实验室条件下研究了脱墨污泥的湿氧化情况[51]。低压、高压及超临界范围内的湿氧化皆可以导致脱墨污泥中的有机组分发生几乎 100% 的氧化。在低压及高压范围内,湿氧化残渣的白度较低,因为来自黑色印刷油墨的炭黑并没有被完全氧化。在超临界条件下,湿氧化残渣的白度较高,但在实验选用的反应条件下,残渣的颜色向褐色—橙色区域偏移。残渣的摩擦特性与新鲜黏土及碳酸钙的相当。超过 99% 的卤化物(以 AOX 计)遭到了破坏。

超临界湿氧化是在极端条件下进行的,它通常被称为超临界水氧化法(supercritical water oxidation,SCWO)。这是一个当水处于超临界状态时发生的反应。图 10 – 30 显示的是水的相图。水的蒸汽压曲线结束于临界点,即温度为 374℃,压力为 22.1MPa。在临界点以上,水在受到压缩时可能不会凝结,即没有相变。超临界水的特性与液态水的有所不同。超临界水的密度大约相当于正常水的 1/3。在超临界温度范围内,有机物的溶解度大大增加。与低压及高压湿氧化法不同,在 SCWO 法中,有机物完全可以与空气或氧气混溶。SCWO 的反应条件为:温度 375 ~ 600℃,压力高达 100MPa。在这些条件下,有机物被迅速氧化为二氧化碳和水。含有硫、磷和氯的有机物分别转化为硫酸、磷酸和盐酸。元素氮和氨气来自于有机氮。氮氧化物(NO 和 NO_2)仅在温度超过 600℃时才出现。

在 SCWO 法中,有机物的可能降解率为 99.0% ~ 99.99%(以总有机碳 TOC 计)。为了使 SCWO 法不依赖于能量输入(外来能量),废水或水性残余物悬浮液当中的有机物含量达到 10%(重量比)即足以。氧化反应所释放出的还原热可通过一个热交换器来加热底物。仅以冷却态为起始条件时才有必要使用化石能源。

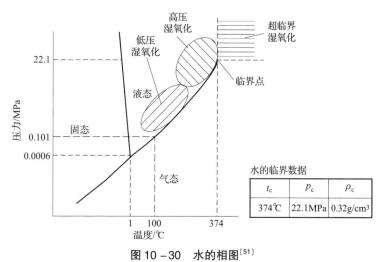

图 10 – 30　水的相图[51]

SCWO 法最初是为破坏火箭燃料而研制的。从那以后,在各种各样的中试车间对 SCWO 法处理废水(含有有毒、不可生物降解的物质)以及重污染污泥(来自化学及制药行业)的能力进行了检验。Modell 等人在一个半工业化的、连续工作的车间中,利用 SCWO 法对造纸污泥进行了处理[56]。他们试验的重点不是填料的回收,而是降低污泥中氯化有机物(二噁英,呋喃)的含量。Cooper 等人[57]证实,SCWO 法几乎可以完全破坏这些氯化有机物。

10.2.7.2　从燃烧灰烬中回收填料

在焚烧脱墨污泥用来生产能量和回收填料的过程中得到的燃烧灰烬,其主要由硅酸铝钙和硅酸钙组成的(由黏土及碳酸钙的热转变而形成的)。其利用方法有两种,但目前尚处于实验室阶段或技术测试阶段。一种方法是,利用矿物酸处理灰烬中的硅酸钙,将那些不溶组分中分离后再引入 CO_2 即可沉淀出碳酸钙。

另一种方法是,将脱墨污泥燃烧后得到的灰烬用作基底材料来沉淀碳酸钙。将熟石灰水溶液与 CO_2 气体一起对灰烬进行喷雾处理,以便碳酸钙在灰烬的表面上结晶,形成一个沉淀碳酸钙(PCC)涂层[58]。SEM 图片显示,得到的填料并不是燃烧灰烬及 PCC 单一颗粒的共存混合物(即并非两者分别形成颗粒,然后混合在一起)。除了对白度、颜色及摩擦性能产生轻微的影响外,在此沉淀过程中加入燃烧灰烬并没有对结晶行为产生负面的影响。PCC 的结晶形态及粒径分布与灰烬沉淀 PCC 的完全一样。根据所需的白度,灰烬占 PCC 的比例可高达 50%(质量比)。

10.2.7.3　发酵法

与厌氧废水处理和城市污水污泥的发酵不同,对来自废纸处理过程的有机废弃物而言,其厌氧发酵技术尚处于研发的早期阶段。在堆肥过程中,有机物质主要是在好氧条件下被转化成以堆肥形式存在的生物质。与堆肥处理相比,厌氧发酵主要产生生物气。生物气是由 50% ~70% 甲烷、30% ~50% 二氧化碳、以及更少量的生物质组成的。

厌氧发酵特别适合于水分含量较高、结构性组分比例较低的垃圾的发酵。因此,在处理城市污水污泥和农业液态粪便时,厌氧发酵体现了其自身的价值。这种方法目前处于半工业化试验阶段[59-60],并探讨了利用制浆造纸行业废弃物进行发酵的可行性。就生物气的产量而言,不同污泥的发酵情况差别很大。废水处理厂的生物污泥,或生物污泥比例较高的混合污泥,最适合进行厌氧发酵。此类废弃物的单位生物气产率为 $400 \sim 600 m^3/t$ 有机物。生物气中的甲烷含量约为60%,略低于城市污水污泥发酵得到的生物气中的甲烷含量。纤维性污泥和脱墨污泥的潜在生物气产率约为150～300m³/t有机物。这一产率是相当低的;原因有很多,其中包括木素及纤维素难以进行厌氧降解等。预处理(如蒸汽、压力或化学处理)究竟可以在多大程度上提高此类污泥的发酵程度,目前尚未可知。

如同采用厌氧发酵工艺进行堆肥处理一样,成本是一个很重要的因素。发酵残渣能否出售出去,或环境安全型处置方法(如填埋)是否可行,都是必须考虑的问题。

10.2.7.4 水解法

随着人们对可再生原料的关注,含纤维素材料向葡萄糖的转化过程重新受到了人们的重视[61]。除了已成熟的水解技术外,如今的焦点还集中在酶法水解上。尽管酶法水解需要非常少的能量,但其缺点是反应慢、酶消耗量大。水解产物可用作后续发酵过程的底物。发酵可获得乙醇,为乙烯化学和乙醇燃料提供基础(原料)。发酵工艺还可用于生产正丁醇、丙酮、乳酸和葡萄糖酸。

除了木材残余物外,多年生植物、废纸、来自造纸行业的各种形式的纤维性废弃物等也有潜力作为水解的原材料。到目前为止,试验仅限于实验室及中试规模。而且,这些试验仅以原生纤维造纸过程中的污泥为原料。从经济的角度来看,只要石化行业能够提供价格相对较低的化工原料,那么水解法就不算是理想的处置方法。在将来,基于生态方面的考虑以及化石燃料的短缺现象,这些可供选择(备选)的废弃物处理方法的应用前景可能会有所改善。

10.2.7.5 热裂解法

目前,仅有少数几个工厂采用了热裂解法从废纸处理的废弃物中获取能量。在没有空气存在的情况下,有机组分的热分解反应形成了高热值裂解气、焦炭型的残渣、水溶性裂解产物、裂解油和焦油。对热裂解而言,裂解油和焦油是废弃物;它们理论上可归为可再生物(如活性炭),或者作为石化用途的原料,但该用途尚有一些实际问题需解决。这些问题可以通过热裂解法与燃烧法联用的方法来克服。如今,这种联用方法变得越来越重要。无论从环保的角度来看(燃烧完全、物质更不活泼、排放量降低),还是从总能效来看,它们似乎比单纯的燃烧技术更为有利。目前,用于家庭生活垃圾工业化热处理的联用方法有两种:

① 西门子的垃圾热回收技术;

② Noell转化技术。

在全球范围内,有很多厂家将上述两种技术相结合来处理垃圾。这些厂家在处理能力及处理技术等方面的设计都针对的是城市垃圾。目前尚无采用这些方法来处理造纸行业废弃物的经验。这些联用方法特别适合于利用废纸处理过程的尾渣来获取能量。

10.2.7.6 生产猫砂和吸附材料

曾经猫砂几乎无一例外是由非可再生矿物组分(如膨润土)生产而来的。而今,越来越多的猫砂是由有机垃圾制得的。除了锯末和秸秆外,废纸及造纸行业的纤维性污泥也适合制作猫砂。研制工作正在进行中,其目标是对脱墨污泥进行制丸(造粒)和干燥处理。为提高猫砂的液体吸收性,并减轻使用猫砂时的起尘现象,有必要进行丸粒进行处理。脱墨污泥的无机组分(包括黏土和碳酸钙)可以确保丸粒的稳定性。纤维长度分布在一定范围内的污泥特别适合于进行制丸处理。因此,在制丸之前,可对污泥进行一定程度的研磨。

由于其液体吸收能力较高,这种方法制得的污泥丸还可用作吸附材料。在发生事故和出现泄漏时,它们能够吸取那些对环境有危害的有机物质,如废油和有机溶剂。这些污泥丸还可用于密封填埋堆的中间层和顶部,从而使渗漏达到最小化。

10.3　未被回用纸品的利用及最终处置

图 10 - 31 概括了废旧纸品的利用和处置方法。在很多国家,绝大部分分类收集到的纸张被回用于生产新的纸张。当然也有其他一些用途,比如利用废纸作为生物燃料来获取能量,在堆肥过程中用作松散剂,或者将家庭生物垃圾转化成甲烷。

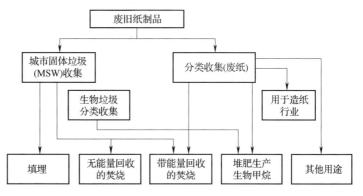

图 10 - 31　废旧纸制品的利用及最终处置方法

在某些情况下,城市固体垃圾(municipal solid waste,MSW)很大一部分为废旧纸品。这一点对于纸张消耗量较高的发达国家更是如此。在纸张消耗量较低的发展中国家,纸品的比例明显较低(占城市固体垃圾)。在分类收集的生物垃圾中,纸和纸板的比例约为10%(质量比)。生物垃圾的主要存在形式有:厨房用纸、手巾纸、餐巾纸、包装袋,以及用来包裹家庭生活垃圾的报纸及杂志。

分类收集含有生物垃圾的废旧纸品,并把这些物质进行堆肥处理,或将其转化为甲烷,是最新的发展趋势。在德国,根据收集区域的社会结构不同和季节变化,人均可分类收集的生物垃圾量为 40 ~ 170kg。

10.3.1　在处置 MSW 过程中,未被回用纸品(简称 NRP,下同)的填埋

在全球范围内,很多年以来,填埋处理一直是废弃物管理的唯一选择。如今,填埋处理仍然是世界上 MSW 处置的主导形式。在过去的几十年内,发达国家的填埋技术已经从无序的堆放发展到先进的废弃物处置技术。后者涉及了更多的环境保护措施。然而,填埋操作的各个标准之间仍有很大的差异,即使在发展地区,如美国、日本和欧洲。无序堆放仍然可能会造成一些问题。

由于其应用广泛及其重要性,填埋一直是一个被广泛研究的主题。但是,几乎无人对填埋点上的纸和纸板的降解情况进行研究。与废纸填埋有关的一个关键环境顾虑是填埋场沼气的生成。根据 Pacey 和 De Gier 的研究[62],对于可降解有机物质含量较高的垃圾而言(如丢弃的食物、花园垃圾和纸制品),单位体积的甲烷产量是相当高的。他们假定 60% 或更高比例的甲烷来自于纸制品的生物降解过程。这一估计值可能太高。也有一些这样的案例,即纸和纸板通过填埋的方法处置后,经过很多年(甚至数十年)仍保持完好无损。

表 10 - 11 为城市垃圾填埋场的二氧化碳和甲烷的释放情况[62]。在 100 年的时间段内,甲烷的全球变暖潜值(global warming potential,GWP)约为二氧化碳的 22 倍[62]。考虑到这一较高的 GWP,二氧化碳的平均总当量释放水平可能达到 2t/t MSW。

来自废弃物处置的甲烷,其全球

表 10 - 11　MSW 处置过程中甲烷和
二氧化碳的释放量[62]

排放物	单位	最低值	平均值	最高值
二氧化碳	t/t MSW	0.116	0.193	0.231
甲烷	t/t MSW	0.051	0.085	0.102
二氧化碳当量	t/t MSW	1.07	1.79	2.14
总二氧化碳	t/t MSW	1.18	1.98	2.37

释放量估计每年为 2000 万 ~ 7000 万 t。在计算填埋场的甲烷产生量时,其不确定性大多与那些特定的、能够降低甲烷产生量的填埋条件有关。鉴于填埋场的规模及运行条件有较大的差异,对任何国家来说,要提供准确的甲烷释放量几乎是不可能的。

Anon 等人[63]研究认为,在未来,位于发达国家的填埋点,其甲烷释放量的降低速率将会大于纸张消耗量的升高速率。在很多发达国家有一个发展趋势是:在大型填埋点采用甲烷回收技术,正式通过一些强制性的回收法律,更多地采用焚烧和堆肥技术。在处置 NRP 及其他有机固体废弃物时,所有的这些措施均可降低甲烷的释放量。

10.3.2　NRP 作为家庭生物垃圾的组分进行堆肥处理

包含在生物垃圾(来自家庭、花园、公园等,计划用于堆肥的)中的废旧纸及纸制品在收集及处理阶段有许多优点。生物垃圾中存在的纸张能够起到如下作用:

① 减少气味,降低湿度;

② 减少渗漏水的量;

③ 有助于使堆肥物料获得最佳的 C/N 比;

④ 降低其他蓬松化材料的用量;

⑤ 改善堆肥质量。

在料堆型堆肥过程中,在前 3 周出现的渗漏现象随着生物垃圾中纸张比例的下降而有所减少。在堆肥的前 3 周内,纸张会发生强烈的降解。纸张含量为 20%(质量比)时,渗漏现象完全受到抑制。Boelens[64]及 Wunschmann 等人[38]研究发现,向生物垃圾中加入纸张可以更好地控制湿度,更好地实现暴气,并降低氨气的释放量(如图 10 – 32 所示)。与相应的纯生物垃圾堆肥相比,纸张制得的堆肥具有更高的保水性能、更低的盐分含量、更低的重金属含量。

生物垃圾堆肥过程中纸张的用量不能无限制地的增加。由于纸张的 C/N 较低,其在生物垃圾中的最大添加比例为 30%(质量比)。

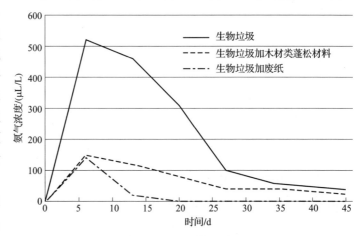

图 10 – 32　木材类蓬松材料和废纸作为共同底物时生物垃圾堆肥的氨气释放规律[64]

10.3.3　NRP 作为 MSW 的组分进行焚烧

在 20 世纪前半叶,城市固体垃圾是在简陋的小型车间中进行焚烧的,且没有任何污染控制措施。其目的仅仅是为了降低垃圾的体积或质量。在 20 世纪 60 年代,在一些工业化国家建成了首批大型的 MSW 焚烧厂。最初,只有德国、丹麦及其他一些北欧国家把能量回收作为优先考虑的事情,并充分利用烟道气的能量。在低压条件下制取的热水或蒸汽被输送至城市的供热网或工业车间的蒸汽网。在 20 世纪 80 年代后期,MSW 焚烧被认为是能量的一个来源。从那以后,所有新建的 MSW 焚烧厂都包含能量回收系统。由于很多建于 20 世纪七八十年代的、无能量回收系统的焚烧厂仍在运行,因此,在一些国家此类焚烧厂仍占主导地位。

与 MSW 焚烧有关的关键环境问题如下:

① 烟囱的大气排放物;

② 灰烬的管理。

在文献中讨论及评估的关键排放物是二氧化碳以及二噁英和呋喃。因为前者有温室效应,后两者有毒性。从如今的生态学角度来看,直到 20 世纪 80 年代初,所有的垃圾焚烧厂都是不够资格的。在当时,粉尘分离器通常是唯一的烟道气净化设备,而且其工作效率也是值得质疑的。自那以后,在燃料工程及烟道气处理方面取得的进步,将某些有毒物质的排放量降低了 100 倍(与过去相比),消除了任何对环境不利的重大影响。

就大气排放物而言,纸张作为 MSW 的组分不太可能成为有害物质的一个重要来源。家庭生活垃圾的组成分析(最初于 1982 年进行的)表明,在家庭生活垃圾中,纸和纸板的重金属含量明显低于其他组分,如塑料、细粒垃圾以及果蔬垃圾。纸张中的镉、汞、铅的含量非常明显低于塑料的。在 1992 年,Svedberg 在瑞典的一个研究项目中得到了类似的结论[65]。据此结论,纸张对 MSW 的重金属含量仅有很小的贡献(总镉含量 5%,铬含量 12%,铅含量 3%,汞含量 1% ~ 2%)。根据瑞典的这项研究,由纸张诱发的家庭生活垃圾的氯、硫及氟污染是可以忽略不计的。家庭生活垃圾的硫含量低于化石燃料,是因为前者中含有纸张。

瑞典的另外一项研究将包装垃圾中的重金属含量与工业生物质燃料的进行了对比[66]。结果发现,包装垃圾中的重金属含量与木材及林业废弃物的在同一个范围内。

MSW 的焚烧通常采用层燃煤炉。MSW 无须进行预处理。另一项进展是流化床系统,从 20 世纪 70 年代开始,这种系统一直被用于城市垃圾的焚烧。这种系统在日本和瑞典得到了广泛的应用。在这两个国家,从垃圾中回收能源已是一种惯用的做法。另外,新型的燃烧系统也正在研制过程中。这些新型燃烧系统能够通过气化、热裂解及加压燃烧系统来提高工厂的效率。

10.3.4　NRP 的焚烧

大气中 CO_2 浓度的提高及其对全球气候造成的可怕后果,是促进能源有效利用的特别重要的因素。不可再生的化石燃料目前占全世界一次能源需求量的 80%,其中包括 35% 的矿物油、25% 的煤炭和 20% 的天然气。核能占 7%,可再生能源(如水力及风力发电、太阳能、生物质)占 13%[67]。对化石燃料的储量究竟能够维持多久的估测取决于对能源消耗的未来发展趋势的假定。化石燃料的储量无疑将在未来几个世纪内消耗殆尽。

与化石燃料不同,生物质可通过光合作用源源不断的产生,但它作为能量来源仅处于次要地位。这一点特别适用于发达国家。发达国家的形势从某种意义上与发展中国家的不同。比如,约 2/3 的世界人口仍然通过燃烧木头的方式来满足其家庭能源的需求。这是人类获取热量的最古老的方式。每年烧掉的木材约为 200 万 m^3[68]。

由于其组成,纸张被归为生物质燃料。由于近年来不断变化的废弃物管理环境(填埋容量进一步降低,堆肥的市场更为有限),使用 NRP 代替化石燃料来获取能量的紧迫感越来越强。因此,Gottsching 希望造纸行业能够参与到利用盈余的废旧纸及纸制品来获取能量的研究中去[69-70]。其原因包括:

① 造纸行业能够生产自身所需的电能和热能,其热电联产车间的效率为 80% ~ 90%。而能够焚烧 NCP 的电厂,其热效率仅为 38% ~ 45%。

② 造纸行业可以根据纤维的质量对废旧纸张进行分类。如此一来,废旧纸张即可分成用于回用的高质量材料和用于产生热能的低质量材料。

③ 盈余的废旧纸张可与生产废渣一起进行焚烧,从而通过制丸的方式来提高纸张的压缩程度。

NRP 焚烧过程中释放出的 CO_2 不会对全球变暖产生影响,因为它在可再生物质(包括木材)的光合作用过程中被消耗掉了。同时,通过替代部分化石燃料可以降低 CO_2(对全球变暖有贡献)的排放量。

德国的造纸行业通过使用 NRP 获得能量的方式可以使化石能源需求量降低约 1/3。同时,CO_2 的排放量也成比例降低[71]。

10.3.4.1　NCP 作为生物燃料

理论上,所有允许使用固体燃料的焚烧技术都适用于焚烧 NRP。纸张单独使用,还是与其他固体燃料一起使用,两者之间存在重要的差异。到目前为止,仅电厂有使用混合物的经验。因此,接下来的讨论将集中在 NRP 最为重要的特性上,并假设它是单独使用的。

纸张的热值基本上取决于其填料及颜料含量。图 10-33 显示的是灰分含量与热值之间的直接关系。风干纸张的热值在灰分为 0 时的推算值为 16MJ/kg,相当于水分含量为 10% 的木材的热值。在技术文献中,有时给出的纸张热值较高,这可归因于存在能提高热值的组分,如黏合剂、印刷油墨、清漆及复合膜。

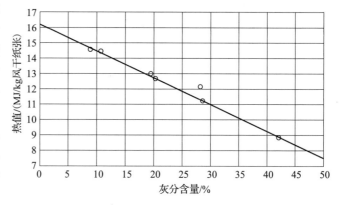

图 10-33　风干纸张的灰分含量对其热值的影响(575℃)

与其他固体燃料相比,纸张的密度较低,因此其体积热值较低。组成变化较大的低质量废纸,其热值也会有很大的变化。因此,需要对纸张进行预处理,以便获得易于管理的、均一的燃料。

在焚烧松散的、非经压缩的废纸时,其体积热值约为硬煤的 3%～4%。为使松散的纸张与煤炭达到相同的加热功效,不得不大幅度地提高焚烧炉的喂料速度,从而对热效率产生负面影响。各种不同的焚烧技术应避免焚烧松散纸张的其他原因如下:

① 多层炉焚烧技术:存在炉内焚烧条件局部不均一的隐患,从而可能会导致焚烧不完全,并加大 CO 的排放量。

② 流化床焚烧技术:焚烧不完全的纸张可能会成为后续烟道气净化车间及灰烬清理系统的火源。

③ 炉箅燃烧技术:在纸张喂料槽中,火焰前端有二次引燃的风险。

④ 粉状燃烧技术:纸张的密度较少,磨碎状态下的比表面积较大,引燃性能较高。这些特性应该可以为粉碎过的纸张在粉状燃烧车间的燃烧提供了有利的条件。但是,在细小粉尘至 25mm 的颗粒范围内,纸张的粉碎一直存在一些问题。

10.3.4.2　废纸作为生物燃料的预处理过程

从废纸中制备生物质燃料的关键流程如图 10-34 所示。其中包括:预处理,压实(固缩),压实后废纸的后处理。

当废纸以大包的形式送达时,预处理过程包括大包的散包及废纸的松散。然后,可对松散后的纸张及以松散形式送达的废纸进行人工预分拣,去除其中的大块垃圾(废弃物)。经过锤式粉碎机及冲击式撕裂机的预粉碎处理后,磁性分离器将其中的含铁金属分离出来。在后续的后粉碎操作中,废纸被粉碎至 40 ~ 50mm 大小的碎片。这一尺寸适合进行压实处理。后续的风选过程可以去除更为细小的磨蚀性组分,这些组分会影响压实车间的运行寿命。

预处理的废纸通过制粒的方式进行压实。有成效的制粒系统是以压缩、结块或挤压为基础的。预先粉碎好的纸片在挤压力作用下穿过一个成形区(利用粉碎机、螺旋挤压或活塞)。在成型区的出口,纸片压缩条被刀片切成指定的长度。在制粒过程中无需加入黏合剂,因为废纸中的塑料组分在挤压过程中会发生熔融,并确保丸粒的稳定性。

废纸的水分含量对丸粒的质量有决定性的影响。最佳的水分含量为 15% ~ 20%。这可以通过向废纸中加水或添加含水材料的方法来实现,也可以使用来自废纸处理过程或城市废水处理厂的污泥。在制粒过程中,水分含量下降约 5%。制粒结束后,为使粒硬

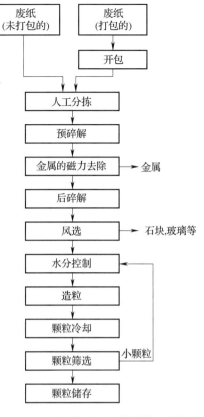

图 10 - 34　废纸生产颗粒燃料的工艺流程

化,需进行冷却处理。在冷却过程中,水分含量进一步降低,并伴随着粒的生物稳定化。冷却后的粒经过一个过滤器进入到储存仓中。过滤过程中除去的粉尘重新回到制粒机。

废纸丸粒的直径约为 5 ~ 30mm,长度为 20 ~ 50mm。废纸丸粒的体积密度为 580 ~ 700kg/m³,约等于固体褐煤的密度(500 ~ 800kg/m³),还接近于固体硬煤的密度(700 ~ 850kg/m³)。

10.3.4.3　排放物

废纸在单独焚烧厂(或与其他燃料一起在电厂)进行焚烧时,大气的排放情况尚未详知,因为没有电厂仅仅或主要使用废纸来作为燃料。Anon 等人将废纸粒焚烧时的大气排放情况与其他固体燃料的进行了对比[72]。

威斯康星大学进行的一项研究得出,当利用废纸粒替代 50% 的褐煤时,褐煤发电厂的 SO_2 排放量降低了约 20%。褐煤与废纸粒混烧时,砷、铬、铅、汞及硒的排放量随着废纸丸粒在混合物中比例的升高而按比例降低。

废纸粒焚烧得到的灰烬,其中的重金属比褐煤焚烧得到的灰烬的要低。根据这项研究,废纸粒焚烧时 SO_2 的排放量估计比城市固体垃圾焚烧时的低约 50%。

据 Kara 报道[73],德国的一家纸厂将废纸与褐煤一起进行流化床式焚烧来获取能量,10% 的燃料热值来自于废纸。与单纯燃烧褐煤相比,SO_2 及氮氧化物的排放量分别低了 20% 和 10%。

根据目前发表的数据,废纸与其他燃料一起进行焚烧时的排放量与所用燃料中相关物质的浓度(比例)相对应。图 10 - 35 显示的是废纸、褐煤、硬煤及木材中的氯、硫、及氮含量。该图还显示了上述相应物质在造纸污泥及城市固体垃圾中的含量。为了便于从能量的角度进行对比,这些物质的含量是以其对应的热值为基准来表示的(mg/MJ)。通过对比,可以得出如下结论:

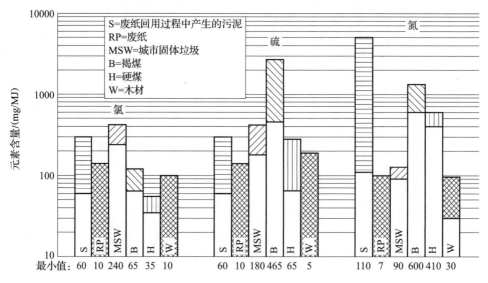

图 10-35　固体燃料的氯、硫和氮含量(相对于热值)[71]

① 与褐煤及硬煤相比,废纸焚烧时 SO_2 及氮氧化物的排放量较低,而氯化氢气体的排放量变化不大。

② 与城市固体垃圾的焚烧相比,废纸焚烧时 HCl、SO_2 及 NOx 的排放量要低得多的。

③ 在废纸中混入造纸污泥会降低其热值。只要生物污泥(来自废水净化)在造纸污泥中的比例不是太高,那么造纸污泥仅对燃料的氯、硫及氮含量(以热值为基准)有轻微的影响。

图 10-36 及图 10-37 对各种固体的重金属含量(以热值为基准)进行了总结。废纸的重金属含量远低于城市固体垃圾的。一直特别值得肯定的方面是,废纸的镉及汞含量低于褐煤及硬煤的,而其他重金属的含量与煤炭的差不多在同一个水平,只有废纸的铜含量可能高于硬煤及褐煤。

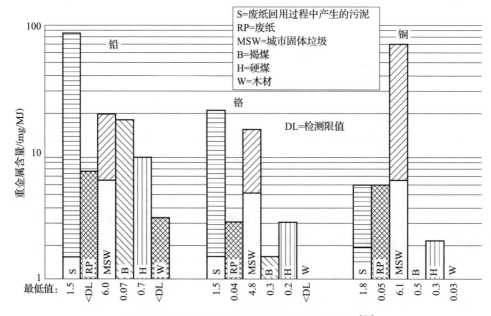

图 10-36　固体燃料重金属含量(相对于热值)[71]

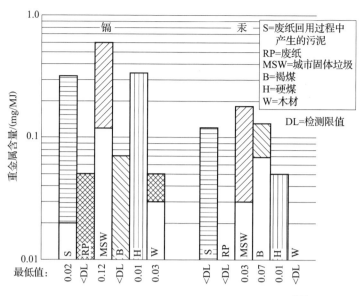

图 10-37　固体燃料重金属含量（相对于热值）[71]

总之,利用废纸来获取能量并不会比燃烧褐煤及硬煤产生更多的大气排放物。实际上,某些物质(如 SO_2、镉及汞)的排放量要低得多。通过投资建设一套相应的烟道气净化设备就可以满足废气排放的阈值。

10.4　来自二次纤维造纸及废水处理的废水

在利用二次纤维造纸的厂家中,其水循环通常是以清水消耗量最小化为目标来设计的,过程水进行多次回用,如图 10-38 所示。其设计的主要原理是,系统中过程水的流向与纤维(纸浆)的流向相反。与使用原生纤维造纸的厂家类似,使用废纸造纸的纸厂也使用未经处理过的纸机白水来稀释浆料,其位置或在纸机之前的混浆泵(短循环或主循环),或者在浆料准备段(长循环或次循环)。

部分白水在白水回收装置中通过过滤(多盘过滤器或转鼓式过滤器)、微气浮或沉淀(锥

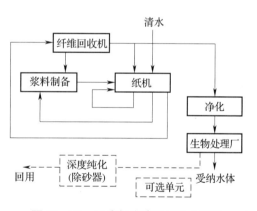

图 10-38　二次纤维造纸厂的水循环

形沉淀器或薄板分离器)方式进行净化,以便使净化后的水可用于代替喷淋清水来清洁纸机的网子和毛毯。多余的净化后过程水被送入废水处理厂。在某些情况下,部分经纯化的废水经过一个额外的纯化(整饰)步骤后也可以重新用作过程水。

10.4.1　未经处理的废水的表征

二次纤维的处理工艺可分为两大类:

① 仅采用机械法来提升纤维的质量,即不进行脱墨,为产品(如挂面纸板、瓦楞原纸、纸

427

板、箱纸板)提供纤维来源。

②采用机械及化学单元操作,即脱墨和漂白,为产品(如新闻纸、卫生纸、印刷及复印纸、杂志纸(超级压光或低定量涂布纸))或商品脱墨浆提供所需的纤维。

与含有纤维附加处理段(如脱墨)的工艺相比,第一类工艺的废水负荷略高。废水中既含有溶解性物质,也含有不溶性物质;既含有有机物质,也含有无机物质。一部分固体颗粒分散得很好,以至于它们表现得几乎像溶解性物质,形成了稳定分散液或胶体。这些物质被视为溶解性物质,在过程水及废水处理过程中需引起重视。不溶性物质中包括纤维、细小纤维、填料及涂布颜料。借助如今的净化技术,要去除这些不溶性物质是不成问题的。

溶解性物质的来源较多。少量的溶解性物质随着清水进入到生产过程中。原生浆也会释放出各种各样的物质,如碳水化合物、木素、无机盐及抽出物。更为重要的是那些来自废纸及造纸化学助剂的物质。化学助剂对废水负荷的影响非常复杂。这些化学助剂的组成极其不均一;它们在废水中或以溶解的状态存在,或以分散的状态存在,而且浓度也各不相同。

未经处理的废水的组成通常以常见的废水分析参数来描述。其中包括化学耗氧量(COD)、生化耗氧量(BOD_5或BOD_7)、总有机碳(TOC)、可吸附有机卤(AOX)及悬浮物(SS)。这些参数的浓度取决于单位产品的清水消耗量,而后者又是由纸厂所生产的纸张的等级决定的。更具象征意义的是单位产品的负荷,即相对于单位质量纸品的负荷,以 g/t 或 kg/t 表示。那些利用二次纤维造纸的厂家,其单位产品排放量的变化范围很大。经证实,单位产品排放量有助于辨别某些厂家是否采用了脱墨工艺。

使用废纸生产包装纸及纸板的厂家通常不会对废纸进行脱墨。尽管没有使用脱墨化学品,但有时未经处理废水,其溶解性有机物的负荷比脱墨车间废水的还高。这是由于废纸中含有的及生产过程中加入的增强剂(特别是淀粉)的比例较大。蒸汽挥发性有机酸也有一定的贡献,这主要是指在封闭水循环中由微生物转化而形成的乙酸。这些有机酸可以成为废水有机物含量的一个重要部分。

表 10 - 12 显示的是当使用100%二次纤维生产纸板、挂面纸板及瓦楞原纸时,单位产品的废水排放量、COD 及 BOD_5 浓度、COD 及 BOD_5 负荷等参数的范围。那些用废纸生产包装纸的厂家,其单位产品的 COD 负荷在 3 ~ 31kg/t 的广泛范围内变化。考虑到这些厂家均采用类似的水循环系统,COD 负荷的变化可能主要是由于浆料及处理方法(包括使用淀粉)的差异而造成的。

Zippel 研究发现,在纸板厂中,未经处理废水的 AOX 浓度为 0.1 ~ 2.0mg/L[74]。这相当于单位产品的 AOX 负荷为 0.001 ~ 0.008kg/t。废水的总固含量为 100 ~ 1000mg/L。BOD/COD 比值(作为衡量废水可生物降解性的手段)在 0.35 ~ 0.62 之间;纸板厂废水 BOD/COD 比值的平均值为 0.44,而瓦楞原纸及挂面纸板厂废水的 BOD/COD 比值为 0.52。这意味着纸板厂的废水具有良好的可生物降解性。

表 10 - 13 对配有脱墨车间的纸厂的废水指标进行了总结。在引用的文献中没有有关废纸浆脱墨及漂白段的信息。值得注意的是,这些数据来自不同的年份。Pfizner 提供了 4 家德国新闻纸厂过程水的当前指标。在这 4 个厂家中,废纸浆占总纸浆的比例为 80% ~ 100%,单位 COD 负荷为 10 ~ 40kg/t。BOD/COD 比值约为 0.5,表明其具有良好的生物可降解性。COD 浓度在 900 ~ 2000mg/L 之间,这为新型废水厌氧净化技术的成功应用提供了一丁点儿的希望。

表 10-12　无脱墨段的 RFBPM 废水在生物处理之前的性质

纸种	工厂数量/参考文献	单位产品废水量/(m³/t)			BOD$_5$浓度/(mg/L)			BOD$_5$负荷/(kg/t)			COD浓度/(mg/L)			COD负荷/(kg/t)		
		最小	最大	平均	最小	最大	平均	最小	最大	平均	最小	最大	平均	最小	最大	平均
纸板	n. a.[76]	0.4	6.6	3.6	285*	4500*	1900*	1.6*	1.9*	1.8*	570	9000	3800	3.2	3.8	3.5
纸板	5[74]	6	16	10	330*	1750*	890*	3.5*	6.0*	5.0*	660	3500	1780	7.0	12.0	10.0
纸板	12[77]	0	15	—	530	3000	—	—	—	4.7	1140	5500	—	—	—	8.4
挂面箱板纸，瓦楞纸	13[74]	0	5.5	3.4	1400*	3500*	2690*	5.5*	15.5*	9.7*	2800	7000	4380	11.0	31.0	19.4
挂面箱板纸，瓦楞纸	29[77]	0	10	—	1280	2840	—	—	—	6.1	2190	5680	—	—	—	12.3

注：* BOD$_5$ 由估算得出的，假定 COD = 2 × BOD$_5$；n. a. = 无相应数据。

表 10-13　有脱墨段的 RFBPM 废水的生物处理之前性质

纸种	工厂数量/参考文献	单位产品废水量/(m³/t)			BOD$_5$浓度/(mg/L)			BOD$_5$负荷/(kg/t)			COD浓度/(mg/L)			COD负荷/(kg/t)		
		最小	最大	平均	最小	最大	平均	最小	最大	平均	最小	最大	平均	最小	最大	平均
新闻纸纸巾	n. a.[76]	9	39	15	220	995	550	3.5	20.0	10.0	440	1900	1100	7.0	40.0	20
新闻纸	1[74]	8	23	15	450*	1150*	—	6.0*	13.0*	—	900	2300	—	12.0	26.0	18
新闻纸	4[77]	7	20	—	460	1270	—	4.0	11.8	—	960	2400	—	9.6	22.3	—
新闻纸	4[75]	7.7	15.2	—	—	—	—	2.5	8.0	—	1515	2465	—	15.9	23.0	—
书写废纸	3[77]	10	20	—	250	400	—	—	—	—	540	790	—	5.4	15.8	—
新闻纸纸巾	n. a.[78]	15	38	27	—	—	—	18	36	27	—	—	—	—	—	—
生活用纸	5[74]	8	10	—	1000*	2500*	—	8.0*	23.5*	—	2000	5000	—	16.0	47.0	—

注：* BOD$_5$ 由估算得出的，假定 COD = 2 × BOD$_5$；n. a. = 无相应数据。

10.4.2　废水的处理

对利用二次纤维造纸厂家而言,废水处理的目标是降低对受纳水域的污染。废水经过处理后,降低了受纳水域的氧气消耗量,从而改善水域的水质。

废水净化厂的过程水处理方法可分为3大类:

① 机械处理法;

② 生物处理法;

③ 其他先进的处理方法。

在机械处理法中,废水中悬浮的不溶性物质(如纤维、细小纤维、填料及涂布颜料)被除掉。为强化机械分离的效果,可加入某些化学品。

在生物处理法中,通常先进行机械处理,然后利用微生物将可溶性有机组分降解掉。绝大多数情况下采用好氧工艺,比如一个活性污泥段,一个厌氧处理段,或者两者联用。在利用二次纤维造纸厂家中,这些工艺可以确保几乎百分之百地去除那些具有生物可降解性的废水组分。

其他的处理方法包括沙砾过滤、超滤及纳滤,及臭氧处理。这些方法已应用于多家工厂。这些方法可以进一步降低固形物的负荷,可对废水进行脱色,并可结合生物处理来大幅度地降低 COD 负荷。

10.4.2.1　SS 的去除

在纸厂,废水的机械法净化处理几乎无一例外是采用沉淀池(澄清池)。在沉淀段之前的筛选及砂滤段可以保证大块的污染物(如木材碎片、塑料、薄片和金属,以及大量的沙子)不会进入到净化段。密度比水大的固体颗粒会沉降在沉淀池(澄清池)的底部。沉降出来的污泥通过清扫或抽吸装置从池底排走,然后进行浓缩、脱水,并最后被重新回用或排掉。

沉淀池通常是采用水平流动模式。它们的外形是方形的或圆形的。在方形池中,水的流向是纵向的。采用某种特殊装置(如浮渣挡板、导流栅或撞击板)可以保证进料的均匀分布。常见的污泥清除设备是刮板式运输机。其中含有一些清扫刮板(由一个回转的链条带动依次扫过池的底部),将污泥推至收集漏斗,并从此处被泵出(如图 10-39 所示)。

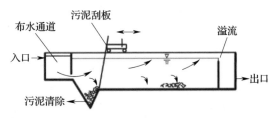

图 10-39　方形沉淀池示意图

在圆形池中,废水从中心部位引入,并迅速流过沉淀池,然后从池体的边缘溢流出去。在池底,污泥被一个旋转的清扫刮板推至池体中心部分,并从此处被泵出(如图 10-40 所示)。

薄板净化器是传统沉淀池的改良设备。此类净化器可以形成层流,使得污泥的沉降更为有效(如图 10-41 所示)。薄板净化器的优点是,结构更为紧凑,更节省空间。但可能必须要清除累积在薄板上的泥浆。

近年来,事实证明,气浮净化器(如纸厂中用于纤维回用的净化器)可以有效地分离那些沉降速度很慢的固体颗粒。这一技术还可在生物处理

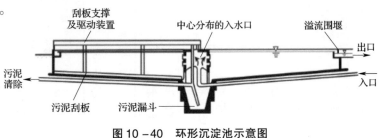

图 10-40　环形沉淀池示意图

段之后使用,用于清除废水中的悬浮物。气浮净化器的优点是占用空间小,缺点是能耗较高、运行成本较高。

对所有列举的方法而言,使用絮凝剂可以明显地改善悬浮物的沉降效果。添加化学品可以使得原本非常小的固体颗粒凝聚成沉降较快的大絮团。这些化学品包括铝盐〔如硫酸铝、$Al_n(OH)_mCl_{3n-m}$〕、三价铁盐〔如 $FeCl_3$、$Fe_2(SO_4)_3$〕、生石灰或某些聚合物。为达到最佳的絮凝效果,通常需要对 pH 进行控制。

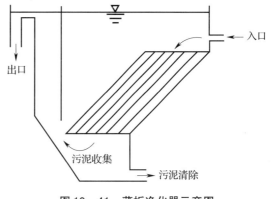

图 10-41 薄板净化器示意图

那些被设计用于去除纸和纸板厂废水中悬浮物的净化器具有良好的效果。悬浮物的去除率可高达 90% ~95% 。在很多利用二次纤维造纸厂家中(主要是纸板厂、挂面纸板厂、瓦楞原纸厂),分离出来的污泥被重新引入到生产过程中。

10.4.2.2 生物法处理

经过机械法处理后,仍残留在水中的物质几乎完全为溶解性物质及胶体状溶解性物质。这些物质在生物法净化阶段受到了降解作用。降解过程利用了细菌及其他微生物。其酶系能够诱发生化降解反应的细菌不断地生长和繁殖。这些细菌与其他物质一起形成了一个超大的细菌群体(被称为活性污泥)。对所有的生物处理过程而言,工厂废水的组成会失去平衡,这就需要定量地补充营养成分(氮及磷化物)。在极少数情况下,还需补充微量营养成分,如钴盐、硒盐和钼盐。

利用二次纤维造纸厂家既采用好氧处理工艺,也采用厌氧生物处理工艺。在过去的 20 年里,厌氧技术的地位越来越重要。它们大多与好氧工艺相结合,因为单靠厌氧处理不能够满足指定的排放限值。厌氧处理工艺需要待处理的废水的 COD 值超过 1000mg/L。因此,厌氧处理几乎专用于处理利用废纸生产瓦楞原纸及挂面纸板时产生的废水。最近的研究进展正朝着生活用纸废水以及脱墨系统部分水的处理。

随着新型高载荷反应器的发展,如膨胀颗粒污泥床(expanded granular sludge bed,EGSB)反应器和内循环(internal circulation,IC)反应器,更稀废水(750~2000mg/L)的有效处理也变得经济可行。EGSB 反应器是在升流式厌氧污泥床(upflow anaerobic sludge blanket,UASB)反应器的基础上进行了垂直延伸,后者也可使用颗粒厌氧生物质(污泥)。USAB 反应器及 EGSB 反应器紧靠一个分离器将厌氧生物质留住,而 IC 反应器则采用两段分离系统将生物质留住。IC 反应器是由两个摞在一起的 UASB 反应器构成的,下部的反应器是高载荷的,上部的是低载荷的。在 IC 反应器的底部隔层,废水的内循环(由自身产生的气体来驱动)可以强化物料的混合。由于混合得到了强化,且采用两段系统对生物质进行留着,所以 IC 反应器的进水速率通常是 US-AB 反应器的 2~3 倍,是 EGSB 反应器的 1.5~3.0 倍。近 5 年来,高塔系统(如 EGSB 反应器,特别是 IC 反应器)越来越受欢迎。在此期间,约 75% 的新建反应器系统为 IC 反应器。

随着厌氧处理技术成为利用二次纤维造纸厂家(生产瓦楞原纸、挂面纸板、纸板)所采用的"标准"处理技术,这一技术还成功应用于卫生纸厂的废水处理,并在最近用于新闻纸厂的废水处理。对后者(新闻纸厂废水)而言,COD 负荷的大部分应归因于脱墨工艺。另外,高载荷反应器还成功应用于机械浆厂(GW、RMP、TMP)废水的处理。

图 10－42 为一家德国新闻纸厂的废水处理车间的示意图,该厂使用 100％ 的二次纤维来造纸。该车间中配有 4 个 IC 反应器。生物净化段(生物滤池、活性炭、二次净化)之后的气浮车间充当"警戒"过滤器,以保证达到严格法规(与生物净化后废水有关的)的要求。生物处理后的部分废水经过进一步的砂滤处理后,有可能用于替代造纸用清水。

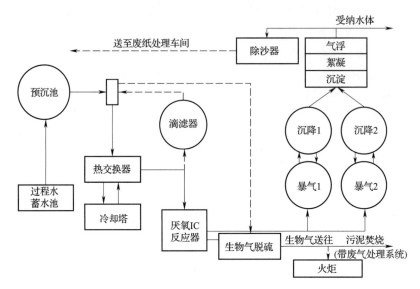

图 10－42 德国新闻纸厂(100％二次纤维造纸)废水处理工艺

(1)好氧处理技术

工厂废水好氧处理的首选方法有:

a. 活性污泥法;b. 生物膜法;c. 固定床法;d. 暴气氧化塘法。

(2)活性污泥法

在活性污泥法中,生物质(即活性污泥)与废水混合,在暴气池中形成均一的悬浮液。该污泥－水悬浮液从暴气池进入一个二次沉淀池,污泥在此发生沉降。大部分的污泥被泵送回暴气池。多余的污泥被排出和回收或丢弃。纸板厂、瓦楞原纸厂及挂面纸板厂经常将多余的污泥与来自初沉池的污泥一起重新加入到造纸过程中。

实现良好降解的一个前提是,在暴气池有足够的驻留时间,且有足够量的活性污泥。因此,暴气池的大小以及二沉池的分离效率都特别重要。活性污泥法处理过程中的重要参数包括如下几个:

① 容积载荷[kg O_2/(m^3 · d)],通常以入口处废水的 BOD_5 或 COD 计。

② 污泥负荷[kg O_2/(kg · d)],通常以入口处废水的 BOD_5 或 COD 计。

③ 污泥体积指数 SVI(mL/g 绝干固体),该参数反映了活性污泥在暴气池中的沉降特性。目标值应该少于 300mL/g。如果 SVI 高于 300mL/g,就可能出现沉降行为很差的膨胀污泥。

④ 暴气池的氧气含量(mg O_2/L),该含量应高于能够保证处理过程有效进行的最小值。

除了一段式活性污泥处理工艺外,造纸行业经常采用两段式活性污泥处理工艺。第一段采用氧气含量较低、污泥负荷较大的暴气池。第二段是根据待处理的废水类型而设计的传统活性污泥处理工艺。两段式处理系统对负荷的波动以及毒害细菌的废水组分的敏感性更低。第二段的污泥负荷较低,从而更易于去除那些可降解性较差的物质。两段式处理系统的 COD 减排效率往往远远优于一段式处理系统。据 Mobius 和 Cordes－Tolle 报道[77],纸厂的活性污泥法废水处理车间所采用的条件如表 10－14 所示。

污泥所需的氧气通常是由机械法通入空气来提供的,在一些特殊情况下,也可用纯氧。在大多数的工厂中,通入的空气也同时被用于暴气池内物料的机械混合。除了可控性以外,RFBPM 在选择暴气系统时考虑的决定性因素是其运行可靠性。这主要与压力型通风机及喷射器的堵塞现象有关(由碳酸钙沉淀引起的)。大功率

表 10 －14　活性污泥处理过程中采用的污泥载荷、
氧气含量和污泥体积指数

类型/段	S_L/[kg BOD$_5$/ (kg · d)]	O$_2$含量/ (mg/L)	SVI/ (mL/g)
单段通气处理厂	0.10 ~0.20	2.0 ~3.5	<300
两段式通气处理厂[1]	1.40 ~2.00	0.4 ~0.8	<100
两段式通气处理厂[2]	0.12 ~0.22	2.5 ~3.5	<200

注:SVI 为污泥体积指数;S_L为污泥载荷。

的压力型通风装置是特别有效的。单位能耗为 0.6 ~3kWh/kg(以被消除的 BOD$_5$计)。要使单位能耗降至低于 1kW · h/kg,需采用特殊设计的暴气系统。

(3)生物膜法

生物膜法采用的是固化床工艺。它们成功应用的例子有很多。特殊型塑料支撑介质的发展明显降低了堵塞的风险,从而允许反应器在高容积负荷条件下运行。降解反应发生在好氧生物膜上,该膜是在喷有废水的支撑介质上形成的。与活性污泥法相比,生物膜法能耗较低,且运行性能更为可靠。另外,处理后废水的温度通常更低,这是一个希望得到的附加特性。在净化高浓废水时,生物膜法单独使用的效果并不佳。因此,它们主要作为两段式生物处理的第一段(第二段为活性污泥处理),两段之间通常不进行其他的净化处理。

气味大是生物膜法的一个缺点。这些气味可能是由于废水组分的厌氧分解或废水中有气味物质的挥发而造成的。不管是什么原因造成的,都有必要对生物膜反应器实行全封闭。

由于其气味问题,生物膜法不再是德国造纸行业采用的最新的技术。如今,悬浮填料法更为普及。这种方法的特征是采用了生物质填料,使反应器可在生物质浓度较高的情况下运行。安装在出水口处的一个筛子将填料截留在反应器中。

(4)生物滤器法

生物滤器法是固化床工艺的另一个例子。生物滤器可将悬浮物分来,并为可溶性有机物质的生化降解提供条件(如图 10 － 43 所示)。塑料或多孔陶瓷材质的填充床可以通过通入大气氧的方式保持有氧状态。填充床的高度为 2.5 ~4m。保证生物滤器有序运行的决定性因素是冲洗及冲洗顺序。需要注意的是,要保证整个填充床的彻底暴气。除了用作工厂低浓废水的一个单独生物处理段,生物滤器还可作为精制段用在其他生物净化工艺的下游。

(5)生物反应器法

生物反应器是好氧固化床反应器的一个特例。这些反应器多用于一些小厂。反应器中有一个柱状或盘状的固定装置。该装置在池内随水平轴一起转动。固定装置上的生物膜交替与废水和空气接触。通常情况下,3 ~5 个转子串联在一起。

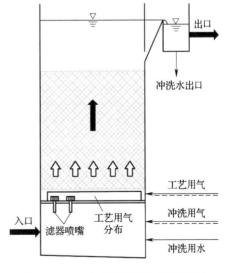

图 10 －43　生物滤器结构示意图[79]

（6）暴气氧化塘

与其他方法相比,暴气氧化塘法不那么适用于处理 RFBPM 废水。这种系统主要在待净化废水的 BOD_5 浓度低于 100mg/L 的情况下才使用。

（7）厌氧处理技术

厌氧处理技术已在制浆造纸行业中应用了约 20 年。与好氧处理技术相比,厌氧处理技术具有许多优点:

① 节省了污泥暴气所需的能量;

② 能量以生物气的形式出现;

③ 与好氧处理技术的污泥形成量相比,多余生物污泥的量降低约 90% ~ 95%;

④ 营养盐分（如氮化物和磷化物）的需求量较低。

从 20 世纪 80 年代初以来,由于污泥处置费用的提高,厌氧处理技术逐渐获得认可,并在其他领域（制糖业、啤酒业和淀粉业）也有所发展。废水的厌氧净化处理存在一个与技术有关的重要工艺问题。这个问题的出现归因于这样一个事实,即生物质（降解反应所必需的）的生长速率很低。因此,必须确保生物质在厌氧反应器内进行有效地留着和富集,否则的话,降解反应将会很快停止。为解决这个问题,人们研制了以下几种工艺技术,并取得了不同的结果:

① 采用接触式污泥反应器,对冲洗出来的生物质进行器外分离（使用沉降池、薄板分离器或凭借惰性气体而运行的气浮系统）;分离后的生物质一部分回流到反应器（接触式污泥反应器,如图 10 – 44 所示）。

② 使用沉降速率较大的颗粒状或粒状生物质（UASB 反应器,如图 10 – 45 所示）。

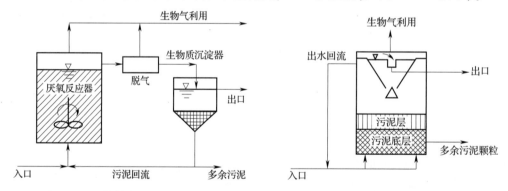

图 10 – 44　接触式厌氧污泥反应器　　　图 10 – 45　升流式厌氧污泥床反应器

③ 通过固定床来对生物质进行固化,床体由惰性材料（如矿物填料或塑料）组成（固定床式反应器,如图 10 – 46 所示）。

④ 使生物质生长在固体颗粒（如玻璃、砂子或活性炭）上,从而将其固化（流化床式反应器,如图 10 – 47 所示）。

厌氧降解分如下 4 步进行,多种不同的细菌群体参与其中（如图 10 – 48 所示）:

① 第一步,聚合物的水解降解。大分子被参与降解反应的细菌胞外酶分裂成低分子物质。

② 第二步,水解产物被产酸细菌发酵成短链脂肪酸。这主要是乙酸、丙酸、丁酸和乳酸。其他物质有简单醇、氢气、二氧化碳等。

③ 第三步,酸化过程的中间产物被产乙酸细菌降解成乙酸、氢气和二氧化碳。

④ 最后,产乙酸阶段的产物被产甲烷细菌转化成甲烷和二氧化碳,即生物气的主要成分。参与该步反应的细菌的生长速率最慢,是受环境条件影响最大的因素。

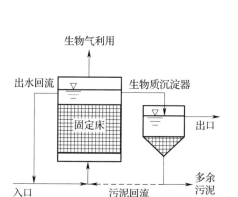

图 10 - 46　固定床式厌氧反应器

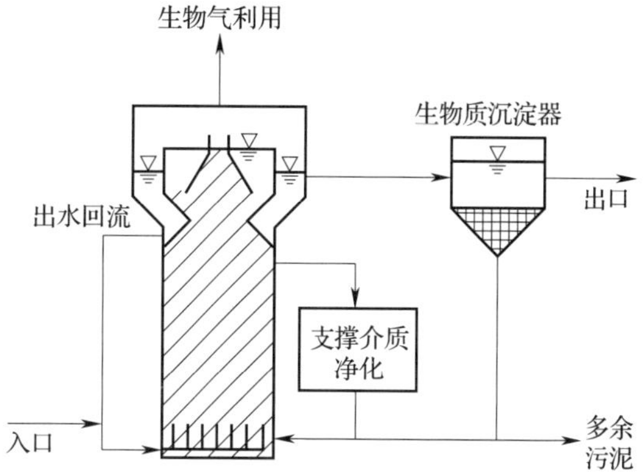

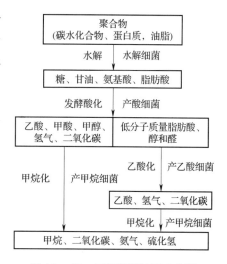

图 10 - 47　流化床式厌氧反应器

产乙酸及产甲烷细菌必须处于紧密共生状态,才能保证降解过程有效地进行。这就需要把各种类型的反应条件强加于工艺技术中,以保证细菌处于紧密共生状态。比如,机械循环造成的高剪切力应尽量避免。

嗜温性厌氧微生物的最佳生长温度为 35 ~ 38℃。对于过程水封闭循环程度较高的利用二次纤维造纸厂家的废水而言,须采用热交换器将其冷却至这个温度范围内。利用二次纤维造纸厂家过程水的 pH 通常处于 6.8 ~ 7.2 的最佳范围内。在废水处理车间,精准地添加酸或碱溶液能够预防 pH 的波动,从而减少对细菌活性的干扰。

国际上的一个公认的做法是,以 COD 容积负荷为基准对厌氧反应器的工艺技术进行评级。这个评级标

图 10 - 48　厌氧降解的四大步骤

准在很大程度上取决于所采用的工艺方法。在接触式污泥反应器中,COD 容积负荷在 2 ~ 5kg COD/(m^3 · d)之间;固定床式反应器的 COD 容积负荷在 5 ~ 20kg COD/(m^3 · d)之间。UASB 反应器的容积负荷可能性更高,但通常选用的容积负荷在 5 ~ 15kg COD/(m^3 · d)之间。新型的粒反应器的容积负荷可达 30kg COD/(m^3 · d)。对所有类型的反应器而言,COD 的降低比例可达 70% ~ 80%,而 BOD 的降低比例为 80% ~ 95%。作为该过程的一部分,每降低一 kg-COD 约生成 0.4m^3 的生物气。

生物气的组成为:甲烷 70% ~ 80%,二氧化碳 20% ~ 30%,硫化氢 < 2%,以及痕量的其他气体。生物气的热值为 22 ~ 30MJ/m^3。在厌氧分解过程中,硫化氢气体是含硫有机物和硫酸盐在硫酸盐还原菌的作用下生成的。这个反应是不可避免的,因为甲烷的形成过程从热力学上角度上来讲对该反应是有利的。任何溶解的硫化氢气体都会对整个细菌群落产生毒性作用,从而对甲烷的形成过程产生严重的干扰。由于利用二次纤维造纸厂家废水中通常含有硫酸盐,因此厌氧处理过程中出现的问题往往是由于硫酸盐的浓度较高引起的。

通常情况下,生物气须经过净化处理才可用于生产能量。最重要的考量是消除硫化氢,因为硫化氢以及焚烧产生的二氧化硫会在燃烧车间引起腐蚀问题。在燃烧之前,生物气的脱硫处理主要靠火碱洗涤器。一个有意义的新生事物是生物反应器,洗涤水中的硫化物(硫化钠)

在反应器中被微生物氧化成单质硫。单质硫经过分离后可作他用。

如果待处理废水中的钙离子浓度超过400mg/L,那么厌氧处理车间可能会出现一些问题[80]。当钙离子的浓度较高时,会在中性pH条件下与二氧化碳反应,形成碳酸钙沉淀。对于那些使用生物质填料的处理工艺而言,碳酸钙沉淀会造成生长表面的阻塞。特别是对固定床式反应器而言,还有堵塞反应器的隐患。为使碳酸钙的沉淀达到最小化,厌氧反应器最好在弱酸性pH范围内运行,而且COD的期望下降水平最好低一些。当厌氧反应器之后另有一个好氧处理段时,特别适合采取这种办法。

经过长时间的学习,利用二次纤维造纸厂家的厌氧废水处理车间的经验如今大部分是正面的。一个成功的技术应用案例是,位于荷兰的Roermond纸厂安装了一个UASB反应器[81]。从1983年末开机以来,该反应器基本没出现过故障。使用该反应器后,COD和BOD$_5$的平均降低率分别为70%和80%。

如下前提条件对厌氧反应系统的顺利运行起至关重要的作用:

① 避免pH和温度的波动;

② 安装缓冲槽,以避免水力冲击载荷;

③ 使用与厌氧生物相容的造纸化学助剂(主要是指杀菌剂、清洁剂和消泡剂);

④ 保证悬浮物的有效留着。

有关厌氧降解工艺(一段式或两段式)的效率的争议一直存在。两段式工艺可以设定水解或酸化反应器的最佳温度及pH条件,即厌氧降解的前两步。然后,乙酸化及甲烷形成过程在第二个反应器内进行(如甲烷反应器,如图10-49所示)。两段式工艺具有更高的运行稳定性及可靠性。利用二次纤维造纸厂家废水组分的水解和酸化过程发生在封闭程度很高的水循环中。由于前两步(水解和酸化)生成的降解产物(如乙酸、丙酸、乳酸和丁酸)易于被产乙酸菌及产甲烷菌所转化,因而也可采用一段式厌氧处理。

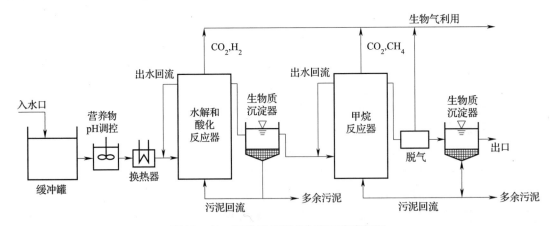

图10-49 两段厌氧处理车间工艺流程图

10.4.3 处理后废水的表征

生物处理能够将RFBPM废水中的可生物降解性有机物质几乎完全消除。就有机物总和而言(以COD计),去除水平在80%~95%之间。需要注意的是,真正的生物降解与物理化学法消除(如活性污泥吸附)之间是有区别的。表10-15显示的是纸厂(无脱墨车间)废水经生物处理后,其COD及BOD的浓度或负荷。表10-16对脱墨厂的相应数据做了总结。

表 10-15　　无脱墨段的 RFBPM 废水在生物处理之后的性质

纸种	工厂数量/参考文献	BOD₅ 浓度/(mg/L)			BOD₅ 负荷/(kg/t)			COD 浓度/(mg/L)			COD 负荷/(kg/t)		
		最小	最大	平均	最小	最大	平均	最小	最大	平均	最小	最大	平均
纸板	n. a.[76]	3	28	10	0.01	0.13	0.06	60	270	150	0.29	1.12	0.77
纸板	4[74]	7	20	13	—	—	—	100	180	140	0.9	1.8	1.2
挂面箱板纸,瓦楞纸	7[74]	6	12	9	—	—	—	110	200	170	0.5	1.4	0.7
挂面箱板纸,瓦楞纸	n. a.[82]	—	—	—	0	0.2	0.1	—	—	—	0	2.2	1.0

注:n. a.,无相关数据。

表 10-16　　有脱墨段的 RFBPM 废水在生物处理之后的性质

纸种	工厂数量/参考文献	BOD₅ 浓度/(mg/L)			BOD₅ 负荷/(kg/t)			COD 浓度/(mg/L)			COD 负荷/(kg/t)		
		最小	最大	平均	最小	最大	平均	最小	最大	平均	最小	最大	平均
新闻纸	7[74]	10	25	16	—	—	—	110	420	260	2.1	4.2	3.1
纸巾	2[74]	3	21	—	—	—	—	100	225	—	1.0	2.3	—
新闻纸纸巾	n. a.[76]	—	—	9	—	—	0.1	—	—	292	—	—	3.1

注:n. a.,无相关数据。

经鱼类及其他生物试验证实,与其他工厂废水一样,处理后的利用二次纤维造纸厂家废水对水生生物没有毒性[77]。只要这些组分在用作生物废水处理车间的营养成分时没有添加过量,处理后废水中氮及磷的浓度就会比较低。所以,水生植物在表层水域出现大量繁殖的风险很低。

处理后的利用二次纤维造纸厂家废水的重金属含量很低。重金属是通过印刷油墨引入到废纸中(比如蓝色颜料中的铜),它们大多随着脱墨污泥被排掉。更少量的重金属吸附到了生物法废水处理车间的生物质上。在处理后的废水中,重金属的浓度明显低于 100ug/L,有时甚至低于饮用水。

总的来说,造纸助剂仅对处理后废水的载荷稍有贡献。比如,某些淀粉、皂类或表面活性剂很容易进行生物降解。而其他的助剂,特别是高分子量助剂(如助留剂、湿强剂或涂布黏合剂),可以紧紧地吸附到活性污泥上。

人们就此主题进行了详细的研究。在 20 世纪 70 年代末,Gottsching 和 Luttgen 依此为出发点对助剂的重要性进行了论证[83]。近期研究显示,如今的助剂生产商提供了更为环保的产品。如果使用得当,这些产品不会对生物废水处理厂和受纳水域产生任何负面的影响[84]。这主要是针对消泡剂、清洁剂、表面活性剂及杀黏菌剂而言的。

由于其对原本已经分离的重金属的"再松动效应"(remobilising effect),对地表水具有潜在危险性的螯合剂(特别是对于饮用水生产而言)通常可降解性很差。这一点特别适用于 DTPA 和 EDTA,两者有时用于废纸浆的过氧化氢或连二亚硫酸钠漂白。由于螯合剂不会吸附到废水处理车间的污泥上,因此几乎会原封不动地进入废水中。欧洲造纸行业的大量研究表明,在脱墨过程中尽量避免加入螯合剂。这就是为什么如今螯合剂不再被广泛使用的原因。利用二次纤维生产包装纸和纸板的厂家不适用任何螯合剂。

10.4.4 封闭水循环

到 20 世纪 80 年代初,德国已有大约十几家利用二次纤维造纸厂家实现了过程水的完全封闭循环。它们绝大多数是生产瓦楞原纸及挂面纸板的小纸厂[85]。这些纸厂的清水消耗量为 $1.0 \sim 1.5 m^3/t$ 纸。这一数值相当于在纸机干燥部蒸发掉的水分体积。

过程水系统的完全封闭导致过程水中负载了大量的胶体性及溶解性的有机物和无机物。这会对生产过程造成严重的问题,除非采取控制措施来避免如下可能的缺点:

① 过程水中的氧气含量明显降低,达到了厌氧条件。在这种条件下,微生物会诱发还原反应将硫酸盐转化成硫化氢,并形成有气味的低分子质量脂肪酸;

② 微生物的剧烈生长;

③ 由高温及高含量氯化物、硫酸盐及有机酸造成的侵蚀;

④ 有大量的臭味有机物从纸机干燥部排到了纸厂周围的环境中;

⑤ 受臭味化合物的影响,纸品的质量有所下降;

⑥ 杀黏菌剂的需求量增大。

为了控制这些严重的问题,一些纸厂重新开放了它们的水循环系统,从而产生少量的废水($2.5 \sim 5.0 m^3/t$ 纸)。在 20 世纪 90 年代中期,德国的 Zulpich 纸厂引进了新型的处理技术来控制其封闭过程水循环系统的苛刻条件,并满足当地在环境方面的要求。该厂安装了嵌入式处理车间来降低过程水的有机物负荷。总过程水的一个分流首先经过物理及化学法处理,再经过一个末段物理处理。换句话说,这些过程水处理车间在完全封闭的水循环系统中起到

"肾"的作用。

Diedrich 等人对 Zulpich 纸厂的过程水处理车间进行了报道[86]。该厂的年产量约为 45 万 t（挂面纸板和瓦楞原纸），有 2 台纸幅净宽约为 5m 的纸机，最高生产速度分别为 650m/min 和 1200m/min。

处于成本及其他原因的考虑，Zulpich 纸厂选用了如图 10 - 50 所示的布局来作为水循环系统的"肾脏"。一个高污染负荷的过程水分流首先经过物理及化学法处理，再经过一个末段物理处理。过程水的处理量相当于约 4m³/t 纸。第一步，过程水依次经过多盘过滤机和气浮设备进行净化，这些净化单元未在图 10 - 50 中显示出来。第二步，利用热交换器（用地下水进行冷却）将净化后的过程水的温度从约 50℃降至低于 40℃。在进入到并联的生物反应器之间，经过净化及冷却处理的过程水首先需进行预酸化处理。预酸化是在单独的水槽中进行的，通过向槽内添加尿素和磷酸的形式来补充养分氮和磷。过程水在预酸化槽内的停留时间为 2 ~ 6h。

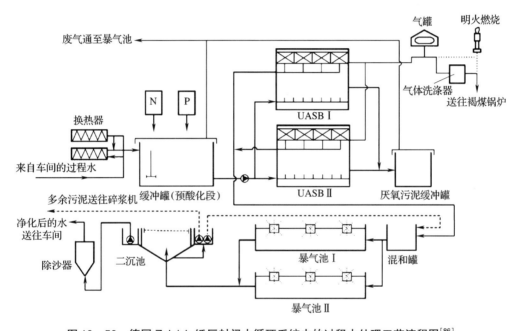

图 10 - 50　德国 Zulpich 纸厂封闭水循环系统中的过程水处理工艺流程图[86]

生物处理段采用了两个 UASB 反应器，其总容积为 2000m³。两个反应器都对一部分反应器出水进行了回流处理（图中未显示），从而控制反应器内部的水流。提高的水流的上升速率可以改善反应器内部的混合情况，并有助于对生成的生物气进行更好地分离。另外，回流处理还可以稳定来水 COD 及 pH 的变化。这些变化会影响生物反应器的降解效率。平均来说，回流量约比生物反应器的出水量大 50%。多余的污泥粒（颗粒）通过传统的筛子从反应器出水中分离出来，其中的一部分被重新投放到 UASB 反应器中。

然后，UASB 反应器的出水进入到两个并联的活性污泥池（暴气池）。每个池子的容积为 900m³，并利用 3 个大型转子进行暴气。经好氧处理后的过程水在后续的沉降池中进行净化后，最终通过 4 个砂滤器进一步得到纯化。这 4 个砂滤器中有 3 个是不间断运行的。第四个是一个备用滤器。在对其他 3 个滤器进行逆流清洗的洗涤间隙，可使用第四个滤器。

每个厌氧反应器所产生的生物气中均含有较高浓度的硫化氢气体。因此，必须使用洗涤气其对生物气进行脱硫处理,然后才能对其进行燃烧,以便回收能量。那些含有硫化物的洗涤水需在单独的生物反应器内进行处理,其工作原理是硫化物的生物氧化。氧化处理过程中生成了浮块状的硫,这些单质硫经过离心脱水后,其固含量约为 60% 。脱硫的效率出乎意料地高,约 99.9% 。这使得生物气中的硫化氢浓度低于 15ppm 。回收得到的硫可用于生产硫酸。

厌氧及好氧处理段的污泥产量每天不超过 1000kg(绝干)。这相当于纸张日产量的约 0.1% 。如此少量的污泥可用作造纸原料,而不会影响纸机的运行性能或其他纸张特性。另外一个选择是,经过脱水后,将污泥进行焚烧来产生能量。在这一特定的纸厂中,仅回用了好氧段的污泥。厌氧段多余的污泥颗粒被送到了其他纸厂。

在安装过程水处理车间之前,过程水的 COD 浓度高达 34000mg/L。启动过程水处理车间之后,过程水的 COD 浓度在约 8 周的时间内降至 8500mg/L(如图 10-51 所示)。处理车间出水(其中的一部分被回用到过程水循环中)的 COD 浓度约为 800mg/L。这相当于处理厂的 COD 浓度降低率为 90% 。这一效率可以满足该工艺的严格要求。

未经处理的初始过程水的 BOD_5 浓度约为 20000mg/L,使得 BOD_5/COD 的比值约为 0.6。这一比值对 RFBPM 过程水及未经处理的废水而言是很常见的。该比值说明此过程水具有非常好的可生物降解性。由于采用了多段处理,纯化后的过程水分流(后净化池的出水处)的 BOD 浓度低于 50mg/L(如图 10-52 所示)。就 BOD 的降低率而言,此多段处理车间的效率高达 99% 。如今,过程水的 BOD_5 浓度约为 5000mg/L。因此,99% 的处理效率是非常令人满意的。

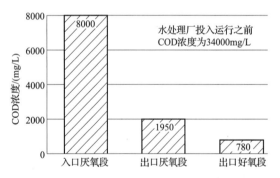

图 10-51　Zulpich 纸厂不同水处理段过程水 COD 值的变化情况

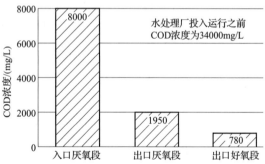

图 10-52　Zulpich 纸厂不同水处理段过程水 BOD_5 值的变化情况

表 10-17 显示的是在安装此"肾脏"之前,过程水中有机酸的浓度。上述有机酸的总浓度在 10000~13000mg/L 之间。有机酸对 COD 的贡献值占总 COD 的 32%~43% 。图 10-53 显示的是在不同的处理阶段,其过程水中的有机酸的浓度;图中可以看出,有机酸的降解效率很高。

造纸工作者经常担心的问题是,经过生物纯化后的废水若重新回用到纸厂中,会造成微生物在白水系统中的大量繁殖。这个问题与黏菌团的形成以及纸机上断纸频率的增加有关。在 Zuhlpich 纸厂,过程水处理车间开始启用后,

表 10-17　水处理车间安装之前过程中有机酸的浓度(Zulpich 厂)

有机酸	浓度 /(mg/L)	有机酸的 COD 贡献比例/%
乙酸	5000~5400	15~17
丙酸	800~900	3~4
丁酸	400~800	2~4
乳酸	3800~5700	12~18
总计	10000~12800	32~43

未对断纸现象产生不利的影响。相反，过程水分流的净化处理起到了积极作用，因为启用过程水处理车间之后，纸厂的杀菌剂用量降低了30%。

在该厂，瓦楞原纸及挂面纸板的最重要性质，比如平压瓦楞试验（Concora medium test, CMT）、短距压缩强度和耐破度，都没有受到不利影响。受影响最为明显的是纸品中的有机酸含量。从

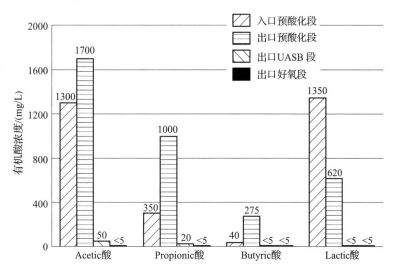

图 10 -53　Zulpich 纸厂不同水处理段过程水有机酸浓度的变化情况

表 10 -18 中可以看出，低分子质量脂肪酸的浓度发生了明显降低。纸品先前的恶臭现象在启用废水处理车间之后就消失了。纸品的恶臭气味偶尔会受到客户的投诉。感官试验也证实了这一点。感官试验是将产品的气味强度与参照样品的进行对比。这些参照样品是由仅采用半封闭式水循环系统的竞争对手生产的。

在启用过程水处理车间之前，居住在纸厂周围区域及邻近村庄的人们时常就恶臭问题提出申诉。在启用处理车间之后，对纸机废气及纸厂周围空气中的污染物进行了测定。表 10 -19 显示的是在启用过程水处理车间前后纸机废气中有机酸的排放情况。

表 10 -18　启用水处理车间前后瓦楞原纸中有机酸的浓度及下降比率（Zulpich 厂）

有机酸	浓度/（g/kg 纸）		降低比率/%
	启用之前	启用之后	
甲酸	1.2	0.6	50
乙酸	5.9	0.6	90
丙酸	0.4	<0.2	>50
丁酸	0.6	<0.2	>65
乳酸	6.6	0.7	90

表 10 -19　过程水处理对纸机废气排放的影响（Zulpich 厂）

废气组成	单位	之前	之后	降低比率/%
总碳	kg/h	7.1	1.7	76
臭味	气味单位/h	443.0	31.0	93
甲酸	kg/h	96.6	2.8	97
乙酸	kg/h	56.1	2.8	95
丙酸	kg/h	17.1	0.6	96
丁酸	kg/h	n. a.	0.6	—
乳酸	kg/h	n. a.	0.6	—
COD	kg/h	220.6	10.9	95

在 2001 年，即在 Zulhpich 纸厂启用过程水处理车间之后的许多年后，位于 Dusseldorf 的 Schulte Sohne 纸厂决定对其水系统进行封闭处理。在此之前，单位产品的废水量约为3m³/t 纸。该纸厂将废水排放至一个城市污水处理厂，并在那里进行生物处理。该厂决定对其水系统进行封闭处理最初是为了节省付给城市污水处理厂的污水处理费。由于厂区的面积受限，Zulpich 纸厂所采用的"肾脏"技术对空间的要求较高，无法用于该厂。Zulhpich 的"肾脏"技术包括两个 UASB 反应器，一个活性污泥车间（其中有两个暴气池），以及二次净化流程。另外，其他节省空间的白水处理技术（如超滤、纳滤或反渗透）在当时尚未被证实切实可行[87-88]。

Schulte Sohne 纸厂安装了一个比较节省空间的厌氧 IC 反应器和两个圆柱塔状的暴气式反应器。向暴气式反应器中泵入压缩空气,排掉其中的 CO_2,从而导致碳酸钙的沉淀。形成的碳酸钙沉淀被连续地排出,并重新投放回生产过程中。

这项基于"肾脏"理念的白水处理技术达到了纸厂的预期效果。就纸张质量及废气臭味排放而言,水系统的封闭没有造成任何负面的影响。化学助剂的消耗量也与系统封闭之前保持在同一个水平上。尽管如此,该厂还是于 2006 年决定在有限的程度上开放其水循环系统。该厂纤维原料中的废纸配比发生了变化,使得过程水的 COD 负荷增大了,从而造成生物"肾脏"的过载。另外,白水中氯化物浓度的升高引起了腐蚀问题。目前,另一个 IC 反应器连同一个石灰捕集器一起已投入运行,所以水循环有可能再次实现封闭。在锅炉用水的处理过程中,需要对离子交换器进行再生处理。如果来自离子交换器再生过程的废水不回流至白水循环中,而是直接排至城市污水系统中,那么氯化物浓度较高的问题就可以得到解决。

同样也在 2001 年,德国的一家新纸厂 Propapier(年产瓦楞原纸及挂面纸板 32 万 t)对其水系统实施了封闭循环,采用的"肾脏"(核心)技术是超滤和反渗透。但是,这些技术的生产经验非常差。在开机伊始,就存在膜的结垢、堵塞、生物污塞等问题,且这些问题在当时无法解决。2002 年,公司决定关停这些"肾脏"技术。从那以后,该厂一直在采用封闭式水循环系统,但过程水循环中没有任何能够降低 COD 的单元。COD 浓度约为 40000mg/L。如此高的有机物负荷不仅会给纸厂周围的环境,而且会在所产的纸品中造成严重的臭味问题。

2002 年,德国 Palm 公司在其位于 Worth 的新厂上马了一台 60 万 t/a 的纸机。该公司安装了一个采用厌氧 – 好氧嵌入式处理工艺的封闭水循环系统。另外,生物处理后的过程水的一个分流在用作该厂高速纸机的喷淋水之前,依次经过了超滤和反渗透处理。

由于碳酸钙结垢问题,纸机的效率及膜过滤设备的运行效率都比较低。另外,与膜滤浓缩液的处置有关的一些问题没有得到解决。所以,在运行了约两年后,该厂于 2004 年重新开放了其封闭式水系统。重新开放水系统后,单位产品的废水量约为 4m³/t 纸,纸机的生产效率提高了约 10%[89]。

2005 年,有 3 家新建的纸厂(利用二次纤维抄造瓦楞原纸)开始投产。三者在设计之初皆没有配置封闭水系统。因此,到目前为止,位于 Smurfit – Kappa 的 Zulhpick 纸厂是唯一一家采用了封闭式水系统的厂家。其水系统采用了前述的嵌入式"肾脏"技术。这意味着从 1990 年初开始,形势(水系统的封闭状况)并没有发生变化。另一方面,Zulhpick 纸厂的成功经验也激励了大批纸厂开始将其一部分生物处理后的废水回用作过程水。在一些纸厂中,处理后废水的回用比例达到 50% ~60% 之间。

目前仍有必要设法减少由碳酸钙的沉淀而造成的结垢问题。要解决这些问题看起来很复杂。控制碳酸钙发生结垢的一些机理仍未完全弄清。然而,即使结垢的问题可以得到解决,也会出现其他的问题,比如如何确保那些生产低克重包装纸的高速纸机的高效、平稳运行。因此,仍需做进一步的研究。

10.4.4.1 过程水中钙盐的去除

碳酸钙的沉析及结垢问题可通过各种措施来避免:

① 使用阻垢剂;

② 通过碳酸钙的可控沉析来降低钙的浓度。

10.4.4.2 阻垢剂的应用

一家配有完全封闭式水系统的德国纸厂使用一种磷酸盐作为阻垢剂。阻垢剂以 40mg/kg

的浓度加入到经过厌氧 – 好氧生物处理后的过程水中。这种"生物水"主要用来替代纸机喷淋水所用的清水。自从使用阻垢剂后，辊子、网子、毛毯及喷淋水喷头上的碳酸钙结垢现象降到了很低的水平。纸机的运行性能也有明显的提高。在食品类包装纸的生产过程中，若要在与食品发生接触的那部分纸中使用阻垢剂，该产品应该需要通过有关的认证。

10.4.4.3　碳酸钙的可控沉析

根据碳酸盐、碳酸氢盐两者之间的化学平衡，碳酸钙的沉析取决于过程水的 pH 以及相应的碳酸盐浓度。厌氧反应器的出水是适合用于可控沉析。该出水的 pH 原本在 6.8 ~ 7.2 之间，可通过加入碱液或对生物降解产生的 CO_2 进行汽提等方法来提高。

德国的纸厂采用两种不同的系统来沉析碳酸钙。第一种系统是暴气式反应器，压缩空气经过两个闭路式的管道被泵入其中[87-88]。CO_2 汽提可将 pH 提高至 7.8 ~ 8.0。在此 pH 范围内，碳酸钙开始形成，并可能发生沉降。钙浓度（以水的硬度为基准）的下降率仅在 10% ~ 20% 之间。石灰乳可进一步提高过程水的 pH。当 pH 在 8.0 ~ 8.2 之间时，硬度下降率在 50% ~ 90% 之间。在未经处理前，厌氧反应器的出水硬度约为 60°dH，对应的钙浓度约为 400mg/L。在反应器的锥形底部，沉淀下来的碳酸钙不断地被排走，并可重新回用于造纸过程中。2001 年，位于 Dusseldorf 的 Julius Schulte Sohne 纸厂在厌氧 IC 反应器之后的流程上安装了 2 台这样的暴气式反应器（每个反应器的容积为 320m³），将其作为第二个处理段。处理后出水的体积约为 850m³/d。这是目前德国唯一一个安装这种系统的厂家。

德国 Aerocycle 公司对上述暴气式反应器做了进一步改进，并称之为 AZE（Aerobes Zyklisches Enthartungsverfahren）工艺[90-92]。反应器的几何结构、器内的沉淀区以及暴气系统都得到了改进。尽管 AZE 工艺在处理生物处理段（厌氧段、活性污泥段和末段沉降段）的出水时显示了良好的脱碳酸效率，也进行了很多中试规模的试验探索，但目前尚没有建成工业化规模的车间。

相比之下，第二个系统，即由位于德国 Schwedt 的 KOWITEC 公司研制的 Lime Trap® 系统，更为成功[93]。该系统以微气浮原理（DAF）为基础。通过 CO_2 汽提和加入氢氧化钠溶液的方式对 pH 进行调整。沉析出来的碳酸钙漂浮在水面上，并由一个位于气浮槽上部的污泥收集刮板刮走。这种已在造纸行业中众所周知的微气浮系统是用来分离白水中的固体颗粒的。

在德国的造纸行业中，目前已安装了四套石灰捕集系统。最大的车间安装在一家年产 60 万 t 纸品（LWC 及白色挂面纸板）的纸厂中。为了防止活性污泥车间的膜式暴气系统出现碳酸钙结垢现象，需将 700 ~ 800m³/h 的厌氧净化段出水在石灰捕集系统中做进一步处理。

通过 CO_2 汽提和加入氢氧化钠溶液的方式将 pH 范围从 7.2 ~ 7.5 调整到 7.9 ~ 8.1。氢氧化钠溶液（质量分数 50% ）的加入量在 0.25 ~ 0.4L/m³ 之间。石灰捕集系统入水的硬度约为 40°dH（德国度），而出水的硬度降至 20°dH。提高氢氧化钠的加入量可使硬度的下降率超过 50% 。在本案例中，20°dH 的硬度足以确保在管道中以及后续的处理段中出现最小程度的碳酸钙结垢现象，无需对碳酸钙聚集体（沉积物）进行清洗。

10.4.4.4　未来的发展趋势

在非常具体的条件下，采用嵌入式过程水生物处理工艺的封闭水循环仅仅被看作是一种最佳的可用技术（best available technique，BAT）。由碳酸钙的沉析（管道、生物处理车间、网子、毛毯、喷淋器喷头等位置）而导致的问题仍需一个技术解决方案。石灰捕集系统（以可控沉析碳酸钙在微气浮槽中的气浮原理为基础）或许可解决这些问题。然而，石灰捕集系统是一个相当新颖的技术，该系统的效率仍需在未来的几年时间里进行验证。

水循环的完全封闭迟早会使水系统更为复杂。德国 Zulhpick 纸厂的封闭水系统(采用嵌入式生物处理工艺)已经运行了超过 15 年的时间。他们的实践经验清楚地表明,有必要对该系统进行全面地监测、控制和深入地理解。能否成功封闭水系统,在很大程度上取决于操作人员的动机以及他们对降低清水消耗量(降至约为 $1m^3/t$ 纸的优化值)的措施的认知程度。

参考文献

[1] Hamm, U. and Göttsching, L. 1991. Das Papier. 45(10A). V146.

[2] Borschke, D. , Gehr, V. and Mönnigmann, R. 1997. Das Papier 41(6A). V146.

[3] Chryssos, G. and Murr, J. . 1996. Einsparung von Deponieraum durch mechanische Fraktionierung und weitergehende Verwertung von Sortierrückständen aus der Altpapieraufbereitung. PTS – FB 30/96. Papiertechnische Stiftung, Munich. 25 pp.

[4] Hamm, U. 1996. Wochenbl. f. Papierfabr. Vol. 124(9):409.

[5] Hanecker, E. 1994. Alternative Verwertung von Reststoffen – außer thermische Nutzung – getrennt nach Fasern und Füllstoffen. INGEDE Report 2892 PTS. Papiertechnische Stiftung, Munich. 25 pp.

[6] Bienert, C. 1994. Untersuchung der Verwertungsmöglichkeiten von Schlämmen aus der Papierindustrie. PTS – FB 12/94. Papiertechnische Stiftung, Munich.

[7] Raitio, L. 1992. Paperi Puu 74(2):132.

[8] Grünewald, H. , Hogrebe, B. and von der Geest, C. . 1988. Wochenbl. f. Papierfabr. 117(7):263.

[9] Hamm, U. and Göttsching, L. 1989. Das Papier 43(10A):V39.

[10] Welker, A. and Schmidt, T. G. 1994. Water Res. 31(4):805.

[11] Wünschmann, G. , Hamm, U. and Göttsching, L. 1995. Wochenbl. f. Papierfabr. 123(9):395.

[12] Krieger, U. 1998. Paper Technology 39(4):45.

[13] Wenzel, L. 1996. Wochenbl. f. Papierfabr. 124(19):866.

[14] Azarniouch, M. K. 1995. Tappi J. 78(9):139.

[15] Bilitewski, B. , Härdtle, G. , Marek, K. , et al 1994. Waste Management. Springer – Verlag, Berlin, Germany. 699 pp.

[16] Kappel, J. , Fluch, H. – W. , and Brunnmair, E. 1997. Das Papier 51(6A):V182.

[17] Bertolotti, H. and Ploss, H. 1995. Wochenbl. f. Papierfabr. 123(10):456.

[18] Webb, L. 1994. Pulp Paper International 35(10):18.

[19] Kraft, D. L. and Orender, H. C. 1993. Tappi J. 76(3):175.

[20] Anthony, E. J. , Herb, B. E. and Lewnard, J. J. 1995. Pulp Paper Can. 96(3):T109.

[21] Frederick, W. M. J. , Lisa, K. , Lundy, J. R. , et al. 1996. Tappi J. 79(6):123.

[22] Bienert, Ch. , Hanecker, E. , and Murr, J. 1997. Das Papier 51(6A):V177.

[23] Latva – Somppi, J. , Tran, H. N. , Barham, D. , et al. 1994. Pulp Paper Can. 95(10):T381.

[24] Gahr, A. and Metz, A. – M. 1993. Das Papier 47(10A):V126.

[25] Dörre, R. 1995. Paper Technology 36(5):26.

[26] Douglas, M. A. , Latva – Somppi, J. and Razbin, V. V. 1994. Tappi J. 77(5):109.

[27] Lewnard, J. J. , Herb, B. E. , Siebert, K. J. , et al. 1993. Progress in Paper Recycling 2(4):45.

[28] Chryssos, G. and Murr, J. 1996. Das Papier 50(4):178.

[29] Louhimo, J., Burelle, R., and Suoniemi, T. 1995. Pulp Paper Can. 96(4):T143.

[30] Gutjahr, A. 1997. Das Papier 51(6A):V208.

[31] Demharter, W. 1995. Allg. Papierrundschau 119(33):818.

[32] Reimann, D. O. 1995. Entsorgungspraxis(10):63.

[33] Wünschmann, G. and Hamm, U. 1993. Das Papier 47(10A):V119.

[34] Mick, A., Ross, D. and Flemming, J. D. 1982. Processing primaryclarifier sludge into compost. Tappi Environmental Conference Proceedings, TAPPI PRESS, Atlanta, p. 93.

[35] Campbell, A. G., Engebretsond, R. R. and Tripepi, R. R. 1989. Tappi J. 74(9):183.

[36] Carter, N. 1983. Pulp & Paper 57(3):102.

[37] Smyser, S. 1982. Biocycle 23(3):25.

[38] Wünschmann, G., Hamm, U. and Göttsching, L. 1995. Wochenbl. f. Papierfabr. 123(16):707.

[39] Einspahr, D. and Fisus, M. 1984. Paper mill sludge as a soil amendment, Tappi Environmental Conference Proceedings. TAPPI PRESS, Atlanta, p. 253.

[40] Shimek, S., Charles, T., Nessman, M., et al. 1988. Paper sludge land application studies for three Wisconsins mills. TAPPI Environmental Conference Proceedings. TAPPI PRESS. Atlanta, p. 413.

[41] Hatch, C. J. and Pepin, R. G. . 1985. Tappi J. 68(10):70.

[42] Diehn, K. 1991. Recycling a deinking mill's waste through land spreading. TAPPI Environmental Conference Proceedings. TAPPI PRESS, Atlanta, p. 739.

[43] Pridham, N. F and Yan, A. Y. . 1991. Das Papier45(3):103.

[44] Bailey, S. L., O'Neill, D. C. and Smith, R. E. 1995. Assessing the impact of winter land application of secondary sludge on water quality. TAPPI Environmental Conference Proceedings. TAPPI PRESS, Atlanta, p. 735.

[45] Trepanier, L., Caron, J., Yelle, S., et al. 1996. Impact of deinking sludge amendment on agricultural soil quality. TAPPI Environmental Conference Proceedings, TAPPI PRESS, Atlanta, p. 529.

[46] Liebe, P. and Gerger, W. 1993. Zement – Kalk – Gips 46(12):E327.

[47] Ernstbrunner, L. 1997. Das Papier 51(6):284.

[48] Buchinger, H. and Ernstbrunner, L. 1991. Wochenbl. f. Papierfabr. 119(21):845.

[49] Kreft, W. 1989. Abfallwirtschafts Journal 1(11):1.

[50] Russel, C. and Odendahl, S. 1997. Pulp Paper Can. 97(1):T17.

[51] Hamm, U. and Göttsching, L. 1998. Wochenbl. f. Papierfabr. 126(1):15.

[52] Fenchel, U. 1978. Das Papier 32(10A):V54.

[53] Mertz, H. A. and Jayme, T. G. 1984. Startup and operating experience with the ZIMPRO high pressure wet oxidation system for sludge treatment and clay reclamation. TAPPI Environmental Conference Proceedings, TAPPI PRESS, Atlanta, p. 75.

[54] Gosling, C. D., Lamparter, R. A., and Barna, B. A. 1981. Tappi 62(2):75.

[55] Johnston, J. H. and Wiseman, N. 1996. Appita J. 49(6):397.

[56] Modell, M., Larson, J. and Sobzynski, S. 1991. Supercritical water oxidation of pulp mill sludges. TAPPI Engineering Conference Proceedings, TAPPI PRESS, Atlanta, p. 393.

［57］Cooper,S. P. ,Folster,H. G. ,Gairns,S. A. ,et al. 1997. Pulp Paper Can. 98(10):T365.

［58］Sohara,J. A. 1997. Internationale Papierwirtschaft(1):F46.

［59］Wünschmann,G. 1997. Untersuchungen zur Kompostierung von Reststoffen der Papierindustrie und Altpapier unter besonderer Berücksichtigung von Schadstoffbilanzierungen. Ph. D. thesis. Technische Universität Darmstadt,Darmstadt,Germany. 187pp.

［60］Welker,A. 1995. Die Belastung von Reststoffen aus der Papierindustrie mit halogenorganischen Verbindungen – Aufklärung der chemischen Zusammensetzung und Folgerungen für die Reststoffentsorgung. Ph. D. thesis. University Kaiserslautern,Germany. 170 pp.

［61］Schurz,J. 1984. Cellulose Chemistry Technology 18(3):257.

［62］Pacey,J. G. and De Gier,J. P,1992. The factors influencing landfill gas production. Conference on Energy from Landfill Gas,London. 26 pp.

［63］Anon. 1996. Towards a Sustainable Paper Cycle. International Institute for Environment and Development(IIED),London. 258 pp.

［64］Boelens J. ,De Wilde,B. and De Baere,L. 1996. Compost Science and Utilization 4(1):60.

［65］Svedberg,G. 1992. Waste incineration for energy recovery, Royal Institute of Technology (KTH),Stockholm,Report.

［66］Ekwall,K. 1992. Avfall – 92,NUTEK Report R 1992:31,NUTEK,Stockholm.

［67］Anon. 1998. Bild der Wissenschaft Plus(5):36.

［68］Vahrenholt,F. 1998. Globale Marktpotentiale für erneuerbare Energien(Deutsche Shell AG, Ed.). Reihe:Analysen und Vorträge 1/1998,Hamburg,Germany. 15 pp.

［69］Göttsching,L. 1993. Papier aus Österreich(9):11.

［70］Göttsching,L. 1994. Paperi Puu 76(8):479.

［71］Göttsching,L. ,Hamm,U. and Putz,H. – J. 1994. DasPapier 48(10A):V93.

［72］Anon. 1992. Putting new energy into paper recycling. InternalReport. Georgia – Pacific Corp. , Atlanta.

［73］Kara,M. 1994. Paperi Puu 76(1/2):44.

［74］Zippel,F. 1999. Wasserhaushalt von Papierfabriken. Deutscher Fachverlag GmbH,Frankfurt, Germany. 302 pp.

［75］Pfitzner,T. 1999. Wochenbl. f. Papierfabr. 127(4):223.

［76］Luttmer,W. J. 1996. Dutch Notes on Best Available Techniquesfor Paper and Board Production from Recycled Fibres. Document 96. Institute for Inland Water Management and Wastewater Treatment RIZA,Lelystad,The Netherlands.

［77］Möbius,C. H. and Cordes – Tolle,M. 1993. Das Papier 47(10A):V53.

［78］Badar,T. A. 1993. Progress in Paper Recycling 2(5):42.

［79］Möbius,C. H. 1991. Das Papier 45(1OA):V49.

［80］Hamm,U. ,Bobek,B. ,and Göttsching,L. 1991. Das Papier 45(10A):V55.

［81］Habets,L. H. A. ,Knelissen,J. H. and Hack,P. J. F. M. 1984. Wochenbl. f. Papierfabr. 112 (20):731.

［82］Göttsching, L. , Hamm, U. , and Putz, H. – J. 1998. Report on Best Available Techniques (BAT) for the production of case making materials(Test liner and Wellenstoff). Chair of Paper

Science and Technology. Technische Universität Darmstadt, Germany. 57 pp.

[83] Göttsching, L. and Lüttgen, 1978. W. , DasPapier 32(10A) : V46.

[84] Hamm, U. , Bobek, B. , and Göttsching, L. , 1999. Wochenbl. Papierfabr. 127(9) : 599.

[85] Geller, A. and Göttsching, L. 1982. Tappi J. 65(9) : 97.

[86] Diedrich, K. , Hamm, U. , and Knelissen, J. H. 1997. Das Papier 51(6A) : V153.

[87] Bülow, C. , Pingen, G. , Hamm, U. 2003. Complete water system closure. Pulp and Paper International. No. 8, 14 − 17.

[88] Bülow, C. , Pingen, G. , Hamm, U. 2003. Schließung des Wasserkreislaufs einer Altpapier verarbeitenden Papierfabrik unter besonderer Berücksichtigung der Calcium − Problematik. ipw/Das Papier. No. 1, 31 − 38.

[89] Wirth, B. , Kosse, J. , Welt, T. 2005. Die Bedeutung des Wasserkreislaufs bei der Herstellung von Wellpappenrohpapieren. Wochenbl. f. Papierfabr. 133. No. 16, 974 − 978.

[90] Althöfer, P, Feuersänger, G. 2005. Thermophile anaerobe Kreislaufwasserreinigung mit integrierter Enthärtung AZE. Wochenbl. f. Papierfabr. 133. 646 − 654.

[91] Althöfer, R. , Arndt, H. , Feuersänger, G. 2006. Too valuable for discharge − AZE Aerobic Cyclic Softening enables decarbonation of biologically treated process water of paper production. Professional Papermaking. No. 2, 88 − 91.

[92] Althöfer, R. , Feuersänger, G. , Schulte, J. 2010. Wiederverwendung von "Biowasser" Wochenbl. f. Papierfabrik. 138. No. 14/15, 773 − 776.

[93] Rother, U. 2007. Kalkfalle® − eine neue Technologie zur Kalziumeliminierung aus Wasserkreisläufen. Wochenbl. f. Papierfabr. , 135. No. 18 : 988 − 993.

第⑪章 废纸制浆过程中胶黏物的生物酶法控制

11.1 背景

11.1.1 废纸利用的现状及存在的问题

废纸(也称为二次纤维)回收利用已经在中国造纸原料中占相当大的比例。废纸回收利用在减少污染、改善环境、节约资源与能源方面产生了巨大的经济效益与环境效益,是实现造纸工业可持续发展以及社会可持续发展的一个重要的方向,据有关专家测算:利用1t废纸相当于节约$3m^3$木材,1.2t标准煤,600kW·h,$100m^3$水[1]。

随着以废纸为原料的造纸工业迅猛发展,全球回用废纸总消耗量从1970年约为3000万t,已增长至2015年的2亿t左右,2015年中国的废纸消耗量为9731万t。如图11-1所示,近十年来中国纸浆消费总量中废纸浆的比例不断地提高。目前,中国已成为世界废纸最大的进口国和消费国。2015年中国纸浆消耗总量7984万t,其中废纸浆所占比例达到79%,为6338万t,较上年增长2.42%,其中进口废纸2392万t[2]。

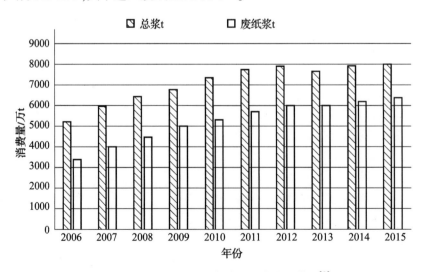

图11-1 2006—2015年中国纸浆消耗情况[2]

废纸回收利用率的提高,使废纸回用纤维中黏性杂质的含量不断提高,与此同时随着生产技术进步制浆造纸白水循环系统的封闭程度不断地增加,导致这些黏性杂质在白水中不断积累。以上因素使胶黏物障碍问题对实际生产的影响日益严重。废纸循环利用过程中胶黏物的去除和控制已经成为一个越来越重要的问题[5]。

在造纸工业废纸回用过程中,胶黏物障碍引起的问题,其主要表现在废纸浆中的黏性杂质在成形网、压榨辊、烘缸和压光机等造纸机关键部位形成黏性沉积物,给造纸机的正常运行带来一系列的问题,严重时可能导致造纸机运行中的断纸现象。上述问题会造成造纸机大量的停机清洗时间,增加不必要的生产成本。同时,这些黏性沉积物能够造成纸页上的空洞和小斑点,这些质量问题导致成纸在加工使用中的问题,可能影响印刷机的正常运转并导致印刷质量问题。而且随着废纸原料品质下降和杂质种类的增多,废纸浆中胶黏物的化学组成变得越来越复杂,所带胶黏物障碍日益突出,尤其是胶黏物和油墨混合形成的新杂质对于纸机正常运行以及纸产品质量的影响越来越严重[6]。因此,通过对废纸浆中胶黏物的化学组成和存在状态的研究,有效的检测和控制胶黏物是解决废纸循环利用过程中胶黏物障碍问题的关键,对于制浆造纸工业的可持续发展具有重要的现实意义。

11.1.2　胶黏物的定义、来源、性质和危害

11.1.2.1　胶黏物的定义

废纸中胶黏物的构成物质来源及其组成十分复杂,难以给出胶黏物的确切定义。造纸工业中胶黏物通常指那些伴随废纸浆进入造纸水循环体系的有机混合物,其定义是:浆料或水循环体系中存在的,能够在造纸过程的某个阶段,黏附或者可能黏附在纸机设备、管道或辊子上的黏性物质,以及成纸产品中的颗粒状黏性污染物[7]。

11.1.2.2　胶黏物的来源

随着废纸回收利用率的提高,尤其是混合废纸的循环利用程度不断提高,废纸浆中污染物的组成变得越来越复杂,同时实际造纸生产过程中,废纸浆通常混合部分原生浆并且添加各种造纸化学品,这使得黏性杂质的来源和化学组成变得更加复杂。不仅包括植物纤维中原本存在的甾醇酯、甘油酯、脂肪酸、树脂酸等物质,而且包括大量的人工添加的高聚物如纸张黏合剂、油墨黏结料、涂料黏合剂、石蜡等,最后造纸过程中添加的化学品在生产条件变化时,也会形成胶黏物。除了木材中的原本存在的树脂类抽出物成分以外,废纸浆脱墨中使用的工业皂的脂肪酸和施胶所用松香胶的树脂酸也可归类于胶黏物。黏性物质根据来源可大致分类为[7-8]:

(1)木材抽出物

木材抽出物的来源相对单一,主要来源于原生纤维,但同时也不排除一些残余的脱墨剂和施胶剂中的成分。其中性组分沉积趋势较强,主要包括甘油三酯、甾醇酯、树脂酸等物质,其中的甘油三酯是导致树脂障碍的主要成分,也是胶黏物沉积中的重要组分。虽然酸性组分沉积趋势相对较低,但是它们能够同造纸循环系统中的金属离子形成不溶性皂化物,造成胶黏物沉积。

(2)压敏性胶黏剂

压敏性胶黏剂就是对压力敏感的胶黏剂,不需要加热,不需要溶剂只要给予一定的压力就能实现黏接的一种胶黏剂。废纸原料中的压敏性胶黏剂主要来源于各种黏性标签,它们在压力作用下具有黏性,容易沉积在压榨部毛布和干燥部烘缸表面上,如丁苯胶乳和聚丙烯酸酯类。

(3)热熔性胶黏剂

热熔性胶黏剂是一种热塑性的固体胶黏剂,通过加热溶化成流体后,涂抹在需要粘贴

的材料表面,利用胶层冷却固化实现黏合。废纸浆中的热熔性胶黏剂主要来源有两部分,其中一部分来源于用于包装纸箱和纸袋及杂志书本的胶黏剂,如聚乙酸乙烯酯和乙烯乙酸乙酯;另一部分来源于某些经过加工具有特殊性能的纸品中的防水防油剂,如蜡和蜡质化合物。

(4)涂布黏合剂

主要来源于纸页生产加工过程中所使用的各种涂布黏合剂,在生产涂布加工纸时,涂布原料中的黏合剂是最重要的组成之一。当加工纸循环再生时,这些黏合剂会随废纸纤维进入造纸循环系统中,产生胶黏物问题。这些涂布黏合剂主要包括丁苯胶乳、聚乙酸乙烯酯、聚丙烯酸酯和聚苯乙烯等人工合成物。

(5)油墨连接料和残余油墨

印刷油墨通常是由颜料、黏接料和调节剂3部分组成,油墨的黏接料和调节剂是脱墨浆中的胶黏物重要来源之一。传统的油基型油墨在制浆过程中筛选、净化及后续的浮选工序中较容易去除,但是目前大量使用的水基型油墨、紫外光固油墨、激光印刷油墨等新型油墨,采用常规的方法无法完全去除,而且这些残留在废纸浆中的油墨包含着大量油墨连接料。而油墨连接料多数属于人工合成胶黏剂,同时许多油墨本身具有疏水性,使油墨微粒失稳和沉积趋势大大增加。

(6)施胶剂

如烷基烯酮二聚体、烷基琥珀酸酐、松香胶等。主要来源于各种施胶纸和造纸过程中添加的浆内施胶剂,本身具有疏水性,易于与其他疏水的黏性杂质相互黏附,增加沉积趋势。

(7)其他造纸助剂

在制浆造纸生产过程中可能需要加入一些专用的化学助剂改变纸张的性能,如施胶剂、改性淀粉、无机和有机填料、天然及合成或半合成的胶乳等,另外还要加入一些辅助的化学助剂改善纸机运行性能和产品质量,如表面活性剂、助留助滤剂、增强剂、消泡剂等。虽然这些添加剂相对植物纤维的比例不高,但都属于潜在胶黏物。无机填料作为最普遍的造纸助剂,生产过程中的添加量相对较大,种类也比较多,如白土、高岭土、二氧化钛、滑石粉等,这些无机填料容易被黏性杂质黏附,导致胶黏物的物理性质发生改变,更容易发生胶黏沉积。

11.1.2.3 胶黏物的性质

废纸回用过程中,胶黏物的来源和组成十分复杂,胶黏物对造纸生产过程的影响受其本身的物理和化学性质的影响。了解胶黏物具有的物理和化学性质,是成功的控制胶黏物危害的重要前提。不同来源和组成的胶黏物具有不同的物理和化学性能,如密度、疏水性、黏弹性、黏性、可塑性、热敏感性、pH 敏感性、降解性、反应性、亲脂性、电性等[9]。

(1)密度

在废纸循环利用过程中,胶黏物的密度会影响其在筛选、净化和浮选过程中的去除效率,大多数的胶黏物密度等于或小于 $1.0g/cm^3$,但是胶黏物在生产过程可能与添加的造纸助剂相互吸附,导致胶黏物微粒的密度发生改变。例如胶黏物吸附填料(滑石粉、高岭土、碳酸钙等)颗粒后,密度会增大;而吸附低密度的造纸助剂后,其密度会降低。

(2)水溶性

由于胶黏物组分极其复杂,其中大部分的组分不溶于水,如大部分的热熔胶黏剂和压敏胶黏剂等。还有一部分组分能够溶于水,如乙烯醇、醋酸乙烯酯、淀粉等,这些溶于水的胶黏物要在洗涤和浮选过程中去除,尽量减少其进入白水循环系统的可能性。

（3）黏性

胶黏物中所包含的压敏胶黏剂、油墨胶黏剂、涂布黏合剂等组分，均具有很低的表面张力，导致胶黏物微粒具有较高的疏水性和黏性，容易相互聚集成团或黏附填料形成大颗粒的黏性杂质，沉积趋势增加。

（4）可塑性

胶黏物颗粒具有非常好的可塑性，这一性质在温度升高和受到外界应力时表现得更为明显，这主要是由于胶黏物组分表面能较低具有很强的变形性。因此在筛选过程中，某些尺寸大于筛缝或筛孔的胶黏物颗粒在剪切力的作用下发生变形，依然可以通过筛缝或筛孔进入后续的生产工段。

（5）电负性

由胶黏物特别是树脂类物质中含有大量的树脂酸、脂肪酸等组分，在液相中这些组分容易发生电离，导致胶黏物微粒的表面带有负电荷。同时，胶黏物的表面负电荷又和 pH 有密切的关系，相对于酸性和中性条件，在碱性条件下纸机水循环系统中会形成大量的阴离子垃圾，不仅影响阳离子的造纸助剂的使用效果，而且通过吸附阳离子物质还可能形成更多新的胶黏物。

（6）反应性

造纸过程中使用的化学药品如烧碱、过氧化氢、二氧化氯等，都可能与废纸浆中的胶黏物发生化学反应。胶黏物中的酸性组分可以与碱反应得到可溶于水的溶解和胶体物质，而且胶黏物可以与漂白用的氧化剂发生氧化还原反应，导致大分子的胶黏物降解，形成低分子质量的化合物。

11.1.2.4　胶黏物的危害

随着在现代制浆造纸工业中废纸回用量不断增加，胶黏物障碍造成的问题日趋突出，而且随着白水封闭循环程度的提高，以及料整体质量的下降，导致胶黏物问题更加严重，对产品的质量和纸机正常运行产生不利影响[10]。在实际生产过程中，采用废纸作为主要原料的造纸工厂必须定期停机来冲洗和清除沉积在设备和循环体系中的胶黏物，造成大量的停机时间损失并引起生产成本的增加。

生产操作中发生的胶黏物障碍问题有多种的表现形式，主要包括对纸机设备、白水循环管道、压榨辊、烘缸、成形网和毛毯的不利影响，以及对纸张抄造过程中的表面施胶、涂布、压光、复卷，以及成纸质量产生的不利影响。造纸生产过程中常见的由于胶黏物障碍导致的生产异常主要包括：a. 黏附无机填料、纤维细小组分后，在输送管道内、压力筛和流浆箱等处形成黏性沉积物，影响生产的正常运行；b. 在纸机成形网上沉积，堵塞网孔，造成滤水困难，影响纸页横幅匀度，出现断头现象，增加停机清洗时间；c. 沉积在压榨毛毯和压辊上，影响毛布滤水能力，造成纸页脱水困难，引起压花和压溃现象，降低成纸质量的同时也严重影响纸机运行性能，并且缩短了毛毯的正常使用寿命；d. 沉积在纸机干燥部烘缸和干网上，造成纸页破洞和断头，降低干网使用寿命，增加停机时间；e. 沉积在纸页上的胶黏物和胶黏物造成的破洞和定量不均匀，导致压光机、复卷机生产不正常，增加大量不必要的生产成本；f. 胶黏物残留在纸页中，形成污点，增加尘埃数，出现透明点、空洞等影响纸页的质量。

溶解与胶体物质（Dissolved and Colloidal Substance，DCS）是白水循环体系中胶黏物的重要来源之一，DCS 在循环水系统中以稳定的溶解与胶体物质形式存在，但是 DCS 在白水中基本呈现负电性，具有很强的吸附阳离子的趋势，本身就有很强的凝聚和沉积趋势[11-12]，当纸机系统的温度、pH、电导率等条件发生变化时，DCS 就会发生失稳或破乳，产生絮聚或凝聚进而产生沉积[13-14]。这些沉积的 DCS 会黏附细小纤维和填料等物质,一起在成形网、压榨部毛毯、压榨辊或烘缸表面形成胶黏物沉积,堵塞成形网和压榨毛毯,造成纸页滤水不均匀和压溃现象,增加纸机断纸和停机清洗次数。当这些物质沉积到纸页上时,会产生斑点、孔洞,不仅会引起纸机干燥部和复卷机断纸,而且会导致产品质量降级。

由于胶黏物造成影响的复杂性,其所造成的损失难以进行准确的统计,胶黏物障碍所引起经济损失的来源基本上可以归纳为产品质量的降级和造纸机额外的停机清洗和设备维修时间。目前,已经有大量关于胶黏物障碍所导致的经济损失的研究报道。根据 Friberg 的研究[16],每年美国的制浆造纸工业因为胶黏物障碍而造成的经济损失约为 7 亿美元。据 Baumgartner[15] 估算,利用废纸作为主要原料的造纸工厂,由于胶黏物问题造成成本约为 5 ~ 25 美元/t 纸。而 McHugh[17] 的研究表明,由于胶黏物障碍所增加的停机清洗时间,以旧瓦楞纸箱为原料的箱纸板工业每年的额外的经济支出达到 2.2 亿美元。

11.1.3 胶黏物的分类

由于废纸循环利用过程中胶黏物的种类很多,来源广泛,组分极其复杂,因此存在着多种多样的对于胶黏物的分类方法,但是无论从哪个角度分类,都是为了更好的认识废纸回用过程中的各种胶黏物,为胶黏物控制和去除提供科学的依据。下面就从胶黏物的尺寸大小、胶黏物的生成方式以及胶黏物与纤维结合状态等角度对胶黏物进行分类。

11.1.3.1 胶黏物的尺寸大小

根据胶黏物微粒尺寸大小,可以分为大胶黏物、微细胶黏物和次生胶黏物。所谓大胶黏物是指筛选时无法通 100 ~ 150μm 缝筛的胶黏物;微细胶黏物是可以通过 100 ~ 150μm 缝筛,但能够保留于 1 ~ 5μm 缝筛上的胶黏物;颗粒尺寸小于微细胶黏物的溶解和胶体状态的黏性物质则被称为次生胶黏物[18-20]。这种根据胶黏物微粒尺寸大小的分类,不仅是可以作为选择不同的胶黏物测定方法的依据,而且也是生产过程中不同工序选择去除或钝化胶黏物分界线。在实际生产中,根据胶黏物的尺寸大小差异可以采取不同的控制措施。自身的尺寸较大的胶黏物,可以通过筛选和净化设备去除;直径范围在 10 ~ 150μm 的微细胶黏物,也可以通过筛选法除去;粒径在 1 ~ 10μm 的微细胶黏物有效地去除方法是浮选法,而对于直径小于 1μm 的细小分散的胶黏物常规的净化设备难以除去,只能依靠物理或化学的方法进行钝化处理[21]。

11.1.3.2 胶黏物的存在形式

根据胶黏物在系统中的存在形式,可以将其分为原生胶黏物和次生胶黏物[19-20]。原生胶黏物是指原本就存在于废纸中的黏性杂物,在碎浆和后续处理过程中被分散的产物,由于自身的颗粒尺寸大小、形状和胶黏性能而能自然沉积的胶黏物。次生胶黏物则是指在浆水体系中以溶解和胶体物质(DCS)形式存在的物质,由于化学反应、温度、pH 和电导率发生变化,可能形成大的具有黏性沉积物[21]。

原生胶黏物包括天然树脂类和合成树脂类化合物。天然树脂类指的是木材抽出物,如树脂酸和脂肪酸等。合成树脂类化合物指的是人工合成高聚物,包括用作涂布胶黏剂、热融胶、油墨胶黏剂等,此外石蜡和作为填料、涂料的无机化合物,也能够黏附在胶黏物表面,在合适的温度和压力下也会具有黏性。次生胶黏物主要是由于造纸水循环系统中的积累的溶解与胶体物质(DCS)在生产条件发生变化时,会失稳形成胶黏物。这种胶黏物通过两种途径形成,一是碎浆过程中形成的可溶的或胶体物质,二是由于系统电导率、pH、温度波动导致 DSC 失去稳定性进而发生凝聚沉积。大部分原生胶黏物可用物理方法如筛选、净化等方法除去;而由于再生胶黏物是在生产过程中形成的,无法使用物理方法去除,对生产过程和产品质量的影响更大。

11.1.3.3　胶黏物其他分类方法

根据胶黏物和纸浆中纤维的结合状态可以将胶黏物分为黏结态胶黏物和游离态胶黏物。黏结态胶黏物是指黏附在纤维表面与纤维呈黏结状的胶黏物;游离态胶黏物是指未黏附在纤维上,在浆水系统中呈游离状的胶黏物。这种分类方法有利于说明胶黏物微粒能否有效的从废纸浆中除去[22]。黏附在纤维上的大胶黏物和游离态大胶黏物都可以通过筛选和净化设备去除,游离态的微细胶黏物能用浮选法除去,但黏结态的微细胶黏物在浮选过程中不能有效去除,只能随纤维留在纸页中[23]。

其他的胶黏物分类方法还有:根据胶黏物能否回收利用,可分为有利于回收和不利于回收的胶黏物。根据胶黏物的化学组成,可分为压敏性胶黏物、热熔性胶黏物和胶乳。根据胶黏物的可见性,可分为可见的和不可见的胶黏物[24]。

11.1.4　胶黏物的分析和检测方法

胶黏物问题普遍存在于采用废纸作用主要原料的造纸工厂。而且随着造纸水循环系统封闭程度的提高和白水循环次数的增加,胶黏物在水循环体系中的积累程度越来越严重,对纸机正常生产运行和产品质量带来严重的影响。由于胶黏物的化学组分非常复杂,因此很难开发一种标准的胶黏物分析检测方法,只有明确了胶黏物的含量和组分,才能真正开发出合理高效的胶黏物控制方法。不同种类的胶黏物有不同的检测方法,它们的化学成分都可以通过溶剂抽提和化学分析的手段进行定性和定量分析。以下具体介绍几种比较常用胶黏物定性分析和定量检测方法。

11.1.4.1　胶黏物的定性分析方法

(1)傅里叶变换红外光谱(FT – IR)

红外光谱能够提供有机化合物丰富的结构信息,特别是中红外光谱区域能够深刻的反映分子内部所进行的各种物理过程及分子结构方面的各种特性,是鉴定有机化合物分子结构和化学组成的最主要的方法之一。目前,傅里叶变换红外光谱仪逐渐取代了色散型红外光谱仪,它主要由红外光源、光学系统、检测器以及数据处理与数据控制系统组成。通常,利用傅里叶变换红外光谱法(FT – IR)分析未知化合物的成分和结构,胶黏物成分的鉴别通常也可以采用FT – IR。

红外分析的基本原理是当样品受到频率连续变化的红外光照射时,分子吸收了某些波段的辐射引起分子振动或转动,发生偶极矩的变化,导致电子能级从基态到激发态的跃迁,使相应于这些吸收区域的透射光强度减弱,从而得到相应化合物的红外谱图。因为每种化合物的官能团都具有特征的红外吸收光谱、位置、形状和相对强度,因此红外光谱能够对有机化合物的结构和组成信息进行定性分析。目前已经有许多关于采用FT – IR对胶黏物组分进行定性分析的研究报道[25 – 27]。

(2)气相色谱和质谱联用(GC – MS)分析技术

气相色谱技术是一种化合物的分离技术,分离的原理是采用物质的沸点、极性和吸附性质的差异来实现混合物的分离。其分离过程如下:待分析样品在汽化室汽化后被载气(一般是N_2、He等)带入色谱柱,柱内含有液体或固体固定相,由于组分的沸点、极性和吸附性能的不同,每种组分都倾向于在流动相和固定相之间形成分配或吸附平衡,由于载气的流动,使样品组分在运动中进行反复的分配或吸附/解附,载气分配浓度大的组分先流出色谱柱,而在固定相分配浓度大的组分后流出,组分流出色谱柱后进行检测。质谱分析法主要是通过样品微粒的质荷比的分析来实现样品定性和定量的一种分析方法,样品在电离装置中被电离为离子,然后在质量分析装置中把不同质荷比的离子分开,再经检测器检测后得到样品分子的质谱图。

气相色谱和质谱联用分析可以检测胶黏物中的挥发性组分。不同组分依据各自的化学和物理特性在气相色谱的毛细管分离柱中进行分离,分离后的组分逐个由载气带入质谱仪中检测,从而确定不同组分的化学结构及含量[28-29]。

热裂解气相色谱质谱联用(Py-GC-MS)主要用来分析不易挥发的高分子物质,样品在裂解室内,高温使之瞬间裂解,生成可挥发性的小分子物质,并立即被载气带入气相色谱系统,分离后各组分被逐个输入质谱仪中检测。采用热裂解气相色谱质谱联用分析胶黏物组分和结构时,不需要对样品进行预先提纯或预处理,可以直接对原样进行分析,从而避免了预处理过程可能带来的分析失真和其他信息的丢失。许多研究者报道了利用Py-GC-MS技术研究胶黏物和纸机沉积物中难以挥发的组分[30-31]。

(3)高效液相色谱/凝胶色谱法

高效液相色谱/凝胶色谱法(HPLC/GPC)是分离胶黏物不同组分的常规方法。凝胶色谱,按流动相的类型可分为凝胶渗透色谱(以有机溶剂为流动相)和凝胶滤过色谱(以水为流动相)。凝胶色谱主要用来分离高分子类物质,测定聚合物的相对分子质量分布,还可对未知样品进行初步的探索性分离。

HPLC/GPC的分离原理是待测样品组分进入分离柱后,随流动相在凝胶外部间隙以及凝胶孔隙旁流过。对于那些太大的分子由于不能进入孔隙而被排斥,随着流动相的移动而最先流出;较小的分子则能渗入到孔隙中并几乎不受阻碍的通过;中等大小的分子可进入到较大的孔隙中,但无法进入较小的孔隙,所以流出顺序居中,这样就达到了组分分离的目的。

许多研究者报道了采用HPLC/GPC对胶黏物进行分离,然后再通过不同的检测仪器对分离的胶黏物组分进行单独分析的方法。例如采用HPLC结合尺寸排除色谱柱SEC(Size Exclusion Column)将胶黏物各组分分离。对于分离的物质以分子尺寸为区分依据,采用红外吸收光谱分析法(FTIR)和Py-GC/MS分析高分子质量的物质,并用GC-MS分析低分子质量的物质[32]。

(4)其他定性分析方法

热失重分析法(TGA)的原理是基于氮气环境中废纸浆中合成高聚物的热解温度高于纤维素、半纤维素、木素等天然高聚物。因此特定温度下的质量损失可以用来分析纸浆纤维中胶黏物的化学性质和组成。然而,该方法具有一定的局限性,因为研究表明在与胶黏物相同的温度下木质纤维也会发生裂解[33]。

有机溶剂抽出物重量分析法,包括采用回流抽提法、索氏抽提法、加速溶剂抽提法、超临界流体抽提法、固相抽提法、甚至在超声波作用下可以通过试管直接进行溶剂抽提,抽出物经过干燥并称重。重量分析法测定抽出物容易操作,但却不能反映抽取物的成分。并且,采用的有机溶剂决定了能够被抽出的物质含量[34]。

11.1.4.2 胶黏物的定量检测方法

(1)大胶黏物的测定

目前比较常用的检测大胶黏物的方法主要有3种:TAPPI-T277方法、INGEDE-4方法,以及基于筛选和视觉观察或图像分析(ISO15360-2:2001)方法。这3种测定方法首先都是利用筛选法处理纸浆,然后将得到的浆渣进行后续处理。常用的筛选设备主要是 Sommerville 筛浆机、Pulmac Master screen 筛浆机、Valley 筛浆机、Haindl 筛浆机等。后续对残留的浆渣的分析方法,主要包括直接观察法、染色法、热转移法、手抄片法等。

INGEDE-4 方法就是称取一定量的废纸浆,然后将废纸浆稀释至一定浆浓。用筛缝 0.15mm 的 Pulmac Masterscreen 型筛浆机对浆样进行筛分,之后将筛渣抽滤脱水并转移到白色滤纸上。取出白色滤纸,在其上覆盖一张硅酮涂覆离型纸,于一定温度和一定压强下干燥一定时间,然后移去硅酮涂覆离型纸。用镊子将滤纸完全浸入黑色水性油墨进行染色,待完全湿透后取出滤纸,将多余的油墨吸干。再盖上一张硅酮涂覆离型纸,在一定温度和一定压强下干燥一定时间。干燥后,移去硅酮涂覆离型纸,在滤纸表面上均匀撒上一层氧化铝粉,将纸样夹持在两张纸板之间,于一定温度和一定压强下干燥一定时间。移去纸板并用软毛刷轻扫去未被黏附的氧化铝粉,在扫描仪上获取图像后,采用图像分析软件进行图像分析,以 mg/kg(mm^2/m^2)或 mm^2/kg 报告胶黏物含量的检测结果。该方法在欧洲被广泛采用[35]。

TAPPI-T277 方法的主要操作步骤是,采用 TAPPI 标准疏解器将一定质量的浆样疏解后,用筛缝宽 0.15mm 的 Pulmac Master Screen 型筛浆机对浆样进行筛分,筛渣脱水后转移到黑色滤纸上。用特种涂布纸覆盖在载有筛渣的黑色滤纸上,在一定温度和一定压力下干燥一定时间。然后,将干燥后的试样移去特种涂布纸,并在一定压强条件下用去离子水喷淋一定时间,再覆盖硅酮涂覆离型纸按以上条件干燥。最后,称重得出筛渣质量,并用影像分析系统计量黑色滤纸上的白点[36]。

(2)微细胶黏物的测定

对于能够通过 150μm 筛缝的微细胶黏物,筛选法无法准确地进行测定,其主要测定方法包括:抽提法(萃取法)、重量分析法、冷藏法等。

抽提法:基于特定的有机溶剂能够选择性的溶解胶黏物的前提,用于检测能够被选用的溶剂溶解的胶黏物。目前,还没有找到一种仅对废纸浆中胶黏物有专门的选择性的溶剂,因此废纸浆中并非胶黏物的化学组分也会在抽提过程中溶出,抽出物并非完全由胶黏物组成。此外,在不同的有机溶剂中,胶黏物的溶解性也不尽相同,还没有一种溶剂可以溶解废纸浆中胶黏物的所有组分。常用的抽提胶黏物的有机溶剂包括:二氯甲烷(DCM)、二甲基甲酰胺(DMF)、氯仿(chloroform)、甲基叔丁基醚(MTBE)、四氢呋喃(THF)等[34]。利用抽提法分析微细胶黏物时,需要提前将待测样品进行筛选处理,排除大胶黏物对分析结果的影响。Johansson 等采用 Somerville 缝筛(筛缝:0.15mm)和动态滤水仪对废纸浆进行筛选,然后对筛选后浆料的微细胶黏物进行有机溶剂抽提分析,但是研究发现微细胶黏物中可能包含有比网孔大的胶黏物,并且不是所有的微细胶黏物都可以通过筛网,因此分析结果并不是十分理想[27]。

重量分析法:首先利用专用的收集器吸附纸浆悬浮液中的黏性杂质,然后将吸附在收集器上的微细胶黏物进行重量分析。重量分析法是基于胶黏物能够在疏水物质表面保留的原理,主要利用的疏水材料包括聚乙烯、聚酯、聚丙烯等,具体分析方法可以分为:聚乙烯薄膜法、聚乙烯瓶法、聚丙烯泡沫塑料法、纸机聚酯网法和沉积转子法。聚乙烯薄膜法、聚乙烯瓶法、聚丙烯泡沫塑料法的实验方法大致相同,都是将疏水材料的收集器放入到纸浆悬浮液中,经过一定时间后,将吸附了胶黏物的收集器从纸浆中取出,并将收集器上的纤维去除,之后在一定温度下烘干并称量沉积在收集器表面的物质,收集器质量的增加量即为胶黏物的质量。相对于前面 3 种方法,纸机聚酯网法和沉积转子法是在搅拌器或振荡器上安装上纸机聚酯网或疏水性材料的转子,测定浆料流动过程中的胶黏物吸附情况,其他操作步骤与前 3 种方法大致相同,这种方法可以模拟纸机网部沉积胶黏物的状态[37]。

其他方法:巴斯夫和 Simpatic 开发的激光颗粒计数法,能够测定 0.5~40μm 的胶黏物颗粒,其原理是:通过用荧光染色剂对未与纤维结合的疏水性微粒进行染色,再使用荧光光学分析仪器进行分析,对产生的光脉冲信号进行计量。该方法的好处就是不仅可以看到自由的不溶性微粒,还可以看到附着在细小微粒上的不溶性微粒[38]。TAPPI 开发的冷藏法,用于测量白水中的微细胶黏物,其原理是:将两份同样体积的白水分别进行不同的处理,其中一份通过 0.15mm 的缝筛,然后利用 TAPPI T277 方法,通过图像分析法分析筛渣,而另一份放在冰箱冷藏 14 天后,再通过 0.15mm 的缝筛,然后采用与前一部分相同分析方法对筛渣进行测量,两次测量的差值即代表白水中微细胶黏物的含量[39]。

(3)次生胶黏物的测定

随着造纸机水循环系统封闭性的不断提高,白水循环体系中的 DCS 随着纸机运行时间的增加逐渐积累,当白水循环次数达到一定程度时,积累的 DCS 就会失稳,并发生沉积,产生次生胶黏物障碍,严重影响纸机的稳定运行和产品质量。对于水循环系统中的次生胶黏物的测定,目前尚未有统一的标准方法。通常采用的间接方法检测样品中次生胶黏物的含量,例如通过对废纸浆中 DCS 的特有性能和基本参数的测定,间接的表示浆料中次生胶黏物含量情况。溶解和胶体物质(DCS)特有性能包括:固形物中不同组分的含量、阳离子电荷需求量、电导率和浊度。以上基本参数的测定方法如下:

① 总固形物(Total Substances,TS)、溶解物(Dissolved Substances,DS)、悬浮物(Suspended Solids,SS)、胶体物(Colloid substances)、溶解和胶体物(DCS)含量的测定[40]。量取 50mL 水样,在 105℃下烘干后,得到的残余固形物就是 TS;将 50mL 水样,在 2000r/min 条件下离心 20min,将上清液在 105℃下烘干后,得到的固形物就是 DCS;将离心后的上清液,通过 0.22μm 微孔滤膜过滤,滤液在 105℃下烘干后,得到的固形物就是 DS。这些含量相互的换算关系为:

$$TS = SS + DCS$$
$$DCS = DS + CS$$

② 阳离子电荷需求量和电导率的测定[41-42]。相关的研究表明,DCS 的阳离子电荷需求量和电导率主要是由 DS 贡献的。因此,通过对样品阳离子电荷需求量和电导率的测定可知推断白水样品中的 DS 含量情况。测定阳离子电荷需求量的方法如下:测定前调节待测水样的 pH 为 5,采用 1000μeq/L 的聚二烯丙基二甲基氯化铵溶液作为标准的阳离子滴定液,通过 Mütek PCD03 型胶体电荷自动滴定仪对 10mL 的待测水样进行滴定,并自动计算白水样品的阳电荷需求量。白水样品的电导率测定方法:首先调节水样的 pH 为 5,然后采用 DDS-11A 电导率仪进行检测。

③ 浊度的测定[41-42]。相关的研究表明,白水样品中的浊度主要是由 CS 贡献的。白水水样的浊度测定步骤如下:首先调节水样的 pH 为 5,然后装入浊度仪专用的石英比色皿中,再利用散射光浊度仪进行测量。虽然白水样品浊度数据只能作为定性分析的参考依据,但是通过样品的浊度情况能够间接的反映测试样品中的 CS 含量情况。

11.1.5 胶黏物的控制方法

关于废纸循环利用过程中的胶黏物控制技术,已经有大量的研究报道,并且部分研究成果已经在实际生产过程的投入运用。目前,最常规的胶黏物控制技术,按照其基本原理可以概括为 3 大类:机械(物理)方法、化学方法和生物方法。近十年来,相继发展了化学吸附法、化学固定法、

化学表面钝化法、化学净化溶剂法、电荷中和化学反应法等[43]。其具有代表性的方法如下:

11.1.5.1 机械(物理)法控制胶黏物

机械(物理)方法(工艺控制法)主要用于控制大胶黏物和部分尺寸较大的微细胶黏物,是废纸为主要原料的造纸工厂中胶黏物控制的主要方法,已在实际生产中得以广泛的应用。利用机械(物理)法能够除去废纸浆中大部分的胶黏物,是生产过程中最常用的经济、高效的胶黏物控制方法,但是通过这种方法去除胶黏物的效果取决于整体生产工艺的设计和生产设备的性能,生产工艺设计的优劣和设备性能的好坏决定胶黏物的去除效率。常规的机械法主要包括:a. 原料的筛选和预处理;b. 浮选;c. 筛选;d. 净化;e. 洗涤;f. 分散等[44]。

浮选是以废纸为主要原料的脱墨浆生产过程中重要的生产工序,该工序主要通过气泡捕集和除去废纸浆中的油墨微粒,由于胶黏物微粒与油墨微粒尺寸性能均比较相近,并且部分油墨中的组分也是胶黏物的重要来源,因此浮选过程中会有部分粒径较小的胶黏物被去除,主要集中在粒径为 $20 \sim 250 \mu m$ 范围内的微细胶黏物,但是浮选过程对尺寸较大的胶黏物去除效果不明显[45]。

筛选的主要原理是,基于胶黏物和植物纤维尺寸和形状的差异,通过筛缝(孔)的尺寸大小调节,进而分离植物纤维和胶黏物。通过筛选工序能够去除 70% ~80% 的原生胶黏物。目前常用的筛选设备是压力筛。影响筛选效率的主要因素有:筛缝(孔)形状、筛缝(孔)尺寸和筛缝速度、旋翼转速和进浆浓度等。通过改进压力筛可以减少因旋翼转动而产生浆料的正压脉冲,进而降低了通过筛缝的浆速,使筛选过程变得柔和,温和碎浆和柔和筛选与净化是今后机械物理方法改进的方向。

净化的基本原理是:基于植物纤维和废纸浆中的各种杂质相对密度的差别,利用设备产生的高速涡流将纤维和密度大于或小于纤维的杂质进行分离,主要用于除去筛选设备无法去除那部分杂质,在实际生产中通常与筛选工序结合使用。净化设备(除渣器)对胶黏物的去除效率与浆料中各组分的相对密度差、除渣器的材质、工艺参数等因素有关[46-47]。通过净化能够有效去除部分与纤维密度差别较大的胶黏物。

热分散主要设备是热分散机,通常由浓缩、加热和分散 3 部分组成。其操作原理是基于废纸浆中的杂质颗粒在高温下通过剪切力的作用能够被分散成细小颗粒。主要操作步骤如下,废纸浆浓缩到 30% 左右的干度后,通过螺旋输送器输送到立式撕碎机进行分散破碎,然后经预热器加热到一定温度(一般 90 ~120℃)后进入热分散器,在热分散器里利用盘磨的高速旋转而产生的挤压、揉搓、摩擦作用使浆料中的胶黏物分散成微细颗粒[47]。

11.1.5.2 化学方法控制胶黏物

化学控制法:通过添加一种或几种胶黏物控制剂,使废纸浆或白水循环系统中的胶黏物发生溶解、钝化、分散或保持分散状态,或者使胶黏物吸附或结合在纤维或湿纸页上,并最终被保留在纸页中从而脱离水循环系统。化学控制法的控制目标对象主要是那些利用物理方法难以完全去除的微细胶黏物和次生胶黏物。这些胶黏物具有的共同特点就是微粒尺寸一般在几十个微米以下,甚至存在相当一部分属于胶体范畴的尺寸小于 $1 \mu m$ 微粒。实际生产过程中经常采用的胶黏物化学控制方法主要包括:化学吸附法、化学分散法、化学固定法、化学表面钝化法、化学净化溶剂法、电荷中和化学反应法等。

化学吸附法并不会改变胶黏物微粒的尺寸大小,而是通过添加吸附剂覆盖胶黏物微粒表面,去除胶黏物的黏性或增加其亲水性,避免沉积或使其更保持稳定分散的一种方法。化学吸附法的两种主要机理是大量吸附和化学改性。大量吸附主要包括矿物填料的吸附,及合成纤维的大量吸附,这种吸附方式主要是利用吸附剂覆盖胶黏物表面的黏性接触位置,进而避免其发生沉积。化学改性使用最多的是非离子型聚合物,通过吸附剂改变胶黏物微粒表面的表面张力,增加其亲水性并降低胶黏物黏性。制浆造纸中常用的吸附剂是滑石粉,这种片状多层结构的软矿物质,本身具有疏水性的表面和亲水性的边缘,疏水性表面能够使其与同样疏水的胶黏物颗粒相结合,亲水性边缘使吸附了滑石粉的微粒表面张力降低,在水中更易稳定分散[48]。滑石粉吸附剂控制废纸循环过程中的胶黏物有非常显著优点:使用成本低、无毒环保、化学性质稳定不会同体系中的其他物质发生化学反应、对 pH 和温度不敏感有很广的适用范围、大部分能够随纸页带离系统,不会在白水循环中过度积累。

化学分散法的目的是增强废纸浆胶黏物的热和机械碎解操作效果,通过将较大的胶黏物打碎成中等大小的碎片,并保持其结构的稳定,避免其再次凝聚成团,主要包括湿润、乳化、溶解和稳定的方法,研究表明通过化学分散降低胶黏物的尺寸,并不会对后续生产运行及产品质量产生不利影响,反而能够减少干燥部胶黏物沉积[55]。一般分散剂分为阴离子型和非离子型两种。阴离子型分散剂的作用机理是,分散剂的疏水基团能够吸附在胶黏物微粒表面,从而增加胶黏物微粒的电负性,加大了微粒间的静电排斥作用,使胶黏物微粒在纸浆中能够均匀分散并保持稳定的胶体状态,同时胶黏物吸附分散剂后黏性下降,减少了沉积的可能性。非离子型分散剂的作用机理与阴离子型分散剂不同,依靠疏水基团吸附到胶黏物微粒表面的非离子型分散剂另一端带有亲水基团,这些伸向水中亲水基能够显著降低胶黏物微粒的表面张力,从而降低这些微粒的黏性,保证微粒能够均匀稳定地在水中分散。

化学固定法的原理是,通过添加低分子质量并带有高电荷密度的阳离子聚合物固定剂,将普遍带有负电荷的胶黏物通过阳离子聚合物固定在同样带负电荷的植物纤维上。在使胶黏物微粒固定之前,必须先保证微粒在浆中均匀的分散,因此在实际生产中化学固定法通常与化学分散法联合使用,即首先利用分散剂将胶黏物分散成小尺寸的微粒,并保持微粒均匀分散,然后再添加化学固着剂将这些分散的胶黏物微粒固着在浆料纤维上。

化学表面钝化法与化学固定法的原理相似,常用的表面钝化剂主要是阳离子树脂,实际生产中通过纸机的喷水管将这些低分子质量、高阳离子电荷的聚合物持续的喷淋到成形网上,使其与成形网表面的负电荷发生反应,吸附的阳离子聚合物在网上形成隔离层,即通过阳离子隔离层吸附水中的阴离子垃圾形成高负电荷的保护膜,从而阻止负电荷的胶黏物微粒吸附到成形网上,并且这些阳离子聚合物也能覆盖在胶黏物微粒表面从而使其吸附在带负电的纸浆纤维上,随纸页带离纸机系统,防止胶黏物在白水循环系统中积累[49]。

11.1.5.3 生物方法控制胶黏物

生物酶制剂在制浆造纸工业中的应用已有多年的经验,主要用来控制微生物沉积物、加强漂白效果和纸机系统的清洗,但是利用生物酶制剂控制废纸浆及白水循环体系中的胶黏物是近几年刚刚开始的,特定的生物酶制剂可以减小胶黏物的尺寸并允许较有效地控制胶黏物,而且这种作用还会减少胶黏物的黏性。对胶黏物化学组成的研究表明[50]:绝大多数胶黏物都含有大量能将胶黏物的基本结构组分连接在一起的酯键。因此关键在于找到能够催化断裂酯键从而使胶黏物颗粒碎解成较小碎片的酯类生物酶制剂。利用生物酶制剂处理胶黏物的主要机理可能是通过胶黏物组分之间结合的酯键分解断裂,减少胶黏物微粒的尺寸,降低胶黏物的黏性,防止胶黏物微粒的絮凝。这一方法的最大优点是酯键一旦断裂,胶黏物的基本组分就很难在系统中重新聚合。

目前生物酶控制胶黏物的主要对象是树脂类胶黏物,其作用机理是(在通常情况下,水解速率极低的某些脂类物质在生物酶的作用下快速水解、生成醇和酸,并通过有效的固定作用固定在纤维表面。有资料表明:采用生物酶法进行混合办公室废纸脱墨所得纸浆的白度比化学法高 1.5% ISO 左右,而且具有较好的强度和较低的尘埃度和残余油墨浓度。

在已投入应用出树脂类生物酶控制剂的基础上,进一步发展生物处理技术是目前重要的研究方向。如:Buckman 公司开发了一种控制胶黏物的新技术,即用一种生物生物酶制剂(酯类酶制剂—Optimize®产品),用于控制废纸造纸过程中的胶黏物障碍问题。它是一种酯酶(能够催化断裂化合物中酯链),该产品控制胶黏物的基本原理就是使胶黏物的酯键发生断裂,使胶黏物的基本组分失去或降低黏性,并且保持分散状态。实际生产过程中添加这种控制剂可以显著减少废纸浆中胶黏物含量,改善纸机的运行性,减少停机清洗时间。目前,国内企业也陆续推出了生物酶胶黏物控制剂,例如:深圳绿微康公司的 LPS 系列胶黏物控制剂,其主要成分是复合脂肪酶,通过酶催化断裂胶黏物中的连接键,可以高效的降解胶黏物微粒的尺寸,并且保持胶黏物稳定分散,减少由于胶黏物沉积导致的生产和产品质量问题。

11.2　近红外技术快速测定胶黏物可行性研究

简单、快速、准确的胶黏物检测方法是有效控制和消除胶黏物障碍的前提和基础。然而,浆料中胶黏物含量的测定还没有统一的标准。目前,开发的胶黏物含量测定方法有很多:有机溶剂抽提法可以获得浆料体系中总胶黏物含量的有效可行的途径;筛选法(其中最常用的是 INGEDE - 4 法)用于测定大胶黏物含量[35];对于微细胶黏物的测定,Sujit[51]等人提出基于总有机碳(TOC)的 EMMA 法,这种方法将白水中分子质量为 3000 ~ 10000u 的高分子物质皆视为微细胶黏物;柴欣生等[52]提出了基于顶空气相色谱测定白水体系中微细胶黏物含量的方法。由于这些方法存在操作步骤多、耗时长或需要的浆料量比较多等缺点,所以难以满足指导工业生产的实际需要。长期以来,造纸工业一直在寻找一种快速、准确测定浆料体系中胶黏物含量的分析方法,以便能够有效评价的浆料体系中胶黏物含量及变化情况。

近红外光谱(near infrared spectroscopy, NIR)技术是一种分析快速简便、不破坏样品、成本较低的技术。其基本原理是,当一束红外单色光或复合光射穿样品时,如果被照射样品的分子选择地吸收辐射光中某些频率波段的光,则产生吸收光谱。分子吸收了光子后会改变自身的振动能态。通常,分子基频振动产生的吸收谱带位于中红外区域(400 ~ 4000cm^{-1})。与中红外区域相邻的区域即 4000 ~ 14285cm^{-1},称为近红外区域,分子吸收红外辐射(光子或能量)后会引起构成分子中各化学键的振动,这些化学键振动的方式类似双原子非谐性振动,发生在该区域内的吸收谱带对应于分子基频振动的倍频和组合频。近红外光谱属于分子振动光谱,倍频和组合频构成了近红外光谱的核心部分,NIR 谱带的产生和属性(频率,强度)取决于非谐性。非谐性最高的化学键是那些含有最轻原子,即氢原子的化学键,因此与 X - H$_n$ 官能团有关的吸收谱带在近红外光谱区域中占主导地位,光谱记录的主要是含氢基团 C—H、O—H、N—H、S—H、P—H 等振动的倍频和组合频吸收。随着近红外技术,特别是傅里叶变换近红外光谱技术和化学计量学方法的发展,近红外光谱技术已经在农产品、饲料、饮料、药物、石油化工等领域中得到了广泛的应用[53 - 54]。近红外光谱技术在制浆造纸领域中的应用研究主要集中在对纸浆木素含量、纤维素含量、卡伯值等的预测[55 - 56],但应用近红外光谱技术测定浆料中的胶黏物含量鲜见报道。

本研究采用近红外光谱技术与偏最小二乘法(Partial Least Square,PLS)相结合,通过设计已知胶黏物含量的废纸浆模型物,分析近红外光谱数据和浆料中胶黏物含量的相关性,建立预测模型。从而对近红外光谱预测浆料中胶黏物含量的可行性进行了评价,以期为后续胶黏物快速测定方法的开发提供指导。

11.2.1 实验与方法

11.2.1.1 废纸浆模型物制备

用于标准添加的胶黏物:将取自脱墨浆生产线的废纸浆样品风干后,在索氏抽提器中用四氢呋喃(THF)抽提6h,得到的溶于THF的抽出物,真空干燥后备用。

废纸浆模型物:将商品漂白硫酸盐浆板疏解后,配成浓度为4%的浆料悬浮液。在漂白硫酸盐纸浆中添加一系列浓度的胶黏物,通过搅拌使其充分混合并均匀分散,得到75个浆料样品,如表11-1所示。

11.2.1.2 废纸浆模型物近红外光谱的采集

测量前对仪器预热,仪器测试通过后,对背景进行扫描,保证测量环境和人工操作的一致性,测量过程中每隔45min进行1次背景扫描以消除漂移。用于光谱采集的样品,配制成浓度2%和4%的浆料悬浮液。然后取250mL悬浮液,装入近红外光谱仪专用的500mL低羟基玻璃烧杯中,采用积分球漫反

表11-1 校正模型和外部验证的废纸浆模型物的胶黏物含量分布

样品集	样品数	胶黏物含量范围/%	平均值/%
校正模型样品集	55	0.16~3.20	1.51
外部验证模型样品集	20	0.21~3.07	1.6

射方式采集浆料样品的光谱,每个光谱设定由64次扫描自动平均得到。对每个样品重复装样并扫描2次,采集2个近红外光谱图。

11.2.1.3 近红外预测模型的建立和预测效果评价

近红外光谱往往包含一些与待测样品性质无关的因素带来的干扰,如样品的状态、光的散射、杂散光及仪器响应等的影响,导致了近红外光谱的基线漂移和光谱的不重复。因此对原始模型进行预处理是非常必要的。本研究采用的预处理方法主要包括平滑、扣减、一阶导数、归一化和多元散射校正等。

校正模型中废纸浆胶黏物含量与光谱响应值直接的关联关系通过偏最小二乘法(PLS)进行线性校正。其具体原理如下所示。

(1)首先将光谱矩阵X和浓度矩阵Y进行分解,其模型为:

$$X = TP + E$$
$$Y = UQ + F$$

式中:T和U分别为X和Y矩阵的得分矩阵;P和Q分别为X和Y矩阵的载荷矩阵;E和F分别为X和Y矩阵的偏最小二乘法拟合残差矩阵。

(2)之后将T和U做线性回归:

$$U = TB \tag{11-1}$$

$$B = (T^T T)^{-1} T^T Y \tag{11-2}$$

在预测时,首先根据P求出未知样品光谱的矩阵$X_{未知}$的得分$T_{未知}$,然后由下式得到浓度预测值:

$$Y_{未知} = T_{未知} B Q \tag{11-3}$$

在偏最小二乘法中,确定光谱矩阵中参与回归的最佳主成分数尤为重要。如果选取的主因子太少,将会丢失原始光谱较多的有用信息,拟合不充分;如果选取的主因子太多,会将测量噪声过多的包含进校正模型,出现过度拟合现象。因此我们采用完全交互验证的方法来选取主因子,其原理如下。

对某一因子数 h,从 n 个校准样品中选取 m 个作为预测(通常采用留一法,即每次留取一个样品作为预测),用余下的 $n-m$ 个样品建立校正模型,来预测这 m 个样品。再从这 n 个校准样品中选取另外 m 个作为预测,重复上述过程。经过反复建模及预测,直到这 n 个样品均被预测一次且仅被预测一次,则得到对应这一因子素的 $PRESS$ 值: $PRESS = \sum_{i=1}^{n} (y_i - y_I)^2$,其中 y_i 代表第 i 个样品的真实值, y_I 代表第 I 个样品的预测值。PRESS 值越小,说明模型的预测能力越好。

通过采用偏最小二乘法和完全交互验证方式,建立废纸浆模型物的胶黏物含量与采集的近红外谱图信息之间关系的定量分析模型,利用 OPUS 定量分析软件包 QUANT 程序自动优化模型,选择出最佳谱区、最佳预处理方法和最佳主成分维数。采用这些最佳条件进行内部交叉验证,通过比较预测值和实际值的符合程度(相关系数 R^2 和交叉检验的校正标准偏差(Standard error of calibration,SEC))来评价数学模型的优劣。 R^2 和 SEC 由以下公式计算得出:

$$R^2 = 1 - \frac{\sum (y'_i - y_I)^2}{\sum (y_i - y_m)^2} \quad SEC = \sqrt{\frac{1}{M} \cdot \sum_{i=1}^{M} (y'_i - y_I)^2} \qquad (11-4)$$

其中, M 为样品数, y_I 为第 i 样品的预测值, y_i 为第 i 样品的实际值, y_m 为 m 个样品交叉预测值的平均值。

对建立的关于胶黏物含量的近红外校正模型,采用外部验证的方式进行检验,评估校正模型对未知样品中的胶黏物含量的预测效果。采用外部验证的相关系数 R^2 和预测标准偏差(SEP)来进一步评价模型。

11.2.2　校正模型的建立基本步骤及参数的选择

浆料中的胶黏物的化学组成十分复杂,与废纸原料组成、制浆造纸工艺过程有着密切关系。应用近红外光谱技术预测浆料中胶黏物含量,是依据浆料样品的近红外光谱所包含的化学组分信息,通过化学计量学分析,来建立样品的散射、漫反射和特殊反射等信息与浆料中胶黏物含量之间的数学关系,从而预测未知浆料样品的中胶黏物的含量。图 11-2 示意了近红外光谱技术预测胶黏物含量的基本步骤。

图 11-2　近红外光谱技术预测胶黏物含量的建模流程图

在 12500~4000cm^{-1} 波数范围内,通过积分球漫反射方式采集不同胶黏物含量的浆料样品的近红外光谱,如图 11-3 所示。由图可知,浆料主要是纤维、水以及其他组分所形成的悬浮液。当胶黏物含量相同,浆料浓度为 4% 和 2% 的样品的近红外光谱图有明显的差别;浆料中的水分含量不同对样品的近红外光谱图也有很大影响。在江泽慧[57]等人对用近红外预测木材干密度的研究中表明可以通过采集大量不同含水率下的样品来校正水分对近红外光谱法的影响。在本研究中,我们通过固定浆料样品的浓度为4%(即使水分含量保持恒定),消除浆料浓度

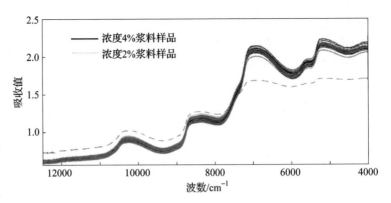

图11－3　不同胶黏物含量的浆料样品的近红外吸收光谱图

的变化对预测胶黏物含量的影响并简化校正模型的影响因素。

11.2.2.1　模型的建立

校正模型的交互验证的相关系数 R^2 和校正标准偏差 SEC 是衡量模型好坏程度的主要指标。对于一个校正模型,相关系数 R^2 越高(即 R^2 越接近1),标准偏差越小,其预测效果越好。如表11－2所示。采用最大－最小归一法预处理的光谱所得的偏最小二乘法的校正模型内部交互验证的 R^2 和 SEC 最佳,其光谱范围为12493.4～7498.4cm^{-1}和6102.1～5349.9cm^{-1},维数为7。图11－4示意了该模型内部交叉验证相关图。

表11－2　　　　　　　　　　不同预处理方法对校正模型的影响

预处理	SEC	R^2	维数	光谱范围/cm^{-1}
最大－最小归一法	0.211	0.918	7	12493.4～7498.4;6102.1～5349.9
矢量归一法	0.215	0.914	6	12493.4～7498.4;6102.1～4597.8
消除常数偏移量	0.220	0.911	6	12493.4～7498.4;6102.1～5466.3
直线扣减	0.243	0.891	6	12493.4～7498.4;

11.2.2.2　校正模型的检验

为了检验已建立的浆料胶黏物含量近红外校正模型,采用外部验证的方法,通过对未参与建模浆料样品中胶黏物含量进行预测,评价和检验所建校正模型实际预测效果。用校正模型预测20个浆料样品的胶黏物含量不同的浆料样品,将预测值与其实际值进行线性拟合,如图11－5所示。应用校正模型对外部验证模型的样品进行预测,其得到的外部验证模型的相关系数 R^2 和外部验证的标准偏差 SEP 分别为0.935和0.211,所建立的校正模型具有较好的预测效果。

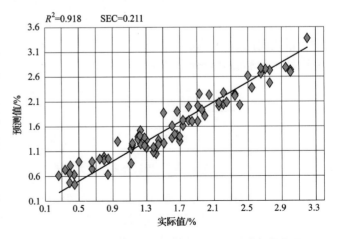

图11－4　浆料中胶黏物含量的内部交叉验证相关图

11.2.2.3　方法重现性的评价

方法的重现性(精密度)是保证其准确性的前提,它在相对测量方法中尤为重要。我们对 4 个不同胶黏物含量的浆料分别重复 10 次装样,采集样品的光谱,并利用校正模型对其胶黏物含量进行预测,其测定结果的重现性以及与实际值的比较如表 11－3 所示。由表 11－3 可知,对于同一样品,采用近红外光谱法得到浆料样品中胶黏物含量的预测值,其重现性相对标准偏差均小于 15%,与实际值比较的平均误差小于 10%。这

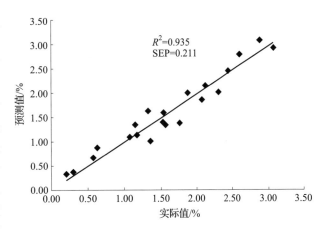

图 11－5　浆料中胶黏物含量预测值与实际值的相关关系

说明通过近红外校正模型预测废纸浆中胶黏物含量的方法具有较好的精密度。

目前我国造纸行业通常采用中国国家标准或者 INGEDGE 方法测定胶黏物。由于该方法在测定过程步骤较多、操作不易控制,其测定的重复性方面的误差大于 20%,因此通过近红外技术建立的胶黏物预测方法的精确度优于现有的测定胶黏物测定方法。

表 11 －3　　　　　　　　　　　　　　方法的重现性

编号	胶黏物含量预测值/%			
	A	B	C	D
1	2.82	2.04	2.12	1.25
2	2.88	2.07	1.89	1.36
3	2.64	2.04	2.05	1.31
4	2.86	1.90	1.87	1.52
5	2.85	2.43	1.86	1.24
6	2.79	2.20	2.06	1.40
7	2.90	1.95	1.99	1.29
8	2.53	2.05	1.91	1.73
9	2.82	2.04	2.03	1.49
10	2.80	2.07	2.16	1.39
相对标准误差/%	11.6	14.6	10.7	14.9
预测平均值	2.79	2.08	1.99	1.40
实际值	2.60	2.30	1.88	1.53
相对平均误差/%	7.11	-9.81	-6.04	8.67

11.3 废纸浆胶黏物近红外快速检测方法的建立

近红外光谱技术是一种分析快速简便、不破坏样品的技术,在上一章的讨论中,我们确定了废纸浆中胶黏物含量与其近红外光谱之间具有良好的相关性。这一发现为建立废纸浆中胶黏物含量的快速检测方法提供了重要思路。

但是,由于近红外技术实际上属于一种二级分析方法,所能达到的准确度并不能超过建立模型时所用测定组分或性质的一级方法的准确度,而且模型的建立需要大规模的采集相关样品,需要消耗很多人力、物力。同时,由于废纸回收利用的特殊性,不同的造纸生产线由于废纸原料的差别,胶黏物种类和化学组分往往有较大差别,因此寻找一种准确测量废纸浆中胶黏物含量的一级方法,是建立精确的废纸浆胶黏物含量预测模型的关键。

筛选法(如比较常用的 INGEDE - 4 方法)能够模拟废纸处理系统中去除胶黏物的可能性,并且操作简便,目前已在造纸工厂和研究机构中普遍应用。该方法主要操作步骤如下:筛选、过滤、热压、染色、图像分析。其测定结果主要代表废纸浆中占主要部分的大胶黏物含量。

采用有机溶剂抽提法是另一种常用的胶黏物分析方法,抽出物可以利用其他分析方法如红外光谱、气相色谱/质谱联用等进行定性和定量分析,其测定结果可以代表废纸浆料中总的胶黏物含量。但是不同有机溶剂对胶黏物溶解效果不同,挑选一种对胶黏物具有高效选择能力的有机溶剂是提高这种测量方法准确性的关键。MacNeil[58-59] 等人用 Py - GC - MS、GC - MS 和 HPLC - SEC - ELSD 等分析检测方法对二甲基二甲酰胺(DCM)、二氯甲烷(DMF)和四氢呋喃(THF)3 种溶剂抽提测定脱墨浆中胶黏物含量进行了比较和相应的表征,认为 THF 作为抽提用有机溶剂对纸浆中胶黏物的选择性优于 DCM 和 DMF,并且发现采用 HPLC - SEC - ELSD 法还可以对 THF 抽出物中的胶黏物进行定量测定。

本章主要介绍通过两种不同一级测试方法:筛选/图像分析法、有机溶剂抽提/高效液相色谱 - 蒸发光散射检测器联用(HPLC - ELSD)分析法,取得实际生产过程中废纸浆中胶黏物含量化学值,建立废纸浆胶黏物含量的近红外校正模型,并对校正模型进行外部验证。分析和讨论不同化学值采集方法对近红校正外模型准确性的影响,挑选和建立能够实际应用的胶黏物含量预测模型,最后分别建立针对新闻纸生产线和挂面箱板纸生产线废纸浆样品的近红外快速检测方法。

11.3.1 实验方法

11.3.1.1 废纸浆中胶黏物含量化学值的测定

(1)筛选法

本研究中采用的测定浆料中大胶黏物含量筛选法与 INGEDE - 4 法[17] 相类似,具体操作步骤如下:a. 取稀释至浓度为 1% 的 10g 绝干浆料样品用于胶黏物含量的测定;b. 将待测浆料放入 Messmer Somerville 缝筛(筛缝为 0.15mm)中,筛选时间为 20min;c. 筛选结束后,筛板上的残渣转移到一张滤纸上,然后在该滤纸上覆盖一张新滤纸,在加压加热作用下将滤纸上的胶黏物转移到新滤纸;d. 采用制浆造纸工程国家重点实验室开发的图像分析软件计算滤纸上胶黏物的面积,即可得到脱墨浆单位质量的胶黏物含量(单位 mm^2/g 绝干浆)。由于时间和人力限制,筛选法测定的对象仅限于新闻纸脱墨浆样品。

（2）有机溶剂抽提法

① 有机溶剂抽提　废纸浆样品冷冻干燥到恒重，然后准确称取一定量的样品在索氏抽提器中采用 THF 抽提回流 4h，THF 抽出物在真空干燥箱中 40℃ 下烘干去除水分。恒重的抽出物样品用 10mLTHF 重新溶解，并超声 30s，然后用 0.2μm 的聚四氟乙烯微孔过滤膜去除不溶解的杂质，滤液装入 10mL 玻璃瓶中备用。

② HPLC – ELSD 分析　对所有样品的 THF 抽出物进行 HPLC – ELSD 联用分析。洗脱液 THF 流速为 1.0mL/min，进样量为 20μL。蒸发溶剂光散射检测器：漂移管温度为 60℃，氮气流速为 2.0mL/min。

11.3.1.2　废纸浆中近红外光谱采集

（1）仪器与软件

实验所用仪器为 MPA 型傅里叶变换近红外光谱仪（Bruker 公司），扫描谱区波数范围为 12500 ~ 4000cm^{-1}，带有可旋转样品池。采用积分球漫反射方式采集浆料样品的光谱，每个光谱设定由 64 次扫描自动平均得到。对每个样品扫描 6 次；测量前对仪器预热，仪器测试通过后，对背景进行扫描；保证测量环境和人工操作的一致性，测量过程中每隔 45min 进行 1 次背景扫描以消除漂移。该仪器带有用于化学计量学计算的 OPUS 定量分析软件包 QUANT 程序。

（2）光谱采集

用于光谱采集的样品在室温下风干至水分恒定。然后取 2g 浆料用组织捣碎机打散 30s。装入近红外光谱仪专用的 20mL 低羟基玻璃瓶中，并控制样品的松厚度一致。在 12500 ~ 4000cm^{-1} 波数范围内，采用积分球漫反射方式采集样品的近红外光谱。同一样品按上述方法装样采集 6 次。

11.3.1.3　近红外预测模型的建立和预测效果评价

针对不同废纸浆种类和不同胶黏物化学值测量方法，分别建立 3 个不同的近红外校正模型：a. 新闻纸（大胶黏物/筛选法）校正模型；b. 新闻纸（总胶黏物/有机溶剂抽提法）校正模型；c. 挂面箱纸板（总胶黏物/有机溶剂抽提法）校正模型。

采用偏最小二乘法和完全交互验证方式在废纸浆的胶黏物含量与近红外光谱数据之间建立定量分析模型，利用近红外光谱仪 OPUS 定量分析软件包 QUANT 程序自动优化模型，选择出最佳谱区、最佳预处理方法和最佳主成分维数。具体方法参照第 11.2 章节。

11.3.2　有机溶剂抽提和 HPLC – ELSD 联用测定废纸浆中的胶黏物含量

本研究采用含有等量甘油三酯、甾醇酯、脂肪酸、树脂酸的混合溶液作为外标物。甘油三酯、甾醇酯、脂肪酸、树脂酸等都是常见的纸浆 THF 抽出物组分。图 11 – 6 为混合外标物的 HPLC – ELSD 图，可以看到 ELSD 对于浓度相同的不同物质具有几乎相同的响应值。这个特性也是利用 HPLC – ELSD 测定复杂的混合物质组成的废纸浆抽出物的关键前提。

选取混合溶液中 4 种物质峰面积的平均值作为外标物的峰面积。通过计算

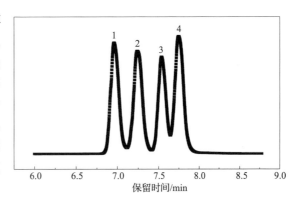

图 11 – 6　相同含量外标物的 GPC – ELSD 图
1—甘油三酯　2—甾醇酯　3—脂肪酸　4—树脂酸

得到的外标校正曲线如图 11 - 7 所示,外标物浓度和响应值呈良好的线性关系,两者之间的相关系数 R^2 达到 0.995。建立的外标校正曲线,用作胶黏物含量测定的标准曲线。

图 11 - 8 是一张典型的废纸浆的 THF 抽出物的 HPLC - ELSD 图。如图 11 - 8 所示,胶黏物和其他 THF 抽出物的峰并没有完全分开,而是出现相互重叠的现象。造成这种现象的主要原因是,废纸浆中胶黏物和其他 THF 抽出物是由多种不同分子质量的复杂的化合物组成的,它们的分子质量分布相互重叠,因此本实验采用的尺寸排斥色谱柱并不能完全地分离各种物质的峰。但是通过数学方法进行拟合,仍然能够区分各物质的峰,从而得到各物质的含量。通过这种方法计算得到的物质的量,其误差小于 10% 。

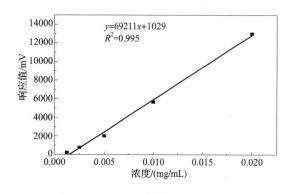

图 11 - 7　用于胶黏物含量测定的
外标校正曲线

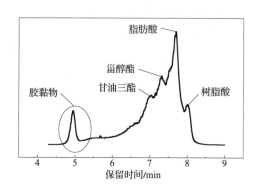

图 11 - 8　典型的 THF 抽出物
GPC - ELSD 图

11.3.3　近红外校正模型和外部验证模型的样品选择

利用筛选法共采集了 103 个新闻纸厂废纸浆样品的胶黏物含量的信息,如表 11 - 4 所示。从中选取 70 个样品作为校正集样品,另外 33 个样品作为外部预测集样品。校正集和外部验证集样品中的胶黏物含量范围分别为 0.008 ~ 0.388mm²/g 绝干浆和 0.014 ~ 0.387mm²/g 绝干浆。

利用有机溶剂抽提法收集的新闻纸厂的废纸浆样品胶黏物含量信息如表 11 - 5 所示。从中选取 71 个样品作为校正集样品,剩余的 10 个样品作为外部验证集样品。校正集和外部验证集样品中的胶黏物含量范围分别为 0.048 ~ 0.982mg/g 绝干浆和 0.062 ~ 0.802mg/g 绝干浆。

表 11 - 4　新闻纸废纸浆校正和外部验证模型
样品的大胶黏物含量分布

样品集	样品数	胶黏物含量 范围/(mm²/g 绝干浆)	平均值/ (mm²/g 绝干浆)
校正集	70	0.008 ~ 0.388	0.218
验证集	33	0.014 ~ 0.387	0.151

表 11 - 5　新闻纸废纸浆校正和外部验证模型
样品的总胶黏物含量分布

样品集	样品数	胶黏物含量 范围/(mg/g 绝干浆)	平均值/ (mg/g 绝干浆)
校正集	71	0.048 ~ 0.982	0.345
验证集	10	0.062 ~ 0.802	0.333

用有机溶剂抽提法收集的挂面箱纸板厂废纸浆样品胶黏物含量信息如表 11 - 6 所示。从中选取 78 个样品作为校正集样品,剩余的 10 个样品作为外部预测集样品。校正集和外部验证集样品中的胶黏物含量范围分别为 0.06 ~ 7.05mg/g 绝干浆和 0.16 ~ 5.09mg/g 绝干浆。

图 11 - 9、图 11 - 10 分别是利用筛选法和有机溶剂抽提法取得的用于建模的新闻纸厂废纸

浆样品中胶黏物含量分布图,图 11 - 11 是有机溶剂抽提法取得的箱纸板厂废纸浆样品的胶黏物含量分布图。

表 11 - 6　箱纸板废纸浆校正和外部验证
模型样品的总胶黏物含量分布

样品集	样品数	胶黏物含量 范围/(mg/g 绝干浆)	平均值/ (mg/g 绝干浆)
校正集	78	0.06 ~ 7.05	2.242
验证集	10	0.16 ~ 5.09	2.164

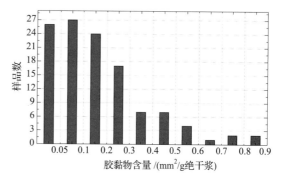

图 11 - 9　新闻纸厂样品大胶黏物
(筛选法)含量分布

如图所示,由于样品采集工段和人力的限制,样品集中胶黏物含量分布呈现明显的阶梯状,如图 11 - 9 中胶黏物含量大于 0.45mm²/g 绝干浆的样品数,仅占全部样品数量的 13%,这种情况可能降低所建立的近红外校正模型对于胶黏物含量超过 0.4mm²/g 绝干浆的未知样品预测的准确性。图 11 - 10、图 11 - 11 样品集中胶黏物含量同样存在阶梯状分布的现象,并且不同胶黏物含量的样品数量呈锯齿状分布,出现了明显的空白点。这种现象可能导致校正模型预测未知样品胶黏物含量时出现突然的预测偏差[53]。

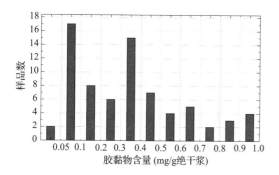

图 11 - 10　新闻纸厂样品总胶黏物
(抽提法)含量分布

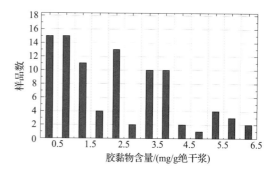

图 11 - 11　纸板厂样品总胶黏物
(抽提法)含量分布

这种样品集胶黏物含量呈非线性的阶梯状或锯齿状分布现象,说明所建立的废纸浆胶黏物预测模型并不完善,后续的实验中还需要收集大量的不同胶黏物含量的样品,才能进一步完善校正模型的样品集,提高整个检测方法的准确性。

11.3.4　样品预处理及样品的近红外光谱图

浆料是纤维、水以及其他物质所组成的不均一的悬浮液。前期研究中,我们注意到水分含量的变化会对样品的近红外光谱有明显的影响。因此,在采集浆料样品的近红外光谱前,预先将浆料风干并平衡水分,控制所有用于光谱采集的样品干度在 90% 左右。此外,采用漫反射方式采集样品的信息时,样品的膨松度对所采集的近红外光谱数据也有明显的影响。为此,我们设计了以下近红外光谱采集的操作步骤:风干后的浆料用榨汁机打散后装入到近红外测试专用的低羟基玻璃瓶中,并在样品上放置一个重量均匀的标准压样器,使浆料样品尽可能保持相当的膨松度,减少水分和膨松度等干扰因素的影响。

在上述操作条件下,采集到的新闻纸厂废纸浆和箱纸板厂废纸浆样品的近红外光谱分别如图11-12和图11-13所示。从图中可以看出,不同种类的废纸浆样品近红外光谱图具有一定的差异,造成这种差异的主要原因是:用于生产新闻纸和箱纸板的废纸原料来源和组成非常复杂,不同来源的原料导致废纸浆中胶黏物及其他化学物质的结构和组成存在巨大差别。由于这种差异的存在,对于采用不同废纸原料的造纸生产线,很难建立一个普遍适用的胶黏物含量预测模型,因此本研究过程中,分别针对新闻纸厂和箱纸板厂的废纸浆样品建立了近红外预测模型,并进行独立的外部验证和重现性评价实验。

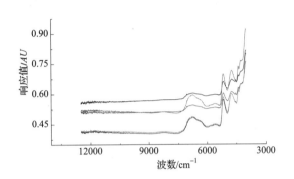

图 11-12　新闻纸厂废纸浆样品的
近红外光谱图

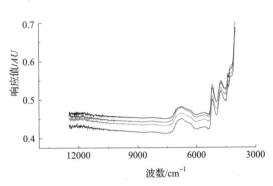

图 11-13　挂面箱纸板厂废纸浆样品的
近红外光谱图

11.3.5　近红外预测模型的建立

研究中,采用 OPUS 软件的 QUANT 程序进行废纸浆样品胶黏物含量与采集的近红外光谱之间相关性的化学计量学计算,从而建立偏最小二乘法的校正模型。对于校正模型,相关系数 R^2 越接近 1,标准偏差越小,则近红外光谱和化学值之间的相关性越好,其预测效果越明显。因此将相关系数 R^2 和交互验证的标准偏差 SEC 作为衡量校正模型性能的主要指标。

(1)新闻纸厂废纸浆样品大胶黏物的近红外模型

表11-7列出了针对新闻纸废纸浆大胶黏物的3种较优的近红外光谱预处理方式对校正模型的影响。如表11-7所示,经过矢量归一化法预处理的近红外光谱所得到的偏最小二乘法的校正模型各项指标较优,相关系数 R^2 和校正标准差 SEC 分别为 0.892 和 0.657,其光谱范围为 7502.2~5446.3cm^{-1} 和 4601.6~4246.8cm^{-1},维数为4,图11-14为用于该模型建立的全部样品的内部交叉验证相关图。

表 11-7　　　　不同光谱预处理对新闻纸(大胶黏物)校正模型的影响

预处理	SEC	R^2	维数	光谱范围/cm^{-1}
矢量归一化	0.657	0.892	4	7502.2~5446.3; 4601.6~4246.8
最大最小归一化	0.658	0.892	4	7502.2~5446.3; 4601.6~4246.8
一阶导数+多元散射校正	0.658	0.895	4	6102.1~4246.8

（2）新闻纸厂废纸浆样品总胶黏物的近红外模型

表 11－8 列出了针对新闻纸废纸浆总胶黏物的 4 种较优的近红外光谱预处理方式对校正模型的影响。从表 11－8 可见，采用经过矢量归一化法预处理的近红外光谱所得到的偏最小二乘法的校正模型各项指标较优，相关系数 R^2 和校正标准差 SEC 分别为 0.902 和 0.102，其光谱范围为 $7502.2 \sim 6800.2 \mathrm{cm}^{-1}$ 和 $5450.2 \sim 4246.8 \mathrm{cm}^{-1}$，维数为 8，图 11－15 为该模型的内部交叉验证相关图。

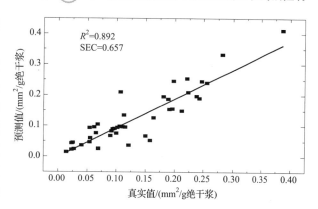

图 11－14　新闻纸（大胶黏物）
内部交叉验证相关图

表 11－8　　　　不同光谱预处理方法对新闻纸（总胶黏物）校正模型的影响

预处理类型	R^2	SEC	维数	光谱范围 cm^{-1}
一阶导数＋多元散射校正	0.883	0.112	8	7502.2～4246.8
一阶导数＋直线扣减	0.8953	0.104	8	7502.2～4246.8
矢量归一化法	0.9017	0.102	8	7502.2～6800.2 5450.2～4246.8
多元散射校正	0.881	0.114	7	7502.2～4246.8

（3）箱纸板厂废纸浆样品总胶黏物的近红外模型

表 11－9 列出了针对新闻纸废纸浆总胶黏物的 4 种较优的近红外光谱预处理方式对校正模型的影响。从表 11－9 可见，采用经过矢量归一化法预处理的近红外光谱所得到的偏最小二乘法的校正模型各项指标较优，相关系数 R^2 和校正标准差 SEC 分别为 0.9423 和 0.556，其光谱范围为 $12493.4 \sim 5446.3 \mathrm{cm}^{-1}$ 和 $4601.6 \sim 4246.88 \mathrm{cm}^{-1}$，维数为 7，图 11－16 为该模型的内部交叉验证相关图。

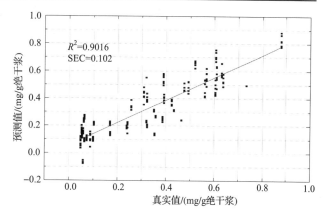

图 11－15　新闻纸（总胶黏物）内部
交叉验证相关图

表 11－9　　　　不同光谱预处理方法对箱纸板（总胶黏物）校正模型的影响

预处理类型	R^2	SEC	维数	光谱范围/cm^{-1}
一阶导数＋多元散射校正	0.9402	0.578	8	7502.2～4246.8
矢量归一化法	0.9423	0.556	7	12493.4～5446.3 4601.6～4246.8
一阶导数＋直线扣减	0.9356	0.588	8	7502.2～4246.8
最小－最大归一化	0.9343	0.59	8	12493.4～7498.4 6102.1～4246.8

（4）3 种废纸浆近红外模型的特点

① 光谱预处理方法 从已建立的 3 种废纸浆近红外模型的相关系数和校正相对偏差可以看出，采用不同的近红外光谱预处理方法，对于校正模型内部交叉验证相关性有很大的影响。通过表 11 - 7、表 11 - 8 和表 11 - 9 的数据比较，我们发现，尽管废纸浆样品来源和参与建模的胶黏物含量测量方法不尽相同，然而采

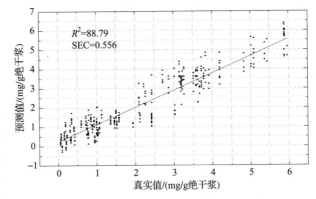

图 11 - 16 箱纸板（总胶黏物）内部交叉验证相关图

用矢量归一化法作为光谱预处理方法均能取得最佳的校正模型内部交叉验证结果。因此我们可以得出结论，废纸浆的近红外预测模型建立过程中，最佳的光谱预处理方法为矢量归一化法。

② 模型利用的光谱信息 本实验中，我们采用积分球漫反射方式，在 12500 ~ 4000cm^{-1} 波数范围内采集样品的近红外光谱。但是，实际建模过程中我们发现大部分的光谱信息并没有被预测模型利用。如表 11 - 7、表 11 - 8 和表 11 - 9 所示，无论废纸浆来源和测试胶黏物化学值方法是否一样，在 4601.6 ~ 4246.8cm^{-1} 波数范围内的光谱信息均被预测模型所利用。这种现象说明尽管浆料、胶黏物种类、胶黏物化学值的测试方法不尽相同，这一小段波数范围包含了模型能够利用的胶黏物含量变化的重要信息，为建立一种通用的废纸浆胶黏物含量近红外模型提供了可能的途径。

11.3.6 胶黏物预测模型的外部验证

为了检验已建立的胶黏物含量近红外预测模型，采用外部验证的方式对建立的偏最小二乘法校正模型进行检验，评估校正模型对未知样品中的胶黏物含量的预测效果。用所建立的校正模型预测胶黏物含量未知的不同废纸浆样品，将预测值与其真实值进行线性拟合，如图 11 - 17、图 11 - 18 和图 11 - 19 所示。

从图 11 - 17 至图 11 - 19 可以看出，利用已建立的校正模型对外部验证模型的样品进行预测，其得到的外部验证模型预测值和实际值的相关系数 R^2 分布为 0.914、0.916 和 0.9634；外部验证的标准偏差 SEP 分别为和 0.327、0.11 和 0.434。这说明所建立的 3 种校正模型对于未知样品均具有较好的预测效果。

但是，对比两种不同的胶黏物化学值检测方法，针对大胶黏物含量（筛选法）建立的校正模型，对未知样品预测效果

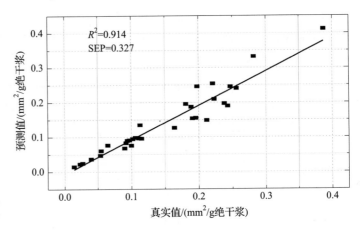

图 11 - 17 新闻纸（大胶黏物）校正模型外部验证关系图

相对较差,预测标准偏差达到0.327;而针对样品总胶黏物含量(抽提法)所建立的校正模型对未知样品的预测结果更为准确,预测标准偏差小于0.11。这主要由于筛选法本身误差较大(大于20%),导致采用筛选法为一级方法所建立的校正模型本身准确性较差[35,61]。

对于采用相同的胶黏物化学值检测方法所建立的校正模型,新闻纸废纸浆预测模型对未知样品的预测效果要优于箱纸板废纸浆预测模型。造成这种现象的主要原因是,由于原料组成和生产工艺不同,箱纸板浆样中胶黏物和其他杂质的成分和化学结构要远比新闻纸浆样中的复杂。这也意味着,对于箱纸板废纸浆,为了获得更高的预测精度,我们需要采集更多的不同胶黏物含量的箱纸板样品,对建立的校正模型进行训练。

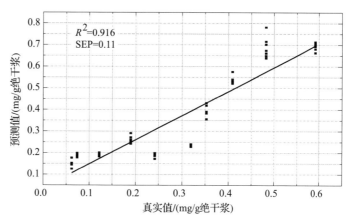

图 11 – 18 新闻纸(总胶黏物)校正模型外部验证关系图

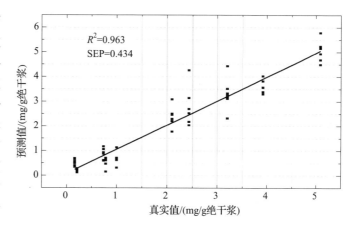

图 11 – 19 箱纸板(总胶黏物)校正模型外部验证关系图

11.3.7 校正模型重现性评价

准确度是指测得值与真实值之间的符合程度。精密度是指在相同条件下 n 次重复测定结果彼此相符合的程度,精密度是保证准确度的先决条件。检测方法的重现性是保证其准确性的前提,它在相对测量方法中尤为重要,因此我们对建立的 3 个校正模型分别进行了重复性验证。本研究对应每种校正模型,分别选取 10 个废纸浆样品,重复装样 6 次,采集样品的近红外光谱,用已建立的校正模型预测样品中的胶黏物含量,其测定结果的紧密度以及准确度的比较如表 11 – 10、表 11 – 11 和表 11 – 12 所示。

表 11 – 10　　　　　　　新闻纸(大胶黏物)校正模型的重现性和准确性

编号	胶黏物含量的预测值[a]									
	A	B	C	D	E	F	G	H	I	J
1	0.332	0.254	0.06	0.135	0.195	0.245	0.195	0.048	0.209	0.35
2	0.328	0.253	0.056	0.126	0.212	0.249	0.187	0.046	0.205	0.346
3	0.32	0.25	0.054	0.119	0.203	0.253	0.184	0.047	0.201	0.345
4	0.306	0.224	0.065	0.112	0.183	0.245	0.169	0.052	0.189	0.322

续表

编号	胶黏物含量的预测值[a]									
	A	B	C	D	E	F	G	H	I	J
5	0.296	0.232	0.064	0.106	0.178	0.236	0.165	0.047	0.185	0.315
6	0.293	0.227	0.055	0.104	0.19	0.235	0.162	0.052	0.18	0.312
相对标准偏差/%	5.3	5.8	7.9	10.1	6.5	2.9	7.6	5.4	6	5.2
预测平均值[a]	0.312	0.24	0.059	0.117	0.194	0.244	0.177	0.049	0.195	0.332
真值[a]	0.282	0.221	0.055	0.113	0.193	0.247	0.181	0.054	0.223	0.387
相对平均偏差/%	4.5	5.1	6.8	8.3	5.1	2.3	6.6	4.8	5.2	4.6
相对误差/%	10.6	8.6	7.3	3.5	0.5	1.2	2.2	9.3	12.6	14.2

注：a 单位为 mm^2/g 绝干浆。

表 11－11　　　　　　　新闻纸（总胶黏物）校正模型的重现性和准确性

编号	胶黏物含量的预测值[a]									
	A	B	C	D	E	F	G	H	I	J
1	0.145	0.183	0.19	0.256	0.172	0.239	0.355	0.575	0.702	0.663
2	0.15	0.199	0.201	0.248	0.191	0.228	0.385	0.531	0.639	0.681
3	0.126	0.19	0.196	0.242	0.187	0.232	0.418	0.54	0.674	0.709
4	0.177	0.178	0.192	0.26	0.186	0.231	0.43	0.535	0.781	0.676
5	0.152	0.196	0.183	0.291	0.199	0.237	0.39	0.534	0.661	0.708
6	0.145	0.186	0.188	0.271	0.188	0.228	0.383	0.521	0.649	0.663
相对标准偏差/%	11.01	4.17	3.34	6.73	4.57	2.01	6.84	3.43	7.66	3.04
预测平均值[a]	0.149	0.189	0.192	0.261	0.187	0.233	0.393	0.539	0.684	0.683
真值[a]	0.092	0.164	0.172	0.292	0.162	0.219	0.353	0.509	0.593	0.612
相对平均偏差/%	7.1	3.34	2.46	5	2.9	1.59	5.2	2.23	5.59	2.46
相对误差/%	62.0	15.2	11.6	10.6	15.4	6.4	11.3	5.9	15.3	11.6

注：a 单位为 mg/g 绝干浆。

表 11－12　　　　　　　箱纸板（总胶黏物）校正模型的重现性和准确性

编号	胶黏物含量的预测值[a]									
	A	B	C	D	E	F	G	H	I	J
1	0.3433	0.1865	0.6163	0.4717	0.7133	2.505	2.178	3.514	4.027	5.238
2	0.6946	0.1175	1.0583	0.6518	0.8149	1.775	2.697	3.328	3.570	4.933
3	0.6609	0.2107	0.8771	0.6102	0.7644	2.462	2.033	2.241	3.565	5.157
4	0.5698	0.2853	0.5991	0.6841	0.8190	2.202	3.261	3.114	3.299	5.786
5	0.4021	0.2086	0.9312	0.7088	0.9631	3.087	2.525	3.322	3.388	4.494

续表

| 编号 | 胶黏物含量的预测值[a] | | | | | | | | | |
	A	B	C	D	E	F	G	H	I	J
6	0.4976	0.1839	1.1699	0.6718	1.13	2.295	3.141	3.190	3.820	4.684
相对标准偏差/%	26.52	27.29	26.39	13.54	17.82	18.03	18.84	14.46	7.51	9.06
预测平均值[a]	0.528	0.199	0.875	0.633	0.868	2.388	2.639	3.118	3.611	5.049
真值[a]	0.160	0.210	0.740	0.785	1.000	2.100	2.430	3.200	3.920	5.090
相对平均偏差/%	21.53	18.18	20.38	9.70	13.86	12.44	14.94	9.42	5.75	6.84
相对误差/%	230.0	5.4	18.3	19.4	13.2	13.7	8.6	2.6	7.9	0.8

注:a 单位为 mg/g 绝干浆。

(1)新闻纸样品大胶黏物含量和总胶黏物含量校正模型精确度和准确度比较

从表 11-10、表 11-11 可以看出,分别针对大胶黏物含量和总胶黏物含量所建立的新闻纸废纸浆近红外模型,对未知浆样胶黏物含量预测的重现性相对标准偏差分别小于 10%、11%,相对平均偏差分别小于 9%、7%,这说明新闻纸废纸浆胶黏物含量预测模型对未知样品的测定具有良好的重现性,测量方法具有较高的精密度。并且方法的重现性优于我们之前的研究结果(见 11.2 节),这也说明采集近红外光谱前对废纸浆样品进行的平衡水分和统一膨松度的预处理有助于提高测量方法的精密度。准确度是衡量测量方法的另一个关键因素,从表中可以看出,针对新闻纸废纸浆中大胶黏物含量所建立的校正模型,测得的未知样品胶黏物含量与实际值之间的相对误差均小于 15%,而针对总胶黏物含量所建立的校正模型,当样品中的胶黏物含量超过 0.1mg/g 绝干浆后,相对误差也小于 16%。校正模型对总胶黏物含量较低的未知废纸浆样品预测效果不佳,这主要是由于采集模型样品集化学值的有机溶剂抽提法在样品胶黏物含量较低时测量的准确度较低,导致校正模型对胶黏物含量少于 0.1mg/g 绝干浆的废纸浆样品预测准确度下降。

从上述对比中可以看出,对于新闻纸废纸浆采用不同的胶黏物含量采集方式,其校正模型的精密度基本相同,但是方法的准确度和精密度是两个不同的概念,测定的精密度高,测定结果也越接近真实值。但不能绝对认为精密度高,准确度也高,因为系统误差的存在并不影响测定的精密度。虽然采用校正模型对大胶黏含量的预测结果与实际值之间相对误差小于 15%,但是由于筛选法本身的准确度较低(误差大于 20%),因此用于比较的实际值本身的准确性很难保证。而采用抽提法测量总胶黏物含量也存在一定误差,而且对于胶黏物含量较低的样品测量准确度不高,但是抽提法本身的准确度较高(相对误差小于 10%),因此能够保证整个方法的精确度。综上所述,相当于大胶黏物校正模型,针对总胶黏物的校正模型在相同精密度的条件下,能够更好地保证方法的准确度。

(2)新闻纸样品和箱纸板样品总胶黏物含量校正模型精确度和准确度比较

表 3-8 和表 3-9 分别是新闻纸和箱纸板校正模型对未知样品预测的重现性和准确性的评价数据。从表中可以看出,新闻纸废纸浆校正模型对未知样品预测的重现性和准确性均优于箱纸板废纸浆校正模型。造成这种结果的可能原因是,相对于新闻纸而言,箱纸板废纸浆原料来源更为广泛,原料中含有更多的杂质而且废纸浆中胶黏物的组成和结构更加复杂,导致获得模型样品胶黏物含量化学值的有机溶剂抽提法操作、测量和数据分析的误差增加,进而导致

校正模型精确度和准确度下降。从表 11 – 12 可以看出,尽管箱纸板浆校正模型对未知样品预测的精确度标准偏差在 20% 左右,但是将同一样品 6 组近红外光谱预测结果取平均值后,发现样品胶黏物含量大于 1mg/g 绝干浆时,预测平均值与通过 HPLC – ELSD 测得的化学值之间的相对误差小于 14%。这说明通过增加同一样品的测定次数,能够明显提高的箱纸板校正模型对未知样品预测的准确度。

11.4 生物酶法控制废纸浆胶黏物的研究

目前,去除和控制浆料中胶黏物的方法主要有机械法和化学法。随着生物技术的发展,具有高效性、专一性、对环境无污染性等优点的生物酶制剂在制浆造纸领域中得到了越来越广泛的关注。利用生物酶控制纸浆中胶黏物也成为一个非常有潜力的研究方向。

酶是一种由生物体合成的一类能加快生物体内特殊化学反应的复杂化合物,是生命活动必不可少的生物催化剂。酶是一种绿色产品,由于它们是天然产物,对环境几乎没有任何负面影响。酶有很强的专一性,特定的酶只催化一类特定的化学反应,即酶可用来解决特定领域的问题。也就是说,用于控制胶黏物的生物酶不会影响纤维和造纸添加剂,关键是要找到能够高效降解胶黏物的酶。对胶黏物化学组分的研究表明:绝大多数胶黏物都含有大量能将胶黏物的基本结构组分连接在一起的酯键。酯键一旦断裂,胶黏物的基本组分就很难在系统中重新聚合,从而达到有效控制胶黏物的目的。目前认为最有效的酶是脂肪酶和酯酶。利用生物酶法减少废纸浆中的胶黏物粒子尺寸并较有效地控制胶黏物,其机理主要是在酶的催化作用下,断裂胶黏物化学组成中的酯键,这一处理还可以降低胶黏物微粒的黏性,减少其沉积的可能性。相关研究还表明,采用果胶酶处理废新闻纸脱墨浆,可以明显降低纸浆的阳离子需要量,但对纸浆的白度、耐破度、裂断长等物理性能影响不明显[60]。采用纤维素酶和半纤维素酶处理废新闻纸脱墨浆可以明显提高二次纤维湿强,减少造纸过程中断纸现象,并且能够使胶黏物从纤维上剥离及分解。随着生物技术在制浆造纸领域中的研究日益深入,采用复合生物酶法控制胶黏物成为一个新的研究方向。

因此,本章对几种脂肪酶和酯酶处理废纸浆去除胶黏物的效果进行研究,同时考察了生物酶处理的废纸浆在浮选过程中油墨及胶黏物去除效果。并分别对复合酶处理废纸浆和几种生物酶分段处理废纸浆工艺进行研究,评价了不同方法对废纸浆中胶黏物控制的效果,同时考察生物酶处理对纸浆抄纸性能的影响,通过本章研究,为生物酶法控制胶黏物的实际应用提供一定的理论基础。

11.4.1 脂肪酶和酯酶去除废纸浆中胶黏物

新闻纸生产线废纸浆:取自广州造纸厂脱墨浆生产线,热分散入口,物理指标如表 11 – 13 所示。

表 11 –13　　　　　　　　　废纸浆原料的物理性能指标

抗张指数/	撕裂指数/	耐破指数/	ERIC/	白度/
(N · m/g)	(mN · m²/g)	(kPa · m²/g)	(mg/kg)	% ISO
14.4	4.7	0.08	619.6	54.37

生物酶制剂:

① 脂肪酶由深圳绿微康公司提供,无色透明液体,酶活为 4327IU/mL;

② 酯酶为福建某公司提供的商品酶制剂,黄褐色粉末,酶 b、酶 c 的酶活分别为 4755IU/g、6231IU/g;

③ 纤维素酶由广州裕力宝公司提供,褐色液体,酶活为 4924IU/mL(滤纸酶活);

④ 木聚糖酶由广州裕力宝公司提供,黄色粉末,酶活为 44600IU/g;

⑤ 复合生物酶:由香港纯科软油有限公司,均为白色粉末,其中 Bio - A、Bio - B 和 Bio - C 为果胶酶为主的复合酶;Bio - D 和 Bio - E 为纤维素酶与脂肪酶为主的复合酶;生物酶 Bio - F 为酯酶主的复合酶,Bio - G 为脂肪酶为主的复合酶。

采用脂肪酶 a、酯酶 b 和 c 处理脱墨浆后,对未经浮选的浆料中的胶黏物去除情况进行研究,结果如表 11 - 14 所示。从表 11 - 14 中可以看出,3 种生物酶对废纸浆中胶黏物均有较好的降解效果,胶黏物含量有不同程度的减少。其中,酯酶 c 对废纸浆中胶黏物降解效果尤其明显,胶黏物含量从 0.92mg/g 减少到了 0.37mg/g,胶黏物去除率达到 59%。这说明与脂肪酶相比,酯酶对废纸浆中胶黏物的降解有显著优势。

表 11 - 14　　　　　　　3 种生物酶处理后脱墨浆中胶黏物含量的变化

胶黏物控制剂	空白	酶 a			酶 b			酶 c		
酶用量/(IU/g)	0	1	2.5	4	1	2.5	4	1	2.5	4
胶黏物含量/(mg/g)	0.92 ± 0.04	0.84 ± 0.03	0.50 ± 0.06	0.74 ± 0.04	0.84 ± 0.03	0.84 ± 0.05	0.65 ± 0.04	0.75 ± 0.04	0.74 ± 0.06	0.37 ± 0.07

从图 11 - 20 可以看到,生物酶用量与废纸浆中胶黏物减少量之间并不是呈线性关系。当酶用量达到 4IU/g 时,酶 b 和酶 c 对浆中胶黏物降解效果达到最大,继续增加酶用量,胶黏物减少量基本没有变化。造成这种现象的主要原因是废纸浆中的胶黏物是以合成聚合物为主,其化学组分复杂,酯酶或脂肪酶能催化断裂的化学键所占的比例较小,因此过量的生物酶并不能提高胶黏物的降解效果。生物酶 a 的最佳酶用量为 2.5IU/g,此时胶黏物去除率达到 46%。随着酶用量继续增加,胶黏物降解效果反而下降。如图 11 - 21 中所示,脂肪酶 a 处理后废纸浆 THF 抽出物的分子量变化具有相似的变化趋势,当脂肪酶 a 用量超过 2.5IU/g 后,抽出物重均分子质量从 8200 增加到 12000 以上,这表明脂肪酶 a 过量后,整体的酶活性迅速降低,胶黏物降解能力明显减弱。

11.4.2　脂肪酶和酯酶处理对浮选后废纸浆中油墨及胶黏物去除的影响

通过考察脂肪酶和酯酶处理对废纸浆浮选脱墨及胶黏物去除效果的影响,浮选后废纸浆中胶黏物降解效果如图 11 - 22 所示,当酶用量达到 1IU/g 以上,浮选后废纸浆中胶黏物含量均有明显的下降。酯酶 c 处理废纸浆去除胶黏物的效果最为明显。当酯酶 c 用量为 4IU/g 时,胶黏物减少量到达 36%;脂肪酶 a 的效果次之,在最佳酶用量下,废纸浆中胶黏物的减少量为30%。随着酶用量增加,胶黏物减少量变化趋势与图11-20中未浮选的废纸浆中胶黏物含量变化情况相似。

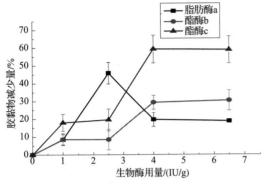

图11-20 脂肪酶、酯酶处理后废纸浆
胶黏物减少量

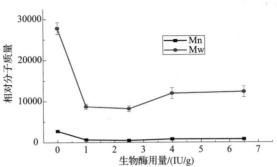

图11-21 脂肪酶a处理后废纸浆THF
抽出物分子质量变化

经过酶处理的废纸浆,直接洗涤对浆样中胶黏物的去除效果优于浮选,造成这种情况的可能原因分析如下:一方面,浮选过程中pH及温度的变化,使部分为已经降解的胶黏物碎片重新聚合;另一方面,浮选过程中添加了5mg/g的工业皂,浮选后滤水和洗涤过程并不能完全去除,残留的工业皂与油墨、胶黏物、树脂抽出物等相结合[61],实验中所用到的废纸浆原料,其胶黏物含量小于1mg/g,而这些残留的工业皂含有大量与胶黏物相似的化学键,因此会对近红外光谱测定结果产生了明显的干扰。

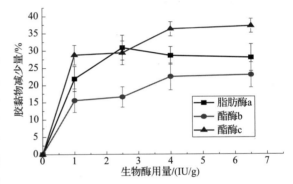

图11-22 废纸浆浮选后胶黏含量的减少量

浮选后废纸浆手抄片的残余油墨和白度变化情况如图11-23和图11-24所示。从图中可以看出,3种生物酶均有利于废纸浆浮选过程中油墨去除和纸浆白度的提高。经酯酶b、酯酶c处理的废纸浆浮选后,残余油墨浓度降低值分别为:411mg/kg和385mg/kg,白度增加值分别为:7.4和7.3个白度单位。而脂肪酶a的脱墨效果相对较差。因此,酯酶b、酯酶c对油墨的去除及浆料白度提高方面要优于脂肪酶。

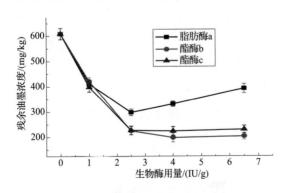

图11-23 生物酶处理的废纸浆浮选后
残余油墨浓度变化

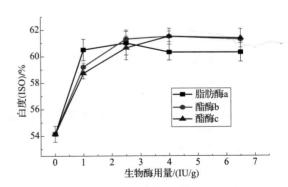

图11-24 生物酶处理的废纸浆浮选后
白度变化

这主要是由于脂肪酶及酯酶脱墨是利用酶的生物催化作用,直接进攻油墨,破坏油墨粒子中的酯类连接键,使得油墨降解和纤维的连接变得松弛,然后在机械力的作用下,油墨被分散成一定大小的粒子从纤维表面分离下来。催化醋类化合物水解的酶称为酯酶,脂肪酶属于一种催化油脂水解特殊的酯酶,由于废纸中的油墨成分非常复杂,存在大量不同结构的化学键连接,而脂肪酶的作用对象较为单一。因而,酯酶 b、酯酶 c 降解油墨粒子的效果要优于脂肪酶 a,更有利于后续的浮选脱墨及浆料白度提高。

11.4.3　脂肪酶、酯酶处理对浆料物理性能的影响

对脂肪酶 a、酯酶 b 和酯酶 c 处理并且经过浮选后的废纸浆样品进行抄片,并对手抄片的物理性能进行了检测,结果如表 11 - 15 所示。从表 11 - 2 中可以看出,脂肪酶和酯酶处理后废纸浆样品手抄片的抗张指数均有显著提高,分别增加了 68%、53%、49%。造成这种现象的主要原因可能是,生物酶处理不仅降解了黏在纤维表面的胶黏物,而且加强了浮选过程中油墨的脱除效果,使更多的纤维表面暴露出来,从而增加了纤维之间相互结合的面积和强度。纸张撕裂指数和耐破指数基本不变,说明 3 种生物酶对纤维本身并没有降解和破坏作用,酶处理不会对浆料的物理性能产生不利影响。

表 11 - 15　　　　　脂肪酶、酯酶处理对废纸浆物理性能的影响

编号	酶用量 /(IU/g)	抗张指数 /(N·m/g)	撕裂指数 /(mN·m²/g)	耐破指数 /(kPa·m²/g)
空白	0	14.4 ±2.2	4.7 ±0.6	0.08 ±0.01
脂肪酶 a	1	25.5 ±1.6	6.2 ±0.9	0.1 ±0.01
	2.5	24.2 ±1.7	5.8 ±0.6	0.09 ±0.01
	4	20 ±1.6	5.5 ±0.6	0.09 ±0.01
酯酶 b	1	18.3 ±1.3	8.1 ±0.7	0.13 ±0.01
	2.5	23.3 ±1.9	6.6 ±0.8	0.11 ±0.01
	4	21.9 ±1.6	5.8 ±0.8	0.09 ±0.01
酯酶 c	1	19.9 ±2.4	6.9 ±0.5	0.11 ±0.01
	2.5	22.7 ±0.9	6.1 ±0.7	0.1 ±0.01
	4	21.4 ±2.2	5.8 ±0.7	0.09 ±0.01

11.4.4　复合生物酶处理控制废纸浆中胶黏物的效果评价

由于胶黏物的成分极其复杂,根据我们对之前的研究结果,单独采用脂肪酶或酯酶并不能完全降解废纸浆中的胶黏物,因此需要寻找一种多种生物酶复合作用降解胶黏物的有效工艺途径。本阶段研究中,我们采用几种不同的复合酶处理废纸浆,并对复合酶降解废纸浆中 THF 抽出物的效果进行了评价,结果如表 11 - 16 所示。从表 11 - 16 中可以看到,除 Bio - D 外,其他复合酶处理废纸浆降解胶黏物均有较好的效果,胶黏物含量有不同程度的减少。其中,以酯酶为主的复合酶 Bio - F 和以脂肪酶为主的复合酶 Bio - G 降解废纸浆中 THF 抽出物的效果

尤其明显,抽出物的减少率达到30%以上。这说明,相比其他复合酶,以酯酶和脂肪酶为主要成分的复合酶降解废纸浆中的胶黏物具有明显的优势。

表 11 - 16　　　　　　　　　几种复合酶处理废纸浆胶黏物含量的比较

酶种类	空白样	Bio – A	Bio – B	Bio – C	Bio – D	Bio – E	Bio – F	Bio – G
THF 抽出物 含量/%	2. 16	1. 86	1. 95	1. 96	2. 46	1. 97	1. 44	1. 48
THF 抽出物 减少率/%	—	13. 57	9. 67	9. 14	−14. 14	8. 47	33. 35	31. 57

注:Bio – A、Bio – B 和 Bio – C 均为果胶酶为主的复合酶;Bio – D 和 Bio – E 为纤维素酶与脂肪酶为主的复合酶;Bio – F 为酯酶主的复合酶,Bio – G 为脂肪酶为主的复合酶。

对复合酶 Bio – F 和复合酶 Bio – G 对浆料的物理性能的影响进行考察,结果如表 11 – 17 所示。从表 11 – 17 中可以看到,酶处理时间为 2h 时,与空白样相比较,经过酶处理后的废纸浆,纸张的白度、抗张指数和撕裂指数基本不变,而残余油墨量有所增加,这可能是由于复合酶降解部分胶黏物,使得油墨粒子由大变小,比表面积增加。酶处理时间延长至 6h 时,酶处理后废纸浆的抗张指数略有提高,其他物理指标基本没有变化。

表 11 –17　　　　　　　　　酶处理对纸张(废纸浆)性能的影响

加入酶种类	酶处理时间 /h	抗张指数 /(N · m/g)	撕裂指数 /(mN · m²/g)	白度(ISO) /%	残余油墨
—	2	3. 0	7. 6	51. 4	136. 9
Bio – G	2	3. 1	7. 6	51. 8	140. 9
	6	3. 3	7. 7	51. 7	144. 7
Bio – F	2	2. 9	8. 0	51. 7	138. 4
	6	3. 2	7. 4	52. 5	137. 6

虽然采用复合的脂肪酶或酯酶制剂能够降解部分废纸浆中的胶黏物,但是由于不同复合酶的组成及其最佳使用条件对生物酶的作用效果有很大影响,在使用复合酶制剂的过程中,并不能确保每种生物酶均符合最佳的比例和使用条件,因此采用复合酶处理废纸浆并不能取得较佳的胶黏物控制效果。

11.4.5　多种生物酶分段处理控制废纸浆中胶黏物的效果评价

11.4.5.1　多种酶分段处理控制废纸浆胶黏物效果

由于之前的实验表明直接利用复合的脂肪酶或酯酶制剂并不能有效提高废纸浆胶黏物控制的效果,因此我们在这一阶段的实验中,利用商品纤维素酶、木聚糖酶制剂预处理废纸浆样品,对处理后的样品再利用脂肪酶、酯酶制剂进行处理,比较通过各种酶制剂分段处理废纸浆控制胶黏物的工艺条件,寻找一种切实有效的多种生物酶复合控制胶黏物的方法。

表 11 – 18 和表 11 – 19 分别为,不同用量木聚糖酶和纤维素酶预处理的废纸浆,经过最优

工艺条件下的脂肪酶和酯酶后处理之后，废纸浆中胶黏物含量的变化。从表 11-18 和表 11-19 可以看出，两段生物酶处理废纸浆对胶黏物降解均有显著的效果，胶黏物含量有不同程度的减少，采用 4IU/g 的木聚糖酶预处理的废纸浆，再用 4IU/g 的酯酶处理后，胶黏物含量从 0.965mg/g 绝干浆降低到 0.309mg/g 绝干浆，去除率高达 68%；而采用 2.5IU/g 的脂肪酶处理，木聚糖酶预处理的废纸浆，去除率也能达到 55%。之前的研究结果显示，在最佳工艺条件下，单独采用酯酶和脂肪酶处理废纸浆，胶黏物的去除率分别为 59%、46%，这说明通过木聚糖酶预处理能够有效提高酯酶和脂肪酶对废纸浆中胶黏物的控制效果。相对于木聚糖酶预处理，采用纤维素预处理对提高废纸浆胶黏物去除率的效果并不明显。

表 11-18　　　　　　　　　　木聚糖酶预处理控制废纸浆胶黏物的效果

胶黏物控制剂	空白	脂肪酶 用量 2.5IU/g				酯酶 用量 4IU/g			
木聚糖酶用量 /(IU/g)	0	1	2	3	4	1	2	3	4
胶黏物含量 /(mg/g)	0.965 ±0.04	0.55 ±0.06	0.483 ±0.04	0.463 ±0.03	0.433 ±0.04	0.392 ±0.03	0.377 ±0.04	0.312 ±0.02	0.309 ±0.06

表 11-19　　　　　　　　　　纤维素酶预处理控制废纸浆胶黏物的效果

胶黏物控制剂	空白	脂肪酶 用量 2.5IU/g				酯酶 用量 4IU/g			
纤维素酶用量 /(IU/g)	0	0.25	0.5	0.75	1.5	0.25	0.5	0.75	1.5
胶黏物含量 /(mg/g)	0.937 ±0.02	0.65 ±0.06	0.672 ±0.05	0.597 ±0.03	0.614 ±0.04	0.553 ±0.02	0.437 ±0.04	0.473 ±0.02	0.413 ±0.05

不同酶用量条件下木聚糖酶和纤维素酶预处理后，废纸浆胶黏物去除率分别如图 11-25 和图 11-26 所示。从图中可以看出，无论利用哪种胶黏物控制剂，采用木聚糖酶预处理的废纸浆时，随着木聚糖酶用量的增加，胶黏物去除率不断增加。但是木聚糖酶用量超过 3IU/g 绝干浆后，这种增加趋势开始放缓。

利用纤维素酶对废纸浆进行预处理后，胶黏物去除率变化趋势同木聚糖酶预处理相似。胶黏物控制剂为酯酶时，纤维素酶用量达到 0.5IU/g 绝干浆后，胶黏物去除率达到 55.8%，之后增加酶用量，去除率并没有明显提高。而采用脂肪酶时，酶用量达到 0.75IU/g 绝干浆后，去除率达到最大值 36.3%。

通过实验结果可以得出结论，利用木聚糖酶预处理能够显著提高脂肪酶和酯酶对废纸浆中胶黏物的控制效果。这可能是由于木聚糖酶能够分解废纸浆纤维表面的半纤维素，有效的增加了胶黏物控制剂同吸附在纤维上的胶黏物接触，并且使纤维上结合的胶黏物颗粒在洗涤过程中更容易脱落。相对于木聚糖酶预处理，利用纤维素酶预处理控制废纸浆中胶黏物的效果不佳，并不是提高胶黏物控制剂效果的有效途径。

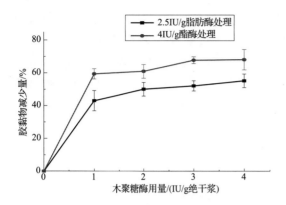

图 11-25　木聚糖酶预处理的废纸浆中
胶黏物含量变化

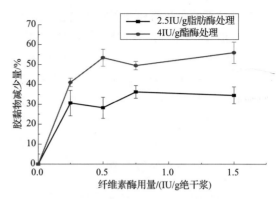

图 11-26　纤维素酶预处理的废纸浆中
胶黏物含量变化

11.4.5.2　多种酶分段处理对浆料物理性能的影响

由于木聚糖酶和纤维素酶均会影响废纸浆纤维的物理性能,因此我们分别考察了两种酶处理后的废纸浆样品手抄片的抗张指数和撕裂指数变化情况,如图 11-27、图 11-28、图 11-29 和图 11-30 所示。

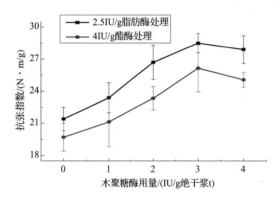

图 11-27　木聚糖酶预处理的废纸浆
抗张指数变化

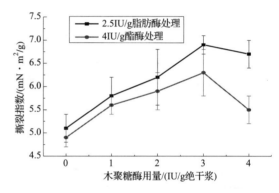

图 11-28　木聚糖酶预处理的废纸浆
撕裂指数变化

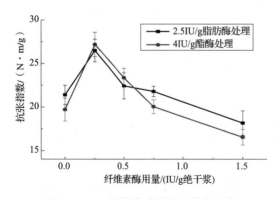

图 11-29　纤维素酶预处理的废纸浆
抗张指数变化

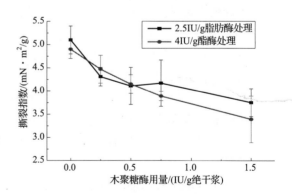

图 11-30　纤维素酶预处理的废纸浆
撕裂指数变化

从图中可以看出,无论使用何种胶黏物控制剂,采用木聚糖酶预处理时,手抄片的抗张指数和撕裂指数随着酶用量增加不断增加。当木聚糖酶用量达到 3IU/g 绝干浆后,利用脂肪酶和酯酶处理的废纸浆物理性能达到最大值,相对于空白样品的抗张指数分别增加了 33.4% 、32.7% ,撕裂指数分别增加了 35.6% 、28.6% 。继续增加酶用量,废纸纤维的物理性能开始下降。

对于纤维素酶预处理,当酶用量为 0.25IU/g 绝干浆时,废纸浆的抗张指数达到最大值,之后随着酶用量的增加,抗张指数不断下降。同时手抄片得撕裂指数也不断下降。因此利用纤维素酶预处理,并不能有效改善废纸浆纤维的物理性能。

11.5　废纸浆中胶黏物性质和酶处理机理的研究

对废纸浆中胶黏物组分定性的研究不仅可以确定其中的成分,也可以通过对比生物酶处理前后胶黏物的组分、化学结构、分子质量等变化,验证生物酶处理去除废纸浆中胶黏物的效果,目前胶黏物的定性分析通常使用 FT – IR、GPC、HPLC、PY/GC/MS 等仪器分析的方法。采用有机溶剂抽提的方法研究废纸浆样品存放时间的变化和生物酶处理对废纸浆中有机溶剂抽出物和胶黏物的影响,并用 FT – IR、HPLC – ELSD、GPC 对抽提的胶黏物进行分析,讨论样品中胶黏物结构、含量、分子质量等变化。

11.5.1　实验方法

(1)有机溶剂抽提

对待分析的废纸浆样品,真空干燥至恒重,然后准确称取一定量的样品在索氏抽提器中用 THF 抽提回流 4h,THF 抽出物在真空干燥箱中 40℃ 下烘干去除水分。恒重的抽出物样品用 10mL 色谱纯 THF 重新溶解,并超声处理 30s,然后用 0.2μm 的聚四氟乙烯微孔过滤膜去除不容解的杂质,滤液装入 10mL 玻璃瓶中备用。

(2)HPLC – ELSD 分析

将待分析的废纸样品的 THF 抽出物溶液,采用手动进样的方式进行 HPLC – ELSD 联用分析。进样量为 20μL,洗脱液 THF 流速为 1.0mL/min。蒸发溶剂光散射检测器:漂移管温度为 60℃ ,氮气流速为 2.0mL/min。

(3)GPC 分析

将待分析的废纸样品的 THF 抽出物用色谱纯的 THF 溶解后,配制成 0.5% 以下浓度的溶液,装入专用的样品瓶中,采用自动进样的方式进行分析,进样量为 40μL,洗脱液 THF 流速为 1.0mL/min。

(4)FT – IR 分析

将少量待分析的抽出物和光谱纯碘化钾混合后,用玛瑙研钵研磨,保证两者混合均匀后,使用标准压片器,在 2t 的压力下压制成透明均匀的薄片。用红外光谱仪进行分析。

(5)废纸浆存放时间对抽出物的影响分析

将取得的废纸浆样品分成若干份,在恒定湿度的 5℃ 的冰箱中保存,存放时间为 1d 到 30d。存放后的样品真空干燥至恒重后,准确称取 5g 样品。采用上文所述的抽提方法取得样品的 THF 抽出物,并用重量法和 HPLC – ELSD 对样品进行分析。

(6)生物酶处理对抽出物的影响分析

采用 THF 抽提未经酶处理的废纸浆样品,将获得的抽出物用 THF 稀释后,在干净的聚四氟乙烯薄片上正反两面均匀涂抹,然后将溶剂风干后备用。

用酯酶和脂肪酶按本章照第 11.4 节所描述的最佳工艺条件处理废纸浆样品和聚四氟乙烯薄片。生物酶处理前后的废纸浆样品真空干燥后,分别称取两份样品,利用 THF 抽提。取得的样品抽出物分别用 GPC 和 FT - IR 分析。酶处理后的聚四氟乙烯薄片用一定量的 THF 洗涤,收集残留在薄片上的抽出物,用于 GPC 分析。

11.5.2 浆料存放时间对 THF 抽出物及其中胶黏物含量的影响

废纸浆中 THF 抽出物的组成非常复杂,希望通过分析不同存放时间的废纸浆中抽出物,了解浆料存放时间对抽出物中各种成分的影响。图 11 - 31、图 11 - 32 和图 11 - 33 分别是存放时间为 1d、8d 和 32d 的废纸浆样品 THF 抽出物的 HPLC - ELSD 图。从这些图中可以看出,浆料存放时间由 1d 变化到 32d,抽出物中各种组分的含量均明显下降,无论是分子,质量较大的胶黏物还是树脂酸、脂肪酸、果胶酸等分子质量较小的抽出物均表现出这种趋势。这种随着浆料存放的时间增加,浆料中 THF 抽出物不断减少的趋势,可能由两方面的原因所造成,其一是,这些能够溶于 THF 的抽出物在纤维中不断渗透,与纤维之间的结合增强,导致 THF 抽提变得困难;其二是浆料中的抽出物组分间发生了氧化或聚合反应,生成的氧化物或者高分子聚合物不再在 THF 中溶解,导致 THF 抽出物含量的减少。Ben 等人对超级压光纸老化过程进行研究发现,也证明了这种趋势,随着老化时间的增加,氯仿抽出物含量大幅度减少[62]。

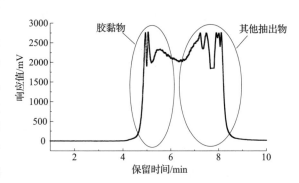

图 11 - 31 存放 1d 后废纸浆 THF
抽出物的 HPLC - ELSD 图

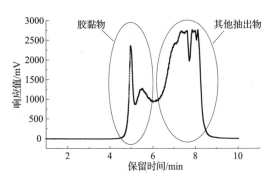

图 11 - 32 存放 8d 后废纸浆 THF
抽出物的 HPLC - ELSD 图

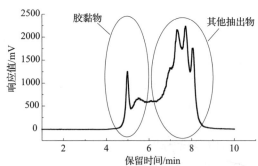

图 11 - 33 存放 32d 后废纸浆 THF
抽出物的 HPLC - ELSD 图

表 11 - 20 和图 11 - 34 是通过重量法和 HPLC - ELSD 法获得的浆料样品中抽出物含量随存放时间变化的数据。从图表中可以看出,两种不同的测试方法均显示废纸浆中 THF 抽出物含量明显下降,其中通过重量法测定的数据普遍大于 HPLC - ELSD 法,这主要是由于 THF 抽提过程中,不断循环的溶剂会将部分纸毛和不溶于溶剂的杂质带入抽出物中,而这部分杂质在液相色谱测定前的样品准备阶段会被除去。

废纸浆存放时间从 1d 延续到 32d,采用 HPLC - ELSD 检测到的浆样 THF 抽出物的含量由 25.6mg/g 下降到 17.1mg/g,减少了 33%;抽出物中的胶黏物含量从 1d 的 2.6mg/g 急剧下降到 12d 的 0.96mg/g,在 12d 的存放时间内减少了约 63%,之后的 20d 内抽出物中的胶黏物含量基本上保持 0.9mg/g 左右;除去胶黏物后的其他抽出物在 32d 的存放时间内减少了 30%,虽然随着存放时间的增加单位存放天数抽出物减少量变缓,但是从图 11 - 31 所示的趋势可以推断存放时间超过 32d 后,这些抽出物含量还在不断减少。

表 11 - 20   废纸浆中 THF 抽出物及其中胶黏物含量随存放时间的变化情况

废纸浆存放时间/d	THF 抽出物含量（重量法）/(mg/g 绝干浆)	THF 抽出物含量（HPLC - ELSD）/(mg/g 绝干浆)	胶黏物含量/(mg/g 绝干浆)	其他抽出物含量/(mg/g 绝干浆)
1	31.54 ±1.3	25.58 ±0.93	2.627 ±0.08	22.955 ±0.86
4	26.43 ±1.4	23.93 ±0.99	2.115 ±0.09	21.814 ±0.91
8	22.8 ±1.7	20.96 ±0.10	1.846 ±0.05	19.113 ±0.13
12	20.75 ±1.1	18.77 ±0.46	0.963 ±0.03	17.805 ±0.44
16	20.93 ±1.6	17.91 ±0.59	0.956 ±0.03	16.954 ±0.56
32	19.75 ±1.9	17.08 ±0.28	0.926 ±0.03	16.157 ±0.25

从这些变化趋势中我们可以推断,当存放时间超过 12d 后,废纸浆内的胶黏物中可能发生氧化或聚合反应的组分已经基本上反应完全,而能够向纤维中渗透的组分也与纤维完全结合,这部分胶黏物已经无法被 THF 溶解抽出,因此抽出物中胶黏物含量趋于稳定,但是废纸浆中其他分子质量较大的组分如脂肪酸、树脂酸等仍然会发生氧化或聚合反应,导致废纸浆 THF 抽出物含量不断降低,并且这个过程可能持续很长时间。因此,利用有机溶剂抽提法分析胶黏物化学组分和结构时,必须保证浆料是未经存放的,这样才

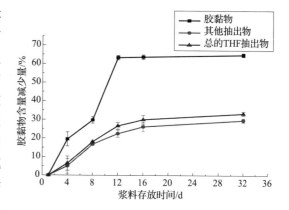

图 11 - 34   废纸浆中 THF 抽出物及其中胶黏物含量随存放时间的减少量

能取得完整的能够溶于溶剂的胶黏物组分的信息,同时采用有机溶剂抽出物含量表征胶黏物含量时,必须确保样品分析时间的一致性,才能获得具有可比性的测量数据,保证相对可靠的实验结果。

11.5.3 生物酶处理前后废纸浆 THF 抽出物的相对分子质量变化

为了进一步研究生物酶降解浆料中胶黏物的效果,分别对涂有废纸浆 THF 抽出物的聚四氟乙烯薄片和废纸浆样品进行脂肪酶和酯酶处理,对酶处理前后的 THF 抽出物进行 GPC 分析,考察酶处理前后废纸浆 THF 抽出物的相对分子质量分布的变化。将 GPC 分析得到的抽出物相对分子质量变化曲线进行积分,得到胶黏物的数均相对分子质量 M_n 和质均相对分子质量 Mw,实验结果如图 11 - 35 和图 11 - 36 所示。

从图 11 - 36 可以看到,与未经酶处理的 THF 抽出物相比,经脂肪酶 a 和酯酶 c 处理后聚四氟乙烯薄片上吸附的抽出物的数均相对分子质量分别减少了 36.0%、22.9%,质均相对分子

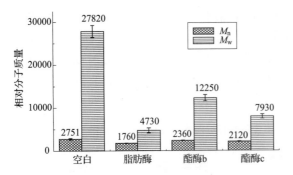

图 11 −35　不同生物酶直接处理 THF
抽出物的分子质量变化

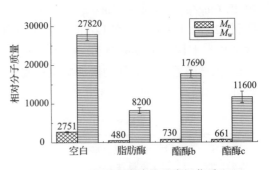

图 11 −36　不同生物酶处理废纸浆后 THF
抽出物分子质量变化

质量分别减少了 82.9%、71.5%;这说明,无论是脂肪酶还是酯酶均能在一定程度上破坏废纸浆 THF 抽出物组分中的某些连接键,有效地降解抽出物中的胶黏物及其他大分子物质,从而使抽出物的相对分子质量有所下降。但是由于废纸浆抽出物中化学组分结构的复杂性,单独使用一种类型的生物酶并不能完全降解所有的大分子物质。

图 11 −35 表示脂肪酶和酯酶处理废纸浆样品前后 THF 抽出物相对分子质量变化情况。经脂肪酶 a 和酯酶 c 处理后数均分子质量分别降低了 82.6%、76.0%,质均分子质量分别降低了 70.5%、58.3%。与生物酶直接处理黏附 THF 抽出物的四氟乙烯薄片相比,酶处理后废纸浆中 THF 抽出物的数均相对分子质量减少幅度更加明显,但是质均相对分子质量的减少量却有所下降。

造成这种数据差异的主要原因如下:

对于数均相对分子质量而言,其定义为:某体系的总质量 m 被分子总数 n 所平均,则称为数均相对分子质量。由于数均相对分子质量是按分子数目统计平均,低分子质量部分对数均分子质量有较大的贡献,低分子质量的分子越多则数均分子质量越小。相对于高分子质量的物质,THF 抽出物中包含的分子质量较低的物质的黏性较差,在酶处理过程中容易从聚四氟乙烯薄片上脱离,并且生物催化断裂的胶黏物碎片也会从薄片上脱离,最终残留在聚四氟乙烯片上的 THF 抽出物中小分子物质比例远远低于直接从纸浆中抽提的抽出物,导致与酶处理后废纸浆样品的 THF 抽出物相比数均相对分子质量普遍较高。这也间接说明酶催化断裂的胶黏物碎片在疏水性表面的吸附能力减弱,碎片沉积的可能性很低。

质均相对分子质量定义是聚合物中按质量平均的相对分子质量,根据之前对废纸浆存放时间的研究结果,胶黏物及其他 THF 抽出物会不断地与纤维结合并向纤维内部渗透,这种现象导致利用生物酶处理废纸浆时,生物酶无法有效的接触并催化断裂已经渗透或与纤维结合的胶黏物或其他 THF 抽出物,降低了生物酶对这些物质的降解能力。而生物酶直接处理 THF 抽出物时,酶与抽出物直接接触,因此降解效果更加明显,抽出物质均相对分子质量相比空白样减少幅度更加显著。

通过图 11 −35 和图 11 −36 可以得出结论,在最佳工艺条件下,脂肪酶 a、酯酶 b 和酯酶 c 对 THF 抽出物的降解效果依次为:a > c > b,这个结论与之前的研究结果表(11 −14),即针对废纸浆中的胶黏物控制效果 c > a > b 并不矛盾。产生这种异常情况的原因是[58],胶黏物在废纸浆的 THF 抽出物中只占非常小的部分,有机溶剂抽出物中占绝大部分的是木材中的天然化合物,如树脂酸、脂肪酸、甘油三酯、缁醇酯等,而根据定义催化酯类化合物水解的酶称为酯酶,脂肪酶属于一种能够催化油脂水解的特殊酯酶,因此脂肪酶催化水解这类属于天然化合物的油脂的效果要优于酯酶,对 THF 抽出物整体的降解更为彻底。

11.5.4 生物酶处理前后废纸浆中胶黏物的化学结构变化

图 11 – 37、图 11 – 38 和图 11 – 39 分别是脂肪酶、酯酶处理前后废纸浆样品 THF 抽出物的 FT – IR 谱图。从图中可以看出,酶处理后浆料中 THF 抽出物的红外谱图与空白样品相比发生了明显的变化,例如 1740cm^{-1} 处聚醋酸乙烯酯等化合物中羰基伸缩振动吸收明显减少;1240cm^{-1} 处酯键中 C—O 伸缩振动吸收明显减少,尤其是经过脂肪酶处理后;1640cm^{-1} 处非酯类物质 C = O 伸缩振动吸收出现;1050 ~ 1100cm^{-1} 处出现一系列的醇类物质的 C—O 的弯曲振动吸收[63]。这些变化说明经过脂肪酶、酯酶处理后,废纸浆的 THF 抽出物中酯类连接键被大量破坏,其中一部分转换成醇类物质,证实了酯酶和脂肪酶处理废纸浆中胶黏物的作用机理。这种酯类连接键大量断裂的现象在脂肪酶处理后废纸浆抽出物的红外谱图中更加明显,说明脂肪酶对 THF 抽出物具有更好的降解作用,从另一个方面证实了通过 GPC 对酶处理前后废纸浆中抽出物分子质量分析的结果。

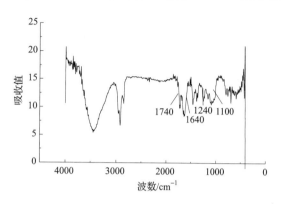

图 11 – 37 脂肪酶处理前后废纸浆中
THF 抽出物的 FT – IR 谱图

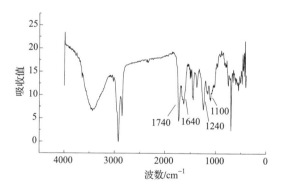

图 11 – 38 酯酶处理前后废纸浆中
THF 抽出物的 FT – IR 谱图

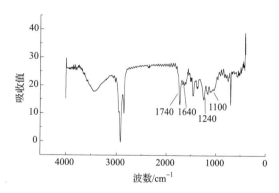

图 11 – 39 未经酶处理的废纸浆中
THF 抽出物的 FT – IR 谱图

参考文献

[1]顾民达.扩大废纸回收利用的对策[J].纸和造纸,2002,5(3):7 – 9.

[2]中国造纸协会,中国造纸工业 2015 年年度报告,中华纸业,2016 年 37(11):20 – 31.

[3]孔洁,王桂荣,王燕蓬.我国废纸回收利用现状及发展前景分析[J].上海造纸,2009,1 (40):55 – 59.

[4]Conception M. M. ,Blanco A. ,Nergo C. ,et al. Development of a methodology to predict sticky

deposits due to the destabilization of dissolved and colloidal material in papermaking – application to different systems[J]. Chemical Engineering Journal,2004,105:21

[5] Fogarty T J. Cost – effective, conmen sense approach to stickies control[J]. Tappi Journal,1993, 76(3):161.

[6] Göttsching L. ,Pakarinen H. , et al. Recycled fiber and deinking[M]. Helsinki, Finland:Fapet Oy,2000:441 – 442.

[7] Cynthia R. O. ,Marybrth K. L. . Increasing the Use of Secondary Fibers:An Overview of Deinking Chemistry and Stikies Control[J]. Appita J. ,1992,45(2):125 – 130.

[8] Nelson N. C. . Stickies – the Importance of Their Chemical and Physical Properties [J]. Paper recycling challenge,1997,(1):256 – 258

[9] Sarja T. . Measurement, nature and removal of stickies in deinked pulp [D]. Doctoral thesis,2007.

[10] Glittenberg D. ,Hemmes J. L. ,Bergh N. O. . Cationic Starches in System with High Levels of Anionic Trash[J]. Paper Technology,1994,35(7):18 – 27.

[11] Bley L. . Measuring the Concentration of Anionic Trash – the PCD[J]. Paper Technology, 1992,33(4):32 – 37.

[12] Martin H. , Orlando J. , Rojas R. . Control of Tacky Deposits on Paper Machines – A Review[J]. Nordic Pulp and Paper Research Journal,2006,21(2):154 – 171.

[13] 张红杰,胡惠仁. 造纸湿部干扰物质的危害及其解决办法[J]. 纸和造纸,2002,(5):23 – 25.

[14] Baumgarten H. L. Probleme durch kleber Das Papier,1984,38(10A):121 – 125.

[15] Friberg T. . Cost Impact of Stickies[J]. Progress in Paper Recycling,1996,6(1):70 – 72.

[16] McHugh J. ,Hodgson K. ,Heindel T. J. . Quantification of Stickies Removal from OCC by Dispersed Air Flotation[A]. Proc. TAPPI 2001 Pulping Conference[C]. Seattle,WA,USA:2001: 997 – 1009.

[17] Blanco A. ,Negro C. ,Monte C. ,et al. Overview of Two Major Deposit Problems in Recycling: Slime and Stickies. Part II:Stickies Problem in Recycling [J]. Progress in paper recycling,2002,11(2):26 – 37.

[18] Doshi M. R. ,Blanco A. ,Negro C. ,et al. Comparison of Microstickies Measurement Methods, Parts I:Sample Preparation and Measurement Methods[J]. Progress in paper recycling,2003,12 (4):35 – 42.

[19] Faul A. . Stickies Termiology – The Zellcheming Approach[J]. Progress in paper recycling, 2002,11(2):66 – 69.

[20] Dyer J. . A Summary of Stickies Quantification Methods[J]. Progress in paper recycling,1997, 6(4):44 – 51.

[21] 冯文英编译. 废纸胶黏物的各种分类方法[J]. 国际造纸,2001,20(4):45 – 47.

[22] 李金宝,张美云,修慧娟. 废纸胶黏物的分类及去除方法[J]. 纸和造纸,2004,(6):28 – 30.

[23] Doshi M. R. ,Dyer J. M. . Various Approaches to Stickies Classification[J]. Progress in paper recycling,2000,9(3):51 – 55.

[24] Allen L. ,Ouellet S. . Deposit Control:a Team Effort Leading to Improvement in a TMP/DIP

Newsprint Mill［A］. Proc. PAPTAC 92nd Annual Meeting［C］. Montreal，Canada，2006：279 – 290.

［25］Cao B.，Heise O.. Analyzing Contaminants in OCC：Wax or not wax［A］. Proc. 6th Research Forum on Recycling［C］. Quebec，Canada，2001：93 – 99.

［26］Johansson H.，Wikman B.. Detection and Evaluation of Microstickies［J］. Progress Paper recycling，2003，12(2)：4 – 12.

［27］KantöL.，Salkinoja S. M.，Pelzer R.. Novel Evaluation Methods for Paper Machine Deposits［J］. Professional papermaking，2005，(1)：36 – 42.

［28］ÖrsäF.，Holmbom B.. A Convenient Method for the Determination of WoodExtractives in Papermaking Process Waters and Effluents［J］. Pulp Pap Sci. ，1994，20(12)：361 – 365.

［29］王旭，詹怀宇，刘全校，等. 新闻纸机干燥部胶黏物化学组分的分离与分析［J］. 中国造纸，2003，22(3)：5 – 8.

［30］李宗全，詹怀宇. 新闻纸厂胶黏物组分的分离与分析［J］. 中国造纸学报，2005，20(2)：109 – 113.

［31］SjöströmJ.，Holmbom B.，Wiklund L.. Chemical Characteristicsof Paper Machine Deposits from Impurities in Deinked Pulp［J］. Nord Pulp Pap Res. ，1987，2(4)：123 – 131.

［32］Castro C.，Dorris G. M.，Brouillette F.，et al. Thermogravimetric Determination of Synthetic Polymers in Recycled Pulp Systems and Deposits ［A］. Proc. 6th Research Forum on Recycling［C］. Magog，Québec，Canada，2001：85 – 91.

［33］Huo X.，Venditti R. A.，Chang H.. Use of Deposition and Extraction Techniques to Track Adhesive Contaminants (Stickies) in a apermill［J］. Progress in paper recycling，2001，10(2)：15 – 23.

［34］International Research Association of Deinking Technology，INGEDE Method 4：Analysis of Macro Stickies in Deinked Pulp(DIP). http://www. ingede. com.

［35］孙来鸿编译. 适用于 OCC 浆中胶黏物含量的检测方法及效果评价［J］. 国际造纸，2002，21(4)：26 – 31.

［36］刘群. 废纸回收系统中胶黏物含量的检测方法［J］. 中国造纸，2004，23(5)：46 – 49.

［37］Yu L.，Allen L. H.，Esser A.. Evaluation of Polymer Efficiency in Pitch Control with a Laser Optical Resin Particle Counter［J］. Journal of Pulp and Paper Science，2003，29(8)：260 – 266.

［38］Robert D. J.，Aziz S.，Doshi M.. Determination of Macro and Microstickies in the Same Stock and Water Samples［J］. Progress in paper recycling，2006，15(4)：22 – 30.

［39］王旭，詹怀宇，赵光磊，等. 新闻纸厂过程用水 DCS 的来源与清除［J］. 中国造纸，2003，22(7)：1 – 4

［40］蒋国斌，陈中豪. 应用流式细胞仪判断二次胶黏物［J］. 中国造纸，2010，29(5)：1 – 4.

［41］苗庆显. 杨木 CTMP 和 APMP 中溶解与胶体物质的研究［D］. 天津：天津科技大学，2007.

［42］夏新兴，张俊苗，张美云. 废纸胶黏物处理技术新进展［J］，中华纸业，2007，28(1)：45.

［43］王旭，詹怀宇，陈港. 废纸回用中胶黏物的工艺控制技术［J］. 中国造纸学报，2002，17(11)：113 – 118.

［44］Heise O. U.，Kemper M.，Wise H.，et al. Removal of Residual Stickies at Haindl Paper using New Flotation Technology［J］. Tappi J. ，2000，83(3)：73 – 79.

［45］Fursey M. . Thick or Thin Selection and Application of Fine Screening Equipment for Contaminant and Stickies Removal［A］. Tappi Pulping Conference,1999:433.

［46］陈庆蔚. 当代废纸处理技术［M］. 北京:中国轻工业出版社,1999:115.

［47］骆新莲,王双飞. 回收废纸中胶黏物的特性及其去除技术［J］. 西南造纸,2005,34(3):52 – 54.

［48］胡志军,李友明. 废纸回用过程中胶黏物问题及解决方法［J］. 西南造纸,2005,34(3):41 – 42.

［49］秦丽娟,陈夫山,王高升. 废纸胶黏物控制新技术［J］. 西南造纸,2004,33(3):37 – 40.

［50］Banerjee S. . A sensor for microstickies［J］. Appita Journal. 2003,6:327 – 331.

［51］Chai X. S. ,Samp J. C. ,Yang Q. F. ,et al. Determination of microstickies in recycled white water by headspace gas chromatography［J］. Journal of Chromatography A,2006,1108:14 – 19.

［52］陆婉珍. 现代近红外光谱分析技术［M］. 北京:中国石化出版社,2006.

［53］严衍禄. 近红外光谱分析基础与应用［M］. 北京:中国轻工业出版社,2005.

［54］李小梅,王双飞. 近红外光谱技术在造纸工业中的应用［J］. 中国造纸学报,2003,18(2):189.

［55］吴新生,谢益民,刘焕彬,等. 蒸煮过程中纸浆卡伯值 NIR 法在线测量的研究［J］. 华南理工大学学报(自然科学版),1999,10(27):42.

［56］江泽慧,黄安民. 木材中的水分及其近红外光谱分析［J］. 光谱学与光谱分析. 2006,26(8):1464 – 1468.

［57］MacNeil D. ,Sarja T. ,Reunanen M. ,et al. Analysis of stickies indeinked pulp. PartI:Methods for extraction and analysis of stickies［J］. Professional Papermaking,2006,1:10 – 14.

［58］Sarja T,MacNeil D,M. Messmer,et al. Analysis of stickies in deinked pulp. Part Ⅱ:Distribution of stickies in Deinked pulp［J］. Professional Papermaking,2006,1:15 – 19.

［59］李宗全,詹怀宇,秦梦华,等. 果胶酶处理 BCTMP 中 DCS 及其对阳离子助剂作用效果的影响［J］. 中国造纸,2006,25(8):23 – 26.

［60］Sarja T. . Measurement,nature and removal of stickies in deinked pulp［D］. University of Oulu:Department of process and environmental engineering,2007.

［61］Ben Y. ,Dorris G. . Deink ability of fresh and aged uncoated groundwood papers. PartII:accelerated aging of SCC papers［J］. Progress in paper recycling,2006,16(1):24 – 29.

［62］沈德言. 红外光谱法在高分子研究中的应用［M］. 北京:科学出版社,1982.

附　　录

附录1　回用纸和纸板欧洲标准等级目录，1999 年 2 月

欧洲造纸工业联盟(Confederation of European Paper Industries，CEPI)和国际循环局(Bureau of International Recycling，BIR)在修订 1995 年 1 月 CEPI 的纸和纸板欧洲标准等级目录的基础上联合出台此文件。

前言

这本关于回收纸和纸板欧洲标准等级的目录是通过定义各等级回收纸和纸板组成对欧洲标准等级进行了总体介绍。该目录供人们使用，包括工厂从业人员、机构和对回收纸有兴趣的个人，帮助他们将这种原材料买卖到纸和纸板企业进行回用。该目录还帮助海关和税收人员区分这种原料和超国家立法中的废物，该超国家立法是控制废物转移。

该目录主旨不是详细说明所有市场上纸和纸板的质量，而是定义欧洲最常交易纸和纸板的质量。等级介绍比较简洁，因此买卖双方对于特殊规格等级回用纸和纸板的具体交易需要满足各自的需要，但也要受到此目录相关规则的约束。

纸和纸板厂可能要求供货者提供原料的来源的申报书，以及国家的规定和需要的标准。从垃圾分类站获得的回收纸是不适合造纸厂使用。

来自多种材料收集系统的回收纸和纸板，含有有价值和可回用的材料，必须特别标明。不允许与其他未标明的回收纸和纸板混合在一起。

本目录包括一组回收纸的等级(第五组，特殊等级)，在大多数情况下只能用特殊的工艺回收利用，否则限制回用。在此目录中插入这类等级的纸所做的调整是由于他们在欧洲市场存在重要的份额。特种纸的实际回用只在少数国家的有限工厂进行。

定义

非允许材料

在生产纸和纸板中不可用的物质包括"非纸成分"以及"对生产有害的纸和纸板"。回收的纸和纸板原则上应当不含不可用的物质，但是特种纸含有一定比例的不可用物质，买卖双方都认可，这里仅指对生产有害的纸和纸板。

非纸成分

在回收纸和纸板中非纸成分是外来物质，在加工过程可能损害机器，或者破坏生产，或者降低最终产品质量，具体如下：a. 金属；b. 塑料；c. 玻璃；d. 织物；e. 木块；f. 砂和建筑材料；g. 合成材料；h. "合成纸"。

对生产有害的纸和纸板

纸和纸板在基本或标准设备中按照回用或者处理的方法进行处理，不适合生产的纸和纸

板的原料就是"对生产有害的纸和纸板"。这些原料实际上损害生产,他们存在还会引起整批废纸不可用。

然而,越来越多的工厂建立了处理车间来处理这类纸。随着技术的发展,可回用的纸和纸板增多。定义这个"不可用材料"等级的标准要以工厂的技术参数为条件。

水分

原则上,回收纸和纸板的水分不可以超过自然存在水分的水平。当水分超过10%(相对于风干质量),超过10%的部分可能扣除,测定和取样的方法由买卖双方确定。

编号系统

目录中的回收纸和纸板编号是按照如下编码系统进行编号的:x. yy. ww

其中:

x:类(Group)

y:级(Grade)

w:次级(subgrade)

第一类:普通级

第二类:中级

第三类:高级

第四类:牛皮级

第五类:特种纸级

第一类:普通级

1.01 混合纸和纸板,没有分选,但是除去了不可用的物质

是各种级别的纸和纸板的混合物,对于短纤维没有限制。

1.02 混合纸和纸板(已经分选)

是各种质量的纸和纸板的混合物,含有报纸和杂志纸不超过40%。

1.03 灰纸板

印刷和未印刷的白色挂面或未挂面灰纸板,不含瓦楞原纸。

1.04 超市瓦楞纸板

使用过的包装纸盒纸板,含70%瓦楞纸板,其余是固化的板和包裹用纸。

1.05 旧瓦楞纸容器

使用过的各种质量的瓦楞纸盒和纸板。

1.06 未出售的杂志

未出售的胶装或未胶装的杂志。

1.06.01 未出售的未胶装的杂志

未出售的未胶装的杂志。

1.07 电话簿

未使用和使用过的电话簿,其中有不确定数目的彩页,有的胶装,有的未胶装。

1.08 混合报纸和杂志纸 1

报纸和杂志纸的混合物,含有至少50%的报纸,杂志有胶装和未胶装。

1.09 混合报纸和杂志纸 2

报纸和杂志纸的混合物,含有至少60%的报纸,杂志有胶装和未胶装。

附　录

1.10　混合杂志纸和报纸

杂志纸和报纸的混合物,含有至少 60% 的杂志纸,杂志有胶装和未胶装。

1.11　分选的脱墨印刷废纸

从家庭收集的印刷废纸,有报纸和杂志纸,每种含有 40% 以上。不可脱墨的废纸和纸板含量应当低于 1.5% 。实际交易中不可脱墨废纸的含量由买卖双方谈判决定。

第二类:中级

2.01　报纸

报纸,含有彩色的报纸或者广告不超过 5% 。

2.02　未经销售的报纸

未经销售的报纸,未插入彩色印刷物。

2.02.01　未经销售的报纸,不含柔性印刷物

未经销售的报纸,不含彩色印刷物插页,可以打捆。不含柔性印刷物。

2.03　轻量印刷白纸边

轻量印刷白纸边,主要是机械浆抄造的纸。

2.03.01　无胶装的轻量印刷白纸边

轻量印刷白纸边,主要是机械浆抄造的纸,没有胶装。

2.04　重度印刷白纸边

重度印刷白纸边,主要是机械浆抄造的纸。

2.04.01　无胶装的重度印刷白纸边

重度印刷白纸边,主要是机械浆抄造的纸,没有胶装。

2.05　分选的办公用纸

分选的办公用纸。

2.06　彩色信纸

通信用纸,混有彩色纸,有的印刷,有的未印刷,有的手写。不含复写纸,也不含硬壳纸。

2.07　白色道林纸

书籍,包括印错的书,没有硬皮,主要是道林白纸,仅黑色印刷。涂布纸含量不超过 10% 。

2.08　彩色漂白浆杂志纸

白色或者含有彩色的涂布和未涂布的杂志纸,没有硬皮,已经装订,没有可扩散的油墨和胶黏物,邮递用纸,标签纸或标签纸的余料。可能含有重度印刷传单,彩色切边纸。机械浆含量不超过 10% 。

2.09　无碳复写纸

无碳复写纸。

2.10　漂白硫酸盐浆涂布 PE 的纸板

从纸板厂或者包装厂来的漂白硫酸盐浆涂布 PE 的纸板。

2.11　其他涂布 PE 的纸板

其他涂布 PE 的纸板。可能含有未漂白的纸板和纸,他们来自纸板生产厂和包装厂。

2.12　机械浆抄造的计算机打印纸

计算机连续打印的纸,主要是机械浆,按照颜色进行了分选,也可能含有回用纤维。

第三类:高级

3.01　混合的轻度印刷的彩色打印纸纸边

打印和书写纸的混合纸边,有轻度彩色印刷,至少含有50%化学浆的纸。

3.02　混合轻印彩色化学浆纸的打印纸纸边

打印和书写的轻度彩色印刷纸的混合纸边,至少含有90%化学浆的纸。

3.03　化学浆纸的装订物

白色化学浆纸轻度印刷物的纸边,有胶装,不含彩色纸。可能含有不超过10%的机械浆。

3.04　杂志纸白纸边

白色化学浆纸轻度印刷的杂志的纸边,没有胶装,没有湿强纸和彩色纸。

3.05　白色化学浆信纸

分选的白色化学浆书写纸,来自办公室记录用纸,不含账簿、复写纸和水不溶胶。

3.06　白色商业表格用纸

白色化学浆商业表格用纸。

3.07　白色化学浆计算机连续打印纸

白色化学浆计算机连续打印纸,不含无碳复写纸和胶装纸。

3.08　打印的漂白硫酸盐浆纸板

重度印刷的漂白硫酸盐浆纸板,没有胶、多层涂布或者蜡质。

3.09　轻质打印的漂白硫酸盐浆纸板

轻质打印的漂白硫酸盐浆纸板,没有胶装、多层涂布和蜡质。

3.10　多次印刷

该纸由化学浆制造,有涂布、轻度印刷,不含湿强纸和彩色纸。

3.11　白色重度印刷多层纸板

白色重度印刷多层纸板新裁切边条,含化学浆、机械浆和热磨机械浆纸板,但是不含灰纸板。

3.12　白色轻度印刷的多层纸板

白色轻度印刷的多层纸板新裁切的边条,含化学浆、机械浆和热磨机械浆纸板,但是不含灰纸板。

3.13　白色未经印刷的多层纸板

白色未经印刷的多层纸板新裁切的边条,含化学浆、机械浆和热磨机械浆纸板,但是不含灰纸板。

3.14　白色报纸

白色未经印刷的报纸的纸边和纸张,不含杂志纸。

3.15　基于白色机械浆的涂布和未涂布的纸张

白色未经印刷的含机械浆的纸边和纸张。

3.15.01　白色机械浆纸,含涂布纸

白色未经印刷的含机械浆涂布纸的纸边和纸张

3.16　无胶装白色化学浆涂布纸

白色的未经印刷的化学浆涂布纸的纸边或者纸张,没有胶装。

3.17　白色纸边

未经印刷的含化学浆的纸的纸边或者纸张,没有报纸和杂志纸,硫酸盐浆含量在60%以上。涂布纸不超过10%。没有胶装。

3.18　白色化学浆纸的纸边

白色未经印刷的含化学浆的纸的纸边或者纸张,含5%以下的涂布纸,没有胶装。

3.18.01　白色硫酸盐浆未涂布纸的纸边

白色未印刷的硫酸盐浆纸的纸边或者纸张,不含涂布纸,没有胶装。

3.19　未经印刷的漂白硫酸盐浆抄造的纸板

未经印刷的漂白硫酸盐浆抄造的纸板,没有胶装,多层涂布和蜡质。

第四类:牛皮级

4.01　瓦楞纸板新的纸边

瓦楞纸板的纸边,有牛皮浆内衬或者强韧箱纸板。

4.01.01　未经使用的瓦楞牛皮纸

未经使用过的瓦楞纸的箱、板或者纸边,只有使用硫酸盐浆作为内衬,瓦楞原纸是用化学浆或者机械浆抄造。

4.01.02　未经使用的瓦楞原纸

未经使用的瓦楞纸板的箱、板和边条,有硫酸盐浆内衬或者强韧纸板。

4.02　使用过的瓦楞牛皮纸－1

使用过的瓦楞纸板箱,只使用硫酸盐浆作为内衬,瓦楞纸是由化学浆或者热磨化学浆制造。

4.03　使用过的瓦楞牛皮纸－2

使用过的瓦楞纸板箱,只使用硫酸盐浆作为内衬或者强韧纸板,至少有一层是由硫酸盐浆抄造。

4.04　使用过的牛皮浆袋

干净的使用过的牛皮浆袋。有的使用了湿强剂,有的没有使用湿强剂。

4.04.01　使用过的牛皮纸袋,有多层涂布

干净的使用过的牛皮纸袋。有的使用了湿强剂,有的没有使用湿强剂。可能含有多层涂布纸。

4.05　未经使用的牛皮纸袋

未经使用的牛皮纸袋,有的使用了湿强剂,有的没有使用湿强剂。

4.05.01　未经使用过的牛皮纸袋,有多层涂布

未经使用过的牛皮纸袋。有的使用了湿强剂,有的没有使用湿强剂。可能含有多层涂布纸。

4.06　使用过的牛皮纸

自然颜色或者白色的牛皮纸和纸板。

4.07　新牛皮纸

自然颜色的新牛皮纸和纸板的边条。

4.08　新运输牛皮纸

新运输牛皮纸,可能含有湿强纸。

第五类:特种纸级

5.01　混合回收纸和纸板

未经精选的纸和纸板,从源头进行了分离。

5.02　混合包装纸

各种等级的纸和纸板混合物,不含报纸和杂志纸。

5.03　液体纸和报纸

使用过的液体包装盒,包括有 PE 涂层的液体包装盒(有的含有铝,有的不含铝),纤维的质量在 50% 以上,其余是铝箔或者涂层。

5.04　包装牛皮纸

有多个内衬,喷涂或者层压牛皮浆。一定不含沥青和蜡质涂层。

5.05　不干胶

使用过的由湿强纸制造的不干胶,玻璃含量不超过 1% ,水分不超过 50% ,没有不可用的物质。

5.06　未经印刷的白色湿强化学浆纸

未经印刷的白色湿强化学浆纸。

5.07　经印刷的白色湿强化学浆纸

经印刷的白色湿强化学浆纸。

附录2　名词解释

名词	名词解释
Age distribution 纤维龄分布	从回收纸制造任何纸的单根纤维可能经过回用系统一次循环或多次循环。考虑它们的再生次数,循环的次数就是回用纤维的纤维龄。在一个有不同纤维龄混合体的某种回用纸等级中,通过统计可以用质量来表示纤维龄分布。纤维龄分布也可以应用于造纸配抄,其中原生纤维的纤维龄和再生代为零
Anionic trash 阴离子垃圾	这是对不同溶解的和胶体分散的负电荷粒子或者聚合物(直径小于 $1\mu m$)的集合术语。用阳离子聚电解质滴定(阳离子需求量)可以估算阴离子垃圾。由于阳离子垃圾能与带正电荷的化学试剂(如助留剂)相互作用,因此它会干扰造纸,但是某些阳离子物质可能对造纸有益
AOX 可吸收有机卤素	这是水溶液或者固形物体水抽提物中可吸收有机卤素 Adsorbable Organic Halogens(X)的缩写(AOX)。卤素元素有氯、溴和碘,其浓度用 mg/L 和 kg/t 表示。在制浆造纸厂,主要是有机氯化合物对 AOX 的贡献。这些化合物来自氯气或者二氧化氯的化学浆漂白、自来水氯化处理,或者造纸和纸加工使用化学添加剂的过程 AOX 测定采用活性炭为吸附剂。吸附 AOX 的活性炭在 950℃ 的高温炉中灼烧。结果产生的卤化氢(HCl、HBr 和 HI)用比色法、离子色谱法或者其他方法测定
Biodegradation 生物降解	微生物作用引起有机化合物降解。生物降解在水体系中发生(包括工业用水和废水),特别是废水处理系统,在土壤或者伴随有机底肥中也发生。局部环境不同,或者微生物不同,厌氧和好氧降解明显不同

续表

名词	名词解释
Brown recovered paper grades 黑色回收纸等级	黑色回收纸等级,如混合纸等级、超市废纸、废旧瓦楞纸箱(OCC),含有较大比例的硫酸盐浆,来自牛皮包装纸和纸板,或者全部是牛皮纸。这些纸不需脱墨。根据回收纸的等级,也可能含有不确定含量的旧报纸和杂志纸的打印纸。一般情况下,黑色回收纸等级是消费后的等级。黑色回收纸等级用于生产包装纸和纸板,强韧箱纸板,瓦楞原纸,硬纸板
Catalase 过氧化氢酶	在生命的某个阶段,好氧微生物的代谢产生过氧化氢。这些过氧化物对细胞是有毒性的。为了避免破坏细胞结构,这些过氧化物必须被破坏掉。一种胞外酶叫作过氧化物酶,是好氧生物代谢产生的。这种酶可以催化分解代谢过程产生的过氧化氢,使其变成氧气和水。如果过氧化氢酶在回用纸浆中存在和回用纸生产过程用水中存在,它就会分解过氧化物等漂白试剂,产生不利影响,并且降低白度提升
Chloro – organics 氯化有机物	与碳结合的氢原子被氯部分或者全部取代的有机物的总称。这类物质非常有毒,有机氯化物的形式有:氯化二苯唑二噁英,或者二苯唑呋喃。因此有必要改变化学浆漂白工艺
Curbside collection 街边收集	由慈善机构和志愿者团体收集的废纸。他们把废纸卖给造纸厂。收集机构通常只收集印刷品,例如报纸、杂志纸
Deinkability 可脱墨性	可脱墨性是指采用标准的或者确定的方法将油墨从回收纸制备的纸浆中脱去的程度。这些纸有报纸和杂志纸。用光学性质来表示可脱墨性。例如:脱墨浆的白度,或者脱墨后纸浆的白度增值。也用可视黑点的数量,或者黑点的减少表示。理论上100%脱墨就是完全脱墨。印刷纸的等级、印刷生产过程、印刷所使用的油墨、印刷品存放的时间,以及化学和水动力状况的脱墨技术均影响可脱墨性
Deinked pulp(DIP) 脱墨浆	脱墨浆是经脱墨过程除去油墨和杂质的回用纤维。回用纤维可能是机械浆(即含机械浆的DIP)或者化学浆(化学浆DIP),主要依赖于回用纸的等级,以及组成
Detrimental substances 有害物质	这些是溶解的或者胶体物质,存在于纸浆中,干扰造纸过程。非常有害的是颗粒团聚成大颗粒,或者沉积于生产过程的物体表面,这些是二级胶黏物。有时,这些物质影响化学品的功能,所以称为有害物质,例如:阴离子垃圾
Dissolved and colloidal(DC) substances 溶解和胶体物质	这些物质是聚合物,或者小于1 μm的小颗粒,存在于纸浆中或者造纸白水中,他们是溶解的或者是胶体分散物。从性质上看,他们可能是生物物质、有机物或者无机物。浆料或者白水通过离心或者其他合适的方法除去悬浮固体后获得含有DC物质的水样。在脱墨浆中,DC物质可能含有木材中的成分,如:半纤维素、木素、立格楠(Lignans)、木材树脂、胶体尺寸的纤维碎片、涂料成分、胶黏剂颗粒,以及其他各种盐

续表

名词	名词解释
External substances 非结合物质	在回收纸中非结合物质就是杂质,与纸或者纸板没有化学或者物理的结合。这些物质包括:砂子、玻璃颗粒、木片、塑料瓶、螺丝或者罐头瓶。在回收纸加工时,这些外部物质可以用筛或者除渣器完全除去
Horinification 角质化	化学浆干燥后再碎浆时,其纤维的润胀能力不可逆还原程度就是角质化。可以用保水值占原浆纤维保水值降低的百分数来表示。角质化是由于细胞壁的结构变化引起的。机械浆在同样的加工过程没有角质化问题
Internal substances 结合物质	回收纸的结合物质及与纸或者纸板表面有结合的杂质,或者镶嵌在纤维间的杂质物。它们包括造纸过程的化学品,例如蜡或者湿强剂。大多数结合物质来自纸加工和高分子涂层,塑料镀膜、黏合剂,或者印刷油墨。结合物质可能溶于水,影响白水循环和废水处理,当然也可能不溶于水。热塑性不溶于水的结合物质在造纸生产时就变成有黏性,形成胶黏物问题
Macro stickies 大胶黏物	存在于回用浆中的黏性物质,其颗粒的直径大于 $100\mu m$ 或者 $150\mu m$,这是用实验室的标准缝筛(缝宽为 $100\mu m$ 或者 $150\mu m$)定量测定的,称为大胶黏物。在废纸生产过程用缝筛大量除去。从更广泛的意义上说,大胶黏物也可能存在于原生浆中,来自木材树胶的树脂,以及造纸中涂料黏合剂的白乳胶
Micro stickies 微胶黏物	在废纸浆中粒径小于 $100\mu m$ 或者 $150\mu m$ 的黏性物质就是微胶黏物。它们能穿过废纸生产过程中的缝筛,进入造纸阶段,可能在毛布、辊和缸上沉积。在造纸的纸幅上仍然有黏性,需要采取措施来处理
Nonpaper components 非纸成分	非纸成分就是回收纸的外来物质,在造纸过程具有破坏性,打断生产,降低产品质量。这些物质包括:金属、弹簧、玻璃、织物、木片、砂子、建筑残余物,UI 及合成化合物等
OX 有机卤化物	在浆、纸和固体废物中的有机卤素的缩写。在制浆造纸厂,有机氯化物是 OX 的主要物质。与测定总 AOX 的方法不同,测定 OX 是将整个预处理的固体样品直接在炉中焚烧。加入活性炭增进氧的燃烧。测定氢卤酸的分析方法与 AOX 测定方法一样
Paper and board detrimental to production 对生产有害的纸和纸板	对生产有害的纸和纸板是回收纸中的不适合造纸和纸板的原料。这些回收纸用基本或者标准的设备不能制浆,因为它们已经变坏,并且使整个回收纸变得不可回用。欧标 EN643 对于这种纸和纸板没有专门的描述。在其他回收纸的列表中,对于这种对生产有害的纸和纸板进行了描述。这种纸包括沥青纸板、复写纸、羊皮纸、防油纸、湿强纸、蜡纸。特别是在白色的回收纸脱墨中,黑色的包装纸和彩色的纸不能用作回收纸的成分

续表

名词	名词解释
Paper chain 造纸产业链	指纸的全生命循环,包括制浆、造纸、印刷和纸包装。造纸产业链起始于原料生产,例如用于浆纸的木材采伐,矿产开发,化学品生产,以及废纸回收,不可回收废纸的丢弃(焚烧、填埋,或者蘑菇基肥)
Primary stickies 初生胶黏物	初生胶黏物有各种大小,胶黏剂的黏性颗粒(如热敏胶、压敏胶),油墨,黏合剂,蜡,塑料,湿强树脂,等等,存在于脱墨的和非脱墨的纸浆。它们在一定温度和压力下具有黏性。初生颗粒的大小在废纸生产过程逐渐减小,如碎浆、疏解、分散、搓揉和磨浆。初生胶黏物尺寸如果大于100μm,在废纸生产过程大部分可除去
Recovered paper 回用纸(废纸)	包括各类已经使用过的纸和纸板,并用于生产纸和纸板,或者其他工业产品。回收纸,以前称为废纸,可能是未使用的回收纸,来自包装过程的破损和切边,也可能是使用过的废纸,例如家庭使用过的,办公室或者超市使用过的纸。当它们制成浆后,回收纸变成回用纤维(RCF)或者回用纸浆
Recovered paper utilization rate 回用纸利用率	是指一个国家或者地区生产中使用的回收纸和纸板量与总的纸和纸板生产量的比值。回用纸利用率也可能与特种纸和纸板有关。这些纸在一些国家和地区(欧盟)生产,例如新闻纸
Recovered rate of paper 废纸回收率	废纸回收率是指在一定国家和地区(欧盟)收集的用于生产的纸和纸板回收量与总纸和纸板生产量之比。回收纸除了用于生产纸以外,回收纸也做其他用途,如:绝缘绒毛纸,建筑材料的填料,或者能量回收
Recyclability 可循环使用性	可循环使用性应用到纸和纸板产品,就是纸和纸板在典型的造纸厂可以分散和造纸,不影响白水、废液、化学品性质、残渣量、纸的生产和生产率以及纸包装和纸的质量。对于单个纸和纸板的可回用性没有国际标准,对于可回收性的最低要求也没有统一的国际标准。总的原则是,所有的非纸张成分以固体形式存在,并且尽可能大,所以可以通过在废纸生产过程的筛浆和除渣而除去
Recycled fiber(RCF) 回用纤维	回用纤维是纸和纸板经过造纸厂多步加工获得纸和纸板生产的浆料。除了含有各种纤维外,还含有其他物质。这些物质是上一次造纸和纸加工过程中引入的,例如:填料、颜料、残余油墨、黏合剂(胶黏物)。回用纤维可以通过脱墨处理,脱墨过程产生的纸浆称为脱墨浆(DIP)
Recycled paper 回用纸	通常,回用纸就是100%的再生纤维。在欧洲,回用纸常常是用作书写纸,来自100%的回用纤维,这些回用纤维是从白的,或者几乎白色的回用纸生产。回用纸可以从化学浆或者机械浆的回用纤维制造。因此有的回用纸只有书写纸和办公废纸,例如:复印纸、写字纸、印刷纸。其他回收等级的纸有新闻纸、超级压光纸、轻涂纸(用于杂志和报纸纸)。生产废纸浆纤维的最重要的操作是浮选脱墨,部分洗涤和部分浮选脱墨。回用纸和回收纸不同

续表

名词	名词解释
Secondary stickies 二次胶黏物	二次胶黏物是溶解的,胶体的,或者小的胶黏剂悬浮颗粒,脱墨皂、蜡、乳胶、木材树脂、造纸化学品、盐、回用浆或者原生浆料的无机颜料,造纸厂的白水系统等形成的黏性团聚物。有时,也包括纤维和纤维碎片。二次胶黏物的形成是由于环境温度、化学性质、搅动或者压力发生急剧变化,打破胶体的稳定,或者改变溶解的/胶体物质的溶解性。根据胶黏物团聚的大小,在回用纸的生产过程(见初生胶黏物),这种胶黏物还不能用筛浆或者其他机械方法控制
Soaps 皂	在脱墨工艺中,脂肪酸的钠盐、钾盐、铵盐是水溶性皂。不溶性的脂肪酸盐(肥皂)是通过它们与钙、镁、铝离子形成的。后种皂在形成二级胶黏物中是重要的组成成分
Stickies 胶黏物	包括所有在回用浆料中黏性物质的颗粒。不同方法产生的胶黏物包括不同的黏合剂,这些黏合剂用于书本装订,不干胶标签,或者不干胶信封。这些黏性物质在回用纸中含量最高,经筛浆、除渣、浮选脱墨逐步减少。胶黏物颗粒大小经疏解、磨浆、分散和搓揉后减小。 在回用纤维浆料配抄时胶黏物存在造纸过程中是一个严重的问题,会影响纸机网部的运行,特别是低定量纸的高速抄造,例如新闻纸和高档印刷纸 胶黏物在造纸过程或者纸包装过程会引起沉积问题。这些黏性物质存在就会引起纸病。这种物质可能以整个颗粒存在(如初级胶黏物),溶解的或者胶体状的颗粒会团聚成更大的团,称为二级胶黏物
Unusable material 不可用物质	根据欧洲标准 EN643 定义的为在纸和纸板生产中不可利用的物质
Waste paper 废纸	以前简单定义为使用过的纸和纸品,或者包装废纸。这种纸作为原材料定义为回收纸
White recovered paper grades 白色的回用纸等级	印刷纸,以及用于图文的办公用纸(例如新闻纸,超级压光纸,轻量涂布纸),是含有机械浆的纸、复印纸,以及漂白浆抄造的纸。大多数为使用过的纸,有些是未经使用的回收纸
Wood – containing DIP 含机械浆的脱墨浆	脱墨浆含有大量的机械浆,就是用旧报纸和杂志纸生产的脱墨浆
Wood – free DIP 化学浆脱墨浆	含有化学法制浆的漂白纤维,只含有少量机械浆纤维。废纸来源是办公废纸,能够保证纸浆的质量。通常,90% 以上的废纸为漂白化学浆纸